ABHANDLUNGEN DER AKADEMIE
DER WISSENSCHAFTEN DER DDR

Abteilung
Mathematik,
Naturwissenschaften,
Technik

N 1
1986

VI. Internationale Tagung über Grenzflächenaktive Stoffe

Akademie-Verlag Berlin

ABHANDLUNGEN
DER AKADEMIE DER WISSENSCHAFTEN DER DDR
Abteilung Mathematik, Naturwissenschaften, Technik

Jahrgang 1986 Nr. 1 N

VI. Internationale Tagung über Grenzflächenaktive Stoffe

Berlin, 22. bis 27. April 1985

Mit 313 Abbildungen und 92 Tabellen

AKADEMIE-VERLAG BERLIN · 1987

Herausgegeben im Auftrage des Präsidenten
der Akademie der Wissenschaften der DDR
von Vizepräsidenten Prof. Dr. Heinrich Scheel

Verantwortlich für diesen Band:
Dr. sc. nat. Dieter Vollhardt
Zentralinstitut für Organische Chemie der AdW der DDR

ISBN 3-05-5003292
ISSN 0138-1059

Erschienen im Akademie-Verlag Berlin, DDR-1086 Berlin, Leipziger Straße 3—4

Lizenznummer: 202 · 100/461/87
Printed in the German Democratic Republic
Gesamtherstellung: VEB Druckerei „Thomas Müntzer“, 5820 Bad Langensalza
LSV 1208
Bestellnummer: 763 608 1 (2001/86/1/N)
08000

VORWORT

Die Veröffentlichung des komprimierten Vortragsmaterials der "VI. Internationalen Tagung über Grenzflächenaktive Stoffe", die vom Bereich Grenzflächenaktive Stoffe des Zentralinstituts für Organische Chemie der Akademie der Wissenschaften der DDR vom 22. - 27. April 1985 in Bad Stuer veranstaltet wurde, soll der großen Bedeutung dieser Tagungsreihe innerhalb des RGW-Raumes Rechnung tragen.
Konferenz-Chairman war Prof. Dr. sc. nat. G. Kretzschmar, Leiter des Bereichs Grenzflächenaktive Stoffe des Zentralinstituts für Organische Chemie der AdW der DDR und Vorsitzender des Fachverbandes Grenzflächenchemie der Chemischen Gesellschaft der DDR.

Anknüpfend an die Traditionen der vorangegangenen Tagungen, die 1961 in Berlin, 1963 in Karl-Marx-Stadt, 1966, 1974 und 1979 in Berlin stattfanden, war es das Anliegen der Veranstalter der VI. Tagung, die auf verschiedensten Gebieten der Tensidforschung arbeitenden Wissenschaftler zusammenzuführen. Durch das Vortragsprogramm werden wesentliche Schwerpunkte gegenwärtiger Tensidforschung erfaßt:

- die aktuelle Bedeutung der Grenzflächenwissenschaft (physikalische Chemie, Meßmethoden, Tensidstrukturen an Grenzflächen und in der Volumenphase)
- die progressiv zunehmenden Möglichkeiten und Zielstellungen des Applikationsbereichs
- im Synthesebereich Probleme der Grundstoffentwicklung/-sicherung, neue Synthesewege und Substitutionsmöglichkeiten ökologisch bedenklicher Komponenten.

Das hohe Interesse an Grenzflächenerscheinungen, die durch Tenside verursacht und modifiziert werden, läßt die hohe Anzahl entsprechender grundlagenorientierter Beiträge erkennen. Die weitere Untergliederung in spezielle Teilgebiete, wie Tensidadsorptionsschichten und ihre Kinetik, unlösliche Monoschichten und ihre Instabilitätsmechanismen, Tensid- und Lipidstrukturen in der Volumenphase, Dreiphasenkontakt und Kontaktwinkelprobleme, dünne Filme, disperse Systeme, elektrische Erscheinungen an Phasengrenzschichten, wird durch das Vortragsangebot verdeutlicht. Die aktuelle Syntheseforschung zielt auf selektive Funktionalisierung, repräsentiert durch Beiträge über Oxalkylierungsreaktionen zu Nonionics und über die Herstellung stickstoff-, fluor- und siliciumhaltiger Tenside.

Die erstmalige Begrenzung der Teilnehmerzahl und die Durchführung der Tagung weitab von großen Städten hat sich positiv auf die wissenschaftliche Atmosphäre ausgewirkt. Es nahmen Fachkollegen aus 10 Ländern, - aus der DDR, der Sowjetunion, Bulgarien, Ungarn, Polen, der CSSR, der BRD, Großbritannien, Italien und Belgien - teil. Insgesamt wurden 89 Vorträge gehalten, davon 7 Plenar-, 16 Haupt- und 66 Diskussionsvorträge.

Die nationale und internationale Resonanz, die die Tagung gefunden hat, unterstreicht die Notwendigkeit einer Integration dieser multidisziplinären Forschungsbeiträge, die sich um den Tensidsektor gruppieren.

Ebeneo wie bei der III. und IV. Internationalen Tagung über Grenzflächenaktive Stoffe soll mit der Veröffentlichung der Ergebnisse des Vortragsprogramms einem größeren Interessenkreis Einsicht in aktuelle Probleme und in den derzeitigen Wissensstand des Fachgebietes ermöglicht werden.

Die inhaltliche Gliederung erfolgt in drei Teile, wobei die Anordnung innerhalb eines jeden Teils in alphabetischer Folge der Erstautoren vorgenommen wird. Im ersten Teil sind alle Plenar- und Hauptvorträge zusammengefaßt. Die Diskussionsvorträge sind zwei thematischen Schwerpunkten "Physikalische Chemie und Applikation grenzflächenaktiver Stoffe" und "Synthese grenzflächenaktiver Stoffe" zugeordnet. Die Abfassung der Originalbeiträge erfolgte entsprechend redaktioneller Vorgaben.

Eine inhaltliche oder sprachliche Überarbeitung der von kompetenten Gutachtern akzeptierten Beiträge erfolgte in den meisten Fällen nicht.

Die Beiträge wurden in der Sprache veröffentlicht, in der sie vorgetragen wurden. Auf die Veröffentlichung der im hohen Grade informativen Diskussionsbeiträge wurde verzichtet, um optimale Komprimierung des Tagungsmaterials zu gewährleisten.

Inhaltsverzeichnis und ein alphabetisches Autorenregister ermöglichen das Auffinden bestimmter Beiträge.

Dem Akademie-Verlag danke ich für das entgegengebrachte Interesse.

D. Vollhardt
Zentralinstitut für Organische Chemie
der Akademie der Wissenschaften, Berlin

INHALT

III. TEIL

SYNTHESE GRENZFLÄCHENAKTIVER STOFFE

TEIL I

PLENAR- UND HAUPTVORTRÄGE

G. KRETZSCHMAR

Central Institute of Organic Chemistry of the Academy of Sciences of the GDR

Some Actual Aspects in the Study of Surfactant Properties

In my lecture I intend to pay attention to some basic problems in colloid- and surface chemistry related to surfactant actions, because the principal aim of this conference has been at maintaining the dialogue betwçen colleagues dealing with practical problems and those who are mainly concerned with "pure" research.

Surface and colloid chemistry of surfactants today is firstly the wide field of applications, but for better understanding we need a foundation of emperical rules. Therefore the main task of our endeavour is the finding of suitable realistic models and to carry out scientific research on them.

All phenomenas we can observe are in connection with surface forces. Therefore the central point of our effort in progress for understanding the mechanism of surface forces, i.g. short range and long range forces, is the disposibility of relevant models.

In principle we obtain for reaching explanation for our problem by means the investigation on adsorption isotherms, hydrophobic intereaction, hydration forces, structural forces, particle interaction and aggregation in solutions.

More recently we observe an overlapping of these basiç problems by biological questions. In order to explain these fundamental problems it will be demonstrated by selected examples. In coincidence with the subject of this conference we concider the influence of surfactants on the different aspects in surface and colloid chemistry including application science.

It is obviously desirable to have an oversight on the correlation between different unsolved problems in the describing of surface forces and their modification by the action of surfactants. In principle nearly all forces which are known in colloid- and surface chemistry may be influenced by surfactants. According to the present state of research these are: DLVO-forces, disjoining pressures due to structural components and by adsorption layers, hydration forces, adhesion forces. In relation to the subject for our conference there are observed the modification of surface forces by the structural details of employed surfactants.

A special class of forces in colloid chemistry is represented by the hydrodynamic forces. The latter put on wight continuously. In course of my explanations I shall start with the fundamental characterization of the surfactant molecule.

It is the first step in our consideration of selected open problem. For the state of adsorption in analogy to gravitation and sedimentation forces the conception of force field potential $\sigma\omega_i$ was introduced in the surface equation of state by Butler. We consider one of the most interestings characteristic values of a surfactant. It is the distribution of the molecules beetween the bulk phase, it means the solution, and an interface. In this moment we only consider physical forces, it means the adsorption equillibrium is reversible. But we take in our consideration that at present of solid surfaces we have to calculate in some cases the adsorption on the basis of chemical forces. For example the adsorption of fatty acids at oxide surface is characterized by a chemical reaction. Now in the following examples we are dealing with fluid interface, for instance liquid/air and water/oil interfaces. Beside the interaction forces in a disperse system we will examine later the situation in narrow gaps which are formed by solid surfaces, for instance flat plates. In this case we have to take in our account the chemical state of adsorption.

The simple expression for the distribution equillibrium is given by

$$f_i^s x_i^s = \frac{f_i^\alpha x_i^\alpha}{K} \exp - \frac{(\sigma_0 - \sigma)\left(\frac{\partial A}{\partial n_i}\right)_{T,P}}{RT}$$

f_i is the activity coefficient, x the mol fraction, σ the surface tension and A the area per molecule, respectively.

By introducing the partition coefficient K of the surfactant between the bulk α and the surface s one obtain for the standard free energie of desorption

$$\Delta G^\circ = RT \ln K$$

The well known conception of Butler for the adsorption equillibrium based on the surface field potential and is shown in figure 1.

$$\mu_i = \mu_i^\circ + RT \ln x_i^s - \sigma \omega_i$$

[BUTLER]

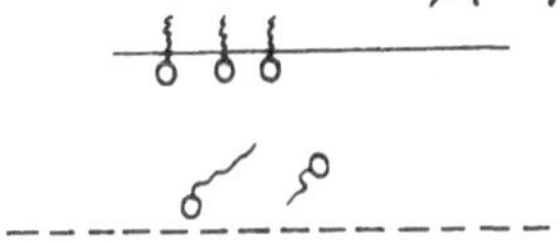

$$\omega_i = \left(\frac{\partial A}{\partial n_i}\right)_{T,p,n_j^s \neq i}$$

$$x_i^s = \frac{n_i^s}{\sum n_j^s} = \frac{\Gamma}{\sum \Gamma_j}$$

inner chemical potential

$$\mu_i^* = \mu_i + \sigma \omega_i$$

Fig. 1 Conception for the equillibrium between a surface and the corresponding volume phase

By the aid of the partial molar areas ω_i a formula for the film pressure π depending on the mol fraction x_i^s was developed by Lucassen-Reynders /1/.

$$\pi = -\frac{RT}{\omega_1} \ln f_1^s x_1^s .$$

This consideration is a support for a better understanding of the hydrophilic-lipophilic balance (HLB) of a surfactant [Lin /2/]. One of the most serious demand in surfactant research is the disposibility of faultless adsorption isotherms. If we take into account that the synthesis of surfactants yields to an amount of impurities with higher surface activity than the main product, for example the fatty alcohols in the alkylsulfates, we need special cleaning procedures for the surfactants and criterions for their application in measuring σ/c -isotherms. Such work was done by Lunkenheimer /3/ and Lunkenheimer and Miller /4/.
By consideration this fact we obtain for simple surfactants only diffusion controlled adsorption kinetics. Previously Fordham /5/and Kretzschmar /6/ have been shown that the problem of adsorption isotherms in equillibrium and non equillibrium systems is unsolved.
The surface state of surfactants is one part of actual research, the other one is the bulk state. With the help of modern methods one observe different structures formed by hydrophobic, Van der Waals and electrostatic interaction forces in the surfactant solution above a critical concentration (Fig. 2).

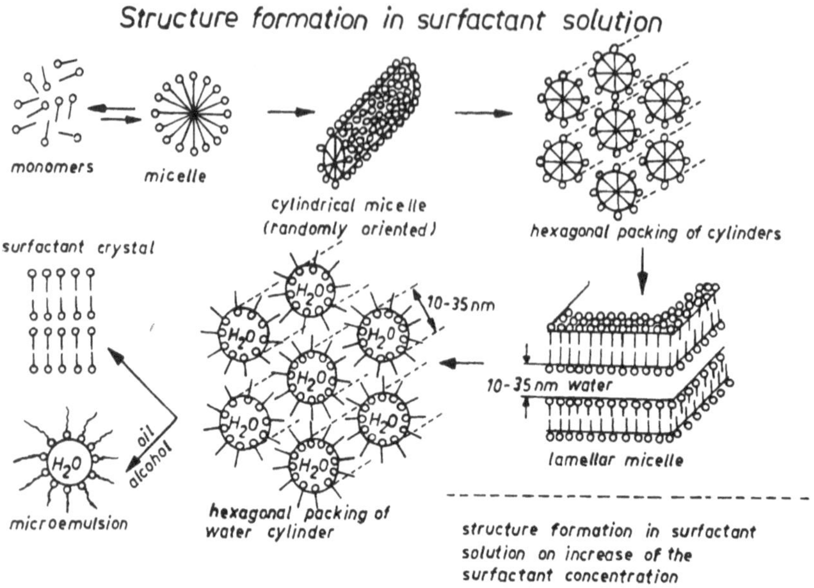

Fig. 2 Micelles and mesomorphic phases in surfactant/solvent systems

Ruckenstein /7/ gave an expression for the interaction forces in micelles by additional parts of free energie.

$$\Delta G^{\circ}_{mic.} = \Delta G^{\circ}_{trans.} + \Delta G^{\circ}_{CH_2\text{-}interact.} + \Delta G^{\circ}_{solv.} + \Delta G^{\circ}_{\sigma} + \Delta G^{\circ}_{\psi_0} + \Delta G^{\circ}_{\psi in.}$$

Coincidence is existing in the fact that the study of surfactant aggregation is the basis for understanding the mechanism of forming microemulsions.
A strong cuppling may be observed between the adsorption state of surfactants and the surface rheology.

Figure 3 represents the connection between the surface state of surfactants and their surface rheological properties established by the damping of surface waves /8, 9, 10/, the rate of thinning of thin liquid film /11/ and the movements of bubbles respectively.

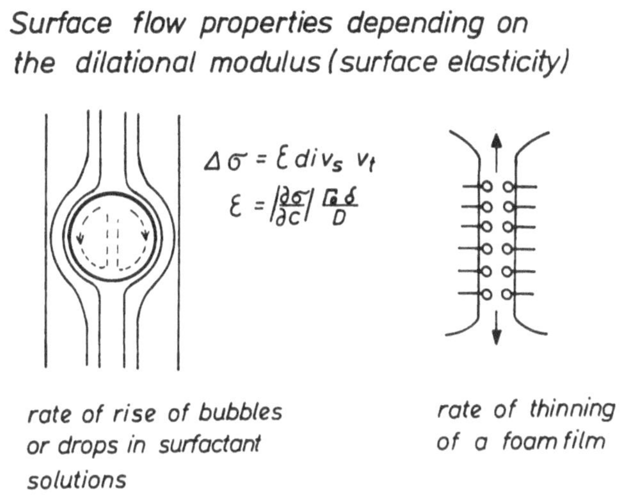

Fig. 3 Effects of surface rheology on flow properties

The tangential stress condition at liquid interfaces is explained by figure 4.

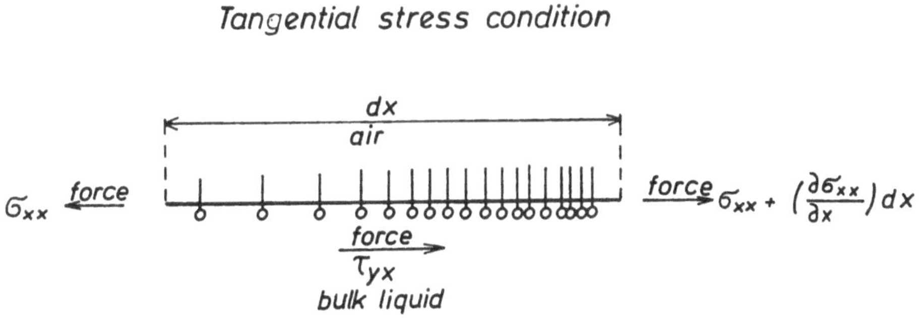

the force balance is $\tau_{yx} = -\frac{\partial \sigma_{xx}}{\partial x}$

τ_{yx} is a component of the bulk fluid stress tensor

σ_{xx} is the stress for a Newton Surface fluid

and equals $\sigma + (\eta_s + \eta_d)\,\frac{\partial u}{\partial x}$

η_s surface shear viscosity

η_d surface dilational viscosity

u velocity in x direction

Fig. 4 Tangential stress condition at liquid interfaces due to a interface tension gradient

The main task is the farther use of surface rheology for the characterization of adsorption layers. A remarkable success in this field is explained by figure 5 given by Lucassen-Reynders /12/.

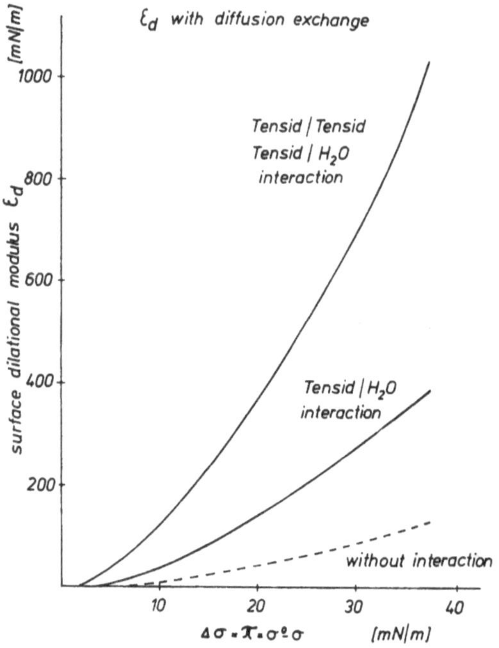

Fig. 5 Surface dilational modulus depending on film pressure. Three types of interactions surfactant/water

There is much correspondence between the topic of this conference and new ideas in the research of thin liquid films. It offers new aspects in the exploring of surfactant actions on interacting forces represented by the disjoining pressure. New results of Derjaguin /12/ and Derjaguin and Churaev /13/ are a proof for the contribution of a diffuse adsorption layer to the repulsion forces in thin liquid films and the hydration forces, respectively.

Iraelachvilis /14/ research on spatial oscillations in the force between two solid surfaces leads to the representation of figure 6. The results may be interpreted that near the surfaces the molecules lie in layers.

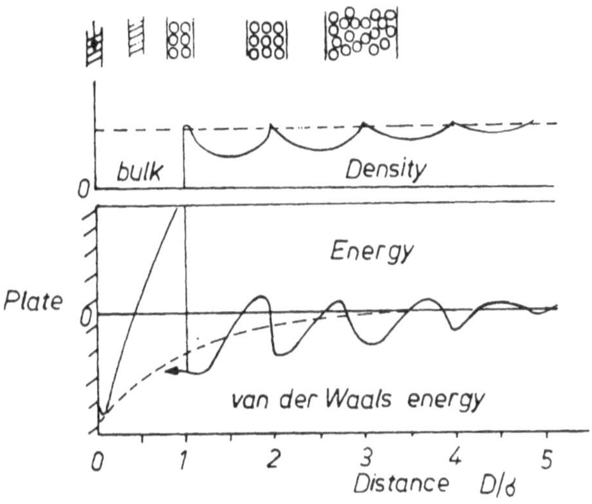

Fig. 6 Spatial oscillation force after Israelachvili

Last not least the process of forming new phases by the three phase contact has been studied intensively by Scheludko, Toshev and Platikanov /15/.
The action of line tension $\varkappa$, it is an old idea of Gibbs and means a two dimensional pressure, take place during the contact of small bubbles. After figure 7 the curved three phase contact line of radius r acts with the tension $\varkappa$ along the tangents at the points a und b. This tension leads to a force $2\varkappa \sin\frac{\delta\alpha}{2}$. By simple geometrical calculation the two dimensional pressure σ_x equals $\varkappa / r$
With other words, acting during the contact of small bubble is a barriere against the coalescence. The study of the influence of surfactants on this process is in the first step /16/.

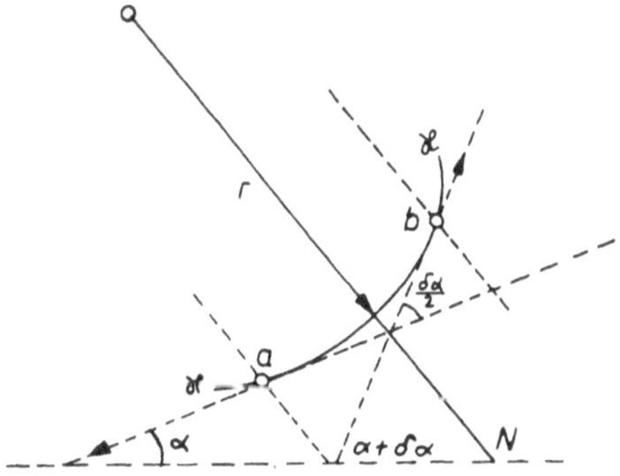

Line tension and a curved three phase contact line

Fig. 7 Geometrical sketch of line tension action

The stabilization or the rupture of foam or emulsion films may be controlled by the fluctuation of holes. Figure 8 shows for this case the lattice model of Exerowa and Kaishev /17/ with holes and the indication of lateral and vertical forces. The theory of hole fluctuation yields to stable and metastable regions of the bilayers as an explonation of its rupture.
Here it is interesting to have a correlation to the lateral movement of the "membran" forming molecules. This effect may be strongly influenced by the surface rheology.

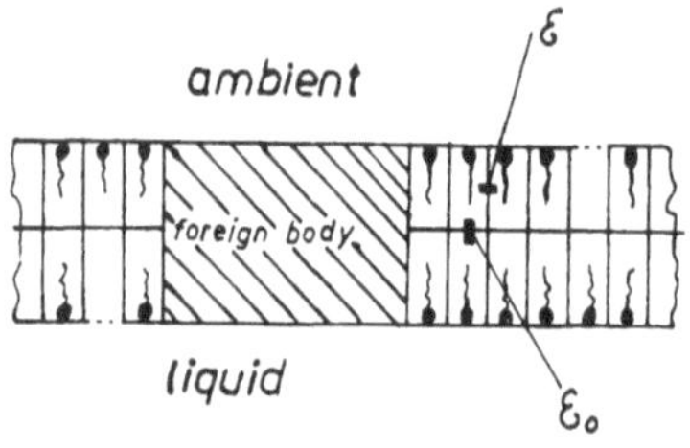

Schematic representation of a bilayer lipid membrane (cross-section)

Fig. 8 Lattice model of a Newtonion film

New studies of the nucleation process in spread monolayers during its collaps will be given by Vollhardt and Retter /18/. This work based on the concept of homogeneous nucleation and discontinuous growth of the nuclei around their circumference.

References

/1/ E. H. LUCASSEN-REYNDERS: Anionic Surfactants-Physical Chemistry of Surfactant Action. Surfactant Science Series, Vol. 11, Marcel Dekker, New York-Basel 1981

/2/ I. J. LIN and L. MARSZALL: Prog. Colloid Polymer Sci. 63,99 (1978)

/3/ K. LUNKENHEIMER: Dissertation B, Berlin 1983

/4/ K. LUNKENHEIMER and R. MILLER: Tenside Detergents 16, 312 (1979)

/5/ S. FORDHAM: Trans Faraday Soc. 50, 593 (1954)

/6/ G. KRETZSCHMAR: Proc. Intern. Conf. Colloid Surf. Sci. Budapest and Amsterdam 1975

/7/ R. NARGAJAN and E. RUCKENSTEIN: J. Colloid Interf. Sci. 71, 580 (1979)

/8/ M. VAN DEN TEMPEL: J. Non-Newtonian Fluid Mechanics, 2, 205 (1977)

/9/ J. LUCASSEN and M. VAN DEN TEMPEL: J. Colloid Interf. Sci. 41, 491 (1972)

/10/ A. SANFELD and A. STEINCHEN: Faraday Discuss. Chem. Soc. 77, 1 (1984)

/11/ I. B. IVANOV; B. RADOEV; E. MANEV and A. SCHELUDKO: Trans. Faraday Soc. 569, Vol. 66/5, 1267 (1970)

/12/ B. V. DERJAGUIN: Colloid Polymer Sci. 253, 492 (1975)

/13/ B. V. DERJAGUIN and N. V. CHURAEV: J. Colloid Interf. Sci. 62, 369 (1977)

/14/ I. ISRAELACHVILI: AdV. Colloid Interf. Sci. 16, 31 (1982)

/15/ A. SCHELUDKO; B. V. TOSHEV and D. PLATIKANOV: in "The modern theorie of capillarity", Berlin 1981

/16/ D. PLATIKANOV; M. NEDYALKOV and V. NASTEVA: J. Colloid Interf. Sci. 75, 620 (1980)

/17/ D. KASHCHIEV; D. EXEROWA: Biochimica et Biophysica Acta 732, 133 (1983)

/18/ D. VOLLHARDT; U. RETTER: This Proceedings

Z. ADAMCZYK, J. CZARNECKI, B. SIWEK, and M. ZEMBALA

Institute of Catalysis and Surface Chemistry, Polish Academy of Sciences, Kraków, Poland

Deposition of Latex Particles on Glass

Introduction

The deposition of colloidal particles from flowing suspensions onto solid surfaces /collectors/ is of a great importance in various filtration processes, papermaking, carrier flotation, printing, biology, medicine, and many other fields. It is also of an intrinsic interest for colloidal science since important information concerning both the short range specific forces and hydrodynamic transport conditions can be extracted from deposition experiments by comparing the results obtained with theoretical predictions discussed extensively in /1/. Theoretical results have been obtained by solving usually numerically the exact transport equation in which the specific and external forces as well as hydrodynamic factors were taken into account.

Theoretical values of particle flux, i.e., the deposition rate, are known for various collectors as functions of particle radius and density, Hamaker's constant, zeta potentials of the particles and the collector, flow intensity and geometry, etc. /1/. Especially atractive, due to mathematical simplicity of the governing equations, is the analysis of particle deposition from a stagnation point flow where the normal component of fluid velocity vector is independent on the coordinate tangential to the collector surface. Such flow conditions are created by rotating disc /2/ and prevail in the vicinity of the stagnation point of spherical and cylindrical collectors /1,3/ usually applied in filtration processes. A collector surface exposed to a stagnation point flow proves to be equally accessible for inflowing particles /1,3/, i.e., the particle flux is uniform and independent on the position over such surface.

In contrast to this extensive theoretical knowledge of particle deposition kinetics experimental data concerning this subject are limited in quantity and scope. The rotating disc technique has been used for studying deposition of carbon black /4/, latex /5/, and mineral /6/ particles on various collectors including glass, polymer, and chalcocite. Bowen et al. /7/ carried out series of experiments on deposition of latex particles in 0.4 - 0.62 μm size range from a laminar flow through a parallel plate channel to describe the influence of electrical double layer forces on particle deposition rate. Yao et al. /8/ performed a systematic study on suspension filtration rate through a packed bed filter made out of glass spheres. Monodisperse latex suspension have been used and particle size ranged from 0.1 to 1 µm and from 7.6 to 25.7 µm. The deposition and retention rates have been evaluated from turbidity changes of the suspension before and after leaving the filter.

In all experiments mentioned above the particle coating density was measured either in an indirect way /7,8/ or the collector was taken out of the suspension after completing a run in order to examine it under a microscope /4-6/. Therefore, the elementary act of particle deposition onto a solid surface has not been seen untill Dąbroś et al. /9,10/ developed a direct method enabling one to observe particle deposition in situ. This has been achieved by using a stationary and transparent collector, usually made out of glass, exposed to a suspension jet-stream flowing out from a capillary tube as shown schematically in Fig. 1. A numerical analysis of such arrangement /10/ indicates that in the region close to the axis of symmetry the stagnation point flow prevails, i.e., the collector surface is uniformly accesible for particles.

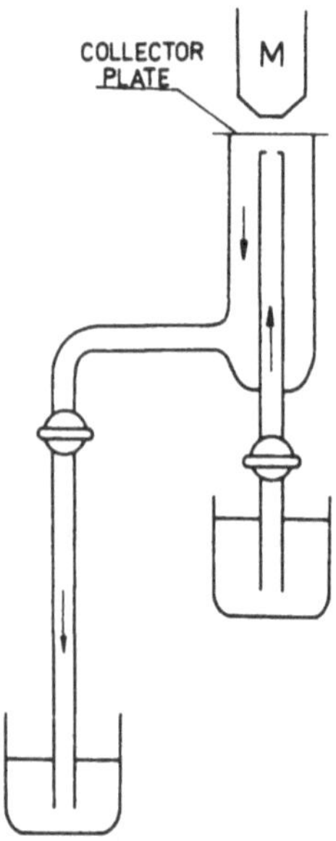

Fig. 1. The experimental cell used for particle deposition studies under the stagnation point flow conditions.

Experimental

Monodisperse latex stock suspension was prepared according to the polymerization procedure described in /11/ modyfied in this way that the reaction mixture was buffered by adding $3 \cdot 10^{-3}$ M $KHCO_3$ solution. This improved the final latex suspension by eliminating the side Kolthoff reaction /12/. The stock samples obtained were purified by steam distillation and washed on a milipore filter until the supernatant conductivity stabilized around the value characterizing the distilled water used for washing. The particle size distribution was determined by electron microscopy yielding the mean particle diameter equal to 0.75 μm with the relative standard deviation of 1.46%. The particle number concentration was evaluated by Coulter Counter technique. If not indicated otherwise all experiments reported herein were performed in suspensions containing $1.08 \cdot 10^8$ particles/cm^3.

The zeta potentials of latex particles were determined using Zeiss Parmoquant Zetameter.

Prior to experiments the stock latex solution was diluted to a desired concentration using pyro-distilled water with appropriate amounts of KCl and cetyltrimethylammonium bromide /CTAB/ added.

Microscope cover-glass plates used as collectors were thoroughly washed using a detergent solution then with concentrated HNO_3 and HCl acids, and finally with pyro-distilled water. Before a deposition run the glasses were conditioned in a 10^{-3} M KCl solution containing the appropriate amount of CTAB added.

The deposition experiments were performed in a glass cell shown in Fig. 1 similar to that already described by Dąbroś and van de Ven /10/. The latex suspension was flowing from the upper to the lower dish under gravity through the central glass tube topped with a thin platinum disc with a central aperture of 0.2 cm diameter. The suspension jet-stream flowing out from this orifice was impinging against the collector in form of a microscopic cover glass fixed at the top of the outer tube due to the underpressure inside the cell. The in situ observations of the deposition process have been carried out using the Carl Zeiss Jena Vertival microscope equipped with a TV camera and a TV monitor.

Results and Discussion

The main goal of this work was to check out the validity of theoretical predictions concerning particle deposition from the stagnation point flow at various surface potentials of the collector and of the particles. This was achieved by additions of various amounts of cetyltrimethylammonium bromide to the aqueous latex suspension studied. Since all latex particles and the collector surface were negatively charged for ionic strength up to 10^{-1} M and pH 3 - 12, an addition of a surface active agent was necessary to alter surface charges due to adsorption. CTAB was selected for this purpose because it causes charge reversal on latex particles at a very low concentration.

The zeta potentials of latex particles as a function of CTAB concentration is shown in the insert at the upper left corner of Fig. 2. The measurements were performed at constant ionic strength equal to 10^{-3} M fixed by an appropriate amount of KCl added. It can be seen

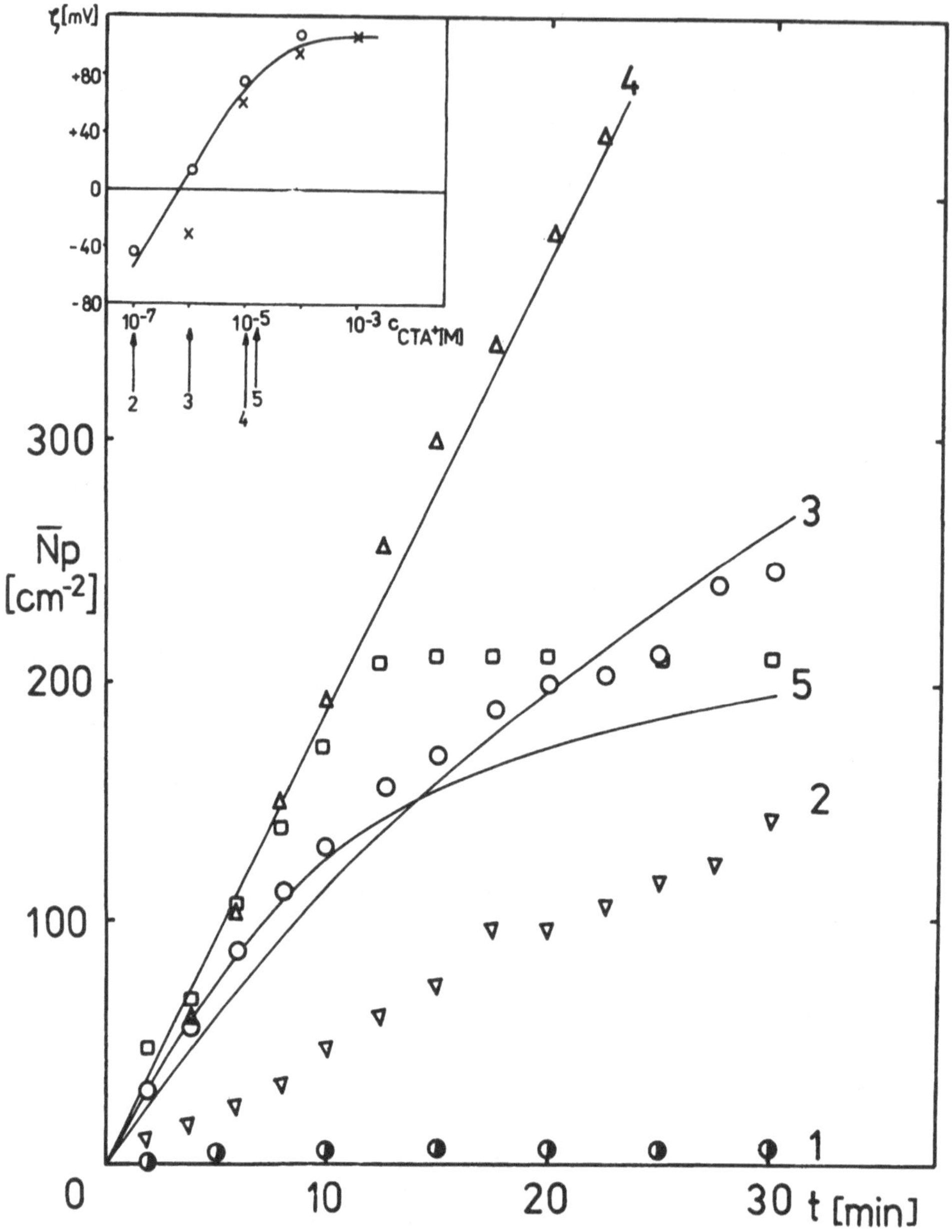

Fig. 2. The kinetics of latex particles deposition. Points represent the experimental results, solid lines depict theoretical predictions. Curves: 1. no CTAB added, 2. 10^{-7} M CTAB, 3. 10^{-6} M CTAB, 4. 10^{-5} M CTAB, 5. $1.5 \cdot 10^{-5}$ M CTAB. Average surface concentration Np is expressed in the number of particles deposited per 10^4 um^2 /10^{-4} cm^2/. All suspensions contained 10^{-3} M KCl per 1 l. The insert: Zeta potentials of latex particles as a function of CTAB concentration in 10^{-3} M KCl.

for CTAB concentration larger than approximately 10^{-6} M the zeta potential of latex particles becomes positive in accordance with the results reported in /13/.

Literature data on zeta potentials of glass /4/ and quartz /14/ in function of CTAB concentration /with no KCl added/ indicate that zeta potential of our collector glass plates should be reversed at higher CTAB concentration than it was the case for the latex particles. It may be thus concluded that the conditions for barrierless deposition, i.e., when the particles and the collector exhibit opposite signs of zeta potentials should be looked for at CTAB concentration of about 10^{-6} M and above.

Our experimental results presented in Fig. 2 confirmed the above expectation. For CTAB concentration below 10^{-6} M the particle deposition rate was small and increased when the CTAB concentration was increased. For CTAB concentration around 10^{-6} M, when latex isoelectric point was attained, the observed dependence of the number of particles deposited per 10^{-4} cm^2 Np on time was nonlinear, probably due to coagulation of the suspension studied /Fig. 2 open circles/. Curve 3 in Fig. 2 was drawn basing on calculations assuming that the suspension was undergoing coagulation process with the rate determined by Smoluchowski´s theory. It was taken into consideration that 10 minutes elapsed between the start of the coagulation and the beginning of the deposition run due to the solution preparation, filling the cell, starting the flow, ect. A satisfactory agreement between the experimental data and theoretical prediction was obtained as shown in Fig. 2.

On the other hand, for CTAB concentration above 10^{-5} M, Np is a linear function of time up to about 10 minutes then a saturation effect is observed. The particle coating density stabilized around a given value and did not increased further /squares in Fig. 2/. This behaviour can probably be attributed to a heterogeneous distribution of CTAB over the collector surface so that some regions were positively charged whereas other areas romained negative. Theoretical solid line 5 in Fig. 2 was based on the above assumption, i.e., the surface blocking effect was cosidered. The agreement with the experimental points is worse now than in the previously discussed case with coagulation. Nevertheless the character of the curve is qualitatively preserved.

Deposition under barrierless conditions /for 10^{-5} M CTAB/ occured exactly as the theoretical predictions /curve 4 in Fig. 2/. This is also confirmed by linear dependence of the deposition rate on the initial latex concentration and the observations concerning the dependence of the deposition rate on flow intensity, particle size, etc. discussed in detail elsewhere /15/.

The results obtained allow us to say that the experimental technique applied basing on direct microscopic observations of the particle deposition process in situ is very convenient for the studies of the process. The excellent agreement between the experimental data and the theoretical predictions in the case of the barrierless deposition suggests that the method can be useful for more complicated studies, e.g. for measuring the effect of surface barrier /varied in a controlled way/ which can serve as a good experimental test of the validity of the DLVO theory under dynamic conditions prevailing during particle deposition process.

Acknowledgement

The authors are very much indebted to Dr. T.Dąbroś for helpful discussions and to Prof. H.Sonntag for allowing one of us to perform zeta potential measurements in his laboratory. Financial support from Polish Grants No. 03.10 and MR I-17 is gratefully acknowledged.

References

/1/ Z. ADAMCZYK, T. DABROS, J. CZARNECKI, and T.G.M. VAN DE VEN: Adv. Colloid Interface Sci. 19, 183 (1983).
/2/ T. DABROS, Z. ADAMCZYK, and J. CZARNECKI: J. Colloid Interface Sci. 62, 529 (1977).
/3/ Z. ADAMCZYK and T.G.M. VAN DE VEN: ibid 89, 497 (1981).
/4/ J.K. MARSHALL and J.A. KITCHENER: ibid 22, 342 (1966).
/5/ M. HULL and J.A. KITCHENER: Trans. Faraday Soc. 65, 3093 (1969).
/6/ Z. ADAMCZYK and A. POMIANOWSKI: Powder Technol. 27, 125 (1980).
/7/ B.D. BOWEN and N. EPSTEIN: J. Colloid Interface Sci. 72, 81 (1979).
/8/ K.M. YAO, M.T. HABIBIAN, and C.R. O'MELIA: Environ. Sci. Technol. 5, 1405 (1970).
/9/ T. DABROS and T.G.M. VAN DE VEN: J. Colloid Interface Sci. 89, 232 (1982).
/10/ T. DABROS and T.G.M. VAN DE VEN: Colloid Polymer Sci. 261, 694 (1983).
/11/ J.W. GOODWIN, J. HEARN, C.C. HO, and R.H. OTTEWILL: Colloid Polymer Sci. 252, 464 (1974).
/12/ K. FUROSAWA, W. NARDE, and J. LYKLEMA: Kolloid Z. - Z. Polymere 250, 908 (1972).
/13/ P. CONNER and L.H. OTTEWILL: J. Colloid Interface Sci. 37, 642 (1971).
/14/ P. SOMASUNDARAN, T.W. HEALY, and D.W. FUERSTENAU: J. Phys. Chem. 68, 3562 (1964).
/15/ Z. ADAMCZYK, M. ZEMBALA, B. SIWEK, and J. CZARNECKI: J. Colloid Interface Sci. under consideration.

J. BEGER

Sektion Chemie der Bergakademie Freiberg, DDR

N-Tenside. Ein Überblick

Einführung

Stickstoffhaltige Tenside sind eine vielseitige Gruppe grenzflächenaktiver Stoffe sowohl hinsichtlich der chemischen Struktur und der Synthese, als auch bezüglich der weitverzweigten Anwendungsgebiete /1/ bis /4/. Obwohl sie nicht zu den Tensiden mit dem größten Produktionsvolumen gehören, sind die sich ständig ausweitenden und stark strukturabhängigen Anwendungen besonders reizvoll für den praktisch orientierten Chemiker. N-Tenside tauchen in allen Gruppen der klassischen Tensidunterteilung auf (Tabelle 1).

Tabelle 1. N-haltige Tenside

Typ	N-Tensidgruppe
Kationic	langkettige Aminsalze, quartäre Ammoniumsalze
Nonionic	oxethylierte Amine und Amide, Aminoxide
Amphotensid	Alkylaminosäuren, Betaine, Alkylimidazoliniumverbindungen
Anionic	Acylaminocarbon- und -sulfonsäuren

Neben einigen Gruppen von N-Tensiden, die seit langen Jahren industriell erzeugt werden - eine Auswahl findet sich im Schema 1 - werden aus wissenschaftlichen und praktischen Interessen heraus immer weitere Vorstöße unternommen, um neue stickstoffhaltige Tensidstrukturen auf der Basis industriell verfügbarer Ausgangsstoffe und Synthesebausteine zu erschließen.

In der Abhandlung werden diese Versuche klassifiziert und die Synthesen von einem organisch-technischen Standpunkt kommentiert. Einige neuere Anwendungen sollen den ungebrochenen Entwicklungsweg der N-Tenside unter Beweis stellen.

Schema 1

Industriell produzierte N-Tenside, Auswahl

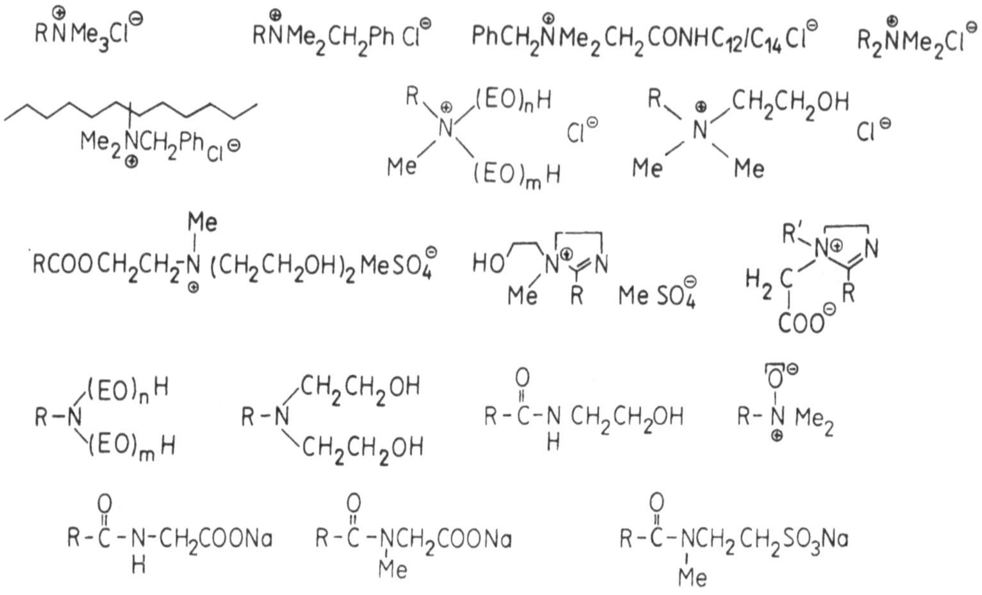

Klassifizierung der Baugruppen eines N-Tensids

Ein Tensidmolekül setzt sich im einfachsten Fall aus der hydrophoben Alkylkette und dem hydrophilen oder ionischen Kopf zusammen. Unter hydrophoben Veränderungen der Grundstruktur wären demzufolge

- Verlängerungen, Verkürzungen oder Verzweigungen der Kette,
- Einbau ebenfalls hydrophober Teilstrukturen, wie Mehrfachbindungen oder Arenresten /5/ in die Kette,
- Verwendung hydrophobierender Substituenten, wie z. B. Halogenatome /6/ und
- Vergrößerung der Anzahl der hydrophoben Reste /7/

zu verstehen.

Hydrophile Veränderungen bestehen vor allem in der Einführung weiterer Heteroatome wie Sauerstoff oder Stickstoff in die Nähe des hydrophilen Kopfes und sind damit u. a. durch

- Mono- bis Polyoxalkylierung der N-Funktion /8/,
- Einführung weiterer kurzkettiger und funktioneller Reste am Stickstoff bis zu dessen Quarternierung /9/ /10/ /11/ /12/,
- Einführung hydrophiler Glieder zwischen Kette und N-Funktion und
- Ausbildung mehrwertiger N-Tenside /13/ /14/

gekennzeichnet.

Industrielle Verfügbarkeit potentieller Baugruppen eines N-Tensids

1. Die hydrophoben Ketten

Zwischen den hydrophoben Ketten der Tenside allgemein und der N-Tenside bestehen praktisch keine Unterschiede. Sie werden aus natürlichen Fetten und Ölen - gerade C-Zahlen mit den Schwerpunkten C_{12}/C_{14} oder C_{16}/C_{18} - oder den Oxydationsfettsäuren, die vor allem in den sozialistischen Ländern Verwendung finden, hergestellt. Durch Hydrierprozesse werden die langkettigen Alkohole und Amine erhalten. Als Zwischenprodukte dieser Synthesewege sind damit Carbonsäurealkylester und Carbonsäurenitrile ebenfalls verfügbar. Aus petrolchemischen Synthesen und Isolierungen stammen n-Alkan- und n-Alkengemische. Durch Halogenierung werden mittel- oder endständige Halogenalkane zugänglich. Mit diesem Angebot sind die wesentlichen gegenwärtig verwendeten hydrophoben Ketten beschrieben.

2. Die N-Funktion

Sofern die N-Funktion nicht aus den Aminen der aminierenden Fettsäurereduktion entstammt, wird sie anderweitig über Derivate des Ammoniaks gewonnen. Die technischen Wege dazu sind die Aminierung von Methanol oder höheren Alkoholen, die hydrierende Aminierung von niederen Carbonylverbindungen wie Ethanal bis Butanal oder Aceton und die Ammoniak- oder Aminaddition an Ethylenoxid oder andere Oxirane. Sonderfälle stellen die Einbeziehung cyclischer Amine wie z. B. Piperidin, Morpholin und Pyridin dar.

3. Die Modifizierung des hydrophilen Kopfes

Gegenwärtig beschäftigen sich fast alle synthetisch orientierten Publikationen über N-Tenside mit der Verwendung von Baugruppen, die das hydrophile Zentrum modifizieren. Insbesondere sind die Grenzgebiete Kationic/Anionic (Amphotenside) und Kationic/Nonionic (Oligoetheramine) Gegenstand zahlreicher Arbeiten. Interesse besteht auch an der Untersuchung mehrwertiger N-Tenside mit gleichen oder unterschiedlichen N-Funktionen. Als Synthesebausteine stehen dabei Oxirane, Epichlorhydrin, Acrylsäurederivate, insbesondere Acrylnitril, niedere Aminosäuren wie Glycin und Sarcosin, Di- und Oligoamine der Epoxid- und Polyurethanchemie, ω,ω'-Dichlorether oder α,ω-Oligoetherchlorhydrine und der Formaldehyd im Mittelpunkt.

In den drei Formelbildern werden als illustrierende Beispiele Beiträge einer Formaldehyd- /15/ /16/ (Schema 2), einer Epichlorhydrin- /17/ (Schema 3) und einer Oligoetheramin-N-Tensidchemie /18/ /19/ (Schema 4) dargestellt.

Schema 2

Kationics aus Chlormethylethern und -thioethern

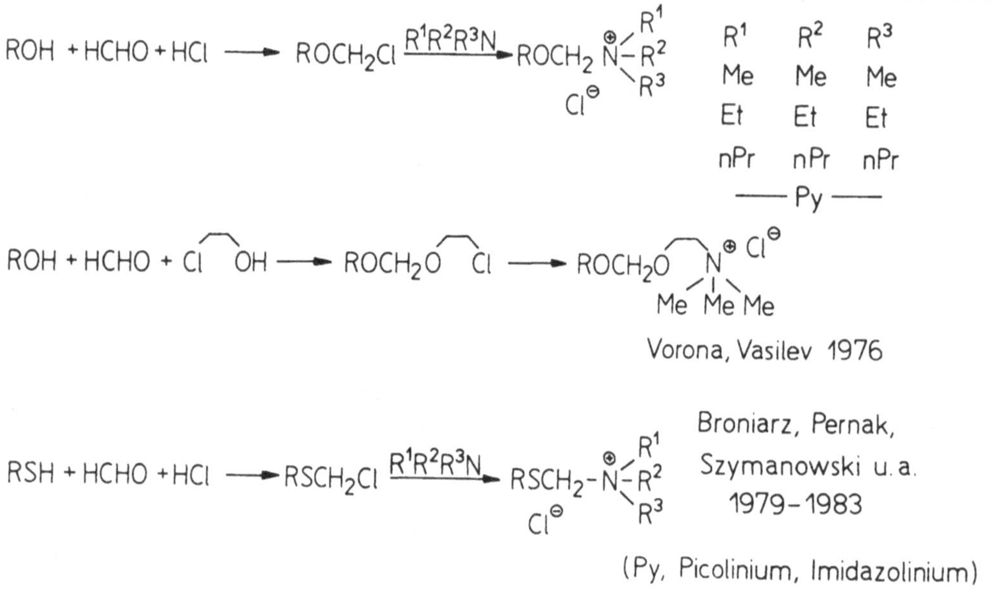

Schema 3

Epichlorhydrin als Basis für N-Tenside

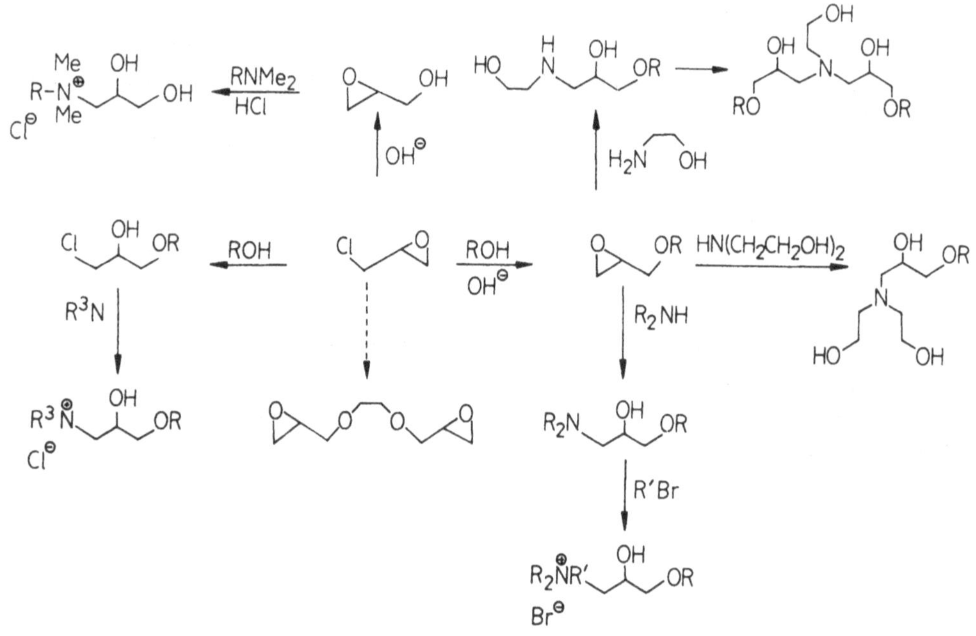

Schema 4

Oligoetheramine und - ammoniumsalze

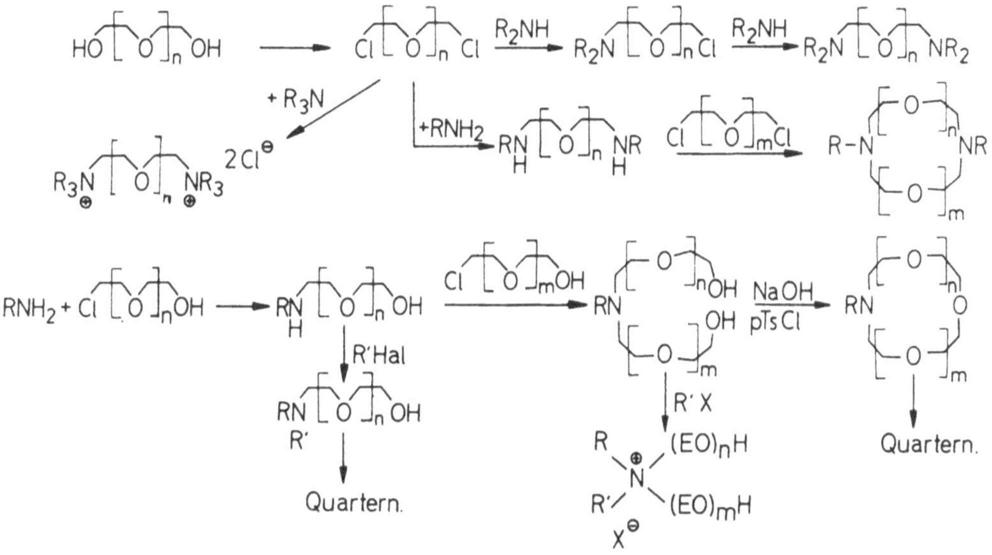

Es ist verständlich, daß bei dieser bedeutenden Entwicklung der N-Tensid-Synthesechemie weder die tensidchemische Charakterisierung, geschweige denn die Anwendungsgebiete bisher einigermaßen umfassend bearbeitet worden sind. So ist die Kenntnis der funktionellen Abhängigkeit von log CMC gegenüber der Kettenlänge (n_{CH_2}) des hydrophoben Restes nützlich, um weitere CMC-Daten ermitteln zu können. In Tabelle 2 sind auswahlweise aus Literaturdaten die Konstanten der Stauff-Klevens-Gleichung für einige N-Tensid-Reihen berechnet und zusammengestellt.

Tabelle 2. Stauff-Klevens-Beziehung $\log CMC = A - B \cdot n_{CH_2}$ für N-Tenside

N-Tensid-Reihe	A	B		Wertepaare	Literatur
$RNMe_3^+Br^-$	2,029	0,319	0,999	4	/20/
$R_2NMe_2^+Cl^-$	2,751	0,542	0,999	3	/24/
$RNMe_2CH_2Ph^+Cl^- \cdot 1\ H_2O$	2,273	0,370	0,999	12	/21/
$RNMe_2(CH_2)_6NMe_2R \cdot 2\ Br^-$	1,740	0,384	0,996	7	/14/
wie Zeile 4: R = CH_2COOR	−1,080	0,131	0,991	6	/13/
$RNHCH_2CH_2OH \cdot HCl$	1,935	0,314	0,999	8	/22/
$ROCH_2CHOHCH_2N(CH_2CH_2OH)_2 \cdot HCl$	0,962	0,266	0,999	3	/23/

Abschließend seien an zwei Beispielen neuere Anwendungen von N-Tensiden dargestellt.

Läßt man entsprechend Schema 5 Amine mit organischen Dibromiden re-

Phasentransfer-katalysierte S_N-Reaktion $nC_8H_{17}Br + CH_3COONa \times 3H_2O$

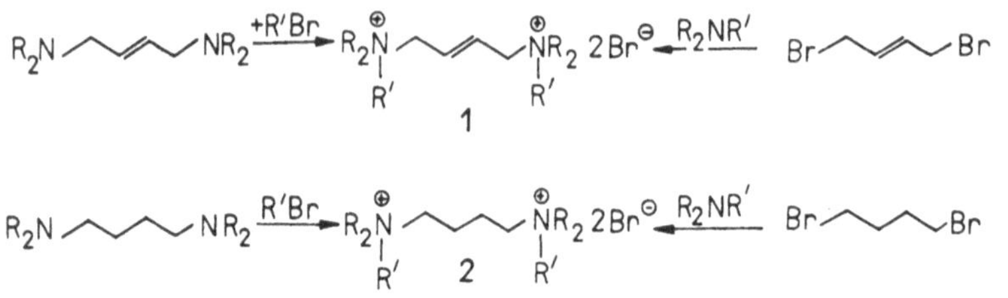

R	R'	C/N⊕	$t_{0,5}$ 1	2	3
Me	C_4	8	300		
	C_8	12	65	>300	
	C_{12}	16	45	75	100
	C_{16}	20	25	100	40
Et	C_{12}	18	40		
C_4	C_{12}	22	45		
Me	CH_2Ph	11	110		

$t_{0,5}$ = Zeit bis 50 % Umsatz (min)

C/N⊕ Gesamtzahl C pro kation. Zentrum

GC- Analyse, n-Dodecan als inn. Standard

120°C

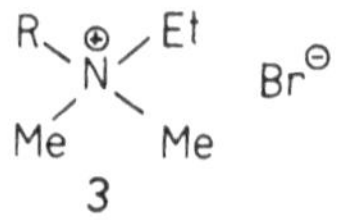

3

agieren, erhält man gesättigte oder ungesättigte bisquartäre Ammoniumsalze /25/, deren unterschiedliche Wirkung als <u>Phasentransferkatalysatoren</u> dargestellt ist. (Ergebnisse gemeinsam mit Dr. H. Schiefer, FIA Freiberg)

In der Abbildung sind die Ergebnisse der <u>Ionenflotation</u> des Perrhenat-Anions mit verschiedenen quartären Aminoessigsäureestern dargestellt. Man sieht, daß gute Flotationsausbeuten nur innerhalb eines bestimmten C/N^+-Verhältnisses erreicht werden. (Ergebnisse gemeinsam mit Doz. Dr. Charewicz und Dr. Walkowiak, TH Wroclaw)

Ionenflotation von Perrhenat mit quartären Aminoessigsäureestern 4, 5 und 6

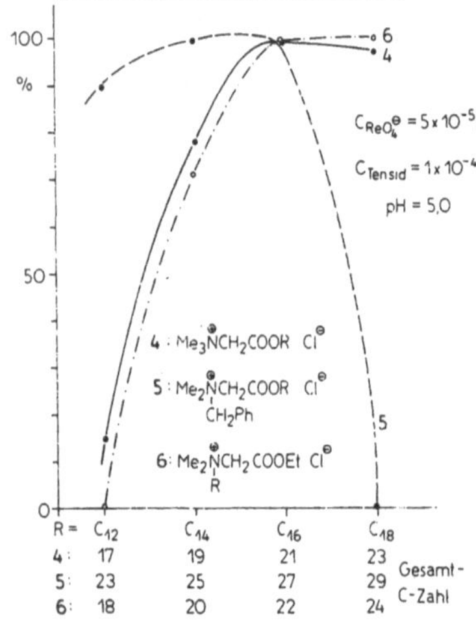

Mit diesem kurzen Überblick über N-Tenside soll dokumentiert werden, daß sowohl theoretisch als auch anwendungsorientierte Arbeitsgruppen ein breites und interessantes Feld für ihre Untersuchungen finden.

Literatur

/1/ E. Jungermann: "Cationic Surfactants", M. Dekker 1970

/2/ M. J. Rosen: "Surfactants and Interfacial Phenomena", Wiley 1978

/3/ A. A. Abramzon: "Poverkhnostno-aktivnye Veshchestva", Khimiya 1981

/4/ H. Stache: "Tensid-Taschenbuch", 2. Ausg., Hanser 1981

/5/ T. M. Machmudov, N. A. Chodshachanov, A. D. Kamalova, S. Ubaidullaev, A. Alimov, R. Khashimov, M. Yuldasheva, K. Chidojatov, A. Chakimov, Tez. Dokl. Soobshch. Vses. Simp. Fiz.-Khim, Osn. Primen. Napravl. Sint. Poverchn. Akt. Veshch. 1974, 105; Chem. Abstr. 85, 96106 t (1976)

/6/ J. Beger, C. Pöschmann, Tenside Deterg. 21, 66 (1984)

/7/ R. D. Ditoro, Soap chem. Specialties 45, 47 (1969)

/8/ J. Chlebicki, K. Slipko, Tenside Deterg. 18, 206 (1981)

/9/ J. Beger, R. Jacobi, R. Neumann, M. Richter, Tenside Deterg. 20. 165 (1983)

/10/ J. Beger, R. Jacobi, R. Köhler, Tenside Deterg. 20, 169 (1983)

/11/ W. Gerhardt, S. Kucharski, J. prakt. Chem. 319, 705 (1977)

/12/ V. A. Volkov, V. A. Malykkova, V. M. Arsen'ev, E. B. Aleshichev, Kolloidn. Zh. 38, 781 (1976)

/13/ Yu. F. Deinega, Z. R. Ul'berg, L. G. Marochko, V. P. Rudi, V. P. Denisenko, Kolloidn. Zh. 36, 649 (1974)

/14/ K. Kralova, L. Mitterhauszerova, Tenside Deterg. 20, 35 (1983)

/15/ N. V. Kozlova, A. S. Levina, Ref. Zh. Khim. 1981, 1 B 1587; Chem. Abstr. 94, 158698 j (1981)

/16/ J. Pernak, J. Szymanowski, M. Pujanek, S. Kucharski, J. Broniarz, J. Am. Oil Chem. Soc. 56, 830 (1979)

/17/ S. Kucharski, Polish J. Chem. 52, 1059 (1978)

/18/ P.-L. Kuo, I. Ikeda, M. Okahara, Tenside Deterg. 19, 4 (1982)

/19/ H. Schiefer, M. Quaißer, J. Beger, K. Gloe, P. Mühl, Z. Chem. 22, 426 (1982)

/20/ D. Guveli, S. S. Davis, J. B. Kayes, J. Pharmac. Pharmacol. 26, 127 P (1974)

/21/ R. A. Cutler, E. B. Cimijotti, T. J. Okolowich, W. J. Wetterau, Soap chem. Specialties 43, (3), 84 (1967)

/22/ P. A. Demchenko, I. Ya. Litvin, Yu. V. Tanchuk, B. S. Shapoval, Fiz.-Khim. Mekh. Liofilnost Disp. Sistem 1973, No. 4, 85; Chem. Abstr. 80, 19815 t (1974)

/23/ S. Kucharski, J. Coll. Interfac. Science 64, 300 (1978)

/24/ A. W. Ralston, D. N. Eggenberger, P. L. Du Brow, J. Am. Chem. Soc. 70, 977 (1948)

/25/ H. Schiefer, J. Beger, U. Lorenz, J. prakt. Chemie 327, 383 (1985)

Духин С.С.

Институт коллоидной химии и химии воды Академии наук УССР, Киев

Механизмы действия поверхностно-активных веществ в микрофлотации

Физико-химические основы флотации рассматриваются в многочисленных монографиях и обзорах /I-4/. Однако традиционное рассмотрение этой приблемы, при котором основное внимание уделяется термодинамике формирования агрегата пузырек- частица, недостаточно для решения ряда технологических проблем флотации, возникших в последнее десятилетие. В связи с истощением запасов полезных ископаемых обостряется необходимость разработки технологии малых частиц (размером менее I0 мкм), которые при существующей технологии переходят в отвальные хвосты. И применительно к водоочистке представляет интерес поведение только таких малых частиц в элементарном акте флотации /5/, так как частицы больших размеров быстро седиментируют и их удаление осуществляется без затруднений.

Еще в 1959 году Дерягин и Духин /6,7 / обосновали необходимость использования пузырьков малых размеров при флотации малых частиц. Этот прогноз подтвердился практикой, в частности, эффективностью возникшей позднее электрофлотации и напорной флотации.

Поскольку флотация малых частиц преимущественно малыми пузырьками- качественно новый процесс, естественно использовать специальный термин микрофлотация (этот термин встречается в мировой литературе).

В отличие от обычной флотации, элементарный акт которой осложнен инерционным ударом и сопутствующей ему деформацией поверхности пузырька, микрофлотация в полной мере коллоидно-химический процесс и на языке современной коллоидной химии может быть охарактеризована как ортокинетическая коагуляция.

Поверхностные силы, теория устойчивости коллоидов Дерягина-Ландау и основывающаяся на этих представлениях теория гетерокоагуляции и, в особенности, ортокинетическая гетрокоагуляция- новые разделы коллоидной науки. Опыт использования этих разделов коллоидной науки специалистами по обогащению и водоочистке отсутствует. Именно по этой причине проблема флотации малых частиц часто рассматривается с тех же позиций, что и флотация крупных частиц. Это недопустимо, так как механизм флотации малых частиц характеризуется целым рядом особенностей, без исследования которых невозможно создать научные основы технологии.

В соответствии с общими положениями физико-химческой кинетики элементарный акт микрофлотации целесообразно рассматривать как многостадийный процесс. Подобный подход фактически получил уже признание, поскольку вероятность элементарного акта часто представляют как произведение трех вероятностей, характеризующих соотвественно процессы трансопрта частиц к поверхности пузырька, закрепление на ней и возможный последующий отрыв.

Особенности механизма закрепления малых частиц на поверхности пузырька

В общем случае возможен отрыв первоначально прилипшей частицы, который осуществляется либо под действием сил тяжести, либо под действием сил инерции. Эти силы пропорциональны обьему частиц, т.е. велики для крупных частиц и малы для тонких. Этот тривиальный факт приводит к ардинальным следствиям при анализе роли размера частиц в механизме элементарного акта флотации /6, 8, 9, I0 /. Силы отрыва для частицы размером I00 мкм в 10^6 раз больше, чем для частицы размером I мкм. Поэтому для крупных частиц возможна лишь одна форма закрепления- посредстом формирования трехфазного периметра смачивания, приводящего к отличному от нуля краевому углу, способного противостоять большим силам отрыва. Подобную флотацию мы будем в дальнейшем именовать контактной. Для малых частиц наряду с контактой возможна, в принципе, также и флотация бесконтактная, при которой частица закрепляется без образования периметра смачивания краевого угла. Это возможно только за счет того препятствия, которое оказывает образованию периметра смачивания энергия его линейного притяжения, рассмотренного впервые Гиббсом. Потенциальный барьер для процесса образования периметра смачивания детально рассмотрен в теории Шелудко и соавторов /II/.

Очевидно, различие между двумя формами закрепления возможно лишь для мелких гидрофильных частиц. В то время как для флотации крупных гидрофильных частиц необходимо применять реагенты, гидрофобизирующие их поверхность, флотация малых гидрофльных частиц возможна и без применения реагентов. Здесь, однако, необходимо уточнить, что малые частицы удобно подразделять на две группы, для одной из которых возможна безреагентная микрофлотация, для другой- невозможна.

Безреагентная микрофлотация возможна, во-первых, если существует потенциальная яма, во-вторых, если она достаточно глубока, так что обеспечивается достаточно длительное закрепление. Так как в смачивающих пленках сила ван-дер-ваальса чаще всего приводит к отталкиванию, потенциальная яма может быть вызвана либо сильным отличием величин потенциалов поверхностей частицы и пузырька, даже если они одного знака, либо силами структурного притяжения /I2 /. Безреагентная микрофлотация описана многими исследователями, в частности, Гельманом и сотрудниками /I3/, но коллоидно-химические исследования при этом не проводились. Итак, первая особенность микрофлотации состоит в том, что она может протекать бесконтактно и без применения реагентов.

Так как электрические заряды пузырька и частицы обычно совпадают по знаку, возникающий барьер электростатических сил отталкивания может воспрепятствовать сближению частиц на расстояние, при котором наступает бесконтактная флотация. Это вторая особенность микрофлотации. Этот фактор может не проявиться в случае крупных частиц, так как электростатический барьер преодолевается под действием значительных в этом случае сил тяжести. Барьер электростатических сил для случая, когда

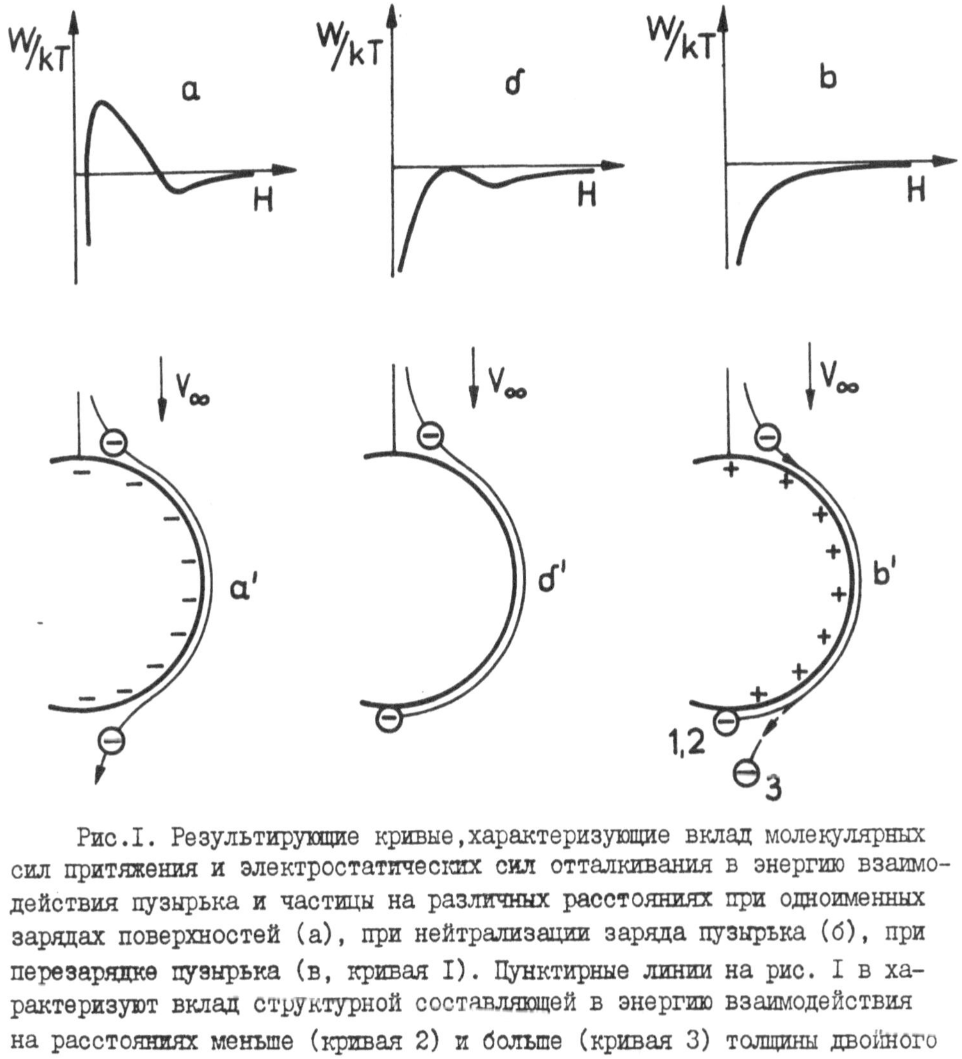

Рис.I. Результирующие кривые,характеризующие вклад молекулярных сил притяжения и электростатических сил отталкивания в энергию взаимодействия пузырька и частицы на различных расстояниях при одноименных зарядах поверхностей (а), при нейтрализации заряда пузырька (б), при перезарядке пузырька (в, кривая I). Пунктирные линии на рис. I в характеризуют вклад структурной составляющей в энергию взаимодействия на расстояниях меньше (кривая 2) и больше (кривая 3) толщины двойного слоя. Схемы иллюстрируют возможность флотации одноименных частиц и пузырька при достаточно большом заряде (I а'), при нейтрализации заряда пузырька (б') или при его перезарядке (в'). Кривые 2 и 3 на рис. I в' иллюстрируют возможность флотации при радиусе действия неэлектрических сил, меньше толщины ДС (2), и невозможность ее в противном (3).

заряды частицы и пузырька совпадают по знаку и достаточно велики, изображены на рис. I. При этом микрофлотация затруднена.

Флотацию можно обеспечить воздействиями двоякого рода. При введении в систему электролитов толщина диффузной части двойного слоя уменьшается, что приводит к убыванию сил электростатического отталкивания. Посредством адсорбции поверхностно-активных катионов можно понизить отрицательный заряд поверхности, что также может привести к коагуляции.

Впервые возможность интенсификации флотации малых частиц посредством снижения сил электростатического отталкивания была экспериментально доказана Дерягиным и Шукакидзе /I4/. Предложенная Дерягиным и Духиным трактовка процесса прилипания при флотации малых частиц на основе теории гетерокоагуляции отражена в ряде обзоров по теории гетерокоагуляции / 2,3,5,I5 /.

Матиевич с сотрудниками /I6/ изучали коагуляцию и микрофлотацию, варьируя электрокинетический потенциал посркдстом изменения pH. При значениях pH, которым соответствовала высокая устойчивость золя, микрофлотация обычно не наблюдалась. Она регулярно наблюдалась при тех значениях pH, при которых протекала и флокуляция. Отмечалось, что разделени фаз микрофлотацией идет значительно быстрее,чем при флокуляции.

Экономичный способ управления электростатической составляющей расклинивающего давления и, следовательно, флотируемостью состоит в использовании ионогенных ПАВ в определенных концентрациях, которые адсорбируясь на пузырьке, перезаряжают его. Однако очень малые концентрации ПАВ не обеспечат флотируемость, если она затруднена не только электростатическим барьером, но и неэлектростатическими факторами, препятствующими сближению поверхностей частицы и пузырька. Одним из таких факторов может быть наличие на поверхности частицы полимолекулярного гидратного слоя.

На рис. I в барьер, обусловленной структурной составляющей расклинивающего давления, схематически представлен для тех случаев, когда радиус действия ее меньше (кривая 2) илиб больше (кривая 3) толщины двойного электрического слоя.

Другой путь преодоления трудности, связанной с обеспечением флотации дисперсий при наличии неэлектростатического фактора устойчивости коллоидов, указан в работе /6/. Он состоит в стимулировании электростатического притяжения. Для этого необходимо посредством значительной адсорбции ПАВ создать на поверхности пузырька высокий заряд, противоположный знаку заряда частицы; при этом взаимодействие двойных слоев обусловит силы притяжения. Если толщина двойного слоя превышает толщину гидратного слоя,то за пределами радиуса действия неэлектростатических сил отталкивания будут действовать силы притяжения между противоположными по знаку зарядами частицы и пузырька. Таким образом, возникает агрегат пузырьек- частица, между поверхностями которых сохранится зазор толщиной порядка протяженности барьера неэлектростатических сил отталкивания. Если увеличить радиус действия сил отталкивания при одной и той же толщине двойного слоя, то потенциальная яма станет более мелкой. Желательно подбирать ПАВ таким образом,чтобы не только усиливалось электростатическое притяжение, но и одновременно ослаблялось отталкивание, обусловленное структурным фактором. Таким образом, если радиус действия электростатических сил притяжения превышает радиус действия неэлектростатических (структурного происхождения) сил отталкивания, то флотируемость возможна (рис.I в, кривые 2). Если радиусы действия этих сил соизмеримы, то при наличии неэлектростатического барьера флотация оказывается невозможной (рис.I в, кривые 3).

Итак, третья особенность флотации малых частиц состоит в том, что ею можно управлять с помощью ионогенных ПАВ, причем можно обеспечить флотируемость даже в случае действия неэлектростатических факторов устойчивости.

Годдард с сотрудниками /7/ обеспечивали флотацию частиц кварца путем адсорбционной перезарядки поверхности пузырька аминами. Резкое повышение флотируемости соответствует резкому увеличению адсорбции аминов. Если обычно управление флотируемостью осуществляют посредством гидрофобизации поверхности частиц, то здесь мы имеем дело с совершенно новым направлением во флотации, когда введением ПАВ модифицируется заряд поверхности пузырька. О незначительных изменениях поверхности кварца свидетельствует то, что в опытах Годдарда электрокинетический потенциал кварца при введении ПАВ изменился очень мало.

Экстремальная зависимость от концентрации ионогенного ПАВ получена и при изучении флотации кварца и алумина (размер частиц 0,3 мкм) /I8/. Спад флотационного извлечения авторы также объясняют возникновением электростатического отталкивания при одновременной перезарядке частицы и пузырька. Достоинством этой работы является расчет энергии взаимодействия частицы и пузырька, обусловленного силами притяжения, возникающими при частичном переносе цепей додецилсульфата с поверхности частицы на поверхность пузырька и сил отталкивания молекулярной, электростатической, стерической природы. Необходимые для расчета экспериментальные данные получены при измерении адсорбции ПАВ на частицах, снижении поверхностного натяжения при адсорбции и электрофоретической подвижности частиц. Рассчитанная суммарная энергия взаимодействия хорошо коррелирует со степенью флотационного извлечения. Концентрации ПАВ, при которых максимальны энергия взаимодействия и извлечение, почти совпадают.

Глубина потенциальной ямы, возникающей за пределами неэлектростатического барьера при перезарядке поверхности пузырька, недостаточна для бесконтактной флотации крупных частиц. Поэтому бесконтактная флотация частиц при наличии неэлектростатической составляющей расклинивающего давления может быть обеспечена посредством перезарядки только в случае достаточно малых частиц.

Транспортная стадия элементарного акта микрофлотации, динамический адсорбционный слой пузырька и отрыв частиц

Транспорт частиц к поверхности пузырька и возможность их последующего отрыва в значительной степени определяются гидродинамическим полем пузырька и степенью подвижности его поверхности, степенью ее заторможенности адсорбционным слоем ПАВ. Поскольку радиус R пузырька в условиях микрофлотации изменяется примерно на два порядка (около 10^{-5}- 10^{-3} м), а скорость всплывания пузырька пропорциональна квадрату его радиуса, то число Рейнольдса, характеризующее гидродинамическое поле пузырька, изменяется от значения много меньше единицы, до значений порядка 10^{-3} :

$$Re \sim Rv/\nu \qquad (1)$$

где ν - кинематическая вязкость, v-скорость всплывания.

Экспериментально установлено, что не только при $Re < 1$, но и при $Re < 40$ поверхность пузырька либо полностью неподвижна, либо ее подвижность много меньше скорости всплывания пузырька. Поэтому при $Re < 1$ гидродинамическое поле пузырька описывается формулами Стокса, а в переходном гидродинамическом режиме формулами Хамилека. При $Re > 40$ возможна различная степень подвижности пузырька, причем при не очень больших числах Рейнольдса гидродинамическое поле пузырька, поверхность которого свободна, т.е. не заторможена адсорбционным слоем, потенциально. Для этих трех режимов развита количественная теория транспортной стадии, опирающаяся на рассмотрение безинерционного перемещения частиц по линиям тока жидкости и осаждения их на поверхность при расстоянии центра тяжести частицы от поверхности равном их радиусу a. Учитывается ближнее гидродинамическое взаимодействие, сопряженное с преодолением вязкого сопротивления, неограниченно возрастающего с утоньшением жидкой пленки, отделяющей пузырек от частицы. Приведем только формулы для переходного гидродинамического режима, полученные в /19 / для случая свободной поверхности

$$E_p \sim a^{0,8}/R \qquad (2)$$

и для случая поверхности, иммобилизованной адсорбционным слоем

$$E_s \sim a^{1,4}/R \qquad (3)$$

Сопоставляя эти формулы с известными формулами для потенциального и стоксовского режимов нетрудно заключить, что вид зависимости эффективности столкновения от размеров частицы и пузырька примерно сохраняется во всем интервале чисел Рейнольдса и определяется степенью подвижности поверхности пузырька. Но это означает, что большое значение имеет изменение поверхностного натяжения под влиянием адсорбции, так как при этом сильно изменяется степень подвижности поверхности.

Строение адсорбционного слоя на подвижной поверхности, т.е. в динамических условиях, качественно отличается от его строения в статических условиях, что оправдывает введение специального термина- динамический адсорбционный слой.

Совместный учет влияния гидродинамического слоя на распределение адсорбции и обьемной концентрации ПАВ в диффузионном пограничном слое и влияние динамики адсорбции на поле скоростей при больших числах Пекле ($Pe = \frac{Rv}{D}$, D - коэффициент диффузии молекул ПАВ) осуществлен в предельных случаях слабой ($Re \gg$ I) и сильной заторможенности поверхности пузырька. При слабой заторможенности основной части поверхности пузырька и при умеренной поверхностной активности, т.е. при

$$\Gamma_0/c_0 \ll \delta \qquad (4)$$

(где δ - толщина диффузионного пограничного слоя) изменение адсорбции незначительно

$$(\Gamma_0 - \Gamma(\theta)) \ll \Gamma_0 \qquad (5)$$

где Γ_0 - адсорбция на неподвижной поверхности, $\Gamma(\theta)$- распределение адсорбции вдоль меридианов пузырька.

При слабой заторможенности и высокой поверхностной активности,т.е. при

$$\Gamma_0/c_0 \gg \delta \qquad (6)$$

значение адсорбции на основной поверхности пузырька много меньше равновесного и лишь при $\theta \to \pi$ должен наблюдаться очень быстрый рост адсорбции и сильное торможение поверхности.

Рассмотрен и предельный случай сильного торожения

$$\gamma \gg \eta \qquad (7)$$

когда скорость поверхности много меньше, чем скорость всплывания пузырька

$$v_s = \frac{\eta}{\eta + \gamma} U \sin\theta \qquad (8)$$

Данная угловая зависимость реализуется в стоксовском и потенциальном режимах. Но как первое грубое приближение ее можно принять и в переходном режиме. При этом получено /20 /

$$\gamma = \frac{\partial \sigma}{\partial c} \Gamma_0 Pe^{-1/2} D^{-1} Re^{-1/2} \qquad (9)$$

Так как, согласно (9), γ обратно пропорционально числу Рейнольдса и, следовательно, обратно пропорционально кубу радиуса, при переходе к крупным пузырькам очень быстро падает степень торможения.

Влияние торможения на радиальную скорость частицы у поверхности определлется формулой /20 /

$$U_r(r,\theta) = U_{r_0}(r,\theta) \cdot \eta/\gamma \qquad (10)$$

где $U_{r_0}(r,\theta)$ - распределение радиальной скорости в отсутствие торможения.

Отрыв частиц от кормовой зоны поверхности пузырька осуществляется либо за счет их седиментации, либо под влиянием радиального потока жидкости, который здесь направлен от поверхности пузырька и характеризуется формулой (I0). Поскольку $U_r(r,\theta)$ быстро убывает с ростом δ, параллельно резко возрастает возможность отрыва частицы от пузырька.

Оценка доз ионогенного ПАВ

Расход ионогенного ПАВ должен обеспечить нейтрализацию пузырька /9-I0 /, который можно грубо оценить, задавшись величиной поверхностного потенциала Ψ_d = -25 мВ.

$$\sigma = F\Gamma' = Fc_e \varkappa^{-1} sh\, \Psi_d/2 \qquad (II)$$

где Γ' - величина адсорбции катионактивного ПАВ, необходимая для нейтрализации заряда пузырька при концентрации электролита c_e ($\varkappa^{-1}$ -дебаевский радиус). Расход ПАВ должен обеспечить достаточно большое значение адсорбции, намного меньше, чем в насыщенном монослое

$$\Gamma > \Gamma' \sim c_e \varkappa^{-1} \qquad (I2)$$

В наиболее важном случае, когда

$$\varkappa^{-1} \ll \delta \qquad (I3)$$

условие (I2) можно обеспечить как при низкой, так и при высокой поверхностной активности. Использование ПАВ с очень высокой поверхностной активностью, отвечающей условию (6), нецелесообразно, так как при этом адсорбционный слой сносится к корме. Введение такого ПАВ не облегчает осаждение частиц на верхней половине пузырька и не предотвращает их срыв на нижней половине, поскольку ПАВ концентрируется в малой окрестности нижнего полюса пузырька, а отрыв частиц может произойти с любого участка поверхности, близ которого нормальная составляющая скорости направлена вглубь жидкости. Увеличивая дозу ПАВ (концентрацию C_0), можно расширить заторможенную зону.

Использование ПАВ с очень низкой поверхностной активностью (4) невыгодно, так как связано с излишним расходом реагента. Одно и то же необходимое значение адсорбции Γ' можно обеспечить при тем меньшей дозе C_0, чем выше Γ_0/C_0 в пределах выполнимости условия (I2). С ростом Γ_0/C_0 растет и коэффициент торможения (9) даже при эквивалентном уменьшении δ, что также важно для предотвращения отрыва. Можно поэтому заключить, что целесообразно использовать ПАВ с поверхностной активностью $\Gamma_0/C_0 \sim \delta$. При этом для обеспечения условия (I2) необходима доза ПАВ

$$C_0 = C_e \varkappa^{-1}/\delta \qquad (I4)$$

Управление процессом микрофлотации основывается, прежде всего, на выборе оптимального размера пузырька и оптимального реагента, регулирующего электростатическое взаимодействие. Управление эффективно, если достигается оптимизация всех стадий элементарного акта флотации: дальнего и ближнего взаимодействия, предотвращения отрыва.

Пути управления существенно отличны, если возможна коагуляция в первичном минимуме или, напротив, можно рассчитывать лишь на бесконтактную флотацию. В связи с этим сразу возникает вопрос, как в конкретных условиях выяснить, можно ли рассчитывать лишь на бесконтактную флотацию или есть возможность гетерокоагуляции. Здесь можно использовать обычные приемы, позволяющие дифференцировать гидрофобные и гидрофильные коллоиды, обратимую и необратимую коагуляцию. Однако, чтобы приблизиться к решению прикладной задачи уже на стадии изучения свойств флотационной системы, целесообразно подобрать режимы управления зарядами частицы и пузырька. Далее целесообразно провести опыты по флотационному извлечению частиц пузырьками малого и большого размера, например, при $Re \sim 1$ и $Re \sim 400$. При этом, естественно, должны быть обеспечены противоположные заряды частиц и пузырька и использована та же дисперсионная среда, загрязненная неизвестными ПАВ, которая проявит себя в технологическом процессе.

Если для данного типа частиц возможна только бесконтактная флотация, с ростом размера пузырька флотационное извлечение будет очень быстро убывать. Если же наблюдается заметное извлечение и при большом размере пузырька, потенциальная яма глубока. Для таких существенно отличающихся систем возникнут и существенные отличия на стадии управления элементарным актом. Для бесконтактной флотации особенно опасно увеличение размеров пузырьков или снижение степени затрможенности их поверхности. Поэтому применительно к системам бесконтактной флотации очень важны детальные исследования флотационного извлечения в зависимости от размера пузырька. Обнаружив размер пузырька, выше которого флотационное извлечение резко падает, следует обеспечить существенно меньший размер пузырьков в разрабатываемой технологии. При этом следует учитывать полидисперсность, вследствие которой фракции наиболее крупных пузырьков не внесут заметного вклада во флотационное извлечение. Кроме того, в распределении пузырьков по размерам возможно смещение в сторону укрупнения за счет коалесценции пузырьков.

Поскольку бесконтактная флотация возможна лишь при сильной заторможенности поверхности пузырька, здесь возможно применение малых доз реагентов с высокой поверхностной активностью в соответствии с условием (6).

Большой спектр возможностей для реализации флотации в ближней потенциальной яме. Здесь предоставляется возможность и безреагентной флотации, например, при высоком солесодержании, так как потенциал пузырька при этом близок к нулю, а частица может сохранить заметный поверхностный потенциал. Таким образом, обнаружив первоначально заметную флотируемость крупными пузырьками при электростатическом притяжении, целесообразно затем проверить возможность безреагентной флотации. При не слишком малом размере частиц (порядка 10 мкм) и малой степени заторможенности пузырьков эффективность столкновения может оказаться не слишком малой и при не малом размере пузырьков. Если же размер частиц не очень мал (порядка I мкм), а степень заторможенности поверхности пузырьков велика даже при большом их размере, необходимость уменьшения их размера продиктована необходимостью ускорить транспортную стадию. При этом, однако, могут ухудшиться условия преодоления элктростатического барьера и окажется необходимым применение реагентов.

Поскольку при закреплении частиц в ближней потенциальной яме возможно использование крупных пузырьков со слабо заторможенной поверхностью, может проявиться снос ПАВ в кормовую зону, так что выбор последних ограничивается условием (4). Поэтому с целью снижения расхода реагента здесь предпочтительно изменить знак заряда не пузерьков, а частицы.

При реализации описанной программы трудности могут возникнуть с самого начала- очень малый выход сфлотированных частиц, несмотря на обеспечение электростатического притяжения и малый размер применяемых пузырьков. Уже на этой первой стадии важно оценить малый выход сфлотированных частиц в результате плохого закрепления или только проявления малой эффективности столкновения. Ответ на этот вопрос диктует дальнейшие действия, которые существенно разнятся в зависимости от того, какая стадия лимитирующая. И здесь оказываются полезными формулы (2) и (3), характеризующие кинетику флотации, лимитирующуюся только транспортной стадией. Размеры частиц и пузырьков можно измерить и тогда единственный параметр, необходимый для расчета эффективности столкновений, трудно поддающийся измерению - степень заторможенности поверхности пузырька. Но при необходимом в данном случае использовании очень малых пузырьков можно считать поверхность полностью иммобилизированной, тем более что необходима оценка эффективности столкновения снизу.

Если окажется, что экспериментально измеренная эффективность флотационного извлечения много меньше рассчитанной по формуле (2,3) с использованием рассчитанного значения E, это означает, что закрепление частиц является лимитирующей стадией микрофлотации. Этот результат указывает на необходимость интенсификации закрепления. Причиной плохого закрепления при устранённом электростатическом барьере может быть наличие протяженного барьера неэлектростатической природы либо вблизи поверхности частиц, либо у границы раздела вода- воздух.

У поверхности раздела этот барьер может быть обусловлен либо гидрофильностью частиц, наличием у ее поверхности граничного слоя воды с особыми свойствами, либо адсорбционным слоем ПАВ, гидрофилизирующих частицу. Так как гидрофильность многих дисперсных систем изучена в коллоидной химии, эта независимая информация может служить указанием для идентификации природы барьера у поверхности частицы. Богатый опыт флотации крупных частиц может быть использован для подбора ПАВ, способствующего разрушению граничного слоя у частиц данной конкретной природы.

Совершенно иной прием необходим при наличии у поверхности частиц стабилизирующего адсорбционного слоя. Очевидно, необходимо инициировать десорбцию. Если адсорбция носит обратимый характер, понижение концентрации ПАВ в обьеме приведет к десорбции. Понижение это можно вызвать с помощью адсорбционных методов, разработанных в технологии водоочистки. В частности, если ПАВ, формирующее стабилизирующие адсорбционные слои на частицах, хорошо адсорбируется и на границах раздела вода-воздух, флотацией предварительно можно снизить концентрацию ПАВ, дестабилизировать тем самым частицы. Затем микрофлотация применяется для извлечения дестабилизированных частиц.

Точно так же можно устранить барьер поверхности раздела вода-воздух. Извлечение из системы ПАВ предварительной флотацией ПАВ устранит этот барьер и обеспечит закрепление частиц с очищенной от ПАВ в той или иной степени поверхности пузырьков при последующей микрофлотации.

Совершенно иные действия необходимы, если экспериментально определенная кинетическая константа микрофлотации К окажется близкой к рассчитанной теоретически. В этом случае необходимо интенсифицировать трансортную стадию либо применяя предварительное агегирование частиц, либо двухстадийную микрофлотацию.

Рекомендуемая методика исследований по подбору реагентов для микрофлотации применительно к каждой конкретной системе еще не получила широкой апробации. Однако эмпирический путь исследований уже привел к использованию реагентов, влияющих на заряд пузырьков и частиц- катонактивных ПАВ. В ряде работ, например /2I, 22 /,показана возможность интесификации флотационного извлечения из воды тонкодисперсных частиц в присутствии 2-I0 мг/л четвертичных аммониевых и пиридиновых солей. При флотационном выделении из воды эмульгированных нефтепродуктов /23 / используются бисчетверичные аммониевые соли. Подтвердилась эффективность применения катионных ПАВ при флотационной очистке стоков производства двуоксида титана /24,25 / и при уплотнении активного ила /25 /.

Литература

/I/ Классен В.И., Мокроусов О.А. Введение в теорию флотации.-М., Гостехиздат, I959.

/2/ Hornsby D.,Leja J. Selective Flotation. Its Surface Chemical Characteristics in Surface and Colloid Sciehce, E.Matijevic ed. Wiley Intersci.N-Y. ,1983, 12, p.217-313

/3/ Laskowski J. Interfacial Chemistry of Mineral Processing Separation, ibid, p. 315-357

/4/ Fuerstenau D.W.,Chander S. Surface Characterisation in Mineral Processing,in Industrial Application of Surface Analysis, ed. Lawrence A.Casper Symp. /8/st.Melt.Am.Chem.Soc.N.Y.23-28 Apr.1981

/5/ Schulze H.J. Physicaliscen-chemische Elementar-vorgänge des Flotationprocesses VEB,Deutsch.Verlag der Wissenschaften,Bln,1981.

/6/ Derjaguin B.V.,Dukhin S.S. Theory of Flotation of Small and Medium-Size Particles. Trans.Inst.Mine and Metal, 1960/1961, 70, part 5, p. 221-246

/7/ Дерягин Б.В., Духин С.С. Теория движения минеральных частиц вблизи всплывающего пузырька в применении к флотации. Изв. АН СССР. Сер. Металлургия и топливо, 1959, № 1, с. 82-89.

/8/ Дерягин Б.В., Духин С.С., Рулев Н.Н. Кинетическая теория флотации малых частиц. Успехи химии, 51, № 1, с.92-118

/9/ Derjaguin B.V.,Dukhin S.S. In: Mineral Processing, Proceeding of Thirteenth International Mineral Processing Congress, Warsaw, 1979, Elsevier, Amsterdam, 1981

/10/ Derjaguin B.V.,Dukhin S.S., Rulev N.N., Kinetic Theory of Flotation of Small Particles. Surface and Colloid Science, 1984, 13, Wiley Inters. N-Y-London, p.72-111

/11/ Sheludko A.,Tockev B.V.,Bojadiev B.T. Attachment of Particles to Liquid Surface.-J.Chem.Soc. Faraday Trans.I, 1976, 72,p.2845

/12/ Israelishvily J.N.,Pashley R.M. Measurement of the Hydrophobic Interaction between Two Hydrophobic Surfaces.-J.Colloid Interf. Sci.,1984, 98, p.500

/13/ Гольман А.М., Шрадер Э.А. и др. О причинах электрофлотации осадков металлов без реагентов- собирателей. В кн. Флотационные системы, процессы и аппараты при переработке минерального сырья.- Институт физики земли АН СССР, М., 1974.

/14/ Дерягин Б.В., Шукакидзе Н.Д. Зависимость флотируемости антимонита от величины дзета-потенциала. Докл. АН СССР, 1960, 134, с. 376-379.

/15/ Ralston T. Thin Film and Flotation.-Adc.Colloid Interf.Sci., 1983, 19, p.1-26

/16/ Matijevic E. Interactions in mixed colloidal suspensions (heterocoagulation, adhesion,microflotation).-Pure Applied Chem., 1981, 53, No 11, p.2167-2170

/17/ Blier A.,Goddard E.D.,Kulkarni R.D. Adsorption and Critical Flotation Condition.-J.Colloid Interf.Sci.,1977,59,N5,p.490-504

/18/ Somasundaran C.P.,Chari K. Study of the Interactions Between Particles and Bubbles in Surfactant Solution.-Colloid Surfaces, 1983, 8, p.121-136

/19/ Рулев Н.Н.,Лещов Е.С. Эффективность флотационного захвата малых безынерционных частиц пузырьком газа, всплывающем при умеренных числах Рейнольдса. Коллоидн.ж., 1980, 42, № 6, с. 1123-1127.

/20 / Духин С.С. Диссертация. Институт физической химии АН СССР, М., 1965.

/21/ Cassel E.A.,Matijevic E., Mangravite F.G.,Buzzel T.M.,Blabae S. Removal of Colloid Pollutants by Microflotation, AICh.E.J.

1971, 17, No 6, p.1486

/22 / Collins G.J., Cameson G.J. Double layer effects in the flotation of small particles.-Chem-Eng.Sci., 1977, 32, No 3, p.239

/23/ Скрылов Л.Д., Пурич А.Н., Ососков В.К., Михальченко Ю.В. Влияние концентрации растворов ПАВ на размеры пузырьков газа, генерируемых в них с помощью пористых перегородок.-Ж. прикл.химии, 1977, 50, № 6, с. 1410-1415.

/24/ Комелева Л.А., Василенко Л.В., Лабухина Т.В., Свиридов В.В., Зудов В.Г. Оптимизация процесса флотационной очистки сточных вод производства пигметной двуокиси титана. Лакокрасочные материалы и их применение, 1980, № 5, с.50-56.

/25/ Свиридов В.В., Жебалова Л.Н. Интенификация процесса флотационного уплотнения ила с помощью ПАВ. Известия вузов. Лесной ж., 1980, № 5, с.75- 79.

B. Fell

Lehr- und Forschungsgebiet Technische Chemie und Petrolchemie der Technischen Hochschule Aachen

Perspektiven und alternative Möglichkeiten für die Herstellung von Tensiden

Einleitung

Der sich ständig ausweitende Einsatz von Tensiden in fast allen Bereichen von Chemie und Technik, von privater und gewerblicher Wirtschaft zeigt die große Bedeutung grenzflächenaktiver Stoffe für Problemlösungen der unterschiedlichsten Art. Für die tensidproduzierende Industrie entstehen schwierig zu lösende Aufgaben dann, wenn es gilt, Produkte mit erforderlich hohen, anwendungstechnischen Eigenschaften in großen Mengen zu einem maximal niedrigen Preis zu erzeugen, z.B. Tenside für die tertiäre Erdölförderung. Eine naheliegende Frage lautet dann: Gibt es Rohstoffquellen der chemischen Technik, die noch nicht oder noch nicht ausreichend für die Tensidrohstoffherstellung genutzt werden? Solche Rohstoffquellen könnten in den verschiedenen Nebenprodukten der Naphthapyrolyse (zur Herstellung von Ethylen und anderen organischen Grundchemikalien) verborgen sein. In den Bereich solcher Untersuchungen darf man auch Produkte wie das Kohleöl einbeziehen, das erst in der Zukunft in steigenden Mengen anfallen wird. Schließlich ist auch zu prüfen, inwieweit das Potential der verschiedenen, für die Synthese von Tensidrohstoffen relevanten chemischen Reaktionen, z.B. der Metathesereaktion, bereits ausgeschöpft ist oder hier noch ungenutzte Möglichkeiten vorhanden sind.

Nebenprodukte der Naphthapyrolyse als Rohstoffe der Tensidchemie

Bei der Leichtbenzin- oder Gasölpyrolyse zu Ethylen/Propylen fallen je nach Krackschärfe, aber auch in Abhängigkeit vom Einsatzmaterial 12 - 15 Gew.-% C_4-Produkte (bzg. auf den Naphthaeinsatz) an, die im Mittel aus 20-30 % n-Butenen bestehen. Bei einem Chemiekomplex mit einer Jahresproduktion von 600.000 t Ethylen, d.h. einem Einsatz von rund 2 Millionen Tonnen Leichtbenzin, bedeutet das eine n-Butene-Produktion von 60.000 bis 80.000 jato. Ähnlich interessante Zahlen ergeben sich für die C_5-Fraktion des Steamkrackerproduktes, den niedrigst siedenden Anteilen des Pyrobenzins mit ihrem hohen Olefinanteil, der sehr gut zur Synthese von

Zwischenprodukten für die Herstellung verschiedener Tenside herangezogen werden könnte.

Durch Hydroformylierung der C_5-Olefine z.B. erhält man C_6-Aldehyde, die durch gemeinsame Aldolkondensation und anschließende Hydrierung zu - allerdings verzweigten - primären C_{12}-Alkoholen aufgebaut werden können. Durch den Aldoxprozeß sind diese C_{12}-Produkte auch einstufig direkt aus den C_5-Olefinen zu erhalten. Beide Wege wurden untersucht, jedoch nur Ausbeuten an C_{12}-Produkten nicht über 35-40 % erhalten.

Sehr erfolgreich waren Alkylierungsreaktionen mit der C_5/C_6-Fraktion des Raffinat-Pyrolysebenzins. Ziel dieser Untersuchungen war es, die C_5-Olefine des Pyrolysebenzins ohne vorherige Abtrennung an das im Gemisch vorhandene Benzol zu alkylieren und die resultierenden Pentylbenzole dann durch Weiteralkylierung mit mittelmolekularen Olefinen und Sulfonierung in Dialkylbenzolsulfonate mit guten Eigenschaften insbesondere für die tertiäre Erdölförderung zu überführen.

Ausgangspunkt der Überlegungen bei der Synthese solcher Tenside auf der Basis von Nebenprodukten der Naphthapyrolyse waren unter anderem Untersuchungen von Doe, El-Emari und Wade /1a-c/ über den Einsatz von Dialkylbenzolsulfonaten mit einer oder zwei kurzen (C_1-C_4) und einer längeren (C_8-C_{16}) Alkylgruppe wie z.B. das Natriumsulfonat des 5-(2,4-Dimethylphenyl)dodecans oder des 5-(3,4-Di-n-propylphenyl)decans.

Auch Tenside vom Di- und Tri-n-alkylbenzoltyp, z.B. das Na-Sulfonat des 1,4-Di-n-pentyl- oder des 1,2-Di-n-hexylbenzols, also Dialkylbenzole mit primären Alkylgruppen, zeigen in 1 proz. wäßriger NaCl-Lösung sehr günstige Werte für die Erniedrigung der Grenzflächenspannung gegenüber solchen Alkanen, denen man einen guten Modellcharakter für Rohöl geben kann. Diese Tenside sind demnach geeignet für entsprechende chemische Flutverfahren der tertiären Erdölförderung. Hilfsstoffe für die tertiäre Erdölförderung müssen äußerst billig sein, was Verbindungen natürlich nicht sind, wenn sie wie die letztgenannte Gruppe über Friedel-Crafts-Acylierungen oder Grignardsynthesen hergestellt werden müssen /1a-c/.

Auf Basis der Pentylbenzole aus der Alkylierung der C_5/C_6-Fraktion des Raffinatpyrolysebenzins wurden durch Zweitalkylierung mit z.B. Tripropen und anschließende Sulfonierung, Dialkylbenzolsulfonate mit einer kürzeren C_5- und längeren C_9-Kette synthetisiert.

Eine erste anwendungstechnische Prüfung des Produktes ergab z.B. den interessanten Befund, daß das hergestellte Isopentyl-isononylbenzolsulfonat sehr interessant für die tertiäre Erdölförderung durch Mikroemulsionsfluten sein könnte. In einem System bestehend aus einem paraffin-basischen leichten Öl und einer 1-proz. Salzlösung wurden mit dem Isopentyl-isononyl-benzolsulfonat nämlich typische Minima der Grenzflächenspannung mit Werten um 20 µN/m gemessen. Auch mobilisierte dieses Tensid Öl in einer entsprechenden Modellformation. Ein Cosolvent war für den Fluterfolg nicht notwendig.

Bereits dieses eine Beispiel zeigt, daß in den großen Mengen an Pyrolysebenzin, die zwangsläufig bei der Ethylen/Propylen-Erzeugung durch Naphtha-(oder Gasöl-)Spaltung anfallen, ein noch nicht genutztes Potential für die Synthese von Tensiden ruht, und daß man dabei nicht auf zuvor isolierte Reinsubstanzen zurückzugreifen braucht sondern unmittelbar mit den entsprechenden Siedeschnitten des Pyrobenzins arbeiten kann.

(Weiter unten wird auch noch auf neue chemische Verwertungsmethoden der n-Butene aus der C_4-Fraktion des Steamkrackerproduktes für die Herstellung von Tensidrohstoffen hingewiesen werden.)

Kohleöl als Rohstoff für die Synthese von Tensiden

Ein Blick auf die gesicherten Vorräte fossiler Rohstoffe zeigt, daß in einer absehbaren Zukunft die Kohle die Rolle als Basisrohstoff der chemischen Technik einnehmen wird, die heute das Erdöl hat. Unter den denkbaren Möglichkeiten einer chemischen Verwertung der Kohle nimmt die Kohleverflüssigung durch Hochdruckhydrierung auf der Grundlage des bekannten Bergius-Pier-Verfahrens eine wichtige Stellung ein. Schon bald nach der ersten "Energiekrise" besann man sich auf diese nach 1945 nicht mehr betriebene Technologie, errichtete neue Versuchs- und Prototypanlagen und plante den Bau von Großanlagen, regelrechten kohlechemischen Raffinerien /2/. Aus bekannten Gründen ist dann bald eine Verlangsamung dieser Entwicklung eingetreten: Zur Zeit herrscht ein Überangebot, kein Mangel an Erdöl (und anderen Energieträgern).

Für die Tensidchemie sind vor allem das Phenol, aber auch die Kresole besonders wertvolle Inhaltsstoffe des Kohleöls. Eine einzige Kohleölanlage mit einer Produktionshöhe von 2 Mill. jato könnte 18 % des derzeitigen Phenolbedarfs in der Bundesrepublik decken.

Verfahren zur chemischen Verwertung des Phenols und der Phenolhomologen im Kohleöl sollten wie im Falle der Pyrolysebenzinchemie nicht von den durch basische Extraktion abgetrennten Reinphenolen ausgehen, sondern von einer breiten straight-run-Produktölfraktion mit den Phenolen.

Ein solches direktes chemisches Verwertungsverfahren für die Kohleölphenole ohne vorherige Isoleirung wäre deren selektive Alkylierung mit einem höhermolekularen Olefin unter Bildung von höhersiedenden, vom übrigen Kohleöl also destillativ abtrennbaren Alkylphenolen, die nach Ethoxylierung als Tenside für die verschiedensten technischen Zwecke, z.B. auch die tertiäre Erdölförderung verwendet werden könnten.

Wichtig für die Anwendbarkeit eines solchen Verfahrens ist dabei Folgendes:-Die Phenole müssen möglichst vollständig umgesetzt werden. - Nebenreaktionen, wie die Dimerisierung des Olefins, die Alkylierung der nichtphenolischen Aromaten und die Bildung von mehrfach alkylierten Phenolen müssen minimiert werden können. - Die Siededifferenz von Alkylphenolen zu dem nicht umgesetzten Kohleöl muß groß genug sein, um eine einfache destillative Trennung zu ermöglichen.

Um die Randbedingungen eines solches Prozesses abzustecken, wurden Vorversuche mit Modellsubstanzen durchgeführt. Das Kohleöl wurde dabei durch ein Gemisch aus Phenol bzw. seinen Homologen und Cumol ersetzt, wobei das Verhältnis so gewählt wurde, wie es in den in Aussicht genommenen Kohleölfraktionen auftritt. Es wurden einmal verschiedene, saure Katalysatoren bei unterschiedlichen Reaktionsbedingungen auf ihre Eignung getestet. Nicht unerwartet stellten sich dabei als besonders günstig makroporöse, saure Ionenaustauscher heraus. Außerdem wurde festgestellt, daß es für die gewünschte selektive Reaktion wichtig ist, ob ein lineares oder ein verzweigtes Olefin als Alkylierungskomponente eingesetzt wird.

Aus den Ergebnissen der Vorversuche lassen sich folgende Voraussagen für das Reaktionsverhalten der Kohle machen:

1) Eine Fraktion, die nur Phenol, aber keine Cresole und Xylenole enthält, sollte auch mit einem wenig verzweigten Olefin selektiv alkyliert werden können.
2) In einer Fraktion, die neben Phenol auch noch höhere Homologe enthält, lassen sich die Phenole mit einem verzweigten Olefin wegen sterischer Probleme nicht mehr vollständig umsetzen. Eine solche Fraktion müßte mit linearen Olefinen umgesetzt werden, wobei mit größeren Mengen an alkylierten, nichtphenolischen Aromaten zu rechnen ist.

Praktische Versuche wurden schließlich mit einem Kohleöl aus der Versuchsanlage der Saarbergwerke durchgeführt. Es wurden zunächst zwei Destillationsschnitte dargestellt, von denen der eine nur Phenol und o-Cresol enthielt (Schnitt I), während in dem anderen auch noch ein hoher Anteil der im Kohleöl enthaltenen anderen Cresole vorhanden war (Schnitt II). Die Destillate wurden vor der Reaktion mit verdünnter Salzsäure entbast, getrocknet und redestilliert. Als lineares Olefin wurde n-Octen-1, als verzweigtes Olefin Tripropen verwendet. Als Katalysatoren wurden Lewatite der Bayer AG benutzt.

In den folgenden Bildern 1-3 werden einige Ergebnisse dieser Vorversuche anschaulich gemacht.

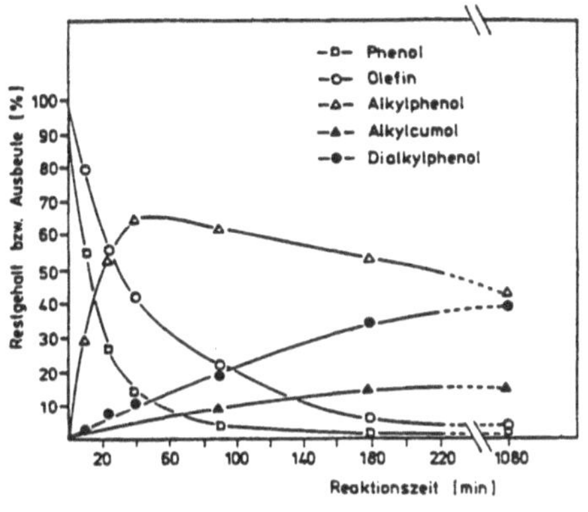

Alkylierung eines Phenol / Cumol - Gemisches mit n-Octen (1)

(Ansatz: 7 g Phenol, 14,76 g n-Octen (1), 28 g Cumol, 1,2 g Lewatit SPC 118 / H, 110 °C)

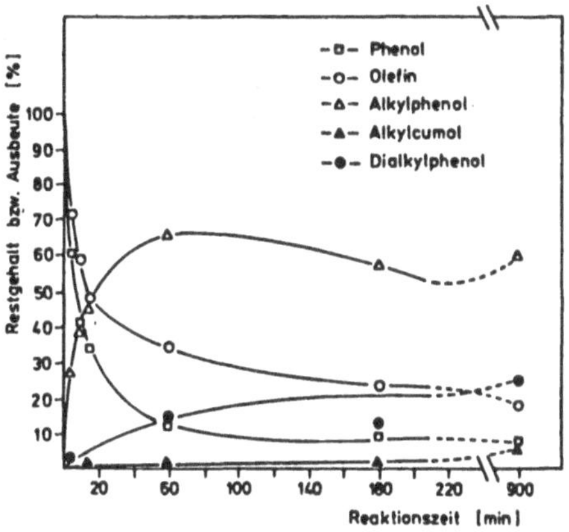

Alkylierung eines Phenol / Cumol - Gemisches mit Tripropylen

(Ansatz: 4,70 g Phenol, 10,07 g Tripropylen, 18,78 g Cumol 1,07 g Lewatit SPC 118 / H, 110 °C)

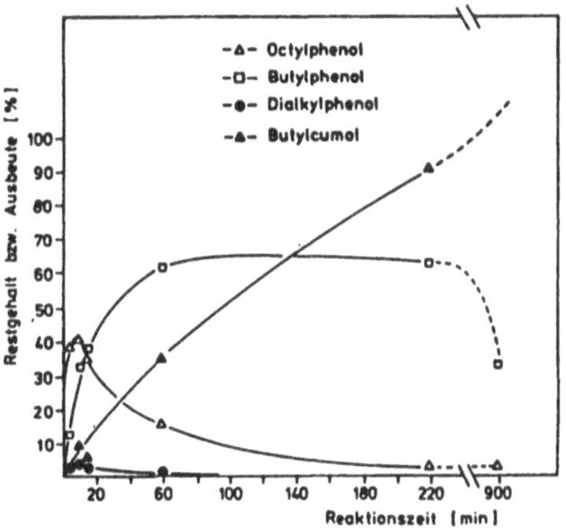

Alkylierung eines Phenol / Cumol - Gemisches mit Di - iso - buten

(Ansatz: 4,70 g Phenol, 8,96 g Di-iso-buten, 23,95 g Cumol, 1,17 g Lewatit SPC 118 / H, 110 °C)

Es wurde schließlich gezeigt, daß Kohleölfraktionen etwa der Zusammensetzung von Schnitt I durch Selektivalkylierung der Phenole mit Tripropen als Olefin und Lewatit-Ionenaustauschern, Typ SPC 188/H, zu rund 95 % "entphenolt" werden können. Olefindimere oder alkylierte Nichtphenole werden dabei in Mengen nicht über 1 % gebildet. Der auch m- und p-Cresol enthaltende Schnitt II wurde zu 85-88 % "entphenolt".

Ebenso erfolgreich wie das Tripropen ließen sich auch Di-n-Butene verwenden, die nach zwei verschiedenen Verfahren aus dem Raffinat II der C_4-Fraktion des Steamkrackerproduktes erhalten worden waren. Die n-Butene waren dabei entweder säurekatalysiert zu einem im Wesentlichen aus Dimethylhexenen oder koordinationskatalysiert zu einem hauptsächlich aus Methylheptenen und 15-20 % n-Octenen (Doppelbindungsisomere) bestehenden C_8-Olefingemisch dimerisiert worden.
Beide Verfahren der Dimerisation stellen somit ebenfalls nützliche Verfahren zur chemischen Verwertung der n-Butene aus dem Steamkrackerprozeß u.a. auch für die Tensidproduktion dar.

Die Metathesereaktion in der Tensidchemie

Im letzten Teil dieses Vortrages schließlich soll noch auf die Metathesereaktion eingegangen werden. Die Metathese ist eine der interessantesten Olefinreaktionen überhaupt. Von Banks und Bailey 1964 /3/ entdeckt, war sie bald eine der meist untersuchten Olefinreaktionen, die auch schon früh für die Synthese von Tensidrohstoffen herangezogen wurde, nämlich im Zusammenhang mit der Ethylenoligomerisation zu höhermolekularen α-Olefinen nach dem SHOP-Verfahren der Shell /4/, und das Potential dieser Olefinreaktion gerade für die Tensidchemie ist damit noch keineswegs ausgeschöpft /5/.

Die Metathese ist eine als Gleichgewichtsreaktion verlaufende übergangsmetallkatalysierte Austauschreaktion von Alkylidengruppen zwischen zwei Olefinen. Die Reaktion wird homogen z.B. mit einer $WCl_6/ROR/SnR_4$-Kombination bei Temperaturen zwischen 50 und 100°C und heterogen durch WO_3 auf SiO_2 bei hohen Temperaturen > 300°C oder aber durch das besonders aktive Re_2O_7 auf Al_2O_3 schon bei 20-100°C katalysiert.

Drei Verfahrensvarianten der Metathese sind für die Synthese von Olefinen des Tensidbereiches anwendbar: Durch metathetische Kondensation erhält man aus einem niedermolekularen Olefin ein höhermolekulares Olefin mit symmetrischer Lage der Doppelbindung und Ethylen. Die metathetische Oligomerisation (Metolprozeß) von Olefinen erfordert einen Katalysator, der sowohl die Metathese als auch eine Stellungsisomerisierung der olefinischen Doppelbindung bewirkt. Ausgehend von α-Olefinen oder Olefinen mit innenstehender Doppelbindung erhält man ein breites Homologengemisch von Olefinen (mit innenständiger Doppelbindung), wobei jedoch evt. nichterwünschte nieder- oder höhermolekulare Anteile rezirkuliert und in den gewünschten Molekulargewichtsbereich gebracht werden können. Hervorragend geeignet für die Katalyse des Metolprozesses ist der von Warwel et al. /5/ beschriebene bifunktionelle $Pt/Rh_2O_7/Al_2O_3$-Kontakt. Eine Umkehrung der metathetischen Kondensation schließlich ist die mit Ethylen oder n-Buten-2 bewerkstelligte metathetische Spaltung höhermolekularer Olefine mit innenstehender Doppelbindung, die metathetische Ethenolyse oder Butenolyse.

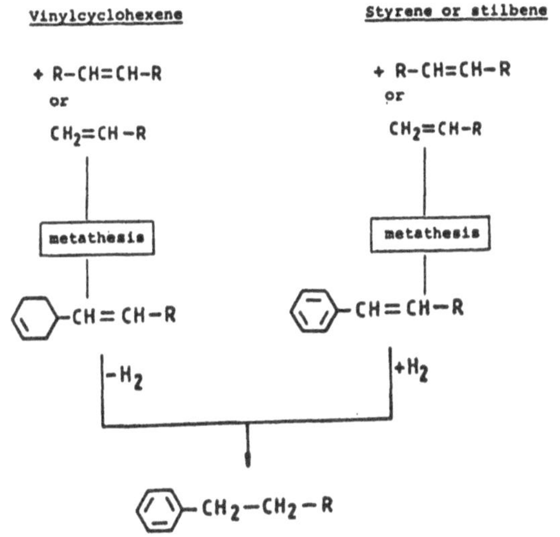

Wie bereits vorher erwähnt, sind vor allem Dialkylbenzolsulfonate mit einer oder zwei primären Alkylgruppen besonders interessante Hilfsstoffe für die tertiäre Erdölförderung durch Tensidfluten. Solche Verbindungen sind zwar über Grignardsynthesen oder Friedel-Crafts-Acylierungen organisch-präparativ leicht zugänglich, chemisch-technisch sinnvoll dürften sie aber nur ausgehend von billigen, großtechnisch verfügbaren Rohstoffen unter Einsatz der Metathesereaktion herzustellen sein, wie das kürzlich wiederum von Warwel und Mitarbeitern /6/ gezeigt werden konnte und wie es im oben stehenden Schema skizziert ist.

Literatur

/1/ a) P.H. Doe, M. El-Emary, W.H. Wade und R.S. Schechter: J. Am. Oil Chemists Soc. 54 (1977) 570;
b) ebenda 55 (1978) 513;
c) ebenda 55 (1978) 505.

/2/ vgl. z.B. E. Wolowski und H. Hosang: Erdöl und Kohle - Erdgas - Petrochemie 36 (1983) 373; P. Speich und H. Teggers: ebenda 36 (1983) 376; E. Wolowski und H. Hosang: Chemie-Technik 9 (1980) 395.

/3/ R.L. Banks und G.C. Bailey: Ind. Eng. Chem., Prod. Res. Develop. 3 (1964) 170.

/4/ E.L.T.M. Spitzer: Seifen, Öle, Fette, Wachse 107 (1981) 73; vgl. auch H. Stache (Herausgeber): Tensid-Taschenbuch 2. Auflage, S. 691, f., Carl Hanser Verlag, München, Wien 1981.

/5/ S. Warwel, G. Hachen, H. Kirchmeyer, H. Ridder und W.Winkelmüller: Tenside-Detergents 19 (1982) 321.

/6/ S. Warwel und W. Winkelmüller: J. of Molecular Catalysis 28 (1985) 247.

K. GAWRISCH[a], K. ARNOLD[b], K. DIETZE[a], U. SCHULZE[a]

[a]Department of Physics of the Karl Marx University,
DDR-7010 Leipzig, Linnéstr. 5
[b]Department of Medicine, Institute of Biophysics of the Karl Marx University, DDR-7010 Leipzig, Liebigstr. 27

^{2}H nmr investigations of hydration forces between lipid bilayers

The distance dependence of forces between layers of amphiphile molecules is determined by the measurement of the layer separation in dependence on an external pressure which compresses the system. The layer separation is usually measured by low angle X-ray scattering. The external pressure is produced either by a mechanical compression of the system packed in a dialysis membrane permeable for water or by a definite dehydration of the system using dextran water solutions or reduced water vapour pressures /1/. With a method developed by ISRAELACHVILI et al. /2/ the distance dependence of forces can be measured if layers of amphiphile molecules are adsorbed on mica surfaces. This method of determination of hydration forces seems to be most direct from a physical point of view. On the other side, the mica surface probably influences the structure of the amphiphile molecule layer and their hydration properties. Due to the very high repulsive pressure generated at distances below 1 nm technical difficulties occur and the accuracy of the measurements decreases /3/. From the measurements the existence of a strong repulsion for distances between the layers smaller 2 nm was established. The force decays exponentially with increasing bilayer separations. The repulsion is caused by changes in the water structure near the surface of amphiphile molecules /4/.

Detailed informations about hydration properties of lipids can be obtained by ^{2}H nmr if the lipids were hydrated with heavy water /5/. For lecithin bilayers the existence of different hydration shells could be deduced from the dependence of the quadrupole splitting of the ^{2}H nmr signal of heavy water on the water concentration in the sample. We used this information for the determination of the number of water molecules per lipid trapped between lipid bilayers in dependence on a definite osmotic pressure acting on the water space between the lipid bilayers. Instead of dextrane we used poly(ethylene glycol) (PEG)/heavy water solutions for the generation of definite osmotic pressures. In the following sections the way of calculation of forces between lecithin bilayers using ^{2}H nmr and PEG/water solutions is described. The advantages and limitations of this method are compared with low angle X-ray scattering.

^2H nmr of heavy water

On the ^2H nuclei of heavy water interacting with a lecithin surface acts an electric field gradient which is not completely averaged out by fast motions of the water molecules. The electric field gradient interacts with the electric quadrupole moment of the ^2H nuclei. By this interaction the Zeeman energies of ^2H in a strong magnetic field are influenced and a quadrupole splitting occurs. A short theoretical desciption of quadrupole splitting in lipid/heavy water systems is given e.g. in /6/. FINER and DARKE interpreted the variation of quadrupole splitting with varying water concentration by the existence of different water shells /5/. Every shell has an intrinsic quadrupole splitting $\Delta\nu_i$ and contains n_i water molecules. It is supposed that only one shell is partly filled and all the other ones are either full or empty. Within a time shorter than 10^{-4} s the water molecules exchange rapidly between the different hydration shells and therefore only one average quadrupole splitting $\Delta\nu_Q$ occurs for all water molecules.

$$\Delta\nu_Q = n^{-1} \sum_{j=1}^{k-1} n_j^o (\Delta\nu_j - \Delta\nu_k) + \Delta\nu_k$$

n is the number of water molecules per lipid, $\Delta\nu_j$ is the intrinsic quarupole splitting for the j-th fully occupied shell containing n_j^o molecules and $\Delta\nu_k$ is the intrinsic quadrupole splitting of the k-th shell containing

$$n_k = n - \sum_{j=1}^{k-1} n_j^o$$

water molecules.

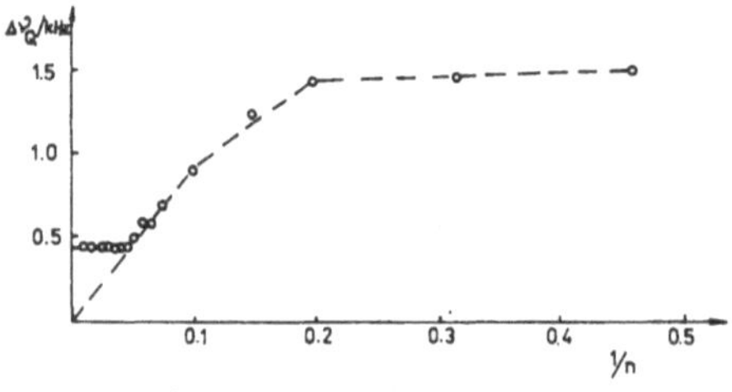

Fig.1. ^2H nmr quadrupole splitting $\Delta\nu_Q$ in dependence on the reciprocal number of water molecules per molecule of egg yolk lecithin.

If these assumptions are valid the plot of experimentally measured values over n^{-1} consists of a series of linear regions with different slopes. From the values of n at which the slopes are changing the maximal number of water molecules per shell n_j^o can be calculated. The intersection points of the straight lines for every water shell with the $\Delta\nu_Q$-axis indicate the intrinsic quadrupole splitting $\Delta\nu_j$. The existence of two hydration shells ($\Delta\nu_1$ = 1.4 kHz, n_1^o = 5, $\Delta\nu_2$ = 0.34 kHz, n_2^o = 7) and a shell of free water between bilayers ($\Delta\nu_3$ = 0, n_3^o = 11) can be derived from Fig.1. At water concentrations higher 23 water molecules per lecithin the thickness of the water space between lipid bilayers remains constant and the excess water forms a separate phase. Obviously the quadrupole splitting of heavy water can be used for the determination of the water content of lipid samples if the calibration curve similar to Fig.1 for egg yolk lecithin is known. In the case of EYL a determination of n over $\Delta\nu_Q$ is possible in the range from 5 to 23 water molecules per lipid. The accuracy of experimentally obtained $\Delta\nu_Q$ values is usually better than ± 50 Hz. Therefore around n = 7 the accuracy of experimentally obtained n is better than ± 0.5 water molecules. Around n = 20 the accuracy decreases to ± 2 waters per lipid. If the area per lipid molecule and the density of water between lipid bilayers are known, the thickness of the water layer between lipid bilayers can be calculated. The obtained distances are an average thickness of the water layer because there is no well defined boundary between lipid and water. /7/.

The osmotic properties of PEG water solutions

For the determination of repulsive forces between lipid bilayers the osmotic properties of PEG/water solutions used in our experiments have to be determined. The osmotic pressure π of the solutions is /8/

$$\pi = \frac{R_o\ T}{V_w^\bullet} \ln a_w$$

R_o is the absolute gas constant per mole, T the absolute temperature, V_w° the mole volume of the pure solvent and a_w the activity of water.

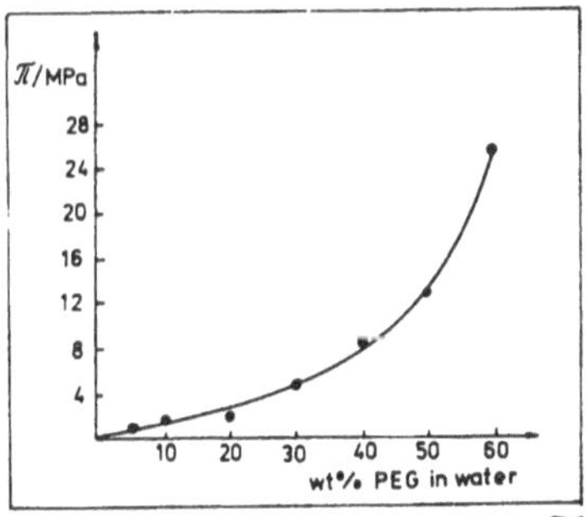

Fig.2. Osmotic pressure π of a poly(ethylene glycol) (MW 6000)/water solution in dependence on the concentration.

The unknown activity of water is correlated with the water vapour pressure over the solution which can be easily measured. In a good approximation the activity of water can be substituted by the quotient of the water vapour pressure over the solution p_w and the vapour pressure over pure water p_w^o at the same temperature.

$$\pi = \frac{R_o T}{V_w^\circ} \ln \frac{p_w}{p_w^o}$$

Osmotic pressures of PEG/water solutions exceed the values of comparible dextran/water solutions by an order of magnitude. PEG of higher molecular weight do not penetrate into the water space between lecithin bilayers /9/.

The determination of hydration force parameters

According to literature /1/ the hydration repulsion pressure P_h between lipid bilayers can be described empirically by an exponential function

$$P_h = P_h^o \exp(-d_w/\lambda)$$

d_w is the thickness of the water layer between lipid bilayers, λ the characteristic decay length of hydration repulsion and P_h^o the repulsion pressure for $d_w = 0$.

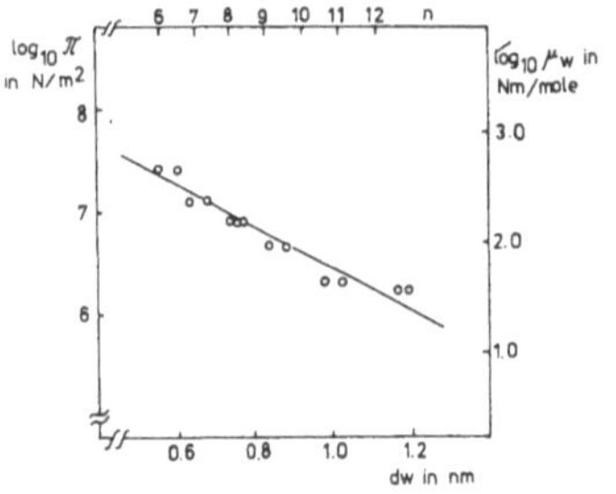

Fig.3. Thickness of the water layer d_w (number of water molecules per lipid n) between egg yolk lecithin bilayers in dependence on the osmotic pressure π (chemical potential of water μ_w) of the PEG/water solution added.

For short distances between the bilayers the hydration repulsion is much higher than electrostatic and van der Waals interactions. In that case the repulsive hydration pressure equals the osmotic pressure of a PEG/water solution which is in thermodynamic equilibrium with the lipid/water dispersion. In Fig.3 the logarithm of the osmotic pressure is given in dependence on the thickness of the water layer d_w between EYL bilayers. From the slope of the stright line we get $\lambda = 0.22$ nm and from the intersection of the line with the ordinate $P_h^o = 4 \cdot 10^8$ Pa.

Advantages and limitations of the method

There are several attempts to give a theoretical description of hydration forces between lipid bilayers but up to now an exact quantitative theory does not exist (see e.g. /4,10/). Therefore it is necessary to accumulate more experimental results about hydration forces in different systems. Because of experimental difficulties, every method which allows an independent determination of hydration force parameters is wanted.

parameter	^2H nmr	X-ray /11/
maximal bilayer separation at full hydration d_w^{max}	2.1 nm	2.75 nm
number of water molecules per lipid molecule at full hydration n^{max}	23	34
hydration repulsion for $d_w = 0$ P_h^o	$10^{8.6 \pm 0.4}$ Pa	$10^{8.76}$ Pa
decay length of hydration repulsion λ	0.22 ± 0.02 nm	0.26 nm
Hamaker constant of van der Waals interaction H	$10^{-20.3 \pm 0.7}$ Nm	$10^{-20.1}$ Nm

Tab.1. Comparison of force parameters for EYL/water dispersions determined by ^2H nmr and X-ray low angle scattering.

If we compare the experimental results for EYL obtained by X-ray low angle scattering and ^2H nmr a significant difference is observed for the maximal bilayer separation at full hydration. At that distance the attractive van der Waals interaction /12/

$$P_A = \frac{H}{6\pi}\left[\frac{1}{d_w^3} - \frac{2}{(d_w+d_l)^3} + \frac{1}{(d_w+2\,d_l)^3}\right]$$

is equal to the repulsive hydration pressure. The decay length of hydration repulsion determined by ^2H nmr is somewhat shorter than the X-ray value. All the other parameters agree within experimental error. In low angle X-ray experiments a repeat spacing d is measured which is the sum of the thickness of the water layer d_w and the thickness of the lipid bilayer d_l. For the determination of d_w the knowledge of the mole fraction of water in the sample and the densities of the lipid and the water phase are necessary. Further is has to be assumed, that the sample consists of flat bilayers seperated by water layers. At water concentrations higher 15 moles of water per mole of lecithin this assumption is not fulfilled as we could show by ^2H nmr and freeze fracture electron microscopy experiments /13/. A spontaneous formation of smaller multilamellar liposomes was observed. These liposomes can not be packed without water filled packing holes inside the liposomes and between them. As a result the water distribution in the sample becomes inhomogeneous and the thickness of the water layer d_w is overestimated in X-ray experiments.

The quadrupole splitting of heavy water gives the number of water molecules per lipid between bilayers of liposomes with diameters larger 2 µm only. Quadrupole splittings of water which is in contact to smaller liposomes and to surfaces of bigger water filled holes are averaged out and appear as a more or less broadened isotropic resonance peak in the ^2H nmr spectrum /13/. Besides the fact that the assumptions made for the analysis of X-ray experiments are not fulfilled at high water concentrations, additional differences could occur because in ^2H nmr experiments the lecithin is hydrated with heavy water. A serious shortcomming of the ^2H nmr determination of d_w is the necessity to use surface areas per lipid molecule determined by other methods. We used X-ray data obtained in a concentration region where the lipid bilayers are flat. The density of water between lipid bilayers was assumed to be identical with that of free water. In X-ray experiments the same assumption was used. Because of decreasing accuracy with increasing d_w, a ^2H nmr determination of d_w is usually restricted to water concentrations smaller 20 moles of water per lipid. That is the region where hydration repulsion exceeds electrostatic and van der Waals interactions between lipid bilayers.

X-ray low angle scattering and ^2H nmr should give similar results for samples which consists of flat bilayers separated by water layers. If this condition is not fulfilled, ^2H nmr determines the separation between bilayers of multilamellar liposomes with diameters larger 2 µm only, while X-ray measurements probably do not differentiate between particle sizes with the same sensitivity. From X-ray measurements additional structural data about the ordering of lipids in bilayers can be deduced while ^2H nmr spectra contain further information about the dynamical behaviour of water molecules near the membrane surface. ^2H nmr measurements could be a useful supplement for the determination of parameters of forces between bilayers of amphiphile molecules.

References

/1/ R.P. RAND: Ann. Rev. Biophys. Bioeng. 10, 277 (1981)
/2/ J.N. ISRAELACHVILI and G.E. ADAMS: Faraday Trans. I: 74, 975 (1978)
/3/ R.M. PASHLEY and J.N. ISRAELACHVILI: Colloids Surfaces 2, 169 (1981)

/4/ D.W.R. GRUEN, S. MARCELJA and B.A. PAILTHROPE: Chem Phys. Lett. 82, 315 (1981)

/5/ E.G. FINER and A. DARKE: Chem. Phys. Lipids 12, 1 (1974)

/6/ K. GAWRISCH, K. ARNOLD, T. GOTTWALD, G. KLOSE and F. VOLKE: stud. biophys. 74, 13 (1979) and microfiche 1/36

/7/ O. SODERMAN, G. ARVIDSON, G. LINDBLOM and K. FONTELL: Eur. J. Biochem. 134, 309 (1983)

/8/ R. BRDICKA: "Grundlagen der physikalischen Chemie" VEB Deutscher Verlag der Wissenschaften Berlin, 1969

/9/ K. GAWIRSCH, K. ARNOLD, K. DIETZE, and U. SCHULZE: Biochim. Biophys. Acta (submitted for publication)

/10/ B. JONSSON and H. WENNERSTROM: J. Chem. Soc., Faraday Trans. II 79, 19 (1983)

/11/ L.J. LIS, M. MCALISTER, N. FULLER, R.P. RAND and V.A. PARSEGIAN: Biophys. J. 37, 657 (1982)

/12/ E.J.W. VERWEY and J.T.G. OVERBEEK: "Theory of the Stability of Lyophobic Colloids", Elsevier, 1948

/13/ K. GAWRISCH, W. RICHTER, A. MOPS, P. BALGAVY, K. ARNOLD and G. KLOSE: Chem. Phys. Lipids (submitted for publication)

K. HAAGE and M. I. RYBINSKAYA

Academy of Sciences of the GDR, Central Institute of Organic Chemistry, Berlin-Adlershof and
Academy of Sciences of the USSR, Institute of Organo-Element Compounds, Moscow

On Surface-Active Ferrocene Derivatives

Introduction

Ferrocene derivatives with functional groups are known nearly since the time of ferrocene discovery by FISCHER and WILKINSON [1]. In the case of strong polar groups or groups with negative or positive charge amphiphilic properties are exspected because of the hydrophobic behavior of the ferrocene unit. A lot of investigations have been made in the field of adsorption phenomena at solids with the aim at the usage of ferrocene derivatives as additives [2]. Till now verry little is known on the adsorption properties at the fluid phase, e.g. the lowering of surface tension in liquids.
LISSYTSCHKIN had described the critical micell concentration (c.m.c.) of a cationic dicarbonyl ferrocene alkyl germanium compound [3]. In patent literature some other more or less complicated structures of water-soluble ferrocene compounds with longer aliphatic alkyl chains, but no surface activity have been described [4, 5]. No ferrocene derivative of the more common surfactant kind like alkyl sulfates, ethylene oxide adducts or tetraalkyl ammonium salts was known.

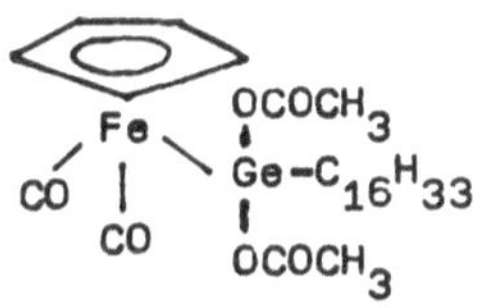

c.m.c. = 2,14 mole/ dm^3

Fig. 1

Surface activity of cyclopentadienyl iron dicarbonyl hexadecyl germanium diacetate

Cationic surfactant

In the beginning of our investigations on the surface activity of metallocene derivatives cationic compounds with different metallocene units were synthezised, particularly investigations on homologous ω-(tri-

carbonyl-cyclopenta-dienyl manganese) alkyl trimethyl ammonium chlorides were made [6, 7].
The synthesis was carried out in the principle route via alkylation reaction at trimethylamine with the corresponding alkylchloride under special conditions according to equation (1). Particularly ethanol has been used as solvent [6].

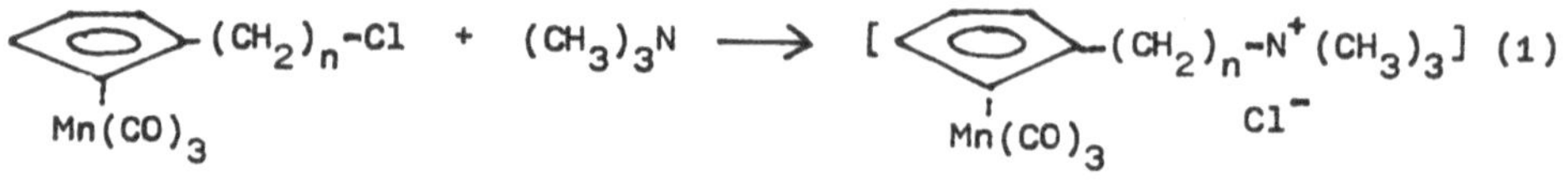

for 1a, 1b, 1c

1

n = 3, 5, 7

The interfacial tension between water and heptane is deminished by compound 1c at the c.m.c. of $2 \cdot 10^{-2}$ $mole/dm^3$ from 30 to 12,5 mN/m for example.
The same procedure is usefull for the synthesis of ferrocene or mesitylene chromiumtricarbonyl substituted tetraalkyl ammonium salts [7].

Ferrocenylalkyl carboxylic acids

Starting from ferrocene and some dicarboxylic acid derivatives ω-ferrocenyl ω-oxoalkanoic acids can be synthezised via Friedel - Crafts reaction-type [8, 9], for example following the equation (2).

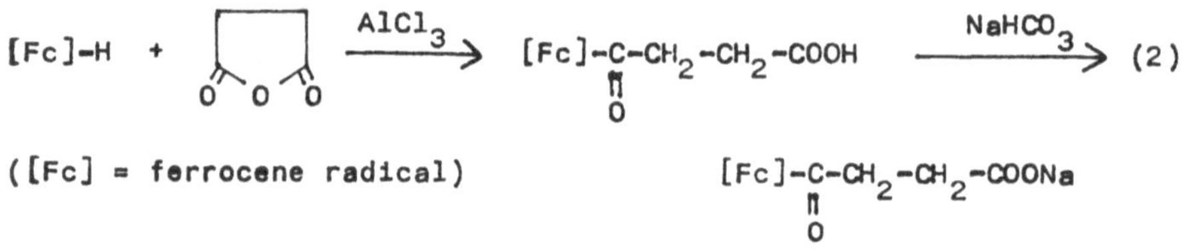

([Fc] = ferrocene radical)

2

The raw material could be purified by column chromatography on aluminium oxide column with butanon-2 and benzene via an eluation procedure with acidified methanol/benzen mixture. Because of the instability of the salt 2 in basic medium the neutralization of the free acid should be done carefully with sodium hydrogen carbonate. The sodium salt 2 is of verry small influence on the surface tension, i.e. a solution of $13 \cdot 10^{-3}$ $mole/dm^3$ has a surface tension of 55,8 mN/m.

Other types of ferrocenoylalkanoic acids are available via the Friedel-Crafts reaction of mono esters of α, ω-dicarboxylic acid monochlorides with ferrocene according to equation (3) [10].

$$[Fc]\text{-}H \; + \; Cl\text{-}CO\text{-}(CH_2)_n\text{-}COOC_2H_5 \xrightarrow{AlCl_3} [Fc]\text{-}\underset{\underset{O}{\|}}{C}\text{-}(CH_2)_n\text{-}COOC_2H_5 \qquad (3)$$

n = 5 - 10 3

Nonionic surfactant

Reduction of ferrocenoylalcanoic acids or esters there of yield ω-ferrocenylalkanols as important starting compounds for several types of surfactants.

$$[Fc]\text{-}CO\text{-}(CH_2)_n\text{-}COOC_2H_5 \xrightarrow{NaBH_4/AlCl_3} [Fc]\text{-}(CH_2)_{n+2}\text{-}OH \qquad (4)$$

4

As an important example of nonionic surfactants ω-ferrocenylalkyl-polyoxyethylenes have been synthesized from these al anols. The oxethylation reaction was carried out in Lewis acidic medium with boron trifluoride etherat as catalyst. In a duration of about 1 to 1.5 hours the reaction temperature was held between 70 an 90 °C. In the yielded mixture of homologous ω-ferrocenylalkyl-polyoxyethylenes (ether homologues) the contamination with polyethylene oxide was small, usually below 10 percent [11].

$$[Fc]\text{-}(CH_2)_m\text{-}OH \; + \; x \; \underset{\diagdown O \diagup}{CH_2\text{-}CH_2} \xrightarrow{BF_3 \cdot OEt_2} [Fc]\text{-}(CH_2)_m\text{-}O\text{-}(CH_2CH_2O)_xH \qquad (5)$$

5

m ≙ 4, 7, 10; x = 8 - 35 as medium values

According to the general rule increasing of the carbon chain length in the alkyl group leads sligthly to a diminution of the c.m.c. and vice versa an increasing of the ether chain length causes an increase of the c.m.c. (table 1). The surface tension at the c.m.c. is nearly independend from m and x in a larger range (m and x in formula 5). Contrary to that the foaming ability is the best in a medium range of carbon chain length.

In general the compounds are of less surface activity in comparison to the analogous surfactants without the ferrocen unit in the molecule, but with the same carbon number. Thus the alkyl and alkylphenyl polyoxyethylenes effect the lowering of the surface tension in water down to the range of 25 to 30 mN/m.

Table 1
Some surfactant properties of ω-ferrocenylalkyl-poly(oxyethylenes) in aqueous solution

Compound 5 No.	n	mean value of x	aqueous solution c.m.c. [mole/dm^3]	$\sigma_{c.m.c.}$ surface tension [mN/m]	wetting angle Θ [degrees]	foaming ability-foam hight [cm]
1	4	8	$2,1 \cdot 10^{-4}$	48,0	61,4	0
2	4	12	$0,7 \cdot 10^{-4}$	46,0	66,8	0
3	7	15	$1,0 \cdot 10^{-4}$	45,4	63,6	4,0
4	7	19	$0,44 \cdot 10^{-4}$	45,0	71,6	4,0
5	7	35	$0,15 \cdot 10^{-4}$	47,5	69,7	4,5
6	10	15	$0,28 \cdot 10^{-4}$	46,5	70,2	4,0
7	10	21	$0,63 \cdot 10^{-4}$	45,5	69,7	2,5

Anionic Surfactant

ω-Ferrocenylalkyl-sulfates were synthezised by cautious sulfonation reaction of ω-ferrocenylalkanoles with chloro sulfonic acid in ether solution, according to equation (6) [11]. The acid **6** are not stable enough for keeping up a longer period. Analysis were made from the S-(p-bromobenzyl)isothiuronium salt and the sodium salts. The latter were yielded from the neutralization of the acids **6** with sodium hydrogen carbonate. Small amounts of sodium sulfate are hardly avoidable in this procedure [11].

$$[Fc]-(CH_2)_m-OH + HSO_3Cl \longrightarrow \underset{\mathbf{6}}{[Fc]-(CH_2)_m-OSO_3H} + HCl \qquad (6)$$

$$[Fc]-(CH_2)_m-OSO_3H + NaHCO_3 \longrightarrow \underset{\mathbf{7}}{[Fc]-(CH_2)_m-OSO_3Na} + CO_2 + H_2O \qquad (7)$$

$m = 4, 7, 10$

The surface activity of the sodium salts **7** is comparable with that of sodium alkylsulfates, but the latter is superior to the ferrocene derivatives. It is obvious, that the efficiency of the carbon atoms in the ferrocene is smaller than in aliphatic hydrocarbons (table 2) [12]. The c.m.c. value of compound **7** (m = 7) prove a difference of efficiency of about 22 percent.

Table 2
Sodium ω-ferrocenylalkyl sulfates - summary of measurements on surface activity in comparison with the ferrocene non-containing alkyl sulfates

Compound	m	surface tension water c.m.c. [mole/dm^3]	$\sigma_{c.mc.}$ [mN/m]	interfacial tension water/heptane $\gamma_{c.m.c.}$ [mN/m]
7	4	$8,2 \cdot 10^{-3}$ (+)	51,8	13,6
7	7	$1,2 \cdot 10^{-3}$	42,5	5,0
7	10	$0,4 \cdot 10^{-3}$ (+)	49,0	7,0
sodium alkylsulfates	$C_{12}H_{25}$	$8 \cdot 10^{-3}$	39,0	8,3
	$C_{13}H_{27}$	$2,6 \cdot 10^{-3}$	38,2	
	$C_{14}H_{29}$	$6,5 \cdot 10^{-4}$	36,0	5,7

[(+) = c.m.c. extrapolated - estimate]

References

[1] M. DUB: Organometallic Compounds, Vol. 1 Compounds of transition metals, Berlin, Heidelberg, New York 1966, p. 220 - 380

[2] Cz. KAJDAS and M. DOMINIAK, VIII. Szkola Trybologniczna, Vol. II, Krakow 1978, p. 193

[3] G. W. LISICHKIN, A. Ya. YUFFA and F. S. DENISOV, VIIth International Congress on surface active substances, Moscow 1976, Section A, Vol. 1, p. 371

[4] DE-OS 2 503 967, Substances of hematic remedy, Fisous Ltd. London, (1975)

[5] DE-OS 2 453 936 (1974), DE-OS 2 453 977 (1975)

[6] G. SONNEK, K. HAAGE, H. REINHECKEL, L. M. KORNEVA and M. I. RYBINSKAYA, Z. Chemie [Leipzig] 21 (1981), 331 - 332

[7] G. SONNEK, K. HAAGE, H. REINHECKEL, G. MÜLLER, M. I. RYBINSKAYA, L. M. KORNEVA, V. V. KRIVYCH and V. S. KAGANOVICH, DD-PS 159 842 (1981)

[8] J. W. HUFFMAN and D. J. RABB, J. org. Chem. 26 (1961), 3588

[9] K. J. RINEHART, J. R. CURBY and P. E. SOKOL, J. amer. chem. Soc. 79 (1957), 3420

[10] A. N. NESMEYANOV, G. B. SHULPIN, M. V. TOLSTAYA and M. I. RYBINSKAYA, Dokl. Acad. Nauk SSSR 232 (1978), 1919

[11] K. HAAGE, B. WEILAND, G. SONNEK, H. REINHECKEL, M. I. RYBINSKAYA, V. S. KAGANOVICH, V. V. KRIVYCH, DD-PS, announced 1984

[12] K. HAAGE, M. HERBST, G. SONNEK, H. REINHECKEL, M. I. RYBINSKAYA, V. S. KAGANOVICH and V. V. KRIVYCH, Tenside, in press

H. G. HAUTHAL, L. MÜHLE, R. PFESTORF und K. QUITZSCH

VEB Leuna-Werke "Walter Ulbricht", DDR - 4220 Leuna 3, und
Karl-Marx-Universität Leipzig, Sektion Chemie, DDR - 7010 Leipzig

Kalorimetrische Charakterisierung von Alkansulfonaten in Lösung

Einführung

Neue Anforderungen an das Leistungsvermögen der Tenside in Konsumgütern und Industrieprodukten der Zukunft, z. B. für Wasch- und Reinigungsprozesse bei niedrigen Temperaturen, beschleunigen die Suche nach synergistischen Wirkungen von Tensidkombinationen, deren systematische wissenschaftliche Erschließung noch am Anfang steht. Der thermodynamischen Charakterisierung der Mizellbildung /1-3/ kommt dabei eine Schlüsselrolle zu. Mit Hilfe kalorimetrischer Untersuchungen in hochverdünnten Tensidlösungen können - vor allem auch aufgrund der heute verfügbaren hochempfindlichen Gerätetechnik - sowohl Monomer-Monomer-Wechselwirkungen im vormizellaren und mizellaren Konzentrationsbereich als auch die Mizellbildung selbst erfaßt werden.

Die vorliegende Arbeit bezieht sich auf definierte, isomerenreine Alkansulfonate. Das Anwendungspotential der Alkansulfonate ist heute bei weitem noch nicht erschlossen /4/, so daß hier auch im Hinblick auf synergistische Effekte /5/ weitere Fortschritte möglich erscheinen.

Ergebnisse der experimentellen Untersuchungen

Integrale Verdünnungsenthalpiedaten wurden für isomerenreine Alkansulfonate (Tab. 1) bei den entsprechenden Temperaturen und in den angegebenen Konzentrationsbereichen flowkalorimetrisch im Mikrokalorimeter LKB 10700-1 gemessen. Die Eignung dieser Kalorimetervariante konnte im Rahmen früherer Untersuchungen /6-8/ nachgewiesen werden. Das Verdünnungsverhältnis wurde innerhalb der einzelnen Meßreihen konstant gehalten.

Zur Darstellung der Enthalpieänderungen in wässrigen Tensidlösungen ist es sinnvoll, die scheinbaren und partiellen molaren bzw. molalen Enthalpien als Konzentrationsfunktion heranzuziehen. Diese Funktionen zeigen typische Veränderungen im Konzentrationsgebiet der Mizellbildung und eignen sich gerade deshalb zur Berechnung der Mizellbildungsenthalpien. Die scheinbare molale Enthalpie kann in Form eines Polynomansatzes in Potenzen der Molalität m ausgedrückt werden:

Tabelle 1

Experimentelle Datenbasis integraler Verdünnungs- und Lösungsenthalpien /[a]/ von Alkansulfonaten in Wasser

Alkansulfonat	Temperatur [K]
Lithium-dodecan-1-sulfonat	303
Ammonium-dodecan-1-sulfonat	298, 303, 307
Ammonium-dodecan-5-sulfonat	303
Mono-n-propylammonium-dodecan-1-sulfonat	298
Ammonium-pentadecan-1-sulfonat	303
Ammonium-pentadecan-8-sulfonat	303
[a]Ammonium-dodecan-1-sulfonat	298
[a]Ammonium-dodecan-1-sulfonat/ 2-Methylpropan-1-ol	298

$$\emptyset_L = A_L(d_o m)^{1/2} + B_L\ m + C_L\ m^{3/2} + D_L\ m^2 + \ldots \qquad (1)$$

Die Größe A_L stellt den Debye-Hückel-Mindestanstieg für verdünnte Elektrolytlösungen als temperaturabhängige Konstante dar. Über Gl. 2 sind die partielle molale Enthalpie und die experimentell bestimmte Verdünnungsenthalpie verknüpft.

$$\Delta H_D = \emptyset_L(m_f) - \emptyset_L(m_i) = Q / n \qquad (2)$$

$\emptyset_L(m_f)$ und $\emptyset_L(m_i)$ sind die scheinbaren molalen Enthalpien des gelösten Stoffes in der Final- bzw. Initiallösung, Q ist die gemessene Wärmemenge und n die Molzahl des gelösten Stoffes in der Lösung. Die Kombination von Gl. 1 und 2 ergibt ein Gleichungssystem für ΔH_D in Termen von m, dessen Koeffizienten B_L, C_L, D_L ... durch Minimierung der Summe der kleinsten Fehlerquadrate bestimmt werden /9/.

$$\bar{L}_2 = \emptyset_L + m \frac{\partial \emptyset_L}{\partial m} \qquad (3)$$

Aus dem Konzentrationsverlauf der partiellen molalen Enthalpie $\bar{L}_2$ (Gl. 3) läßt sich die Mizellbildungsenthalpie nach Gl. 4 ermitteln. Dabei wurden die relativ linearen Kurvenäste im vormizellaren und mizellaren Konzentrationsgebiet bis hin zur kritischen Mizellbildungskonzentration c_M extrapoliert. Die dort erhaltene Differenz der Funk-

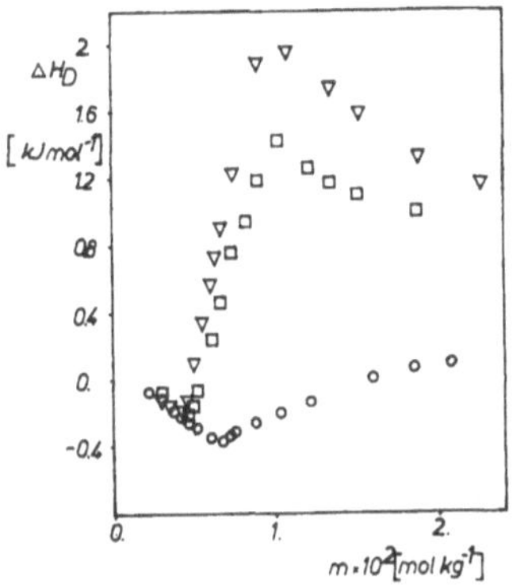

Abb. 1: Integrale Verdünnungsenthalpien im System Wasser-Ammonium-dodecan-1-sulfonat bei 298 K (o), 303 K (□) und 307 K (▽)

tionswerte stellt die Mizellbildungsenthalpie dar.

$$\Delta H_{mic} = L_2^{mic} - L_2^{vormic} \qquad (4)$$

Beim Vergleich der Konzentrationsfunktion der integralen Verdünnungsenthalpien im System Wasser-Ammonium-dodecan-1-sulfonat ist deren starke Temperaturabhängigkeit innerhalb eines engen Temperaturintervalls bemerkenswert (Abb. 1). Stärker tritt diese Abhängigkeit bei der Betrachtung der partiellen molalen Funktionen in Erscheinung /8/.

Zur Untersuchung von Alkansulfonaten mit ausgetauschtem Gegenion wurden Lithium-dodecan-1-sulfonat und Mono-n-propylammonium-dodecan-1-sulfonat in wässriger Lösung eingesetzt.

Das System Wasser-Ammonium-pentadecan-1-sulfonat (Abb. 2) zeigt einen mit dem System Wasser-Ammonium-dodecan-1-sulfonat qualitativ vergleichbaren Kurvenverlauf der integralen Verdünnungsenthalpien, nur daß sich die c_M-Werte um etwa eine Zehnerpotenz unterscheiden.

Alkansulfonate mit mittelständiger Sulfonatgruppe unterscheiden sich von den entsprechenden endständigen Isomeren durch stark negative Verdünnungsenthalpiedaten im vormizellaren und mizellaren Bereich (Abb. 2).

Der Einfluß von Cosolventien auf das Mizellbildungsgleichgewicht wurde am System Wasser-Ammonium-dodecan-1-sulfonat durch Zugabe geringer Mengen 2-Methylpropan-1-ol überprüft. Hierzu wurden experimentelle Daten zur Lösungsenthalpie von Ammonium-dodecan-1-sulfonat in Wasser und im Gemisch Wasser-2-Methylpropan-1-ol bei 298 K im Präzisionslösungskalorimeter LKB 8700 nach der Ampullenmethode ermittelt. Diese integralen Lösungsenthalpien sind durchweg endotherm, jedoch müssen bei der Auflösung des Tensids in wässriger alkoholischer Phase dem System größere Wärmemengen zugeführt werden.

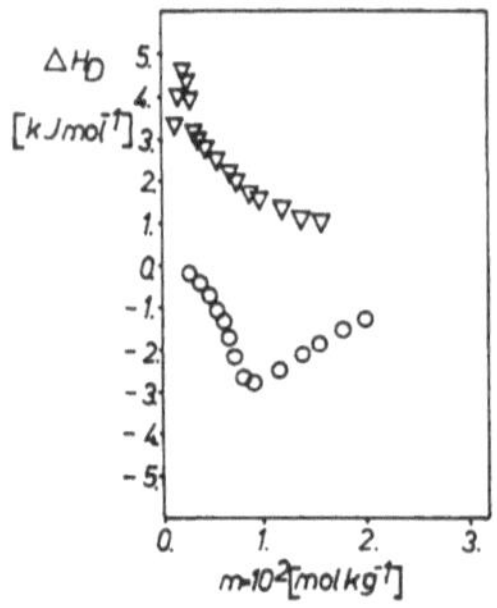

Abb. 2: Integrale Verdünnungsenthalpien im System Wasser-Ammonium-pentadecan-1-sulfonat (▽) und Wasser-Ammonium-pentadecan-8-sulfonat bei 303 K (○)

Diskussion der Ergebnisse

Die Aggregation von Tensidmonomeren in wässriger Phase zu Mizellen muß als komplexer Prozeß von strukturellen Umordnungsvorgängen betrachtet werden. Diese sind vorrangig das Resultat der hydrophoben Abstoßung zwischen den Kohlenwasserstoffketten und dem sie umgebenden Wasser (hydrophobe Hydratation), der Ladungsabstoßung der geladenen Kopfgruppen im Falle ionischer Tenside, der Dispersionswechselwirkung der Kohlenwasserstoffreste im Mizellmilieu und der Veränderung der Wasserstruktur. Die hydrophobe Hydratation der Tensidkohlenstoffkette ist vergleichbar mit der von Wassermolekülen an unpolaren gelösten Stoffen und führt zu Veränderungen der Wasserstruktur, zu Clathrat- oder sogenannter "Iceberg"-Bildung /1//10-13/. Der Prozeß der Anordnung der Wassermoleküle um die nichtpolaren Gruppen ist bezüglich der freien Enthalpie bei 298 K, mit kleinen positiven oder negativen Beträgen, ein Enthalpie-Entropie-kompensierter Vorgang. Die sich ausbildenden Wasserstrukturen in der Umgebung der hydrophoben Molekülbereiche und die Ausbildung neuer Wasserstoffbrückenbindungen führen zum negativen Enthalpiebeitrag, die zunehmende Strukturierung bewirkt eine Abnahme der Entropie. Dabei fluktuieren die unpolaren Moleküle zwischen hydratisiertem und unhydratisiertem Zustand /14-16/.

Die Assoziation der Tensidmonomeren führt zum Übergang der Kohlenwasserstoffketten aus der polaren strukturierten Wasserumgebung in das Kohlenwasserstoffmilieu innerhalb der Mizellen und ist mit einer Entropieabnahme verbunden. Diesem Entropieverlust entgegen steht der Entropiegewinn infolge der Reorganisation der ursprünglichen Wasserstruktur. Ebenso sind die enthalpischen Effekte der beiden Teilprozesse mit unterschiedlichem Vorzeichen behaftet. Der Abbau der Wasserhülle in der Umgebung der Kohlenwasserstoffketten ist endotherm, der Übergang in die Mizelle exotherm. Der Mizellbildung wirkt die Abstoßung der gleichartig geladenen Kopfgruppen entgegen, durch die Anlagerung der Gegenionen

Tabelle 2

Mizellbildungsenthalpien von Alkansulfonaten in Wasser

Alkansulfonat	T [K]	$10^2 c_M$ [a] [mol kg^{-1}]	ΔH_{mic} [J mol^{-1}]
Lithium-dodecan-1-sulfonat	303	0,95	550
Ammonium-dodecan-1-sulfonat	298		1500
	303	0,95	-4450
	307		-9800
Ammonium-dodecan-5-sulfonat	303	2,9	2500
Mono-n-propylammonium-dodecan-1-sulfonat	298	1,0	400
Ammonium-pentadecan-1-sulfonat	303	0,12	-5300
Ammonium-pentadecan-8-sulfonat	303	0,6	1350

[a] Leitfähigkeitsmessungen

an der Mizelloberfläche wird sie begünstigt. Die Größe und chemische Natur der Kopfgruppen, die damit verbundene Assoziationszahl der Tensidmonomeren sowie die Art der Gegenionen und der daraus abgeleitete Grad deren Anlagerung an die Mizelloberfläche in Abhängigkeit von der Temperatur sind Faktoren, welche die Mizellbildung beeinflussen.

Die experimentell ermittelte integrale Verdünnungsenthalpie besitzt in Anbetracht der Komplexität des dynamischen Monomer-Mizell-Gleichgewichts bezüglich enthalpischer Effekte summarischen Charakter. Analog zu verdünnten wässrigen Lösungen unpolarer Stoffe ändern sich die thermodynamischen Funktionen, wie die Enthalpie, stark mit der Konzentration, der Temperatur und dem Druck. Die Größe der Mizellbildungsenthalpien (Tab. 2) und deren Temperaturabhängigkeit von Ammonium-dodecan-1-sulfonat in Wasser, ermittelt aus Daten zur Verdünnungsenthalpie bei 298, 303 und 307 K, befindet sich qualitativ in Übereinstimmung mit Literaturdaten von KRESHECK /17/, PILCHER /18/ und BERG /19/. Die positive Mizellbildungsenthalpie bei 298 K und deren Veränderung mit der Temperatur innerhalb enger Temperaturintervalle hin zu negativen Beträgen ist nicht nur typisch für anionische Tenside, sondern wurde auch für kationische /20-22/, nichtionische /23/ und amphotere Tenside /24/ /25/ mit Hilfe kalorimetrischer Untersuchungen nachgewiesen. Die Ursachen für die Begünstigung der Mizellbildung bei Erhöhung der Temperatur können nur durch Einbeziehung aller genannten Einflußfaktoren und deren Temperaturabhängigkeiten beurteilt werden. Beispielsweise ist die hydrophobe Hydratation temperaturabhängig. Sie wird mit steigender Temperatur schwächer. Über die Größe und Gestalt der durch die hier untersuchten Alkansulfonate gebildeten Mizellen liegen noch keine Informationen vor. Dennoch ist es möglich, aus dem Verhalten stofflich ähnlicher Verbindungen eine Abnahme der Aggregationszahl der Tensidmonomeren in den Mizellen durch Temperaturerhöhung zu vermuten. Eine Erniedrigung der Aggregationszahl würde eine Verminderung der Kopfgruppenabstoßung zur Folge haben, wohingegen mit Temperaturerhöhung durch die verringerte Zahl der angelagerten Gegenionen die Mizellen destabilisiert werden /15//26/.

Die berechnete Mizellbildungsenthalpie von Ammonium-pentadecan-1-sulfonat in Wasser bei 303 K ist in der Größenordnung mit der des kürzerkettigen Ammonium-dodecan-1-sulfonats vergleichbar und beträgt -5300 J mol^{-1}.

Für die mittelständigen Isomeren Ammonium-dodecan-5-sulfonat und Ammonium-pentadecan-8-sulfonat wurden Mizellbildungsenthalpien in Wasser bei 303 K von 2500 J mol^{-1} bzw. 1350 J mol^{-1} ermittelt. Diese Mizellbildungsenthalpien unterscheiden sich beträchtlich von denen der endständigen Isomeren. Es ist anzunehmen, daß sich im Falle der mittelständigen Position der funktionellen Gruppe der amphiphile Charakter des Tensids signifikant verändert (Vergleich der c_M-Werte mit denen endständiger Isomerer), die Geometrie der Mizelle durch sterische Effekte und der Grad der Gegenionenassoziation beeinflußt werden. Die Bildung von Mizellen ist bei endständigen vergleichbaren Alkansulfonaten enthalpisch begünstigt.

Im allgemeinen führen Gegenionen mit geringerer Polarisierbarkeit zur Verschiebung der c_M-Werte nach höheren Konzentrationen und bewirken die Erniedrigung der Aggregationszahl. Die Größe des Gegenions beeinflußt seine Hydrathülle. Die Mizellbildung ist für Mono-n-propyl-ammonium-dodecan-1-sulfonat bei 298 K und für Lithium-dodecan-1-sulfonat bei 303 K schwach endotherm und damit enthalpisch nicht begünstigt.

Dem Einfluß von Alkoholen niederer und mittlerer Kettenlänge auf das Monomer-Mizell-Gleichgewicht gilt im Hinblick auf die Untersuchung von mizellaren Systemen und Mikroemulsionen besonderes Interesse /27//28/. Die Ursachen für das kooperative bzw. nichtkooperative Verhalten der Alkohole bei der Mizellbildung sind in der Stärkung oder Schwächung der hydrophoben Bindung, ihrer Verteilung zwischen wässriger und mizellarer Phase in Form von Mischmizellen und der Bildung mikroheterogener Bereiche in wässriger Lösung zu suchen /29//30/. Die experimentell ermittelten Lösungsenthalpien von Ammonium-dodecan-1-sulfonat in Wasser bei 298 K im vormizellaren Konzentrationsgebiet und in mizellarer Lösung wenig oberhalb des c_M-Wertes liegen in der Größenordnung von +50 kJ mol^{-1}. Die berechnete Mizellbildungsenthalpie beträgt damit 1750 J mol^{-1} und ist mit der flowkalorimetrisch ermittelten von 1500 J mol^{-1} vergleichbar. Bei der Auflösung von Ammonium-dodecan-1-sulfonat in wässrig-alkoholischer Lösung mit einem 2-Methylpropan-1-ol-Gehalt von 1 Mol-% wurden um ein Drittel positivere Enthalpiebeträge sowohl im vormizellaren als auch im mizellaren Konzentrationsgebiet gemessen. Durch den Einbau von Alkoholmolekülen in die vorhandene Wasserstruktur ist deren Fähigkeit zur hydrophoben Hydratation eingeschränkt und damit die Zerstörung unter Energieaufnahme möglich. Die Mizellbildungsenthalpie von Ammonium-dodecan-1-sulfonat in wässrig-alkoholischer Lösung konnte mit einem Betrag von 1300 J mol^{-1} abgeschätzt werden. Der kleinere Betrag der Mizellbildungsenthalpie in wässrig-alkoholischer Lösung ist ein Hinweis auf die Bildung von Mischmizellen.

Literatur

/1/ F. FRANKS: "Water A Comprehensive Treatise", Bd. 4, Plenum Press, New York 1977

/2/ J. E. DESNOYERS, R. DE LISI und G. PERRON: Pure Appl. Chem. 52, 433 (1980)

/3/ J. E. DESNOYERS, R. DE LISI, C. OSTIGUY und G. PERRON in K. L. MITTAL (Hsg.): "Solution Chemistry of Surfactants", Bd. 1, Plenum Press, New York und London 1979, S. 221

/4/ H. G. HAUTHAL (Hsg.): "Alkansulfonate", VEB Deutscher Verlag für Grundstoffindustrie, Leipzig 1985

/5/ M. TRAUTMANN und P. JURGES: Tenside Detergents 21, 57 (1984)

/6/ U. STYCH: Diplomarbeit, Karl-Marx-Universität Leipzig 1983

/7/ B. GREWE: Diplomarbeit, Karl-Marx-Universität Leipzig 1984

/8/ H. G. HAUTHAL, L. MÖHLE, R. PFESTORF und K. QUITZSCH: Vortrag in Sektion C 1, Welt-Tensid-Kongreß, München 1984

/9/ J. WINKELMANN und L. MÖHLE: Optimierungsroutine zur Lösung linearer und nichtlinearer Gleichungssysteme "Housholder Reflection" auf Großrechner ESER 1040, unveröffentlicht

/10/ G. NEMETHY und H. A. SCHERAGA: J. Phys. Chem. 36, 3382 (1962); 36, 3401 (1962)

/11/ M. SH. RAMADAN, D. F. EVANS und R. LUMRY: J. Phys. Chem. 87, 4538 (1983)

/12/ K. SHINODA: J. Phys. Chem. 81, 1300 (1977)

/13/ AA. HVIDT: Pol. J. Chem. 54, 1967 (1980)

/14/ R. LUMRY, E. BATTISTEL und C. JOLICOEUR: Faraday Symp. Chem. Soc. 17, 93 (1982)

/15/ D. F. EVANS und B. W. NINHAM: J. Phys. Chem. 87, 5025 (1983)

/16/ AA. HVIDT: Biochim. Biophys. Acta 537, 374 (1978); Ann. Rev. Biophys. Bioeng. 12, 1 (1983)

/17/ G. C. KRESHECK und W. A. HARGRAVES: J. Colloid Interface Science 48, 481 (1974)

/18/ G. M. PILCHER, M. N. JONES, L. ESPADA und H. A. SKINNER: J. Chem. Thermodynamics 1, 381 (1969)

/19/ R. L. BERG, L. A. NOLL und W. D. GOOD: Proc. 3. ERDA Symp., Petr. Publ. Co. Tulsa, Oklahoma, 1977

/20/ L. ESPADA, M. N. JONES und G. M. PILCHER: J. Chem. Thermodynamics 2, 1 (1970)

/21/ P. DE LISI, C. OSTIGUY, G. PERRON und J. E. DESNOYERS: J. Colloid Interface Science 71, 147 (1979)

/22/ P. DE LISI, G. PERRON und J. E. DESNOYERS: Can. J. Chem. 58, 959 (1980)

/23/ J. M. CORKILL, J. F. GOODMAN und J. R. TATE: Trans. Faraday Soc. 60, 996 (1964)

/24/ J. E. DESNOYERS, G. CARON, P. DE LISI, D. ROBERTS, A. ROUX und G. PERRON: J. Phys. Chem. 87, 1397 (1983)

/25/ J. H. CLINT und T. WALKER: Trans. Faraday I 71, 946 (1975)

/26/ B. LINDMAN, H. WENNERSTRÖM, H. GUSTAVSSON, N. KAMENKA und B. BRUN: Pure Appl. Chem. 52, 1307 (1980)

/27/ A. M. BELLOCQ, J. BIAIS, P. BOTHOREL und B. CLIN: Adv. Colloid Interface Science 20, 167 (1984)

/28/ R. ZANA, S. YIV, C. STRAZIELLE und P. LIANOS: J. Colloid Interface Science 80, 208 (1981)

/29/ G. ROUX, D. ROBERTS, G. PERRON und J. E. DESNOYERS: J. Solution Chem. 9, 629 (1980)

/30/ G. ROUX-DESGRANGES, A. H. ROUX, J. P. E. GROLIER und A. VIALLARD: J. Solution Chem. 11, 357 (1982)

H.-J. Jacobasch, M. Börner

Institut für Technologie der Polymere Dresden

Zur Charakterisierung grenzflächenaktiver Stoffe durch elektrokinetische Messungen

1. Einleitung

Die vielfältige Anwendung grenzflächenaktiver Stoffe beruht zum großen Teil auf ihrer Adsorption an den Phasengrenzen fest/flüssig, flüssig/flüssig und gasförmig/flüssig und im Falle ionogener Tenside auf den damit verbundenen Änderungen der Ladungsverhältnisse an den Phasengrenzen.

Durch die elektrokinetische Meßmethode Strömungspotential/Strömungsstrom, Elektroosmose und Elektrophorese können die Änderungen der Ladungsverhältnisse erfaßt und somit Aussagen zur Adsorption ionogener Tenside getroffen werden. Da die Adsorption durch die Struktur und Konzentration der Tenside sowie die Art des Substrats beeinflußt wird, können elektrokinetische Messungen für die Charakterisierung sowohl von ionogenen Tensiden als auch von festen und ggf. flüssigen und gasförmigen Substraten verwendet werden.

Im folgenden werden die zum Zusammenhang zwischen Tensidsorption und Zeta-Ptential zugrunde liegenden Gesetzmäßigkeiten, Ergebnisse eigener, an Polymeren durchgeführter Arbeiten und die Möglichkeiten einer Anwendung dargestellt.

2. Theoretisches Konzept

Zur Interpretation der genannten elektronkinetischen Meßmethoden wird allgemein vom Modell der elektrokinetischen Doppelschicht nach Gouy, Chapman und Stern ausgegangen (vgl. /1/). Danach wird die elektrokinetische oder Zeta-Potential dem Potential an der Grenze starre/diffuse Doppelschicht entspricht.
Aus Gründen der Ladungsneutralität gilt

$$\sigma_0 + \sigma_s + \sigma_d = 0 \qquad (1)$$

wobei σ_0 = Wandladung
σ_s = Ladung der Stern-Schicht
σ_d = Ladung der diffusen Schicht

Gemäß den Vorstellungen von Ottewill und Mitarb. (vgl. /1/) erfolgt die Adsorption von Tensidionen an Festkörpern, die keine dissoziationsfähigen Gruppen enthalten, ausschließlich in der Stern-Schicht. Es gilt demzufolge

$$-\Delta\sigma_s = \Delta\sigma_d \qquad (2)$$

$\Delta\sigma_d$ läßt sich aus dem Zeta-Potential gemäß Gl. (3) bestimmen

$$\sigma_d = (8\varepsilon\cdot\varepsilon_0\cdot n\cdot kT)^{1/2}\sinh\left(\frac{z\cdot e_0\cdot\zeta}{2kT}\right) \qquad (3)$$

n = Anzahl von Ionen pro Volumeneinheit
ε = relative Dielektrizitätskonstante
ε_0 = Influenzkonstante
z = Wertigkeit
e_0 = Elementarladung

Für die Ableitung von Zusammenhängen zwischen dem Zeta-Potential und der Adsorptionsenergie von Tensidionen wird allgemein von folgenden Voraussetzungen ausgegangen:

- die Adsorption der Tensidionen an dem Festkörper erfolgt durch elektrostatische und nichtelektrostatische (van der Waals'sche und hydrophobe) Wechselwirkung, d.h.

$$\Delta G^0_{ads} = \Delta G^0_{el} + \Delta G^0_{vdW} + \Delta G^0_{hydr.} \qquad (4)$$

$$\Delta G^0_{el} = z\cdot e_0\,\varphi_s \approx z\cdot e_0\,\zeta \qquad (5)$$

wobei ΔG^0_{ads} = freie Standardsorptionsenthalpie
φ_s = Potential der Sternschicht

- die Adsorption verläuft entsprechend der Stern-, durch Esin und Markow erweiterten Theorie der elektrochemischen Doppelschicht nach dem Langmuir-Mechanismus, wobei eine begrenzte Zahl von Adsorptionsplätzen angenommen wird.

Unter Verwendung von Näherungslösungen, die auf den Beziehungen (2) bis (5) beruhen, lassen sich aus der ζ-C_{Tensid}-Funktion die freien Adsorptionsenthalpien für Tensidionen bzw. deren Anteile berechnen. Für Festkörper, die in destilliertem Wasser ein negatives Zeta-Potential aufweisen, dies gilt für die meisten organischen Polymere, werden die in Abb. 1 schematisch dargestellten ζ-C-Kurven in Lösungen von anionaktiven bzw. kationaktiven Tensiden gemessen.

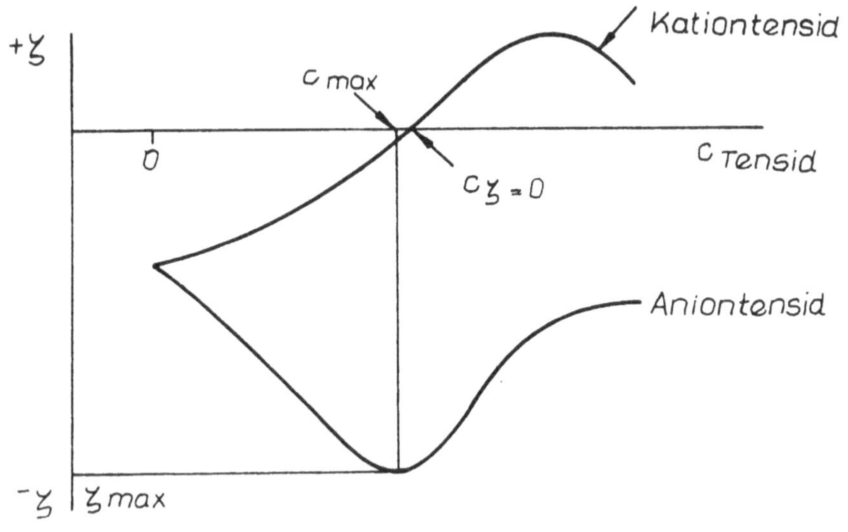

Abb. 1: Abhängigkeit des Zeta-Potentials negativ geladener Polymerer von der Konzentration an anionaktiven bzw. kationaktiven Tensiden in der Meßlösung

die freie Standardadsorptionsenthalpie von Tensidanionen sowie der Gegenionen kann nach einer bereits von Stern 1924 /2/ abgeleiteten Näherungslösung bestimmt werden

$$\Delta G^{\circ}_{ads.,Anion} + \Delta G^{\circ}_{ads,Kation} = 2\,RT \ln c_{max} \tag{6}$$

$$\Delta G^{\circ}_{ads.,Anion} - \Delta G^{\circ}_{ads.,Kation} = 2\,F\zeta_{max} \tag{7}$$

F = Faraday-Konstante

Für die freie Adsorptionsenthalpie von Tensidkationen wurden von verschiedenen Autoren Näherungslösungen erarbeitet, die jeweils für spezielle Stoffsysteme anwendbar sind.
Von den Autoren dieser Arbeit wurden Näherungen abgeleitet die für den Fall, daß $\Delta G^{\circ}_{ads.,Kation} > \Delta G^{\circ}_{ads.,Anion}$ gemäß Gl (8) eine einfache Berechnung von $\Delta G^{\circ}_{ads.,Kation}$ ermöglichen /3/

$$\Delta G^{\circ}_{ads.,Kation} = RT \ln \gamma_0 \tag{8}$$

γ_0 = Tensidkonzentration (Molenbruch) bei C = 0

3. Ergebnisse und Diskussion

In eigenen früheren Untersuchungen an faserbildenden Polymeren /4/ war festgestellt worden, daß

- die Adsorptionsisothermen kationaktiver Tenside vom Langmuir-Typ sind,
- die Tensidkonzentrationen, bei der eine Vorzeichenumkehr eintritt, annähernd der Konzentration einer Monoschichtbildung entspricht,
- die adsorbierte Tensidmenge mit steigendem negativem Zeta-Potential der Fasern zunimmt,
- oberhalb der Glasumwandlungstemperatur T_G der Tensidadsorption eine Tensiddiffusion ins Innere der Polymere überlagert ist.

Diese Untersuchungsergebnisse bestätigen, daß bei Meßtemperaturen $< T_G$ die unter Punkt 2. dargestellten Modellvorstellungen gültig sind.

Die nachfolgend beschriebenen Untersuchungen wurden mit Hilfe des elektrokinetischen Meßsystems EKM der A. Paar KG Graz, Österreich an Polymerfolien durchgeführt. Das Zeta-Potential der Folien wurde durch Strömungspotential-Messungen bestimmt.

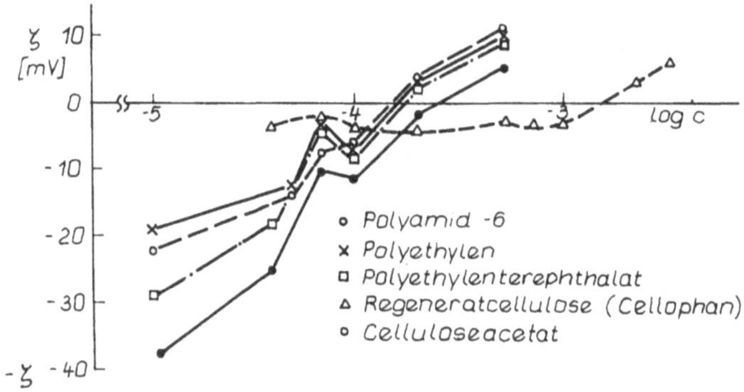

Abb. 2: Zeta-Potential von Polymerfolien in Lösungen von Dodecylpyridiniumchlorid

Aus Abb. 2 geht hervor, daß durch das kationaktive Dodecylpyridiniumchlorid das Zeta-Potential aller untersuchten Polymere zu positiven Werten geändert wird. Die synthetischen Polymere Polyethylen, Polyethylenterephthalat und Polyamid-6 wurden bei deutlich niedrigeren Tensidkonzentrationen als das hydrophilere Celluloseacetat bzw. die stark hydrophile Regeneratcelluslose umgeladen.

Berechnet man nach Gl. (8) die freien Standardadsorptionsenthalpien für die Tensidkationen, so werden die in Tab. 1 aufgeführten Werte erhalten. Der elektrostatische Anteil der Wechselwirkungsenergie kann nach Gl. (5) unter Verwendung des Zeta-Potentials, das in bidestilliertem Wasser gemessen wurde, berechnet werden.

Polymer	Dodecylpyridiniumchlorid $c_\zeta = 0$ mol/l	ΔG°_{ads} kJ/mol	ΔG°_{el} kJ/mol	Hexadecylpyridiniumchlorid $c_\zeta = 0$ mol/l	ΔG°_{ads} kJ/mol
Cellulose	$1{,}4.10^{-3}$	-25,8	-0,4	2.10^{-6}	-43,1
Celluloseacetat	$2{,}4.10^{-4}$	-30,1	-3,6		
Polyethylen	$1{,}6.10^{-4}$	-31,3	-1,8	$2{,}5.10^{-6}$	-42,5
Polyethylen-terephthalat	$1{,}5.10^{-4}$	-31,3	-2,8	$4{,}5.10^{-6}$	-41,0
Polyamid-6	$1{,}4.10^{-4}$	-31,5	-1,2	$4{,}25.10^{-6}$	-41,2

Tab. 1: Freie Adsorptionsstandardenthalpie von Tensidkationen an Polymeren

Es ist ersichtlich, daß für alle untersuchten Polymere die elektrostatische Wechselwirkung im Vergleich mit den nichtelektrostatischen Anteilen gering ist. Hieraus erklärt sich auch die starke Zunahme der freien Standardadsorptionsethalpie mit steigender Alkylkettenlänge des Kationtensids (Tab.1). Es wird eine durchschnittliche Erhöhung der Adsorptionsenergie von 3,0 Mol kJ pro Mol CH_2-Gruppen ermittelt. Zur Interpretation des Ergebnisses, daß die freie Adsorptionsenthalpie von Dodecylpyridiniumchlorid an Cellulose deutlich geringer als an hydrophoben Polymeren ist, verwenden wir die Annahme, daß die Adsorption des Wassers in Konkurrenz zur Sorption der Tensidkationen verläuft. Gemäß der üblichen Betrachtungsweise, daß die hydrophoben Wechselwirkungen letzten Endes auf die Strukturierung des Wassers zurückzuführen sind, bedeutet dies, daß die Adsorption des Wassers am Polymer dieser Strukturierung entgegen läuft. Ähnliche Aussagen gelten auch für die Adsorption von mit der Polymeroberfläche gleichsinnig geladenen Tensidionen. Wie aus Untersuchungen von v. Stackelberg u. Mitarb. hervorgeht, nimmt die Adsorption von Natriumalkylsulfaten an Faserstoffen mit steigender Hydrophilie des Polymers ab /5/. Aus Abb. 2 geht auch hervor, daß bei sehr geringen Tensidkonzentrationen eine Unstetigkeit in der ζ-C-Kurve auftritt, deren Lage unabhängig vom Substrat ist. Diese bereits von Kaden u. Mitarb. /6/ beschriebene Erscheinung ist möglicherweise auf eine "Hemimicellbildung" zurückzuführen.

4. Anwendungsmöglichkeiten elektrokinetischer Meßmethoden

Die skizzierten Zusammenhänge zwischen Tensidsorption und Zeta-Potential einerseits und der Tensid- und Polymer-Struktur andererseits führen zu zahlreichen Anwendungsgebieten elektrokinetischer Meßmethoden. Neben der anwendungstechnisch bedeutsamen Bestimmung des Ladungsnullpunktes, der beispielsweise mit einem Minimum der Haftung und der Benetzung korreliert, ist von besonderem Interesse die qualitative und quantitative Tensidanalyse.

Ausgehend von der Tatsache, daß den einzelnen Strukturelementen des Tensidmoleküls Beiträge zur freien Standardadsorptionsenthalpie zugeordnet werden können, lassen sich aus den Ergebnissen elektrokinetischer Messungen an Polymeren in Tensidlösungen zumindest näherungsweise Aussagen zur Tensidstruktur machen /6/. Das Zeta-Potential läßt sich weiterhin als Indikator bei der maßanalytischen Bestimmung ionogener Tenside verwenden. Aus Tab. 1 geht hervor, daß alle untersuchten Polymerfolien in 1.10^{-5} m Lösungen von Hexadecylpyridiniumchlorid ein positives Zeta-Potential aufweisen.
Dies bedeutet, daß bei der Titration eines Aniontensids mit Hexadecylpyridiniumchlorid der Äquivalenzpunkt um weniger als 1.10^{-6} mol überschritten wird, wenn das Flüssigkeitsvolumen $<$ 100 ml ist. Die Verallgemeinerung dieser Aussage ergibt, daß sich über Zeta-Potential-Messungen ionogene Tenside sehr genau bestimmen lassen, wenn die Titration mit einem langkettigen Tensid vorgenommen und das Zeta-Potential eines hydrophoben Polymer gemessen wird.

Die Zeta-Potential-Messung wird am zweckmäßigsten nach dem Strömungspotential-Prinzip an platten- oder folienförmigen Polymeren vorgenommen. Die A. Paar KG Graz stellt hierfür in Lizenz des Institutes für Technologie der Polymere der Akademie der Wissenschaften der DDR und des Instituts für Physikalische Chemie der Universität Graz ein automatisch arbeitendes, mikroprozessorgesteuertes "Elektrokinetisches Meßsystem EKM" her, das auch die Durchführung weiterer elektrokinetischer Messungen gestattet.

5. Literatur

/1/ Hunter, R.J.: Zeta-Potential in Colloid Science New York: Academic Press 1981

/2/ Stern, O.: Z. Elektrochem. 30 (1924) 508

/3/ Börner, M., Jacobasch, H.-J.: Symposium "Elektrokinetische Erscheinungen" Dresden 1985

/4/ Jacobasch, H.-J.: Oberflächenchemie faserbildender Polymerer. Berlin: Akademie-Verlag 1984

/5/ v. Stackelberg u.a.: Kolloid-Z. 135 (1954) 67

/6/ Kaden, H., Beger, J., Jacobi, R.: Angew. Makromol. Chem. 120 (1984) 155

P. JOOS, G. BLEYS, AND J. VAN HUNSEL

Department of Biochemistry, Universitaire Instelling Antwerpen, B-2610 Antwerpen-Wilrijk, Belgium.

Adsorption Kinetics at Fluid Interfaces.

Consider a air/water or oil/water interface in equilibrium with the bulk solutions. On this interface a certain amount of surface active material is adsorbed and is characterized by an equilibrium interfacial tension. When this interface is expanded (or compressed) the equilibrium between the interface and the bulk is broken and surface active material is transported by diffusion from the bulk to the expanded interface. The interfacial tension is raised and the system tries to return to its equilibrium. The question arises how fast this process is and one needs to have disposial of experimental techniques having a time scale comparable with this relaxation time.

Let us first confine our attention to some theoretical aspects. As already said surface active material is conveyed by diffusion from the bulk to the expanding interface and one has to consider the diffusion equation, depending on the type of experiment convection may be important and must be accounted for [1) :

$$D \frac{\partial^2 c}{\partial z^2} = \frac{\partial c}{\partial t} - \theta z \frac{\partial c}{\partial z} \qquad (1)$$

(D : diffusion coefficient; C : concentration, Z coordinate normal to the surface; t : time; θ : relative expansion rate of the surface).
Since the diffusion equation is a second order differential equation, two boundary conditions at the interface must be accounted for. One of them expresses the conservation of mass at the interface :

$$\frac{\partial \Gamma}{\partial t} + \theta \Gamma = D \left(\frac{\partial c}{\partial z} \right)_0 \qquad (2)$$

(Γ: adsorption).

The second boundary condition is more subtle. One can assume that between the interface and the subsurface (the layer immediately below the interface but belonging to the bulk) thermodynamic equilibrium is established. This means that between the interfacial tension (or surface pressure) the adsorption and the subsurface concentration a thermodynamical relation exists, which is the Gibbs equation. More as a matter of convenience we do not use this equation but the Langmuir equation, giving the adsorption as a function of the subsurface concentration (C_s) :

$$\Gamma = \Gamma^{\infty} \frac{c_s}{a + c_s} \qquad (3)$$

(Γ^{∞}: saturation adsorption; a : Langmuir constant).
The relation between adsorption and surface pressure π , is the Frumkin equation :

$$\pi = - RT \Gamma^{\infty} \ln \left(1 - \frac{\Gamma}{\Gamma^{\infty}}\right) \tag{4}$$

For a large number of systems the adsorption at the air/water interface it is found that diffusion is the rate controlling process. In analogy with electrochemistry we call such systems reversible systems.

In a number of cases however it is clear that diffusion is not rate controlling. This means we must drop the concept of local equilibrium between surface and subsurface, and replace the thermodynamical relation by a kinetic one (barrier adsorption). We assume that the transfer from the subsurface to the surface requires time and is ruled by Langmuir kinetics [2) :

$$\frac{d\Gamma}{dt} = k_1 \, c_s \left(1 - \frac{\Gamma}{\Gamma^{\infty}}\right) - k_2 \frac{\Gamma}{\Gamma^{\infty}} \tag{5}$$

(k_1 and k_2 are adsorption and desorption rate constants).
To treat the experimental data we assume that eq. (4) still applies, since it can be obtained from statistical mechanics [3) without assuming equilibrium between surface and subsurface. In other words we assume equilibrium in the surface (no surface reactions). If diffusion from the bulk to the subsurface is fast, and the transfer is equal to the bulk concentration C_o and eq. (5) is integrated at once. We call such systems irreversible. From the experimental data the rate constants k_1 and k_2 are obtained their ratio must be equal to the Langmuir constant a, obtained from equilibrium data : $a = k_2/k_1$ [4). If both diffusion and transfer are important we have mixed adsorption kinetics [2).

The integration of the diffusion equation with the boundary conditions (3) or (5) is merely a matter of applied mathematics not considered here. Instead I will briefly summarize experimental methods for measuring the dynamic surface tension at the air/water interface. As already said we need methods allowing measurements in a time scale comparable with the relaxation time. The methods can be devised in three classes.

First we have stress relaxation experiments, where the surface of a surfactant solution is suddenly expanded or compressed (e.g. in a Langmuir trough, and the transient surface tensions are measured. Among others this method was used by Loglio et al. [5). The time scale is more than a few seconds. The oscillating jet method is [6) also a stress relaxation method. A surfactant solution is issuing from an elliptical orifice of a capillary and with increasing distance from the orifice the jet surface ages. Standing waves are generated along the jet allowing the measurement of the surface tension. The time scale is from a few milliseconds till say 30 ms. The inclined plate methods, [7) developed in our lab, is also a stress relaxation method with a time scale from 50 ms till 0.5 s. Here a surfactant solution is issuing through a broud slit, a fresh surface is formed (as with the oscillating jet), and the solution flows over an inclined plate, where at different distances from the inlet the surface tension is measured with a Wilhelmy plate connected to a force transducer. The theory used for stress relaxation experiments is this of Ward and Tordai [8).

In a second type of experiments (dilatation methods) the surface is continuously ex-

panded with a constant relative expansion rate $\theta = d\ln A/dt$ (A : area of the surface), because at θ constant, the mathematical treatment is the most easiest [1]. After some time a steady state is obtained, where the convection allong the surface is compensated by the diffusion flux to the surface. This is the experiment of Van Voorst Vader, for rather long times (more than ten seconds). We have modified this method [9] by pulling a polyethylene sheet through a surfactant solution with a given speed. In this way a velocity gradient is applied to the surface which corresponds with a dilatation. The time scale of this strip method is beteen 0.5 and 2 s. We have developed an even faster dilatation method by drawing a liquid column through a capillary, and measuring the pressure drop with a pressure transducer [10]. This pressure drop gives trough the law of Laplace the surface tension. The time scale is between 10 ms and 0.1 s, the method is rather delicate and is no longer used in our lab.
Here it should be mentioned that other methods as the kinetic drop volume [11], the maximum bubble pressure are combinations of stress relaxation and dilution (where θ is a function of time).

In a last method, deveveloped by Lucassen and Van den Tempel [12], which is theoretically the most attractive the surface is periodically expanded and compressed with a given frequency and small relative amplitude d ln A, and the amplitude of the resulting surface tension variation is measured. The amplitude ratio gives the modulus of elasticity $|\varepsilon|$, also the phase shift between both periodic motions is measured. This method is applicable for a time scale of more than 1 s.

All these methods give essentially the same information and overlap each other as seen in fig. 1, where a stress relaxation method, a dilational method and the elasticity method are compared. Under certain conditions for a diffusion controlled adsorption process it can be shown that [13]

$$t = \frac{1}{2\theta} = \frac{\pi}{8\omega}$$

There are still other methods, as the maximum bubble pressure of Kloubek [14] not discussed here.

As a next point I should like to discuss the experimental results [15]. It turned out that for the most systems we investigated the adsorption kinetics were reversible. However for these surfactants which are not very surface active and for obtaining a reasonable depression of the equilibrium surface tension, rather high concentrations are needed, the adsorption kinetics are mixed or irreversible. We studied for a homologeous series of α,ω dialcohols and dicarbonic acids, the adsorption kinetics, using the oscillating jet technique. It was found that for the short chain bolaform detergents adsorption kinetics are irreversible, for the long chains adsorption kinetics are diffusion controlled. Between them there is a smooth transition from irreversible to reversible kinetics. From our experiments the adsorption and desorption rate consants k_1 and k_2 are obtained. It was found that the adsorption rate constant is dependent on the chain length and runs in parallel with the Langmuir von Szyszkowksi constant a; supprisingly the desorption rate constant is a constant independent on the chain length. Fainerman and Lylyk [16] using a different technique for normal chain alcohols obtained results in agreement with ours, especially about the desorption rate constant. If we define $k_2' = k_2/\Gamma^{\infty}$ we obtain from our and their results a mean $k_2' = 94\ s^{-1}$

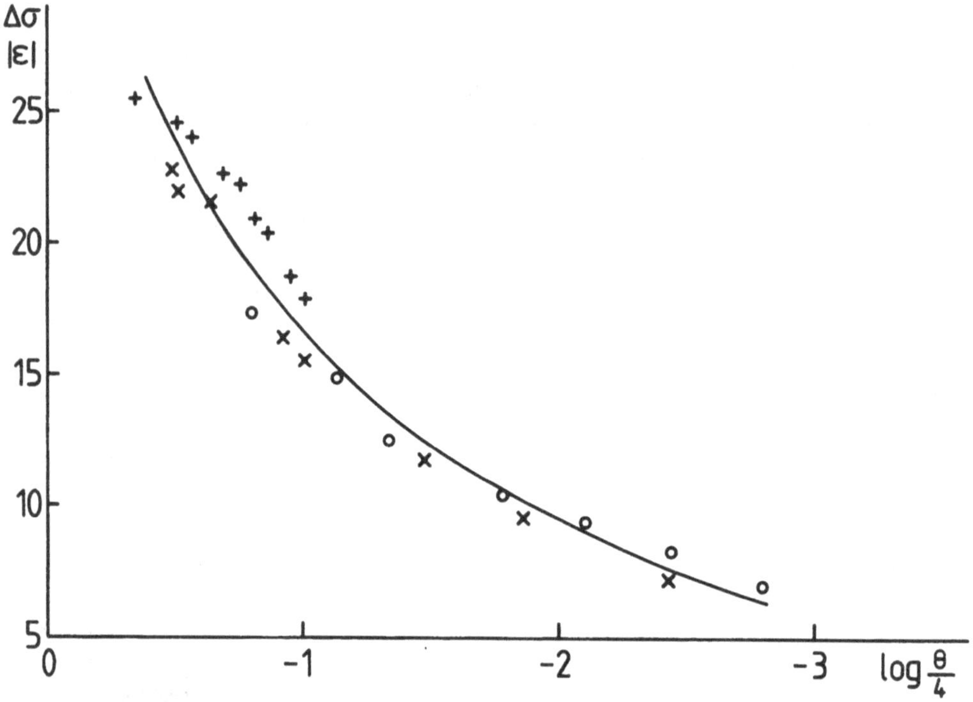

Fig.1. Jump in surface tension $\Delta\sigma$ or elasticity modulus $|\varepsilon|$ as a function of the dilatation θ (s^{-1}). Triton X-100 solution C = 0.05 g/l. modulus ⊙, strip X, and inclined plate + experiments.

(S.D. = 23 s^{-1}). In order to obtain some indication on the nature of an irreversible adsorption process we performed experiments with 1,8 octanediol (for this surfactant adsorption kinetics are irreversible) at 22° and at 4°C, (experiments at 4°C were performed in a refrigerated room because the oscillating jet apparatus is not easely thermostathed) and the following results were obtained :

at 22°C $k_1 = 6 \times 10^{-3}$ cm s^{-1}; $k_2 = 2.1 \times 10^{-8}$ mol cm^{-2} s^{-1}

at 4°C $k_1 = 6 \times 10^{-3}$ cm s^{-1}; $k_2 = 1.6 \times 10^{-8}$ mol cm^{-2} s^{-1}

These results indicate that the adsorption rate is merely entropic. These facts : adsorption rate depends on chain length but is entropic, desorption rate depends not on chain length can be explained by the theory of absolute reaction rates [17] (activated complex) and the hydrophobic effect [18]. Accordingly, the hydrocarbon chains in aqueous solution are surrounded with structured water. The activated complex is a surfactant molecule in the subsurface devoids of its water, afterwards it can be adsorbed. The transition of a surfactant molecule to the activated complex thus depends on chain length and is entropic. For desorption the reverse way is followed. This is schematically presented in fig. 2. The experimental evidence and the arguments for ir-

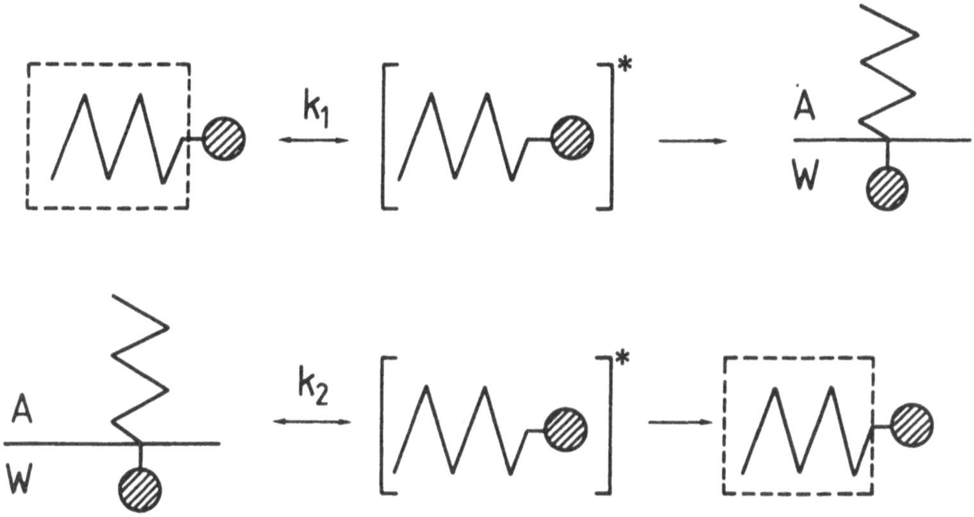

Fig.2. Schematic scheme of the adsorption process.
Upper part : surfactant with hydrocarbon chain surrounded with structured water; activated complex : hydrocarbon chain without structured water and adsorbed surfactant.
Lower part : reversed process (desorption).

reversible adsorption are discussed more thoroughly elsewhere [15].

Finally I should like to give some preliminary results concerning adsorption kinetics on the oil/water interface. First we thought adsorption kinetics to this interface should be similar as for the air/water interface. We have now evidence this is not true. Unfortunately experimental methods over such a wide time scale as for the air/water interface are lacking. We have measured the interfacial tension at the hexane water interface by the kinetic drop volume technique. First as suggested by Jho [19] the technique was elaborated by accounting for the hydrodynamical artefacts. Then since the surface ages when the drop is formed continously, the dropping time t_D is not the age of the drop. The age [11] of the drop or adsorption time $t = 3\,t_D/7$. As an alternative procedure the drop with a certain volume is formed nearly instantaineously, and the time is matched when the drop detach. This is the method of Tornberg [20]. To get confidence with this techniques we studied at the air/water interface the adsorption kinetics of a Triton X-100 solution. It is known that for long times, the dynamic surface tension is plotted against $t^{-1/2}$ a linear relationship must be obtained and from the slope the diffusion coefficient D is obtained :

$$\sigma = \sigma_e + \frac{RT\Gamma^2}{C_o} \left(\frac{\pi}{4Dt}\right)^{1/2} \tag{6}$$

(σ_e : equilibrium surface tension, C_o : bulk concentration).
We obtained a quite reasonable value of the diffusion coefficient (D : 3 x 10^{-6} s^{-1}) and as expected the adsorption proces is diffusion controlled. We repeated the same experiments for the hexane/water interface, treated the experimental data in the same way. We obtained, as fig. 3 shows, a linear relationship parallel to the data of the air/water interface, and the same diffusion coefficient is obtained. As surfactant, Triton X-100 was chosen because its solubility in the aqueous phase only. These experiments show that adsorption kinetics at the oil/water and air/water interface are similar.

However this is by no means general ! We studied the adsorption kinetics of choles-

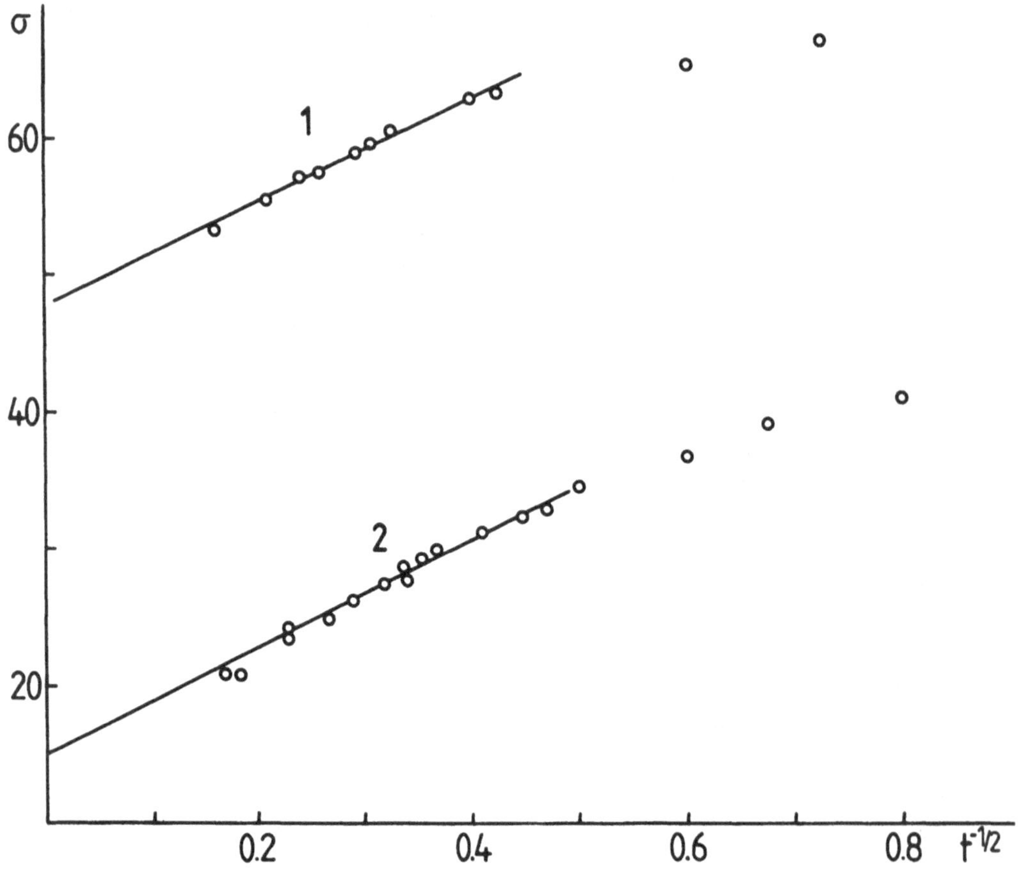

Fig.3. Dynamic interfacial tensions of a Triton X-100 solution (C = 2.16 10^{-8} mol cm^{-3}) as a function of $t^{-1/2}$ (t in s). Upper part : air/water interface, lower part : oil/water interface.

terol, solved in hexane, at the oil/water interface. The concentration of cholesterol that diffusion equilibrium must be etablished within a small fraction of a second. Nevertheless, results given in fig. 4 indicate long time effects. By the way, it should be remarked that results obtained by the Tornberg method and by the kinetic drop method

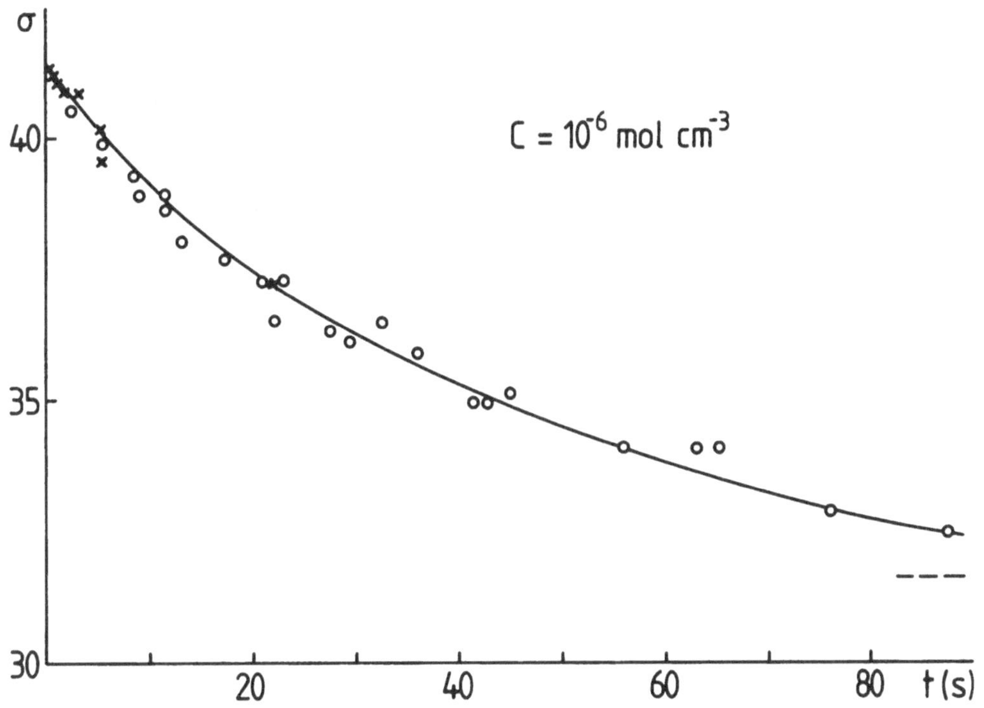

Fig.4. Dynamic interfacial tensions at the oil/water interface. Cholesterol in hexane.

are consistent. Diffusion is not the rate controlling step (therefore the concentration of cholesterol is too high) nor a barrier mechanism according to eq. (5). Indeed for a barrier mechanism the dynamical interfacial tensions extrapolated to $t \to 0$ should give the interfacial tensions of the pure system hexane/water (σ_0 = 51 dyne cm^{-1}). Evidently another relaxation mechanism is operating here probably some kind of a chemical reaction at the interface. Although we studied the most thoroughly cholesterol, this behaviour is quite general, and confirm the older experiments of Ward and Tordai [21].

When the surfactant is solved in the aqueous phase and insoluble in the organic phase, (as for Triton X-100) adsorption kinetics at the oil/water and air/water interface are similar. Experiments in a shorter time scale (order of milliseconds) where barriers can occur, are not feasable at the oil/water interface, at least at this moment . However when the surfactant is solved in the organic phase, and is insoluble in the water, a new relaxation mechanism is operating. About the nature of this chemical reaction nothing is known, therefore more research is needed. However it is tempting to postulate that the hydration of the polar groups coming in contact with water while adsorbed play a role. It is plain that the hydratation of a single group is a very fast process, but when a very large number of molecules are involved much more time can be needed.

References

/1/ F. VAN VOORST VADER, TH. F. ERKELENS and M. VAN DE TEMPEL: Trans.Fard.Soc. 60, 1170 (1965)
V.G. LEVICH, B.I. CHAIKIN and E.D. BELOKONOS: Elektro Chimia 10, 1273 (1965)

/2/ R. MILLER and K. LUNKENHEIMER: Z.Phys.Chemie, (Leipzig) 259, 863 (1978)
R. MILLER and G. KRETZSCHMAR: Colloid and Polymer Sci. 258, 85 (1980)

/3/ R. FOWLER and E.A. GUGGENHEIM: Statistical Thermodynamics Cambridge University Press 1952, § 1013, p. 443

/4/ P. JOOS, G. BLEYS and G. PETRE: J.Chim.Phys. 79, 387 (1982)

/5/ G. LOGLIO, U. TESEI and R. CINI: J.Colloid Interface Sci. 72 (2), 316 (1979)
P. JOOS and G. BLEYS: Colloid Polymer Sci. 261, 1038 (1983)

/6/ R. DEFAY and G. PETRIE: Surface and Colloid Science Vol.3 (Ed. E. Malijevic John Wiley and Sons Inc.) 1979

/7/ R. VAN DEN BOGAERT and P. JOOS: J.Phys.Chem. 83, 2244 (1979)

/8/ A.F.G. WARD and L. TORDAI: J.Phys.Chem. 14, 453 (1946)

/9/ E. RILLAERTS and P. JOOS: J. Colloid Interface Sci. 88, 1 (1982)

/10/ E. RILLAERTS, J. VAN HAVENBERGH and P. JOOS: Bull.Soc.Chim.Belges 90, 197 (1981)

/11/ P. JOOS and E. RILLAERTS: J. Colloid Interface Sci. 79, 96 (1981)

/12/ J. LUCASSEN and M. VAN DEN TEMPEL: Chem.Eng.Sci. 27, 1283 (1972)

/13/ E. RILLAERTS and P. JOOS: J.Phys.Chem. 86, 3471 (1982)

/14/ J. KLOUBEK: J.Colloid Interface Sci. 41, 385 (1972)

/15/ G. BLEYS and P. JOOS: paper accepted for publication in J.Phys.Chem.

/16/ V.B. FAINERMAN and S.V. LYLYK: Kolloidnyi Zhrunal 44, (3) 598 (1982)

/17/ S. GLADSTONE, K.J. LAIDLER and H. EYRING: The Theory of Rate Processes (Mc Graw Hill Book Cy, Inc.) New York 1941

/18/ C. TANFORD: The Hydrophobic Effect (John Wiley and Sons) New York London Sidney Toronto 1973

/19/ C. JHO and R. BURKE: J. Colloid Interface Sci. 95, 61 (1983)

/20/ E. TORNBERG: J. Colloid Interface Sci. 60, 50 (1977)

/21/ A.F.H. WARD and L. TORDAI: Rec.trav.Chim. Pays Bas 71, 572 (1952)

P. A. KRALCHEVSKY, I. B. IVANOV and A. D. NIKOLOV

Laboratory of Thermodynamics and Physico-chemical Hydrodynamics
Faculty of Chemistry, University of Sofia,
Blvd. "Anton Ivanov" 1, 1126 Sofia, Bulgaria

Curvature Effects on the Attachment of a Particle to an Interface

The attachment of a particle to a fluid interface is usually accompanied by the formation of an intervening thin film. Most of the theoretical and experimental studies of the thin films pay little or no attention to the role of the curvature of the phase boundaries on the thermodynamic properties and the conditions for mechanical equilibrium of the film. Hence, we present below some new theoretical and experimental results on the effects of the curvature on the behavior of thin liquid films. From thermodynamic viewpoint the film can be treated either as a membrane of zero thickness and one tension γ acting along the respective surface of tension (the "membrane approach"[1]) or as a homogeneous bulk phase of finite thickness h and two surface tension σ_1^f and σ_2^f acting along the two film surfaces (the "detailed approach"[2, 3, 4]). Since mechanically the membrane is equivalent to an interface[2] our theory will be mostly concerned with the "detailed approach".

1. Equilibrium Shape of the Film

Let us consider for simplicity the case of an equilibrium symmetrical planar thin liquid film in the absence of external fields, encircled by a capillary meniscus, formed by the liquid from which the film has been formed (Fig.1). Close to the axis of symmetry Oz the film has a constant thickness h (defined as the distance between the two surfaces of tension each of them with film surface tension σ^f). Far away from Oz (in the meniscus) the disjoining pressure $\Pi = 0$, the surface tension of the meniscus is constant, σ^ℓ, and the generatrix of the surface z(x) satisfies the Laplace's equation[5]. In the intermediate region the surface tension $\sigma(x)$ gradualy changes from σ^f to σ^ℓ due to the interaction between the two adjacent phases. The disjoining pressure Π is also function of x in this region. This (real) system is depicted in Fig.1a with solid lines.

By taking the force balance along Ox and Oz of the volume element, shown on Fig.1b, we obtained[6,7] two conditions for equilibrium which can be conveniently written in the following form:

$$-\frac{d(\sigma\cos\phi)}{dz} + \frac{\sigma\sin\phi}{x} = P_c, \quad \frac{d\sigma}{dx} = -\Pi(x)\sin\phi; \quad \frac{dz}{dx} = \mathrm{tg}\phi \qquad (1)$$

where $\phi(x)$ is the running slope angle and P_c is the (constant) capillary pressure in the meniscus.

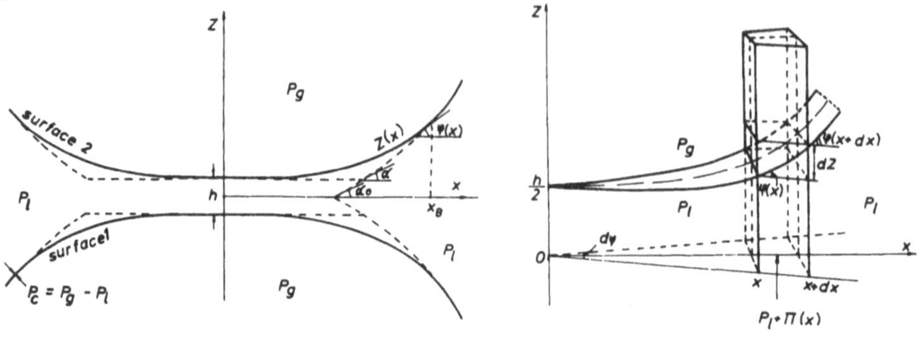

Fig.1. The transition region film - meniscus (a). The solid and dashed lines represent the real and the extrapolated interfaces, respectively.(b) A volume element for deriving the conditions for local mechanical equilibrium.

In (1) we used the most convenient definition of the disjoining pressure in films with curved surfaces[8]:

$$\Pi(x) = \overset{0}{P}_N(x) - P_\ell, \tag{2}$$

where P_ℓ is the isotropic pressure in the meniscus and $\overset{0}{P}_N(x)$ is the value of the component P_{zz} of the pressure tensor at the surface z = 0. For large distances between the meniscus surfaces $\sigma = \sigma^\ell$ = const, and the first Eq.(1) (it was first derived by de Feijter and Vrij[9]) leads to the Laplace's equation written in parametric form (see e. g. Ref.5). The second equation of the system (1) is novel; it shows that the hydrostatic equilibrium in the transition region is ensured by the simultaneous variations of σ and Π, i.e. both $\sigma(x)$ and $\Pi(x)$ are needed for the selfconsistent description of the equilibrium of a film with varying thickness. The three equations (1) form a full set for the calculation of $z(x)$, $\phi(x)$ and $\sigma(x)$ provided that $\Pi(x)$ is known, e.g. from the microscopic theory. The first and third equations (1) lead to

$$d(\sigma\cos\phi) + P_c dz = \frac{\sigma(x)\sin^2\phi(x)}{x\cos\phi(x)}\,dx, \tag{3}$$

and all three can be rearranged to yield

$$d(x\sigma\sin\phi) = [P_c - \Pi(x)]\,x\,dx. \tag{4}$$

Similar but much more complicated equations hold for spherical films[6].

2. Mechanical Equilibrium of the Film

In reality the transition region (where σ and Π are functions of x) is very narrow. Its width was estimated by de Feijter and Vrij[9] to be no larger than a few microns. Therefore it is convenient to introduce, following Gibbs[10], an idealized system by extrapolating the meniscus surfaces (at constant surface tensions and capillary pressure[11]) until they intersect either with the surface of tension (in the membrane approach) or with the extrapolated film surfaces (in the detailed approach). The extrapolated surfaces are shown by dashed lines on Fig. 1a and the contact angles so formed are denoted by α_0 and α respectively.

In the membrane approach the transition region is replaced by a single contact line, where the mechanical equilibrium is determined by the balance of four forces[2, 12, 13]:

$$\vec{\gamma} + \vec{\sigma}_1^\ell + \vec{\sigma}_2^\ell + \vec{\sigma}_{\varkappa} = 0. \tag{5}$$

Here $\vec{\gamma}$, $\vec{\sigma}_1^\ell$ and $\vec{\sigma}_2^\ell$ act tangentially to the film and the two meniscus surfaces and are equal to the film tension γ and the respective surface tensions σ_1^ℓ and σ_2^ℓ. The force $\vec{\sigma}_{\varkappa}$ is directed toward the center of curvature[14] and is determined by the line tension $\varkappa$ and the radius of curvature, r_c, of the contact line: $|\vec{\sigma}_{\varkappa}| = \varkappa/r_c$. On Fig.2a Eq(5) is visualized for the case of a spherical film, which can be formed for example by a bubble /or drop) pressed against another fluid interface by the buoyancy force F_b.

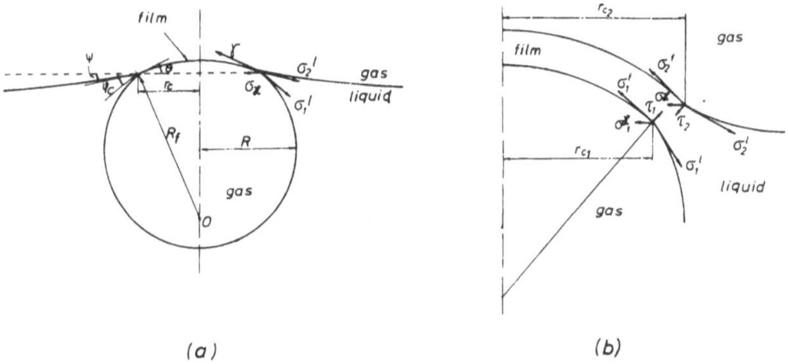

Fig.2. The force balance in each point of the periphery of a spherical thin film in the membrane approach (a) and in the detailed approach (b).

There are two contact lines in the detailed approach with line tensions $\tilde{\varkappa}_1$ and $\tilde{\varkappa}_2$ and each of the linesmust be in equilibrium. It is clear from Fig.2b that $\vec{\sigma}_i^f$, $\vec{\sigma}_i^\ell$ and $\vec{\sigma}_i^{\varkappa}$ (i = 1, 2)can not compensate each other. Hence we introduce a new quantity $\vec{\tau}_i$ (i = 1, 2), which we call "transversal tension". Then the equilibrium of each line is determined by

$$\vec{\sigma}_i^f + \vec{\sigma}_i^\ell + \vec{\sigma}_i^{\varkappa} + \vec{\tau}_i = 0, \quad i = 1, 2, \tag{6}$$

where $|\vec{\sigma}_i^{\varkappa}| = \tilde{\varkappa}_i/r_{ci}$, and $\vec{\tau}_i$ acts on the contact line perpendicularily to the film surfaces inwards. In fact the transversal tension accounts for the energy of interaction U^L of the two contact lines, more precisely for flat films[6, 15] $\tau = \frac{1}{L}(\frac{\partial U^L}{\partial h})$, where h is the film thickness and L is the length of the contact line. In this respect it is analogous to the disjoining pressure Π, which takes into account the interaction of the two film surfaces[2].

Explicit expressions for $\varkappa$, $\tilde{\varkappa}$ and τ can be derived from the conditions for hydrostatic equilibrium of the transition region along with Eqs (5) and (6). For simplicity we will consider only the case of a planar symmetrical film. Let at $x \geq x_B$ the shapes of the real and the idealized systems on Fig.1a coincide and $\sigma(x_B) = \sigma^\ell$. If one integrates (3) once for the real and once for the idealized systems, substracts the so obtained equations and compares the result with (5), one has

$$\varkappa = 2r_c \int_0^{x_B} \left[\left(\frac{\sigma \sin^2\phi}{x\cos\phi}\right) - \left(\frac{\sigma \sin^2\phi}{x\cos\phi}\right)_m^{id} \right] dx, \tag{7}$$

where the superscript "id" refers to the idealized system and the subscript "m" denotes that the quantity in parenthesis must be calculated in the framework of the membrane model.

Analogous expression holds[7] for $\tilde{\varkappa}$. Similarily, from (4) one obtains (note that $\tau = \sigma^{\ell}\sin\alpha$):

$$\tau = \frac{1}{r_{c_1}} \int_0^{x_B} \left[(\Pi)^{id} - \Pi(x)\right] x dx, \quad (\Pi)^{id} = \begin{cases} P_c & \text{for } 0<x<r_{c_1}, \\ 0 & \text{for } x<r_{c_1} \end{cases} \tag{8}$$

One sees that τ is an integral effect over the difference of the disjoining pressure in the real and the idealized systems whereas the line tension $\varkappa$ (and $\tilde{\varkappa}$) - see (7) - is also an integral effect but determined by $\sigma(x)$ and the slope angle $\phi(x)$ rather than by $\Pi(x)$. The fact that $\varkappa$, $\tilde{\varkappa}$ and τ are represented as integrals over small differences suggests that they should be very sensitive to minor variations of the integrands. In this respect the replacement of $\sigma(x)$ in (1) with σ^{ℓ} may substantially affect the results of the calculations.

3. Experiment and Results

To measure γ, $\varkappa$ and τ we have used the "shrinking bubble method" of Princen and Mason[16]. Due to the bubble capillary pressure the gas escapes through the thin film separating the bubble from the upper gas phase (see Fig.2a) thus allowing variation of the geometrical parameters of the system at constant composition.

The experiments were carried out with 0,05%($1,73.10^{-3}$ kmol/m^3) solutions of dodecyl sodium sulfate (Fisher Scientific, for high performance liquid chromatography) and two concentrations of NaCl (Merck, analytical grade) - 0,25 and 0,32 kmol/m^3. The surface tensions of the two solutions were 32.4 and 31.7 mN/m respectively at themperature 22 $\mp$ 0,5°C.

For this system $\sigma_1^{\ell} = \sigma_2^{\ell} = \sigma$ and Eq.(5) leads to two equations for γ and $\varkappa$ (for notations see Fig.2a):

$$\gamma/\sigma = (\sin\phi_c + \sin\psi_c)/\sin\theta, \tag{9}$$

$$\varkappa/\sigma r_c = \cos\phi_c + \cos\psi_c - (\sin\phi_c + \sin\psi_c)\mathrm{ctg}\theta. \tag{10}$$

The transversal tension is calculated with sufficient accuracy from

$$F_b = \pi r_c^2\Pi - 2\pi r_c\tau_1\cos\theta, \tag{11}$$

where for the system under consideration $\Pi \approx P_c/2$. Eq.(11) is in fact a force balance: the buoyancy force F_b is counterbalanced by the force $\pi r_c^2\Pi$ due to the disjoining pressure acting over the lower film surface and the force due to the vertical component of $\vec{\tau}_1$ (see Fig.2b).

The angles ϕ_c, ψ_c and θ entering Eqs. (9), (10) and (11) are calculated from the measured values of r_c (in reflected light), the equatorial bubble radius R (in transmitted light) and the radius of curvature of the film R_f. R_f was determined by the shearing method with a differential - interference microscope EPIVAL Interphako (Carl Zeiss - Jena) - for details see Ref.17. To determine ϕ_c and ψ_c we derived[18] the equations for the shape of the bubble surface and the external meniscus (in the form of asymptotic solutions of the Laplace's equation) and then we found ϕ_c

and ψ_c as the coresponding slope angles at $r = r_c$ - cf. Fig.2a. The angle θ is simply arcsin (r_c/R_f).

The results for γ and $\varkappa$ are presented on Fig. 3 and Fig. 4.

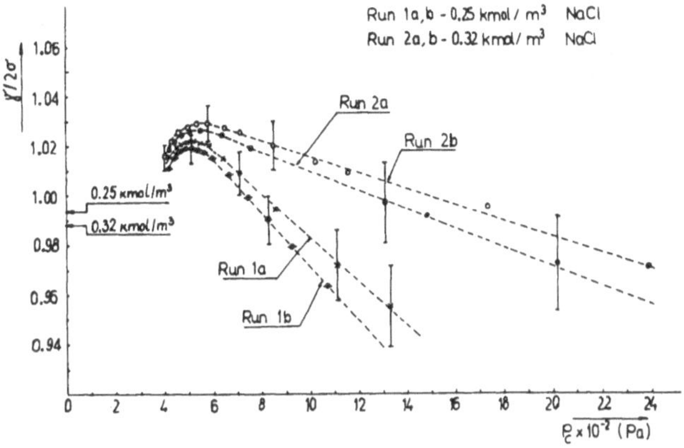

Fig. 3. Dimensionless film tension $\gamma/2\sigma$ vs capillary pressure P_c.

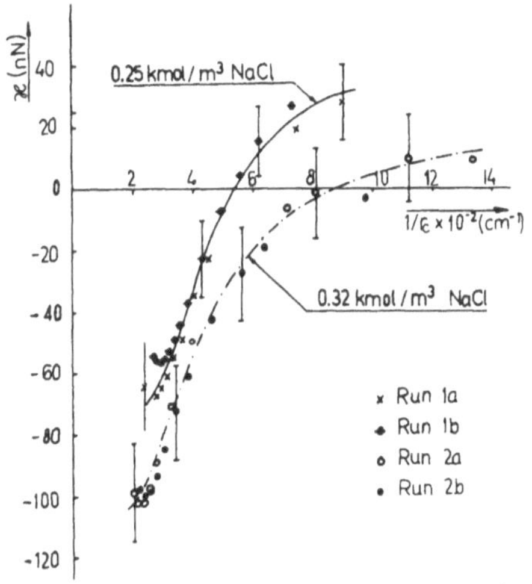

Fig. 4. Line tension, $\varkappa$, vs reciprocal radius r_c^{-1} of the contact line.

The most striking features in the behavior of $\gamma/2\sigma$ vs P_c are the large variations of γ (the respective values $\gamma_\infty/2\sigma$ for planar films, taken from[19] are shown by arrows on the figure) and the fact that at some capillary pressures γ is larger than 2σ, a fact which has not been observed with planar films. Quite unexpected are the data for $\varkappa$ (Fig.4) - besides the large values of $\varkappa$ and the variation of $\varkappa$ with r_c, we must point out to the change of sign of $\varkappa$ for both solutions of NaCl and to the smaller absolute values of $\varkappa$ for smaller bubbles i.e. for larger r_c^{-1}. There is a tendency of $\varkappa$ to level off for large bubbles ($r_c^{-1} \to 0$), which is more pronounced on the plot $\varkappa/\sigma$ vs R_f (Fig.5).

The data of Torza and Mason[20], who determined $\varkappa$ from the equilibrium configurations of doublets of emulsion droplets, are plotted on the inset of Fig.5 as afunction of R_f. Both the values of $\varkappa$ and the absolute value of the slope of $\varkappa$ vs R_f are close to those measured by us.

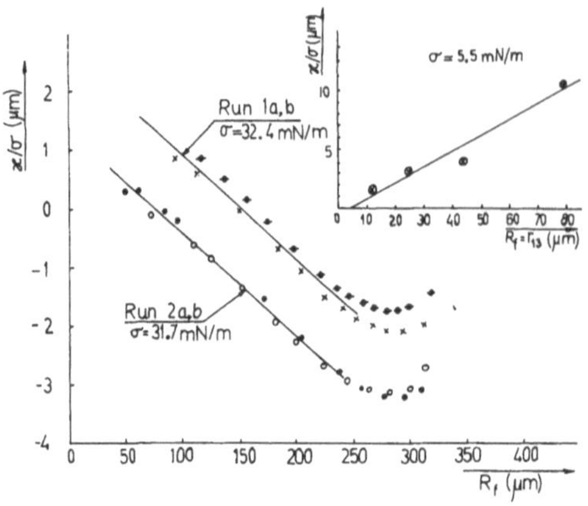

Fig. 5. Dependence of $\varkappa/\sigma$ vs R_f (the points correspond to runs: 1a (x), 1b (+), 2a (o) and 2b (•). The inset shows the same plot for the data of Torza and Mason[20] for doublets of emulsion droplets.

Churaev et al.[21,22] have performed model calculations of $\varkappa$ for a system to some extent geometrically similar to ours: a sessile spherical drop in equilibrium with a planar thin film. They adopted the simplified disjoining pressure isotherm shown on the inset in Fig.6. Their final equation can be approximated by

$$\varkappa/r_c \approx (t_1 + 3\Pi_2^3/2a^2\sigma)P_c - 3\Pi_2^4/8a^2\sigma.$$

Therefore, there should be a range of capillary pressures where $\varkappa/r_c$ is a linear function of P_c. Indeed, our data for $\varkappa/r_c$ plotted in Fig.6 as a function of P_c exhibit large linear portions. Hence, our results are in qualitative agreement with the theory of Churaev, Starov and Derjaquin. Unfortunately no quantitative comparison of the theory and the experiment is possible, because there are three unknown parameters: t_1, Π_2 and a.

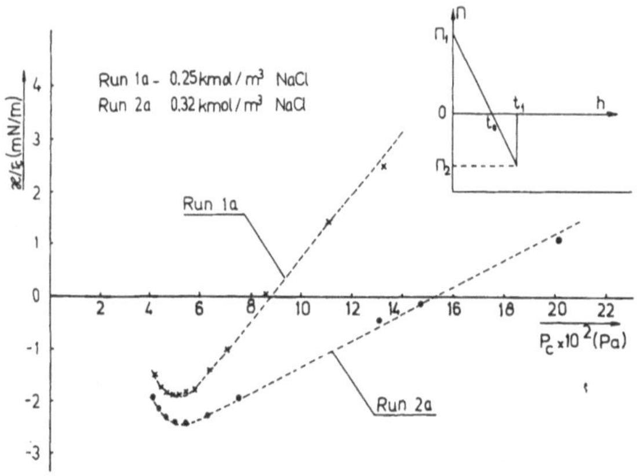

Fig. 6. Plot of $\varkappa/r_c$ vs capillary pressure P_c.

Table I represents the data for a srinking bubble (Run 2a), whose equatorial and contact radii R and r_c diminish with the time. Columns 3, 4 and 5 contain the values of the three terms in Eq. (11). It is interesting to note that (i) the buoyancy force F_b ($F_b = 2\pi r_c \sigma \sin\psi_c$) is much smaller than the two other terms; in the limitting case of zero gravity (space laboratory) the disjoining pressure and the transversal tension effects compensate each other; (ii) the transversal tension τ_1 (column 6) is comparable with the other line effect $\sigma_{\varkappa} = \varkappa/r_c$ (see Fig.6) by its absolute value, wlich is close to the value 4,77mN/m, calculated by us ($\tau = \sigma \sin\alpha_0$) from the data for flat films in Ref. 19.

These findings indicate that the line effects like $\sigma_{\varkappa}$ and τ could play much more important role in the conditions for equilibrium of a fluid particle at another interface than it was believed until now.

Table I

R (μm)	r_c (μm)	F_b (μN)	$\pi r_c^2 \Pi$ (μN)	$2\pi r_c \tau_1 \cos\theta$ (μN)	τ_1 (mN/m)
152.7	50.4	0.145	1.66	1.52	4.86
145.2	47.4	0.124	1.55	1.42	4.85
135.9	43.8	0.102	1.41	1.31	4.83
126.1	40.1	0.082	1.28	1.20	4.80
116.2	36.5	0.064	1.14	1.08	4.76
100.3	30.8	0.041	0.945	0.904	4.72
84.5	25.4	0.025	0.764	0.739	4.67
48.6	14.0	0.005	0.402	0.397	4.57
43.0	12.3	0.003	0.352	0.349	4.55
31.5	8.9	0.001	0.252	0.251	4.52

References:

/1/ B. V. DERJAGUIN, G. A.MARTYNOV and Yu. V. GUTOP: Kolloidn. Zh.,27, 357 (1965)

/2/ A. I. RUSANOV: "Phasengleichgewichte und Grenzflächenerscheinungen" Akad. Verl., Berlin, 1978

/3/ I. B. IVANOV and B. V. TOSHEV: Colloid and Polymer Sci. 253, 593(1975)

/4/ J. A. de FEIJTER, J. B. RIJNBOUT, A. VRIJ: J. Colloid Interface Sci. 64, 258 (1978)

/5/ H. M. PRINCEN - In:"Surface and Colloid Science" (E. MATIJEVIC, ED.) Vol. 2., New York, Wiley, 1969, p.1

/6/ P. A. KRALCHEVSKY: Thesis, University of Sofia, Sofia, 1984

/7/ P. A. KRALCHEVSKY and I. B. IVANOV: Chem. Phys. Letters - accepted for publication

/8/ P. A. KRALCHEVSKY and I. B. IVANOV: In "Surfactants in Solution" (K. L. MITTAL , ED.), Plenum Press (in press)

/9/ J. A. de FEIJTER and A. VRIJ - I. Electroanal. Chem., 37, 9 (1972)

/10/J. W. GIBBS: "The Scientific Papers of J. W. Gibbs, 1. Thermodynamics" New York, Dover, 1961

/11/I. B. IVANOV , B. V. TOSHEV and B. P. RADOEV - In: "Wetting, Spreading and Adhesion" (J. F. PADDAY, ED.), London, Academic Press, 1978

/12/P. R. PUJADO, L. E. SCRIVEN: J. Colloid Interface Sci., 40, 82 (1972)

/13/ I. B. IVANOV, P. A. KRALCHEVSKY and A. D. NIKOLOV: J. Colloid Interface Sci. (in press)
/14/ V. S. VESELOVSKY and V. N. PERTZOV: Zh. Phys. Khim. 8, 245 (1936)
/15/ P. A. KRALCHEVSKY and I. B. IVANOV: Chem. Phys. Letters - submitted for publication
/16/ H. M. PRINCEN and S. G. MASON: J. Colloid Sci., 20, 353 (1965)
/17/ A. D. NIKOLOV, P. A. KRALCHEVSKY and I. B. IVANOV: J. Colloid Interface Sci. (in press)
/18/ P. A. KRALCHEVSKY, I. B. IVANOV, A. D. NIKOLOV: J. Colloid Interface Sci. (in press)
/19/ J. A. de FEIJTER and A. VRIJ: J. Colloid Interface Sci., 64,269 (1978)
/20/ S. TORZA and S. MASON: Kolloid Z. u. Z. Polymere, 246, 593 (1971)
/21/ V. M. STAROV and N. V. CHURAEV: Kolloidn. Zh., 42, 703 (1980)
/22/ N. V. CHURAEV, V. M. STAROV and B. V. DERJAGUIN: J. Colloid Interface Sci., 89, 16 (1982)

G. LOGLIO, U. TESEI, R. CINI

Department of Organic chemistry, University of Florence,
Via G. Capponi 9, 50121 Florence, Italy

Transient Techniques for the Measurement of Surface Dilational Modulus

1. Introduction

We early suggested the adoption of the rectangular-step perturbation technique for the measurement of surface dilational properties (1). More recently, this technique has been successfully used for obtaining information of both basic and applied importance (2 - 4).

From a point of view of principle, the time-domain description of dynamic surface tension completes the frequency-domain description, which was already extensively treated by Lucassen et al. (5). We deem it possible that further development of transient techniques in this field may reveal other advantageous experimental aspects. We also note that transient phenomena in surface thermodynamics show several analogies (either in the mathematical formalism and in actual relaxation processes) with those widely investigated in electrochemistry.

In this paper we describe in some detail the design and construction of a prototype instrument for generation of known time-dependent perturbations of fractional surface area and for contemporaneous measurement of the ensuing dynamic surface tension response. Moreover, we report the measurement procedure, some primary experimental results and mathematical treatment of data.

2. Recall of the principles

Let us consider a non-reacting system, of uniform temperature and pressure, consisting of two fluid phases, each separated from the other by an interface (interfacial phase). As known, in general the equilibrium composition of the interfacial phase is quite different from the compositions of the adjoining phases (according to the criterion of uniformity of chemical potentials). Moreover, molecules residing at the interface may have a different conformation than that in bulk and preferential orientations.

When the interfacial area is subjected to contraction or to extension, the interfacial phase is displaced out of equilibrium (in respect of concentration, conformation and orientation). The consequent relaxation involves mass transfer as well as molecular internal rearrangement processes.

Under conditions of interface area disturbances of small amplitude, we can make the fundamental assumption that the dynamic interfacial properties may be described by means of a linear dissipative system. Thus the change of interfacial tension as a function of time, $\Delta\gamma(t)$, may be related to the imposed change of relative interfacial area, $\Delta \ln A(t)$, by the convolution (6)

$$\Delta\gamma(t) = \int_0^t \mathcal{F}^{-1}\{\varepsilon^*(i\omega),\tau\}\cdot\Delta \ln A(t-\tau)\,d\tau\,, \qquad [1]$$

where t is the time, $\mathcal{F}^{-1}$ the inverse Fourier transformation operator, ε^* the complex dilational interface modulus (which here plays the role of "transfer function" of the dissipative system), ω the angular frequency and τ the time running between zero and t .

The expression pertaining to the inverse problem is (6)

$$\Delta \ln A(t) = \int_0^t \mathcal{F}^{-1}\{1/\varepsilon^*(i\omega),\tau\}\cdot\Delta\gamma(t-\tau)\,d\tau\,. \qquad [2]$$

3. Equipment

The apparatus is made up of 11 elements, which are schematically represented in Fig. 1.

This laboratory-assembled apparatus was essentially devised for testing performances and for adjusting parameter values so as to conceive and design a more precise and reliable instrument.

A (10.4 x 26.9 x 1 cm) PTFE Langmuir trough was used, with (13.2 x 2.0 x 2.0 cm) PTFE barriers (see Fig. 2). The (2.46 x 0.01 cm) Wilhelmy plate, made of sandblasted platinum foil, was suspended in the central point of the trough and oriented perpendicular to the barriers.

The generation of known changes of surface area, as a function of time, was accomplished with a Telcom (Turin, Italy) personal computer mod. DMD 800 (48 k RAM memory, 32-bit arithmetic, Zilog Z80 microprocessor).

Actually, the computer generated ASCII characters ("A" and "0" for forward and backward barrier motion, respectively) at different time-interval values, previously calculated and stored in a memory array. The ASCII characters were transformed into mechanical motion by sending them to a stepping motor controller (Fig. 3), via a standard serial RS-232 interface. When a couple of bytes were received by the controller, two comparators compared them with carriage return ("CR") and "A" characters. At "CR" true, the stepping motor driver actuated a pre-established number of steps, forward or backward according to the result of

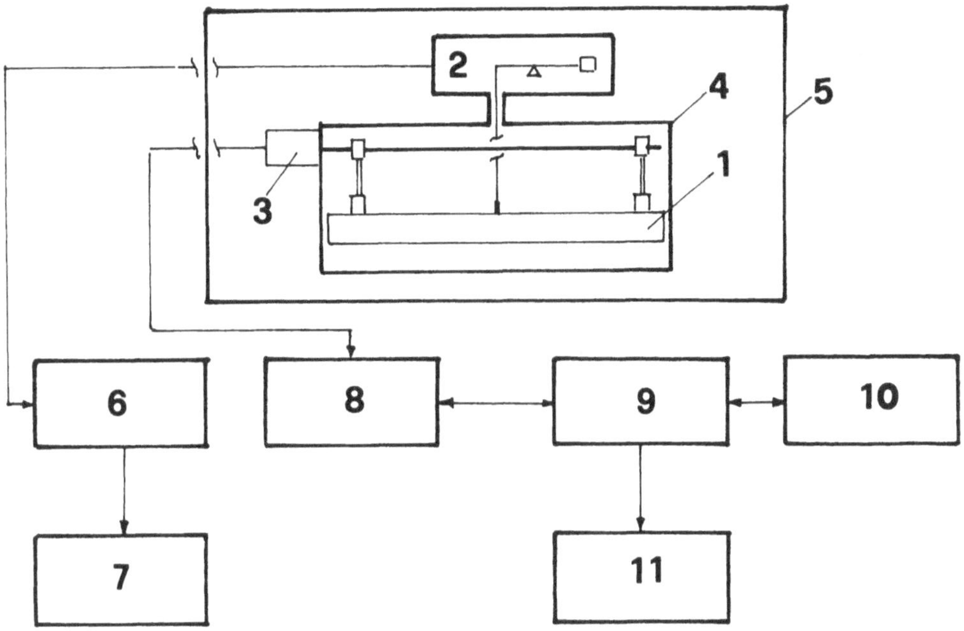

Fig. 1. Block diagram of the apparatus for the measurement of dynamic surface tension responses to computer-generated changes of relative surface area. (1) Langmuir trough; (2) electrobalance; (3) stepping motor; (4) protection box; (5) thermostatic room; (6) control unit of electrobalance; (7) strip-chart recorder; (8) stepping motor controller; (9) computer; (10) printer; (11) plotter.

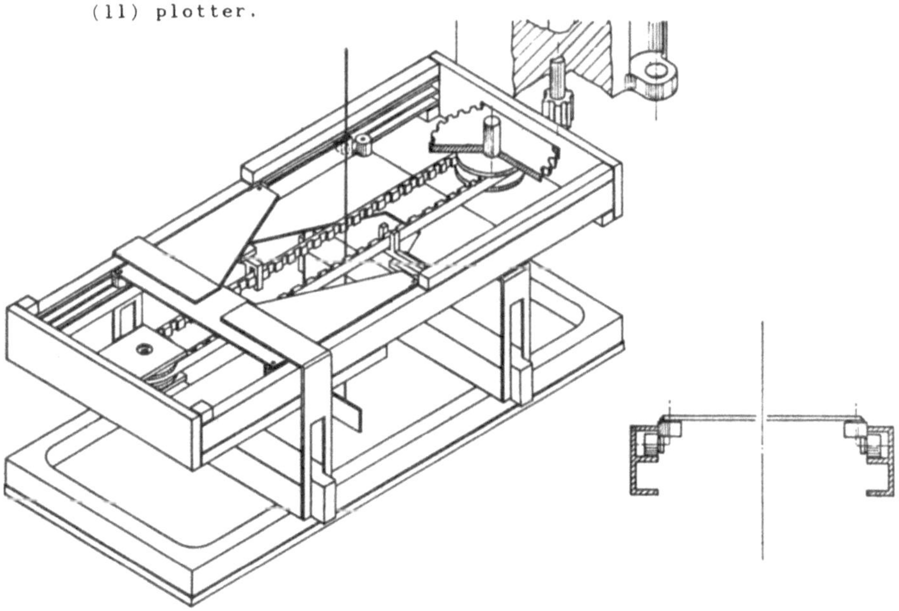

Fig. 2. Perspective view of Langmuir trough, barriers and barrier-driving system.

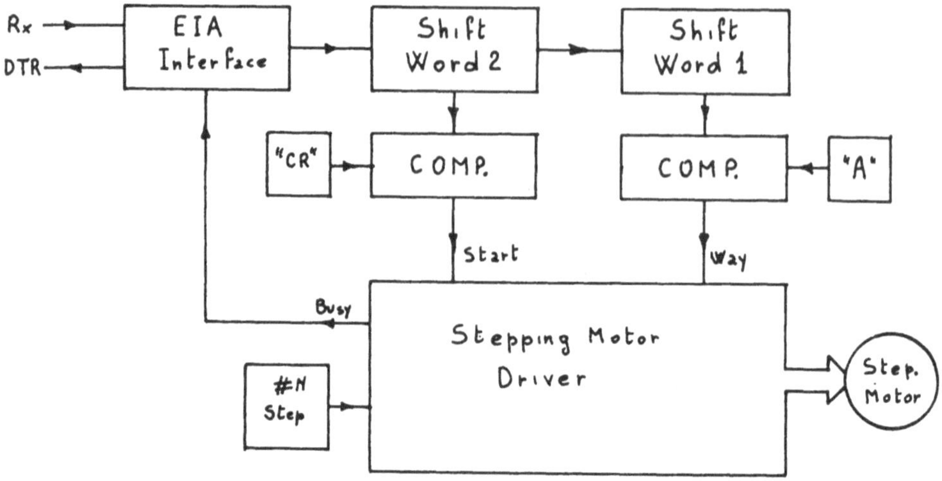

Fig. 3. Schematic diagram of the stepping motor controller (ref. 7).

the other comparator. A MAE (Ivrea, Italy) stepping motor mod. HY200-2220 was used. Each step (0.9°-angle rotation) caused a barrier shift of 61 μm .

Dynamic surface tension changes, as a function of time, were measured with a Cahn RG Electrobalance connected to a Honeywell Electronik 195 strip-chart recorder.

4. Example results

As a first approach, in view of mathematical simplicity, the air-solution interface was contracted according to the tilted-step time-function

$$\Delta \ln A(t) = \Theta t + (\Delta A/A_0 - \Theta t) \cdot \mathcal{U}(t - t_0) , \qquad [3]$$

where Θ is the rate of change of relative surface area, $\Delta A/A_0$ the final value of the ratio between area decrement and original area, $\mathcal{U}(t - t_0)$ the unit Heaviside function, and t_0 the time value at surface contraction end.

The absolute area change, as a function of time, corresponding to Eq. [3], was

$$A(t) = A_0 \exp(\Theta t) \qquad [4]$$

Hence, the (discrete) time values for the (discrete) step-by-step motion of the barriers were computed from

$$t_i = [t_0/\ln(1 - \Delta A/A_0)] \cdot \ln\{(1 - \Delta A/A_0)/[(i-1)/n]\} , \qquad [5]$$

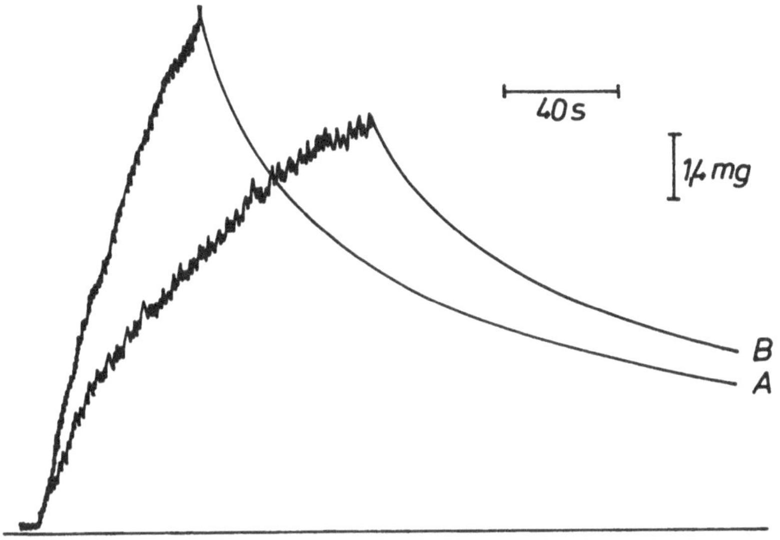

Fig. 4. Time evolution of dynamic surface tension response, excited by a tilted-step perturbation of relative surface area, for a submicellar aqueous solution of $C_{12}E_4$.
Parameters of the experiment. Both curves: concentration, c = 5.5×10^{-3} mol m^{-3}; temperature, T = 18 °C; $\Delta A/A_0$ = 0.11; A_0 = (10.4x6.5) cm^2. Curve A: surface age, t_{sa} = 8.5 hours; Θ = -2×10^{-3} s^{-1}; t_0 = 60 s . Curve B: t_{sa} = 9.0 hours; Θ = -1×10^{-3} s^{-1}; t_0 = 120 s .

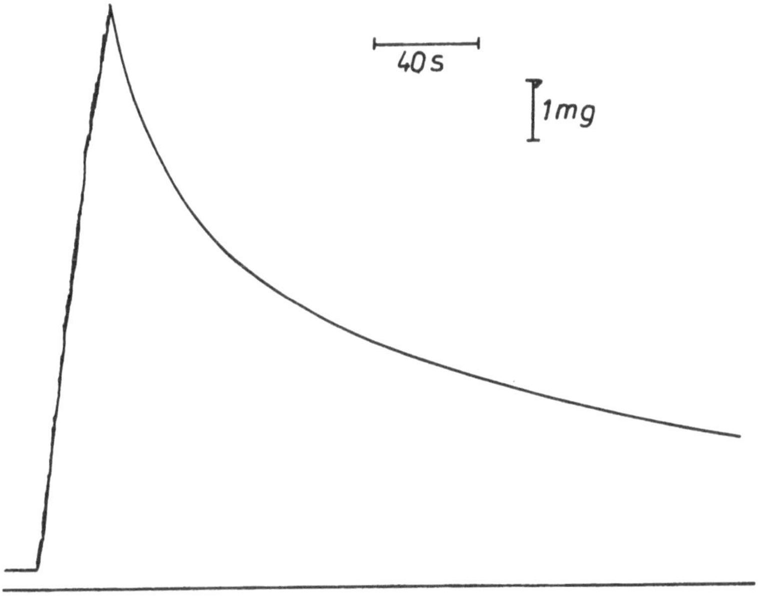

Fig. 5. Same as Fig. 4. Parameters of the experiment: c = 1.375×10^{-3} mol m^{-3}; T = 18.5 °C; $\Delta A/A_0$ = 0.11; A_0 = (10.4x7.0) cm^2; t_{sa} = 15 hours; Θ = -4×10^{-3} s^{-1}; t_0 = 30 s .

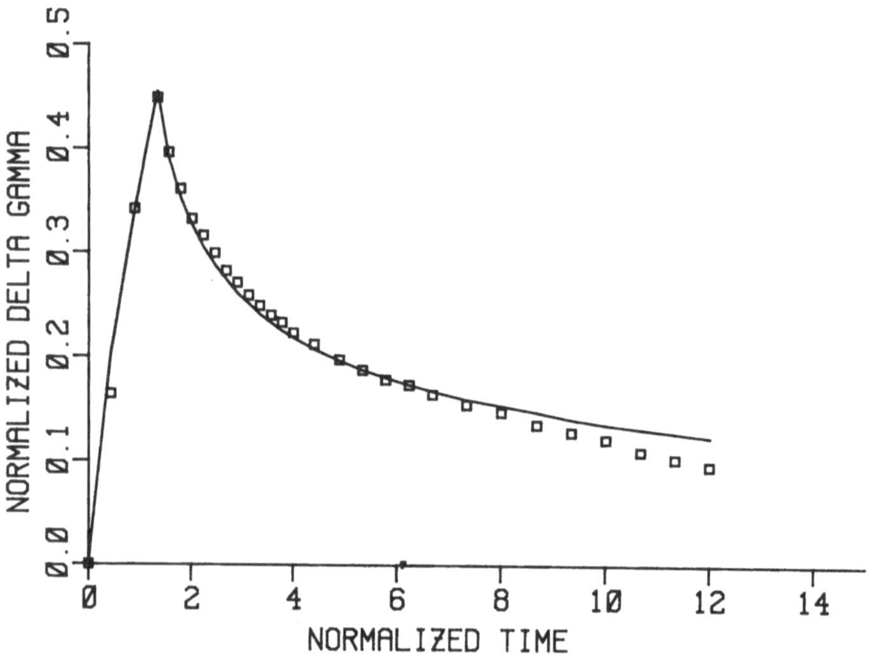

Fig. 6. Normalized plot of dynamic surface tension rise and decay
□ observed values (from Fig. 5); —— calculated values (from Eq. [6] and [7]). Variables are given in units of the fit parameters: $\Delta\gamma$ in units of ($\varepsilon_0 \times \Delta A/A_0$) = (37.3 x 0.11) mN m^{-1} ; time in units of inverse ω_0 = 7.1×10^{-3} Hz .

where n is the total number of steps and i = 1, ..., n .

Figures 4 and 5 show typical recorded traces of dynamic surface tension responses for (single-component) submicellar aqueous solutions of $C_{12}E_4$, i.e., tetra-ethylene glycol mono n-dodecyl ether, BL - 4SY (Nikko Chemicals Co. Ltd.).

An illustrative example of data treatment is reported in Fig. 6 . Here, by a nonlinear multiparametric least-square technique, the observed dependence of $\Delta\gamma$ on time is compared with the expression relevant to the process of translational diffusion at a plane surface (4)

$$\Delta\gamma(t) = \frac{\varepsilon_0 \Theta}{2\omega_0} E(t) + \frac{2\varepsilon_0 \Theta}{\sqrt{2\pi\omega_0}} \sqrt{t} - \frac{\varepsilon_0 \Theta}{2\omega_0} , \quad [6]$$

valid at $0 \leq t \leq t_0$, and

$$\Delta\gamma(t) = \frac{\varepsilon_0 \Theta}{2\omega_0} \left[E(t) - E(t - t_0) \right] + \frac{2\varepsilon_0 \Theta}{\sqrt{2\pi\omega_0}} \left(\sqrt{t} - \sqrt{t - t_0} \right), \quad [7]$$

valid at $t > t_0$, where ε_0 is the limiting elastic modulus, ω_0 the characteristic frequency of the system and

$$E(t) = \exp(2\omega_0 t)\, \mathrm{erfc}\, (2\omega_0 t)^{1/2}$$

The results, of the type here presented, can be considered as a definitive experimental proof of the feasibility and of the validity of transient techniques in the measurement of dynamic properties of fluid-fluid interfaces.

As a final remark, we also note that the stepping motor behaves quite well, in experimental practice, as a device for the digital control of the space swept by the barriers. thus, taking into account the advantages of principle, a stepping motor is to be preferred over a feed-back servomotor, driven by computer-generated electric potentials (via digital/analogic conversion). However, the need emerges of better approaching continuous barrier motion by scaling the gear system with a factor 6 (i. e., 10 rather than 61 μm per step).

Aknowledgment

This study was supported by the University of Florence through Research Grant MPI 60 % 09.01.55 .

References

/1/ G. Loglio, U. Tesei, and R. Cini, Ber. Bunsenges. Phys. Chem. 81, 1154 (1977).
/2/ P. Joos, and G. Bleys, Colloid Polymer Sci. 261, 1038 (1983).
/3/ I.C. Callaghan, C.M. Gould, R.J. Hamilton, and E.L. Neustadter, Colloids Surfaces 8, 17 (1983).
/4/ G. Loglio, U. Tesei, and R. Cini, J. Colloid Interface Sci. 100, 393 (1984).
/5/ J. Lucassen, Faraday Disc. 59, 76 (1975); and references therein.
/6/ G. Loglio, U. Tesei, and R. Cini, to be submitted.
/7/ P. Ciolli, and P. Pandolfini, paper in preparation.

E H LUCASSEN-REYNDERS

6 Kingsway, Heswall, Wirral, Merseyside, UK

Dynamic Properties of Surfactant - Covered Surfaces

Introduction

Dynamic properties of interfaces are of primary importance in a wide variety of processes in which mass and/or heat must be transported through such interfaces. Technological examples such as foaming, detergency and extraction are usually cited in this context, but much the same processes take place during pulmonary respiration, wetting of epithelial surfaces and many other phenomena involving biological membranes[1].

The presence of surface active material - whether adsorbed or spread onto such interfaces - not only alters the equilibrium tension of the interface but also imparts unique rheological properties to it. It has long been understood that the equilibrium values of interfacial tension (γ) and surfactant adsorption (Γ) in themselves are of less importance than the processes by which an interface approaches its equilibrium, or those by which it reacts to a disturbance of its equilibrium. Hence a common theme of the following considerations will be the surface tension out of equilibrium, and the effects of transport processes and relaxation phenomena on it.

The process of (re) equilibration can take anything from a fraction of a second to hours or even days, depending on which relaxation mechanisms operate. For instance, three possible steps in the adsorption from a solution onto a freshly-created or expanded interface, are: (i) diffusion and/or convention from deeper layers of a solution to the "sub-surface layer" immediately adjacent to the interface; (ii) the actual adsorption from the sub-surface layer onto the interface, possibly retarded by an adsorption barrier; (iii) rearrangement of adsorbed surfactant into the state in which the interface exerts its equilibrium tension.

These three processes cover a wide range of time scales. This presentation will focus on phenomena occurring in the time scales that count in most technological and biological applications, say from 10^{-2} to 10^{3} seconds. First we shall briefly review methods available for the investigation of such time scales. Results obtained with them include both processes taking place in the surface proper and those in which the adjoining bulk phase is involved. The latter category will be considered first as it turns out to be the easier problem: diffusion to or from a surface, for instance, is now more or less quantitatively understood.

The final section will deal with processes in the interface, for which information is less complete. Particular attention will be given to the slow formation of association structures in the surface.

Methods

Experimental techniques for studying the effect of transport processes and relaxation phenomena can roughly be described under two headings, in chronological order of their development: (i) methods involving large disturbances of the equilibrium between interface and adjoining liquids, after which (or, alternatively, during which) the surface tension is measured as a function of time[2)3)]. This includes techniques in which the surface of a surfactant solution is swept clean of surfactant, a method used extensively to study the kinetics of adsorption of soluble surfactants onto freshly created interfaces. For insoluble surfactants, similarly, the surface tension-time relationship can be measured after compression or expansion; (ii) methods involving small amplitude fluctuations of the surface area at rest, where "rest" does not necessarily mean that the surface is in equilibrium with the adjoining liquid phases. These include both the technique of surface waves[4)5)6)] on essentially flat interfaces and the method of oscillating bubbles currently under development[7)].

The surface wave method is very similar[8)9)] to the "mechanical spectroscopy" widely used in three-dimensional rheology[10)] for studying internal structure and relaxation in complicated materials. Particularly suitable for the measurement of dynamic properties in time scales of 10^{-2} to 10^{3} sec are surface waves of the longitudinal variety[5)]. These can be generated by sinusoidal motion of an object in the plane of the surface and propagate over the surface with a characteristic wavelength and damping coefficient, which can both be measured as a function of the frequency (ω) of the experiment. In the simplest case, where the surface deformation caused by the oscillating object is uniform, i.e. at low enough frequencies[6)], measurement of the wave characteristics is not feasible. In this case surface tension fluctuations can be monitored as a function of the fluctuations in surface area, A (see Fig 1). The end result of the experiment, as in 3-D rheology, is a modulus, in our case a surface dilational modulus, ε, defined by:

$$\varepsilon = \frac{d\sigma}{d \ln A} \qquad (1)$$

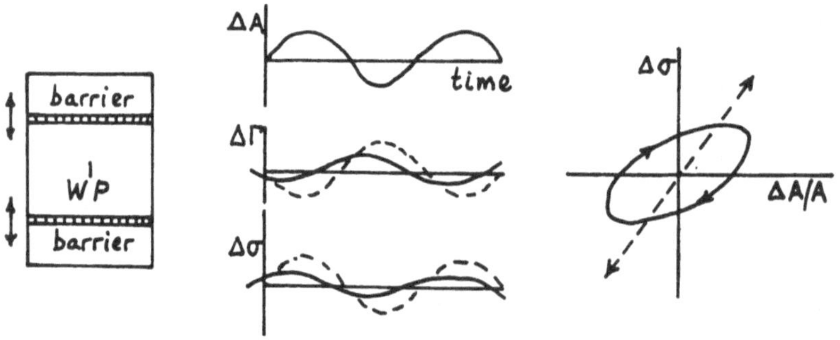

Fig. 1. Measurement of surface dilational elasticity/viscosity for slow surface deformation ------ purely elastic surface ($\varepsilon_i = o$); ——— viscoelastic surface ($\varepsilon_i > o$) WP = Wilhelmy plate monitoring the surface tension σ

Any processes in or near the surface which are capable of supplying/withdrawing surface active material within a time of ω^{-1} will cause a time lag between the fluctuations in σ and those in area, A. This means that the measured modulus will generally be a complex number, with a real part ε_r representing elastic energy stored in the surface and an imaginary part ε_i reflecting viscous energy dissipation:

$$\varepsilon = \varepsilon_r + i\varepsilon_i = \varepsilon_r + i\omega\eta_d \tag{2}$$

where η_d is the surface dilational viscosity at the frequency ω of the wave experiment. Both contributions are measurable and the experimental results are usually expressed as the absolute value $|\varepsilon|$ of the modulus and the viscous loss angle (arc tan $\frac{\varepsilon_i}{\varepsilon_r}$), both as a function of frequency.

In principle, the information gained from the σ vs t curves by method (i) should be similar to that obtained from the $|\varepsilon|$ vs ω spectrum obtained in method (ii), provided the same relaxation mechanisms operate in the two experiments. A periodic experiment at frequency ω is qualitatively equivalent to a transient experiment with characteristic time $t = \omega^{-1}$ and the two sets of data can be converted into one another by the method of Fourier transforms. This mathematical method, commonly employed in 3-D rheology, has in recent years also been used in surface rheology[11)-13)]. A practical difficulty with these transformations is that the behaviour of the property to be transformed should be known over the entire interval of frequency or time from o to ∞.

An advantage of the surface wave technique is that it suffers less from interference by several complicating factors that are apt to hamper the interpretation of results obtained with methods under (i). One problem with the latter methods is that unwanted convection currents below the surface can add to diffusional transport; another that the interpretation requires the equilibrium relationships between σ, Γ and c to be known over a large range of concentrations. Both these difficulties can be avoided with surface waves by choosing sufficiently small amplitude/wavelength ratios. This allows the theory for the modulus ε to be formulated in terms of the derivatives $d\sigma/d\Gamma$ and $d\Gamma/dc$ without the necessity of assuming a specific analytical relationship between σ and Γ.

Relaxation involving the adjoining solution

Diffusional interchange of surfactant between a surface under compression/expansion and the adjacent bulk solution is the most obvious and general relaxation mechanism in monolayers of sufficient solubility. The theoretical treatment of it for the wave experiment is now more or less fully established and confirmed by experimental data[5)14)] in a frequency range from 10^{-2} to 10^{2} sec^{-1}. It is the only relaxation mechanism possible whenever the mechanisms (ii) and (iii) of the Introduction can be neglected, i.e., whenever there is instantaneous equilibrium between surface tension σ, adsorption Γ and subsurface concentration $c_{Z=0}$. Its effect on the modulus can best be illustrated by rewriting Eq (1) as follows:

$$\varepsilon = \left(\frac{-d\sigma}{d\ln\Gamma}\right)\cdot\left(\frac{-d\ \ln\ \Gamma}{d\ \ln\ A}\right) = \varepsilon_o\left(\frac{-d\ \ln\ \Gamma}{d\ \ln\ A}\right) \tag{3}$$

The first factor, ε_o, depends solely on the equilibrium relationship between σ and Γ. This is a real number, and represents the limiting value of the modulus, found in experiments at sufficiently high frequencies, i.e., short times. At such high frequencies, diffusion is too slow for any effect on Γ to be noticeable, i.e., (ΓA) is constant and the second factor in Eq (3) equals +1. At lower frequencies, diffusion does affect the fluctuations in Γ, the value of (ΓA) is no longer constant and the second factor in Eq (3), as found by application of Fick's law to the geometry of the wave experiment, acquires an imaginary component:

$$-\frac{d \ln A}{d \ln \Gamma} = 1 + \left(\frac{dc}{d\Gamma}\right)^{eq} \sqrt{\frac{D}{i\omega}} \equiv 1 + (1-i)\sqrt{\frac{\omega_d}{\omega}} \tag{4}$$

where $i = \sqrt{-1}$ and D is the diffusion coefficient. The parameter ω_d is defined by Eq (4) as

$$\omega_d = \frac{1}{2} D \left(\frac{dc}{d\Gamma}\right)^2 \tag{5}$$

and can be seen as the characteristic frequency for the diffusion process[14]. Combining Eqs (4) and (3) we find the modulus spectrum for diffusional relaxation described by:

$$\varepsilon/\varepsilon_o = \left[1 + (1-i)\sqrt{\omega_d/\omega}\right]^{-1} \tag{6}$$

which means that viscous losses are described by

$$\varepsilon_i/\varepsilon_r = \frac{(\omega_d/\omega)^{\frac{1}{2}}}{1 + (\omega_d/\omega)^{\frac{1}{2}}} \tag{7}$$

Thus the spectrum of the modulus expressed in units ε_o as a function of the frequency expressed in units ω_d is a single curve for any surfactant at any concentration, as represented in Fig 2. The characteristics of individual surfactant solutions are reflected only in the numerical values of ε_o and ω_d. In complete agreement with this picture, recent work[13] shows that surface tension vs time curves after larger area variations can also be made to coincide on a single curve if expressed in dimensionless units $\Delta\sigma/\Delta\sigma(t=o)$ vs $\omega_d t$. The linear relation between $|\varepsilon|$ and $\sqrt{\omega}$ for low frequencies predicted by Eq (6) corresponds to the well known linear relationship of $\Delta\sigma$ with $\sqrt{t}$ at long times.

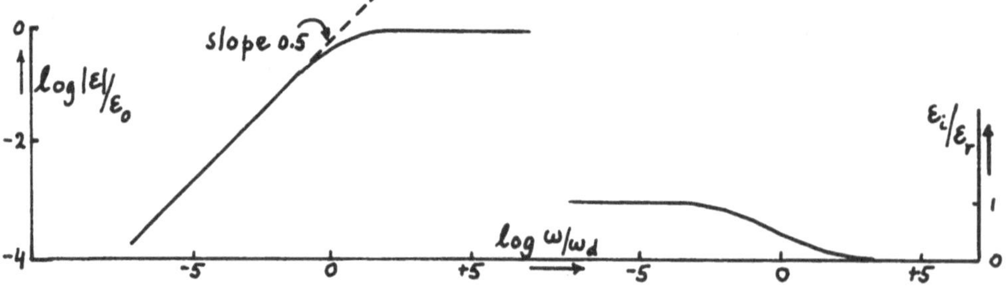

Fig.2. Frequency spectrum of dimensionless modulus $|\varepsilon|/\varepsilon_o$ and of $\varepsilon_i/\varepsilon_r$ for diffusional relaxation according to Eqs (6),(7)

Apart from the limiting slopes of 0.5 and 0 at low and high frequencies, respectively, the most striking feature of the diffusional relaxation mechanism is that the viscous contribution to the modulus can never exceed the elastic contribution, i.e. viscous loss angles are at most 45°.

So far, considerations have been for one single surface active species. These can be generalised to cover nonionic surfactant mixtures[15]. Behaviour is far more complex there, but qualitatively clear. Instead of the single plateau in Fig 2, the spectrum now has additional plateaus if the ω_d values of the surfactants are markedly different, each plateau corresponding to insoluble behaviour of one surfactant. The limiting behaviour is still as described above.

Complications may arise with ionic surfactants, because the long-chain ion and its inorganic counterion will diffuse at different rates. A theory for adsorption kinetics of such surfactants has been presented[16], but the effects of this on the modulus spectrum have not yet been considered. Apart from such complications, deviations from the spectrum predicted by Eq(6) will occur when additional relaxation mechanisms are operative.

Adsorption/desorption barriers, causing slow equilibration between subsurface and surface, have often been invoked[2),17)-19)] in cases where σ vs t curves of freshly created interfaces were found to deviate from what is predicted by diffusion theory. The effects of such barriers on the modulus spectrum can be evaluated theoretically[20),9)] but experimental evidence is lacking. Equilibrium between subsurface and surface can be expected to be very fast for small molecules unless they are awkwardly shaped, as for instance dicarboxylic acids and diols. For such compounds, characteristic times of roughly 10^{-2} sec have been estimated[21]. Equilibration for normal, straight-chain molecules should be even faster and, therefore, not a significant factor in the larger time scales considered here.

This leaves us with relaxation mechanisms of the third kind mentioned in the Introduction. These are capable of producing significant effects in time scales of seconds and longer, and will be considered in more detail in the next section.

Relaxation through slow processes in the surface

Rearrangement processes in the surface proper can be of several varieties. Molecular reorientation, complex formation, chemical reactions, two-dimensional phase transitions and formation of three-dimensional structures may all be involved. Reorientation of single small molecules is a very fast process, taking milliseconds or less and, therefore, not relevant to the time scales of macroscopically observable processes in technology and biology. Much longer time scales - in the order of minutes or longer - are expected in cooperative processes involving either many small molecules or single large ones. A well-known example of this is the collapse of sparingly soluble monolayers. Relaxation times in the order of many minutes have been measured with the longitudinal wave technique, for monolayers of C_{12} to C_{16} alcohols and monoalkyl glycerols[22),23)]. After collapse of such monolayers, gel-like or mesomorphous particles resembling liquid crystals are often observed in the surface, and both the measured elasticity and the viscosity are higher than before. The relaxation mechanism here is the slow formation/destruction of three-dimensional structures. A quantitative interpretation of the early stages of this process has been given in terms of a rate constant which is comparable to that for the growth of crystals from a vapour phase at low values of supersaturation. This mechanism leads to modulus spectra and viscous loss angles which are strikingly different from those described in the previous section[22),9)].

Relaxation processes within monolayers differ from those discussed in the previous section in the fact that equilibration of the surface tension σ with the adsorption Γ is no longer instantaneous. In the systems discussed before, the relationship between σ and Γ was at all times the same as at equilibrium, but the systems considered now can go through a range of σ values at a given value of Γ. In the simple case illustrated in Fig 3, where we have only one surface active species, the surface tension at given adsorption will either increase (a) or decrease (b) with time. Both transitions can be found in a single pressure - area curve. Phospholipid monolayers, in particular, show pronounced polymorphism: no fewer than five surface phases, with two first-order and two second-order transitions, have been reported recently for synthetic lecithins[25)].

Transformation of one such phase into another can be described as a transfer of material from one modification into another. For instance, if the material in supersaturated form (dashed lines) consists of monomers (M) and that in the final form is more structured (S), then the reaction can be described as $M \rightleftharpoons S$. A first-order rate mechanism for such a reaction would mean that equilibrium is approached according to

$$\frac{d\Gamma_s}{dt} = \frac{\Gamma_s - \Gamma_s^{eq}}{\tau} \tag{8}$$

where Γ_s is the amount of material in the form S (per unit area) and τ is the characteristic time of the process. In the simplest case, where the monolayer is completely insoluble and the total adsorption Γ ($=\Gamma_M+\Gamma_S$) is constant in a given experiment, this mechanism results in a modulus given by:

$$\varepsilon = \varepsilon_o \left(1 - \frac{i}{\omega\tau}\right)^{-1} \tag{9}$$

corresponding to viscous losses described by:

$$\varepsilon_i/\varepsilon_r = 1/\omega\tau \tag{10}$$

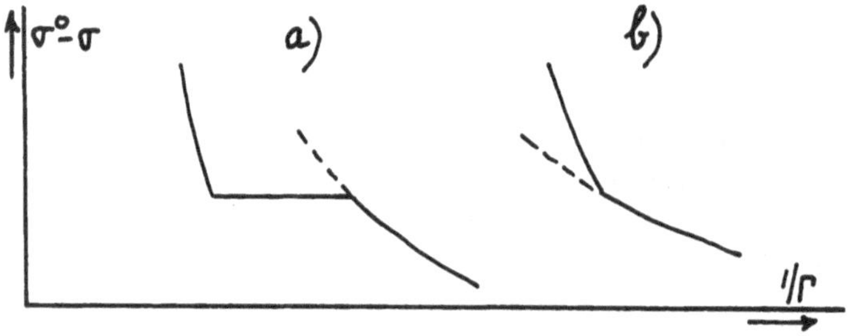

Fig.3. Phase transitions in monolayers (schematically). Drawn lines: equilibrium. Dashed lines: oversaturated state, immediately after adsorption from solution or after compression of insoluble monolayer. a) first-order transition; b) second-order transition

Compared with Eqs (6) and (7) for purely diffusional relaxation, the modulus and loss spectrum is markedly different, as illustrated in Fig 4: the limiting slope of the modulus curve at low frequencies is twice as high as in Fig 2 and the viscous losses are far larger. Eq (9) was first proposed[22] for the early stages of monolayer collapse, i.e. for systems where oversaturation produces too low surface tensions, as in Fig 3a. It should be applicable to any first-order rate process described by Eq (8).

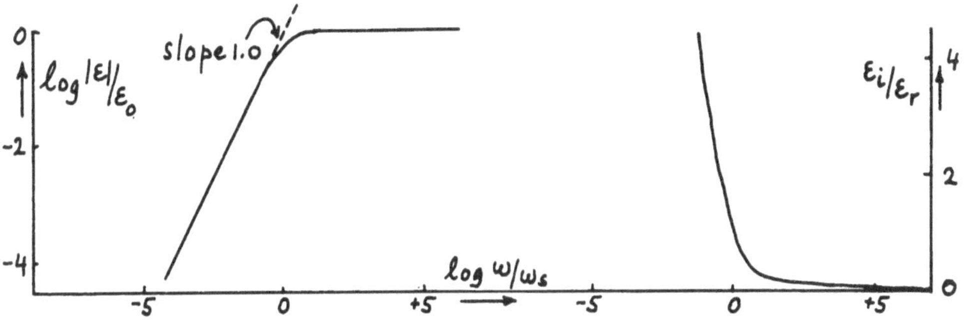

Fig.4. Modulus and loss spectrum for surface process in insoluble monolayer according to Eqs (9),(10).

Intriguing results are obtained when this relaxation operates in combination with diffusional interchange. This opens up the field of surface reactions in soluble monolayers. Existing theory[22] has achieved this for the initial stages of the process, where the amount of newly formed material is still negligibly small. The theory is presently being extended to cover the later stages as well[24]. In these later stages we can no longer assume that the transient surface tension is completely determined by the momentary value of the adsorption Γ_M. While the newly formed modification S does not of itself contribute to the surface pressure in Fig 3a, it clearly does contribute more than the monomers in Fig 3b. During much of the equilibration process, the coexisting forms M and S will behave as two independent components even if M and S are chemically identical. At complete equilibrium one variable (either Γ_M or Γ_S) is enough to describe the surface tension at given temperature and pressure, but during the slow equilibration we need both Γ_M and Γ_S because the equilibrium between them is effectively frozen. By taking due account of this it is possible to derive the modulus and loss spectra in terms of two characteristic relaxation frequencies, one for the diffusion of monomers given by Eq (5) and one for the slow surface process given by $\omega_s = {}^1/\tau$. The other parameters in the treatment are (quasi-) equilibrium properties, such as the limiting modulus values ($-{}^{d\sigma}/d\ln\Gamma$) for each of the two forms. The full equation for ε is too complicated to be presented here, but a number of qualitative features can be discussed. A new feature in systems where the slow surface process decreases the surface tension is the appearance of five distinct regions in the spectrum if the two relaxation mechanisms are well separated in time scale, e.g. if we have a very slow surface process in a soluble monolayer ($\omega_s \ll \omega_d$). These range from the highest frequencies (I), where neither relaxation process can take place and ε is at its maximum given by

$$\varepsilon_I = -\left(\frac{d\sigma}{d \ln \Gamma}\right) \Gamma_s/\Gamma_m \qquad (11)$$

to the very low frequencies (V) where both processes can be completed within a time of $^1/\omega$ sec, as summarised in Table 1.

Table 1	Range	Frequency	Surface behaviour
	I	$\omega > \omega_d >> \omega_s$	Elastic
	II	$\omega \lesseqgtr \omega_d$	Viscoelastic
	III	$\omega_d > \omega > \omega_s$	Elastic
	IV	$\omega \lesseqgtr \omega_s$	Viscoelastic
	V	$\omega_s > \omega$	Viscous

The intermediate range III in particular is interesting since it means that insoluble behaviour (purely elastic) can be observed in soluble monolayers in a range of frequencies where there is considerable diffusional interchange of monomers M with the solution. This second "insoluble" range (the first is I, of course) is caused by the presence of non-negligible amounts of the structured modification S, and therefore was not observed in existing theory[22] for $\Gamma_s = o$. It may be illuminating to illustrate the effects of increasing amounts of Γ_s by constructing spectra at various times during the slow surface process. In order to do this we need numerical values for the (quasi) -equilibrium parameters ε_o for the two modifications. These are constants in a given experiment at a fixed time, (and so is their sum ε_I) but both change with time as Γ_s increases from o to its equilibrium value. For a choice of parameters to be discussed in detail elsewhere[24], we find the spectra of Fig.5.

Existing theory[22] produces the curves for $t \lesseqgtr o$ when the amount of newly-formed material is still small. As the amounts of it increase with time, the modulus increases quite considerably, especially in regions III and IV. Much increased viscous losses occur at low frequencies. The limiting slope of + 1 in regions IV and V corresponds with a limiting slope of -1 in a surface tension relaxation experiment if expressed as log $(\sigma - \sigma^{eq})$ vs log time.

Full experimental evidence for the type of mixed relaxation spectra in Fig.5 is not available as yet, but several indications in published results are in line with its predictions.

Slow time effects were found in experiments on sebacic acid monolayers cited earlier[9], and the high-frequency end of their modulus spectrum did have the flattened appearance of the spectra in Fig.5. Slowly relaxing surface tensions have also been reported for sulphosuccinate monolayers[26], following the first-order rate mechanism of Eq(8) which leads to the spectra of Fig.5.

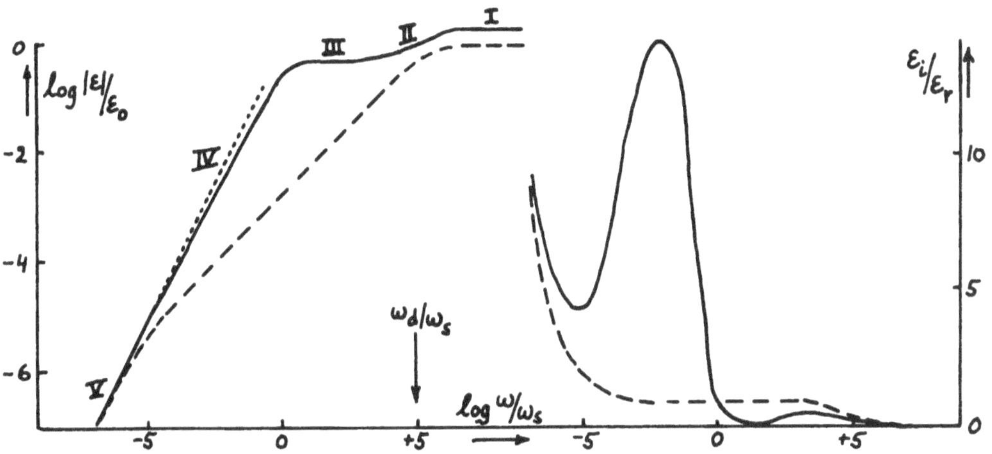

Fig.5. Modulus and loss spectra at start (dashed line) and finish (drawn line) of slow surface process in soluble monolayer.

Measured spectra in the frequency range where both diffusion and the surface process play a part can be used to distinguish this mechanism from that of "barrier"-controlled adsorption. The spectra in the former case differ from the latter because diffusion and surface reaction are treated as simultaneous processes, whereas in the latter case they are consecutive.

Slow relaxation combined with high modulus values, as in the upper curves of Fig.5., must inevitably result in very low values of the non-equilibrium surface tension persisting for long times[9]. The cooperative processes considered in this section are, therefore, of interest in all applications where ultra-low tensions are desirable.

Conclusions

The frequency spectra of dilational modulus and viscous loss can be used to obtain information on (and to distinguish between) the relaxation mechanisms on which dynamic surface properties depend. Diffusion to/from a surface is no longer a major problem, but much more work is needed on processes in the surface proper, in particular the cooperative phenomena leading to slowly relaxing surface tensions.

References

1. For a review, see J Garcia Dominguez, J. Disp. Sci. & Tech., 1, 233 (1980).
2. R Defay, G Petré, in "Surface and Colloid Sci (E Matijevic, Ed) 3, 27 (1971).
3. F van Voorst Vader, Th F Erkens, M van den Tempel, Trans. Faraday Soc., 60, 1170 (1964).
4. J A Mann, in "Techniques of Surface Chemistry and Physics" 1, 77 (1972).
5. J Lucassen, M van den Tempel, Chem. Eng. Sci., 27, 1283 (1972); J. Colloid Interface Sci., 41, 491 (1972).
6. J Lucassen, G T Barnes, J. Chem. Soc. Faraday I, 68, 2129 (1972).
7.a) G Kretzschmar, K Lunkenheimer, Ber. Bunsenges., 74, 1064 (1970).
b) K Lunkenheimer, R Miller, Z physik. Chem., Leipzig, 265, 71 (1984).

8. M van den Tempel, J. Non-Newtonian Fluid Mech., 2, 205 (1977).
9. M van den Tempel, E H Lucassen-Reynders Adv. Colloid Interface Sci, 18, 281 (1983).
10. J D Ferry, "Viscoelastic Properties of Polymers" (Wiley, New York, 1970)
11. G Loglio, U Tesei, R Cini, Ber. Bunsenges., 81, 1154 (1977).
12. D S Dimitrov, I Panaiotov, P Richmond, L. Ter-Minassian-Saraga, J. Colloid Interface Sci., 65 , 483 (1978).
13. G Loglio, U Tesei, R Cini, J. Colloid Interface Sci., 100, 393 (1984).
14. J Lucassen, D Giles, J. Chem. Soc. Faraday I, 71, 217 (1975).
15. P R Garrett, P Joos, J. Chem. Soc. Faraday I, 72, 2161 (1976).
16. S S Dukhin, R Miller, G Kretzschmar, Colloid and Polymer Sci. 261, 335 (1983).
17. J F Baret, J. Phys. Chem., 72, 2755 (1968).
18. V B Fainerman, Colloid J. USSR, 39, 91 (1977).
19. R Miller, G Kretzschmar, Colloid and Polymer Sci., 258, 85 (1980).
20. P M Bisch, Thesis ULB (Brusse ls, 1980).
21. P Joos, G Bleys, G Petré, J. Chim. phys., 79, 387 (1982).
22. F A Veer, M van den Tempel, J. Colloid Interface Sci., 42, 418 (1973).
23. P Joos, Proc. 6th Int. Cong. Surface Active Subst. (Zurich), 2 (1), 113, (1972).
24. E H Lucassen-Reynders, to be published.
25. O Albrecht, H Gruler, E Sackmann, J. Phys. 39, 301 (1978).
26. I I Germasheva, S A Panaeva, Kolloidnyi Zh., 44, 661 (1982).

K. LUNKENHEIMER and R. MILLER

Central Institute of Organic Chemistry, Academy of Sciences of the GDR, 1199 Berlin

Properties of homologous series of surface-chemically pure surfactants at the water-air interface
Part I: Equilibrium properties

Introduction

Although new fields of surfactant application have permanently been made accessible and new types of surfactants are constantly synthesized so far it is still impossible to describe the surfactants' properties reproducibly.
Originating from this assessment it seemed to us not reasonable to file additional data of questionable investigations. We reckoned it of primary importance to begin with a critical analysis of the experimental methods, the surfactants and the evaluation procedures applied to disclose and eliminate possible errors included.
At first problems involved in the applied measuring procedures shall be discussed. This concerns the determination of surface tension and surface dilational elasticity. Then the surfactant's purity will be evaluated. Therefore, a criterion for judging the necessary grade of surfactant solution will be proposed to escape artefacts as well as a method for a special purification of surfactant solutions will be explained. Consequences of this scientific strategy are reported using own results obtained with some homologous series of simple, well-known nonionic surfactants.

Experimental

The surface tension of the surfactant solutions was mainly determined by the ring tensiometer. During our studies it was observed that aggravating errors may arise in applying this method in the manner recommended by the producers of the tensiometer. These errors are a consequence of the inherent dynamic measuring procedure. On the one hand they are caused by the fact that a film is drawn across the wetted wall above the solution level of the container resulting in an additional frictional force. On the other hand the adsorption layer of the surfactant solution is strained during the lifting of the ring, which may give rise to serious errors. However, as we could show, these errors can be eliminated by convenient measurements, as for example by applying hydrophobic and sufficiently large containers /1,2 /. Following our recommendations the surface tension of any surfactant solution can be determined correctly with an accuracy of $\pm$ 0.1 $\frac{mN}{m}$ by using the ring tensiometer /3/.

The sorption kinetics of the surfactants investigated was determined by the oscillating bubble method. This method was developed previously for determining the surface dilational elasticity /4 - 8/. The principle of this method consists of the following (Fig. 1).

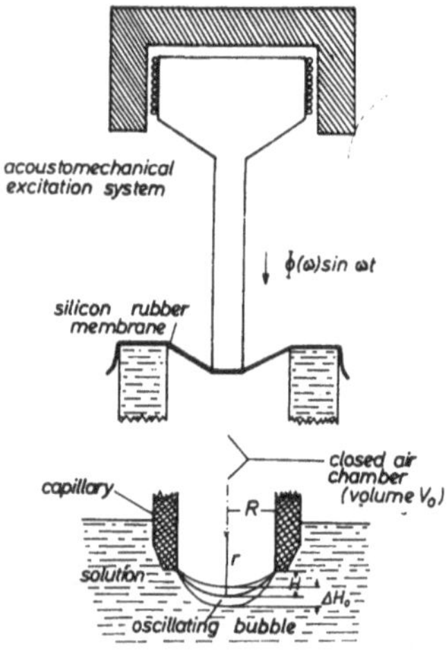

Fig. 1. Principle of the method of the oscillating bubble

A bubble attached at the tip of a capillary which is immersed in the surfactant solution is forced to oscillate with a certain amplitude in dependence on frequency. The determination of surface elasticity is related to the difference in capillary pressure between the clean and the surfactant covered bubble surface. The surface dilational elasticity modul E is calculated in terms of an inhomogeneous, second order, linear differential equation using the force necessary for making the bubble oscillate. The complete solution of it has also to allow for the exchange of matter at the bubble surface under deformation. Hence, we are able to determine the surfactants' sorption kinetics if the surface equation of state parameters is known.

The analyticyl solution for the modulus E is read as /6/

$$E = \frac{A}{\frac{dA}{dr}} \left\{ \frac{\varkappa p_0 r_0}{2 V_0 \cdot \Delta H_0} \cdot \frac{dH}{dr} \left(\Phi_s - \Phi_W \right) - \frac{\Delta \sigma_e}{r_0} - \frac{D\alpha_1}{\omega \cdot \Delta H_0} \cdot \frac{dH}{dr} \cdot \frac{d(\sigma_e - \sigma_d)}{d\Gamma} \left(\xi_1 + \eta_1 \right) \right\}$$

The details of this theory shall be omitted in this context. This equation contains the geometric parameters of the bubble as radius of curvature r_0, surface area A, height H, amplitude ΔH_0 and equilibrium surface tension σ_e, furthermore volume V_0 and pressure p_0 of the connected air chamber, frequency of oscillating bubble ω, the surface equation of state parameters which are included in the variables ξ_1 and η_1 and what is of particular interest: the diffusion coefficient D.
From the typical course of such measurements, i.e. from the force difference $\Delta \Phi$ in dependence on frequency, one can decide whether strong, medium or negligible diffusional exchange occurs at the surface of that bubble (Fig. 2).

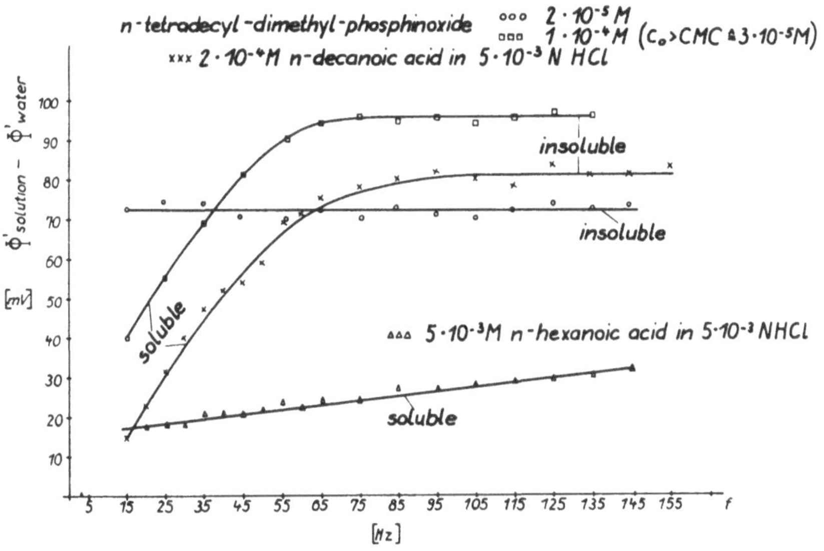

Fig. 2. Measuring signal $\Phi'_{solution} - \Phi'_{water}$ in dependence on frequency for different surfactant solutions (Φ' = const. Φ)

Surfactant Solutions' Purity

For elucidating the importance of this item let us refer to a simple experiment. The surface tension of surfactant solution contained in a Langmuir trough is measured until a constant final surface tension value referred to as "apparent equilibrium surface value in the case of adsorption" $\bar{\sigma}_e^A$ is reached. After that the adsorption layer is compressed to half of its initial size and the establishment of the "apparent equilibrium surface tension value in the case of desorption" $\bar{\sigma}_e^D$ is observed (Fig. 3).

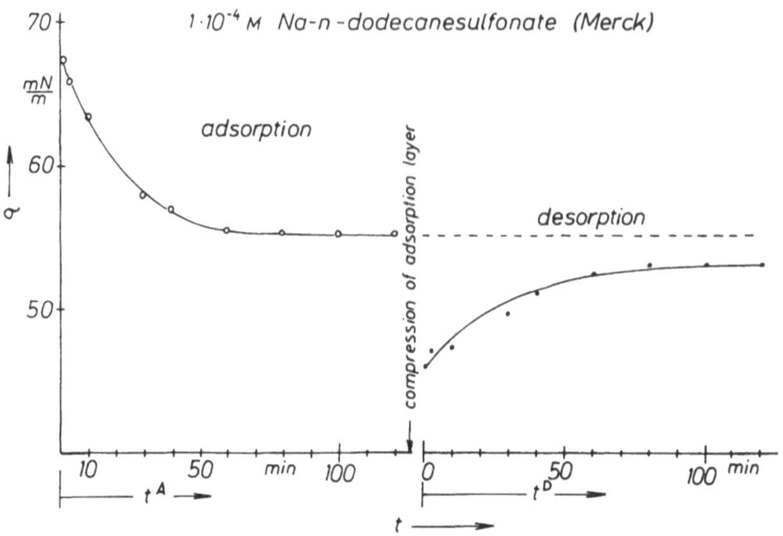

Fig. 3. Experimentally determined time dependence of surface tension of a 1 · 10^{-4} M Na-n-dodecanesulfonate solution in the case of ad- and desorption (substance supplied by firm Merck)

As a matter of fact there always remains a distinct difference between the two apparent equilibrium surface tension values $\bar{\sigma}_e^A$ and $\bar{\sigma}_e^D$, which is greater by at least one order of magnitude than the measuring error of the method (8, 9).

This empirically well established phenomenon could be explained by us in terms of traces of strongly surfaceactive impurities /8, 9/. If the compressed adsorption layer is removed by sucking off with a fine capillary and then the initial surface area reestablished, the cyclic operation is closed. Such cyclic operations can be repeated often. The results of a certain cyclic procedure is illustrated in Fig. 4.

The value $\bar{\sigma}_e^A$ together with the difference $\bar{\sigma}_e^A - \bar{\sigma}_e^D$ is plotted against the cycle number j. Initially there exists a steep rise in $\bar{\sigma}_e^A$ with increasing j, followed by a plateau region. Additionally the difference $\bar{\sigma}_e^A - \bar{\sigma}_e^D$ approximates zero.

This characteristic behaviour is a result of the relatively strong impoverishment of the impurity's bulk concentration via the surface during the cyclic procedure. The very surfaceactive substance is present in the surface in comparatively high concentration but in the bulk in relatively low concentration. That's why the rapidly disappearing influence at the surface becomes reasonable.

Originating from this characteristic experiment we have established a special grade of purity called" surface-chemical purity"/8/. This definition relates to the relative content of potential contaminants in the surface layer. If the concentration of those contaminants at the surface

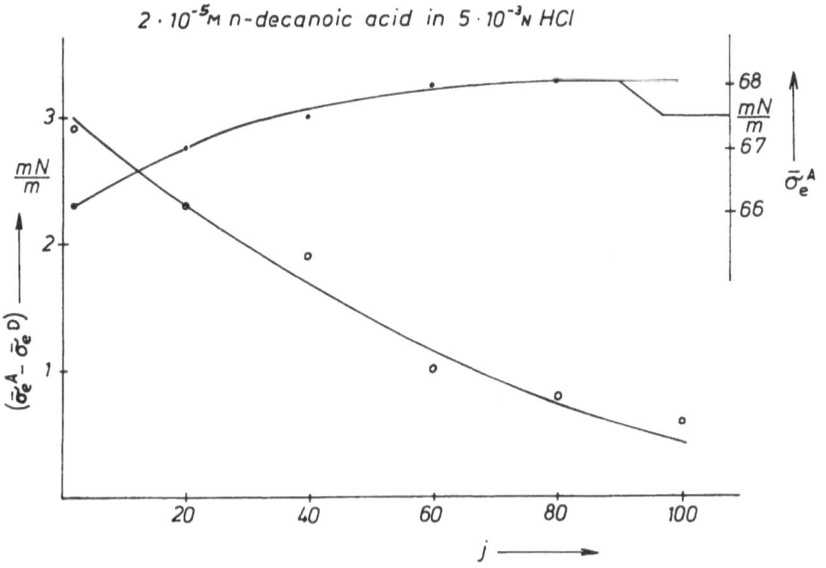

Fig. 4. Difference of apparent equilibrium surface tension values in the case of ad- and desorption $\bar{\sigma}_e^A - \bar{\sigma}_e^D$ and apparent adsorption equilibrium surface tension $\bar{\sigma}_e^A$ in dependence on the number j of purification cycles for a $2 \cdot 10^{-5}$M n-decanoic acid solution in $5 \cdot 10^{-3}$ N HCl

is negligible so that their effect on the surface property cannot be longer experienced physically the solution concerned will be qualified as surface chemically pure.

Criterion for judging the surfactant solution's purity

Adopting the thermodynamic concept for describing the progress of a chemical reaction we denote the relative grade of surface-chemical purity of a surfactant solution by ξ. If it is possible to promote the solution to higher states of purity, i.e. to purify it successively without reducing the concentration of the main surfactant, denoted by index 2, the criterion for surface-chemical purity is read

$$\left(\frac{\partial \sigma_e}{\partial \xi}\right)_{c_2,T,p} = 0. \qquad [2]$$

It means that the grade of purity of a surfactant solution can be determined by $\sigma_e(\xi)$.

Since the effective surface-active contaminant always retards the establishment of the surface tension equilibrium a formulation of the criterion analogous to Eq. [2] can be given by using the time necessary for reaching the adsorption equilibrium i.e

$$\left(\frac{\partial t_e^A}{\partial \xi}\right)_{c_2,T,p} = 0. \qquad [3]$$

One can show that it is possible to generalize both criteria, i.e to derive a sufficient description of the state of surface chemical purity, including more complicate surfactant systems if the following conditions hold:

$$\left.\begin{matrix} a_2 > a_i \\ c_2 \gg c_i \end{matrix}\right\} i = 3, 4, \ldots, r. \qquad [4]$$

Thus we are able to determine that state of a surfactant solution which really meets the requirements of sufficient purity without making any theoretical assumptions.

Apparatus for purifying surfactant solutions

On the basis of the above mentioned results we constructed an apparatus which automatically performs the cyclic operations consisting of adsorbing, compressing and sucking off the adsorption layer. The different variables as waiting time, period of suction, immersion depth of the capillary can be controlled by a microprocessor. It has been working for some years successfully.

Results and Discussion

Some results obtained in following the above explained strategy shall be discussed now.

Evaluating the equilibrium surface tension- concentration- isotherms we applied the surface equation of state of Szyszkowski-Langmuir (10, 11)

$$\sigma_W - \sigma_e = RT\Gamma_\infty \ln\left(1 + \frac{c_o}{a_L}\right) \qquad [5]$$

and of Frumkin /12, 11/

$$\sigma_W - \sigma_e = -RT\Gamma_\infty \ln\left(1 - \frac{\Gamma}{\Gamma_\infty}\right) - a'\left(\frac{\Gamma}{\Gamma_\infty}\right)^2 \qquad [6]$$

Γ_∞, a_L and a' denote the surface equation of state parameters of maximum surface concentration, surfcace activity and of surface interaction, c_o, σ_e and σ_W denote concentration, equilibrium surface tension of the surfactant solution and water, respectively. The experimentally determined data were applied to obtain the state parameters by a best fit procedure Representatives of the following homologous series were investigated: diethyl- and/or diemethyl-n-alkylphosphinoxides, a-alkanoic acids in 5 · 10^{-3} N HCl and n-alkanols.

The findings reveal among others two main features /14/. First, every representative of the phosphinoxides-following the characterization of van den Tempel and Lucassen-Reynders /13, 11/-possesse ideal surface behaviour within the whole concentration region up to the CMC.

Second, there is a significant linear dependence of Γ_∞ on the number n_C of carbon atoms in the n-alkyl chain. The slope of this dependence is the same for the two homologous n-alkylphosphinoxide series but the values of Γ_∞ are shifted to smaller values for the diethyl compounds. The σ_e-log c_0-isotherms of the alkanoic acids and n-alkanols can only be described by the Frumkin-equation, i.e. they belong to the regular surface solutions. The lower members of these series can be satisfactorily fitted by the Frumkin-equation covering the entire concentration range. However, with the data of n-decanoic acid, n-nonanol and n-decanol the matching does not meat. These substances are excluded from the following consideration.
The Γ_∞ -values of the homologous series under consideration are plotted against the carbon number n_C in Fig. 5.

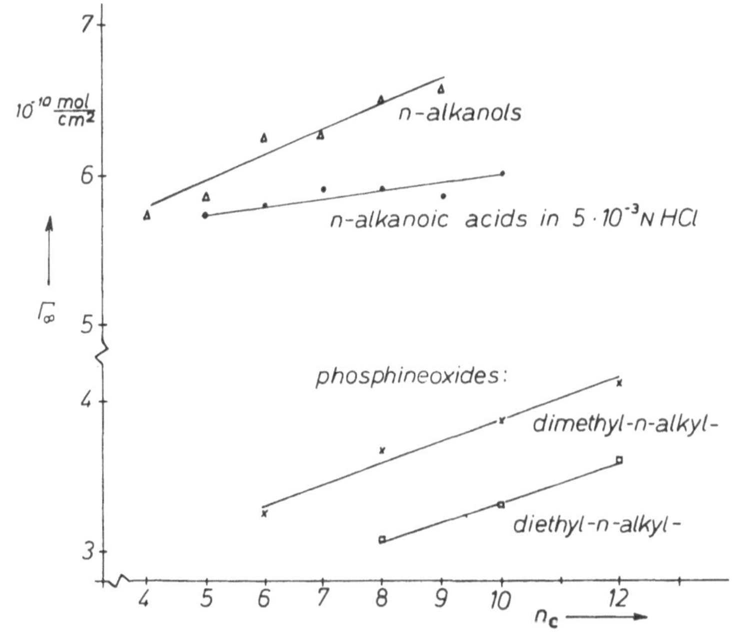

Fig. 5. Maximum surface concentration Γ_∞ of various homologous surfactant series in dependence on the number n_C of carbon atoms in the n-alkyl-chain

There is a distinct dependence of Γ_∞ on n_C for the phosphinoxides and the alkanols. So far it has been assumed in literature that Γ_∞ remains constant within a homologous series of soluble surfactants, because this quantity was believed to be determined by the dimensions of the polar head group only /11, 13, 15, 16/. But this well established fact suggests that the dependence has indeed a real physical background. This is supported by the following interesting findings. In Fig. 6 we plotted the minimum surface area per molecule A_{min} of the soluble diethyl-n-alkylphosphinoxides together with those A_{min}-values for the insoluble members of this homologous series taken from surfacepressure-area-isotherms in /17/.

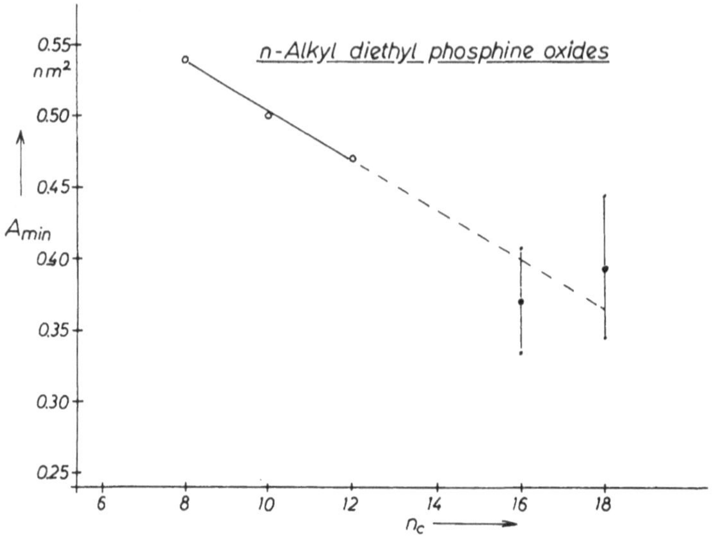

Fig. 6. Minimum surface area per molecule of the diethyl-alkylphosphinoxides in dependence on the number n_C of carbon atoms in the n-alkyl chain (... spread monolayer data of Rettig et al./17/)

The straight line existing between $(\Gamma_\infty \cdot N_L)^{-1}$ and n_C for the soluble compounds meets just the corresponding A_{min}-data of the first insoluble representatives. This means that there is a continuous transition between the minimum surface area per molecule in the soluble adsorption layers and in the insoluble spread monolayers.

The same holds also for the n-alkanols as can be taken from Fig. 7. The corresponding A_{min}-values of the insoluble n-alkanols were taken from literature /18/.

In terms of these results it will be possible to postulate that the surface behaviour of adsorbed and spread monolayers does not differ on principle. We think these results represent really some advance in the understanding of the adsorption phenomena of surfactants. These results support the statements of various investigators that numerical values of molecular models may be used for the partial molar areas of the Butler equation without violating its thermodynamic derivation /11, 19, 20/. Moreover, they seem to suggest that molecular data of soluble surfactants, maybe also information about the surfactants' conformation in the adsorption layer, as was discussed recently /21/, can be obtained from simple experimental data.

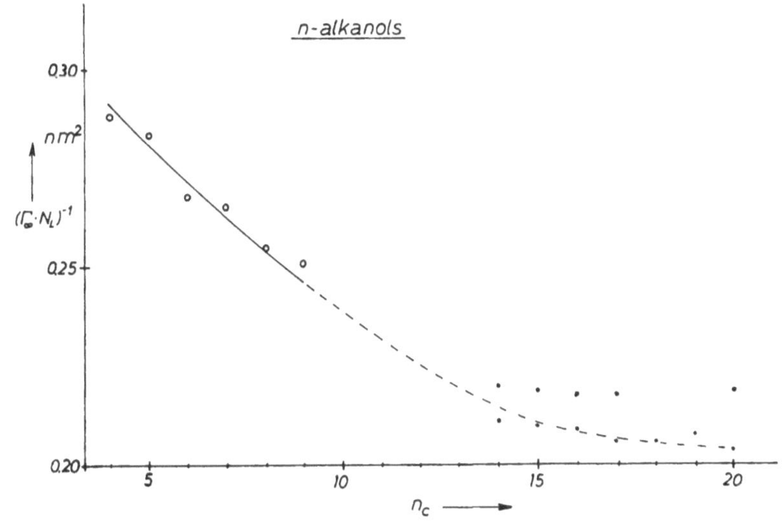

Fig. 7. Minimum surface area per molecule of n-alkanols in dependence on the number n_C of carbon atoms in the n-alkyl chain (... spread monolayer data taken from /18/)

References

/1/ LUNKENHEIMER, K. and WANTKE, K.-D., J. Colloid Interface Sci. 66(1978) 579

/2/ LUNKENHEIMER, K. and WANTKE, K.-D., Colloid and Polymer Sci. 259(1981) 354

/3/ LUNKENHEIMER, K., Tenside Detergents 19(1982)272

/4/ LUNKENHEIMER, K., Dissertation, Humboldt-Universität, Berlin 1970

/5/ KRETZSCHMAR, G. and LUNKENHEIMER, K., Ber. Bunsenges. Phys. Chem. 74(1970)1064

/6/ WANTKE, K.-D., MILLER, R. and LUNKENHEIMER, K., Z. Phys. Chem. (Leipzig) 261(1980)1177

/7/ LUNKENHEIMER, K., HARTENSTEIN, C., MILLER, R. and WANTKE, K.-D., Colloids and Surfaces 8(1984)271

/8/ LUNKENHEIMER, K. and MILLER, R., Tenside Detergents 16(1979)312

/9/ LUNKENHEIMER, K., MILLER, R. and FRUHNER, H., Colloid and Polymer Sci. 260(1982)599

/10/ SZYSZKOWSKI, B. von, Z. Phys. Chem. 64(1908)385

/11/ LUCASSEN-REYNDERS, E. H., Progr. Surface and Membrane Sci. 10(1976) 253

/12/ FRUMKIN, A., Z. Phys. Chem. 116(1925)466

/13/ TEMPEL, M. van den and LUCASSEN-REYNDERS, in "Chemistry, Physics and Application of Surface Active Substances" (J.Th.G. Overbeek, ed.) Gordon and Breach Science Publishers, London New York Paris 1967, Vol. II, p. 779

/14/ LUNKENHEIMER, K., D.sc. Dissertation, Academy of Sciences of the GDR, Berlin,1983

/15/ HOMMELEN, J. R., J. Colloid Sci. 14(1959)385

/16/ VOCHTEN, R. and PETRE, G., J. Colloid Interface Sci. 42(1973)320

/17/ RETTIG, W., HENNERSDORF, P. and DÖRFLER, H.-D., Z. Phys. Chem. (Leipzig) 262(1981)820

/18/ GAINES, G. L. jr., "Insoluble Monolayers at Liquid-Gas Interfaces", Interscience Publishers, New York London Sydney, 1966

/19/ ERIKSSON, J. C., Ark. Kemi 25(1966)331;343

/20/ JOOS, P., Bull. Soc. Chim. Belg. 76(1967)591

/21/ VOLD, M. J., J. Colloid Interface Sci. 100(1984)224

M. Nedyalkov and D. Platikanov
Department of Physical Chemistry, University of Sofia, Bulgaria

DEPENDENCE OF THE CONTACT ANGLE ON THE RADIUS OF NEWTON BLACK FILMS AND THE LINE TENSION

In previous papers [1, 2] we investigated the dependence of the contact angle θ of a Newton black film on the radius r of the film perimeter. From this dependence we determined the line tension $\varkappa$ along the contact line between the film and the bulk solution. The studied system was a small bubble floating on the solution surface, the Newton black film being formed on the top of the bubble. Because of the high capillary pressure in the small bubble, it diminishes with the time, the gas flowing out through the very thin Newton black film. So the contact angles can be measured at different (decreasing with the time) film radii. The reproducibility of the dependences $\theta(r)$ was unsatisfactory in [1, 2] because of the insufficient accuracy of the measurements. That is why a great number of measurements with more bubbles have been done and by statistical treatment averege $\varkappa$-values were obtained for the whole range of bubble radii. Now we improved the experiment what makes possible to work with single $\theta(r)$ values and here we report some results.

The floating gas bubble is presented schematically on Fig.1. The rate of diminishing its size is small in comparison with the time for establishment of the mechanical equilibrium, so the equilibrium bubble shapes and dimensions can be well registered at a given moment. The quantities involved in the equations describing the mechanical equilibrium are: solution surface tension σ, film tension Δ, line tension $\varkappa$, the angles θ_1 and θ_2 between the tangents T_B, T_f and T_L, the angle γ between the tangent T_L and the horizon, the film radius r. All forces are acting per unit length of the three phase contact line (film perimeter) and all tangents are drawn through a point on this line. The well known Neumann equations, including the term $\varkappa/r$ (the force due to the line tension) give us the conditions for mechanical equilibrium (see for instance [3]). These equations have been derived

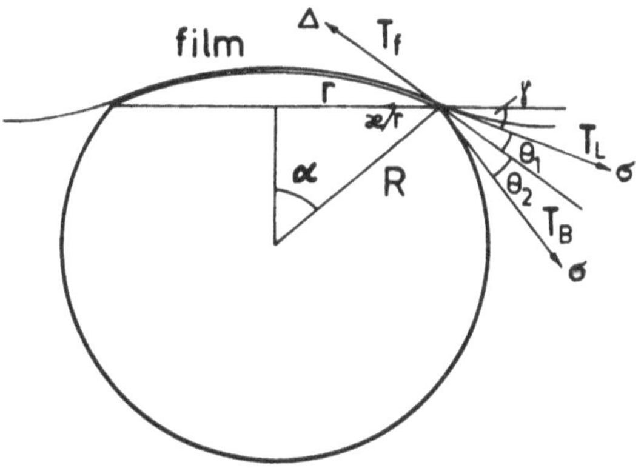

Fig.1

recently [4] using the energy variation method, what of coarse did not change them:

$$\Delta \cos(\theta_1+\gamma) + \varkappa/r = \sigma \cos(\theta_1 + \theta_2 + \gamma) + \sigma \cos\gamma \qquad (1)$$

$$\Delta \sin(\theta_1+\gamma) = \sigma \sin(\theta_1 + \theta_2 + \gamma) + \sigma \sin\gamma \qquad (2)$$

By the "diminishing bubble method" we determine experimentally the angles γ and $\alpha = \theta_1 + \theta_2 + \gamma$ as well as the radius r. With known tensions σ and Δ we can calculate from (1) and (2) the line tension $\varkappa$ and the difference $\theta_1-\theta_2$. In [1, 2] we used this way only to ascertain the fact that this difference in all studied cases is smaller than $0{,}1^{\circ}$, what permitted us to use the following treatment. From (1) and (2) we obtain

$$\Delta + (\varkappa/r)\cos(\theta_1 + \gamma) = \sigma \cos\theta_1 + \sigma \cos\theta_2 \qquad (3)$$

and

$$\Delta + (\varkappa/r)\cos(\theta_1 + \gamma) = 2\sigma \cos\frac{\theta_1 + \theta_2}{2} \cos\frac{\theta_1 - \theta_2}{2} \qquad (4)$$

Here $1 > \cos\frac{\theta_1 - \theta_2}{2} > 0{,}99999$ and hence

$$\Delta + (\varkappa/r)\cos(\theta + \gamma) = 2\sigma\cos\theta \qquad (5)$$

with $2\theta = \theta_1 + \theta_2$. For small bubbles $\theta \gg \gamma$ and neglecting γ in (5) we obtain

$$\frac{1}{\cos\theta} = \frac{2\sigma}{\Delta} - \frac{\varkappa}{\Delta}\frac{1}{r} \qquad (6)$$

This equation has been used in [1, 2] to treat many experimental values of θ and r by the line regression method.

The improved experimental cell is presented on Fig.2. The vessel containing the solution H consists of the teflon body B, the metal body C and the plane-parallel glass plate D. Here we avoided any clay and so the cell can be cleaned very well. The temperature control is improved by the hollow brass plate G and the brass box A. A better microscope M_1 with powerful light source improved the conditions for photographing the black film by the camera T_1 and simultaneously the bubble by the microscope M_2 and camera T_2, the exposure time being less than 0,5 s. From the photographs we measured the film radius r and the bubble radius R with accuracy of $\pm 0{,}2 - 0{,}3 \mu m$.

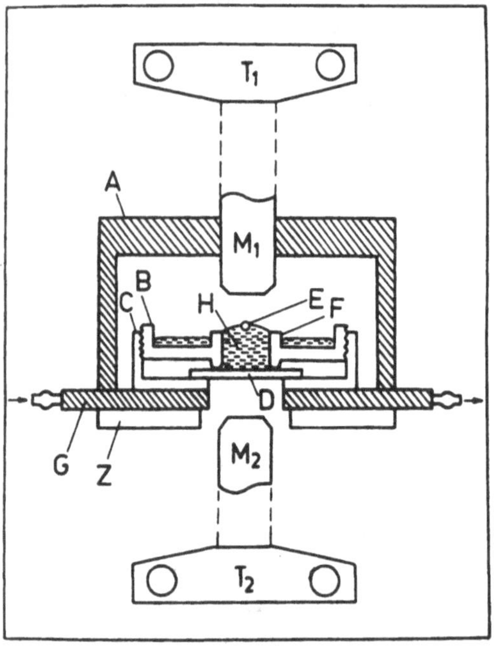

Fig.2

In [1, 2] we calculated the angle $\alpha = \theta_1 + \theta_2 + \gamma$ using the approximation that the bubble is a sphere, what is good only for sufficiently small bubbles. The better accuracy of our measurements and the necessity to treat also bigger bubbles require to take into account also the bubble deformation due to gravity. Suitable expression [5] is

$$\sin \alpha = \frac{r}{R} - \frac{2}{3} \frac{\rho g R^3}{\sigma r} \tag{7}$$

ρ being the solution density. The angle γ is calculated as earlier [1, 2] according to

$$2 \pi r \sigma \sin \gamma = \frac{4}{3} \pi R^3 \rho g \tag{8}$$

Measurements have been done with two 0,05% Na-dodecylsulphate aqueous solutions with different NaCl concentrations: 0,32 and 0,45 mole/dm^3, because for them the highest line tension values (positive and negative respectively) have been obtained earlier [1, 2].

The results contact angle θ vs. bubble radius R are presented on Fig.3 (0,32 mole/dm^3 NaCl, one bubble) and on Fig.4 (0,45 mole/dm^3 NaCl, two bubbles).

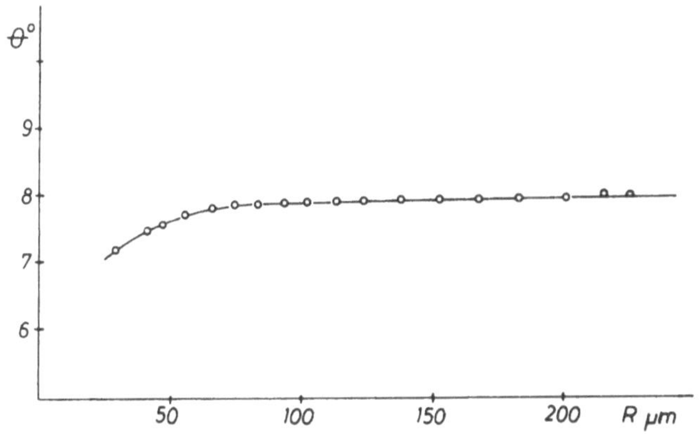

Fig.3

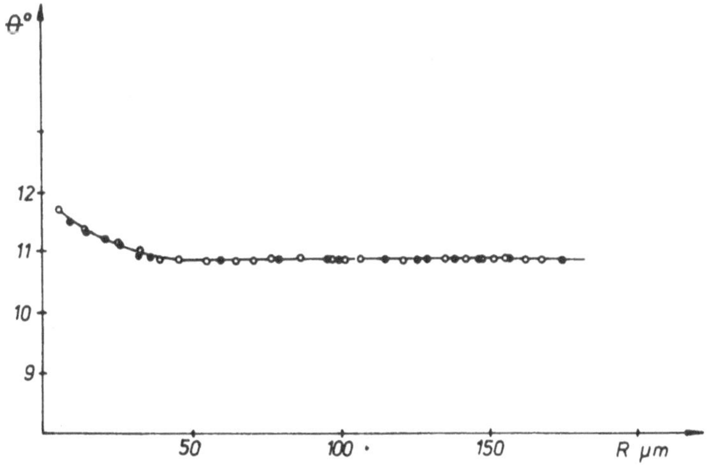

Fig.4

Earlier observed dependencies are confirmed: decrease of θ at small radii for 0,32 mole/dm^3 NaCl solution and increase of θ at small radii for 0,45 mole/dm^3 NaCl solution. Due to the better accuracy and the use of (7) now we obtain in a wide range of radii a constant value θ_∞ of the contact angle, which coincides well with values measured with bigger films [6]. Obviously for bubbles of radii more then about 100 μm the contact angle is the same as for large black films and no influence of the line tension can be noticed. This makes possible to use now a film tension value $\Delta = 2\sigma \cos\theta_\infty$ taken from the same experiment with a single bubble.

In principle the dependence $\theta(R)$ could be due to the change of each of the three forces σ, Δ and $\varkappa/r$ when the bubble diminishes. There are no physical reasons for a noticible change of the film tension Δ in our range of radii, which is due to the change of the capillary pressure and the curvature of the Newton black film. According to [7, 8] the following expressions for the dependence $\Delta(R_f)$ can be derived

$$\frac{1}{\Delta}\left(\frac{\partial\Delta}{\partial R_f}\right)_T = -\frac{2h/R_f^2}{1-2h/R_f} \quad (9)$$

$$\Delta = \Delta_o\left(1+\frac{2h}{R_f}\right) \quad (10)$$

where h is the Newton black film thickness, R_f is its radius of curvature and Δ_o is the film tension of the plane film. The thickness of the films in our measurements is about 45 Å [9] and the second term in (10, right side) is negligable.

An important question is if the surface tension σ of the bubble surface changes, when the bubble diminishes, due to kinetic reasons. Really with decreasing of the bubble surface area desorption of the surfactant must accur and if the desorption rate is small enough, a decrease of σ will take place. If this would be the case, a decrease of the contact angle had to occur, according to (3). So the dependence of Fig.3 could be explained. It is impossible, however, to explaine the increase of the contact angle at small radii (Fig.4) by the same reasons. So the problem of the possible influence of the kinetics of the diminishing bubble remains open.

If we assume that the changes (decrease or increase) of the contact angle θ at small radii are due to line tension force $\varkappa/r$, we can calculate the $\varkappa$-value using (1) and (2) with σ measured separately by the Wilhelmy method and $\Delta = 2\sigma\cos\theta_\infty$, the θ_∞-value being taken from the same experiment. The results of such treatment of the experimental data of Fig.3 and 4 are given in tables I and II respectively. It is confirmed that $\theta_1 - \theta_2 < 0{,}1^\circ$ in all cases. The $\varkappa$-values are somewhat different, but close to those obtained earlier [1, 2]; again $\varkappa$ is positive for 0,32 mole/dm^3 NaCl and negative for 0,45 mole/dm^3 NaCl solution.

TABLE I

σ = 31,2 dyn/cm; Δ = 61,79 dyn/cm; θ_∞ = 10,78°; $\bar{\varkappa}$ =-7,9.10^{-5}dyn

r μm	R μm	γ^0	α^0	θ_1 °	θ_2 °	$\varkappa$ dyn.10^5
28,7	75,9	0,18	21,97	10,89	10,90	-7,2
19,2	50,9	0,08	22,03	10,97	10,98	-7,9
17,2	45,9	0,07	21,98	10,95	10,96	-6,3
14,4	38,1	0,04	22,20	11,07	11,09	-9,2
11,6	30,6	0,03	22,30	11,12	11,15	-8,8
8,8	23,1	0,02	22,45	11,20	11,23	-8,2
5,8	15,0	0,01	22,82	11,38	11,43	-7,8

TABLE II

σ = 31,5 dyn/cm; Δ = 61,89 dyn/cm; θ_∞ = 8,0°; $\bar{\varkappa}$ = 8,1.10^{-5} dyn

r μm	R μm	γ^0	α^0	θ_1^0	θ_2 °	$\varkappa$ dyn.10^5
22,6	81,6	0,29	15,81	7,76	7,76	8,1
20,5	74,4	0,24	15,73	7,75	7,74	7,9
17,7	65,0	0,18	15,57	7,70	7,69	8,1
15,7	58,4	0,15	15,46	7,66	7,65	8,2
13,4	50,3	0,11	15,28	7,59	7,58	8,3
11,2	42,8	0,08	15,09	7,51	7,50	8,3
9,3	35,9	0,06	14,88	7,42	7,40	8,1
6,5	25,9	0,03	14,40	7,20	7,17	7,7

The experimental data of Figs. 3 and 4 are treated also according to equation (6) on Figs.5 and 6 respectively. From the slope and the intercept of the straight line the following values are calculated: for 0,32 mole/dm^3 NaCl solution (Fig.5) θ_∞ = 8,01° and $\varkappa$ = 8,4.10^{-5} dyne; for 0,45 mole/dm^3 NaCl solution (Fig.6) θ_∞= 10,74° and $\varkappa$ = -9,45.10^{-5} dyne. These values are close to the average values of Tables I and II.

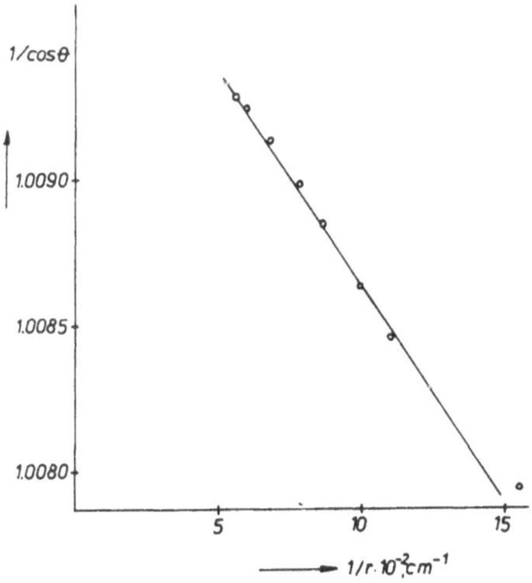

Fig.5

It may be concluded that the improved experiment makes possible to work successfully with single bubbles and to

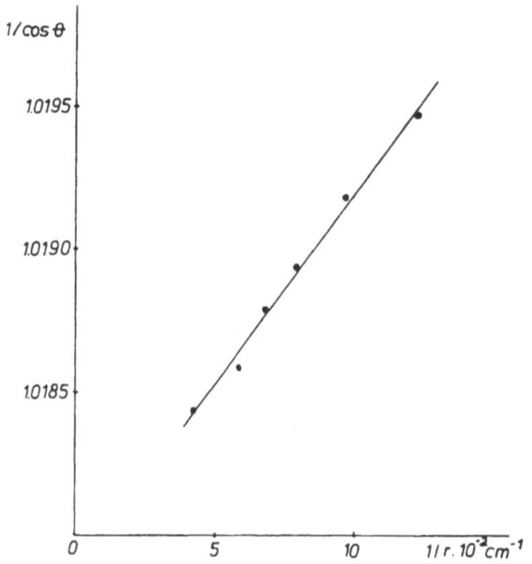

Fig.6

interprete the results in both presented ways. It must be noticed however, that the data obtained from different single bubbles are somewhat scattered. The whole curves θ(R) lie higher or lower, that means the θ_∞ -values are scattered and the calculated $\varkappa$-values as well. As for the dependence of 1/cosθ on 1/r (see Eq.(6)), the experimental points do not follow perfectly the straight line in all cases. This has already been noticed in [1, 2]. It is difficult, however, on basis of these results to conclude that a dependence of $\varkappa$ on the capillary pressure and film radius has been found. This is in agreement with the theoretical predictions [10, 11] that the line tension could depend on the film radius at radii less than 10^{-5}cm.

REFERENCES

1. D.Platikanov, M.Nedyalkov, V.Nasteva, J.Coll.Int.Sci.,75, 620(1980).
2. D.Platikanov, M.Nedyalkov, V.Nasteva, Ann.Univ.Sofia, Fac.Chim., 73/2, 9 (1979).
3. "Surface and Colloid Science" (ed.Matijevic), Vol.2, Wiley-Interscience, New York, 1969, p.55-56.
4. B.Toshev, Comptes Rendus Acad.Bulg.Sci., 33, 1095 (1980).
5. D.Dimitrov, Comptes Rendus Acad.Bulg.Sci., 30, 269 (1977).
6. J.A.de Feijter, A.Vrij, J.Coll.Int.Sci., 64, 269 (1978).
7. A.J.Rusanov in "Poverkhnostnye sily i granicnye sloi jidkostei", Nauka, Moskow, 1983, p.152.
8. B.Toshev (in this volume).
9. M.N.Jones, K.J.Mysels, P.Scholten, Trans.Faraday Soc., 62, 1336(1966).
10. N.V.Churaev, V.M.Starov, B.V.Derjaguin, J.Coll.Int.Sci., 89, 16(1982).
11. J.A.de Feijter, A .Vrij, J.Electroanal.Chem., 37, 9 (1972).

P. NUHN, P. SCHENK, B. DOBNER und H. W. MEYER

Sektion Pharmazie der Martin-Luther-Universität Halle-Wittenberg
Bereich Medizin, Abt. für Elektronenmikroskopie, der Friedrich-Schiller-Universität Jena

Synthese und physikochemische Eigenschaften einiger amphiphiler Lipide

Uni- und multilamellare Vesikel (Liposomen) aus amphiphilen Lipiden, meist in Mischsystemen mit Cholesterol, sind als mögliche Applikationssysteme für Pharmaka von Bedeutung. Innerhalb der Phospholipide sind Lysolipide, d. h. Phospholipide mit nur einem hydrophoben Rest, wegen ihrer biologischen Aktivität /1/ von besonderen Interesse. Über den Einfluß von natürlichem Lysolecithin und verschiedenen Detergentien - letzteres vor allem wegen des Einsatzes der sog. Detergensmethode zur Präparation der Liposomen - auf Bildung, Struktur und Permeabilität von Liposomen ist bereits von verschiedenen Autoren berichtet worden (z. B. /2-4/).

In Zusammenhang mit der Synthese chemisch und biochemisch stabileren Phospholipide synthetisierten wir Derivate des 2-Hexadecylglycero-3-phosphocholins (1, R = H), bei dem der hydrophobe Alkylrest über eine Etherbrücke an das Glycerolgrundgerüst gebunden ist. Die Synthese erfolgte ausgehend von den in 1-Stellung substituierten 2-Hexadecylglycerolen (R = Methyl, Ethyl, Benzyl) über die entsprechenden Bromethylphosphorsäureester /5/.

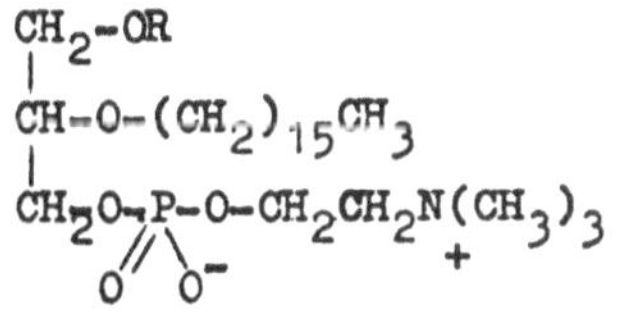

1 : R = H

2 : R = Benzyl

3 : R = Methyl, Ethyl

Lysolipid-Analoga der Strukturen 1 - 3 sind ähnlich wie das natürliche Lysolecithin oberflächenaktiv. Die cytotoxische Oberflächenaktivität wurde anhand der Hämolyse bestimmt /5/. Unterhalb der lytischen Konzentration zeigten die Verbindungen einige interessante biologische Aktivitäten. Sie erwiesen sich als fusogen wirksam /5/ und hemmten pflanzenpathogene /6/ sowie bestimmte humanpathogene Viren /7/. Im Zusammenhang mit der Eigenwirkung der von uns synthetisierten Lysolipide interessierten wir uns für die Bildung und Eigenschaften von Liposomen mit wechselndem Gehalt an Lysolipiden, in der Hoffnung, durch den Lysolipidzusatz das in vivo-Verhalten der Liposomen beeinflussen zu können.

Zum Einsatz kamen multilamellare Liposomen (MLV), die durch 18 bis 24-stündiges maschinelles Schütteln bereitet wurden. Nichteingeschlossene Ionen (Tetrabutylammonium, Kalium) wurden innerhalb von 2 h mittels einer eigens dafür entwickelten Dialysezelle entfernt. Die Lysolipide 1 und 2 wurden überwiegend mit hydriertem Eilecithin sowie Cholesterol gemischt. Zur Bestimmung der Einschlußkapazität sowie für kontinuierliche Permeabilitätsuntersuchungen wurde ein direktpotentiometrisches Meßsystem unter Verwendung von Tetrabutylammonium- bzw. Kalium-sensitiven Elektroden herangezogen, das die Bestimmung der ausgetretenen Ionen in Gegenwart der liposomal eingeschlossenen Ionen (vgl. /8/) erlaubte. Zum eindeutigen Nachweis wurden die Liposomen gefrierätztechnisch präpariert und elektronenmikroskopisch dargestellt.

Die elektronenmikroskopischen Untersuchungen ergaben, daß die Systeme 1/Cholesterol (2,0 : 1,5), 2/Eilecithin/Cholesterol (1,0 : 1,0 : 1,5) und 2/Cholesterol (2,0 : 1,5) Liposomen ergaben. Die Liposomen aus 1 sind in der Größe sehr heterogen, wobei die kleineren überwiegend einschichtig, die größeren häufig mehrschichtig auftreten (Abb. 1), die 2-enthaltenden Liposomen sind durch eine ausgeprägte Mehrschichtigkeit sowie eine schollige Strukturierung gekennzeichnet (Abb. 2).

Abb. 3 zeigt den Einfluß unterschiedlicher Mengen an 1 bzw. 2 auf die Einschlußkapazität von MLV aus hydriertem Eilecithin und Cholesterol, Abb. 4 die als Maß für die Permeabilität herangezogene Freisetzungsrate, ermittelt durch kontinuierliche potentiometrische Messung der Kationenkonzentration in der wäßrigen Außenphase in Abhängigkeit von der Lagerungszeit. Dabei ist zu erwähnen, daß Liposomen aus dem Mischsystem hydriertes Eilecithin/Cholesterol sehr hohe Einschlußraten und extrem niedrige Freisetzungsraten aufweisen /8/.

Aus Abb. 3 geht hervor, daß 1 bis zu einem Anteil von 20 mol%, bezogen auf die Gesamtphospholipidmenge, die Einschlußkapazität der Liposomen nicht signifikant beeinflußt. Die Membrandurchlässigkeit gegenüber eingeschlossenen Tetrabutylammoniumionen ist ebenfalls im Vergleich zu MVL ohne 1-Zusatz kaum erhöht (Abb. 4). Auch mit höheren 1-Konzentrationen lassen sich noch relativ stabile Vesikel herstellen, wenn gleichzeitig hohe Anteile an Cholesterol vorhanden sind. Die Ergebnisse stimmen mit Angaben aus der Literatur über den Einfluß von in die Liposomenmembran inkorporiertem Lysolecithin überein /2-4/. Offenbar ist Cholesterol in der Lage, die membranolytischen und fusogenen Eigenschaften des Lysolecithins durch Bildung eines stöchiometrischen nichtlytischen Komplexes abzupuffern /4, 9, 10/.

Im Gegensatz zu 1 führt der Einbau von 2,das sich von 1 nur durch die Anwesenheit eines Benzylrestes unterscheidet, zu einer drastischen Erniedrigung der Einschlußkapazität (Abb. 3) und einer starken Erhöhung der Membranpermeabilität (Abb. 4). Auf ein anderes Verhalten des Benzylderivates deutete bereits dessen verstärkte cytotoxische Aktivität /5/ sowie die schollige Strukturierung der Gefrierbrüche (Abb. 2) hin.

Literatur

/1/ P. Nuhn, H.-P. Kertscher und H. J. Rüger: Pharmazie 37 (1982) 681

/2/ T. Kitagawa, K. Inoue und S. Nojima: J. Biochem. 79 (1976), 1123

/3/ Y. Lee und S. I. Chan: Biochemistry 16 (1977), 1303

/4/ L. S. Ramsammy und H. Brockerhoff: J. Biol. Chem. 257 (1982), 3570

/5/ P. Nuhn, H. P. Kertscher, B. Dobner, K. D. Braune und S. Kluge: Pharmazie 37 (1982), 706

/6/ S. Kluge, H. P. Kertscher und B. Dobner: Acta virologica 28, (1984), 128

/7/ D. Sandow, P. Nuhn u. a.: Pharmazie, in Vorbereitung

/8/ P. Nuhn, P. Schenk, H. Richter, D. Arndt und K. Winsel: Pharmazie, im Druck

/9/ R. P. Rand, W. A. Pangborn, A. D. Purdon und D. O. Tinker: Can. J. Biochem. 53 (1975), 189

/10/ H. U. Weltzien: Biochim. biophysica Acta 559 (1979), 259

Abb. 1
Gefrierbruchdarstellung von Liposomen aus 1/Cholesterol (2,0 : 1,5), von Zimmertemperatur aus eingefroren, 33.000 x.

Abb. 2
Gefrierbruchdarstellung von Liposomen aus 2/Eilecithin/Cholesterol (1,0 : 1,0 : 1,5), von Zimmertemperatur aus eingefroren, 22.800 x.

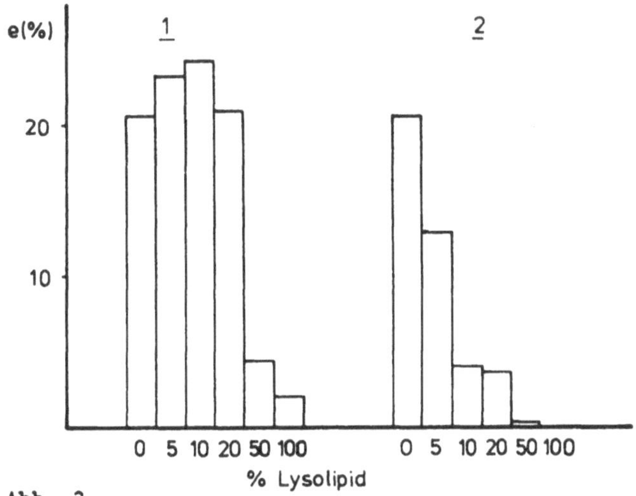

Abb. 3
Einfluß der Lysolipide 1 und 2 auf die Einschlußkapazität von multilamellaren Liposomen aus hydriertem Eilecithin und Cholesterol (2,0 : 1,5).Die Einschlußwerte stellen Mittelwerte aus 2-4 Bestimmungen dar; die Prozentangaben beziehen sich auf den Anteil an hydriertem Eilecithin, der durch 1 bzw. 2 ersetzt wurde.

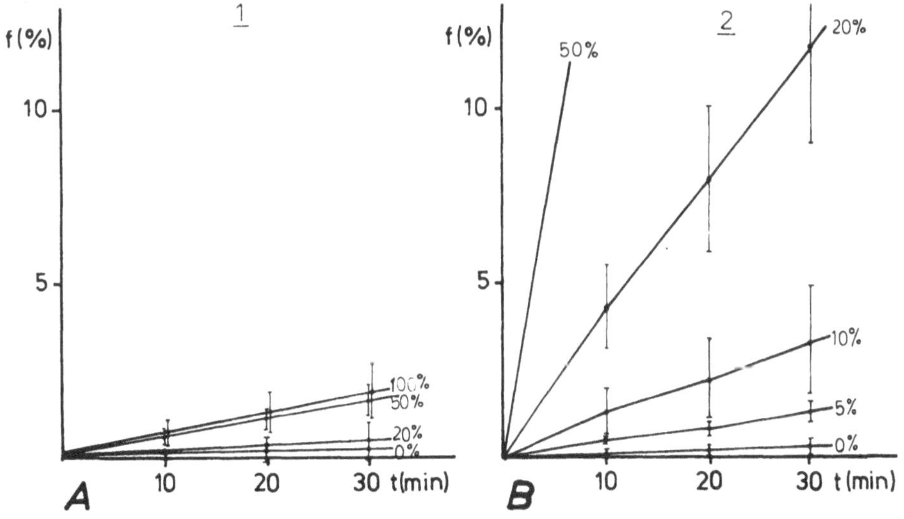

Abb. 4
Vergleich der Tetrabutylammonium-Permeabilität von Liposomen aus hydriertem Eilecithin und Cholesterol (2,0 : 1,5), die verschiedene Mengen an 1 bzw. 2 enthalten. Die Zahlen beziehen sich auf den prozentualen Anteil an hydriertem Eilecithin, der durch 1 bzw. 2 substituiert wurde. Die Freisetzungsraten sind als Mittelwerte ± Vertrauensintervall angegeben (P = 0,95).

Dr. M.J. SCHWUGER und Dr. W. von RYBINSKI

Fa. Henkel KGaA, Postfach 1100, 4000 Düsseldorf 1

Grenzflächen- und kolloidchemische Grundlagen des Waschens

1. Einleitung

Das Waschen und Reinigen in wäßrigen Flotten ist ein komplexer Vorgang, bei dem zahlreiche physikalische und chemische Einflüsse zusammenwirken. Grundsätzlich muß zwischen dem primären Schritt der Schmutzentfernung vom Substrat und der sekundären Stabilisierung der dispergierten oder molekulardispers gelösten Schmutzbestandteile in der Waschflotte unterschieden werden. Hierbei ist eine Redeposition des schon abgetrennten Schmutzes auf die Faser zu verhindern. Zur Unterscheidung wird deshalb auch die Bezeichnung primäres und sekundäres Waschvermögen verwendet.
Das Waschergebnis wird beeinflußt durch die Faktoren:

- textile Substrateigenschaften
- Schmutzart
- Wasserzusammensetzung
- Waschtechnologie (Waschmechanik, Zeit, Temperatur)
- Waschmittelzusammensetzung.

Die vier ersten Faktoren können nur sehr beschränkt beeinflußt werden. Besonders wichtig ist daher die Waschmittelzusammensetzung. Die Entfernung des Schmutzes von der Oberfläche kann mit einer Stoffumwandlung, d.h. einer chemischen Reaktion, gekoppelt sein oder ohne Stoffänderungen ablaufen. Beispiele für den ersten Fall wären die Redoxprozesse durch Bleichmittel, bei denen oxidierbare Substanzen, wie z.B. natürliche Farbstoffe aus Tee, Wein, Fruchtsäften usw., hydroxyliert oder gespalten werden bzw. der durch Enzyme bedingte Abbau von intensiv haftenden Proteinanschmutzungen. Es handelt sich hierbei um Prozesse, die von der allgemeinen Chemie bzw. Biochemie erfaßt werden. In sehr vielen Fällen bestehen die Anschmutzungen jedoch ausschließlich aus Bestandteilen, die chemisch nicht umgewandelt und nur über grenzflächenchemische Trennvorgänge von der Faser abgelöst werden können. Dies spiegelt sich auch in der Zusammensetzung von Waschmitteln wieder, deren wichtigste Bestandteile neben Bleichmitteln, Tenside, wasserlösliche Komplexbildner und in neuerer Zeit Zeolithe sind.

2. Physikalische Schmutzablösung

Die physikalische Trennung des Schmutzes von der Unterlage beruht auf der unspezifischen Adsorption von Tensiden an verschiedenen, im Prozeß vorliegenden Grenzflächen (1) und der spezifischen Komplexbildneradsorption an bestimmten polaren Schmutzpigmenten (2). Dazu kommt die indirekte Wirkung des Calciumionenaustauschs, der durch Herauslösen von Calciumionen aus Schmutz und Fasern eine Auflockerung der Anschmutzung zur Folge hat (3), sowie die Kompression der elektrischen Doppelschicht an Grenzflächen durch gewöhnliche Elektrolyte (1). Diese Effekte führen gemeinsam zu der Ablösung von öligen und pigmenthaltigen Anschmutzungen. Welche Grenzflächeneigenschaften durch die Adsorption von Waschmittelinhaltsstoffen verändert werden, ist in Tab. 1 zusammengefaßt.

Grenzfläche Wasser/Luft	Grenzfläche flüssig/flüssig	Grenzfläche fest/flüssig	Grenzflächen in Mehrphasensystemen
Oberflächenspannung Schaumbildung Filmelastizität Filmviskosität	Grenzflächenspannung Emulgierung Elektrische Aufladung Wirkstoffdurchtritt	Spaltdruck Suspendierung Elektrische Aufladung	Benetzung Umnetzung

Tab. 1. Grenzflächeneigenschaften, die durch Adsorption von Waschmittelinhaltsstoffen verändert werden.

Die Adsorption von Waschmittelinhaltsstoffen induziert somit Veränderungen der grenzflächenchemischen Eigenschaften und ist demnach die Voraussetzung für eine gute Schmutzablösung.

2.1. Öl/Fett-Anschmutzungen

2.1.1. Umnetzung

Die meisten Anschmutzungen sind bei Waschtemperaturen oberhalb 40 °C flüssig. Sie benetzen die meisten textilen Substrate sehr gut und breiten sich in mehr oder weniger geschlossenen Deckschichten über die Oberfläche aus. Der Benetzungsvorgang kann in erster Annäherung durch die Young'sche Gleichung (1) beschrieben werden.

$$j = \gamma_S - \gamma_{SL} = \gamma_L \cos\theta \qquad (1)$$

j - Benetzungsspannung (mN/m)

γ_S - Grenzflächenspannung Substrat/Luft (mN/m)

γ_{SL} - Grenzflächenspannung Substrat/Lösung (mN/m)
γ_L - Grenzflächenspannung Lösung/Luft (mN/m)
θ - Randwinkel in der benetzenden Flüssigkeit

Vollkommene Benetzung des Festkörpers ist nur bei spontaner Spreitung über die Festkörperoberfläche möglich, d.h. für $\theta = 0$. Sie erfolgt, wenn γ_{SL} durch Adsorption so stark herabgesetzt ist, daß es gegen 0 tendiert. Im Waschprozeß sind die Verhältnisse komplizierter, da die Oberflächen mit öligen Anschmutzungen meist diskontinuierlich vorbelegt sind. Die Waschmittellösung tritt dann bezüglich der Benetzung in Konkurrenz mit der Anschmutzung (Abb. 1). Bringt man zwei Tropfen verschiedener Flüssigkeiten nebeneinander auf eine feste Unterlage, so wirken in der Basisfläche die jeweiligen Benetzungsspannungen j_A und j_B. Kommen die beiden Flüssigkeiten in Kontakt und bilden eine gemeinsame Grenzfläche, so wirkt in der Randlinie die als Umnetzungsspannung bezeichnete Differenz der Benetzungsspannungen Δj. Zusätzlich wirkt in der Basisfläche mit entgegengesetztem Vorzeichen noch ein Anteil der Grenzflächenspannung γ_{AB} von der Größe $\gamma_{AB} \cos\theta$. Die resultierende Kraft ist die Randspannung R, die in Richtung auf eine Abschnürung des Öltropfens wirkt [4].

$$R = \Delta j + \gamma_{AB} \cos\theta \qquad (2)$$

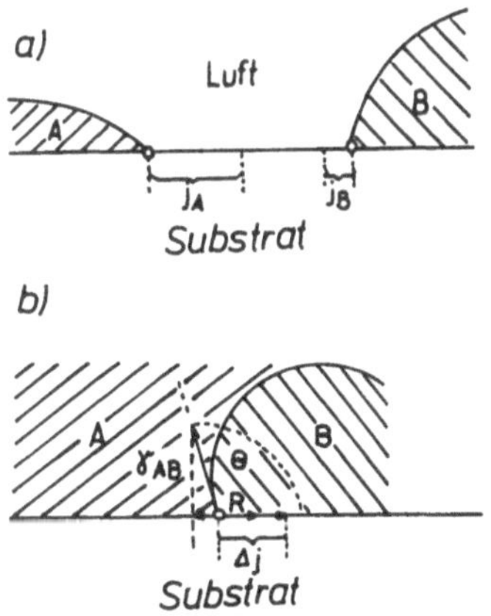

Abb. 1. Zwei Flüssigkeiten A (Waschmittellösung) und B (ölige Anschmutzung) auf einer festen Unterlage, a) getrennt, b) aneinandergerückt.

Durch Adsorption von Tensiden aus der Phase A wird Δj erhöht und γ_{AB} herabgesetzt. Da $\gamma_{AB} \cos\theta$ bei stumpfem Randwinkel negativ ist, bewirkt beides eine Erhöhung der Randspannung und damit eine bessere Verdrängung des Öltropfens. Der Vorgang bei dem die Unterlage zuerst mit Öl und anschließend mit Wasser benetzt ist wird als Umnetzung bezeichnet.

Die Grenzflächenspannung ist die hemmende Kraft für die Ablösung flüssiger Anschmutzungen und muß minimiert werden. Dies ist durch die Bildung gemischter Adsorptionsschichten aus Tensiden unterschiedlicher Konstitution möglich [5]. In Abb. 2 ist z.B. die Grenzflächenspannung in Abhängigkeit vom Mischungsverhältnis zweier Tenside bei konstanter Gesamtkonzentration dargestellt [6]. Ein Minimum der Grenzflächenspannung entsteht durch die Bildung einer gemischten Adsorptionsschicht in der die gegenseitige Abstoßung der gleichsinnig geladenen negativen Gruppen des Aniontensids durch Einbau von nichtionischen Tensidmolekülen in die Grenzfläche herabgesetzt wird. Waschversuche (Abb. 3) zeigen die Bedeutung für die Praxis [6]. Diese nutzt die Erkenntnisse in der Weise, daß in Produktformulierungen meistens Tensidmischungen in ganz bestimmten Verhältnissen zur Anwendung kommen.

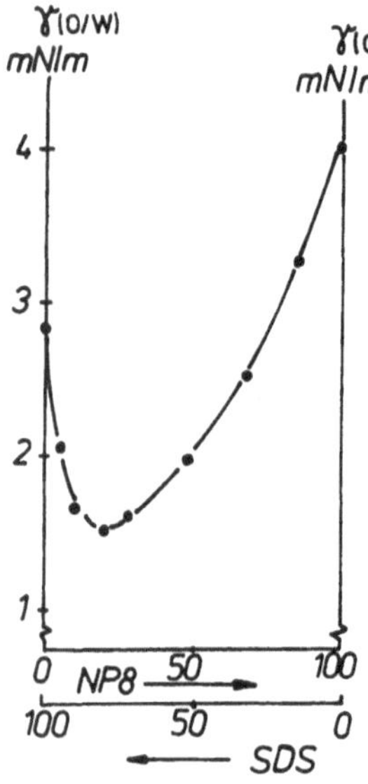

Abb. 2. Einfluß des Mischungsverhältnisses auf die Grenzflächenspannung Wasser/Olivenöl (10^{-3} mol/l, 30 °C, 8 °d), SDS= Natriumdodecylsulfat, NP8= Nonylphenoloctaglycolether.

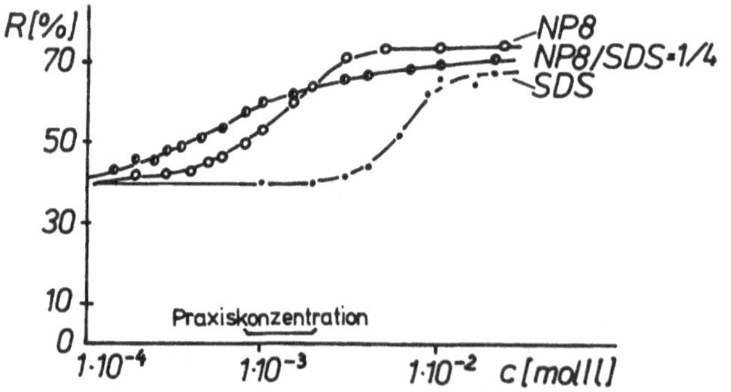

Abb. 3. Waschwirkung von Natriumdodecylsulfat (SDS) und Nonylphenoloctaglycolether (NP8) an ausgerüsteter Baumwolle (30 °C, dest. Wasser)

2.1.2. Emulgierung

Neben der Umnetzung kann unter günstigen Voraussetzungen die Emulgierung von flüssigen Ölen für den Waschprozeß eine Rolle spielen. Ist das System nämlich so grenzflächenaktiv, daß sich Grenzflächenspannungen unterhalb 10^{-2} bis 10^{-3} mN/m bilden, kann die Schmutzablösung auch über eine weitgehend substratunspezifische Emulgierung erfolgen [7]. Da diese Bedingungen in der Praxis jedoch selten erreicht werden, spielt z. Zt. die Emulgierung nur für das sekundäre Waschvermögen eine größere Rolle, indem durch Bildung stabiler Emulsionen das Wiederaufziehen der schon abgelösten Anschmutzungen auf die Textilfasern verhindert wird.

2.1.3. Solubilisierung

Die Oberflächen- und Grenzflächenspannung nehmen mit steigender Tensidkonzentration bis zur kritischen Mizellkonzentration ab. Die Ölentfernung erreicht ihren oberen Grenzwert ebenfalls bei der kritischen Mizellkonzentration [8]. Daraus ist zu schließen, daß die grenzflächenaktiven Einzelionen und nicht die Mizellen die Schmutzablösung bewirken. Mizellen sind jedoch in der Lage, wasserunlösliche Stoffe zu solubilisieren und somit das Wiederaufziehen der schon abgelösten Schmutzmoleküle auf die Textilfasern zu verhindern.

2.1.4. Mischphasenbildung

Die Grenzflächenspannung Wasser/Öl kann zusätzlich durch Penetration von Tensiden in Öl und Entstehung neuer anisotroper Mischphasen verändert werden. Wie stark die Bildung flüsssig-kristalliner Phasen die Auswaschbarkeit beeinflussen kann, ist im Modellsystem Decanol/Kaliumoctanoat, das bei Elektrolytzusatz solche Phasen ausbildet, in Abb. 4 dargestellt [9]. Es zeigt, daß Decanol vollständig von der Polyesterfaser abgelöst wird, wenn das Waschexperiment unter Bedingungen geführt wird, bei denen sich flüssig-kristalline Schichten an der Grenzfläche bilden. Ist das nicht der Fall, erfolgt die Abtrennung nur über einen langsam ablaufenden Umnetzungsprozeß.

2.2. Pigmentanschmutzungen

2.2.1. Grundlagen der Haftung und Abtrennung

Die Grundlagen der energetischen Wechselwirkungen, die das Haften eines Teilchens an einer Unterlage maßgebend beeinflussen, gehen auf die DLVO-Theorie zurück. Diese für die Flockung und Koagulation aufgestellte Theo-

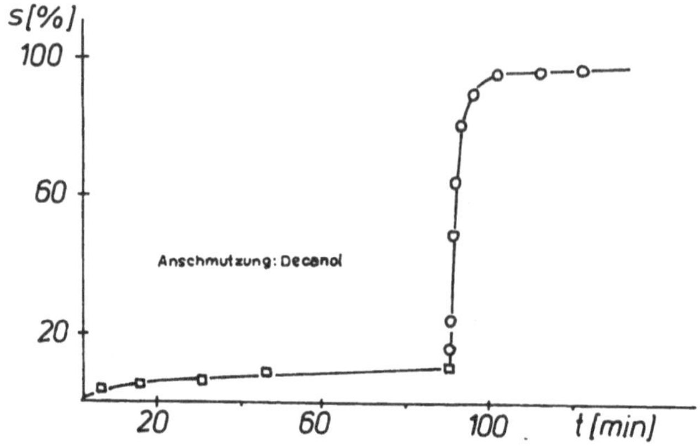

Abb. 4. Waschwirkung von Kaliumoctanoat an Polyesterfasern belegt mit Decanol nach (9). Nach 90 min. wurde 0,5 mol/l KCl zugegeben,
□-□ keine Bildung von flüssig-kristallinen Mischphasen,
o-o Bildung flüssig-kristalliner Mischphasen.

rie kann für den Waschprozeß nur modifiziert angewandt werden [10]. Bei diesem muß berücksichtigt werden, daß anfangs nur eine gemeinsame elektrische Doppelschicht an der äußeren Oberfläche der Faser und des anhaftenden Pigmentteilchens und nicht in ihrer Kontaktzone besteht. Insofern bilden sich im Laufe des Waschprozesses neue diffuse Doppelschichten aus, die eine Abnahme der freien Energie im System zur Folge haben. Die freie Energie der elektrischen Doppelschicht fällt mit steigendem Abstand asymptotisch bis zu einem Grenzwert ab (Abb. 5). Mit zunehmender Entfernung des Teilchens von der Kontaktfläche baut sich eine - die Abtrennung durch Abstoßung fördernde - diffuse Doppelschicht auf. Die wahre Potentialkurve P für die Abtrennung adhärierender Teilchen in einer Elektrolytlösung ergibt sich so aus dem van der Waals/Bornschen Potentialverlauf und der freien Energie der Bildung der elektrischen Doppelschicht. Auf Grund dieser Überlegungen wurde die Folgerung gezogen, daß mit zunehmendem Potential der elektrischen Doppelschicht die Energiebarriere der Ablagerung erhöht wird, die der Entfernung von Partikeln jedoch erniedrigt wird. Der negative Einfluß von Calciumionen aus dem Wasser auf die Schmutzabtrennung kann im Licht der Potentialtheorie gedeutet werden. Die Kompression der elektrischen Doppelschicht nimmt mit steigender Wertigkeit der Kationen stark zu, so daß insbesondere für Calcium bei höheren Konzentrationen die Anziehungskräfte überwiegen und eine deutlich schlechtere Waschwirkung als im dest. Wasser erzielt wird.

2.2.2. Ladungseinflüsse und Adsorptionsschicht

Die Ausführungen in Abschnitt 2.2.1. bieten eine Erklärung für die praktischen Ergebnisse. Als Maß für die Oberflächenladung kann das Zeta-

Potential angesehen werden. In der Regel laden sich in Wasser Fasern und Pigmente negativ auf. Mit steigendem pH-Wert nimmt die gleichsinnige negative Aufladung zu. Dies ist einer der Gründe, daß die Waschwirkung mit Alkalien erhöht wird. Die Abstoßungskräfte zwischen Schmutz und Fasern reichen jedoch auch bei hohen pH-Werten nicht für einen zufriedenstellenden Wascheffekt aus.

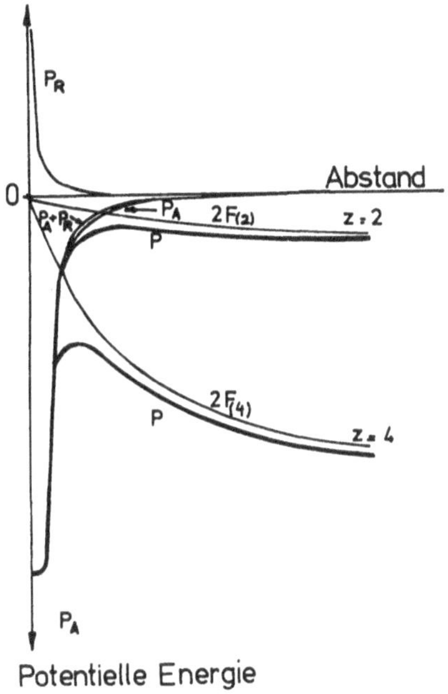

Abb. 5. Potentialenergiediagramm für die Ablösung eines adhärierenden Teilchens. P_R: Bornsche Abstoßung, P_A: van der Waals-Anziehung, F: Freie Energie der Doppelschicht (mit den Potentialen z=2 und z=4), P: Resultierende Potentialkurve

Die Oberflächenladung von Fasern und Pigmenten kann auch durch Tensidadsorption stark beeinflußt werden. Das Vorzeichen dieser Änderung hängt von der hydrophilen Gruppe des Tensids ab. Die negative Aufladung wird durch die Adsorption von Aniontensiden weiter gesteigert. Das gleiche gilt auch für Komplexbildner. Die Verstärkung der gegenseitigen Abstoßung bewirkt eine Zunahme der Waschwirkung. Die Dispergierfähigkeit für Pigmente nimmt zu und die Neigung des schon abgelösten Schmutzes zur Redeposition ab. Wegen der Umladung der Partner im Waschprozeß sind Kationtenside allein zum Waschen ungeeignet. Die hohe Spezifität der Komplexbildneradsorption an Metalloxide bewirkt, daß Aniontenside von solchen Grenzflächen wegen der geringeren Adsorptionsenergie verdrängt werden können [(2)]. Abb. 6 zeigt, daß ein schlechter Komplexbildner wie Na-Citrat in geringeren Mengen als Na-Triphosphat sorbiert wird und demzufolge das Aniontensid auch in geringerem Umfang von der Grenzfläche verdrängt .
Mit der schwächeren Adsorption von Natriumcitrat geht auch die geringere

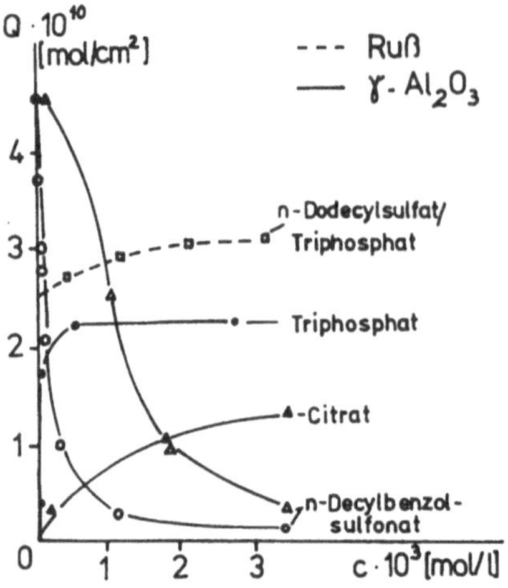

Abb. 6. Konkurrenzadsorption von Natriumtriphosphat bzw. Natriumcitrat und Aniontensiden an Ruß und γ-Al-Oxid (pH 7, 70 °C). Tensidkonzentration $1{,}5 \cdot 10^{-2}$ mol/l. Offene Symbole: Tensidadsorption, ausgefüllte Symbole: Komplexbildneradsorption.

Waschwirkung dieses Komplexbildners im Vergleich zu Natriumtriphosphat einher. Während Komplexbildner die Adsorption von Aniontensiden an Metalloxiden zurückdrängen, wird diese z.B. bei Ruß oder Synthesefasern verstärkt (Kurve 3). Dieser Effekt beruht auf dem Elektrolytcharakter des Komplexbildners. Da im Waschprozeß im wesentlichen Mischanschmutzungen, bestehend aus hydrophilen und hydrophoben Schmutzbestandteilen, von der Faseroberfläche zu entfernen sind, ergänzen sich somit Komplexbildner und Tenside in ihrer spezifischen Wirkung an den Grenzflächen.

Im Gegensatz zu Anion- und Kationtensiden verändern nichtionische Tenside die Oberflächenladung praktisch nicht. Die Wirkungsweise nichtionischer Tenside steht ausschließlich mit den Eigenschaften der Adsorptionsschicht in Zusammenhang. Die Adsorption von nichtionischen Tensiden ist an hydrophoben, wenig polaren Grenzflächen im Vergleich zu Aniontensiden wesentlich stärker ausgeprägt. Wegen der gleichsinnigen Aufladung der hydrophilen Tensidgruppe und der Oberfläche, muß bei der Adsorption von Aniontensiden eine höhere Potentialbarriere überwunden werden als bei der Adsorption von nichtionischen Tensiden. Die nichtionischen Tenside werden schon bei vergleichsweise sehr niedrigen Konzentrationen äußerst stark an der Oberfläche adsorbiert. In der Adsorptionsschicht an Substrat und am Schmutzteilchen kommt es zu einer orientierten Ausbreitung der Tensidschicht in Richtung Kontaktstelle Pigment/Faser. Daraus resultiert ein Spaltdruck, der zur Abtrennung des Schmutzteilchens von der Oberfläche führt. Dieser Effekt ist selbstverständlich auch bei Aniontensiden vorhanden. Er ist jedoch wegen des fehlenden elektrostatischen Abstoßungsbeitrags für nichtionische Tenside ausschlaggebend.

2.3. Calcium-haltige Anschmutzungen

Die im Abschnitt 2.2. beschriebenen Wirkprinzipien sind in vollem Umfang auch für Calcium-haltigen Pigmentschmutz gültig. Bei diesem müssen jedoch zusätzliche Mechanismen berücksichtigt werden. Im Schmutz und auf Textilfasern sind fast immer Salze mehrwertiger Kationen anzutreffen. Häufig liegen Ca-Carbonat, Ca-Phosphat oder Ca-Stearat vor. Schmutzbestandteile sind auch in chemischer Bindung mit der Faser über Kationbrücken verknüpft. Diese können sich über die in Baumwolle vorhandenen Carboxylgruppen und über reaktionsfähige Zentren von Metalloxiden oder aus Hautfett stammenden Seifen bilden. Es sind vornehmlich schwerlösliche Salze, deren Löslichkeit mit steigender Wasserhärte der Waschflotte zusätzlich abnimmt. Wegen der Verschiebung der Lösungsgleichgewichte nimmt hingegen die Löslichkeit im dest. Wasser zu. Durch Herauslösen der Calciumionen entstehen Fehlstellen, die zu einer Auflockerung des Gefüges führen und ein leichteres Abtrennen von der Unterlage bewirken (3). Somit sollte ein möglichst hoher Gradient bezogen auf Calcium zwischen Anschmutzung und der wäßrigen Phase gewährleistet sein.

Die Herauslösung von Kationen aus Anschmutzung und Fasern über Adsorptions-Desorptionsprozesse bzw. die Verschiebung der Lösungsgleichgewichte sind die wichtigsten Wirkprinzipien bei der Anwendung von Komplexbildnern und wasserunlöslichen Ionenaustauschern im Waschprozeß. Insofern ist ein möglichst hohes Bindevermögen für Calcium die Voraussetzung für den Einsatz. Abb. 7 zeigt, daß von allen Zeolithen Zeolith A das höchste Calciumbindevermögen aufweist (11). Da die Wirkmechanismen von Komplexbildnern und wasserunlöslichen Ionenaustauschern verschieden sind, ergänzen sich beide Substanzklassen in ihrer Wirkung (12).

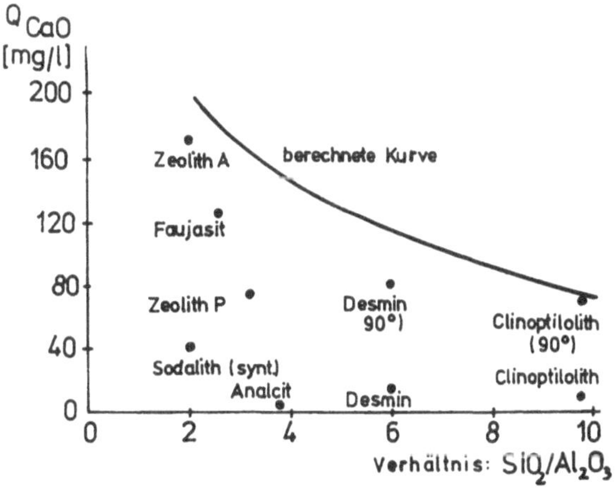

Abb. 7. Calciumbindevermögen verschiedener Zeolithe.

Abb. 8 zeigt, wie kleine Mengen eines wasserlöslichen Komplexbildners die Waschwirkung von Zeolith A verstärken können. Neben vorwiegend Na-

Triphosphat enthaltenden, setzen sich z. Zt. immer stärker Zeolith A/ Na-Triphosphat-haltige Waschmittel durch.

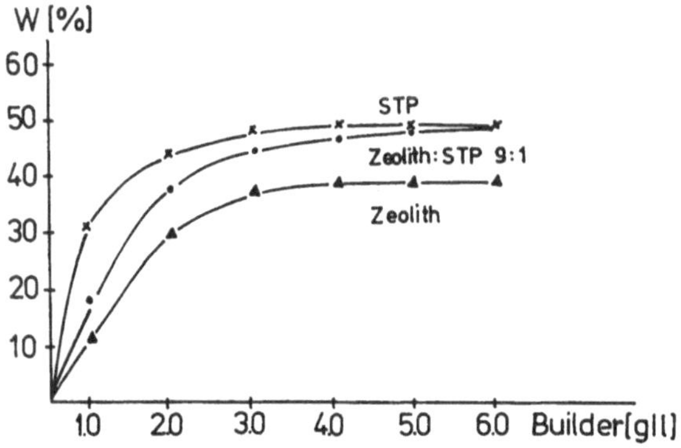

Abb. 8. Vergleich der Waschwirkung von Zeolith A, Natriumtriphosphat (STP) und ihrer Mischungen an nicht ausgerüsteter Baumwolle (30 min., 90 °C, 16 °d).

Der in Abb. 8 beschriebene Effekt beruht auf der Steigerung der Geschwindigkeit der Herauslösung zweiwertiger Ionen aus Schmutz und Fasern. Der wasserlösliche Komplexbildner dient als Carrier für Calcium aus dem Präzipitat zum wasserunlöslichen Ionenaustauscher und führt über Adsorption, Desorption und Dissoziationsprozesse zur beschleunigten Nachlieferung freier Calciumionen in die Lösung [12].

Abb. 9 zeigt am Beispiel von Na-Triphosphat und Alkylbenzolsulfonat, wie sich Tenside und Komplexbildner (dies gilt auch für Zeolithe) bei der Schmutzablösung ergänzen, der negative Einfluß von Calcium eliminiert wird und wie hoch der positive indirekte Gegenioneneffekt der Na-Ionen sein kann [2].

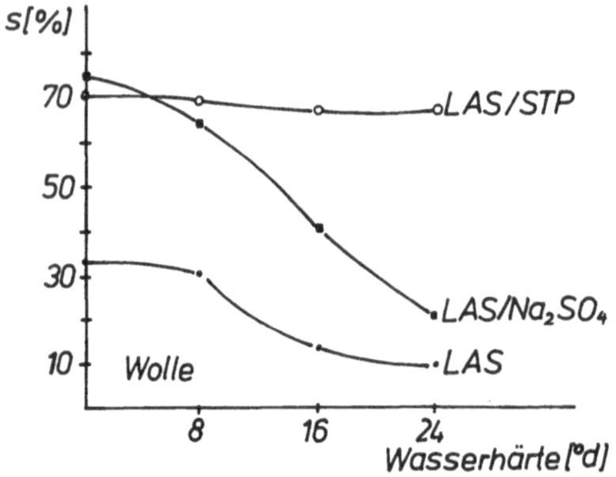

Abb. 9. Schmutzentfernung S (%) an Wolle durch Alkylbenzolsulfonat (LAS) in Abhängigkeit von der Wasserhärte bei 30 °C.

3. Schlußbetrachtung

Zur Vereinfachung der theoretischen Behandlung des Waschvorganges war es notwendig, die daran beteiligten Einzelvorgänge gegeneinander abzugrenzen und einzeln zu behandeln. Beim eigentlichen Waschprozeß laufen alle diese Vorgänge weitgehend gleichzeitig ab. Sie greifen ineinander, ergänzen und unterstützen sich. Die Untersuchungen zur Theorie des Waschens gestatten es heute, den Waschprozeß trotz der Komplexität zu verstehen und anwendungstechnische Entwicklungen gezielt zu beeinflussen, auch wenn Teilfragen noch nicht völlig geklärt sind.

Literaturübersicht

1. M.J. Schwuger in Anionic Surfactants edited by E.H. Lucassen-Reynders, Marcel Dekker Inc., New York, 1981
2. G. Jakobi, M.J. Schwuger, Chemiker Z. 99, 182 (1975)
3. G.G. Jayson, J. Appl. Chem. 9, 422 und 429 (1959)
4. W. Kling, Kolloid Z. 115, 37 (1949)
5. C.P. Kurzendörfer, H. Lange, M.J. Schwuger, Ber. Bunsenges. für Phys. Chem. 82, 962 (1978)
6. M.J. Schwuger, J. Amer. Oil. Chem. Soc. 59, 265 (1982)
7. M. Saito, K. Shinoda, J. Colloid Interface Sci. 32, 647 (1970)
8. C.P. Kurzendörfer, H. Lange, Fette, Seifen, Anstrichmittel 71, 561 (1969)
9. H.S. Kielman, P.J.F. van Steen in Surface Active Agents, Society of Chemical Industry, London 1979
10. H. Lange in Adsorption at Interfaces ed. by K.H. Mittal ACS-Symposium Ser. 8, 270 (1975)
11. H.G. Smolka, M.J. Schwuger, Colloid Polym. Sci. 256, 270 (1978)
12. M.J. Schwuger, H.G. Smolka, Colloid Polym. Sci. 254, 1062 (1976)

E.D.SHCHUKIN, E.A.AMELINA, A.M.PAFENOVA

Moscow State University, U.S.S.R.

Non-ionic Surfactants Behaviour on the Water Interface with Perfluororganic Liquids

The use of aqueous emulsions of perfluorinated organic compounds (PEOC) in various fields of medicine and biology puts forward as a very important problem the preparation of fine disperse emulsions and guaranteeing of their high stability. In order to solve this problem, directly connected with the choice of effective emulsifiers, it is necessary to investigate thoroughly the surface properties of the interface PFOC - aqueous solution of surfactants and their adsorption layers.

The direct emulsions of PFOC (compounds which differ from hydrocarbons in many aspects) are efficiently stabilized by non-ionic surfactants, such as blockcopolymers of ethyleneoxyde with propylene (Pluronics and Proxanols) having molecular weight about 8000. The emulsifying properties of these surfactants being a function of the nature of the fluorinated phase /1/. In the presence of these surfactants which contain low molecular weight fractions as impurities, the equilibrium state of adsorption layers is attained slowly /2/. It is expedient to investigate the adsorption layers of these surtactants and their emulsifying properties using a method which would allow to charactereize dispersing and stabilizing effect of surfactants and to obtain values for interfacial tension under test conditions (static and dynamic regimes) being varied over a wide rang.

In this communication we report such a method to study the influence of non-ionic surfactants (Pluronic F-68, Proxanol 168 and perfluorisononenylpolyethyleneglycol (φ-PEG) on the dispersability and stability against coalescence of individual drops of non-polar liquids: perfluordecaline (PFD), perfluormethylcyclohexylpiperidine (PFMCP), perfluorthreebuthylamine (PFTBA) and heptane in the aqueous medium. The method is based upon observation of the shape of a column of a non-polar liquid between two parallel disks in the aqueous medium under applied mechanical forces /3/.

Measurements were made of the <u>tensile force</u> f applied to the liquid column in order to maintain its geometric form (in the simplest case the cylindric one, f_{cyl}) or in order to break it (f_{br}), as well as compression forces f_{coal} required to obtain the coalescence of two drops brought into contact. These forces were measured using a method (described previously in details) in which a magnetoelectric system (a galvanometr) was employed as force measuring device /4/. PFOC drops were put on the ends of glass rods of equal diameter (d,about 0.7 mm) immersed into water.

The experiments were made in the followihg way. Two drops stuck to the supports were brought together until their coalescence an formation a convex column (Figure 1). Then a tensile force were applied

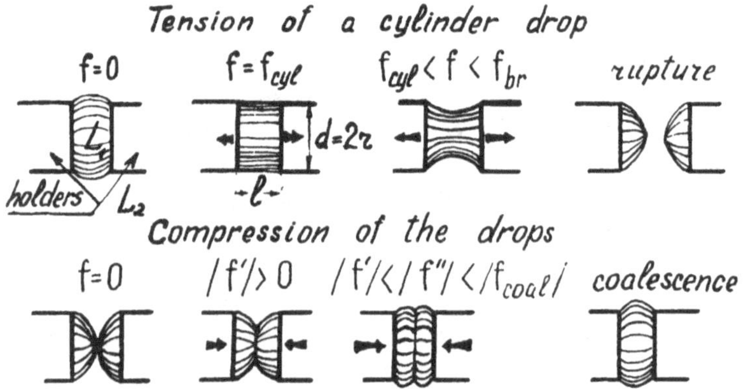

Fig.1 Scheme of experiment

which resulted in a gradual elongation of the column. The force $f=f_{cyl}$ required to maintain the cylindric shape of the column was registered. The time of exposure of this column in the medium is not limited and may very from minutes to hours and days.

Further, the tensile force was increased up to a value $f=f_{br}$ required to break the column in two halves, i.e. to disperse the liquid. This value was registered. Micrometrical measurements gave geometric parametrs for the column and the drops: l - length of the cylinder, d - diameter and h/2 - height of drops (d=2r, where r - radius of the end of the support). The measurements show that column breaks always forming two equal halves having shape of spherical segments.

Followingly, the drops formed were brought again into contact and their coalescence was observed. In the absence of surfactants the drops of pure PFOC fused spontaneously. In the solutions of surfactants the coalescence required a certain force of compression: $f = f_{coal}$ which was registered. In order to avoid any effect of geometrical parametrs of the column, the tests were performed with such a volume of non-polar phase which corresponded to parametrs of the cylinder: l/r about 1 to 1,2. The temperature during the test was of 20 - 22°C.

The values for f_{br} and f_{coal} were used to characterize respectively the ability of adsorption layers of surfactants to facilitate dispersing non-polar liquid and to stabilize its drops in an aqueous medium. In accordance with the theory of capillarity the forces being measured are connected directly with the value of interfacial tension σ_{12}. For the cylindrical column :

$$\sigma_{12} = \sigma_{cyl} = f_{cyl}/\pi r \ .$$

Our tensiometric method has an important merit : it does not limit the time of formation for adsorption layers. It is especially worth for such surfactants as Pluronic and Proxanol which, as noted above, require considerable time for achieving adsorption equilibrium.

Figure 2 shows concentration dependence of breaking forces for columns having the same geometrical parameters, in the case of various liquids in the solutions of the same surfactant (Pluronic F-68) at the same rate of applying tensile force ~ 0,2 dyn/s.

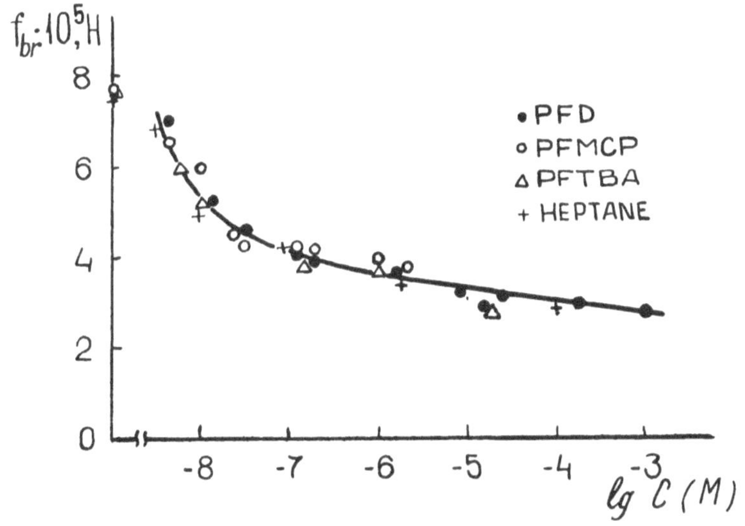

Fig.2. Concentration dependence of f_{br} forces for the drops of various non-polar liquids in F-68 aq.sol.

It can be seen that F-68 enhances the dispersing of all the non-polar liquids, which heve been studied, practically to the same extent; the difference between equilibrium values of the interfacial tension σ_{12} = σ_{cyl} for PFOC and heptane is not very significant (Table 1). Essentially higher σ_{12} values were found for PFTBA at the boundary with F-68 solutions at the lowest concentrations. Table 1 reports the values σ_{12} corresponding to the point where the plot $\sigma_{12}(\tau)$ reach a constant level; τ is the time during which the cylindrical drop stayed in the solution. However it should be kept in mind that the forces f_{br} are determined by the non-equilibrium values of σ_{12} at the interface during the elongation of the column depending upon the elongation rate to adsorption rate ratio. Therefore the absence of noticeable difference in the effect of F-68 on the dispersing of drops liquids may be due to purely kinetic factors. Varying the rate of increase of the interface will enable us to obtain data necessary for estimating quntitatively such factors.

Table 1. Values σ_{12} at the interface non-polar liquid/F-68aq.sol., mJ/m^2.

Liquids / C, mol/l	PFD	PFMCP	PFTBA	heptane
0	56	51	55	51
$\sim 5\cdot10^{-9}$	39	39	45	37
$\sim 10^{-8}$	35	36	40	34
$\sim 5\cdot10^{-8}$	32	32	-	28
$\sim 10^{-7}$	31	30	34	26
$\sim 10^{-6}$	29	-	31	23
$\sim 10^{-5}$	26	-	27	-

Consider now the effect of Pluronic F-68 on the stability against coalescence of the individual drops of PFOC and heptane which can be characterized by the force f_{coal} required to fuse two drops pressed to each other. Measurements show that the conditions of coalescence differ for PFOC and heptane. At the same concentration, the compression forces leading to coalescence increase in the sequence: heptane, PFD, PFMCP, PFTBA (Table 2). Concentrations corresponding to the equal stabi-

Table 2. Values f_{coal} for the drops of non-polar liquids in F-68 aq.sol. ($C \approx 5\cdot10^{-9}M$) and $\Delta\sigma_{12}$ at respektive interfaces.

Liquids	heptane	PFD	PFMCP	PFTBA
f_{coal}, dyn	0.1	2.7	9	10
$\Delta\sigma_{12}$, mJ/m^2	14	17	12	10

lity (equal forces of coalescence) decrease in the same sequence. The coalescence forces of 6 dyn are measured : for heptane at $C \approx 10^{-8}M$, for PFD at $\approx 10^{-8}$ M , for PFMCP at $\approx 5\cdot10^{-9}$ M , for PFTBA at $\approx 10^{-9}$M. The stability drops increase with increasing concentration, whereas it is not always possible to determine exactly the coalescence forces because the rising compression force leads often to a glide of drops and to a distortion of their symmetry and thereby to a change in compression conditions. These results show that the stabilizing effect of Pluronic is the highest with regard to PFTBA drops and decreases progressively for PFMCP, PFD and heptane. A similar picture is observed when Proxanol 168 is used as emulsifier.

These facts can be correlated with changes in the interfacial tension at various boundaries in the presence of Pluronic F-68 . For sufficiently low concentrations (about 10^{-8}M) the decrease in interfacial tension ($\Delta\sigma_{12}$) as compared with pure water is close for heptane and PFOC (Table 2). The $\Delta\sigma_{12}$ value being proportional to adsorption at low concentrations, it can be supposed that the occupancy ratio for adsorption layers is roughly similar in the case of heptane and PFOC. Taking this fact into account, the different stability of these liquids against coalescence should be explained by the difference in structural-rheological properties of the adsorption layers of Pluronic F-68 at various interfaces.

Such properties are ultimately related to interactions between surfactant molecules in the adsorption layer and between these molecules (especially their hydrophobic part) and non-polar substrate. It is supposed, that for molecules having the same hydrophilic group the greater energy of adhesion of the hydrophobic part to the non-polar phase results in its greater "drawing" into this phase while the lower energy leads to its "pushing out" into the aqueous phase where the interaction between hydrophobic parts is more strong. In other terms, the low adhesion of hydrophobic parts of surfactant molecules to the non-polar substrate should favour the stronger interactions between molecules in the adsorption layer, which increases its viscosity and possibly strength. Indeed, the preliminary measurements have shown that even at very low concentrations $C \sim 10^{-8}$M the adsorption layer of Pluronic F-68 at the boundary with PFD displays a noticeable critical shear stress of $\sim$ 0.02 dyn/cm.

An inverse picture must be observed in the case of surfactants containing a perfluorinated radical as hydrophobic part. In fact, tests on heptane and PFD drops in aqueous solutions of φ-PEG shown that the stability is higher for heptane than for PFD. For example, at $C \approx 5\cdot10^{-6}$wt.% f_{coal} is equal to $\sim$1.3 dyn and $\sim$0.1 dyn for heptane and PFD respectively.

We have determined the energy of adhesion of various liquid PFOC and hydrocarbons to the same solid hydrocarbon surface (methylated glass). The choice of such a surface has allowed to avoid mutual dissolving of phases in contact and to obtain thermodynamic characteristics corresponding to purely surface interactions. The adhesion energy was determined by means of two independent methods : 1) by measuring contact angles of wetting; 2) by measuring adhesion forces for methylated glass balls in air, liquid PFOC and hydrocarbons and subsequent determining from these data free specific interaction energy (using Deryaguin's equation) for particles in the medium and adhesion energy of liquid to the methylated surface of particles. Both methods give well agreeing results. The values found for adhesion energy of various PFOC correlate well with the critical temperature of miscibility T_c of PFOC with liquid hydrocarbons (hexane, octatane, decane): the lower is adhesion, the higher is T_c /5/. It has been demonstrated that for non-polar liquids studied the adhesion energy rises in the following sequence : PFTBA < PFMCP < PFD < heptane; the resistance of drops against coalescence increses in the inverse direction: heptane < PFD < PFMCP < PFTBA. It should be noted that the regularities found for individual drops of PFOC and heptane in aqueous solutions of non-ionic surfactants correlate quite well with the results of studying the stability of aqueous emulsions of the same non-polar liquids when Pluronic F-68 and Proxanols 168 were used as emulsifiers. The method of tensiometric measurements proposed in the present study has an advantage of allowing to use the same having a very small volume ($V \sim 0.5$ mm^3) drops of liquid for obtaining a set of characteristics necessary for investigation and comparison of properties of surfactants of various nature.

It should be stressed that this method allows to vary over a wide range the test regimes: from static (f_{cyl} measurements) to dynamic (f_{br} and f_{coal} measurements), the rates of increase of applied tensile and compressive forces being varied over a range of several decimal orders. Therefore analyzing the whole of information concerning these forces measured under various conditions offers new possibilities for studying dispersing and stabilizing power of surfactants, as well as for estimating the quantitative contribution of kinetic, thermodynamic and structural-rheological factors to dispersing and subsequent stabilizing the emulsion formed.

References

/1/ S.S.Davis, T.S.Purval, B.Buscall, A.Smith, K.Choudhury: Proc.of the Intern.Conf. on Colloid and Interface Sci.-New York,London,Academic Press.Inc., v.2, 265 (1976).

/2/ M.J.Schick: J.Coll.Interf.Sci., v.17, 801 (1962).

/3/ E.A.Amelina,A.M.Parfenova,N.A.Safronova,E.D.Shchukin: Kolloidn.Zh., v. 46,633 (1984) (russ.)

/4/ E.D.Shchukin,E.A.Amelina: Adv. Coll. Interf.Sci.,v.11,№3,235(1979).

/5/ E.A.Amelina,N.A.Safronova,K.N.Makarov,L.L.Gervitz: Zh.Vses.Khim. O-va., v.29,№4,108 (1984) ; №5,888 (1984).

G. SONNEK

Central Institute of Organic Chemistry, Academy of Sciences of the GDR, Rudower Chaussee 5, GDR - 1199 Berlin

Organosilicon Surfactants

Introduction

The production of silicone products increased approximately 15 % since 1980. Many countries possess the basic materials: silicon dioxide (quarzit) and methyl chloride. Methyl chloride is prepared by reacting of carbon dioxide and hydrogen to methanol and after that to methyl chloride. The amount of silane production is comparable to the production of polyepoxides and polyethylene. The unique combination of surface properties of silicones gives rise to a wide field of application. The users demand technical safety, small amounts and quality products. Silicon products are able to satisfy most of these wishes.

Silicones and Surface Properties

Polydimethylsiloxanes are the most common silicon products in commercial use. They possess the most interesting surface properties. These polymers are colourless liquids with the general structure

$$Me_3SiO(Me_2SiO)_nSiMe_3 \qquad n = 0 \text{ to } 2500$$

The fluids are insoluble in water, thermal and against oxygen stable, have an unusual combination of low volatility, low surface tensions at room temperature, e. g. between 16 and 21 mNm^{-1} and low cohesive forces in surface layers. The low intermolecular forces produce most of the surface properties of polydimethylsiloxanes. These forces result from the intrinsic surface activity of the methyl group coupled with high flexibility of the siloxane backbone. Table 1 records the surface tensions of several liquids and their interfacial tensions against water. These compounds are representatives for hydrocarbon, fluorocarbon and silicone systems.

Table 1: Surface Tension (σ) and Interfacial Tensions (σ_W) of Low Molecular Weight Analogues of Polymers at 20°C /1/

compound	bp. (°C)	σ (mNm^{-1})	σ_W (mNm^{-1})
n-octane	126	21.7	51.7
octamethyltrisiloxane	153	17.0	42.5
n-perfluorononane	125	14.3	56.4
perfluorooxypropylene-oxide telomer	152	13.8	-

The order of decreasing surface tensions is hydrocarbons, silicones and fluorocarbons. The order of interfacial tensions, however, is fluorocarbons, hydrocarbons and silicones for increasing interfacial activity.

Silicones da not fit the simple patterns, which mean the reduction of surface activity means increasing hydrophobic properties and interfacial tensions. They are able do take various orientations at different interfaces because of their backbone flexibility. An orientation involving interactions is provided between backbone and water phase to declare the relative low interfacial tensions.

Molecular modeling of silicones shows that some orientations of the molecules are possible, whereas surface always consists of methyl groups. This is a result of "splitting" the surface energy into a part of polar interaction energy (hydrogen bonding, permanent dipols) and a part of dispersion forces (London and van der Waals forces), a concept, first suggested by Fowkes /2/. Kaeble /3/ calculated a dispersion contribution of 20.5 mNm^{-1} and a polar contribution of 1.6 mNm^{-1} for polydimethylsiloxane using Zisman's contact angle data/4/.

Owen /1/ found values of approximately 19.0 and 1.2 mNm^{-1}, respectively. The prime function of the backbone is to present the available organic groups. This is done by virtue of its high flexibility. In most of the carbon systems the bond angles are very fixed. Because of the electron orbital interaction between silicon and oxygen the siloxane backbone is a much more extended flexible chain system. In comparism to the carbon-carbon and carbon-oxygen bond angles the siloxanes have the larger angles and bond lengths (hexamethyldisiloxane Si-O bond length 0.163 nm, Si-OSi bond angle 130; propane C-C bond length 0.154 nm and C-C-C bond angle 112°). If rotation takes place around the siloxane bond, the rotation energy is approximately zero (silicone rubber), during rotation energy values of polyethylene and polytetrafluoroethylene are 14 $kJmol^{-1}$ and 20 $kJmol^{-1}$, respectively /5/.

The contact angle of water on solid surfaces is characteristically for hydrophobicity. Table 2 shows, that paraffin wax, polytetrafluoroethylene and polydimethylsiloxanes possess similar hydrophobicities.

Table 2: Contact Angles (ΘH_2O) of Water on Solids /1/

solid	Θ_{H_2O} (°)
paraffin wax	105 - 114
polydimethylsiloxane	102 - 110
polytetrafluoroethylene	108 - 114

Silicon Containing Surface Active Compounds

It will be considered the polydimethylsiloxane chain as a hydrophobic-hydrophilic amphiphatic molecule. However, when block copolymerized with a whole hydrophilic species, it will be better to consider only the outermost groups and look at polydimethylsiloxane for a complete hydrophobic chain. Kanner /6/ synthesized defined methylsiloxane-oxyethylene oligomers and compared their properties to typical hydrocarbon surface active agents. The copolymers were produced by addition of methylsiloxanes containing reactive Si-H groups to allyl or vinyl ethers of methoxypolyethyleneglycols using a chloroplatinic acid catalyst. The siloxane oligomers were considerable pure materials of a discrete chemical composition, e. g.

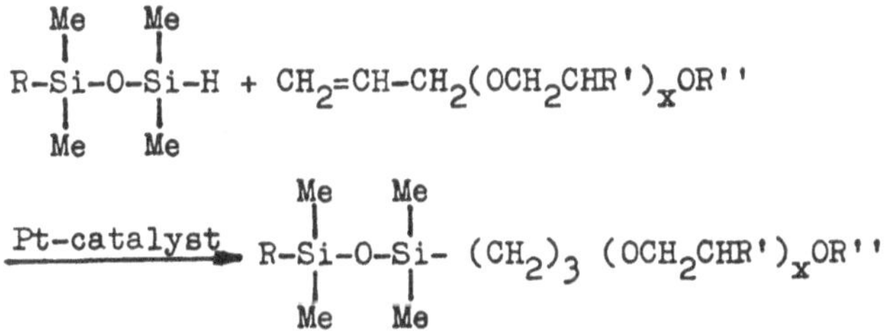

The allyl ether starting materials were prepared by Williamson ether synthesis, reacting the sodium salts of commercially available methoxypolyethyleneglycols with allyl chloride, or by molecular distillation of purified fractions of methoxypolyethyleneglycols.
Results are the following:

1. The lowest surface tensions range from 20 to 21 mNm^{-1} at 25 °C at critical micell concentrations as low as 10^{-5} mol l^{-1}.
2. The most surface active copolymers generally base on small siloxanes containing only two silicon atoms.
3. Aggregation number or micell size gave values of 4.7 for

$Me_3SiOSiMe_2(CH_2)_3(C_2H_4O)_{7.2}Me$ and 3.4 for
$Me_3SiO(SiMe_2O)_3SiMe_2(CH_2)_3(C_2H_4O)_{16.3}Me$.

Although low, the values are comparable to aggregation numbers of 4.4 to 13 reported for a series of octylphenol and nonylphenol ethylene oxide adducts in water. Certain methylsiloxane polyether copolymers rapidly spread to thin films (wet out) on low energy hydrophobic surfaces such as polyethylene and polystyrene. Some silicon polyether block copolymers are surface active with respect to polyurethane mixtures. The use of such copolymers to stabilize polyurethane foams is well known and being extended to other polymer systems now /7/. The application of silicone block copolymers as antifoams is less known. They are characterized to reach low surface tension values in aqueous solution ($21 mNm^{-1}$), a value difficult to achieve with hydrocarbon surfactants. By varying the hydrophile-lipophile balance a range of silicone surfactants is possible. Some are effective de-emulsifiers for certain systems, some are applied to plastics wetting agents, others are useful in fire fighting foams. Their use in agricultural sprays as leaf wetting aids has been suggested and the list of application will grow according to the development of new structural combinations.

Other Silicon Containing Surfactants

The use of surfactants in organic synthesis to catalyse reactions of water-insoluble organic compounds with water-soluble ionic reagents has been limited, in part, by formation of trouble-some emulsions during reaction mixture workup. Therefore, it has been undertaken the preparation of "destructible" surfactants, used for catalysis and after decomposed to non-surface active products prior to straight forward workup. Silylether surfactants - the first examples - based on a stable/labile silicon-oxygen bond /8/, e. g. 2-dodecylmethyl-tert.-butylsiloxy-ethyl-trimethyl-ammoniumnitrate. This compound is stable for extended periods in aqueous solution at room temperature in a wide pH range but hydrolyzes in hydrochloric acid.

$$C_{12}H_{15}MeSiBu^t(OCH_2CH_2)_n\overset{+}{N}Me_3NO_3^-$$

The catalytic ability ofdestructible surfactants under micellar-emulsion conditions was assessed by use of $KMnO_4$-oxidation. The siloxanes / $(RO)_3SiO$ /$_2SiR^1(OC_2H_3R^2)_nOSiR^1$/ $OSi(OR)_3$ /$_2$ (R = structural hindered alkyl, R^1 = h or alkyl, R^2 = H or Me, n = 10 to 75) having good hydrolysis resistance and surface activity, producing little foam, are useful dishwashing detergents and emulsifiers. An 0.1 % aqueous solution (R = sec.-butyl, R^1 = Me, R^2 = H, n 33) has a surface tension of 23.7 and 27.6 mNm^{-1} after 0 and 20 days /9/. Many new types of novel surfactants were prepared by Goldin et. al. /10/, e. g.

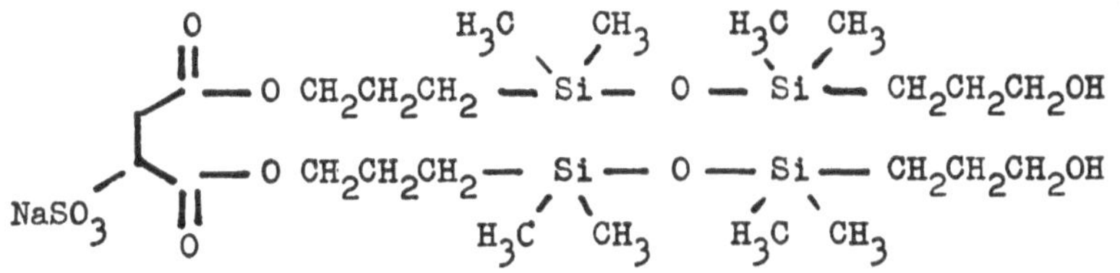

Derivatives of this type of surfactants decrease surface tension to 20 mNm^{-1} in aqueous solution. Synthesis of new silicon containing nonionic surface active compounds /11/ and siloxane modefied anionic surfactants /12/ can be carried out with the help of but-2-yne-1,4-diol.

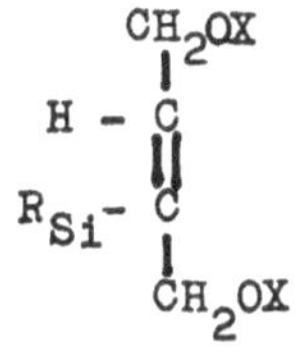

X = $(OCH_2CH_2)_nOH$,
- OOC-CH = CH-CO ONa

R_{Si} = siloxane group

These compounds are good soluble in water and show a high surface activity (20 mNm^{-1}). The reaction of Cl_3SiH, vinylcyclohexen and chlorosulfonic acid leads to siloxanylethyl cyclohexane sulfonates /13/ in a 6-step reaction an one-pot procedure without cleavage of the siloxane bond.

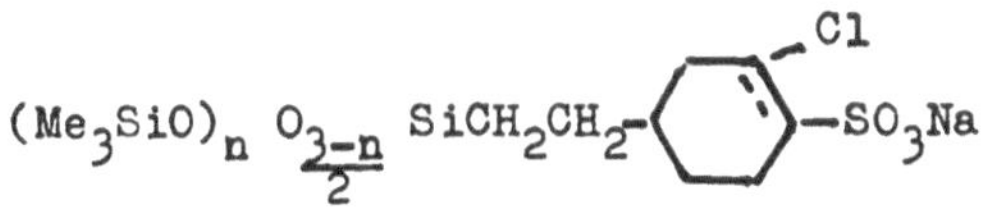

The properties of the sulfonates depend on n.

References

/1/ M. J. Owen, Ind. Eng. Prod. Res. 19 (1980) 97

/2/ R. M. Fowkes, Ind. Eng. Chem. 56 (1964) 40

/3/ D. H. Kaelble, J. Adhesion 2 (1970) 66

/4/ W. A. Zisman, Symposium on Adhesion and Cohesion; P. Weiss, Ed.; Elsevier: New York, 1962 p.167

/5/ A. V. Tobolsky; Properties and Structure of Polymers, Wiley: New York, 1960; p.67

/6/ B. Kanner; W. G. Reid; I. H. Peterson, Ind. Eng. Chem., Prod. Res. Dev., 6 (1967) 88

/7/ M. J. Owen; C. J. Denis, Cell. Plast. 13 (1977) 264

/ 8/ D. A. Jäger; M. D. Ward, J. Org. Chem. 47 (1982) 2221
/ 9/ US-Patent, Chem. Abstr.: p. 94 167633 t
/10/ G. S. Goldin, Z. obsc. chimii, 53 (1983) 1834
/11/ G. Sonnek; C. Raab, in press
/12/ G. Sonnek; E. Drahs, in press
/13/ L. Engelbrecht; G. Sonnek, in prees

Dr. H. Stache

Chemische Werke Hüls AG, Marl

Waschmittel und ihre Inhaltsstoffe - eine Trendanalyse

Mehr als 60 % der Welt-Tensid-Produktion werden für Haushaltswaschmittel verwendet. Mit einer durchschnittlichen Steigerungsrate von etwa 3,5 % stellen die Seifen, Wasch- und Reinigungsmittel noch immer einen interessanten Wirtschaftsfaktor. Daneben zeigt der Pro-Kopf-Verbrauch zwischen den Kontinenten starke Unterschiede, so daß in vielen Ländern ein Nachholbedarf besteht. Wasch- und Reinigungsmittel sind heute komplex zusammengesetzte Produkte mit einer Vielzahl von Inhaltsstoffen und einem breiten Wirkungsspektrum. Durch verschiedene Einflüsse wie Umweltschutz, Rohstoffversorgung, Textilien und Waschgewohnheiten sind signifikante Änderungen in den Formulierungen der Produkte eingetreten, deren Ende nicht abzusehen ist.

Am Beispiel der Haushaltswaschmittel und ihrer Wirkstoffgruppen Tenside, Builder und Bleichmittel wird deren Entwicklung aufgezeigt: die schaumarmen Universalwaschmittel mit einer Tensidmischung aus biologisch abbaubarem Alkylbenzolsulfonat, einem Polyglykolether als Niotensid und Seife als Schaumbremse sowie Natrium-Triphosphat als Builder, Natrium-Perborat als Bleichmittel und proteolytischen Enzymen sind hier als Stand der Technik anzusehen.

1. Tenside

Bei den Tensiden wurde die Optimierung der anionischen und nichtionischen Tensidmischungen aufgrund von geänderten Waschbedingungen wie Temperatur und Textilien oder Veränderungen bei den restlichen Waschmittelkomponenten vorgenommen. Grundsätzlich hat sich bei den Tensiden nicht viel geändert. Noch immer ist Alkylbenzolsulfonat das Arbeitspferd Nr. 1 und werden Ethoxylate auf Basis Alkylphenol oder nativer und synthetischer Alkohole zur Verbesserung der Wascheffekte eingesetzt. Es hat nicht an zahlreichen Versuchen gefehlt, zur Verbesserung der Wirkung und des Umweltverhaltens, andere anionische Tenside einzuführen. Lange Zeit wurden Olefinsulfonate aus α-Olefinen (nach dem Shop-Prozeß verfügbar) als 3. Generation dieser Tensidklasse angesehen. Die herstellungsmäßig bedingten Nebenprodukte beeinträchtigen neben der unterschiedlichen Kettenlänge die Löslichkeit. Ein starkes Schaumbild in Trommelwaschmaschinen erfordert spezielle Schauminhibitoren, positiv zu bewerten ist die gute Hartwasserbeständigkeit. Auch die Alkansulfonate, sie kommen in ihren Eigenschaften dem ABS am nächsten, werden nicht in Waschpulvern eingesetzt. Ihre gute Löslichkeit in Kombination mit Nonionics erfordert zur guten Kristallisation des Pulvers besondere Formulierungen. Primäres Alkylsulfat wiederum hat gute Wascheigenschaften, scheitert aber am Preis/Leistungsverhältnis. Das gleiche gilt für α -Sulfo-Fettsäureester, eine wegen ihrer geringen Härteempfindlichkeit recht interessante Tensidklasse, deren Herstellung zur Produktionsreife entwickelt wurde. Ein großtechnischer Einsatz erfolgte bisher nicht, obwohl diese Tenside besonders gute ökologische Eigenschaften haben. Das Waschvermögen dieser Aniontenside zeigt nachfolgendes Bild 1

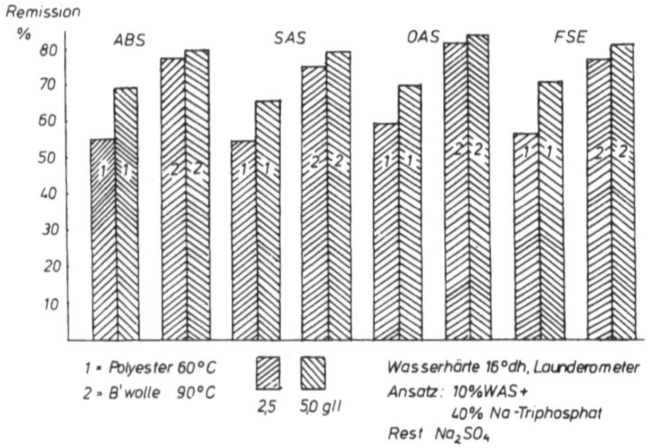

Bei einer mittleren Wasserhärte von 16 °dH sind sowohl auf Polyester als auch auf Baumwolle keine wesentlichen Unterschiede in der Waschwirkung bei üblichen Konzentrationen festzustellen.

Für die Nonionics, d. h. die hydrophobe Komponente der Ethoxylate gilt das gleiche: Kettenlänge, Verzweigungsgrad und Struktur sind bei den nichtionischen Tensiden für die Ökologie zwar von großer Bedeutung, aber aufgrund ihrer wenig differenzierten anwendungstechnischen Eigenschaften ebenfalls von Preis und Verfügbarkeit abhängig. Hierbei steht die generelle Frage an, ob für die Zukunft mehr oder ausschließlich native oder synthetische Alkohole zum Einsatz kommen. Bisher haben die Rohstoffpreise von Erdöl und seinen Folgeprodukten sowie den tierischen oder pflanzlichen Ölen und Fetten für eine Entscheidung darüber keine entscheidenden Wege aufgezeichnet. Durch die große Flexibilität der Herstellmethoden für synthetisch aufgebaute Tenside haben diese bisher noch immer einen Vorteil aufzuweisen. Es bleibt abzuwarten, ob Neuzüchtungen resistenter und schnellwachsender Ölfrüchte trotz der Nahrungsprobleme langzeitig die Chemie ersetzen können.

Die in der Tensidmischung als Schaumbremse verwendeten langkettigen Seifen (Behenate) werden versuchsweise bei bestimmten Tensid-Typen durch Paraffinöle und/oder Silicone ersetzt. Diese Systeme sind nicht ganz unproblematisch für Textil und Waschmaschine in bezug auf Belagbildung.

An diesem Problem wie an anderen Schauminhibitoren wird intensiv gearbeitet.

2. Builder

Die synergistischen Effekte von Buildern auf die Waschwirkung der Tenside ist seit mehr als 100 Jahren bekannt, die Entwicklung reicht von Soda über verschiedene Phosphate bis zum Natrium-Triphosphat. Die Wirkungsweise dieser an sich völlig untoxischen Substanz ist genau studiert, wegen Eutrophierungsprobleme an stehenden und langsam fließenden Gewässern wurde jedoch weltweit nach geeigneten Ersatzstoffen gesucht. Die Entwicklung konzentrierte sich nicht nur auf wasserlösliche, organische oder anorganische Komplexbildner, sondern auch auf unlösliche anorganische Ionenaustauscher. Das regelmäßig kristallisierende Natrium-aluminium-silikat vom Typ Zeolith 4 A zeigte bei systematischen Untersuchungen gute Ergebnisse. Im gezielten Syntheseverfahren muß eine definierte Korngröße und Verteilung hergestellt werden, um Wäscheschäden zu vermeiden und eine rückstandsfreie Ausspülung beim Waschen aus den Textilien zu garantieren. Hierfür hat sich eine hydrothermale Umsetzung von Na-silikat mit Na-aluminat in Gegenwart von Alkali bewährt. Aus verarbeitungstechnischen Gründen wird Zeolith 4 A als Suspension benutzt, als Stabilisator wird Alkylphenolpolyglycolether verwendet. Der Ionenaustausch findet in heterogener Phase statt, Adsorptions- und Desorptionsvorgänge fehlen. Daher findet man meist Kombinationen von Zeolith 4 A mit wasserlöslichen Komplexbildnern. Diese binären Buildersysteme Na-Triphosphat/Zeolith 4 A bzw. Nitrilotriacetat/Zeolith 4 A ergeben befriedigende Sekundärwascheigenschaften; fehlendes Primärwaschvermögen muß durch eine Rezepturoptimierung der Tensidmischung und Tensidkonzentration kompensiert werden.

Es wurden große Anstrengungen unternommen, organische Verbindungen mit gutem Komplexbildevermögen, ungefährlich für das aquatische System und wirtschaftlich herstellbar, aufzufinden. Neben der Eliminierung störender Kationen war besonders Dispergierung, Schmutztragevermögen und Primärwaschwirkung von Bedeutung. Bisher konnte mit gewissen Bedenken nur das Nitrilotriacetat in die Praxis übernommen werden, nachdem Citrat und verschiedene Polycarbonsäuren nach regionalen Versuchen nicht universell eingesetzt wurden.

Nitrilotriacetat hat sowohl bei tiefen Temperaturen als auch bei 90 °C ein sehr gutes Ca-Bindevermögen, das Primärwaschvermögen ist sehr gut, die Inkrustationen auf Textilgut und Waschmaschine sehr gering. Das ebenfalls sehr gute Komplexiervermögen für die wassergefährdenden Schwermetalle wie Cadmium, Quecksilber, Kupfer usw. und der Verdacht einer Remobilisierung von Schwermetallen aus Sedimenten ließ die europäischen Behörden lange Zeit zögern, dem Beispiel Canadas zu folgen und

NTA als Phosphatansatz zuzulassen. Nach einer Langzeitstudie in der BR Deutschland allerdings kam man 1983/84 zu dem Schluß, daß diese Substanz in einer Mengenbegrenzung mit 0,2 mg/l NTA im Oberflächengewässer, d. h. 25.000 t/a eingesetzt werden darf. Eine Zwischenbilanz soll gezogen werden, wenn an einem Meßpunkt an der Ruhr eine Konzentration von 0,1 mg/l erreicht ist. Ergebnisse dieser gesetzlichen Übereinkunft liegen noch nicht vor. Bild 2 stellt die Builderklassen vor.

	Komplexbildner	Ionenaustauscher	Additive
anorganische Verbindungen	Triphosphat (STP)	Zeolith A	
organische Verbindungen	Citrat Nitrilotriacetat (NTA)		Polycarboxylate (Poly) Phosphonate (Pho)

Bild 3 zeigt Typenbeispiele für Polycarboxylate und Phosphonate.

Chemische Bezeichnung	Kurzbezeichnung	Chemische Konstitution
Poly-(hydroxycarbonsäure)	POC	$[-(CH_2-CH(CH_2OH)-)_x-(CH_2-CH(COOH)-)_y-]_n$
Poly-(α-hydroxyacrylsäure)	PHAS	$[-CH_2-C(OH)(COOH)-]_n$
Maleinsäure-Methylvinyl-ether-Copolymer	CP 2	$[-CH_2-CH(OCH_2)-CH(COOH)-CH(COOH)-]_n$
Malein-Acrylsäure-Copolymer	CP 4	$[-CH(COOH)-CH(COOH)-CH_2-CH(COOH)-]_n$
Aminotris-(methylenphosphonsäure)	ATMP	$N(CH_2-PO_3H_2)_3$
Ethylen-diamin-tetra-(methylenphosphonsäure)	EDTMP	$(H_2O_3P-CH_2)_2N-C_2H_4-N(CH_2-PO_3H_2)_2$
Diethylen-triamin-penta-(methylenphosphonsäure)	DETMP	$(H_2O_3P-CH_2)_2N-C_2H_4-N(CH_2-PO_3H_2)-C_2H_4-N(CH_2-PO_3H_2)_2$

Neben diesen "klassischen Buildern" haben Waschmitteladditive in Form von wasserlöslichen Polycarbonsäuren und Phosphonaten zunehmend Interesse gefunden. Auch diese Produkte haben stark ausgeprägte Ionenaustauscher-Eigenschaften gegenüber Ca- und Mg-Ionen. Dabei verzögern bzw. verhindern sie den Calciumcarbonat-Niederschlag auch bei Einsatz unterstöchiometrischer Mengen und drängen die Bildung von faserschädigenden, scharfkantigen Kristallen weitgehend zurück. In der angelsächsischen Literatur wird diese Wirkung als Threshold-Effekt bezeichnet.

Es ist zu vermuten, daß neben den geschilderten binären Buildersystemen sich ternäre Systeme mit diesen Additiven ausbilden werden.

3. Bleichmittel

Zur Fleckentfernung dominiert noch immer das Na-Perborat als temperaturreguliertes, oxydatives Bleichmittel. Percarbonat oder Percarbamid haben wegen Problemen der Beständigkeit keinen breiten Eingang gefunden. Für die Absenkung der Waschtemperatur von ca. 95 °C auf etwa 60 °C und tiefer wurden Aktivatoren entwickelt, die dafür eine genügende Bleichwirkung ermöglichten. Es handelt sich um organische Verbindungen mit einer oder mehreren Acetylgruppen, die mit dem Persalz im stöchiometrischen Verhältnis eine Peroxysäure bilden. Von den zahlreichen in der Literatur bekannten Verbindungen sind u.a. Tetraacetyl-glykoluril (TAGU), Tetraacetyl-ethylen-diamin (TAED) und das 4-(3,5,5-Trimethylhexanoyl-oxy)-benzolsulfonsaures-Na im Einsatz.

TAED - Tetraacetyl-ethylendiamin

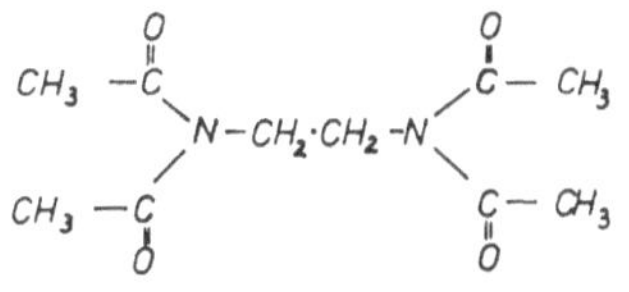

TAGU - Tetraacetyl-glykoluril

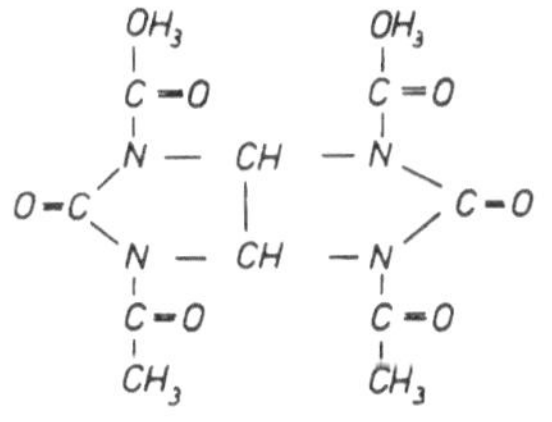

4-(3,5,5-Trimethylhexanoyloxy)-benzolsulfonsaures-Na

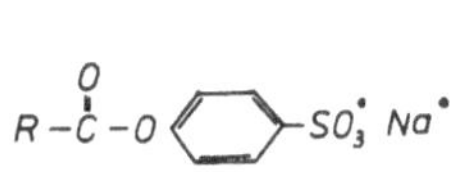

In praxi hat sich gezeigt, daß in der Waschpulverformulierung eine Relation von etwa 12 % Perborat-Hexahydrat mit ca. 2 % TAED ein optimales Bleichergebnis zeigt. Da der Aktivator wie das Persalz nicht im übrigen Slurry heißluftgesprüht werden kann, findet man extrudierte Nudeln oder Stücke in den Fertigprodukten.

Daneben sucht man nach beständigen Peroxysäuren, die den verlustreichen Weg Persalz ⟶ Aktivator ⟶ Peroxysäure einsparen. Auch hier sind einige Prototypen in USA und Europa auf dem Markt: Diperoxydodecandisäure und Monoperphthalsäure-Mg-Hexahydrat. Aber auch andere Verbindungen werden im Versuchsstadium erprobt.

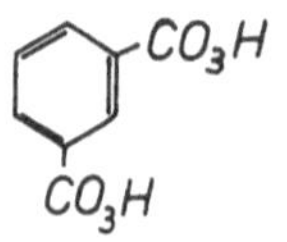

Diperoxyisophthalsäure

$HO_3C(CH_2)_{10}CO_3H$ *Diperoxydodecandisäure*

$2\,KHSO_5 \cdot KHSO_4 \cdot K_2SO_4$ *Kalium - Caroat*

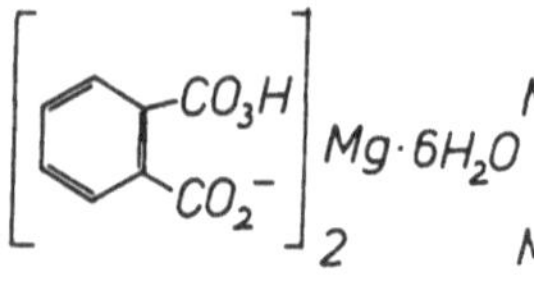

Monoperphthalsäure Magnesium - Hexahydrat

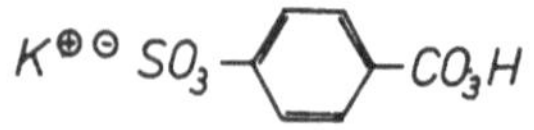

Kalium Perbenzoesäure - 4 - sulfonat

Bei dieser Entwicklung tauchte die Frage auf, ob diese Peroxysäuren nicht auch mit einem tensidischen Charakter ausgestattet werden können. Durch eine solche Konfiguration könnte ein wünschenswerter Doppeleffekt erreicht werden: die Bleichwirkung wird gezielt an die Verfleckung herangetragen, die waschaktive Wirkung unterstützt die Bleiche. Hier bietet sich ein weites Feld für künftige Entwicklungen an, wir stehen da erst an einem Anfang.

Ausblick

Natürlich werden auch alle weiteren Waschmittel-Inhaltsstoffe nach Verbesserungen und Anpassung an geänderte Waschgewohnheiten untersucht. Die als Vergrauungsinhibitoren verwendeten Carboxymethylcellulose und Methylcellulose ist in ihrer Wirkung auf Synthesegewebe und Gemische begrenzt. Polymere anderer Bauart könnten hier Abhilfe schaffen. Auch die optischen Aufheller können auf Gewebeart, Waschtemperatur, Modefarbe u.a. optimiert werden. Doch diese Themen dürften nicht so starke Auswirkungen auf die Entwicklung der Waschmittel haben. Dies könnten dann schon eher die flüssigen Universalwaschmittel tun, die in USA einen relativ hohen, in Europa vergleichsweise geringen, Marktanteil haben. Hier wirkt das Tensid mit geringer Unterstützung durch Builderadditive ohne Bleiche besonders gut auf fettige Verschmutzungen. Ohne Zweifel täten diese Produkte einen großen Schritt nach vorn, wenn das Bleichsystem für flüssige Waschmittel gefunden wird.

Einen völlig neuen Trend könnte die Entwicklung neuer Waschmittel nehmen, würde sich bei den Waschmaschinen das Komponentenwaschverfahren durchsetzen. Der Gedanke, die wesentlichen Inhaltsstoffe einer Waschmittelformulierung einzeln in flüssiger Form zu lagern und gezielt und optimal zu dem Zeitpunkt dem Waschprozeß automatisch zuzudosieren, wenn sie jeweils benötigt werden, ist bestechend. Wenn dann noch die Chemie in der Lage wäre, den Verschmutzungsgrad der Wäsche zu messen und damit der Hausfrau die richtige Zugabe des Waschpulvers abzunehmen und Dosierungsfehler auszuschalten, hätten wir die denkende Waschmaschine. Dann wäre der Waschmittelverbrauch optimiert; für den Umweltschutz und die Arbeitserleichterung ein großer Vorteil. Die Industrie müßte allerdings bei der Forderung nach nur flüssigen Komponenten als Tenside, Builder, Bleich- und Hilfsmittel umdenken und sich von dem alt hergebrachten lösen. Zudem wäre eine neue Generation der Waschmaschinen nötig oder zumindest entsprechende Zusatzaggregate.

T. TZVETKOV, P. TSOTSCHEVA

Institute for vegetable oils, proteins, soaps and detergents, Sofia

Applied technical studies for the addition of synthetic surfactants in soaps

The soap as a detergent for laundry is almost completely displaced by synthetic products. It is still irreplaceble for personal hygiene needs in spite of some shortcomings and first of all when used with hard water.

Let us recall some of the more important consumers' qualities of the toilet soaps:

- high foaming capacity both in hot and cold water,
- low tendency to swelling, fission and softening when used,
- homogeneous and goog appearance, plesent smell etc.

The achievement of such a good properties in soap depends first of all on his fatty acid composition. As we know the classical toilet soap is produced of 80 % tallow and 20 % coconut oil.

Except on the composition, the quality depends on several other ceatures as for example: percentage and temperature of fusion of the fatty acids, content of sodium chlorids in the soap, the type and method of mechanical treatment etc.

But though all the conditions for obtaining a high quality product are observed, some shortcomings are difficult to avoid. Here are the two most important failings:

1. The soap often gets soft and then cracks when used.
2. In hard water part of the soap is lost as insoluble alcaline-earth salts and the foaming capacity decreases.

For improvement the qualities of soaps based on the above mentioned characteristics, the use as additives of several synthetic surface active products is recommended. Such products are: alkylolamides, oxyethylated sulfates of fatty alcohols, different plasticizers etc. Published data however are not available. Some of these products in practice facilitate to some extend the mechanical treatment of the soaps. By visual evaluation they improve the homogeneity and the appearance of the final product. In spite of this, the shortcomings of soaps in hard water are still not resolved. In order to avoid this, some producers offer on the market synthetic soaps both in solid and liquid forme. Nevertheless consumers prefer natural soaps, so the ways and means for improving the properties in hard water are of interest both for consumers and producers.

The works of Noble, Linfield et al. suggest one decision in relation to the foaming capacity. Actually their efforts were directed towards production of effective detergents for laundry on soap base. These workers synthetized and studied series of synthetic surface active products in order to desperse the calcium soaps formed in hard water and to ameliorate the washing qualitites of preparations on soap base. The dispersed insoluble salts remained in the washing baths and were easily washed out and were not able to deposit on the tissues. Such a process would be expected to help the improvement of toilet soap qualitites both for amelioration of foaming capacity and for preventing the formation of alcaline-earth salts of fatty acids on skin and on hair. This we considered as a suggestion to undertake some prelimenery studies in that direction with available synthetic surface active products as components in toilet soaps.

We used soap chips destinated for production of toilet soaps, made out of mixture containing 70 % tallow, 12 % lard and 18 % coconut oil to make model samples with the following components:

1. Oxyethylated sulfates of fatty alcohols I,
2. Oxyethylated sulfates of fatty alcohols II,
3. Nonylphenolpolyglycol ether with 10 molecules ethylen oxide,
4. Alkylolamide,
5. Sulfosuccinate,
6. Alpha-sulfo-methyl esters of fatty acids.

Our previous studies on the mentioned products concerning the dispersive activity on calcium soaps showed that this activity with the oxyethylated sulfates of fatty alcohols was the highest. Comparing the different dispersive activities on calcium soaps, the examined products ranged as shown on fig. 1.

On the figure as a base we indicate the dispersive activity of the oxyethylated sulfates of fatty alcohols because it turn out to be the highest in comparison with the other products. First of all we were interested in the effect of these additives on the foaming capacity of the soap. To this end and using the same soap base we made a model samples mixed with 1 to 5 % of the above mentioned components. We examined the foaming capacity by means of the Ross-Miles method in water with different hardness. The experiments were carried out with 5 g/l concentrations at 50°C.

In the following figures the numbering of each model sample corresponds to numbering adopted in the beginning and in figure 1.

On figure 2 the effect of the examined synthetic surface active agents on foaming capacity in distilled water could be traced.

The graphs show that while products 1 and 2 have a positive effect with concentrations scarecely over 2 %, very small additions of products

4, 5 and 6 increase the foaming capacity. Alkylphenolpolyglycol ether (No. 3) in small concentrations inhibit the foaming capacity and only after 3 % acts as a stimulant.

Fig.1

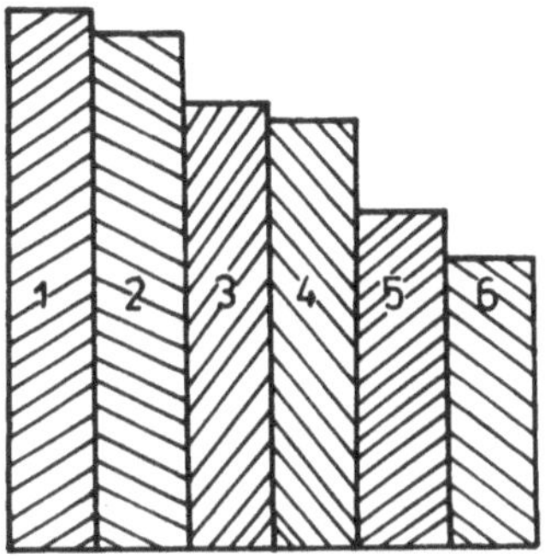

1 - Oxeth fatalk.sulf. I
2 - Oxeth fatalk.sulf. II
3 - Alkylphenolpoliglykoleth - 10
4 - Alkylolamid C_{12}
5 - Sulfosuccinat
6 - Fattyacid-α-sulfometh.ester

Fig.2
Foaming property in soft water

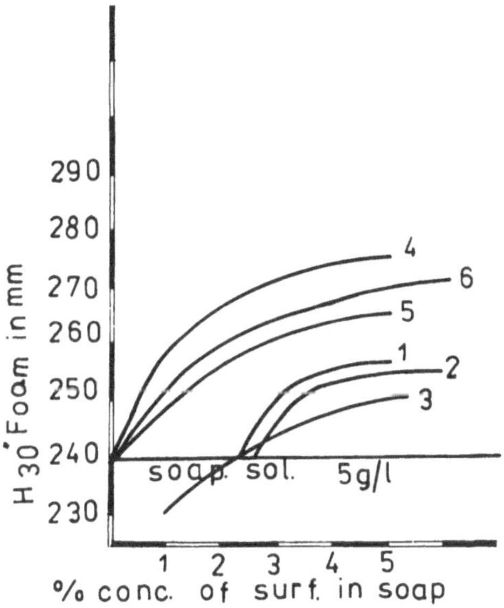

Fig. 3
Foaming property in hard water 15˚DH

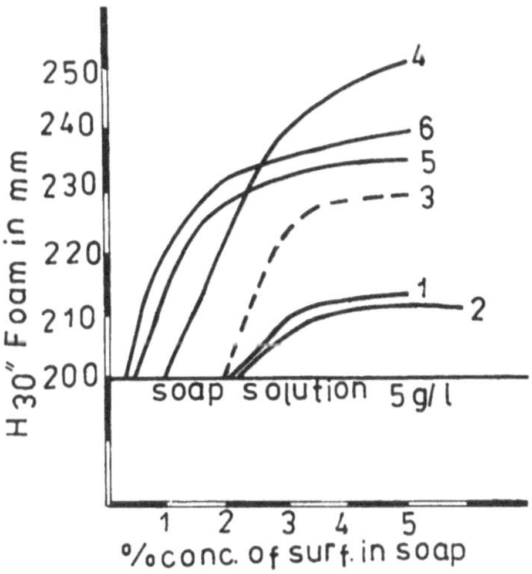

As it must be expected the foaming capacity of the pure soap in hard water become lower. While in distilled water it is 240 mm, in water with 15°H hardness it diminish to 200 mm. With this hardness of the water the effect of the synthetic surface active agents is expressed more distinctly and the positive influence of products 5, 6 and 4 rapidly ihcreases with the rise of their concentrations in soap.

Fig.4
Foaming property in hard water 25 DH

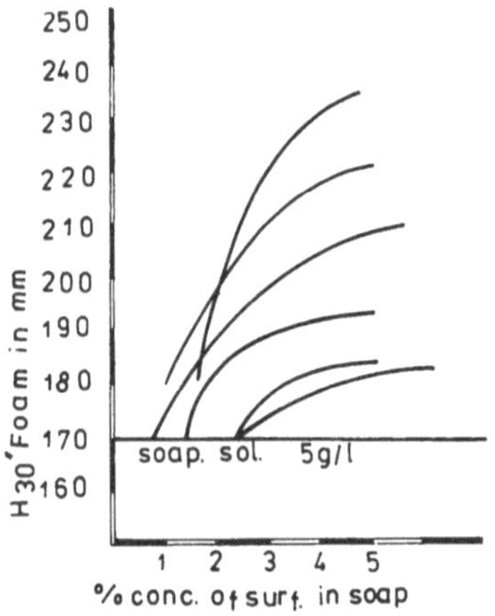

The same situation remains with 25°H hardness. The intensity of action of the products keeps identical order.

We found that the addition of the above mentioned surface active products in all cases more or less influence positively the foaming capacity of pure soap. The optimum concentration could be admitted between 3 and 4 % in respect of soap. Further increase of the concentration do not lead to proportional increase of this index. Except the alkylolamide (No. 4) which is known from the literature as a good foam stabilizer, similar activity is shown by the alpha-sulfomethyl ester of fatty acids and to certain extend by the sulfosuccinate. The rest of the products exert an activity only above concentrations of 3 %.

In the beginning we showed on figure 1 the dispersive activity of the products on calcium soaps. Comparing the above mentioned foaming capacity with foam stimulating activity in hard water, we observe that between these two indices correlation does not exist.

Together with this, we carried out experiments of swelling in water. A soap that absorbe less himidity on the wash-basin does not softens and fissures easily when used. For evaluation of this feature, the small bar of hard soap weighed in advance was submerged in distilled water where it was left for 24 hours at room temperature. Afterwards it was weighed again, after being drained a few minutes. The amount of absorbed water was calculated in percents. The results could be seen on the following figure 5.

Fig. 5
Water absorbtion
of solid soap in %

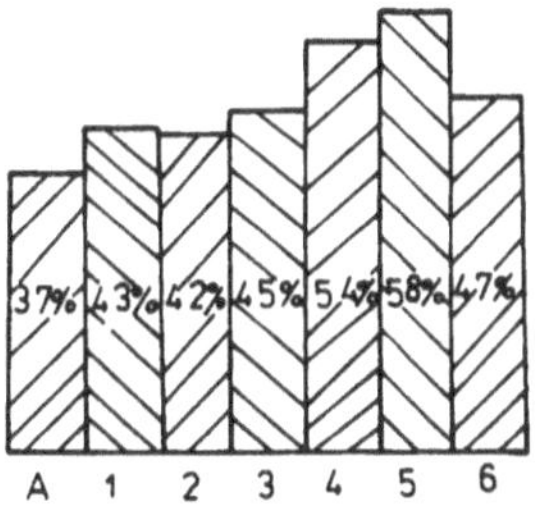

The examined soap bars, produced by industrial means, contained 2 % synthetic surface active agents. On the figure 5 the pure soap without additions is indicated with the letter A. It was determined that on the wash-basin the pure soap was the most stable. All other additives had negative influence on that feature.

The results so obtained indicate that the alpha-sulfomethyl esters of fatty acids satisfy our requirements in great extend for high foaming capacity in hard water and high durability when in use (small percent absorption of humidity). The degree of fission, which we can not illustrate here is also in proportion to the absorbed humidity.

The other determinations carried out, as for extrem rate of dissolution and penetration, in all the cases gave similar results, which could not considered as significant.

The studies carried out here showed encouraging results concerning the improvmeent of the foaming capacity in hard water. In studing also the influence of other surface active products, we consider that more positive effects could be achieved in better balancing the various consumers' qualitites of toilet soaps.

References

/1/ T. TZVETKOV: Mixture of synthetic surface active products and soaps as a base for high quality preparations for washing. D.I. "Tehnika" v.I, 1973, Papers of ISHFP (in bulgarian)

/2/ BISTLIN, NOBLE, LINFIELD: Mixed sulfated tallov alkanolamiedes as lime soap dispersing agents. JAOCS 50, 1973, Nr. 24, p. 294-295

/3/ NOBLE et al. Die Verwendung von Seifen in neuzeitlichen Waschmitteln S.Ö.F.W. 98, Nr. 24, s. 813

/4/ - Marlipal SU - Einsatz in Seifen, Firmenprospekt von "Hüls"

D. Vollhardt[1] and U. Retter [2]

[1] Central Institute of Organic Chemistry
[2]Central Institute of Physical Chemistry
Academy of Sciences of the GDR, 1199 Berlin

Monolayer Collapse as Nucleation Process

Introduction

Spread 'insoluble' monolayers at liquid surfaces are one of the most investigated topics of interface science. Interest in this system was initially prompted, and continues still, because of its central role in understanding the effect of surface-active substances at interfaces and in modelling the processes at biological membranes /1/. Literature data are often conflicting and even the surface pressure(π)-area (A) plots of simplest spread surface active substances vary considerably in spite of highly sensitive film balances.

The existence and stability of monolayers of solid surface-active substances is characterized by two points

- the equilibrium spreading pressure (π_E)
- the collapse pressure (π_C)

Above π_E there are only metastable monolayer states, whereas above π_C there is compressional 'fracture' of the monolayer.

The sources of difficulties may be traced back to neglect of the metastable monolayer properties, differences in the definition of the criterion for collapse and difficulties in the determination of π_E, i.e. of the transfer of the stable monolayer state to the instable one. The highly irreproducible monolayer collapse depends not only on the compression rate. Thus it cannot used as well-defined physical quantity.

Monolayer studies at constant surface pressure revealed that a defined loss of insoluble monolayer maeterial in the range of the surface pressure between π_E and π_C is due to collapse is to bulk fragments. Brooks and Alexander /2/ proposed as collapse criterion the accelerating loss of monolayer area at constant surface pressure. These results can be considered as the decisive step for a definition of collapse associated with a unique thermodynamic state of the monolayer-subphase system. The idea to model the monolayer collapse by homogeneous nucleation characterized by nucleation and growth of bulk surfactant nuclei was first proposed by Smith and Berg /3/ in 1980. However, they postulated incorrectly additivity for the loss rate caused by formation of the critical nuclei (j_n) and the loss attributable to their subsequent growth (j_g)

$$j_c = j_n + j_g.$$

Similar conclusions were drawn from the effect of pH on monolayer stability /4/.

In a recent article De Keyser and Joos /5/ have studied the collapse of spread monolayers by modifying the classic theory for homogeneous nucleation.

The purpose of the present work is to model the total collapse process by convolution of nucleation and growth process and to measure the monolayer transformation is to bulk material under definite conditions.

Theory of the nucleation model for monolayer collapse

For a given initial inventory of the monolayer material, the concentration of the surface-active substance in the surface (Γ) may be expressed at any instant as

$$\Gamma = \frac{n(t)}{A(t)} = \text{const.} \qquad (1)$$

where n is the number of molecules of surface-active substance in the surface, A is the measured total surface area, and t is the time. n is a constant at constant t. It follows for the total time derivative of Γ under the conditions of Eq. (1)

$$\frac{d\Gamma}{dt} = \frac{d}{dt}\left(\frac{n(t)}{A(t)}\right) = -\frac{n}{A^2}\frac{dA}{dt} + \frac{1}{A}\frac{dn}{dt} = 0 \qquad (2)$$

By rearrangement

$$\frac{dn}{dt} = \Gamma\frac{dA}{dt} \qquad (3)$$

Now dn/dt may be expressed by various loss rates

$$\frac{dn}{dt} = -\frac{dn_c}{dt} - \frac{dn_D}{dt} - \frac{dn_E}{dt} \qquad (4)$$

where the subscript D is the desorption, E is the evaporation, and c is the collapse.

In the absence of desorption and evaporation Eq. (4) sumplifies to

$$\frac{dn}{dt} = -\frac{dn_c}{dt} \qquad (5)$$

where n_c are the molecules forming nuclei on the monolayer. On integration of Eq. (3)

$$n_c = \Gamma(A_0 - A). \qquad (6)$$

Collapse model as homogeneous nucleation with hemispherical edge growth

For homogeneous nucleation the nucleation law is first-order /6/

$$N = N_{max} (1 - \exp(-kt)) \qquad (7)$$

where N is the number of nuclei and k is the nucleation rate constant.

For the initial time range, two limiting cases of special interest can be derived.

Instantaneous nucleation, if k is large: $N \simeq N_{max}$ (8)

Progressive nucleation, if k is small: $N \simeq k N_{max} t$

$$\text{or} \quad \frac{dN}{dt} \simeq k N_{max} \qquad (9)$$

Now let us consider the total loss process of monolayer collapse as convolution of the nucleation and growth process

$$\frac{dn_c}{dt} = \int_0^t f_1(t-y) \left(\frac{\partial f_2}{\partial t}\right)_{t=y} dy \qquad (10)$$

Here $f_1(t-y)$ is the growth function and $f_2(t)$ is the function of nucleation.

In the model proposed for the monolayer collapse discrete three-dimensional nuclei have to form on the monolayer molecules of tight package.

Using geometrical arguments the model with hemisperical edge growth has been first considered.

The growth of one hemisphere can be expressed as

$$\frac{dn_1}{dt} = 2 \pi r d k_1 = \frac{\rho}{M} \frac{dV}{dt} \qquad (11)$$

where r is the radius of the hemisphere, V is the volume of the hemisphere, d is the molecule diameter, ρ is the molecular density and k_1 is a constant.

Inserting

$$V = \frac{2}{3} \pi r^3$$

in Eq. (10), we obtain after a little rearrangement

$$r = \left(\frac{2 k_1 d M}{\rho}\right)^{1/2} t^{1/2} \qquad (12)$$

Substitution of Eq. (11) in Eq. (10) yields for the growth of one hemispherical nucleus

$$\frac{dn_1}{dt} = 2\pi\, d^{3/2}\, k_1^{3/2}\, (2\, M/\varrho)^{1/2}\, t^{1/2} \tag{13}$$

Now the two limiting cases of nucleation with hemispherical edge growth can be calculated.

For the case of instantaneous nucleation, Eqs. (8) and (13) give

$$\frac{dn_c}{dt} = N_{max} \cdot 2\pi\, d^{3/2}\, k_1^{3/2}\, (2\, M/\varrho)^{1/2}\, t^{1/2} \tag{14}$$

and Eq. (14), on integration, takes the form

$$n_c = \Gamma (A_0 - A) = \Gamma\, k_{HJS}\, t^{3/2} \tag{15}$$

where

$$K_{HJE} = N_{max}\, \frac{4}{3}\, \pi\, d^{3/2} \left(\frac{2\, M}{\varrho}\right)^{1/2} k_1^{3/2} \tag{16}$$

The subscripts of the constant (K) symbolize the main features of the growth process:

H is hemispherical, J is instantaneous, E is edge.

On the other hand the solution for progressive nucleation can be obtained by combination of Eqs. (9), (10), and (17)

$$\frac{dn_c}{dt} = K_{HSE}\; k\; N_{max}\; t^{3/2} \tag{17}$$

Integration of Eq. (17) leads to the result

$$n_c = \Gamma (A_0 - A) = \Gamma\, k_{HPE}\, t^{3/2} \tag{18}$$

where

$$K_{HPE} = \frac{2}{5}\, K_{HJE}\; k\; N_{max}. \tag{19}$$

Comparing Eqs. (15) and (18), it can be seen that the solutions for instantaneous and progressive nucleation differ by the exponent of time. Thus, the model can be ascertained which characterizes the collapse mechanism by linearisation both Eqs. (15) and (18).

Experimental

Relaxation measurements of the molecular areas at constant surface pressure give boundary conditions suitable to varify the above collapse model. Therefore, plots showing the time dependence of molecular area at various constant surface pressures were measured for metastable octadecanoic acid monolayers on aqueous subsolutions adjusted to pH 3 with reagent HCl.

The thermostated film balance used has been described elsewhere /1/. With a feedback electronics the constant surface pressure was maintained by moving the barrier. After relatively rapid precompression the monolayer was finally compressed at a rate of 0.03 nm^2/molecule-min to the desired surface pressure level ($t \leq 3$ min).

The conditions of optimal cleanness of the apparatus and the system as well as highest purity of the substances were identical with those described in /7/.
All measurements were performed at 22°C.

Results

For local internal monolayer equilibrium, the surface pressure (π) may be regarded as a function of the concentration of monolayer material

$$\pi = \pi(\Gamma(t))$$

and thus

$$\frac{d\pi}{dt} = \left(\frac{d\pi}{d\Gamma}\right)\left(\frac{d\Gamma}{dt}\right)$$

Under the conditions of experiments giving the monolayer area as a function of time at constant surface pressure, we have

$$\frac{d\pi}{dt} = 0$$

such that

$$\frac{d\Gamma}{dt} = 0$$

i.e. it is possible to obtain information on collapse dynamics using the time dependence of monolayer area from a series of constant-π runs.

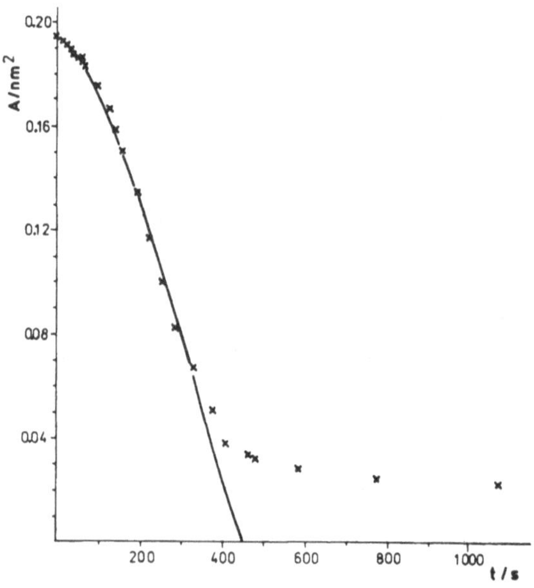

Fig. 1: Area relaxation of octadecanoic acid monolayers (pH 3) at π = 40 m N m^{-1} as instantaneous nucleation with hemispherical edge growth

Fig. 1 shows the areal change of an octadecanoic acid monolayer as a function of time at π = 40 m N m^{-1} and pH 3 where the crosses represent single experimental values of the experimental A-t plot measured continously. All experimental curves for constant surface pressures in the range between 20 h N m^{-1} and 40 m N m^{-1} show a concave-downward shape in the initial relaxation stages, as is also apparent from the experimental data of Fig. 2 for the medium constant surface pressure π = 22 m N m^{-1}.

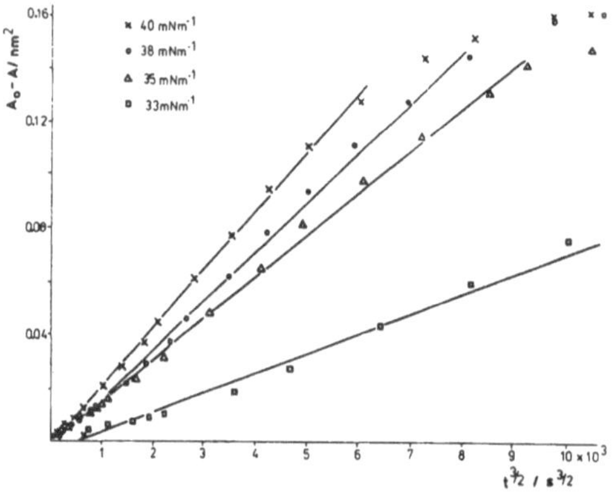

Fig. 2: Model of instantaneous nucleation with hemispherical edge growth for area relaxation of octadecanoic acid monolayers (pH 3) at constant surface pressures

In the succeeding stages, the A-t curves change from an initial concave-upward portion to horizontal lines approximating a boundary value A_∞.

Discussion

The present model describes the collapse as nucleation process with convolution of nucleation and growth. Solutions for instantaneous nucleation (Eq. 15) as well as progressive nucleation (Eq. 18) with hemispherical edge growth were calculated. By ascertaining whether one of both models characterizes the process the role of the above nucleation mechanisms may be clarified.

For instantaneous nucleation, according to Eq. (15) plots of (A_0-A) vs $t^{3/2}$ should be straight lines. The area relaxation data of octadecanoic acid monolayers with constant surface pressure values higher than 30 m N m^{-1} could be linearised in this way as shown in Fig. 3 for some selected surface pressures.

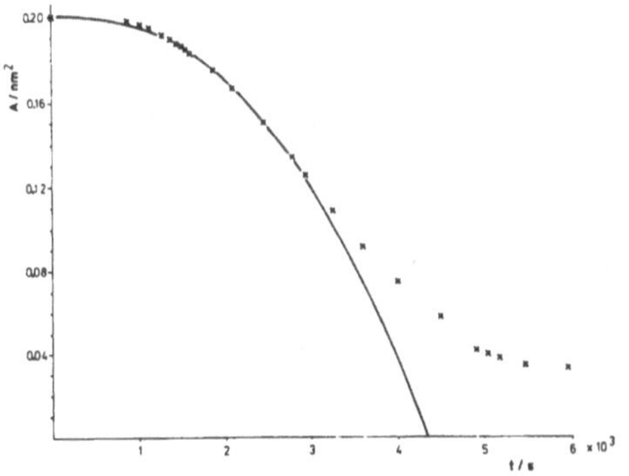

Fig. 3: Area relaxation of octadecanoic acid monolayers (pH 3) at π = 22 m N m^{-1} as progressive nucleation with hemispherical edge growth

The good fit of the experimental data by Eq. (15) by means of linear regression proves the consistence with the model calculated for instantaneous nucleation with edge growth over a broad initial time interval. With the values of the regression constants it is possible to calculate the theoretical A - t dependence.

The theoretical curve for area relaxation calculated for instantaneous nucleation with hemispherical edge growth applying Eq. (15) is consistent with the experimental data in the initial stage of the curve concave-downward shaped as shown in Fig. 1 for the octadecanoic acid monolayer with constant π = 40 m N m^{-1}.

On the other hand, for progressive nucleation the experimental data should be fitted by the linearised Eq. (18). As pictured by the linear $(A_0 - A)$ vs $t^{5/2}$ plot in Fig. 4, this model is corroborated by fitting the experimental data of the initial relaxation stage of the octadecanoic acid monolayer with medium surface pressure $\pi = 22$ m N m^{-1}.

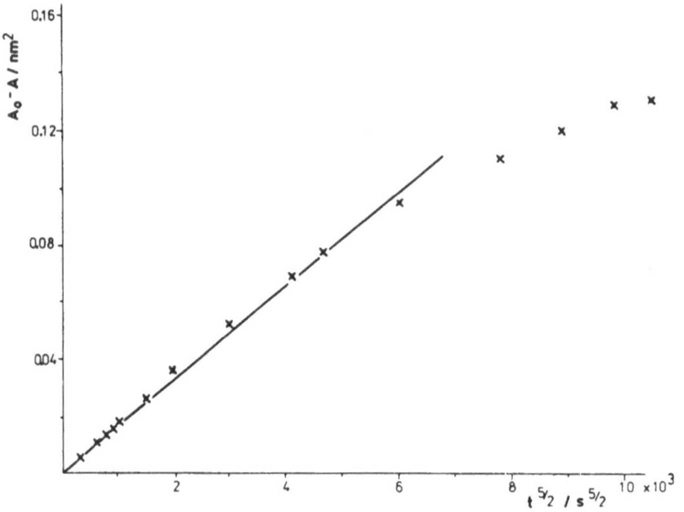

Fig. 4: Model of progressive nucleation with hemispherical edge growth for area relaxation of octadecanoic acid monolayers (pH 3) at $\pi = 22$ m N m^{-1}

Analogously with above, with these data the theoretical A - t plot calculated for progressive nucleation with hemispherical edge growth (solid curve in Fig. 2) well describes the experimental initial relaxation stage concave-downward shaped with medium constant surface pressures.

The present model is restricted at the initial stage of growth of the nuclei until tightest package of the grown nuclei is reached. It follows that with this model no information can be given on the succeeding stage of overlap. Nevertheless, the experimental results of the stage with overlap of nuclei suggest the approximation to a boundary value of the molecular area (A_∞), i.e. with the ratio A_0/A_∞ the number of molecule layers is given for t_∞.

This fact necessarily makes the analysis of experimental data conditional in case of the instantaneous nucleation. Because of the homodispersity of nuclei the number and the size of nuclei on the unit surface can be calculated for tightest package without overlap. The area assigned to tightest package of nuclei can be also estimated for instantaneous nucleation, where the calculated values are consistent with that part of the A - t plot where the experimental data deviate from the calculated one.

References

/1/ Vollhardt, D.: D.Sc. Thesis, Academy of Sciences of the GDR, Berlin, 1982

/2/ Brooks, J.H., Alexander, A.E.: in "Retardation of Evaporation by Monolayers" (V.K. La Mer, Ed.), p. 245, Academic Press, New York, 1962

/3/ Smith, R.D., Berg, J.C.: J. Colloid Interface Sci. 74 (1980) 273

/4/ Xu, S., Miyano, K., Abraham, B.M.: J. Colloid Interface Sci. 89 (1982) 581

/5/ De Keyser, P., Joos, P.: J. Phys. Chem. 88 (1984) 274

/6/ Fleischmann, M., Thirsk, H.R.: in "Advances in Electrochemistry and Electrochemical Engineering, Vol. 3, ed. by P. Delahay, Wiley Interscience, New York, 1963

/7/ Vollhardt, D., Wittig, M., Petrov, J.G., Malewski, G.: J. Colloid Interface Sci. 106 (1985) 28

TEIL II

PHYSIKALISCHE CHEMIE UND APPLIKATION GRENZ-FLÄCHENAKTIVER STOFFE

Баран А.А.,Лазаренко Е.Н.,Тесленко А.Я.,Гирфанова Т.Ф.,Медведев Ю.В.

Институт коллоидной химии и химии воды Академии наук Украинской ССР, Киев

Устойчивость бактериальных суспензий в присутствии высокомолекулярных соединений

В современной биотехнологии используются разнообразные микроорганизмы, продукты жизнедеятельности которых являются сырьем для получения спиртов, кислот, антибиотиков, белковых паст и других ценных продуктов. Как правило, в процессе культивирования получают седиментационно и агрегативно устойчивые дисперсии микроорганизмов, стабильность которых определяется одновременным действием ряда факторов-электрических сил отталкивания, сольватационного и структурно-механического факторов устойчивости и других. Продукты микробиологического синтеза получают концентрированием клеточной суспензии и отделением биомассы от нативного раствора. Используемые для этой цели традиционные методы (сепарирование, коагуляция электролитами, высаливание) приводят к значительным потерям целевого продукта и загрязнению окружающей среды в результате появления сточных вод микробиологического производства. Разработка методов отделения микроорганизмов от жидкости важна и для микробиологической очистки бытовых и сточных вод.

Одним из эффективных методов концентрирования клеточной суспензии является ее флокуляция полиэлектролитами. В продолжение начатых нами в этом направлении работ /I,2 / в данной статье приведены результаты исследования таких факторов на степень концентрирования клеточной суспензии как молекулярная масса и заряд флокулянта, конформационная жесткость его макромолекул.

Обьектом исследования служила суспензия клеток Escherichia Coli, штамм М-I7, выращенная на глюкозо-минеральной питательной среде до стадии стационарного роста. Количество клеток в культуральной жидкости составляло обычно I2-I5 млрд.клеток/мл.

В качестве флокулянтов использованы различные синтетические и природные высокомолекулярные соединения: полиэтиленоксид (ПЭО), полиакриламид (ПАА), полиакриловая кислота (ПАК), а также специально синтезированные для данной работы катионные полиэлектролиты. К ним относятся: сополимеры окиси этилена (ОЭ) и эпихлоргидрина (ЭХГ), хлорметиленовые группы которых были превращены в катионные аммонийные группы обработкой третичными аминами, как описано в работе /3/ ; полидиэтиламиноэтилметакрилат (поли ДЭАЭМА) и его сополимеры с акриламидом (АА), винилпирролидоном (ВП), акриловой (АК) и метакриловой (МАК) кислотами, полученные радикальной полимеризацией по методу /4-6/; водорастворимые производные хитина- карбоксиметилхитин (КМХ) и оксиэтилхитин (ОЭХ) получали щелочным дезацелированием хитина крабов /7,8 /. Состав сополимеров определяли по данным ИК, ^{1}H и ^{13}C- ЯМР-спектроскопии. Молекулярные массы (М) рассчитаны из значений характеристической вязкости, диффузии и светорассеяния растворов полимеров.

Мерой флокуляции служило отношение концентрации клеток (n) в надосадочной жидкости к их исходной концентрации (n_0) в культуральной жидкости, измеренные через 20 часов с момента введения реагента. Концентрацию клеток определяли фотоэлектрическим колориметром-нефелометром при длине волны 600-10 нм по заранее построенным калибровочным кривым. Адсорбцию реагента находили по разности концентрации ВМС в растворе до и после контакта с клеточной массой; концентрацию полиэлектролитов определяли методом коллоидного титрования или интерферометрически. Электрофоретическую подвижность клеток определяли микроэлектрофоретически. Значения электрокинетического потенциала клеток вычисляли по обычной формуле Смолуховского, т.е. без учета поляризации двойного электрическогоо слоя, которая в условиях наших опытов была несущественной.

Характеристики синтезированных гибкоцепных полимеров приведены в таблице.

№	катионный мономер (% мол.)	$[\eta] \times 10^{-2}$, дл/г	$M \times 10^{-4}$	ξ
I	Полиэтиленоксид	12,3	260	-
2	ЭХГ/ОЭ (2 % мол.ЭХГ)	1,9	42	0,05
3	ЭХГ/ОЭ (6 % мол.ЭХГ)	0,9⁰	9	0,11
4	ДЭАЭМА / ВП			
	8,6	0,85	24	0,29
5	16,2	2,2	82	0,70
6	34,3	2,2	68	1,32
7	86,4	1,5	35	2,1
8	94,1	1,6	29	2,54
9.	(ДЭАЭМА /ВП). CH_3	1,4	-	2,10
10	(ДЭАЭМА/ ВП). C_3H_8	0,9	-	2,10
11	(ДЭАЭМА /ВП). C_9H_{21}	0,7	-	2,10

Примечание: плотность положительного заряда (ξ) рассчитывали по формуле: $\xi = e^2/kTDl$,где е- заряд протона, D - диэлектрическая постоянная воды, кТ-произведение константы Больцмана на абсолютную температуру, l - расстояние между ионогенными группами линейно вытянутой макромолекулы.

Проведенные опыты показали, что широко используемые на практике неионные и анионные флокулянты - полиакриламид, полиэтиленоксид и полиакриловая кислота не оказывают дестабилизирующего действия на суспензию клеток вплоть до концентраций 300 мкг/мл. Введение положительно заряженных групп в макромолекулы сополимеров ЭХГ/ОЭ, при полном сохранении структуры цепи ПЭО, заметно повышает их флокулирующую способность; как видно из данных рис.I, с помощью этих реагентов удается выделить из культуральной жидкости до 40-50 % клеток. При этом эффективность концентрирования определяется в первую очередь не молекулярной массой флокулянта, а величиной его заряда, характеризуемой значением ξ. Это наглядно видно, например, из сопоставления величин n/n_o в присутствии ПЭО и ЭХГ/ОЭ: несмотря на снижение М при переходе от первого вещества ко второму более чем в 30 раз, флокулирующее действие сополимера возросло. Указанная зависимость, т.е. превалирующее влияние величины ξ на эффективность флокуляции суспензии E. coli подтверждена на большом числе сополимеров на основе катионного мономера ДЭАЭМА и неионных АА и ВП, мольный состав которых варьировался в пределах от 0 до 100 % ДЭАЭМА (характеристики некоторых из этих реагентов см. в таблице).

Влияние заряда макроиона на флокуляцию суспензий клеток иллюстрируют также данные рис.2. Видно, что по мере роста величины ξ сополимеров ДЭАЭМА/ ВП - например, при переходе от образца № 4 с ξ=0,29 к образцам № 6 с ξ = I,3 и далее к № 7 с ξ =2,I - увеличивается, с одной стороны, степень концентрирования , а с другой- снижается доза реагента, вызывающая максимальное осветление. При этом следует обратить внимание на то, что молекулярные массы указанных сополимеров отличаются не сильно (таблица). Во многих случаях, как это видно из данных рисунка 3, зависимость степени извлечения (n/n_o) от значения параметра ξ имеет линейный характер.

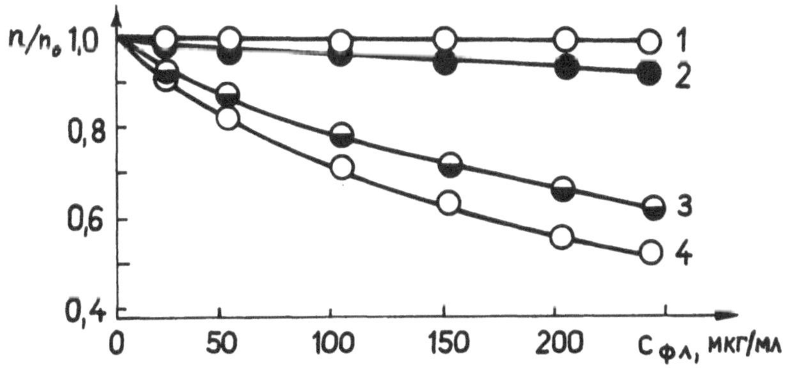

Рис.I. Зависимость степени осветления суспензий клеток от содержания в системе полиэтиленоксида (I), полиакриламида (2), сополимеров ЭХГ/ОЭ-I (3) и ЭХГ/ОЭ-2 (4).

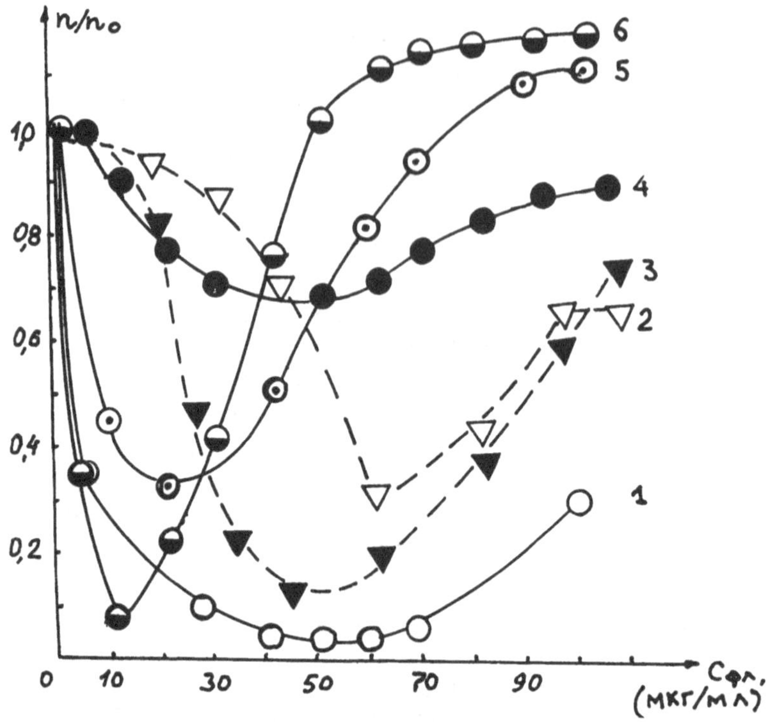

Рис.2. Зависимость степени осветления суспензий клеток от концентрации сополимеров на основе ДЭАЭМА: I- гомо ДЭАЭМА, 2-(ДЭАЭМА/ВП).C_4H_9 , 3- (ДЭАЭМА/ ВП).C_9H_{2I}, 4- ДЭАЭМА/ВП (ξ = 0,29), 5- ДЭАЭМА/ВП (ξ = I,32) и 6- ДЭАЭМА/ВП (ξ = 2,I).

Столь сильная зависимость флокулирующего действия поликатионов по отношению к бактериальной суспензии от плотности заряда макроцепи может быть обусловлено несколькими причинами. Во-первых, возрастание величины ξ приводит к увеличению адсорбции макромолекул полимера на противоположно заряженной стенке клеток. Во-вторых, с ростом заряда увеличиваются линейные размеры макроионов и повышается вероятность адсорбции одной и той же макромолекулы на нескольких клетках,т.е. формирования между ними полимерных мостиков. Аналогичная отмеченной выше закономерность имеет место и для полиамфолитов на основе ДЭАЭМА, АК и МАК. Однако для этих реагентов изменения зарядных характеристик и размеров макромолекулярных клубков, а следовательно и эффективности флокуляции, носит более сложный характер и существенно изменяется в зависимости от величины pH раствора.

Перейдем теперь к рассмотрению влияния жесткости полимерного каркаса на степень флокуляции. Нами установлено, что сополимеры на основе ДЭАЭМА, содержащие гидрофильные группы ВП, АК и МАК при примерно одинаковом значении параметра ξ по своему флокулирующему действию превосходят гомополимер ДЭАЭМА. Напротив, гидрофобизация макромолекул сополимера ДЭАЭМА/ ВП (75 % мол. ДЭАЭМА) галодными алкилами (таблица) приводит к снижению эффективности дестабилизирующего действия. Эту закономерность хорошо иллюстрируют кривые I,2,3 рисунка 2. Как видно, с ростом длины алкилной цепи уменьшается степень извлечения клеток и сильно увеличивается доза реагента, приводящая к флокуляции. Отмеченное снижение эффективности полиэлектролитов обусловлено, очевидно, уменьшением размеров клубков макромолекул (при $\xi \simeq$ const), на что, в частности, указывает снижение характеристической вязкости растворов сополимеров (таблица) при их алкилировании.

В этой связи представляет интерес сравнение флокулирующего действия жесткоцепных и полужестких макромолекул. В качестве базового полимера с отличной от гибкоцепных ВМС термодинамической жесткостью был выбран природный полисахарид хитин, на основе которого получены анионный карбоксиметилхитин и оксиэтилхитин. Для этих полимеров получены качественно совпадающие с гибкоцепными полиэлектролитами зависимости степени извлечения от знака и величины заряда макромолекул. Если добавки КМХ и ОЭХ не оказывают заметного влияния на устойчивость суспензии клеток, то введение хитозана (степень дезацелирования 0,85) вызывает эффективную флокуляцию: при применении этого реагента в количестве I0-I5 мкг/мл наблюдается полное осаждение клеток. И для этих полиэлектролитов степень осветления культуральной жидкости увеличивается по мере возрастания величины ξ (рис.3). Таким образом, несмотря на

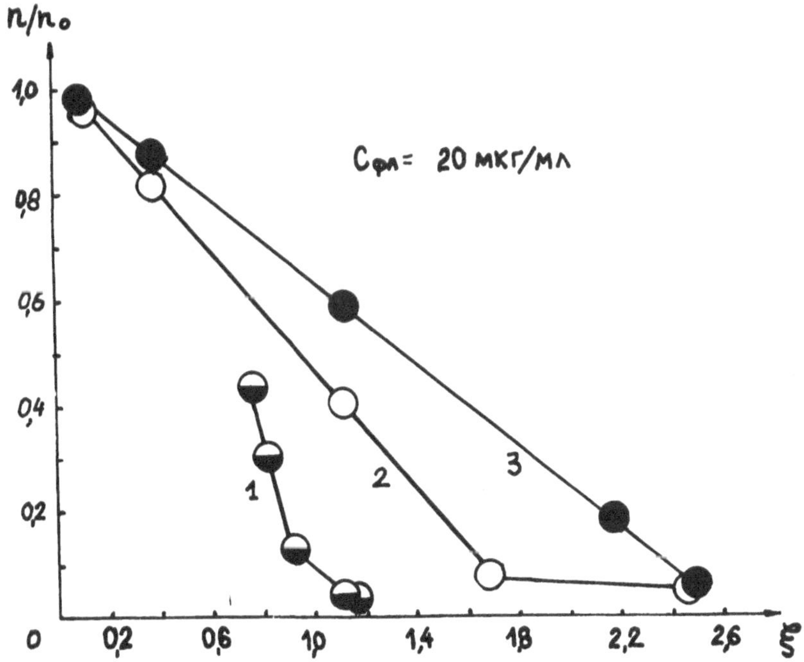

Рис.3. Зависимость степени осветления суспензии клеток от величины ξ макромолекул: I- хитозан, 2- ДЭАЭМА/МАК, 3- ДЭАЭМА/АА

существенно меньшие значения М (в 5-10 раз) и параметра ξ (в 2,5 раза) по сравнению с гомоДЭАЭМА, хитозан существенно превосходит последний по своему дестабилизирующему действию. Это кажущееся противоречие находит обьяснение, если принять во внимание влияние на флокуляцию термодинамической жесткости макромолекул, которая для хитозана гораздо выше, чем для гибкоцепных ВМС /9/.

Существенное отличие флокулирующей концентрации гибкоцепных и жесткоцепных полиэлектролитов, а также ряд косвенных данных, в частности, прочностные характеристики образующихся флокул, позволяют считать, что флокуляция суспензий клеток E. coli в этих случаях может проходить по различным механизмам.

Наиболее наглядно о механизме флокуляции можно судить на основе сопоставимых данных по адсорбции полимеров и ее влияния на электрокинетический потенциал и устойчивость дисперсий. На рис.4 представлены такие данные для изученной нами системы. Для исключения осложнений, обусловленных взаимодействием флокулянтов с компонентами культуральной жидкости и продуктами клеточного метаболизма (такое взаимодействие приводит, среди прочих, к увеличению расхода флокулянта /2/), все измерения проводили на суспензии отмытых клеток с рабочей концентрацией 10^9 клеток /мл. Последнюю получали обработкой клеток физиологическим раствором и их последующим отделением от интермицеллярной жидкости центрифугированием и повторным ресуспендированием до исходной концентрации в 0,1 М растворе хлорида натрия.

Как видно из рис.4, адсорбционные кривые для всех типов флокулянтов характеризуются плавным ростом величин адсорбции по мере увеличения концентрации реагента в системе. Наибольшая адсорбция имеет место для катионных флокулянтов, что может быть связано с наличием сильных электростатических взаимодействий между противоположно заряженными функциональными группами полимера и клеточной стенки. Предельные величины адсорбции ($\Gamma \times 10^5$ мг/см^2) составляют для хитозана 16,1, полиэтиленоксида- 8,4, натриевой соли карбоксиметилцеллюлозы - 10,0 и гомо ДЭАЭМА- 25,0. Рассчитанные из этих данных значения степени заполнения поверхности (эти значения, конечно, лишь оценочные) при флокулирующих концентрациях полимеров составляют,соответственно, 0,31 ; 0,5 ; 0,6 и 0,7.

Как следует из рис.4, максимальное снижение устойчивости суспензий клеток при добавлении гибкоцепного полиДЭАЭМА наблюдается при значениях электрокинетического потенциала клеток, близких к нулю. Это позволяет считать доминирующим фактором дестабилизации суспензии нейтрализацию поверхностных зарядов клеток. Иная картина наблюдается для жесткоцепного хитозана. В этом случае максимальное снижение концентрации клеток в суспензии наступает при значительных величинах дзета-потенциала клеток, порядка 40-50 мВ. На основании этих данных можно сделать вывод о превалирующем вкладе в механизм флокуляции хитозаном эффекта мостикообразования. Обусловлено это, должно быть, слабой

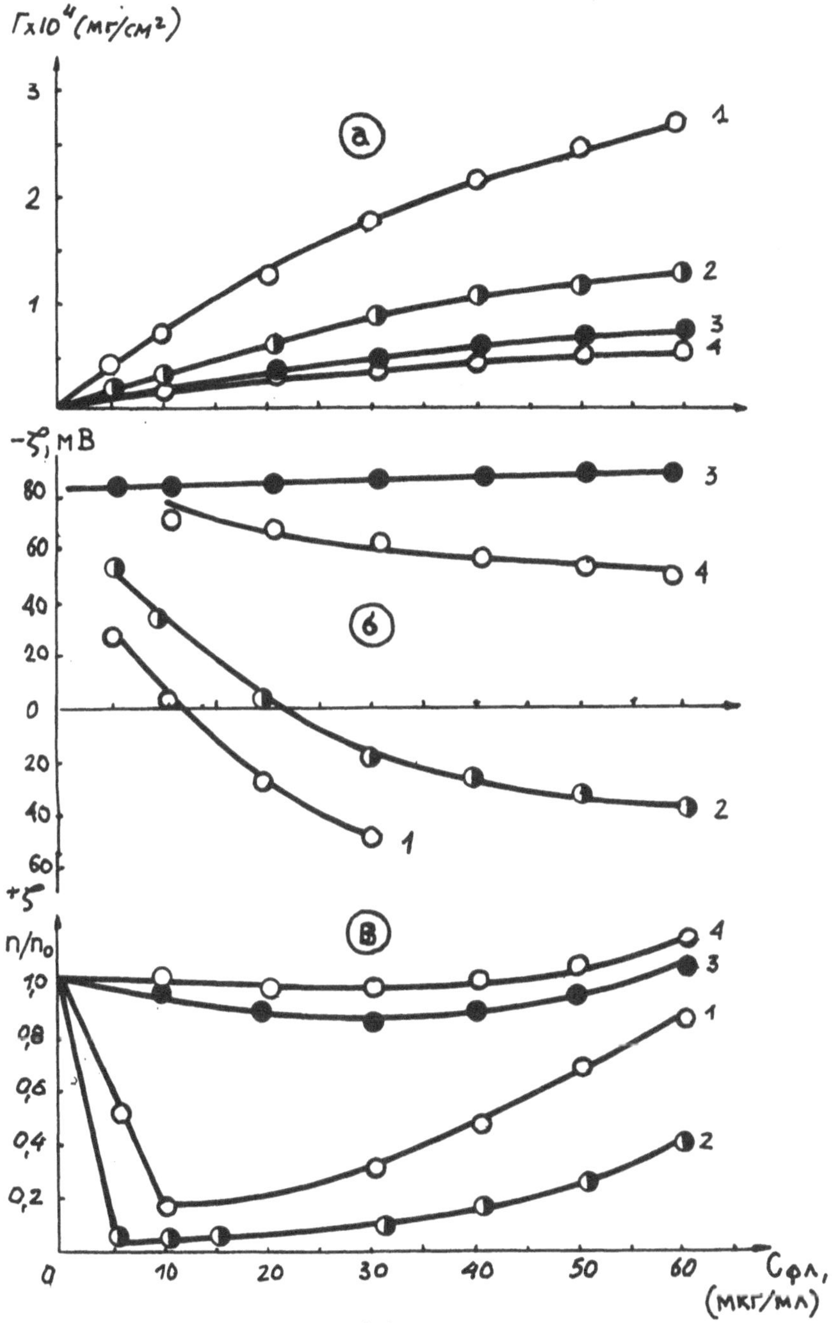

Рис.4. Изотермы адсорбции (а), электрокинетический потенциал (б) и степень осветления суспензий клеток (в), обработанных: I- гомо ДЭАЭМА, 2-хитозаном, 3- натриевой солью карбоксиметилцеллюлозы, 4- полиэтиленоксидом.

деформацией макромолекул жесткоцепного хитозана и его производных при переходе на поверхность. Ясно, что в этом случае условия для нейтрализации поверхностного заряда менее благоприятны, чем при адсорбции легко деформирующихся гибкоцепных полимеров.

Литература

1. Соломенцева И.М.,Тесленко А.Я.,Баран А.А.,Лазаренко Е.Н.- Химия и технология воды, 1983, 5, № 5, с.459
2. Медведев Ю.В., Лазаренко Е.Н., Баран А.А., Тесленко А.Я.-Химия и технология воды, 1985, 7, № 3, с. 18
3. Фурукава Дж., Саегуса Т. Полимеризация альдегидов и окисей.-М.: Мир, 1965, 478 с.
4. Черенкова Ю.П., Зильберман Е.Н., Шварева Г.Н.- Ж.прикладной химии, 1980, 53, № 2, с. 378
5. Панарин Ф.П., Гаврилова Н.П.-Высокомолекулярные соединения, 1977, Б 19, № 4, с. 251
6. Merle Y. et al. in: Polymeric amines and ammonium salts., ed. Goethall E.J.,Pergamon Press, 1980, p.113
7. Muzarelli R.A.A. Chitin.-Oxford,Pergamon Press, 1977.-310 p.
8. Yamada H., Imoto T.-Carbohydr.Res.,1981, 92, No 1, p.161
9. Цветков В.Н., Эскин В.Е., Френкель С.Я. Структура макромолекул в растворах.-М.: Наука, 1964.-719 с.

J. Bielecki, G.-R. Wessler, P. Schwartz, H. Linde

Zentralinstitut für physikalische Chemie der Akademie der Wissenschaften der DDR

Die dissipative Struktur der Meniskus-Instabilität in viskoelastischen Medien als Beispiel für einen selbstaufzeichnenden Zufallsprozeß

Der dialektische Zusammenhang zwischen Zufall und Notwendigkeit spielt eine entscheidende Rolle beim Ablauf von Prozessen in Natur und Gesellschaft. Er beeinflußt zahlreiche chemische und physikalische Vorgänge, deren Verlauf durch die Formulierung bestimmter Bedingungen exakt vorhersagbar scheint, deren Ergebnis jedoch Folge eines Zufallsprozesses ist. So läßt sich beispielsweise die Bewegung eines Würfels durch deterministische Gleichungen eindeutig beschreiben. Das Ergebnis des Wurfes ist dennoch nicht vorauszuberechnen. Bei Erreichen einer instabilen Situation (Lage des Würfels auf einer Kante oder Ecke) nimmt der Einfluß kleiner Störungen (Unebenheiten in Würfel oder Unterlage) so weit zu, daß ihre Rolle auf das Ergebnis des Prozesses entscheidend wird.

Die Systemgleichungen, mit denen diese Vorgänge beschrieben werden, sind nicht linear, besitzen demzufolge mehrere Lösungen. Die grafische Darstellung der stationären Lösungen der Gleichungen ergibt ein Verzweigungsdiagramm, wie in Abb. 1 dargestellt.

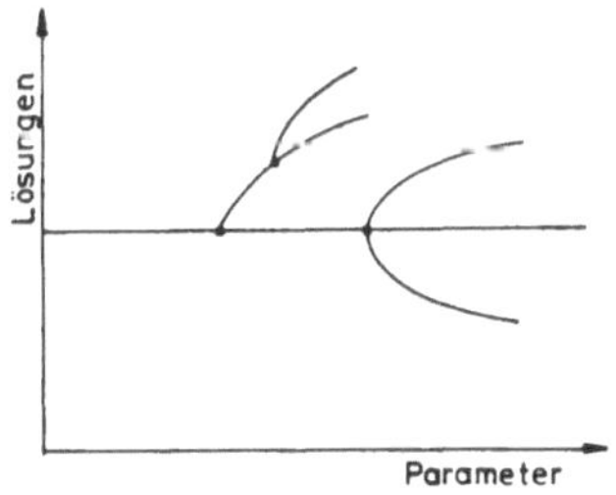

Abb. 1. Prinzipdarstellung eines Verzweigungsdiagrammes (nach /1/)

Solche Verzweigungen werden als Bifurkationen bezeichnet. Bei Veränderung eines Parameters wird das Diagramm quasistationär durchlaufen. In der Nähe eines Verzweigungspunktes befindet sich das System in einer instabilen Situation, und der Zufall entscheidet über das weitere "Schicksal" des Systems. Bereits Störungen in der Größenordnung statistischer Schwankungen genügen, um das System zum Beschreiten des einen oder anderen Weges zu veranlassen.

Das Erscheinungsbild eines Bifurkations- oder Verzweigungsdiagramms erinnert an ein experimentell und theoretisch beschriebenes Phänomen /2,3,4/, das von uns unter dem Aspekt dieser modernen Betrachtungs- und Beschreibungsweise und mit veränderten experimentellen Verfahren erneut untersucht wurde. Dieses Phänomen der Instabilität eines laufenden Flüssigkeitsmeniskus tritt beim Öffnen flüssigkeitsgefüllter Spalte auf. Der Vorgang wurde von uns auf verschiedene Art experimentell realisiert:

1. Einseitiges Öffnen eines durch zwei Platten begrenzten Spaltes (Abb. 2.a)
2. Rollen oder Schieben einer Walze über die Flüssigkeitsschicht (Abb. 2.b)
3. Öffnen eines Spaltes durch Eindrücken von Luft in die durch zwei Platten begrenzte Flüssigkeitsschicht (Abb. 2.c)

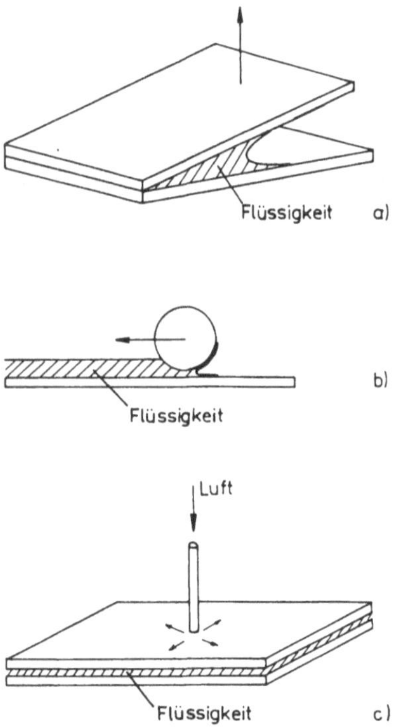

Abb. 2. Experimentelle Anordnungen zur Erzeugung der dissipativen Struktur der Meniskusinstabilität

Von Weh /4/ wurde nachgewiesen, daß Newtonsche Flüssigkeiten und viskoelastische Medien unter experimentellen Bedingungen, die den von uns verwendeten ähnlich sind, prinzipiell gleiches Verhalten zeigen.

Viskoelastische Medien bieten den Vorteil, daß die in ihnen als Folge der Meniskusinstabilität erzeugten Strukturen fixiert werden /5/ und damit einer fotografischen Erfassung und statistischen Auswertung leicht zugänglich sind.

Die Abbildungen 3.a)-c) zeigen typische Erscheinungsbilder der mit den beschriebenen experimentellen Anordnungen erzeugten dissipativen Strukturen.

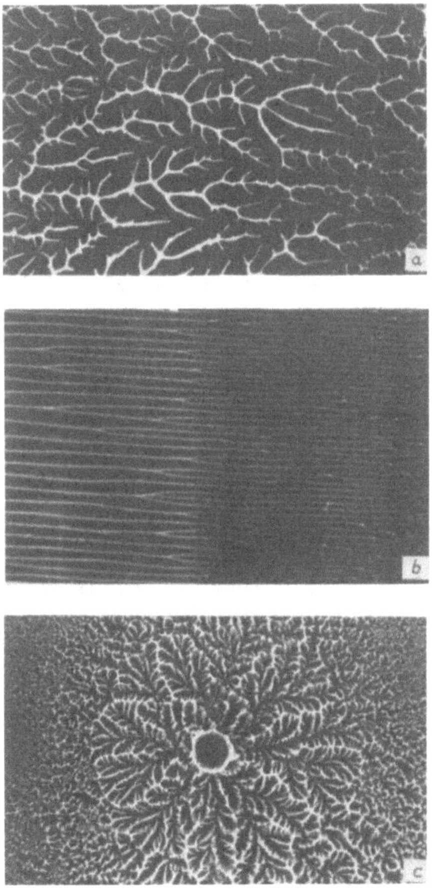

a)

b)

c)

Abb.3. Erscheinungsbilder der entsprechend Abb. 2.a)-c) erzeugten dissipativen Strukturen

Während die Strukturen in Abb. 3.a) und 3.c) sehr vielgestaltig und nur schwer zu systematisieren sind, zeigt Abb. 3.b) eine markante Streifenstruktur. Mit der experimentellen Anordnung entsprechend Abb. 2.b) wurden deshalb Versuche zum Einfluß verschiedener Parameter auf das Erscheinungsbild der dissipativen Struktur durchgeführt.
Variiert wurden:

- Dicke der Flüssigkeitsschicht (50...150 µm)
- Geschwindigkeit der Walzenbewegung und damit Vorrückgeschwindigkeit

des Meniskus (20 mm/s ...70 mm/s)
- Durchmesser der Walze und damit Form des Meniskus (4 mm ...7 mm)
Das in den in /2/ und /3/ formulierten dimensionslosen Kennzahlen enthaltene Verhältnis von Oberflächenspannung zu Viskosität wurde nicht variiert. Die viskoelastische Substanz (Hautcreme) dient lediglich als Aufzeichnungsmedium, ihre Eigenschaften werden nicht näher charakterisiert.

Ein deutlicher Einfluß des Walzendurchmessers konnte unter den hier verwendeten experimentellen Bedingungen nicht nachgewiesen werden.
In Abb. 3.b) ist der Einfluß einer Schichtdickenänderung (Helligkeitsunterschied in der Abb.) auf das Erscheinungsbild der dissipativen Struktur zu erkennen. Eine geringer werdende Schichtdicke führt zur Verringerung der Streifenabstände. Auch eine Vergrößerung der Vorrückgeschwindigkeit führt dazu, daß der Abstand der Streifen zueinander geringer wird.

Die theoretische Behandlung der beschriebenen Erscheinungen erfolgte in /2/ und /3/ unter Benutzung der Gleichungen für die Schmierspaltströmung. Diese beschreiben jedoch lediglich die Volumenströmung mit ausreichender Genauigkeit. Es werden Lösungen angegeben, die das Druckgleichgewicht erfüllen, das Schubspannungsgleichgewicht wird durch diese jedoch verletzt. Die vereinfachende Annahme, daß die Trägheitsglieder vernachlässigt werden können, ist für die Grundströmung möglich, nicht aber für die Störung.

Die bisherige theoretische Behandlung des Problems sagt die experimentell ermittelten Abstände der Streifen mit scheinbar befriedigender Übereinstimmung voraus, wird jedoch dem physikalischen Hintergrund nicht gerecht. Für die exakte Störungsanalyse müßten statt der Gleichungen für die Schmierspaltströmung die Navier-Stokesschen Gleichungen benutzt werden, unter Berücksichtigung der erzwungenen Konvektion und mit dem kompletten Satz der Randbedingungen. Ein solches Vorgehen führt jedoch schon für den einfacheren Fall der Hagen-Poiseuille-Strömung bei Durchführung einer Stabilitätsanalyse zu Dispersionsbeziehungen, deren Verarbeitung bisher nicht gelungen ist /6/.

Da jedoch selbst eine komplette Stabilitätsanalyse lediglich das Auftreten der unverzweigten Streifen, nicht das der Verzweigungen beschreiben könnte, muß dieses Verzweigungsverhalten experimentell untersucht werden. Inwieweit diese Experimente zur Illustrierung von Zufallsprozessen geeignet sind, soll am Beispiel der Abb. 3.b) angedeutet werden.
- Die Lauflänge, nach der durch die stufenförmige Schichtdickenänderung eine Verzweigung des Streifens auftritt, ist nicht für alle Streifen gleich, sondern durch stochastische Keimbildungsprozesse bestimmt.
- Die Zahl der Verzweigungen ist nicht reproduzierbar.
- Die Zahl der nach rechts bzw. links erfolgenden Verzweigungen

ist statistisch verteilt.

Die beschriebenen Phänomene, die Schwächen und Mängel in ihrer theoretischen Beschreibung und die Unmöglichkeit, ihre konkreten Erscheinungsformen vorauszusagen, weisen auf die Grenzen der Mittel hin, mit denen selbst solche relativ einfachen, experimentell und theoretisch gut untersuchten Prozesse beschrieben werden können. Die Zufallskomponente ist dabei, wie auch bei anderen Naturerscheinungen, nicht zu eliminieren.

Literatur

/1/ I. Prigogine, "Vom Sein zum Werden", München-Zürich, 1979

/2/ G.I. Taylor, J. Fluid Mech. 9,2(1960) 218

/3/ J.R.A. Pearson, J. Fluid Mech. 7 (1959) 481

/4/ L. Weh, Diss., Humboldt-Universität Berlin, 1972

/5/ H. Linde, P. Schwartz, Nova acta Leopoldina, im Druck

/6/ P. Schwartz, J. Bielecki, H. Linde, Ztschr. phys. Chem. (Leipzig), im Druck

H. BRETSCHNEIDER

Technische Hochschule Karl-Marx-Stadt; Sektion Textil- und Ledertechnik

Eine neue Methode zur Untersuchung des Benetzungsverhaltens von Einzelfasern

Einleitung

Grundlagenuntersuchungen zum Benetzungsverhalten von faserförmigen Materialien, besonders aber von textilen Fasern, sind von allgemeinem theoretischen und praktischen Interesse. Speziell in der Textilveredlung spielen Benetzungs- und Adsorptionsvorgänge eine wesentliche Rolle. Durch die Kenntnis der physikalisch-chemischen Zusammenhänge kann die Verbindung zwischen Vorgängen an der Einzelfaser und Vorgängen im textilen Flächengebilde hergestellt und damit die Beherrschung und Steuerung technologischer Prozesse sowie die Erzeugnisentwicklung vorangebracht werden. Diese Prozesse werden heute zum großen Teil noch nach empirischen Gesichtspunkten geführt. Die technologischen Vorgänge sind störanfällig, besonders dann, wenn Ausgangs- und Hilfsstoffe variiert werden.

Für die Bestimmung des Randwinkels an Einzelfasern werden verschiedene Methoden beschrieben. /1/ Es gibt in der Literatur sehr widersprüchliche Ergebnisse zwischen den einzelnen Methoden. YAMAKI und KATAYAMA /2/ sowie CARROLL /3/ bestimmen mittels der LAPLACE-YOUNGschen Beziehung den Randwinkel durch Berechnung aus der mikrofotografisch ermittelten Gestalt eines die Faser rotationssymmetrisch umgebenden Flüssigkeitstropfens.

Untersuchungen zum Einfluß des Faserdurchmessers auf die Tropfenform und damit auf den Randwinkel sind bisher nicht veröffentlicht worden.

Untersuchungsmethode

Zur Untersuchung des Benetzungsverhaltens von textilen Einzelfasern gegenüber organischen Flüssigkeiten bzw. Polymerdispersionen werden Tropfen auf waagerecht oder senkrecht in einer Haltung befestigte

Fasern mit einer Pipette aufgebracht. Die zu untersuchenden Tropfen müssen in ihrer Form einem rotationssymmetrisch die Faser umhüllenden Körper entsprechen.

Für Flüssigkeitstropfen auf textilen Einzelfasern ist charakteristisch, daß am Schnittpunkt der Flüssigkeitsoberfläche mit der Faseroberfläche mehr oder weniger große Abweichungen vom Kreisbogen auftreten.

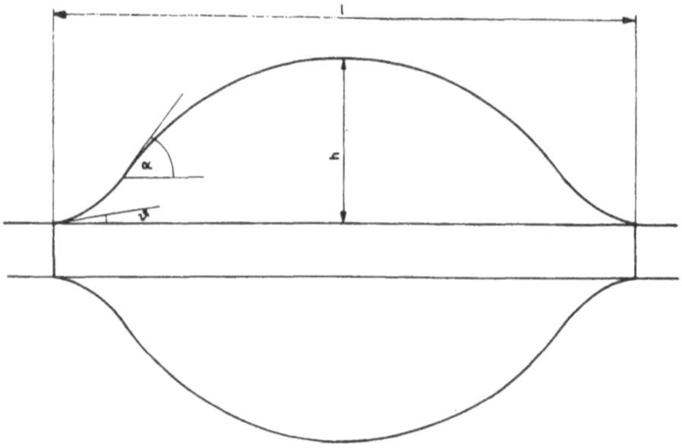

Bild 1 Flüssigkeitstropfen auf einer textilen Einzelfaser

Neben dem Randwinkel ϑ tritt im Wendepunkt, wo die Tropfenkontur vom Kreisbogen abweicht, ein charakteristischer Winkel α auf. α ist ebenso wie ϑ keine stoffspezifische Größe.

Infolge der großen Unterschiede, die es für Randwinkelwerte bei Fasermaterialien in der Literatur gibt, ist es notwendig, durch Grundlagenuntersuchungen den funktionalen Zusammenhang zwischen ϑ und α einerseits und den Grenzflächenenergetischen Größen (σ_{sg}, σ_{lg}, γ_{sl}), dem Tropfenvolumen und der Faserfeinheit andererseits zu untersuchen.

Die Tropfenkontur wird in vier Segmente entsprechend den vier Quadranten zerlegt, wobei die x-Achse auf der Faseroberfläche in Richtung der Faserlängsachse und die y-Achse als Verbindungsgerade zwischen dem maximalen Tropfendurchmesser festgelegt werden. Die Tropfenlänge wird dadurch in Richtung der x-Achse halbiert. Vom Koordinatenschnittpunkt bis zum Tropfenende wird normiert und x_E gleich 1 gesetzt.

Für die Berechnung wird angenommen, daß auf der Abszisse bis zum Punkt x = 0,6 die Tropfenkontur durch einen Kreisbogen beschrieben werden kann. Von x = 0,6 bis x_E = 1 ist die Tropfenkontur durch eine Gleichung 5. Grades darstellbar. Die Winkel ϑ und α sowie die Koordinaten des Winkels α werden in diesem Abschnitt berechnet. Aus beiden Kurvenabschnitten erfolgt die Berechnung des Tropfenvolumens, wobei das Faservolumen subtrahiert wird. /4/

$$V = 2 \cdot \pi \left[\int_{0}^{0,6} (R^2 - x^2 - R - Y_0^2) dx + \int_{0,6}^{1,0} (a_5 x^5 + a_4 x^4 + a_3 x^3 + a_2 x^2 + a_1 x + a_0)^2 dx - r_F^2 \cdot x_E \right] \qquad (1)$$

R Radius des Kreisbogens

r_F Faserradius

Y_0 maximale Höhe der Tropfenkontur

x_E halbe Tropfenlänge

Die Ermittlung des Randwinkels ϑ und des Winkels α im Wendepunkt erfolgt graphisch und numerisch.

Die Untersuchungsergebnisse zeigen, daß Verfälschungen der Meßergebnisse durch den Einfluß der Schwerkraft vernachlässigt werden können. Die Reproduzierbarkeit wird wesentlich von der Homogenität der Faseroberfläche beeinflußt.

Die beschriebene Methode hat sich sehr gut bei Untersuchungen zur Koagulation von Polymerdispersionen auf textilen Einzelfasern bewährt.

Einfluß der Faserfeinheit auf den Randwinkel

Der Randwinkel wurde an extrahierten und nicht extrahierten Polyester- (0,42; 0,88 und 1,70 tex) sowie Polyamidfasern (0,44; 1,10 und 2,20 tex) mit Phthalsäurediethylester, Ethylenglycol, Formamid und Glycerol gemessen.

Im untersuchten Feinheitsbereich ($19{,}7\ \mu m < d_F < 49{,}9\ \mu m$) ergeben Regressionsanalysen der Meßergebnisse einen eindeutigen Zusammenhang zwischen dem Logarithmus des Faserdurchmessers und dem Kosinus des Randwinkels ϑ. Die Berechnung des funktionalen Zusammenhanges $\cos\vartheta = f(d_F)$ erfolgt nach der Geradengleichung:

$$\cos\vartheta = m \cdot \lg d_F + n \qquad (2)$$

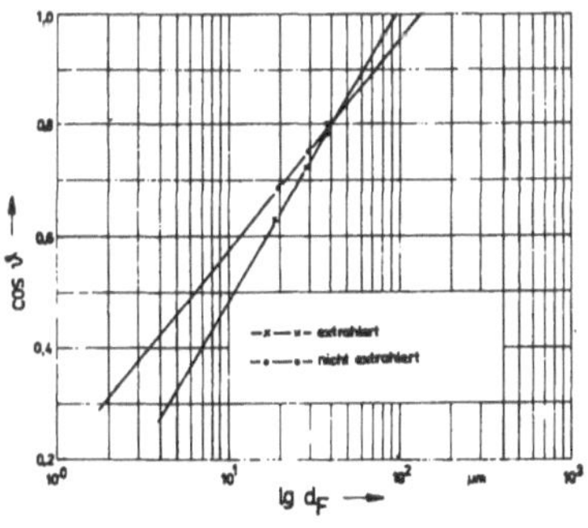

Bild 2 Abhängigkeit des Randwinkels ϑ von der Faserfeinheit (PE-F 0,44 tex; Phthalsäurediethylester)

Wird eine Extrapolation der Regressionsgeraden in Analogie zur Bestimmung der kritischen Oberflächenspannung nach ZISMAN durchgeführt, bedeutet dies, daß es einen Faserdurchmesser gibt, für den der Randwinkel $\vartheta = 0^{o}$ wird. Das heißt, daß die Prüfflüssigkeit spreitet und sich kein rotationssymmetrischer Einzeltropfen auf der Faser ausbilden kann. Die Flüssigkeit benetzt die Faser entweder einseitig oder bildet zusammenhängende Tropfenketten aus.

Für diese Faserstärke werden die Begriffe "kritische Faserfeinheit" (Tt_c) bzw. "kritischer Faserdurchmesser" (d_{Fc}) eingeführt.

Tabelle 1 "kritische Faserfeinheit" und "kritischer Faserdurchmesser" von Polyesterfasern

Faser	Prüfflüssigkeit	d_{Fc} in um	Tt_c in um
PE-F extrahiert	Phthalsäurediethylester	99	10,7
PE-F nicht extrahiert	Phthalsäurediethylester	137	20,5

Die "kritische Faserfeinheit" bzw. der "kritische Faserdurchmesser" ist von der Oberflächenspannung des Fasermaterials und von der Oberflächenspannung der Prüfflüssigkeit abhängig.

Die Untersuchungen zur Abhängigkeit des Benetzungsverhaltens von der Faserfeinheit werden durch die Ergebnisse von RUSZKOWSKI und SZATKOWSKI bestätigt. /5/ Die Autoren stellen fest, daß bei der Benetzung von Fäden (24 bis 120 tex) mit Polymerdispersionen keine Abhängigkeit vom Titer zu beobachten ist. Es kommt zum Spreiten der Flüssigkeit auf der Faseroberfläche. Der instabile Flüssigkeitsfilm bildet kugelförmige Gebilde aus, die unter weiterer Einschnürung auf der Faser in kleine Tröpfchen zerfallen.

Bei aus Dispersionen abgeschiedenen Polymeren wurde für den Winkel α der gleiche mathematische Zusammenhang in Analogie zu Formel (2) festgestellt.

Tabelle 2 Kritische Oberflächenspannung für extrahierte Polyesterfasern (0,42 tex)

Methode	σ_c in mN/m	σ_c^d in mN/m	σ_c^p in mN/m
ZISMAN	13,1		
NEUMANN und SELL	37,3		
DRIEDGER, NEUMANN und SELL	25,1[1]		
GOOD und GIRIFALCO	25,7		
OWENS und WENDT	24,6	20,6	4,0
WU	25,2[2]	18,9	6,6

1 Phthalsäurediethylester

2 Phthalsäurediethylester - Ethylenglycol

Die Werte für die kritische Oberflächenspannung sind wie erwartet nach der ZISMANschen Methode zu niedrig, da keine homologe Reihe von Prüfflüssigkeiten verwendet wurde.

Nach NEUMANN und SELL wird auf der Abszisse anstelle der Oberflächenspannungen der Prüfflüssigkeiten die Benetzungsspannung gegen den Kosinus des Randwinkels aufgetragen. Die kritischen Oberflächenspannungen sind, wie aus der Literatur bekannt, deutlich größer.

Die kritischen Oberflächenspannungen, die mit den Methoden nach GOOD und GIRIFALCO, OWENS und WENDT sowie WU erhalten werden, unterscheiden sich nur geringfügig. Bei der Verwendung von Phthalsäurediethylester werden mit der grenzflächenenergetischen Zustandsfunktion nach DRIEDGER, NEUMANN und SELL vergleichbare Werte erhalten.

Die Grenzflächenwechselwirkungen, die in engem Zusammenhang mit den Gebrauchseigenschaften stehen werden wesentlich von der energetischen Struktur, d.h. den dispersen und polaren Anteilen in den Phasengrenzen bestimmt. In der Literatur /1,6/ wird der Methode nach WU gegenüber den anderen Auswerteverfahren der Vorrang gegeben. Aufgrund der einfacheren Berechnung erhält jedoch die meist etwas ungenauere geometrische Mittelwertbildung nach OWENS und WENDT den Vorzug.

Auf der Grundlage der Werte der kritischen Oberflächenspannung, die nach WU mit dem Flüssigkeitspaar Phthalsäurediethylester - Ethylenglycol bestimmt wurden, werden mit der YOUNGschen Gleichung die Grenzflächenspannungen berechnet

Tabelle 3 Grenzflächenspannung (Polyesterfaser; 0,42 tex; extrahiert)

Prüfflüssigkeit	γ_{sl} in mN/m
Phthalsäurediethylester	2,52
Ethylenglycol	7,63
Formamid	8,84
Glycerol	18,23

Ein Vergleich der Grenzflächenspannungen zeigt deutlich die Abhängigkeit von der chemischen Konstitution beider Phasen und damit von der energetischen Struktur in der Phasengrenzfläche. Die Grenzflächenspannung steigt mit wachsender Oberflächenspannung der Prüfflüssigkeit an und steht nahezu im linearen Zusammenhang mit deren polaren Term.

Literatur

/1/ JACOBASCH, H.-J.; Oberflächenchemie faserbildender Polymere; Akademie-Verlag, Berlin, 1984; - S. 1-186.

/2/ YAMAKI, J.-I.; KATAYAMA, Y.; New Method of Determining Contact Angle between Monofilament and Liquid; J. app. polym. sci. 19, (1975), - S. 2897-2909.

/3/ CARROLL, B. J.; The Accurate Measurment of Contact Angle, Phase Contact, Areas, Drope Volume, and Laplace Excess Pressure in Drop. on-Fiber Systems; J. coll interf. sci. 57 (1976), - S. 488 - 495

/4/ RUDLOFF, E.; TH Karl-Marx-Stadt; persönliche Mitteilung

/5/ RUSZKOWSKI, K.; SZATKOWSKI, R.; Der Trockenmechanismus von Dispersionsbindemitteln auf der Faser; Przegl. wlokienn. 34 (1980) - S. 43 - 45.

/6/ GRÄFE, F.; Untersuchungen zur Bestimmung der Oberflächenspannung fester Polymerer; Dissertation A, 1979, TU Dresden, - S. 1 - 108.

N. BUSKE

Zentralinstitut für Physikalische Chemie der AdW der DDR
1199 Berlin
Rudower Chaussee

Zur Wirkungsweise der grenzflächenaktiven Verbindungen bei der Herstellung und Stabilisierung magnetischer Flüssigkeiten

Einführung

Magnetische Flüssigkeiten (Ferrofluide, Magnetofluide) sind stabile Suspensionen aus magnetisierbaren, sehr kleinen Teilchen, die im allgemeinen durch grenzflächenaktive Substanzen in den Dispersionsmedien stabilisiert werden. Die Stabilisierung ist optimal, da die Teilchen auch unter zusätzlich einwirkenden Magnet- oder Zentrifugalfeldern - bei Kräften bis zu dem 10^5fachen der Erdbeschleunigung - in einem geflockten, d.h. reversiblen, Zustand verbleiben.

Die magnetischen Flüssigkeiten wurden auf Grund ihrer hohen Stabilität in Magnetfeldern zu einem neuartigen Werkstoff; man spricht bereits von einer Magnetfluidtechnologie. So werden sie z.B. im Apparatebau als Dichtungen für Drehdurchführungen, als Sensoren und zum Dämpfen von Schwingungen benutzt. Sie dienen auch zur Leistungserhöhung von Lautsprechern. Weiterhin können sie zur Separierung von Buntmetallschrott nach dem Schwimm-Sink-Prinzip und als magnetische Tinte nach dem Strahl-Verfahren verwehdet werden. Eine ausführliche Beschreibung der physikalischen Eigenschaften und ihrer Anwendungen findet man in den beiden Monografien /1/ und /2/.

Herstellung magnetischer Flüssigkeiten

Wir stellten magnetische Flüssigkeiten sowohl auf Basis organischer- als auch wäßriger Dispersionsmedien mit Fe_3O_4-Teilchen als magnetische Komponente her. Die Teilchen wurden nach dem Kondensationsverfahren /3/ aus wäßrigen Eisen(II)- und Eisen(III) Salzmischungen mit konz. Ammoniumhydroxid ausgefällt. Die mittlere Teilchengröße betrug 9.5nm. Nach der Ausbildung der Fe_3O_4-Kristalle wurden grenzflächenaktive Verbindungen - mittelkettige Fettsäuren bzw. deren Salze - zugesetzt, die folgende Funktionen zu erfüllen haben:

a. Verhinderung eines weiteren Teilchenwachstums

Bekanntlich können unter den gegebenen Bedingungen größere Fe_3O_4-Teilchen durch "Auflösen" kleinerer, energiereicherer Teilchen weiterwachsen, oder es können kompakte Aggregate aus Fe_3O_4-Teilchen entstehen.

Beide Prozesse werden durch die Adsorption von Fettsäuren verhindert. In Gegenwart von Ammoniumhydroxid bildet sich mit der Fettsäure folgender Gleichgewichtszustand aus:

$$R-C\genfrac{}{}{0pt}{}{\nearrow O}{\searrow H} + NH_4OH \rightleftharpoons R-C\genfrac{}{}{0pt}{}{\nearrow O}{\searrow ONH_4} + H_2O$$

R entspricht dem Fettsäurerest, z.B. $CH_3(CH_2)_7CH\ CH(CH_2)_7$
Das fettsaure Salz ist teilweise dissoziiert. In diesem System hat das Säureanion die höchste Reaktivität zur Fe_3O_4-Teilchenoberfläche. Es reagiert deshalb chemisch mit ihr unter einer Salzbildung.

Die in der Lösung auch vorhandene Ölsäure wird reversibel, physikalisch an den weniger reaktiven Stellen der Fe_3O_4-Oberfläche adsorbiert. Beim starken Verdünnen der magnetischen Flüssigkeit mit tensidfreien Lösungsmittel wird die Ölsäure darum desorbiert und die Fe_3O_4-Teilchen koagulieren beim Überschreiten einer bestimmten Menge irreversibel /4/. Es ist darum uneffektiv, magnetische Flüssigkeiten in Gegenwart von Fettsäure (und nicht ihres Anions) herzustellen, wie das z.B. bei der Langzeitdispergierung oder durch Ausschütteln der Fe_3O_4-Teilchen aus der wäßrigen- in eine organische Phase versucht wurde.

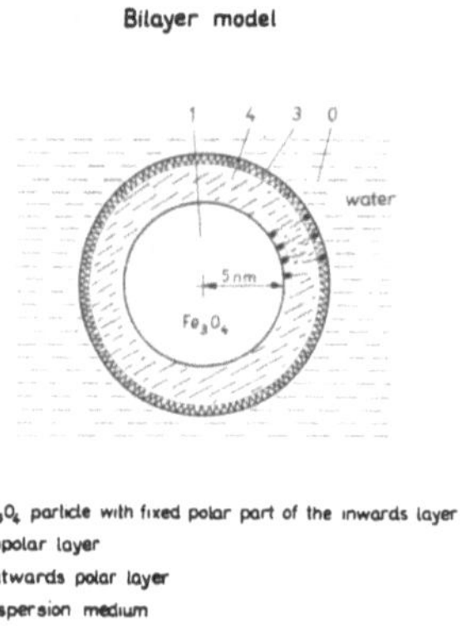

Abb. 1 Modell eines mit einer bimolekularen Schicht aus grenzflächenaktiven Verbindungen adsorbierten Fe_3O_4-Teilchens. Die realen Größenverhältnisse von Teilchen und Adsorptionsschicht wurden berücksichtigt.

Zur Herstellung magnetischer Flüssigkeiten auf wäßriger Basis werden nacheinander zwei Adsorptionsschichten um die Teilchen ausgebildet /5/. Die erste, teilchennahe, haftet überwiegend chemisch, die zweite durch hydrophobe Wechselwirkung. Die Bischichten können chemisch identisch oder von unterschiedlicher Natur sein. Ihrer Struktur ist in Abb. 1 schematisch dargestellt.

b. Solvatisieren der beschichteten Teilchen

Das in wäßriger Lösung gefällte Fe_3O_4 ist hydrophil und deshalb in organischen Dispersionsmedien ohne eine Modifizierung der Teilchenoberfläche nicht stabil. Erst durch die Bildung einer monomolekularen Adsorptionsschicht einer Fettsäure werden die Teilchen hydrophob und durch ein organisches Lösungsmittel leicht solvatisierbar. Die Solvatation (Benetzung) ist um so effektiver, je ähnlicher die Struktur des hydrophoben Teiles des Tensids mit der des Dispersionsmediums ist. Die Hydratation der durch Bischichten stabilisierten Teilchen erfolgt ausschließlich in der polaren äußeren Schicht der dem Medium zugewandten zweiten Adsorptionsschicht. Infolge der hohen Teilchenzahl und damit der großen Gesamtoberfläche ist relativ viel Lösungsmittel solvatisiert, was wohl für die Ausbildung der flüssigen Stacheln (Spikes) des Magnetofluids in Gegenwart von Magnetfeldern verantwortlich ist.

c. Flush-Prozeß

Die Effektivität des Transportes der Fe_3O_4-Teilchen aus der wäßrigen- in eine organische Phase (Flush-Prozeß) wird ebenfalls durch die durch Tenside modifizierten Eigenschaften der Teilchenoberfläche bestimmt. Dabei sind 2 Reaktionsmechanismen möglich: Einmal können die hydrophoben Fe_3O_4-Teilchen direkt mit der organischen Phase in Berührung kommen, wobei diese im Kontakt in die Adsorptionsschicht hinein diffundiert, und die Teilchen unter Peptisierung in die organische Phase überführt. Die Voraussetung für diesen Prozeß, die Erfüllung der Spreitungsbedingung

$$\sigma_{W/Fe_3O_4} > \sigma_{O/Fe_3O_4} + \sigma_{O/W}$$

ist gegeben, da σ_{W/Fe_3O_4} relativ hoch ist.

σ_{W/Fe_3O_4}, σ_{O/Fe_3O_4} und $\sigma_{O/W}$ bedeuten die Grenzflächenspannungen der wäßrigen Phase zum hydrophoben Fe_3O_4-Teilchen, der organischen Phase zum hydrophoben Fe_3O_4-Teilchen und der organischen- zur wäßrigen Phase.

Andererseits ist auch eine spontane Emulgierung der organischen Phase in die wäßrige Phase möglich. Die Voraussetzungen dazu, nämlich eine Verwirbelung der Grenzfläche durch eine sehr niedrige Grenzflächenspannung und eine Phasengrenzflächenreaktion der in der organischen Phase gelösten Fettsäure in die wäßrige Phase unter Bildung des fettsauren Salzes sowie die Erfüllung der Koaleszenzbedingung

$$\sigma_{W/Fe_3O_4} > \sigma_{O/Fe_3O_4} O_{O/Fe_3O_4} + \sigma_{O/W} \Delta O$$

sind vorhanden.

ΔO bezeichnet die Veränderung der Oberfläche des Öltröpfchens nach der Umnetzung des Fe_3O_4-Teilchens.

In der Tat kann der Flush-Prozeß in Kohlenwasserstoffen ohne Ausbeuteverlust durchgeführt werden, wenn durch vertikale Strömungen im Reaktionsgefäß eine gute Durchmischung der Phasen gewährleistet und durch Absenken des pH-Wertes über 9.5 die Phasengrenzflächenreaktion des Tensides gefördert wird.

Stabilisieren der Fe_3O_4-Teilchen

In /6/ konnten wir aus Berechnungen der zwischenpartikularen Wechselwirkungsenergien der Fe_3O_4-Teilchen unter Berücksichtigung des Einflusses der Adsorptionsschicht zeigen, daß die magnetische Flüssigkeit stabil ist, wenn die kinetische Energie kT der Teilchen bei allen erreichbaren Teilchenabständen größer als die Summe der zwischenpartikularen Anziehungsenergien ist. Diese Berechnungen bezogen sich auf magnetische Teilchen in organischen Dispersionsmedien. Nach dem gleichen Schema haben wir nun Berechnungen der mit einer Bischicht stabilisierten Fe_3O_4-Teilchen mit Wasser als Dispersionsmedium durchgeführt. Alle Berechnungen beziehen sich auf das in Abb. 1 dargestellte Teilchenmodell. Berechnungsgrundlage ist die in /7/ angegebene modifizierte VOLD-Gleichung.

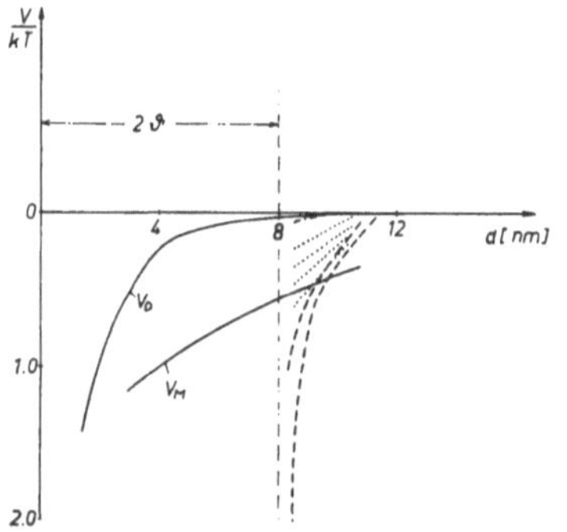

Abb.2. Zwischenpartikulare Wechselwirkungsenergien, in kT-Einheiten, als Funktion des Teilchenabstandes d

V_D = Dispersionswechselwirkungsenergie ohne Berücksichtigung des Einflusses der Adsorptionsschicht mit $A_1 = 2.3 \cdot 10^{-19}$J nach /8/, A_o = $3.5 \cdot 10^{-20}$J und a = 5nm;

V_M = induzierte magnetische Wechselwirkungsenergie (Gleichung s. Text); Alle anderen Berechnungen beziehen sich auf das in Abb.1 gezeigte Modell die benutzte Gleichung ist in /7/ zitiert.

–·– Kurve: $A_o = A_3$ bei $A_4 = 5\ 10^{-20}$J,

····· Kurven: Variation von A_3 mit den Werten 4, 4.5, 5 und $5.5 \cdot 10^{-20}$J (von der oberen zur unteren Kurve)

---- Kurven: Variation von A_o mit den Werten 5.5 und $3 \cdot 10^{-20}$J,

ϑ = Dicke der Bischicht und ϑ_4 = 3.5nm

In der Abb.2 sind für dieses Modell die zwischenpartikularen Wechselwirkungsenergien (in kT-Einheiten) als Funktion des Teilchenabstandes dargestellt. Die maximale magnetische Wechselwirkungsenergie V_M (nur präsent in Gegenwart eines äußeren Magnetfeldgradienten) wurde berechnet nach

$$V_M = -8\pi I_s^2\ a^6 / \ 9\mu_o(2a + d)^3$$

I_s ist die Sättigungspolarisation der Fe_3O_4-Teilchen (0.6T).

Weiterhin ist die Dispersionswechselwirkungsenergie V_D ohne Berücksichtigung des Einflusses der Bischicht eingezeichnet. Wie ersichtlich, sind die magnetischen Teilchen beim Teilchenkontakt (d = 8.5nm) flokkungsstabil, weil V/kT kleiner als 1 kT ist.

Die Tiefe des Energieminimums und damit der Flockungsgrad der Teilchen wird entscheidend von der Differenz der Hamakerkonstanten der äußeren, polaren Adsorptionsschicht A_3 und der des Dispersionsmediums A_0 bestimmt. Übersteigt z.B. A_3 den Wert von $5.5 \cdot 10^{-20}$J, werden die Teilchen im Magnetfeld geflockt, da $V_M + V_d' > 1$kT ist. Infolge des geringen Durchmessers der äußeren Adsorptionsschicht, ist ihr Einfluß allerdings geringer als der von A_0. Wie aus Abb. 2 ersichtlich ist, wird die Wechsel wirkungsenergie beim Teilchenkontakt (d = 8.5nm) bei kleinen A_0-Schwankungen schnell größer als kT. Hingegen hat eine Änderung der Hamakerkonstante des unpolaren Teiles der Adsorptionsschicht A_4 und deren Schichtdickenänderung δ_4 nur einen unwesentlichen Einfluß auf die Stabilität der dispergierten Teilchen.

Die Summe der Wechselwirkungsenergien sind aber allein nicht ausschlaggebend für die zu erreichende Stabilität der magnetischen Flüssigkeiten. So müssen außerdem noch bei der Bischicht die beiden hydrophoben Molekülteile miteinander "verträglich" sein. Zwei geknickte Molekülteile, wie bei der Ölsäure, verhindern ein gegenseitiges Mischen und stabilisieren darum nicht. Auch Tenside mit zu kurzen Kettenlängen stabilisieren nicht, wie z.B. die Bischichtkombination von Adipin-/Laurinsäure. Weitere Bedingung für eine gute Stabilisierung ist eine ausreichende Löslichkeit des fettsauren Ammoniumsalzes in der wäßrigen Phase. Stearinsäure ist deshalb nicht verwendungsfähig.

Da zusätzlich die Hamakerkonstanten nur ungenügend bekannt sind, kann zur Zeit nur das Experiment über die Eignung eines grenzflächenaktiven Stoffes zur Stabilisierung magnetischer Flüssigkeiten entscheiden.

Literatur

/1/ S. W. Charles und J. Popplewell, in E. P. Wohlfarth (Ed.), Ferromagnetic Materials, Vol.2, North-Holland, Amsterdam, 1980, Kap.8

/2/ R. E. Rosensweig, Adv. in Electronics and Electron Physics, Vol. 48, S.103

/3/ S. E. Khalafalla und G. W. Reimers, US Patent 3 764 540

/4/ R. W. Chantrell, J. Sidhu, P. R. Bissell und P. A. Bates, J. Appl. Phys. 53 (11), 8341 (1982)

/5/ N. Buske und T. Götze DDR WP Aktenzeichen C01G 230962

/6/ N. Buske, H. Sonntag und T. Götze, Colloids Surfaces, 12, 195(1984)

/7/ H. Sonntag, Lehrbuch der Kolloidwissenschaft, VEB Deutscher Verlag der Wissenschaften, Berlin, 1977, S. 127

/8/ H. Sonntag, ebenda, S. 113

CHIFU, E.*; GHEORGHIU, C.-I.**; STAN, I.*

* University of Cluj - Napoca, Romania
** Polytechnic Institute of Cluj - Napoca, Romania

Some Remarks Concerning the Marangoni Flow on an Inclined Plane

Introduction

In previous works /1,2/ some processes of surface flow have been analyzed by using the model of flow in a thin liquid layer of thickness δ and infinitely wide, situated on an inclined solid plane. The axis Ox_1 is orientied along the maximum slope, Ox_3 is perpendicular to the plane, and Ox_2 joins the points found at the same level (Fig. 1).

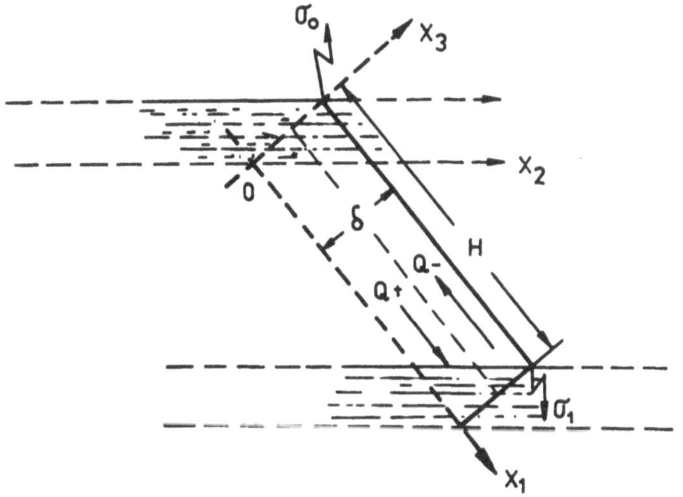

Fig. 1. Transverse section of the semi-infinite thin liquid layer; along the Ox_2 axis the layer is indefinitely expanded

The surface tension σ at the liquid/gas interface varies along the Ox_1 axis. This variation may originate in several causes.

Thus for instance, Van den Bogaert and Joos /4/ have studied the forced flow in a horizontal canal of rectangular section, under the action of a hydrostatic pressure gradient. Here the surface tension gradient is produced by the mechanical compression of a surfactant film.

In our above-cited works the surface tension gradient occurs between two reservoirs: one, holding the surfactant solution and situated at the distance x_1 = H; another, containing the pure solvent (or a more diluted surfactant solution) and situated at the distance x_1 = 0.

In a recent work /5/ we have studied the case when the surface tension gradient arises as a result of temperature changes.

From the theoretical point of view, electrical field variations could also lead to the occurence of surface tension gradients at interfaces.

By re-examining the model of the above-described semi-infinite liquid layer, we found it too approximate in fitting the experimental results and attempted to refine it. Thus, in a subsequent paper /3/, the flow of an incompressible viscous fluid under the simultaneous action of a surface tension gradient and of gravity has been considered, when developing along a canal of triangular transverse section (Fig. 2).

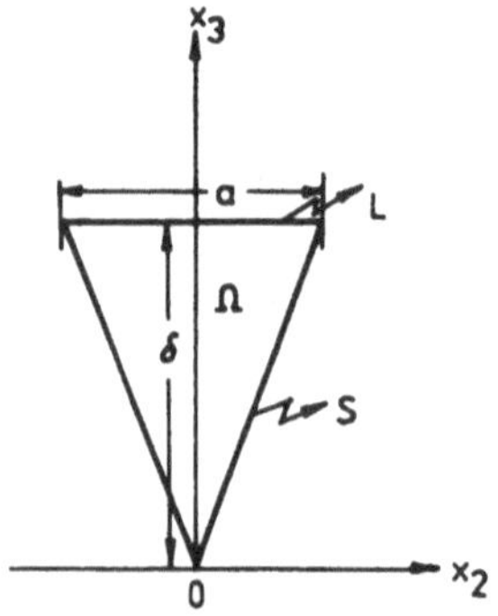

Fig. 2. Transverse section assummed for the thin liquid layer in the calculus.

Governing Equations

By referring now to this second physical model /3/, much more realistic, we shall try to give it a mathematical formulation.

As the fluid flowing along the canal is incompressible, the continuity equation is:

$$\operatorname{div} \vec{v} = 0 . \quad (1)$$

The equation of motion is the Navier-Stokes equation:

$$\varrho \frac{d\vec{v}}{dt} = \varrho \vec{F} - \operatorname{grad} p + \mu \Delta \vec{v} . \quad (2)$$

In equations (1) and (2) $\vec{v}$ represents the velocity vector, p is the pressure, ϱ the density, μ the viscosity and $\vec{F}$ the external forces.

If thermal phenomena are taken into account, then the set of equations (1) and (2) should be completed with the energy equation (see, for example, L. Howarth /6/).

When the flow is considered as symmetrical with respect to the plane $x_1 0 x_3$, what is very plausible, then we have:

$$v_2 = v_3 = 0 \quad (3)$$

and, from (1),

$$v_1 = v_1\,(x_2, x_3) \tag{4}$$

Another possible simplification consists of considering the pressure as constant along the canal, and then grad p = 0; or of giving a certain variation law to the pressure. In this second case the term grad p in Eq. (2) will be known.

The boundary condition on the solid walls, denoted by S in Fig. 2, will be that of adherence of the viscous fluid, namely:

$$v_1 = 0. \tag{5}$$

The boundary condition on the liquid/gas interface, denoted by L in Fig. 2, will be given by the equation of flow of the interface /7/:

$$\Gamma \frac{d\vec{w}}{dt} = \vec{F}_S + \text{grad}\,\sigma + (\varepsilon + k)\,\Delta\vec{w}\ , \tag{6}$$

with the supplementary condition:

$$\vec{w} = \vec{v}\ \Big|_{x_3 = \delta}$$

In Eq. (6), $\Gamma\ (ML^{-2})$ represents the surface density ($\Gamma \approx 10^{-7}\ g.cm^{-2}$), ε is the shear surface viscosity, and k the dilatational surface viscosity of the interface. The notation $\mu_S = \varepsilon + k$, (MT^{-1}) is also used occasionally.

The external forces $\vec{F}_S$ applied on the surface unit of the liquid/gas interface are the resultant of two components: the first originates in the field of external forces $\vec{F}_{ext}$ (which may be the gravity field, or an electrical field); the second is the traction exerted by the two phases (in our case $\vec{T}_1$, by the liquid, and $\vec{T}_g$, by the gas). Thus, $\vec{F}_S = \vec{F}_{ext} + \vec{T}_1 - \vec{T}_g$. If the field of external forces is reduced to gravity, $\vec{F}_{ext} = \Gamma \cdot g$ and, as a rule, this component is neglected because Γ has a very small value as compared with μ_S. For the same reason the left-hand side in Eq (6) will be cancelled. The traction upon the gaseous phase is also negligible in the expression of F_S, while the traction upon the liquid phase hase the following expression:

$$\vec{T}_1 = -\mu\left(\frac{\partial \vec{v}}{\partial x_3}\right)\Big|_{x_3 = \delta}$$

The relationsship (4) showing that the flow velocity of the liquid inside the canal depends only on the x_2 and x_3 coordinates, implies the fact the flow velocity of the liquid/gas interface - denoted by w - will depend only on the variable x_2 (as the interface is contained in the plane $x_3 = \delta$).

Taking these into account, equation (6) is written:

$$\mu_S \frac{d^2 w_1}{dx_2^2} - \mu \frac{\partial v_1}{\partial x_3} + \frac{\partial \sigma}{\partial x_1} = 0 \tag{7}$$

with the supplementary condition $w_1 = v_1\ \Big|_{x_3 = \delta}$

Here it was taken account of the fact that the movement of the interface occurs only with the Ox_1 direction, so that the component w_2 of the $\vec{w}$ vector is identical null.

The following boundary condition will be attached to the differential equation (7) in the unknown w_1:

$$w_1 (\pm a/2) = 0, \qquad (8)$$

meaning that also the liquid in the layer is viscous and therefore it adheres to the canal walls.

By integrating Eq. (7) with the conditions (8), and taking into account that $\partial (v_1)/\partial x_3 = \partial (v_1)/\partial n$ on L, the equation of motion of the incterface is:

$$\frac{\partial v_1}{\partial n} + \left[1 / \left(\frac{a^2}{4} - x_2^2\right)\right] \frac{2 \mu_S}{\mu} \cdot v_1 = \frac{1}{\mu} \cdot \frac{\partial \sigma}{\partial x} \quad . \qquad (9)$$

Like this, the equation of flow, with the boundary conditions, leads to the system:

$$\begin{cases} \rho \dfrac{\partial v_1}{\partial t} - \mu \quad \dfrac{\partial^2 v_1}{\partial x_2^2} \quad \dfrac{\partial^2 v_1}{\partial x_3^2} = \rho g \sin\alpha & \text{in } \Omega, \; t \in (0,T) \\ v_1 = 0 & \text{on } S \qquad (10) \\ \dfrac{\partial v_1}{\partial n} + v_1 \left[1 / \left(\dfrac{a^2}{4} - x_2^2\right)\right] \cdot \dfrac{2 \mu_S}{\mu} = \dfrac{1}{\mu} \cdot \dfrac{\partial \sigma}{\partial x} & \text{on } L \end{cases}$$

The signification of the angle α is given in Fig. 3.

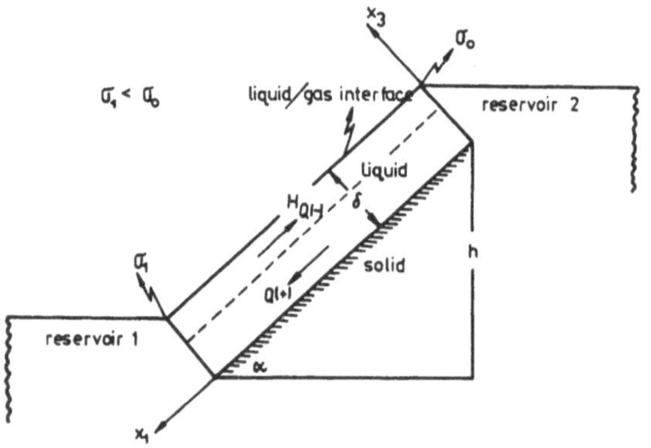

Fig. 3. Longitudinal section of the thin liquid layer in which the Marangoni flow is in competition with the gravity flow.

With regard to the initial conditions for the system (10) an entire series of speculations can be done.

Taking into account the experimental conditions, we have thought that at the initial moment, the field of velocities could be the solution of the following problem:

$$\begin{cases} -\left(\dfrac{\partial^2 v_1}{\partial x_2^2} + \dfrac{\partial^2 v_1}{\partial x_3^2}\right) = \dfrac{h}{H} \cdot \dfrac{\varrho g}{\mu} & \text{in } \Omega \\ v_1 = 0 & \text{on } S \\ \dfrac{\partial v_1}{\partial n} = 0 & \text{on } L \end{cases} \qquad (11)$$

This problem corresponds to the flow of an incompressible viscous fluid along the canal having a free surface - the condition on L.

Numerical results and discussion

The problem (11) is a mixed boundary value problem, attached to Laplace equation. It is a particular case of a problem treated in the work /3/. We have integrated it numerically, as in /3/, and used the finite element method in simplex form. We underline once again that the solution of this equation gives the initial condition for the problem (10). From the mathematical point of view it is a Cauchy-Dirichlet problem, attached to a linear parabolic equation. We have solved this problem by a finite element - finite differences method, of the Galerkin-Cranck-Nicolson type.

Details on the numerical integration of problems (10) and (11), including implementation of the used algorithms, are found in /8/.

In the numerical tests performed we have also tried to do the numerical integration of the stationary model, by making allowance for the surface viscosity μ_S. This model corresponds to the system (10) without the term $\varrho\partial v_1/\partial t$ and we shall refer to it as the model "μ_S". That one treated in the work /3/ will be referred to as the model "μ" and it corresponds in fact to the system (10) in which the derivative with respect to time is neglected and μ_S is taken as equal to zero on L. Finally, the most complete model is the one which corresponds to (10) and we shall refer to it as the "non-stationary" model.

In the following we try to compare, from the qualitative point of view, the numerical results obtained by using these three models, and to possibly refer to the experimental results discussed in /3/.

Thus, for values of the surface viscosity μ_S about 1×10^{-5} c P (μ being considered of the order of 5.49×10^{-3} cP), the models 'μ' and 'μ_S' lead practically to the same results.

The small differences, of 2×10^{-2} cm/S at the most, obtained by comparing the velocity values of the two models above, can be easily attributed to discriminatory precisions of calculus. The two rates of flow, of which the one is due to the Marangoni effect and the other to gravity respectively, agree to identity.

A first conclusion to be drawn is that surface viscosities of the order of 1×10^{-5} c.P. practically do not influence the flow.

The 'non-stationary' model brings in some new elements.

Thus, the differences between the velocity values, when compared with model 'μ_S' amount to 10^{-1} cm/S. In Fig. 4 the velocity profile in the plane x_1Ox_3 is given, at the end of the unit time interval corresponding to the hydrostatic difference h = 0.6 cm.

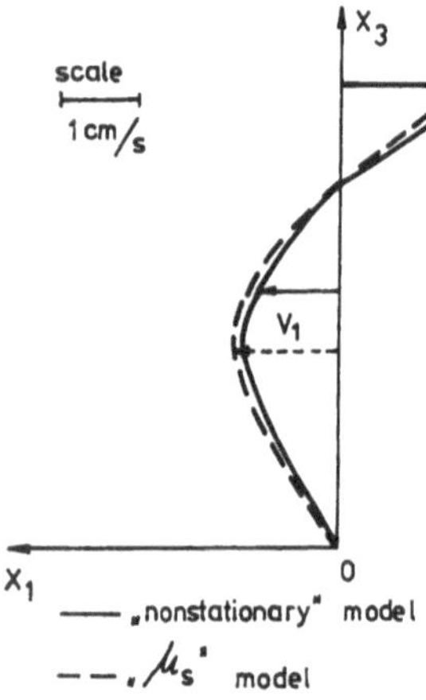

Fig. 4. Velocity profiles in the x_1Ox_3 plane, corresponding to the 'non-stationary' and 'μ_S' models, for $\Delta\sigma$ = 5.29 mN/m.

By comparing the rates of flow obtained in the 'non-stationary' model with those obtained in the 'μ_S' model, it can be realized that for the gravity flow the corresponding values coincide, while for the Marangoni flow the 'non-stationary' values are significantly larger. This time also, the comparison is done at the end of the unit time interval T = 1.

Referring now only to the 'non-stationary' model, we can notice that it leads to certain observations not detected experimentally. Namely, the moment of occurence for the 'antiparallel' flow (the gravity flow in competition with the motion due to the surface tension gradient) has been established as being 1/3 T with regard to the above-mentioned initial condition.

Further on, it has been evidenced that the 'antiparallel' flow appears in close vicinity of the solid wall and then develops towards the middle of the surface L. This fact is plausible, because near to the canal walls the thickness of the layer is small as compared to its maximum thickness δ .

It can also be noticed that an important rate of flow, comparable with the positive one, arises at the time 2/3 T.

Finally, some observations are to be made on the simplifications used.

From the phenomenological point of view, the molecular diffusion effect, appearing together with the antiparallel flow, has not been taken into account.

From the point of view of the algorithm of calculus it can be said that the simplest form has been chosen. Simplex finite elements have been considered (linear variation), and the interface liquid/gas L has been approximated with a plane.

Nevertheless, it can be concluded that, in a first approximation, the "non-stationary" model elucidates the transition stage from the flow on an inclined plane with a free surface to the flow under the action of the surface tension gradient.

References

/1/ E. CHIFU, et al. Studia Univ. Babes-Bolyai., 6 (2), 19 (1961); 8 (1), 49 (1963); 9 (1), 95 (1964); 9 (1), 101 (1964); 10 (2), 85 (1965); 10 (2), 91 (1965); 10 (2), 99 (1965); Rev. Roumaine Chim., 11, 873 (1966)

/2/ E. CHIFU, I. STAN, Rev. Roumaine Chim., 27, 703 (1982)

/3/ E. CHIFU, C.I. GHEORGHIU, I. STAN, Rev. Roumaine Chim., 29, 31 (1984)

/4/ R. VAN DEN BOGAERT and P. JOOS, J. Colloid Interface Sci., 69, 301 (1979)

/5/ E. CHIFU, et al., Rev. Roumaine Chim.(in press).

/6/ L. HOWARTH, "Modern Developments in Fluid Dynamics. High Speed Flow", vol. I, Oxford 1953

/7/ L.E. SCRIVEN, Chem. Eng. Sci., 12, 98 (1960); R. ARIS, "Vectors Tensors and the Basic Equations of the Fluid Mechanics", Prentice Hall, New Jersey, 1962, Cap. X; E. CHIFU, I. STAN, Z. FINTA, E. GAVRILĂ, J. Colloid Interface Sci., 93, 140 (1983)

/8/ C.I. GHEORGHIU, Ph.D. Dissertation, The University of Bucharest, Faculty of Mathematics (1984).

I. DÉKÁNY and F. SZÁNTÓ

Department of Colloid Chemistry, Attila József University,
Szeged, Hungary

Adsorption of ionic surface active substances on silicate surfaces

Inroduction

The adsorption of the water solution of a cationic surfactant, the hexadecyl-pyridinium-chloride was studied on silicates having different surface characteristics in order to obtain information about the relationship between the amount of adsorbed surfactant on the surface and the so-called enthalpy of displacement which accompanies the adsorption. The adsorption of surfactant was examined on silica powder and a cation exchanging clay mineral, on sepiolite. By analysing our experimental data information was obtained on the reversibility of surfactant adsorption, on the enthalpy change in the ion exchange reaction and the degree of lateral interactions between the alkyl chains. It can be determined how adsorbents of different surface characteristics influence surface exchangeability of surfactant molecules and the interaction between the same.

The enthalpy of displacement on solid/liquid interface

Performing microcalorimetric measurements on solid/liquid interface - knowing the adsorbed excess amount - definitely new pieces of information can be acquired about the structure and state of the adsorbed surfactant layer.

When the surfactant adsorption is studied in a flow microcalorimeter, that is, when solutions of different concentrations are flowed through the sorption cell which contains the adsorbent, the enthalpy change measured due to the adsorption is the so-called enthalpy of displacement

$$_{d}H = \Delta n_1^s(h_1^s - \frac{1}{r} h_2^s) + \Delta n_1^c(h_1 - \frac{1}{r} h_2) + n\, h^e(x_1) + n^s h^{se}(x_1^s) \qquad /1/$$

where Δn_1^s and Δn_1^c is the change of the surfactant amount in the surface layer and in the sorption cell in the bulk phase, $h^e(x_1)$ and $h^{se}(x_1^s)$ the excess enthalpy of mixing in the bulk phase and in the surface layer, h_i^s and h_i are the molar enthalpy of the given component in the surface layer and in the bulk phase, respectively. The displacement factor $r = V_{m,2}/V_{m,1}$ is given by the ratio of the solvent molecule $/H_2O/$ to the molar volume of the surfactant. In the above equation data referring to the bulk phase can be determined calorimetrically without an adsorbent, therefore the corrected enthalpy of displacement is

$$\Delta_d H' = \Delta n_1^s (h_1^s - \frac{1}{r} h_2^s) + n^s h^{se}(x_1^s) \qquad /2/$$

If measurement is started in the solvent of the surfactant that is at a composition $x_2 = 1$ and the increase of the adsorbed surfactant amount is ensured by a step by step increase in the concentration of the inflowing solution, the integral enthalpy of displacement isotherm

$$\Delta_{21} H = \sum_{x_1=0}^{x_1} \Delta_d H' = f(x_1) \qquad /3/$$

can be calculated by summing up the individual steps.

When the concentration of the solution decreases, a heat effect of opposite sign is obtained that is $\Delta_{21}H = -\Delta_{12}H$. Thus the reversibility of the adsorption process can be controlled calorimetrically. If measurements are carried out till the saturation value $x_1 = x_t$, that is the integral enthalpy of displacement can be measured when a total amount of surfactant is adsorbed

$$\Delta_{21} H_t = n_t^s (h_1^s - \frac{1}{r} h_2^s) + n^s h^{se}(x_1^s) \qquad /4/$$

Since the surface coverage fraction of the surfactant adsorbed in the surface layer is $\emptyset_1^s = n_1^s/n_t^s$, from Eqs. /2/ and /4/ it is clear that $\emptyset_1^s$ can also be evaluated from calorimetric data:

$$\emptyset_{1,cal}^s = \frac{\Delta_{21} H}{\Delta_{21} H_t} = f(x_1) \qquad /5/$$

Using the Everett-function (1,2) applied to the preferential adsorption of diluted solutions

$$\frac{x_1 x_2}{\Delta_{21} H} = \frac{1}{\Delta_{21} H_t} \left[\frac{1}{K - 1} + x_1 \right] \qquad /6/$$

is obtained which is used for linearized evaluation of microcalorimetric data and with its application the value of K equilibrium constant and $\Delta_{21}H_t$ can be determined as well.

The adsorption excess isotherms were determined on the basis of relation $n_1^{\sigma(v)} = v\Delta c_1/m$. For the adsorbent of m mass a surfactant solution of v volume was given and following the occurrence of adsorption equilibrium Δc_1 concentration change was determined by applying the appropriate surfactant analytic method. Plotting the excess isotherms in the Everett-Schay representation (3,4)

$$\frac{x_1 x_2}{n_1^{\sigma(v)}} = \frac{1}{S n_{2,0}^s} + \frac{x_1}{n_{1,0}^s} \qquad /7/$$

the quantity of material belonging to the tenside $n_{1,0}^s$ adsorption saturation value can be determined. In Eq. /7/ S in the so-called separation constant while $n_{1,0}^s$ and $n_{2,0}^s$ is the adsorption capacity of pure surfactant and pure solvent, respectively.

Materials and methods

For our adsorption experiments the water solution of a cationic surfactant, the hexadecyl-pyridinium-chloride /HDPCl/ was used on silica powder in acid and alkaline mediums. The silica powder was obtained from silica sol by means of alcoholic dehydration and drying at 340 K. Besides, the adsorption of HDPCl solutions was studied on sepiolite, a natural chain silicate. Sepiolite is a cation exchanging clay mineral with an ion exchange capacity of 26.46 mmole/100 g mineral. An acid treatment /with 1n HCl for 36 hours/ can remarkably reduce the cation exchanging ability of the mineral while the ion exchanging capacity decreases to a value of 3.1 mmole/100 g.

The determination of specific surface of adsorbents with N_2 adsorption was carried out at temperature of 77.4 $\pm$ 0.5 K using BET-equation /Table 1/. The solution adsorption measurements were performed at 298 $\pm$ 0.5 K the amount of adsorbent being 0.3 - 0.5 g, that of the solution 15-20 cm^3. The adsorption equilibrium composition was determined after a period of 24 hours and having obtained that $n_1^{\sigma(v)} = f(x_1)$ excess isotherms were calculated.

The flow microcalorimetric experiments were carried out at 298.15 $\pm$ 0.01 K by applying an LKB 2107 sorption microcalorimeter with a flow-rate of 10-12 cm^3/hour. The measurement was started each time by circulating distilled water after which surfactant solutions with gradually increasing concentrations were flowed through the calorimeter. The end of the adsorption process of a surfactant solution of a given concentration was indicated by the stable basis line of the recorder. By summing up heat effects accompanied each step the integral enthalpy of displacement isotherms $\Delta_{21}H = f(x_1)$ could be determined. A decrease in the concentration of the surfactant solution makes it possible to determine the desorption branch of the enthalpy isotherm and this way the reversibility of the sorption exchange process can be controlled.

Results and discussion

The adsorption isotherms of HDPCl in acid and alkaline medium on silica powder are shown in Figure 1. The trends of the two isotherms show an essential difference. In alkaline medium the silicate surface has a negative charge therefore the preferential adsorption of the cationic surfactant is significant. In acid medium /pH = 3/ the surface is recharged and on a surface of posite potential the cationic tenside can be adsorbed only in a small extent. The adsorption capacities determined by Eq. /7/ are shown in Table 1.

The integral enthalpy of displacement isotherms have similar trends /Figure 2./. The heat effect accompanying the surfactant adsorption is about three times greater in the alkaline medium. And here it must be noted that the desorption displacement process on silica powder is reversible.

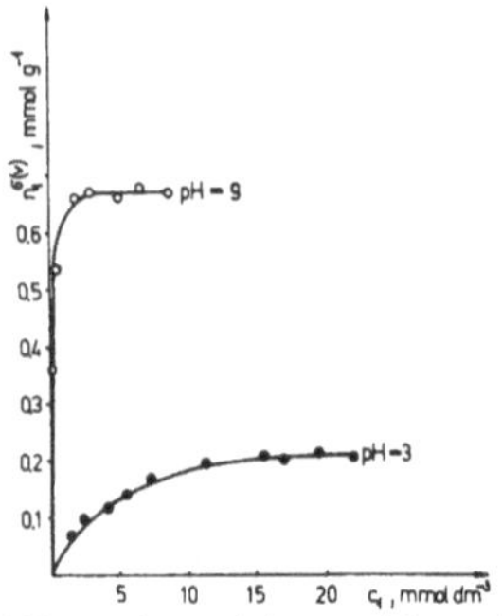

Fig. 1. Adsorption isotherms of HDPCl on silica powder et pH = 3 ● and et pH = 9 ○

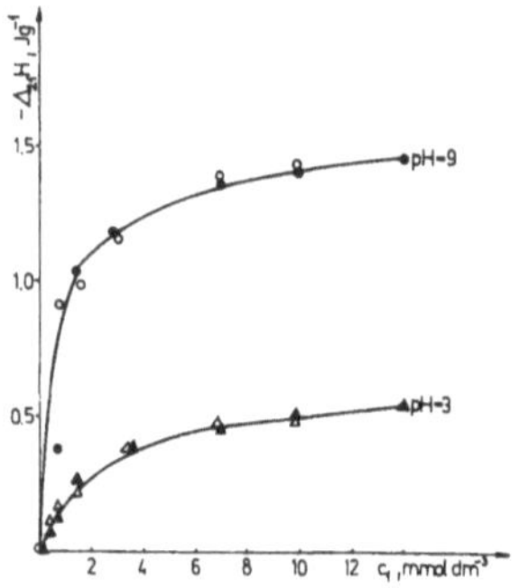

Fig. 2. Enthalpy of displacement isotherms on silica powder et pH = 3▲△ and et pH = 9 ●○

Having obtained the adsorption isotherms and the enthalpy of displacement isotherms the possibility of determining the molar differential enthalpy of displacement $\Delta_{21}h_1$ is given. When $\Delta_d H'$ which can be measured from Eq. /2/ is plotted against the adsorbed surfactant amount a straight line is obtained, provided that the excess enthalpy of mixing in the surface layer is negleced. The slope of the line:

$$\left(\frac{\partial_d H'}{\partial n_1^s}\right)_{T, A_s, n_1^\sigma} = \Delta_{21} h_1 \qquad /8/$$

is the differential enthalpy of displacement which is constant in the concentration region where the adsorption of every surfactant molecule on the surface /parallel with the displacement of the solvent/ results in the same enthalpy change, without respect to the surface coverage. However, according to the findings of Findenegg et al, when long-chained molecules are adsorbed lateral interaction take place among the chains arranged ever denser on the surface (5,6). Therefore, the lateral interactions which arise and intensify during adsorption lead to the increase of the differential enthalpy of displacement. In Fig. 3. it can be seen that the value calculated from the linear section is essentially the same at both pHs, suggesting that the surface exchange of the surfactant molecule gives rise to the same effect in both cases. However, values determined from the second, steeper part of the function and which are characteristic of $\Delta_{21} h_1^{lat}$ lateral interaction are different. This indecates that at pH = 9, when the adsorption coverage is thicker, the density of the chains on the surface is greater, therefore the enthalpy increase brough about by lateral interactions is significant even though water displacement occurs /Table 1./.

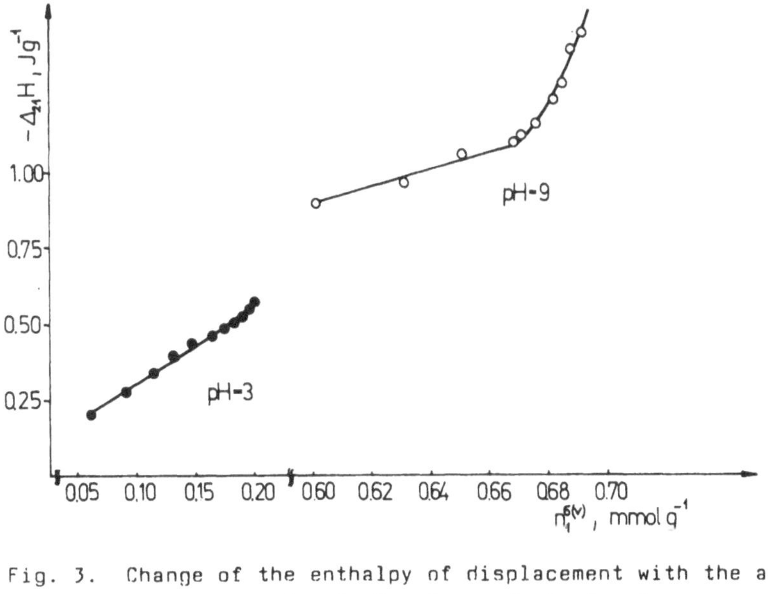

Fig. 3. Change of the enthalpy of displacement with the adsorption excess amount, et pH = 3 ● and et pH = 9 ○

Table 1.

Adsorption heats, capacities and specific surface areas

Adsorbent	$n^s_{1,0}$ (mmol g^{-1})	$\Delta_{21}h_1$ (KJ mol^{-1})	$\Delta_{21}h_1^{lat}$ (KJ mol^{-1})	a^s_{BET} (N_2) (m^2g^{-1})
Silica powder(pH= =3)	0.241	2.25	6.6	79
Silica powder(pH= =9)	0.720	2.35	40.1	79
Sepiolite	0.477	6.89	38.0	228
Sepiolote treated(1nHCl)	0.405	3.65	5.1	463

Figure 4. shows the isotherms determined on fibrous-structured sepiolite. Acidification reduces the HDPCl adsorption since the cation exchanging ability of the mineral is very small. The enthalpy of displacement isotherm changes parallelly with adsorption /Figure 5./. In the original sepiolite sample is $\Delta_{21}H_t$ = - 3.17 Jg^{-1} . If we proceed on the desorption part decreasing the concentrations of solutions, the endothermic heat effects in case of diluted are much smaller than during adsorption. This indicates that surfactant adsorption is not reversible in this concentration range and the value assigned to $x_1 = 0$ is $\Delta_{21}H$ = - 2.78 Jg^{-1} . The difference corresponds to 0.39 Jg^{-1} enthalpy change which is a value characteristic of physical adsorption of surfactant molecules. Since the surfactant bound by an ion exchange reaction during desorption cannot be eluted from the surface of the mineral, the value of - 2.78 Jg^{-1} is characteristic of the enthalpy change of the ion exchange adsorption.

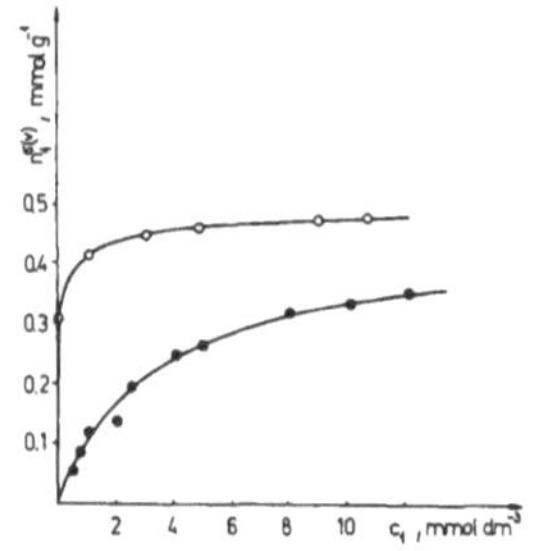

Fig. 4. Adsorption isotherms of HDPCl on sepiolite o original sample, ● treated sample (1 N HCl)

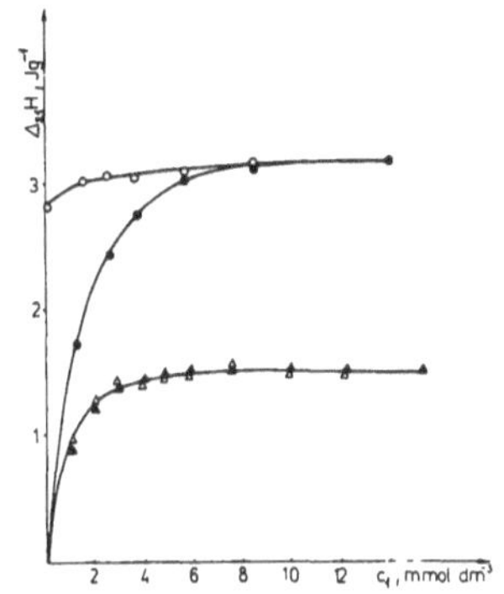

Fig. 5. Enthalpy of displacement isotherms on sepiolite ● adsorption, o desorption branch on original sample. ▲adsorption, △desorption branch on treated sample (1 n HCl)

Due to the acid treatment of sepiolite, the majority of ion exchanging places desappear from the surface of the mineral. If the enthalpy isoterm is determined on the sample treated with acid, the adsorption and desorption branch show similar running indicating that the surfactant sorption process is reversible.

The interaction changes arising in the surface layer due to acid treatment can also be seen in the molar differential enthalpy of displacement term. Table 1. also shows us that as a result of the cation exchanging process the value of $\Delta_{21}h_1$ is about three times greater in sepiolite than in silica powder. The lateral interactions dominating in the neighbourhood of adsorption saturation do not differ significantly from the effects observed when using silica powder, the reason being that these are already related to the orientation of chains in the adsorbed surfactant layer and are not considerably influenced by the characteristics of the adsorbent surface.

References

1. D.H. EVERETT: Trans. Faraday Soc. 60, 1803 (1964)
2. D.H. EVERETT: Trans. Faraday Soc. 61, 2478 (1965)
3. G. SCHAY: in "Surface Area Determination, Proc. of Int. Symp. (Ed. by D. H. Everett), p. 273, Butterworths, London 1970
4. G. SCHAY, L. G. NAGY and G. FÓTI: Acta Chim. Acad. Sci. Hung. 100, 289 (1979)
5. H. E. KERN, A. PIECHOCKI, V. BRAUER and G. H. FINDENEGG Progr. Colloid Polymer Sci. 65, 118 (1978)
6. M. LIPHARD, P. GLANZ, G. PILARSKI and G. H. FINDENEGG Progr. Colloid Polymer Sci. 67, 131 (1980)

D.S. DIMITROV and N. STOICHEVA

Central Laboratory of Biophysics, Bulgarian Academy of Sciences, Sofia 1113, Bulgaria

Fusion of cell - size liposomes with monolayers

Introduction

Membrane fusion is a fascinating phenomenon, involved in basic biological process. Investigations on model systems, such as monolayer, bilayer or multilayer lipid membranes, have given much of our knowledge on membrane fusion. Fusion induced by calcium or other divalent cations, is one of the phenomena, which has been thoroughly studied, both for its relevance to biological systems and for understanding the underlying physicochemical mechanisms (1-6).

Recently, an approach based on the physical chemistry of thin films and surfaces, has been developed to describe the kinetics of membrane adhesion, instability and fusion (7-14). One of basic results was that the rate of membrane approach and the occurrence of membrane instability (in particular membrane rupture and rupture of the film between membranes) strongly depends on the membrane tension.

From experimental point of view fusion of liposomes with monolayers has a basic advantage that the rate of the fusion process can be easily monitored by measuring the monolayer surface tension (5,6). Ohki and Duzgunes (5) studied in detail divalent cation-induced interaction of small phospholipid vesicles with monolayers. They found that for several lipid systems (e.g. phosphatidylserine/phosphatidylcholine vesicles and critical concentrations of divalent cations to produce a large reduction in surface tension of the monolayers. In a previous work (6) we found similar phenomena for cell-size liposomes from egg lecithin/phosphatidic acid (2:1) and monolayers from phosphatidic acid at air-water interface in water and sucrose solution subphase. It was concluded in both works (5,6) that the large reduction in surface tension can be due to fusion of liposomes with monolayes.

The basic goal of this work is to investigate the effect of osmotic pressure gradient across the liposome membrane. The osmotic pressure gradient is induced by changing the osmolarity (the concentration of sucrose) of the medium surrounding the liposomes. It results in an increase of the membrane tension, which should affect the rate of membrane adhesion and fusion (7,11). These experiments have shown that this is the case and quantitatively accounted for that effect providing a basis for future theoretical computations.

Materials and methods

Phosphatidic acid (Koch-Light Lab. Ltd.) showed a single spot on silica gel thin-layer chromatographic plates. L-α-lecithin was also from Koch-Light Lab. Ltd. The calcium salt ($CaCl_2.2H_2O$) was Merck purest quality. The conductivity of the double-distilled water was $2x10^{-6}$S/cm. Sucrose (Riedel) was used without further purification.

Monolayers were formed from phosphatidic acid at air/water solution interface of fixed area (63.6 cm^2) in a glass dish. The monolayer was spread from spectroscopically pure chloroform (Merck) until the surface tension reached the value 67 dyn/cm. This corresponds to approximately 0.95 nm^2 area per molecule.The surface tension was measured with an electronic microbalance (Beckman) with Teflon plate (10x20x1mm) as a Wilhelmy plate. Without vesicles comparative measurements of the surface tension were also performed with glass plates. The value measured by the Teflon plate is proportional to that measured by the glass plate. For pure water those values are 22 dyn/cm and 72 dyn/cm, respectively. Unless stated specifically, the values further presented are those measured by the Teflon plate and are proportional to the surface tension,but not equal. The use of Teflon plate was necessary to avoid glass/vesicle interactions which lead to erotic output of the microbalance.

Cell-size liposomes were prepared following a recently developed method (16) and its modification (17). 1 mg phosphatidic acid and 2 mg L-α-lecithin were dissolved in 1 ml chloroform. The solvent is then evaporated under vacuum. Double-distilled water or 0.1 M sucrose solution was added to swell the dried lipid for 3 hours in a 65°C water bath. Gentle shaking of the glass flask for a few seconds resulted to formation of liposomes of diameters from 1 to 10 µm.Figure 1 shows the size distribution of giant liposomes obtained by this procedure in 0.1 M sucrose solution.Similar hystogrammes were also found for liposomes prepared in water and in sucrose solutions of different osmolarity. It should be pointed, however, that the average diameter of liposomes formed in water is larger and the size distribution wider than for those formed in sucrose (6).

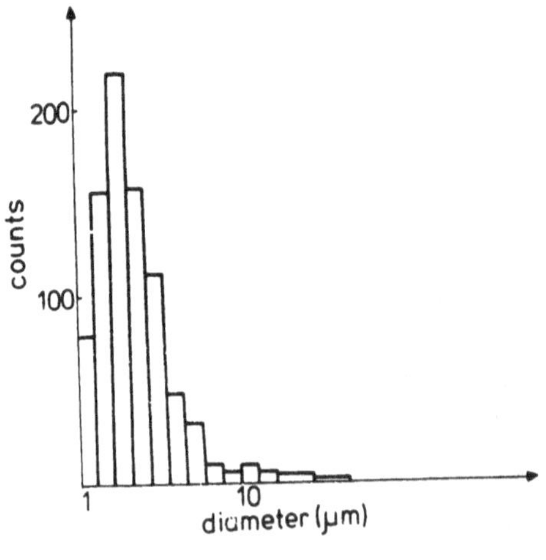

Fig.1. Size distribution of liposomes in 0.1 M sucrose.

The experimental protocol included the following steps:

1. Measurement of the surface tension with glass plate and Teflon plate before adding liposomes and spreading the monolayer.
2. Liposome suspension is added and stirred.
3. The monolayer is spread.
4. After establishment of an equilibrium surface tension calcium salt of increasing concentrations is injected.
5. After establishment of the final equilibrium surface tension EDTA is added.

The surface tension is recorded continuously during all these steps. The experiments were performed at 20°C.

Resuls and discussion

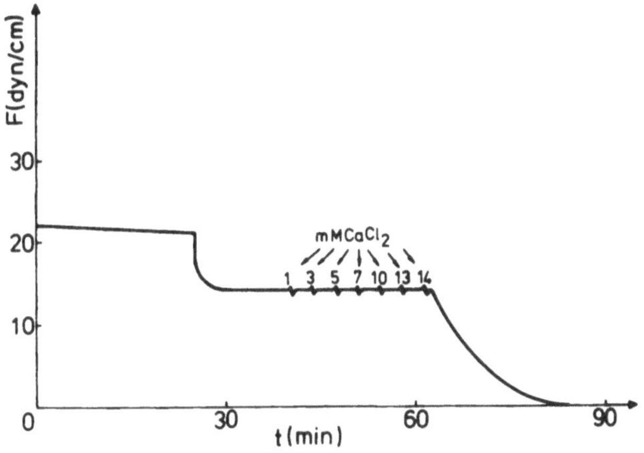

Fig.2. Dependence of the upward force (which is proportional to the surface tension), exerted on a Teflon plate by a phosphatidic acid monolayer in presence of phosphatidic acid/L-α-lecithin vesicles and calcium in 0.1 M sucrose solutions, on time.

Figure 2 shows typical experimental data for the case of 0.1 M sucrose solutions in and out of the liposomes, i.e. for isoosmotic conditions. At time zero the vesicles were added. After 25 min the monolayer was spread from chloroform solutions. Within another 15 min the injection of calcium chloride began at 1 mM concentration. The calcium concentration was increased until a threshold level of 14 mM was reached after which a large reduction of the surface tension occurred in approximately 15 min.It is seen that the surface tension remains almost constant after adding liposome suspension and waiting for 25 min. The spreading of the monolayer causes a decrease of the surface tension. After that it remains constant until the concentration of the added calcium salt reaches a critical value of 14 mM. The surface tension did not change if only monolayer or only liposomes were present at any calcium concentration up to 30 mM. No changes of the surface tension were found in the liposome/monolayer system without calcium. Adding EDTA after the large change of the surface tension had occurred had no effect i.e., the process was irreversible.

This threshold calcium concentration was found to depend upon the concentration of the sucrose solution in the subphase. We kept the sucrose concentration in the liposomes constant and equal to 0.1 M, while decreasing it in the medium surrounding the liposomes by 0.02 M, 0.04 M, 0.06 M and 0.08 M. For those values of the sucrose concentration difference across the liposome membranes the calcium threshold concentrations were 28 mM, 26 mM, 19 mM and 18 mM, respectively.Another experiment was in and out of the liposomes. The threshold calcium concentration was 8 mM. This may be due to the larger diameter and wider size distribution of liposomes in pure water than in sucrose solution (6).

The very interesting result is that at first the calcium threshold concentration increases with increasing the imposed osmotic pressure gradients,respectively increasing the membrane tension. At sucrose concentration difference 0.08 it has a maximum value. Further increase of the osmotic pressure gradients (here assumed to be proportional to the sucrose concentration difference and the membrane tension) however, leads to a decrease of the calcium threshold concentration.

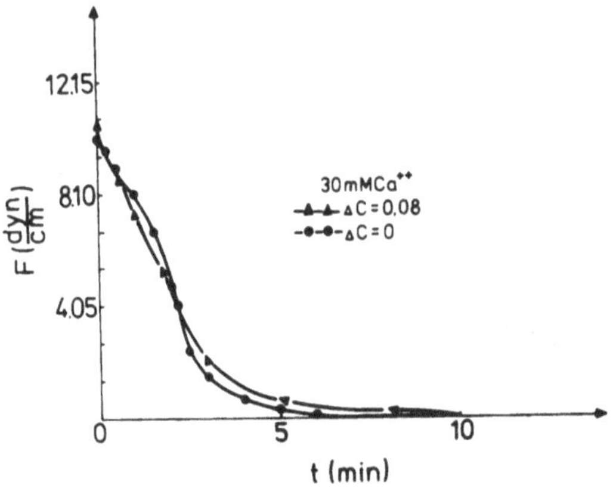

Fig.3. Dependence of upward force change upon time at 30 mM calcium salt concentration. Upwart force changes vs. time for sucrose concentration difference across the liposome membrane ΔC = 0 and 0.08.

Figure 3 shows the surface tension change (which is proportional to the upward force) as a function of time in 0.1 M and 0.02 M sucrose solutions out side the liposomes, when the calcium concentration was higher than the threshold one. In this case it was 30 mM. Similar results were obtained when it was 40 mM. It is seen that in the first case the total surface tension change of 11 dyn/cm occurs within 8 min, while in the second case ($\Delta C = 0.08$) it lasts about 5 min. This means that at higher osmotic pressure gradients the characteristic time of surface tension change is smaller.

We assume that the fusion itself is very fast process, so that the vesicle approach to the monolayer determines the kinetics of the surface tension change. An estimate for the characteristic time $\tau = \mu R_s^3/kT$ of the surface tension change gives a value of the order of 1 s.

The existence of maximum of the threshold concentration may indicate at least two effects, which play significant role in the liposome/monolayer interaction (suppose it is fusion). We may hypothesize that at zero membrane tension ($\Delta C = 0$) the contact area between the liposome and the monolayer is large and favor the development of the instability of the membrane system due to attractive long-range intermolecular forces. The increase of the membrane tension leads to increase resistance to membrane deformation. The liposome tends to keep its spherical shape, which leads to smaller value of the attractive long-range intermolecular forces than in the case of zero membrane tension. (It should be pointed, however, that the hydrodynamic resistance when a sphere approaches a flat surface is smaller than for the case of mutual approach of plane surfaces (7). So larger calcium concentration are necessary to induce membrane fusion. This statement seems also supported by the fact that the larger liposomes in distilled water need smaller threshold calcium concentration. In addition, larger contact area may lead to larger fluctuations of membrane shape, resulting in destabilization at smaller calcium concentrations. Further increase of the osmotic pressure (membrane tension, respectively), however, leads to destabilization of the membranes themselves. This favors membrane fusion at lower calcium concentrations. The same mechanism may operate for the initial rate of membrane fusion. Destabilization of the liposome membrane may also be responsible for the observation that osmotic swelling of liposomes causes them to fuse with a planar bilayer membrane (15).

References

/1/ N. DUZGUNES and D. PAPAHADJOPOULOS, in: Mambrane Fluidity in Biology (R.C.Aloia,ed) 2, p.187(1983).

/2/ N. DUZGUNES, J. WILSCHUT and D. PAPAHADJOPOULOS, in: Physical Methods on Biological Membranes and their Model Systems (F.Conti,ed.) in press (1983)

/3/ S. NIR, J. BENTZ, J. WILSCHUT and N. DUZGUNES, Progr. Surface Sci., 13, 1 (1983)

/4/ J. BENTZ, S. NIR and J. WILSCHUT, Colloids Surfaces 6, 333 (1983)

/5/ S. OHKI and N. DUZGUNES, Biochim. Biophys. Acta 552, 438 (1979)

/6/ N. STOICHEVA, I. TSONEVA and D. DIMITROV, Proc. Bulg. Acad. Sci. 37, 1107 (1984)

/7/ D.S. DIMITROV, Prog. Surface Sci. 14, 295 (1983)

/8/ D.S. DIMITROV, Colloid Polymer Sci. 260, 1137 (1982)

/9/ D.S. DIMITROV, I.B. IVANOV and T.T. TRAYKOV, J.Membrane Sci. 17, 79 (1984)

/10/ D.S. DIMITROV, J. Membrane Biol. 78, 53 (1984)

/11/ D.S. DIMITROV, N. STOICHEVA and D. STEFANOVA, J.Colloid Interface Sci. 98,269(1984)

/12/ D.S. DIMITROV and R.K. JAIN, Biochim.Biophys.Acta, 779, 437 (1984)

/13/ D.S. DIMITROV, Biophys. J. 36, 21 (1981)
/14/ D.S. DIMITROV and D.V. ZHELEV, J. Colloid Interface Sci. 99, 324 (1984)
/15/ F.S. COHEN, M.H. AKABAS and A. FINKELSTEIN, Science 217, 458 (1982)
/16/ H.H. HUB, U. ZIMMERMANN and H. RINGSDORF, FEBS Lett. 140, 254 (1982)
/17/ D.S. DIMITROV, J. LI, M. ANGELOVA and R.K. JAIN, FEBS Lett. 176, 398 (1984)

J. DITTRICH , R. PHILIPP

Sektion Biologie/Chemie der Pädagogischen Hochschule
" N.K.Krupskaja " Halle

Zur Konkurrenz adsorbierter Zustände an der Phasengrenze Quecksilber/Elektrolyt

Die Adsorption organischer Verbindungen an der Phasengrenze Quecksilber/Elektrolyt hat für den Ablauf elektrochemischer Reaktionen,als Grundlage von Analysenmethoden und als Applikation in der Membranforschung eine große Bedeutung.Dies widerspiegelt sich nicht nur in der großen Zahl der Publikationen,sondern zeigt sich auch in den Erfolgen,die von FRUMKIN/1/,DAMASKIN/2/,PARSONS/3/,MOHILNER/4/und anderen zur Schaffung einer Adsorptionstheorie an geladenen Grenzflächen erreicht wurden.

Im Mittelpunkt der Untersuchungen steht vor allem die Aufklärung der unmittelbaren Struktur der elektrischen Doppelschicht und die Charakterisierung der möglichen Wechselwirkungen Adsorbat/Adsorbat,Adsorbat/Lösungsmittel,Adsorbat/Elektrode,Lösungsmittel/Lösungsmittel sowie Lösungsmittel/Elektrode.Bei geringen Bedeckungsgraden Θ ergibt sich aus der Zahl der möglichen Wechselwirkungen ein sehr komplizierter Ansatz, so daß nur unter stark vereinfachenden Annahmen Lösungen zur Struktur der elektrischen Doppelschicht möglich sind.Bei $\Theta = 1$ und der Annahme einer Monoschichtadsorption läßt sich der Flächenbedarf S eines adsorbierten Moleküls aus der maximalen Oberflächenkonzentration Γ_m und der AVAGADRO-Konstanten N_A nach

$$S = \frac{1}{N_A \Gamma_m} \qquad (1)$$

berechnen.Ein Vergleich der erhaltenen Werte des Flächenbedarfs mit denen aus Kalottenabschätzungen gestattet es,Aussagen zu möglichen Orientierungen der adsorbierten Moleküle zu treffen.Als Maß für die zwischenmolekularen Wechselwirkungen kann die Größe der Attraktionskonstanten a angesehen werden,die unter anderem aus der für die Adsorption vieler organischen Verbindungen gültigen FRUMKIN-Isotherme

$$B\,c = \frac{\Theta}{1-\Theta} \exp(-2a\Theta) \qquad (2)$$

relativ einfach aus dem Isothermenverlauf bestimmbar ist.Für $a \geq 2$ kommt es infolge sehr starker Wechselwirkungen zur Ausbildung von kondensierten Filmen an der Elektrodenoberfläche.Die Filmbildung ist durch einen starken Abfall der differentiellen Kapazität innerhalb eines nur einige Millivolt umfassenden Potentialbereich gekennzeichnet. Die Attraktionskonstante a ist sowohl temperatur- als auch potentialabhängig./5, 6/ In der vorliegenden Arbeit werden am Beispiel der Adsorption von o- und p-Norborn-2-ylphenolationen (NPH^-) am Quecksilber einige Aspekte des Übergangs adsorbierter Zustände diskutiert. Zur Untersuchung der Adsorption wurden EKK-Messungen, differentielle Kapazitäts-Potential- und Stromdichte-Potential-Kurven benutzt/7/. Die angegebenen Potentiale beziehen sich auf die gesättigte Kalomelelektrode. Fig. 1 zeigt das ty-

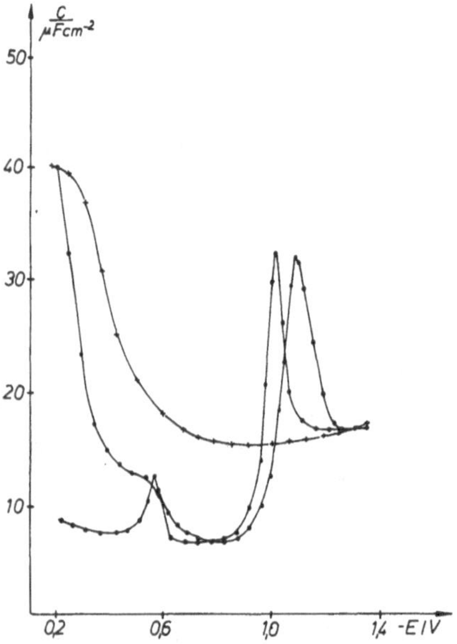

Fig. 1. C,E-Kurven am Quecksilber in 0,1 M KCl/0,01 M KOH - Elektrolytlösung (×) und bei Zugabe von $2{,}5\cdot10^{-3}$ mol dm^{-3} o-NPH (∘) bzw. p-NPH (•)

pische Bild der C,E-Kurven am Quecksilber in alkalischen Elektrolyten bei Zugabe von mehr als $3\ 10^{-4}$ mol dm^{-3} o-NPH bzw. p-NPH. Die Desorption erfolgt bei genügend negativen Potentialen in Abhängigkeit von der Struktur des NPH. Beim Potential E_D tritt ein für die Adsorption/Desorption von Einzelmolekülen typisches Kapazitätsmaximum auf. Die Adsorption im Potentialbereich $E_D < E < E_C$, wobei E_C das Potential des Kapazitätsanstieges bzw. das Peakpotential in Richtung positiver Potentiale ist, kann sowohl aus C,E- als auch aus EKK-Messungen als Einzelionenadsorption nachgewiesen werden, die durch Gleichung (2) beschrieben wird. Aus den Adsorptionsparametern (Tabelle 1) folgt, daß die NPH^--Ionen flach auf der Elektrodenoberfläche adsorbiert sind. Bei E_C=-0,56 V steigt die Kapazität in Anwesenheit von o-NPH an. Dieser

Kapazitätsanstieg ist mit einer Umorientierung der adsorbierten Ionen verbunden, wobei die negative Ladung und das π-System zur Elektrodenoberfläche gerichtet werden. Dieser Vorgang bewirkt eine Zunahme der Attraktionskräfte zwischen den adsorbierten Molekülen/8/.

Tabelle 1: Adsorptionsparameter von o- und p-NPH$^-$ am Quecksilber in alkalischen Elektrolyten

	Adsorptionsgebiet I		Adsorptionsgebiet II	
	o-NPH$^-$	p-NPH$^-$	o-NPH$^-$	p-NPH$^-$
E / V	-0,65	-0,75	-0,30	-0,40
Γ_m / mol·m^{-2}	$3{,}3\cdot10^{-6}$	$3{,}1\cdot10^{-6}$	$3{,}8\cdot10^{-6}$	$3{,}7\cdot10^{-6}$
S / nm^2	0,50	0,55	0,43	0,45
a	0	0	0,4	2
ΔG_m / kJ·mol^{-1}	-34,3	-28,9	-35,5	-32,5

Beim Potential E_p = -0,56 V wird bei der Adsorption von p-NPH$^-$ in den C,E-Kurven ein Peak festgestellt, dessen Höhe mit Zunahme der Meßfrequenz abnimmt. Für $E>E_p$ fällt die Kapazität auf ca. 8 μF·cm^{-2} ab. Aus der Auswertung des Kapazitäts-Zeit-Verlaufes konnte für diese Potentiale nach AVRAMI eine progressive zweidimensionale Keimbildung nachgewiesen werden, wie sie für Pyridin/9/ und Isochinolin/10/ festgestellt wurde. Das Auftreten des Kapazitätspeaks bei E_p ist nicht typisch für den Ablauf von potentialabhängigen Filmbildungsprozessen und läßt sich mit der Konkurrenz zwischen Einzelionenadsorption und Filmbildung erklären. Die Erhöhung der Temperatur wirkt der Filmbildung entgegen, so daß der Potentialbereich der Einzelionenadsorption mit zunehmender Temperatur breiter werden sollte.

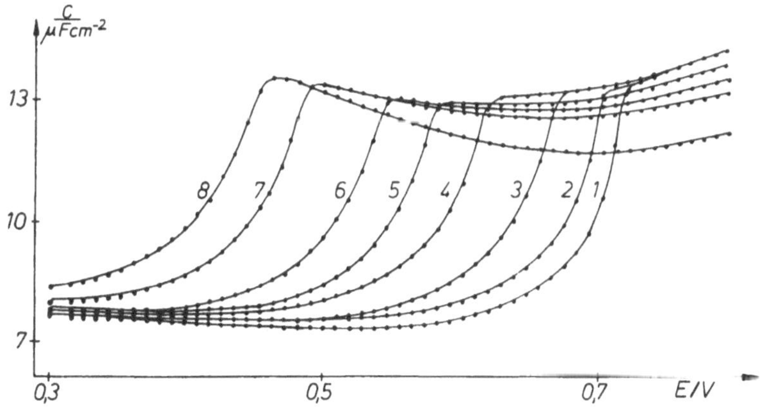

Fig. 2: C,E-Kurven am Quecksilber in 0,1 M KCl/0,01 M KOH -Lösung bei Anwesenheit von 10^{-4} mol dm^{-3} p-NPH$^-$ und folgenden Temperaturen: 1-1, 2-5, 3-13, 4-23, 5-30, 6-36, 7-43, 8-46°C.

Die Zunahme der Temperatur führt zu einer Verschiebung der Potentiale E_p, die bei einer Meßfrequenz von 600 Hz nur als Stufenpotentiale zu erkennen sind. Die positiven Potentiale, bei denen die Auflösung des Filmes eintritt, wie sie für die Filmbildung von Adenosin/11/ und 5-Iodcytosin /12/beschrieben sind, können infolge der Spezifik der Anionenadsorption nicht festgestellt werden. Nur bei NPH-Konzentrationen, bei denen gerade die Filmbildung einsetzt, und bei sehr hohen Temperaturen ist Zerstörung des Filmes bei positiven Potentialen durch Kapazitätsanstieg zu beobachten. Bestimmt man bei diesen Grenzfällen das Potential E_m, das dem Potential maximaler Adsorption des Zustandes II entspricht, dann läßt sich nach RETTER und LOHSE/11/folgende Beziehung zwischen der Temperatur und dem Potentialbereich der Filmbildung aufstellen:

$$(E_p - E_m)^2 = 66{,}79\, \Gamma_m \frac{\ln c}{C_o - C_s} T - \frac{\Gamma_m}{C_o - C_s} (\Delta G_m - a) \qquad (3)$$

In Gleichung (3) sind aus C,E-Messungen die Kapazität der Grundkurve C_o, die Kapazität C_s bei $\Theta = 1$, die Attraktionskonstante a sowie die Volumenkonzentration c zugänglich.

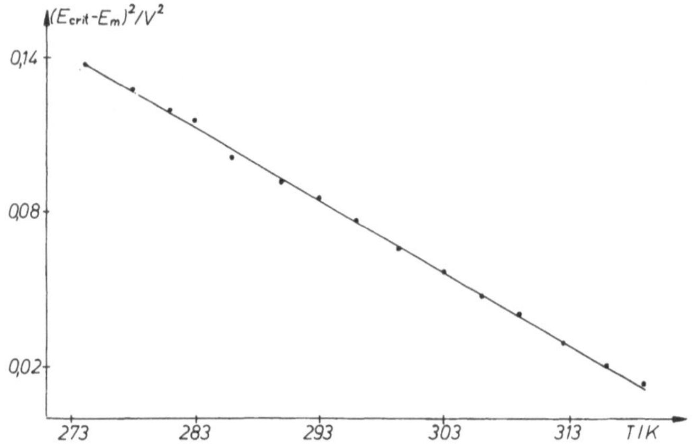

Fig.3. $(E_p - E_m)^2$, T - Abhängigkeit für die Filmbildung von p-NPH, $c = 1 \cdot 10^{-4} mol \cdot dm^{-3}$, $K_1 = -2{,}79 \cdot 10^{-3}\ V^2 K^{-1}$, $K_2 = 0{,}90\ V^2$

Aus Gleichung (3) folgt

$$(E_p - E_m)^2 = K_1 \, T - K_2 \, . \qquad (4)$$

Für Γ_m wurde aus dem Anstieg K_1 3,7 10^{-6}mol m^{-2}bestimmt. Ein Vergleich mit dem aus EKK-Messungen erhaltenen Wert zeigt eine gute Übereinstimmung.

Für eine Beschreibung des gesamten C,E-Verlaufs wurde das Modell dreier paralleler Kondensatoren verwendet/13/. Diese Modell setzt die

Gültigkeit der FRUMKIN-Isotherme voraus und berücksichtigt durch die Einführung einer neuen Attraktionskonstanten die Wechselwirkung zwischen adsorbierten Einzelionen und dem Film an der Elektrodenoberfläche.Die erhaltenen Ergebnisse beschreiben qualitativ den C,E-Kurvenverlauf.Es gelingt durch geeignete Wahl der Parameter,die Peakpotentiale zu bestimmen.Die Peakhöhen lassen sich jedoch nicht mit dem Modell dreier paralleler Kondensatoren berechnen.

Zusammenfassend kann festgestellt werden,daß p-NPH^--Ionen am Quecksilber in Abhängigkeit vom Potential als Einzelionen oder als Film adsorbiert werden.o-NPH^--Ionen adsorbieren potentialabhängig als Einzelionen in verschiedenen Anordnungen der Ionen.Diese Unterschiede im Adsorptionsverhalten konnten im Einfluß auf die $S_2O_8^{2-}$-Reduktion bestätigt werden/7,8/.

Literatur

/1/ A. FRUMKIN: "Nulladungspotentiale",Moskau, 1979

/2/ B.B. DAMASKIN,O.A. PETRII,V.V. BATRAKOV: "Adsorption organischer Verbindungen an Elektroden", Berlin, 1975

/3/ D.M. MOHILNER in A.J. BARD: "Electroanalytical Chemistry", New York, 1966

/4/ R. PARSONS: Rev.pure appl.Chem. 18, 91 (1968)

/5/ J. GUREVICH und J. CHARKATZ: Elektrokhimija 14, 821 (1978)

/6/ B. AFANASJEV, B. DAMASKIN, G. AVILOVA und A. BORISOVA: Elektrokhimija 11, 593 (1975)

/7/ R. PHILIPP, J. DITTRICH, E. MÜLLER and H.-D. DÖRFLER: J.Electroanalyt.Chem. (in press)

/8/ J. DITTRICH, R. PHILIPP und R. SZIBURIES: Z.Chemie (im Druck)

/9/ R.W. ARMSTRONG: J.Electroanalyt.Chem. 20, 168 (1964)

/10/G. QUARIN, C. BUESS-HERMAN and L. GIERST: J.Electroanalyt.Chem. 123, 35 (1981)

/11/U. RETTER and H. LOHSE: J.Electroanalyt.Chem. 134, 243 (1982)

/12/U. RETTER: J.Electroanalyt.Chem. 165, 221 (1984)

/13/B. DAMASKIN: J.Electroanalyt.Chem. 21, 149 (1969)

H. FRUHNER

Zentralinstitut für Organische Chemie der Akademie der Wissenschaften der DDR, Bereich Grenzflächenaktive Stoffe

Untersuchung der Gelatine-Tensid Wechselwirkung mit tensidselektiven Elektroden

In den vergangenen Jahren ist die Wechselwirkung zwischen Polymeren und Tensiden mit verschiedenen physikalischen Methoden (Viskositätsmessungen, elektrische Leitfähigkeit, Oberflächenspannungsmessungen /1, 2/, Solubilisation von Farbstoffen /2, 3, 4/, Kalorimetrie /5/, Filmdruckmessungen /6/) untersucht worden. Qualitativ ist eine vorhandene Wechselwirkung in jedem Fall nachzuweisen. Eine quantitative Aussage darüber, wieviel g Tensid beispielsweise 1 g Gelatine unter bestimmten Lösungsbedingungen binden kann ist nur mit einer Methode möglich, die Konzentrationsbestimmungen auch in Lösungen mit reversiblen Adsorptionsgleichgewichten ohne Rückwirkung auf das System zuläßt.
Kenntnisse über die Wechselwirkung von Makromolekülen mit Tensiden sind bei vielen industriellen- und biologischen Prozessen von Bedeutung, da bestimmte Eigenschaften des Systems sowohl in der Volumenphase wie auch an den Grenzflächen als Folge dieser Wechselwirkung oft entscheidend verändert werden. Beispiele sind Transportvorgänge in biologischen Systemen, die Stabilität einiger kolloider Systeme, die Veränderung der rheologischen Eigenschaften von Polymerlösungen und die Modifizierung von Grenzflächeneigenschaften dieser Systeme.
Die Flockung fotografischer Emulsionen mit ionogenen Tensiden ist ein Ergebnis der Gelatine-Tensid Wechselwirkung. Es entstehen abhängig von den gewählten Bedingungen lösliche- oder auch unlösliche Adsorptionsverbindungen. Die das Fließverhalten der fotografischen Emulsion bestimmenden volumen- und grenzflächenrheologischen Kenngrößen hängen in starkem Maße von der Wechselwirkung zwischen der Fotogelatine und den eingesetzten Aniontensiden bzw. den verwendeten anionaktiven hydrophilen Fettrestfarbkupplern ab. Die Kenntnis der Wechselwirkung zwischen den Komponenten einer fotografischen Emulsion ist für eine gezielte Beeinflussung der Fließeigenschaften bei einigen technologischen Teilschritten bei der Herstellung fotografischer Aufzeichnungsmaterialien von großer Wichtigkeit.
In der Literatur sind eine Reihe von Arbeiten erschienen /7, 8, 9/, in denen der Aufbau von tensidselektiven Elektroden beschrieben, und die Wechselwirkung zwischen Polymeren und Tensiden mit Hilfe dieser Elektro-

den untersucht wird.
Der prinzipielle Aufbau der von uns verwendeten tensidselektiven Flüssigmembranelektrode ist in Abb. 1 dargestellt.

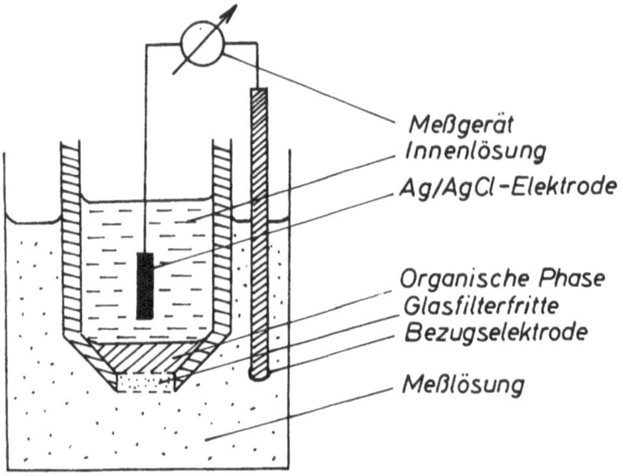

Abb. 1: Prinzip der Meßanordnung

Der Elektrodenkörper besteht aus einem zylindrischen Glasgefäß, welches am unteren Ende mit einer hydrophobierten Glasfilterfritte abgeschlossen ist, Auf der Filterplatte befindet sich eine dünne Schicht der organischen Phase, die eine elektroaktive Komponente, beispielsweise Hexadecyltrimethylammoniumdodecylsulfat in gelöster Form enthält.
Als organische Phase kann Nitrobenzen verwendet werden. Die organische Phase ist mit einer wäßrigen Lösung eines Aniontensids überschichtet. Verwendet man als Ableitung eine Ag/AgCl-Elektrode, so enthält die Innenlösung eine geringe Menge Cl'-Ionen. Als Referenzelektrode dient eine Kalomelelektrode. Die EMK dieser Kette hängt mit einer Steilheit von 55 - 59 mV/Dekade von der Konzentration des Tensids in der Meßlösung ab und zeigt eine gute zeitliche Konstanz. Versuche mit verfestigten Flüssigmembranelektroden (PVC-Matrix) wurden aufgegeben, da bei diesen Elektroden die zeitliche Konstanz ungenügend war. Nach einer entsprechenden Eichung können mit der beschriebenen Elektrode Konzentrationen von Anion- und Kationtensiden in wäßriger Lösung bestimmt werden. Um die Funktion der Elektrode zu prüfen, wurden für eine Reihe von Tensiden die CMC-Werte in Wasser bestimmt und mit den aus Oberflächenspannungsmessungen erhaltenen Werten verglichen. Bei Verwendung reiner und definierter Substanzen, wie beispielsweise SDS und CTAB wird eine gute Übereinstimmung der mit beiden Methoden erhaltenen CMC-Werte erreicht. Bei einigen weniger gut definierten technischen Produkten ergeben sich Differenzen bei der Bestimmung der CMC-Werte.
Im weiteren ist die Wechselwirkung zwischen Gelatine und einem Aniontensid (Na-alkansulfonat, Isomerengemisch E 30) in Gelatinelösungen

unterschiedlicher Konzentration untersucht worden. Die erhaltenen Abhängigkeiten zeigt Abb. 2

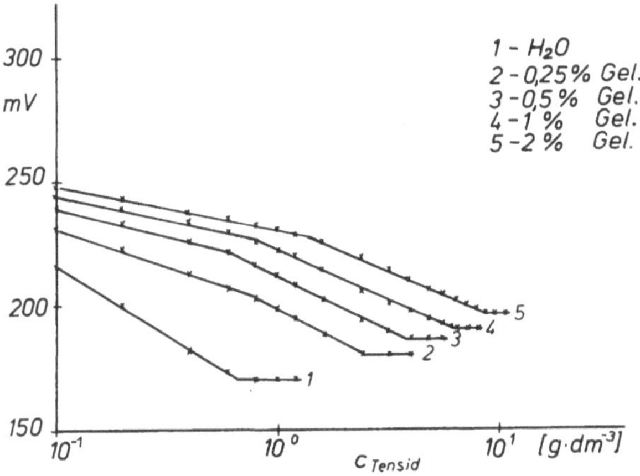

Abb. 2: Abhängigkeit der Zellspannung von der Na-alkansulfonat-Konzentration in verschieden konzentrierten Gelatinelösungen

Der flache Kurvenverlauf in den gelatinehaltigen Lösungen mit einer Neigung von 15 - 20 mV pro Dekade zeigt an, daß ein großer Teil des zugesetzten Tensids von der Gelatine gebunden wird. Auffallend ist die starke, mit steigender Gelatinekonzentration zunehmende Verschiebung der CMC, die auch bei höheren Gelatinekonzentrationen mit dieser Methode recht genau ermittelt werden kann. Die Verschiebung der CMC-Werte gegenüber dem CMC-Wert in Wasser ist ein unmittelbares Maß für die unter den gegebenen Bedingungen von der Gelatine gebundene Tensidmenge. Setzt man unter den gleichen Bedingungen (pH = 5,8) den Gelatinelösungen ein Kationtensid zu so erhält man Geraden, die die gleiche Neigung besitzen wie die in Wasser erhaltene Abhängigkeit mit einer nur unwesentlichen Verschiebung des CMC-Wertes. Dieses Ergebnis kann nur so gedeutet werden, daß die hier untersuchten Kationtenside (DTAB, CTAB und Tetradecylpyridiniumbromid) unter den angegebenen Versuchsbedingungen nur in sehr geringem Maße an die Gelatine gebunden werden. Aus den in Abb.2 dargestellten Abhängigkeiten lassen sich die Bindungsisothermen des Tensids an die Gelatine konstruieren, in dem man die bei einer bestimmten zugegebenen Tensidmenge von der Elektrode angezeigte freie Tensidmenge c_f bestimmt. Die Differenz entspricht dann der von der Gelatine gebundenen Tensidmenge. Die Bindungsisotherme wird als gebundene Tensidmenge pro g Gelatine über der Gleichgewichtskonzentration c_f an freiem Tensid aufgetragen und ist nur für die jeweils anzugebenden Lösungsbedingungen wie pH-Wert, Elektrolytgehalt und Temperatur gültig.
In Abbildung 3 ist die für das Na-alkansulfonat bei verschiedenen Gelatinekonzentrationen ermittelte Bindungsisotherme dargestellt.

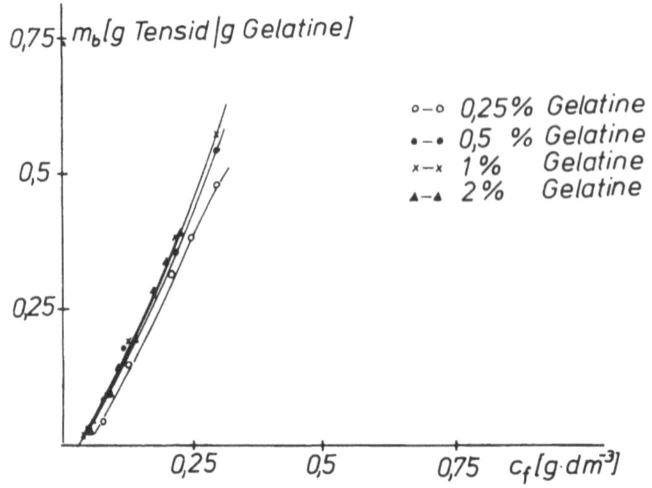

Abb. 3: Bindungsisothermen von Na-alkansulfonat in Abhängigkeit von der Gelatinekonzentration

Die Darstellung zeigt, daß die pro g Gelatine gebundene Tensidmenge in einem Konzentrationsbereich von 0,25 % bis 2 % nicht wesentlich von der Gelatinekonzentration abhängt, sie ist nur von der sich einstellenden Gleichgewichtskonzentration c_f an freiem Tensid abhängig. Der Einfluß unterschiedlicher Gelatinesorten wurde am Beispiel des SDS untersucht, wobei nur geringe Verschiebungen der Bindungsisotherme festgestellt werden konnten.
Es konnten auch keine wesentlichen Unterschiede zwischen alkalisch- und sauer aufgeschlossenen Gelatinen festgestellt werden, obgleich im rheologischen Verhalten bei Tensidzusätzen große Unterschiede zwischen beiden Gelatinetypen bestehen. Der Vergleich der Bindungsisothermen verschiedener Tenside an Gelatine zeigt beträchtliche Unterschiede, wobei die untersuchten kationaktiven Tenside eine Sonderstellung einnehmen, da sie unter den angegebenen Bedingungen kaum adsorbiert werden. Die schwache Bindung von kationaktiven Tensiden ist von verschiedenen Autoren auch bei der Wechselwirkung mit anderen Polymeren (Polyvinylpyrrolidon, Polyvinylalkohol, Polyethylenglykol) festgestellt worden /10/. Die Bindungsisothermen einiger Tenside an Gelatine sind in Abb. 4 dargestellt.
Typisch für die Bindungsisothermen der Aniontenside ist, daß die Adsorption erst oberhalb einer bestimmten Tensidkonzentration einsetzt. Man kann drei Konzentrationsbereiche unterscheiden. Im ersten Bereich wird zugesetztes Tensid nicht merklich adsorbiert; im zweiten Bereich nimmt der adsorbierte Anteil unter Bildung von clusterartigen Aggregaten stark zu. Der dritte Bereich ist durch das Auftreten von freien Tensidmizellen gekennzeichnet, wobei die Elektrode eine konstante Tensidkonzentration anzeigt.

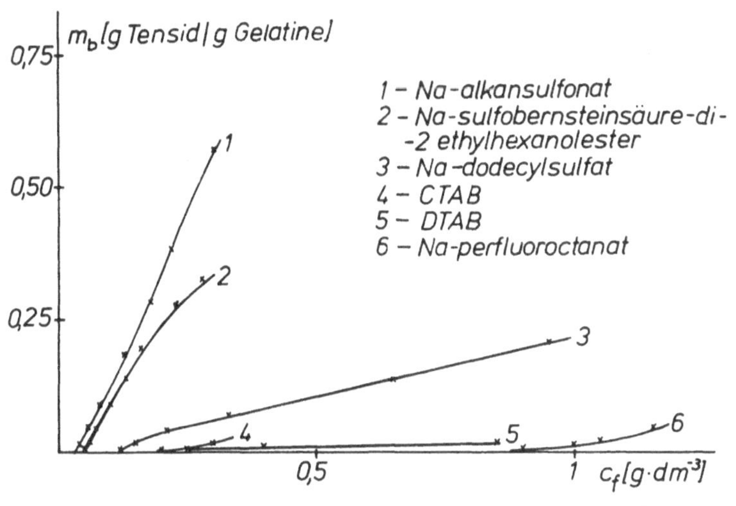

Abb. 4: Bindungsisothermen verschiedener Tenside an Gelatine

Die unter Clusterbildung an der Polymerkette verlaufende Adsorption der Tenside wird als eine der Mizellbildung ähnliche Erscheinung gedeutet. Viele Faktoren, die die Mizellbildung beeinflussen (Elektrolytgehalt, Temperatur, Kettenlänge), wirken in gleicher Weise auf die Clusterbildung. Auch die geringe Wärmetönung zeigt Ähnlichkeit mit der Bildung einfacher Mizellen /11/. An der Wechselwirkung sind sowohl die Kopfgruppen wie auch die hydrophoben Ketten beteiligt. Der Einfluß der Kopfgruppe wird bei den Unterschieden zwischen Anion- und Kationtensiden deutlich, wenn man Verbindungen gleicher Kettenlänge betrachtet. Die Bedeutung der hydrophoben Kette zeigt sich bei der Kettenlängenabhängigkeit der Tensidkonzentration, bei welcher die Adsorption einsetzt, sowie auch bei Messungen in pH-Bereichen, bei denen die Gelatine eine negative Gesamtladung besitzt und trotzdem beträchtliche Mengen Aniontensid zu binden vermag. In diesen Fällen kann die coulomb'sche Wechselwirkung nur einen geringen Teil der Bindungsenergie stellen.
Unklar ist noch, in welcher Weise die Gelatine mit den Tensiden wechselwirkt, welches die Bindungsplätze sind und welche Rolle die funktionelle Gruppe, die Alkylkette und die polaren Gruppierungen im Proteinmolekül bei der Wechselwirkung spielen. In dieser Hinsicht sind Polyelektrolyte und somit auch die Gelatine schwieriger zu betrachten als ungeladene Polymere. Eine Beantwortung dieser Fragen wird nur im Zusammenwirken mit anderen Untersuchungsmethoden möglich sein.

Literatur

/1/ RADU, M., POPESCU, G. und ANGHEL, D., Koll. Z. Z. Polym., 250(1972) 875

/2/ LANGE, H., Koll. Z. Z. Polym. 243(1971)101

/3/ SAITO, S., Koll. Z. Z. Polym. 158(1958)120

/4/ SAITO, S., J. Colloid Interface Sci. 24(1967)227

/5/ JONES, M. N., SKINNER, H. A. und TIPPING, E., Biochem. J., 147(1975)229

/6/ BLEI, I., Advan. Chem. Ser., No. 84(1968)149

/7/ GAVACH, C. und BERTRAND, C., Anal. Chim. Acta 55(1971)385

/8/ BIRCH, B. J., CLARKE, D. E., LEE, R. S. und OAKES, J., Anal. Chim. Acta 70(1974)417

/9/ IWAO SATAKE und JEN TSI JANG, Biopolymers 15(1976)2263

/10/ SAITO, S., Koll. Z. Z. Polym. 154(1957)19

/11/ ROBB, I. D., in "Anionic Surfactants", Vol. 11 (Lucassen-Reynders, E. H., ed.) Marcel Dekker, Inc., New York 1981

J. Göbel

Wissenschaftliches Forschungs- und Koordinierungszentrum für Plast- und Elasterzeugung und -anwendung (WKZ) im Kombinat VEB CHEMISCHE WERKE BUNA, 4212 Schkopau

Adsorption von Nonionics an der Grenzfläche fl./fl.

Gegenstand der Untersuchungen war das Adsorptionsverhalten von Alkylphenylpolyglycolethern an der Grenzfläche wäßrige Lösung/Luft sowie gegen verschiedene Ölphasen. Die ermittelten Konzentrationsabhängigkeiten der Grenzflächenspannung wurden mittels v. Szyszkowski-Isotherme beschrieben. Weiterhin wurden aus den Isothermen resultierende Größen mit der Emulsionsstabilität korreliert.

Benutzte Substanzen

Im Bild 1 sind die wesentlichsten Angaben zu den eingesetzten Tensiden zusammengestellt. Mit einem Oxethylierungsgrad von 3,6 bis 38 mol Ethylenoxid (EO) pro mol Alkylphenol wird der HLB-Bereich von 8 bis 17,5 überstrichen. Die Tenside stellen Produkte mit technischer Reinheit dar und wurden nicht weiter aufgearbeitet. Der mittlere Oxethylierungsgrad, $\overline{EO}$, stellt das Zahlenmittel der durch die Synthese bedingten statistischen Verteilung der Polyetherkette dar.

Probe	$\overline{EO}$	M_n	HLB	Trüb.punkt 1% in H_2O
1	3,6	399	8,0	–
	5,2	469	9,8	–
3	6,5	526	10,9	–
4	6,5	544	11,2	-0,7
5	7,6	575	11,6	+9,3
6	8,4	610	12,1	+36,6
7	9,9	676	12,9	+60,2
8	11,9	764	13,7	+80,3
9	13,8	848	14,3	+89,3
10	24,0	1300	16,3	>100
11	37,7	1900	17,5	>100

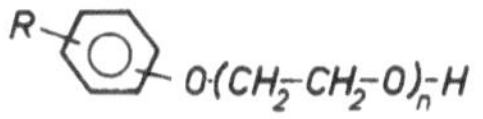

Bild 1: Angaben zu der eingesetzten Tensidreihe, $\overline{EO}$- bzw. n-mittlerer Oxethylierungsgrad, M_n-Zahlenmittel der Molmasse in g . mol^{-1}

Auf Grund der Löslichkeit konnten Untersuchungen an wäßrigen Tensidlösungen nur mit den Proben 6 bis 11 durchgeführt werden.

Folgende Ölphasen wurden für die Versuche eingesetzt:

Toluen, Qualität - p. A.,

Tetrachlormethan, Qualität - rein,

Mineralöl, Molmasse 430 g . mol^{-1}, 52,1 % paraffinisch,

32,5 % naphthenisch und 15,4 % aromatisch gebundener Kohlenstoff,

Sonnenblumenöl, Qualität - technisch,

Olivenöl, Qualität - technisch.

Versuchsdurchführung

Die Grenzflächenspannungen der Tensidlösungen wurden bei 298 K mittels Ringtensiometer im Konzentrationsbereich von 10^{-7} bis 10^{-2} mol . l^{-1} bestimmt. Die Messung erfolgte 24 h nach Ausbildung der fl./fl. Grenzfläche in den Meßschalen.
Eine Auswertung war erst ab Konzentrationen von 10^{-6} bis 10^{-5} mol . l^{-1} möglich. Unterhalb 10^{-5} mol . l^{-1} war die Änderung der Volumenkonzentration infolge der Grenzflächenadsorption nicht mehr vernachlässigbar. Nach Berücksichtigung verschiedener Einflüsse wie z. B. Auftrieb des Ringes in der oberen Phase wurden die Meßergebnisse nach Huh und Mason /1/ korrigiert.

Für die Versuche zur Beurteilung der Emulsionsstabilität rührten wir in 80 ml 2 %ige wäßrige Tensidlösung 20 ml Öl ein (Ölzugabe 2 Tropfen . sec^{-1} bei 1500 . min^{-1}). Nach vollständiger Ölzugabe wurde 3 min nachgerührt, anschließend die Emulsion in 100 ml-Mischzylinder abgefüllt, mit Stopfen verschlossen und temperiert abgestellt. Die Beurteilung erfolgte im allgemeinen nach 24 h.
Es wurde jeweils nur die relative Emulsionsstabilität für eine Ölsorte innerhalb einer Reihe der Proben 1 bis 11 bestimmt.

Diskussion der Ergebnisse

Die v. Szyszkowski-Isotherme /2/ stellt einen Zusammenhang zwischen der Volumenkonzentration eines Tensids und der Erniedrigung der Grenzflächenspannung her. Da es sehr schwierig ist, auf direktem Wege die an der fl./fl.-Grenzfläche adsorbierte Tensidmenge zu bestimmen, aber die Grenzflächenspannung relativ einfach zu messen ist, stellt das genannte Isothermen-Modell eine günstige Möglichkeit zur Beschreibung der Adsorption im Gleichgewichtszustand dar.

Im Bild 2 ist sie in der hier benutzten Form angegeben. Für Oberflächenspannungsisothermen ist die Eignung dieses Modells schon mit vielen Tensiden geprüft worden. Ross und Morrison /3/ geben an, daß die v. Szyszkowski-Isotherme auch für die Grenzfläche fl./fl. gelten sollte.

v. Szyszkowski - Isotherme

$$\pi = \gamma_0 - \gamma = \Gamma_\infty \cdot R \cdot T \cdot \ln\left(\frac{x}{a}+1\right)$$

$$a = \exp\left(\frac{\Delta\mu}{RT}\right)$$

π	$[mN \cdot m^{-1}]$
$\Delta\mu$	$[kJ \cdot mol^{-1}]$
$W = \Delta\mu \cdot \Gamma_\infty$	$[mJ \cdot m^{-2}]$
$T = 298$	$[K]$

$$HLB = 20\,\frac{M_{EO} \cdot \overline{EO}}{M_n}$$

$M_{EO} = 44{,}05 \quad [g \cdot mol^{-1}]$

Bild 2: v. Szyszkowski-Isotherme und Formel zur HLB-Wert-Berechnung der Tenside. γ_0^2, γ^2 -Grenzflächenspannung des tensidfreien, tensidhaltigen Systems, Γ_∞ -Grenzflächenüberschuß-Konzentration für $x \gg a$, R-allgemeine Gaskonstante, T-absolute Temperatur, x-Tensidkonzentration - Angabe im Molenbruch, $\Delta\mu$-Adsorptionsenthalpie

Im Ergebnis unserer Untersuchungen kann festgestellt werden, daß sich alle ermittelten Abhängigkeiten der Grenzflächenspannung von der Volumenkonzentration gut mittels v. Szyszkowski-Isotherme beschreiben lassen. Im Bild 3 sind als Beispiel die für Probe 6 erhaltenen Isothermen dargestellt.

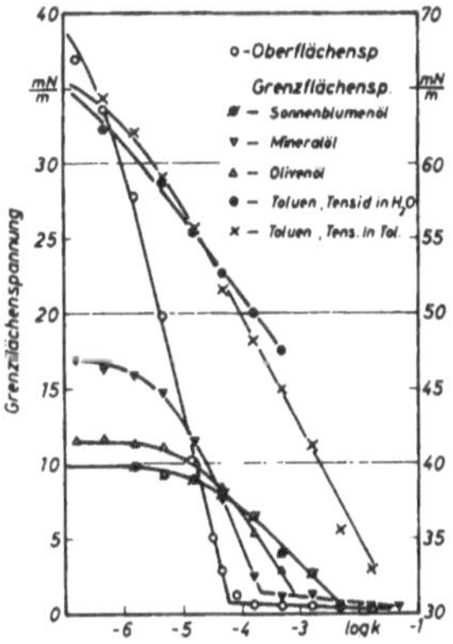

Bild 3: Ober- und Grenzflächenspannungs-Isothermen der Probe 6
K-Konzentration in mol . l^{-1}

Die Reststreuung der Meßpunkte $\frac{\sum_n (\sigma_{exp.} - \sigma_{ber.})^2}{n}$ betrug für die Oberflächenspannungs-Isothermen der Proben 6 - 11 im Mittel 0,5, während sie sich bei den Grenzflächenspannungsisothermen zwischen 0,06 und 0,28 bewegte.

Im weiteren werden zwei aus der v. Szyszkowski-Isotherme gewinnbare Größen betrachtet. Das sind der Platzbedarf A eines einzelnen Tensidmoleküls an der Phasengrenzfläche für den Fall $\Gamma = \Gamma_\infty$ (er berechnet sich aus dem Kehrwert des Produktes aus Γ_∞ und der Loschmidt'schen Zahl) und die auf die Grenzflächeneinheit bezogene Adsorptionsenthalpie W als Produkt von $\Delta\mu$ und Γ_∞.

In den folgenden Abbildungen ist jeweils die relative Emulsionsstabilität in Abhängigkeit vom HLB-Wert der Tenside dem Platzbedarf A und der Adsorptionsenthalpie W gegenübergestellt, im Bild 4 für Tetrachlormethan.

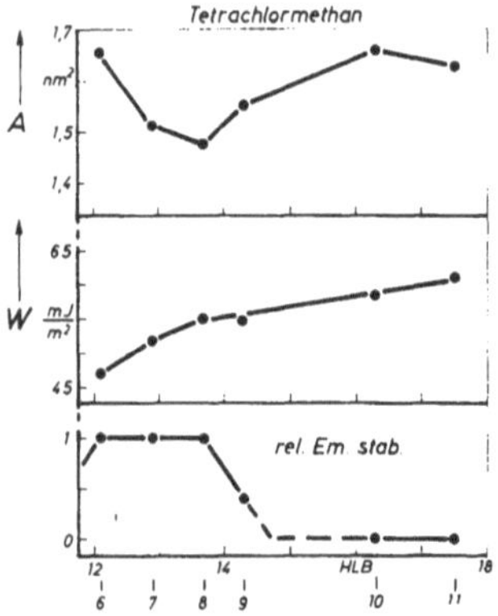

Bild 4: Darstellung des Platzbedarfes, der Adsorptionsenthalpie und der Emulsionsstabilität in Abhängigkeit vom HLB-Wert für Tetrachlormethan

Das Minimum im Platzbedarf stimmt überein mit dem rechten Teil des Maximums der Emulsionsstabilität. Im Verlauf der Adsorptionsenergie ist kein Extremum vorhanden.
Der Gedanke, daß minimaler Platzbedarf der Tenside in der Adsorptionsschicht mit maximaler Emulsionsstabilität einher gehen, wurde schon von Heusch /4/ in einer Mitteilung über unveröffentlichte Ergebnisse angedeutet, ist aber nach unserer Kenntnis nicht weitergehend publiziert worden.

Im Bild 5 für Olivenöl stimmen ebenfalls Minimum des Platzbedarfes mit dem Stabilitätsmaximum überein. Außerdem tritt beim gleichen HLB-Wert ein Maximum von W auf.

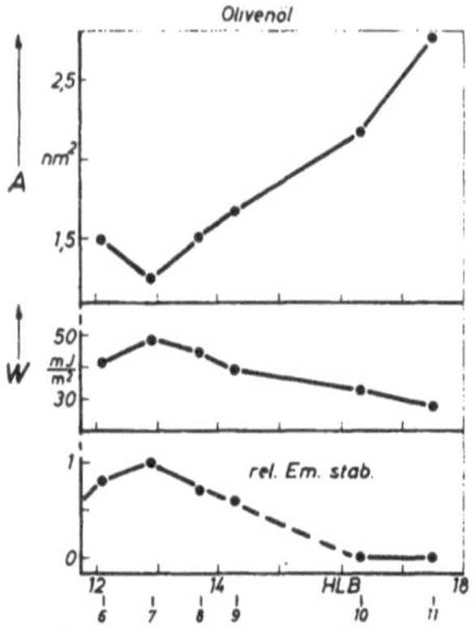

Bild 5: Darstellung des Platzbedarfes, der Adsorptionsenthalpie und der Emulsionsstabilität in Abhängigkeit vom HLB-Wert für Olivenöl

Die prinzipiell gleichen Verhältnisse ergeben sich im Bild 6 für Sonnenblumenöl. Das untersuchte Mineralöl, Bild 7, besitzt ein Emulsionsstabilitätsmaximum bei einem HLB-Wert kleiner als 10, so daß für die hier betrachteten Größen W und A keine direkte Aussage möglich ist. Die Ausläufer der Kurven für W und A bei höheren HLB-Werten verhalten sich allerdings in gleicher Weise wie für die vorher besprochenen Ölphasen.

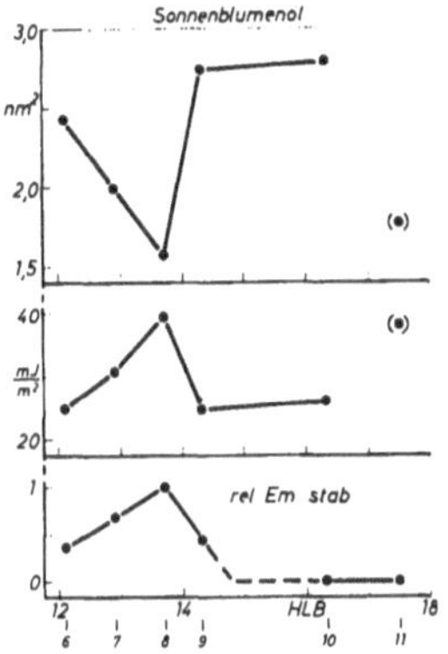

Bild 6: Darstellung des Platzbedarfes, der Adsorptionsenthalpie und der Emulsionsstabilität in Abhängigkeit vom HLB-Wert für Sonnenblumenöl

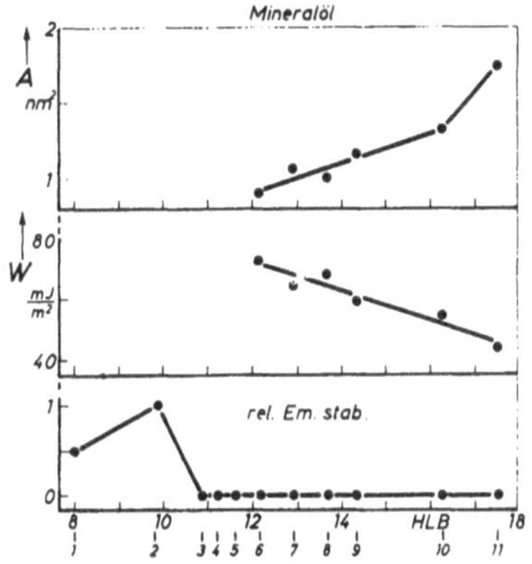

Bild 7: Darstellung des Platzbedarfes, der Adsorptionsenthalpie und der Emulsionsstabilität in Abhängigkeit vom HLB-Wert für Mineralöl

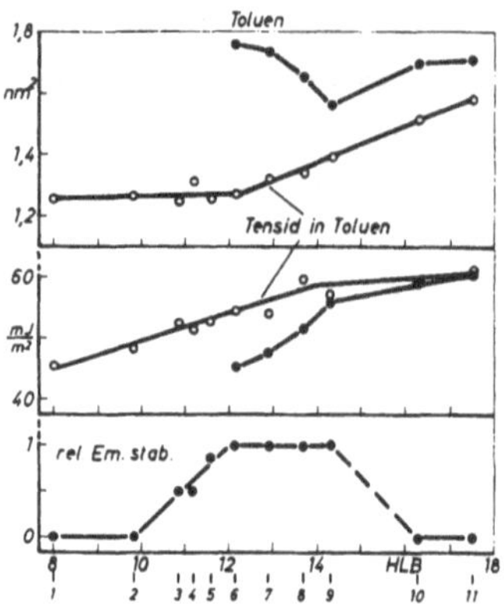

Bild 8: Darstellung des Platzbedarfes, der Adsorptionsenthalpie und der Emulsionsstabilität in Abhängigkeit vom HLB-Wert für Toluen

Auch für Toluen (man beachte zunächst nur die vollen Meßpunkte) wird ein Minimum im Platzbedarf bei maximaler Emulsionsstabilität gefunden. Der Verlauf von W weist allerdings nur einen Knick bei etwa dem gleichen HLB-Wert auf. Betrachtet man den Fall des in Toluen gelösten Tensids, so ergeben sich andere Werte. Der Platzbedarf ist bis zum Beginn der Wasserlöslichkeit annähernd konstant und steigt danach linear an. Die Adsorptionsenthalpien für Tensid in Toluen und Tensid in Wasser gelöst stimmen nur für große HLB-Werte überein.

Zusammenfassend ist festzustellen, daß eine Beschreibung der Grenzflächenspannungs-Isothermen mittels v. Szyszkowski-Isotherme möglich ist.
Für die untersuchten Ölphasen wurde im Maximum der Emulsionsstabilität ein Minimum des Platzbedarfes ermittelt. Die auf die Grenzflächeneinheit bez ogene Adsorptionsenthalpie zeigte für die nativen Ölphasen übereinstimmend mit der Emulsionsstabilität ein Maximum. Für Tetrachlormethan und Toluen ergaben sich mehr oder weniger stark ausgeprägte Knicke an der Stelle des Stabilitätsmaximums. Die Ursachen des unterschiedlichen Verhaltens zwischen in der organischen Phase bzw. in Wasser gelöstem Tensid bei der Flüssigkeitspaarung Wasser/Toluen konnten anhand des vorliegenden Materials nicht weiter aufgeklärt werden.

Literatur

/1/ C. HUH, S. G. MASON: Colloid & Polymer Sci. 253, 566 (1975)
/2/ v. SZYSZKOWSKI: Z. physik. Chem. 64, 385 (1908)
/3/ S. ROSS, I. D. MORRISON: J. of Colloid & Interface Sci. 91, 244 (1983)
/4/ R. HEUSCH: Zit. in: B. DOBIÁŠ: Tenside, Detergents 15, 225 (1978)

M. KAISHEVA

Faculty of Chemistry, Sofia University

Correlation Between Adsorption Phenomena and Stability of Thin Films of Dodecylhexaoxyethylene Glycol Monoether Solutions on Mercury Electrodes

Introduction

In order to study more completely the properties of some practically important surface active agents (SAA), the aim of this work is to investigate the correlation between the influence of the electrical double layer on the adsorption of surfactants at the interface mercury electrode-solution on one hand, and the stability of thin films of SAA solutions on the same electrode substrate, on the other. For this purpose the results from differential capacity investigations are compared with the time of life of the thin solution films, formed on the electrode at different electrode potentials and surfactant concentrations. The contact angle between the thin film and the meniscus is determined as well.

In the present work the results from the investigation of the following two experimental systems are compared:

1. The interface stationary mercury electrode - aqueous solutions of dodecylhexaoxyethylene glycol monoether ($C_{12}E_6$) at different concentrations, 0,05M Na_2SO_4 serving as a supporting electrolyte
2. The system: polarized mercury substrate - thin film - hydrogen, the films being formed from aqueous solutions of $C_{12}E_6$ with 0,05M Na_2SO_4 as supporting electrolyte.

The Stationary Mercury Electrode - Solution Interface

The experimental investigation of double layer capacity dependence on electrode potential and $C_{12}E_6$ concentration has been described in /1/. The critical micelle concentration (CMC) was found to be 7.10^{-5}mol.dm^{-3} $C_{12}E_6$ /1/. A part of the results from capacity measurements for three higher concentrations of the surfactant and for a narrow interval of potentials is shown in Fig.1. E^o in Fig.1 and further, is the electrode potential with reference to the potential of zero charge in pure electrolyte solution. The latter is equal to -0,47 V vs. normal calomel electrode /2/. Following a procedure described in /3/, Frumkin adsorption isotherm

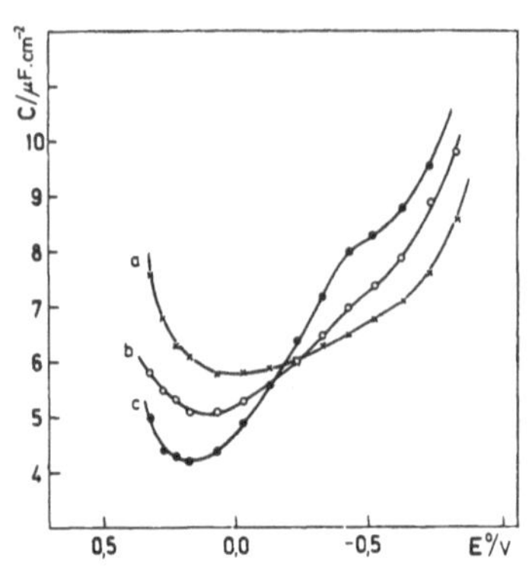

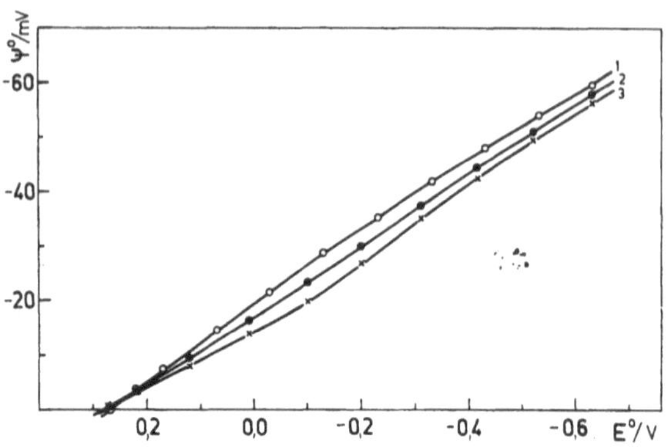

Fig.1. Differential capacity vs. potential curves for stationary mercury electrode in contact with aq. 0,05M Na_2SO_4 solutions, containing $C_{12}E_6$ in concentrations: (a), 5.10^{-6}M; (b), 10^{-5}M; (c), 10^{-4}M.

Fig.2. Potential of the outer Helmholtz plane of the double layer at the interface mercury - solutions of $C_{12}E_6$ in concentrations: (1), 5.10^{-6}M; (2), 10^{-5}M; (3), 10^{-4}M.

can be used to derive the analytical expression for the differential capacity C of the electrode. In order to apply this equation for an adequate description of C,E^o- dependences, a number of parameters should be determined, among which: Γ_m - the maximum number of mols of adsorbed substance per unit area, and E_N - the potential difference, arising as a result of the oriented adsorption of the organic dipoles. E_N is positive, when the surfactant molecules are oriented with the positive pole of the dipole to the electrode surface. A new approach for the estimation of adsorption parameters has been proposed in /4/, according to which the analytical expression for the differential capacity is treated not deterministically, but as a stochastic one. This allows to check the adequacy of the model using a sample of experimental data and to find such estimates of the parameters, that the regression description should be closest to the sample of experimental capacity data. The vector of parameters has been found in /4/, for which the model, based on Frumkin isotherm is closest to the capacity values from the sample, admitting the least square criterion for closeness of model to data. The estimates of the parameters are computed, using the program for nonlinear regression analysis PAR from the statistical package BMDP/5/. It was shown in /4/, that the model based on Frumkin isotherm is adequate and does not contradict the experimental sample of C only for concentrations of $C_{12}E_6$ lower than 5.10^{-6}M. One of the most interesting results was the value obtained for Γ_m - $8,54.10^{-10}$mol.cm^{-2}. The surface area per adsorbed molecule $C_{12}E_6$ calculated on the basis of Γ_m is S = 19,4 Å^2 and is near to the one, obtained for condensed insoluble monolayers of saturated fatty acids. On the other hand M. Rösch/6/ finds for the cross-sectional area of the polyoxyethylene chain in the zigzag configuration 19 $Å^2$ and for the paraffin chain - 18,5 $Å^2$. A conclusion can be made, that for concentrations higher than 5.10^{-6}M the $C_{12}E_6$ molecules are vertically oriented and closely packed at the mercury-solution interface. A two-dimensional condensation, and at certain potentials the formation of polymolecular layers of adsorbed substance might be supposed. The value, obtained for E_N, was +0,28 V, indicating orientation of $C_{12}E_6$ with the positive pole to the mercury.

On the basis of the C,E^o- dependences, illustrated in Fig.1, the potential Ψ^o of the outer Helmholtz plane of the double layer at the electrode-solution interface was determined in this work. For the purpose the charge density of the electrode q as a function of E^o was obtained by numerical integration of C,E^o-curves. Integration was started from the point of zero charge, measured by the drop time method. Using the Gouy-Chapman model of the diffuse double layer, Ψ^o was calculated for $C_{12}E_6$ solutions with 0,05M Na_2SO_4 supporting electrolyte by the equation

$$q_d = -q = -\sqrt{\frac{\varepsilon RT}{2\pi}\left\{0,1\left[\exp(-F\Psi^o/RT)-1\right] + 0,05\left[\exp(2F\Psi^o/RT)-1\right]\right\}} \qquad (1)$$

Here q_d is the diffuse double layer charge per unit area, R is the gas constant, T -the absolute temperature, ε -the dielectric constant of the medium, F -the Faraday number. The results are illustrated in Fig.2.

The System Mercury Electrode - Thin Solution Films - Hydrogen

The cell for observation and photography of the thin liquid films on mercury electrode substrate is schematically represented in fig.3. A cell of similar construction was used in /7/ to study thin film thickness. As seen from Fig.3, the cell is isolated from the atmosphere and gives the possibility to work in hydrogen medium. Double distilled mercury filled in the glass tube 1 with inner diameter 2r =0,171 cm. Its level could be controlled by a micrometer screw 7. Mercury was polarized with the help of a platinum cyllinder 3 and its potential was measured vs. a saturated calomel electrode connected to the cell by the capillary 4. The bubble-holder 2 had in its lower part a tube of the same diameter as tube 1, where the hydrogen bubble surface was formed and moved against mercury with the help of the screw 6. Solution covered the lower part of the bubble-holder. The formation of the thin films between mercury and bubble was observed through the plane-parallel glass of the bubble-holder by the myoroscope 11. The film was illuminated by monochromatic light through the objective and the light reflected from the upper anf lower film surfaces formed distinct interference fringes. The diameter of the thin liquid films was about 0,01 cm. Since the diameter of the bubble and mercury tubes was with more than an order of magnitude higher, the films were approximately considered as plane-parallel. In cases of film rupture, the formation and movement of the perimeter of wetting was clearly observed.

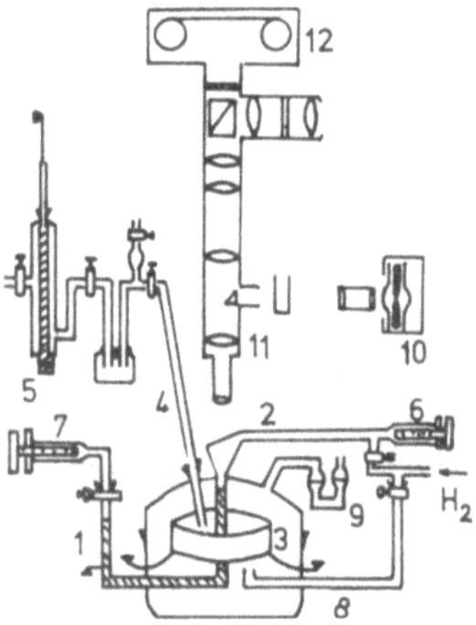

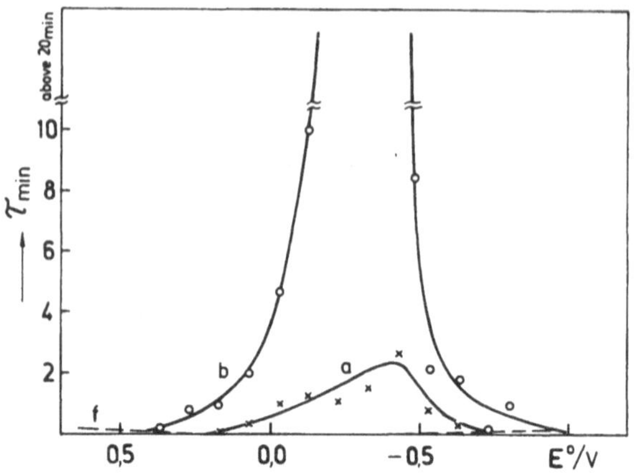

Fig.3. Schematic drawing of experimental set up for measuring time of life of thin solution films on mercury and contact angles film-meniscus.
Fig.4. Time of life vs. potential curves for films formed on mercury from solutions of 0,05M Na_2SO_4 with the addition of $C_{12}E_6$ in concentrations: (f), 0 M; (a), 5.10^{-6}M; (b), 10^{-5} M.

The moment of touching of bubble to mercury could be fixed by observation through the mycroscope. Thus, with the help of electric time-meter, the time of life τ of the thin films on mercury was measured. The results are shown in Fig.4. In pure electrolyte solutions thin films ruptured immediately in the region of E^o around 0 V, or lived for seconds at higher positive or negative potentials - dotted curve f in Fig.4. For 5.10^{-6}M and 10^{-5} M solutions of $C_{12}E_6$ (curves a and b in Fig.4) the region of potentials around -0,3 V was characterized by higher film stability. A comparison with Fig.1 shows that the step in the broad flat minimae of C,E^o-curves for concentrations above 5.10^{-6}M is connected with a change in the character of SAA adsorption at the potentials, where the step appears, bringing to the formation of stable thin films. Solutions with concentrations higher than CMC, e.g. 10^{-4}M $C_{12}E_6$ formed very stable films, living longer than 20 min in the whole studied range of potentials from -1,0 V to +0,5 V. Pictures of thin films and interference fringes were taken by a camera (12 in Fig.3) and from the negatives microdensitometer traces were obtained. The distance between the interference maximae and minimae was measured, as well as the distance $-x_o$ from the first fringe, the position of which was accepted as x=0, to the plateau of constant intensity, corresponding to the beginning of the flat-parallel film. Calculating the thickness of the meniscus in the points of the fringes as described in /8/ and approximating the profile of the meniscus to a parabola, the contact angle θ between the film and the meniscus at the point $-x_o$ was found. Determination of θ at the point $-x_o$ gives the possibility to use not

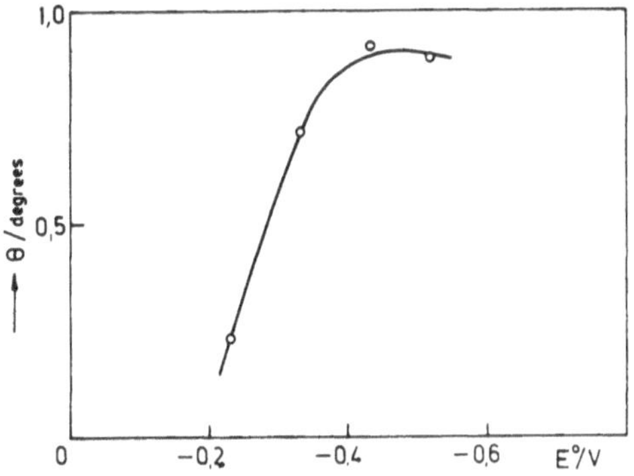

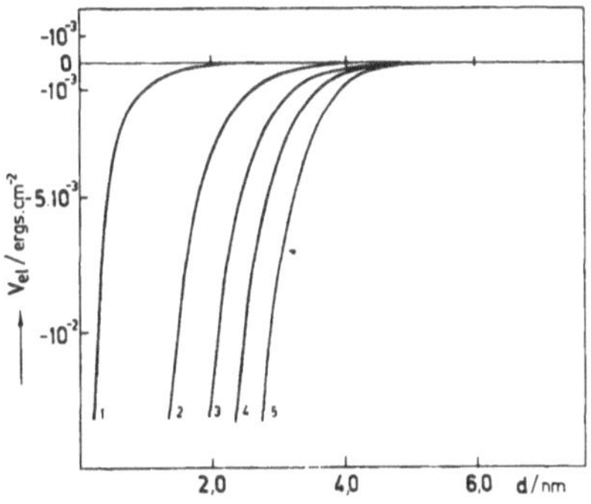

Fig.5. Contact angles film-meniscus vs. potential curves for films formed from 10^{-5}M $C_{12}E_6$ solutions on mercury electrode.
Fig.6. Potential energy of interaction between electrical double layers on mercury and bubble for potentials Ψ^o of the electrode : (1), -3 mV; (2), -16 mV; (3), -30 mV; (4), -44,33 mV; (5), -64 mV. Potential of H_2 bubble equals zero.

the absolute value, but only the difference in the thicknesses of the meniscus at the points of neighbouring maximae and minimae, which is constant. The dependence of Θ on the potential of the substrate for 10^{-5} M solution of $C_{12}E_6$ is shown in Fig.5. As seen from the figure, Θ does not exceed 1°. The potential energy of interaction (per cm^2) V_{el} between the two dissimilar double layers of the investigated thin film was calculated in this work. The diffuse double layer potential for the solution of $C_{12}E_6$ -air interface is measured in /9/ as being 45 mV in 10^{-4}M electrolyte. An estimation by the Gouy-Chapman model gives for the potential at the interface 0,05M Na_2SO_4 aq. solutions of $C_{12}E_6$-hydrogen the value $\Psi_2 = 0$. The following equation for plane-parallel dissimilar double layer interaction /10/ was used to calculate V_{el}

$$V_{el} = \frac{\varepsilon \kappa}{8\pi} \left\{ (\Psi_1^2 + \Psi_2^2)(1- \coth \kappa d) + 2\Psi_1 \Psi_2 \operatorname{cosech} \kappa d \right\} \qquad (2)$$

Here κ is the Debye-Hückel reciprocal length parameter, d is the separation distance between bubble and mercury and Ψ_1 is the potential of the outer Helmholtz plane of the double layer at the electrode-solution interface. Ψ_1 coincides with the earlier denoted Ψ^o-potential and takes the values illustrated in Fig.2. The results from the calculations are shown in Fig.6. An attempt was made in this work to determine the total potential energy of interaction between mercury and bubble as a function of d. For this purpose the London-van der Waals interaction energy was calculated in a way described in /11/, using as a first approximation the eq.

$$V_A = - \frac{A}{48\pi(\delta + d/2)^2} \qquad (3)$$

A in eq.(3) is the Hamaker constant in the studied system, δ - the thick-

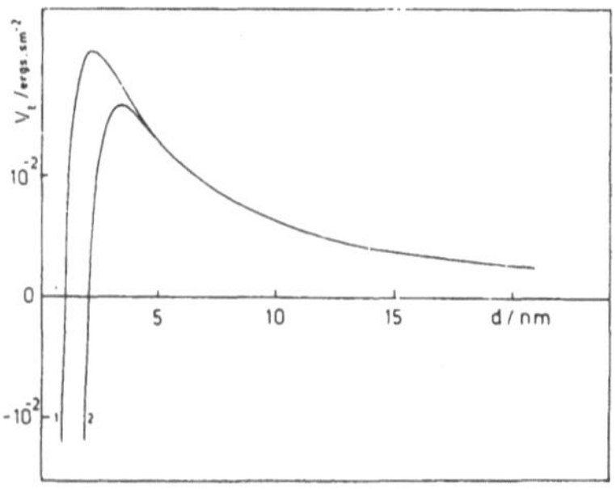

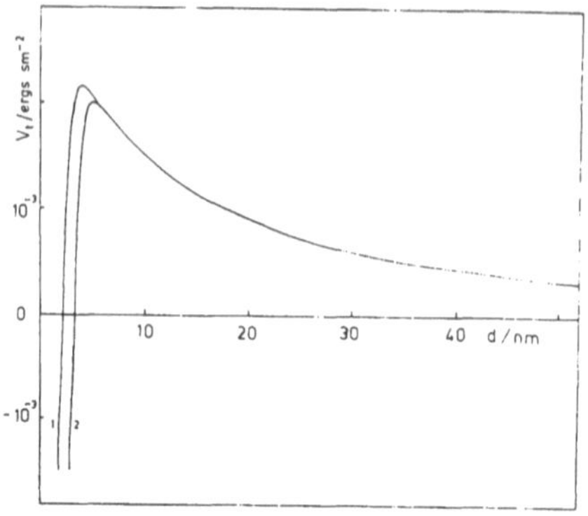

Fig.7. Total potential energy of interaction between mercury and bubble as a function of separation distance. Ψ_1 of mercury: (1), -16 mV; (2), -44.33 mV. $A = -6,3.10^{-13}$ ergs and $\delta = 3,2$ nm.

Fig.8. V_t vs.d for Ψ_1: (1), -16mV; (2), -44.33mV. $A = -6,3.10^{-13}$ ergs, $\delta = 11,7$ nm.

ness of the adsorption layer. The value $-6,3.10^{-13}$ ergs was taken for A, calculated by S.Usui/11/. The thickness of the adsorption layer was estimated on the basis of $C_{12}E_6$ molecule length 39 Å /6/. An average $\delta = 3,2$ nm was used for calculations of V_t shown in Fig.7. If a multilayer was assumed and $\delta = 11,7$ nm, V_t would depend on d as illustrated in Fig.8. Curves 2 in Fig.7 and 8 correspond to film formation in 10^{-5}M $C_{12}E_6$ solution at $E^o = -0,42$V. The potential barrier to coagulation is high in both figures 7 and 8 and film stability could be explained.

It is a pleasure to thank Prof. A. Scheludko, Prof. S. Usui and Dr. D. Platikanov for the useful discussions.

References

/1/ M. KAISHEVA, V.KAISHEV and M.MATSUMOTO: J.Elec.Chem. 171, 111 (1984)

/2/ D.C. GRAHAME: Chem.Rev. 41, 441 (1947)

/3/ A.N. FRUMKIN and B.B. DAMASKIN: in"Modern Aspects of Electrochemistry"(Ed. J.O'M. BOCKRIS and B.E. CONWAY) London, 1964

/4/ M. KAISHEVA and V. KAISHEV: in press

/5/ W.J. DIXON (Chief Ed.):"BMDP Statistical Software", Los Angeles,1981

/6/ M. RÖSCH: in"Nonionic Surfactants" (Ed.M. SCHICK), New York, 1967

/7/ R.H. OTTEWILL and M. KAISHEVA: unpublished

/8/ A. SCHELUDKO and D. PLATIKANOV: Ann.Sof.Univ. 54, 213 (1959/1960)

/9/ D. EXEROVA, M. ZACHARIEWA and Z. RADEWA: Ann.Sof.Univ. 68, 85 (1973/1974)

/10/ R. HOGG, T.W. HEALY and D.W. FUERSTENAU: Trans.FarSoc.62,1638(1966)

/11/ S. USUI: in"Electrical Phenomena at Interfaces"(Ed.A. KITAHARA and A. WATANABE), New York and Basel, 1984; S. USUI: private communication

Dr. Klodt, R.-D[1], Dr. Wüstneck, R.[2], Ruhle, R.[1], Thümmler, W.[1]

1) Kombinat VEB Chemische Werke Buna
2) Akademie der Wissenschaften der DDR, Zentralinstitut für Organische Chemie, Berlin-Adlershof

Investigations on the Interfacial Rheological Behaviour of Methylhydroxypropylcellulose (MHPC)

1. Introduction

The hydrophilic-hypophile balance of methylhydroxypropylcelluloses can be varied within a wide range by an appropriate regulation of the molecular weight as well as the mode and grade of substitution, resulting in a versatile field of application, i.a. as suspension stabilizers, detergent additives and wetting agents.

Whereas the physico-chemical properties of cellulose ethers in an aqueous solution are already well-investigated, only a few papers exist on the properties of interfaces, particularly on the interfacial rheological behaviour [1]. In any case, an exact analysis of the mixture regarded as "heterogenous from the surface-chemical point of view" has to be presupposed.

Object of the present paper is the investigation on temperature dependence of the surface and interfacial shear viscosity of MHPC composed and structured as given in Fig. 1.

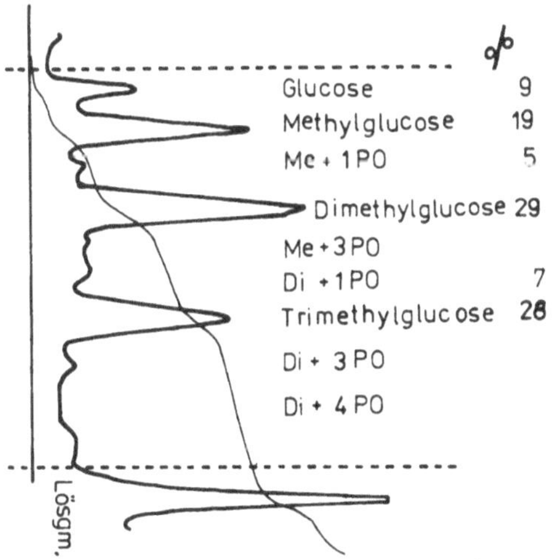

Fig. 1 Densitogram showing the substituent distribution of the MHPC employed

2. Experimental

The surface equilibrium tension has been measured using the ring method of du Noüy. In order to determine the surface viscosity, two rotational viscometers based on different operating principles have been used alternatively. Applying the type of the rotational viscometer described by Brown, Thuman and McBain [2], the measuring cup containing the solution is rotating whereas in the measuring set-up given by Vollhardt and Kretzschmar [3] the ring rotates.

To obtain the solution, MHPC has been dispersed in water at 353 K, stirred for an hour and then cooled to 288 K. Non-soluble gel contents are removed by use of an ultrafilter.

The substituent distribution of MHPC (Fig. 1) has been determined by Sachse's method [4] of hydrolytic decomposition of the cellulose backbone and subsequent thin-layer separation of the glucose molecules substituted.

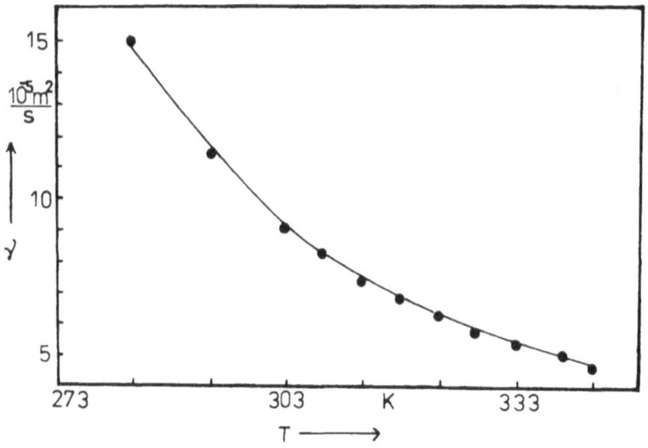

Fig. 2 Bulk viscosities determined for 0.06% MHPC-solutions at different temperatures by use of capillary viscometer

3. Results and Discussion

The surface shear viscosities measured by means of two rotational viscometers show a dependence on the temperature deviating from the bulk viscosity. While the latter continually decreases within the 0.1 g/100 ml concentration range applied with increasing temperature (Fig. 2), simultaneously an increase in the surface shear viscosity (Fig. 3, 4) is observed which is clearly recognizable between 303 and 313 K.

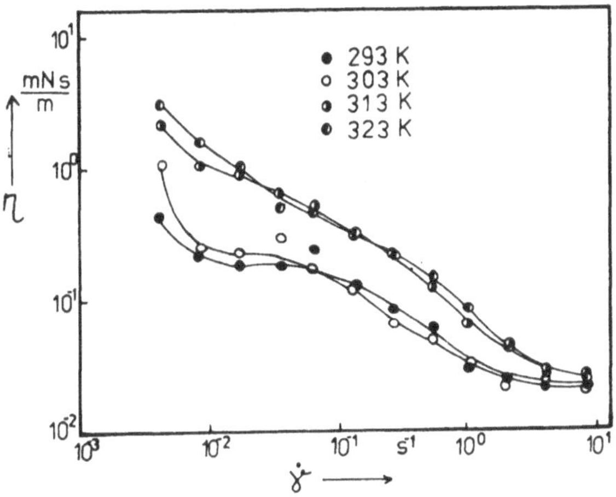

Fig. 3 Surface shear viscosities determined for 0.1% MHPC-solutions at different temperatures and in accordance with [2]

In principle, the shape of the η-$\dot{\gamma}$-curves is comparable with all temperatures and characterized by decreasing viscosity data with the shearing rate increasing. The extremely high viscosity data found within a low range of the shearing rate turn into a plateau value at average shearing rates and low temperatures.

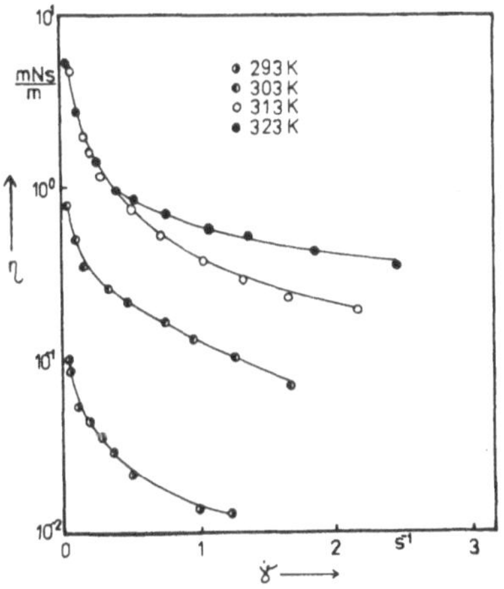

Fig. 4 Surface shear viscosities determined for 0.06% MHPC-solutions at different temperatures and in accordance with [3]

It is assumed that in this case the three-dimensional liquid-condenced structures [5] found for methylcellulose at extremely high concentrations can be decomposed. With further increase of the shearing rate up to data < 1-$10\ s^{-1}$, the surface viscosity reaches a minimum value which can be considered the Newtonian range with the adsorption layer adjacent to surface being obviously destroyed. By extrapolating the flow curves (Fig. 5) onto the abscissa, the force P_s' is obtained at which the flow properties change spontaneously.

Here, too, the sharp rise of P_s' between 303 and 313 K is remarkable. (P_s' cannot be referred to as yield point in the original sense and in agreement with Trapeznikov [6] because flowing was already observed at essentially lower forces.)

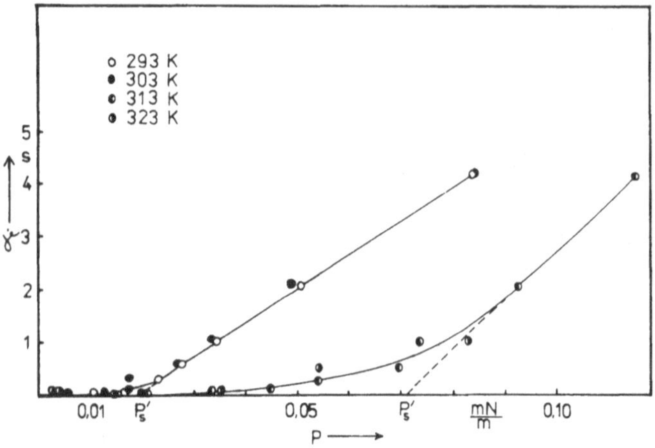

Fig. 5 Flow curves for 0.1% MHPC-solutions at different temperatures

The surface shear viscosity as well as the P_s' limiting values both increasing with temperature have to be seen primarily in connection with thermal dehydration. Separating the hydrate water [7], the polymer molecules, at sufficiently high concentrations, pass into distances where direct interactions between the hydrophile groups are possible. Finally, coherent network structures are formed.

Normally, gelation in the bulk phase of the MHPC-type investigated starts only at essentially higher temperatures and MHPC concentrations [8]. However, the solids concentration at the surface is at least two decimal powers higher than in the bulk phase and additionally, it is, along with temperature, rising considerably caused by the growth of the quantity adsorbed. Fig. 6 indicates that, nevertheless, the saturation concentration at 313 and 323 K is increased by the factor of 10 in comparison with temperatures being 10-20 K lower. The graph shows that at all conditions used the investigations have been carried out above the saturation concentration.

Obviously, under the dominant influence of increasing concentration as well as intensifying gelation on the surface shear viscosity, the contraction of the polymer coil caused by deterioration of the solvent quality which is comparatively low for rigid macromolecules anyway [9], plays only a minor role.

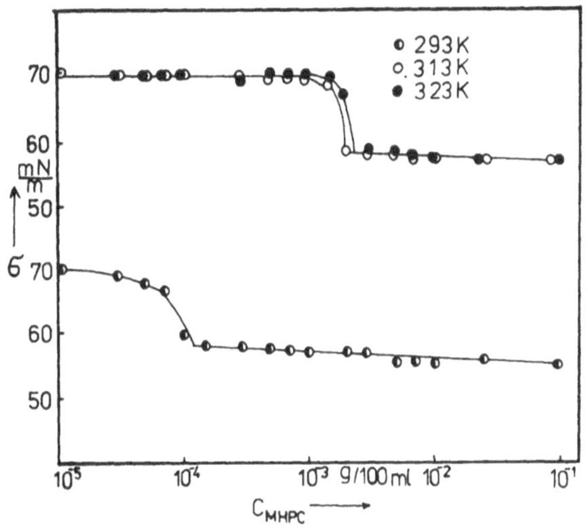

Fig. 6 σ-C-isotherms for MHPC solutions at different temperatures

Interesting is that the tendentious correlation between temperature and shear viscosity could be confirmed for the nonane/water interface as well.

4. References

1. Karam, H.J., J. of Appl. Polym. Sci., 18 (1974), 1693
2. Brown, A.G., Thurman, W.C., MC Bain, J.W., J. Coll. Sci. 8 (1953), 491
3. Vollhardt, D., Kretzschmar, G., J. Signale AM 4 (1976), 333
4. Sachse, K., Metzner, K., Welsch, T., Analyst, 107 (1982), 53
5. Weigel, P., Hirte, R., Zenke, D., Hartmann, J., Acta Polymerica 35 (1984) 1, 83
6. Trapeznikov, A.A., Koll. Ž. USSR 12 (1956), 67
7. Sakar, N., J. of Appl. Polym. Sci., 24 (1979),1073
8. Sakar, N., Polymer, 25 (1984), 481
9. Brown, W., Menley, D., Ohmann, J., Makromol. Chem. 64 (1963), 49

T. KOLAROV and D. EXEROWA

Institute of Physical Chemistry, Bulgarian Academy of Sciences, 1040 Sofia

A Study of the Interaction Forces in Black Foam Films Stabilized by Ionic and Nonionic Surfactants

Introduction

Foam films from electrolyte solutions containing surfactant molecules have been intensively studied /e.g.1-4/. Nevertheless our knowledge concerning the interaction forces responsible for the stability of the black foam films is still incomplete. Further experiments are needed to verify the applicability of the DLVO theory /5,6/ to that sort of foam films, where certain not DLVO forces (e.g. structure or/and steric) might be operative. In particular, the effect of different surfactants on the interaction forces seems to be instructive along these lines. For this purpose an investigation based on a direct measurement of the disjoining pressure isotherms of microscopic foam films stabilized by expediently chosen surfactants has been undertaken.

Experimental

The surfactants used were: the ionic sodium dodecyl sulphate - SDS and the polyoxyethylene nonionics decyl-4(oxyethylene) ether - D4(EO) and nonylphenol-20(oxyethylene) ether - NP20(EO) differing in the polyoxyethylene chain length. All measurements were carried out at 22°C with solutions of 10^{-3} mol/dm^3 SDS, 5.10^{-4} mol/dm^3 D4(EO) and 10^{-5} mol/dm^3 NP20(EO) in double distilled watter containing NaCl or KCl electrolytes.

The so called "porous plate" technique /7,8/ was applied for the direct measurement of the disjoining pressure isotherms (the film disjoining pressure Π as a function of the film thickness). The arrangement allowed Π to be equilibrated by an externally applied pressure, gradually and reversibly varied with an accuracy of 5 N/m^2. The film thicknesses (the so called "equivalent thicknesses" h) were measured using the microinterferometric apparatus /1,9/. They were recorded after proper waiting for their equilibrium values to be established within 0,2 nm.

Results and discussion

The results of disjoining pressure isotherms measurements for SDS films over a range of electrolyte (NaCl) concentrations are summarized in Fig.1. As is to be expected when Π increases, h decreases and the effect of increasing the electrolyte concentration results in moving the isotherms to lower thicknesses. In the case of 0,0001 and 0,001 mol/dm^3

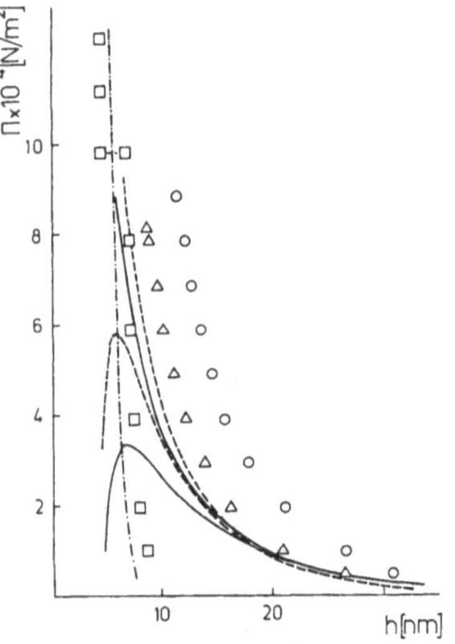

Fig.1. Disjoining pressure isotherms of 0,001 mol/dm^3 SDS films; symbols: experiment; lines: DLVO prediction; ○, ——: 0,0001 mol/dm^3 NaCl; △, - - -: 0,001 mol/dm^3 NaCl; □, — · —: 0,165 mol/dm^3 NaCl; identical lower and upper lines represent the DLVO extremes of constant potential and constant charge respectively (indiscernible for 0,165 mol/dm^3 NaCl).

electrolyte the lowest measurable thicknesses are limited to about 11,5 and 8,8 nm respectively as at further increase in Π the films burst. In the case of 0,165 mol/dm^3 electrolyte, after an initial smooth decrease in h to about 10 nm an abrupt jump to 4,3 nm is observed. The increase in Π does not lead to any further changes in h. This film behaviour and the visual observations clearly indicate to a disjoining pressure isotherm with a barrier and to a transition from a common black to a Newton black film /4/. No transition is observed at low electrolyte concentrations presumably because of film rupture.

The disjoining pressure isotherm for D4(EO) films with 0,0003 mol/dm^3 KCl electrolyte is shown in Fig.2. As can be seen the isotherm obtained follows a course similar to that of SDS films with 0,165 mol/dm^3 electrolyte but some discrepancies are noticeable: i. h decreases smoothly to about 11 nm and only then a black film is formed with a jump down to 6 nm. So only one type of black film is observed in this case.

As long as the film thickness does not change any more with the further increase in Π, this film can be identified as a Newton black film /10/.
ii. Fig.2 demonstrates a lower barrier in the isotherm regardless of lower electrolyte concentration. This implies a lower diffuse double layer potential as compared to that of SDS films and is in accordance with /11,12/.

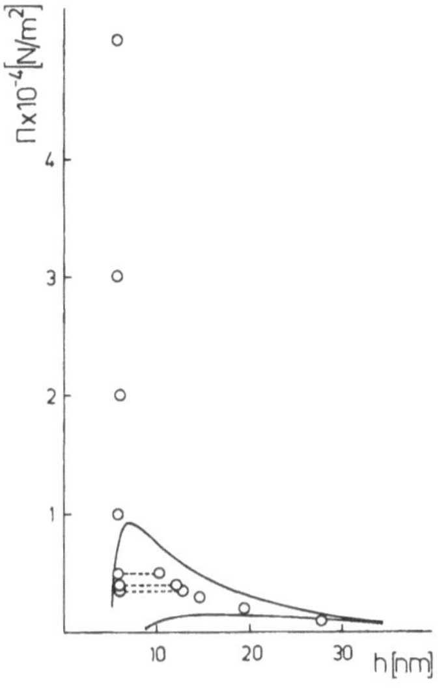

Fig.2. Disjoining pressure isotherm of 0,0005 mol/dm^3 D4(EO) films with 0,0003 mol/dm^3 KCl; symbols: experiment; lines: DLVO prediction; lower and upper lines represent the DLVO extremes of constant potential and constant charge respectively.

In the case of NP20(EO) films with 0,005 mol/dm^3 KCl (Fig.3) h decreases with the increase in Π without any abrupt transition and still changes with Π even at the highest pressures applied. No barrier is observed and black films form without any abrupt transition. Thus the course of the disjoining pressure isotherm is quite different from the previous ones.

Following the above findings one can suppose that the interaction forces, determining the film disjoining pressure isotherms for different surfactants studied, differ in character. In this aspect it is of interest to compare the experimental disjoining pressure isotherms with the theoretical ones according to the DLVO theory where $\Pi = \Pi_{el} + \Pi_{vw}$ (Π_{el} - double layer repulsion, Π_{vw} - van der Waals attraction). For this purpose Π has been computed according to complete DLVO equations. For Π_{el} an algorithm /13/ has been used allowing to consider the assumptions of constant potential and constant charge as limiting cases. The diffuse double layer potential is assumed as 80 mV for SDS films /12/, 40 mV for D4(EO) films /11/ and 37 mV for NP20(EO) films /12/. Π_{vw} has been calculated as proposed in /14/. In both cases the triple layer film structure has been taken into account. The results obtained are plotted (lines) in Fig.1, 2 and 3 respectively.

In the case of SDS films (Fig.1) the DLVO prediction significantly underestimates the experimental findings at low h in particular. For D4(EO) films (Fig.2) beyond the Newton black films region the experimental curve follows a course between the two theoretical curves. This is within the framework of the DLVO theory indicating to a double layer repulsion intermediate between the DLVO extremes of constant potential and constant charge. For NP20(EO) films (Fig.3) the experimental curve is consistent with theoretical expectation only at comparatively large h regardless of the fact that the diffuse double layer potential of both D4(EO) and NP20(EO) are nearly the same /11,12/.

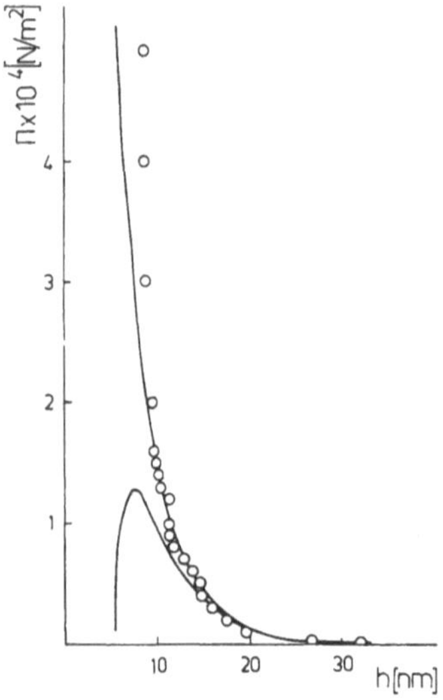

Fig.3. Disjoining pressure isotherm of 0,00001 mol/dm^3 NP20(EO) films with 0,005 mol/dm^3 KCl; symbols: experiment; lines: DLVO prediction; lower and upper lines represent the DLVO extremes of constant potential and constant charge respectively.

It can shown that no reasonable choice of the DLVO interaction parameters will bring the experiment and theory together for the SDS and NP20(EO) films studied. Our recent theoretical understanding of the van der Waals interaction forces makes it unlikely that they are the source of the above discrepancies (at least for films thicker than 10 nm) /14/. On the other hand the double layer interactions are not so well understood because of weaknesses of the double layer theory (mostly at high surface charge and high electrolyte concentration /15/). One is tempted to conclude that in these cases either the DLVO theory predicts too small repulsion or other increasingly repulsive forces add to the films stabilization beside the balance between Π_{el} and Π_{vw}. Bearing in mind the differences in the surfactants used (structure of the hydrophylic heads, nature of the potential determining ions) it seems reasonable to attribute the additional repulsion to the action of structure (SDS films) and steric (NP20(EO) films) interactions. Without further speculations it is not possible to distinguish between the above alternatives but our intention is to extend this study along these lines.

References

/1/ A. SCHELUDKO: Adv.Colloid Interface Sci. 1, 391 (1967)

/2/ I. CLUNIE, J.F. GOODMAN and B.I. INGRAM: in "Surface and Colloid Science", ed. E. Matijević, John Wiley, London, 1971, vol.3, p.167

/3/ R. BUSCALL and R.H. OTTEWILL: Specialist Periodical Reports, Colloid Sci. 2, 191 (1975)

/4/ D. EXEROWA: Comm.Depart.Chem.Bulg.Acad.Sci. 11, 739 (1978)

/5/ B.V. DERJAGUIN and L. LANDAU: Acta Phys.-Chim. URSS 14, 633 (1941)

/6/ E.J.W. VERWEY and J.TH.G. OVERBEEK: "The Theory of the Stability of Lyophobic Colloids", Elsevier, Amsterdam, 1948

/7/ D. EXEROWA and A. SCHELUDKO: Comp.Rend.Acad.Bulg.Sci. 24(1), 47 (1971)

/8/ D. EXEROWA, KHR. KHRISTOV and B. BALINOV: Ann.Univ.Sofia Fac.Chim. 73(2), 37 (1979)

/9/ T. KOLAROV and L. ILIEV: Ann.Univ.Sofia Fac.Chim. 69, 107 (1974/75)

/10/ "Definitions; Terminology and Symbols in Colloid and Surface Chemistry" Part I, prep.for publ.by D.H. EVERETT, Pure and Eppl.Chem. 31, 579 (1972)

/11/ D. EXEROWA, M. ZACHARIEVA and Z. RADEVA: in "IV Int.Tagung über Gränzflächenaktive Stöffe", Akademie Verlag, Berlin, 1974 p.619

/12/ D. EXEROWA, M. ZACHARIEVA, R. COHEN and D. PLATIKANOV: Colloid Polym.Sci. 257, 1089 (1979)

/13/ D.Y. CHAN, R.M. PASHLEY and L.R. WHITE: J.Colloid Interface Sci. 77, 283 (1980)

/14/ W.A. DONNERS, J.B. RIJNBOUT and A. VRIJ: J.Colloid Interface Sci. 60, 540 (1977)

/15/ S.L. CARNIE and G.M. TORRIE: in "Advances in Chemical Physics" ed. I. PRIGOGIN and S.A. RICE, John Wiley, New York, 1984, vol.56, p.240

G. KRETZSCHMAR, K. GENEIS, K. HAAGE

Academy of Sciences of the GDR
Central Institute of Organic Chemistry
1199 Berlin, Rudower Chaussee 5

Adsorption Isotherms of Phosphororganic Surfactants

One of the characteristic features of the adsorption behaviour of phosphororganic surfactants at liquid interfaces, as well as theoretical interpretations, is related to the results of surface tension measurements. Substances used in this paper were sodium alkylphosphonates, sodium alkylphosphates, phosphononic acid methylamides and long chain phosphine oxides respectively.
The measurements at equilibrium state were carried out at water/air and water heptane interface in the presence of different amounts of electrolytes by using the tensiometric ring methode corrected by using the HARKINS JORDAN tables.

For measuring the influence of different temperatures the experiments were carried out at 23 °C and 50 °C.
One of the most important properties of an adsorption layer at a fluid interface is the packing density of the surfactant molecules.
It was computed by the aid of the GIBBS equation

$$= - \frac{d}{d\ln C} \cdot \frac{1}{RT}$$

where moles/cm^2, surface (or interface) tension,
c detergent bulk concentration in moles/cm^3.
Fig. 1 shows the equilibrium -log c-isotherms for disodium alkylphosphonates of different chain lengthes. The temperature of 50 °C enables a satisfactory solubility of the long chain components.

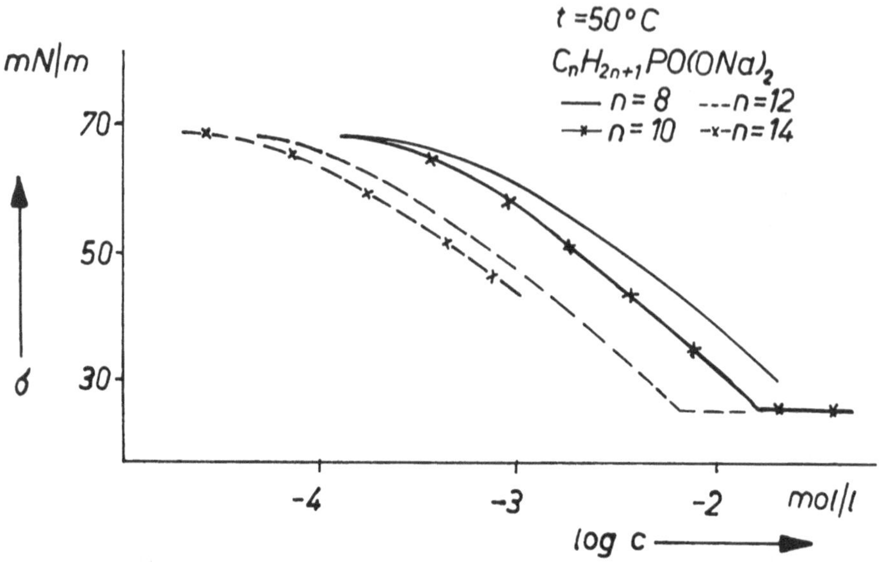

Fig. 1 -log c plots of disodium alkylphosphonates

For the homologous tetrasodium alkyldiphosphonates the log c curves are plotted in Fig. 2

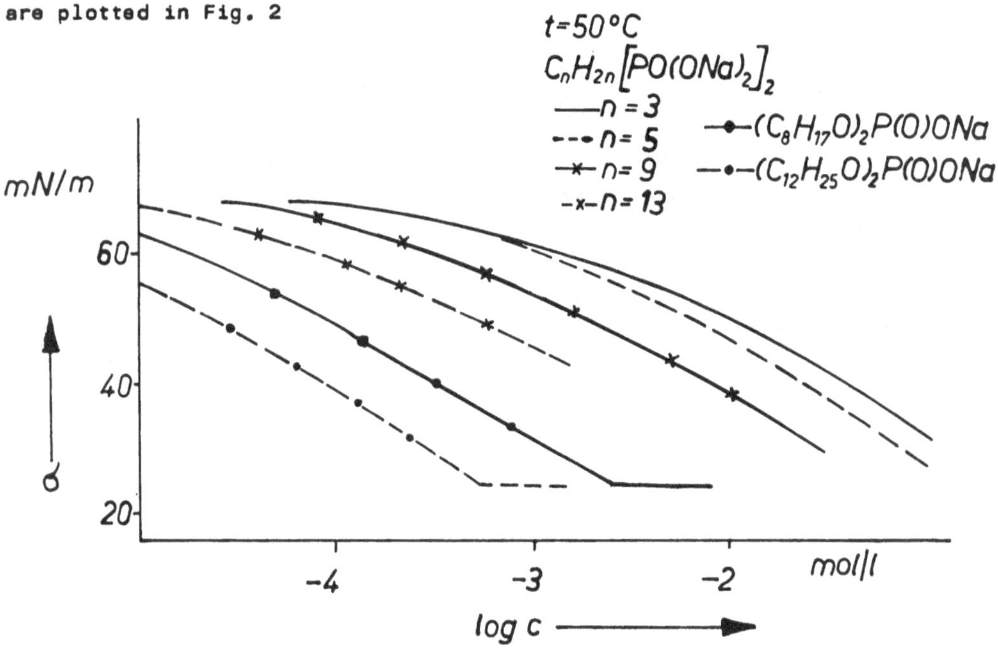

Fig. 2 against log c for tetrasodium alkyldiphosphonates

In comparison to this the isotherms of the nonionic phosphine oxides and alkylphosphonicacid monomethylamides exhibits a shift to lower volume concentrations of the corresponding surfactants (Fig. 3).

This is the result of the absence of ionic head groups.

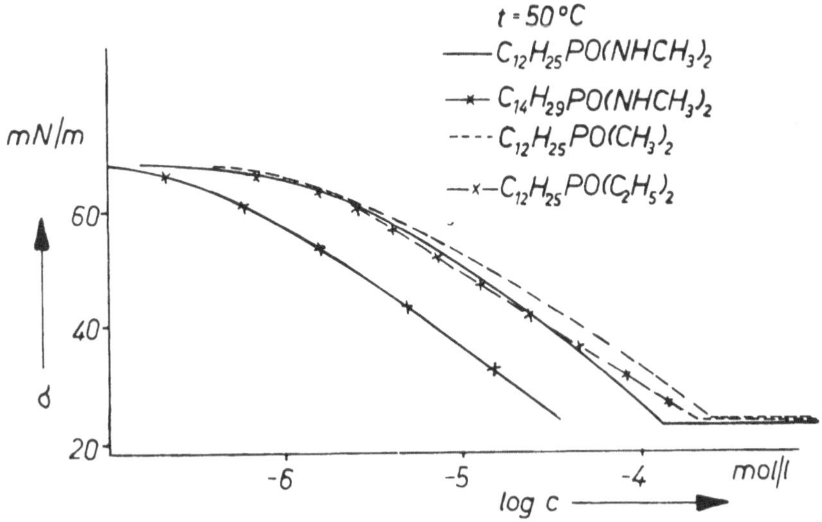

Fig. 3 /log c for phosphine oxides

In the case of nonionic surfactants LANGE /1/ shows that the surface activity becomes smaller by increasing the size of the hydrophilic head group. Contrary to this results table 1 represents for some nonionic phosphine oxides with the same chain lengthes a slight influence of the limited area per molecule on the critical micelle concentration.

Table 1
Area of adsorbed surfactants at the critical micelle concentration (23 °C and 50 °C)

	cmc (mol/l)	$A_{23°}$ (nm²/molec.)	$A_{50°}$ (nm²/molec.)
n-$C_{12}H_{25}(CH_3)_2P(O)$	$2,5 \cdot 10^{-4}$	0,36	0,48
n-$C_{12}H_{25}(C_2H_5)_2P(O)$	$2 \cdot 10^{-4}$	0,48	0,57
n-$C_{12}H_{25}(NHCH_3)_2P(O)$	$1,25 \cdot 10^{-4}$	0,34	0,36

Essential informations of the properties of surfactant adsorption is also obtained by their adsorption at water/oil interfaces.
For practical reasons there exists a specific interest in the study of such liquid/liquid systems. For instance, this informations are usefull to understanding selected problems in emulsion science.
For both types of phosphororganic surfactants in figs. 4 and 5 are

plotted the values against their volume concentrations.
It is striking that the temperature leads to different influences on the corresponding adsorption layers.

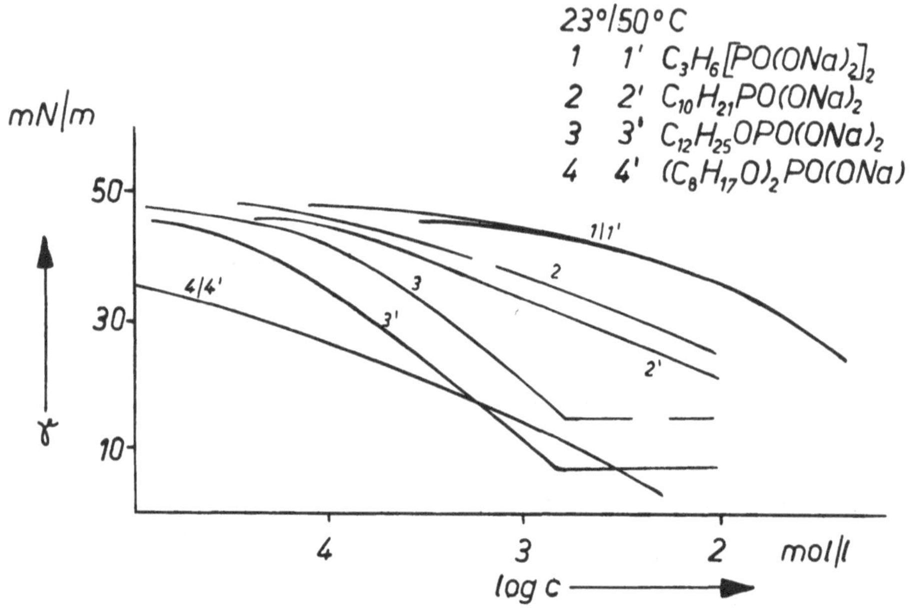

Fig. 4 vs · log c for ionic phosphororganic surfactants at the water/heptane interface and for 23° and 50 °C

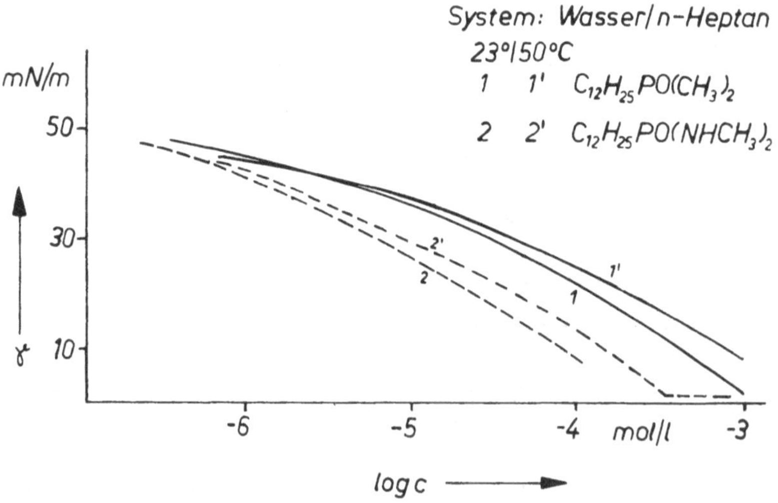

Fig. 5 vs · log c for nonionic phosphororganic surfactants at the water/heptane interface and for 23° and 50 °C

The calculated values enables by using the well known relation

A = kT (=) to demonstrate the different interactions in a monomolecular adsorption layer depending on the molecular area at an interface.

In the range of the gaseous film state the equation may be valied and we get approximately 400 · 10^{-23} I for kT.

If the film pressure becomes higher interacting forces in the adsorption layer take place. It means the slopes A vs · are influenced by attraction and electric repulsion forces (Fig. 6).

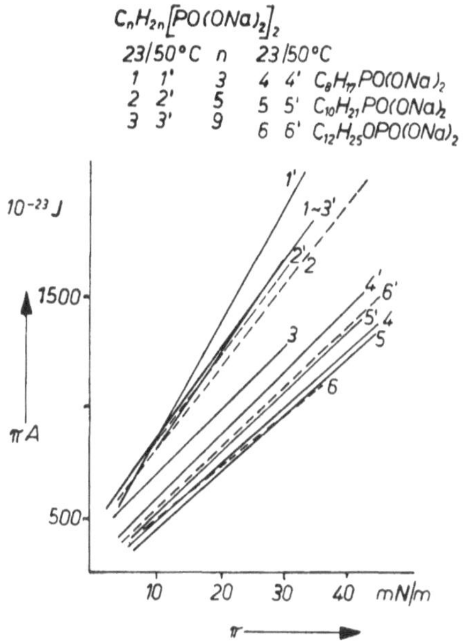

Fig. 6 A vs · for disodium alkylphosphonates and tetrasodium-alkyldiphosphonates at 23° and 50 °C (water/air)

The influence of the temperature on the free enthalpie H of the adsorption adsorption was calculates with the help of the basic equation

$$\frac{d\ln}{dt}\; c = - \frac{A^H}{RT^2}\; c$$

or

$$\frac{d\ln c}{dT} = - \frac{A^H}{RT^2}$$

$$A^H = - \frac{2{,}3 \cdot RT_1\, T_2}{T_1 - T_2} \cdot \log \frac{1}{2}$$

In table 2 are plotted some $_A H$-values

Table 2

	c [mol/l]	($_A H)_c$ · 10^3 [I/mol]	50 °C 23 °C
$C_{12}H_{25}(CH_3)_2P(O)$	$2{,}5 \cdot 10^{-4}$		8,36
$C_{12}H_{25}(C_2H_5)_2P(O)$	$2{,}0 \cdot 10^{-4}$		7,20
$C_{12}H_{25}P(O)(NHCH_3)_2$	$1{,}25 \cdot 10^{-4}$		1,50
$C_8H_{17}P(O)(ONa)_2$	$1{,}5 \cdot 10^{-4}$		3,05
$C_{10}H_{21}P(O)(ONa)_2$	$1{,}5 \cdot 10^{-2}$		3,05
$(C_8H_{17}O)_2P(O)ONa$	$2{,}5 \cdot 10^{-3}$		7,70
$C_{12}H_{25}OP(O)(ONa)_2$	$2{,}0 \cdot 10^{-3}$		3,05
$n\text{-}C_3H_6[P(O)(ONa)_2]_2$	$1 \cdot 10^{-1}$		0,88
$n\text{-}C_5H_{10}[P(O)(ONa)_2]_2$	$1 \cdot 10^{-1}$		1,84
$n\text{-}C_9H_{18}[P(O)(ONa)_2]_2$	$1 . 10^{-3}$		4,85

In table 3 are summariesed the occupied surface areas of some typical surfactants at the water/air interface near the critical micelle concentrations and at 23° and 50 °C.

Literature

/1/ LANGE, H.: Kolloid Z./Z. Polymere 201, 131 (1965)

Table 3 Surface tension and area at 23 °C and 50 °C of the system water/air

	c mol/l	23 °C mN/m	50 °C mN/m	mN/m	A 23 °C nm²/molecule	A 50 °C nm²/molecule	A
$C_{12}H_{25}(CH_3)_2P(O)$	$2,5 \cdot 10^{-4}$	28,1	25,6	2,5	0,351	0,468	0,117
$C_{12}H_{25}(C_2H_5)_2P(O)$	$2 \cdot 10^{-4}$	27,3	25,6	1,7	0,481	0,568	0,087
$C_{12}H_{25}P(O)(NHCH_3)_2$	$1,25 \cdot 10^{-4}$	28,4	24,4	4	0,34	0,358	0,018
$(C_8H_{17}O)_2P(O)ONa$	$2,5 \cdot 10^{-3}$	25,5	23,3	2,2	0,481	0,631	0,15
$C_{10}H_{21}P(O)(ONa)_2$	$1,5 \cdot 10^{-2}$	37,0	27,5	9,5	0,323	0,358	0,035

N. KUEHN; MÜLLER, H.-J.; LUNKENHEIMER, K.

Institut für grafische Technik

Entwicklung einer neuen Feuchtmittellösung für den Offsetdruck unter Berücksichtigung grenzflächenchemischer Aspekte

0. Einleitung

Mit der verstärkten Einführung des Offsetdruckes sowohl international als auch national in die polygrafische Industrie, bedingt durch die in den letzten 20-30 Jahren stark vereinfachte und beschleunigte Satz- und Druckplattenherstellung sowie durch die Einführung der Aluminiumdruckplatte, wurde endgültig der Übergang des Offsetdrucks vom handwerklichen Gewerbe zur modernen Industrieproduktion vollzogen. Analog zu dieser Entwicklung stieg natürlich das Interesse zur wissenschaftlichen Durchdringung dieses Druckverfahrens, was eindeutig durch die in den letzten Jahren erhöhte Anzahl von Beiträgen in den entsprechenden Fachzeitschriften zu dieser Thematik bewiesen wird. Da dieses Druckverfahren bereits seit 1798 mit mehr oder weniger gutem Erfolg praktiziert wird, liegen zwar eine Reihe von Erfahrungen zum Wirkungsprinzip vor, von denen jedoch ein großer Teil bisher nicht auf fundierten wissenschaftlichen Erkenntnissen, die eine gezielte Kontrolle und Steuerung der Prozesse erlauben, basiert.

1. Druckprinzip und Grenzflächen im Offsetdruck

Im klassischen Hoch- und im Tiefdruck resultiert die partielle Farbannahme durch geometrische Unterschiede der Druckformoberfläche. Dazu im Gegensatz steht die Offsetdruckform, deren maximale Höhenunterschiede zwischen den druckenden und nichtdruckenden Bereichen in Abhängigkeit von den eingesetzten Druckformenmaterialien 2-10 μm betragen:

Bi- und Trimetallplatten bis 10 μm

Aluminiumdruckplatten 2-3 μm.

Schon aufgrund dieser Tatsache wird angenommen, daß der Offsetdruck durch unterschiedliches grenzflächenchemisches Verhalten der druckenden und der nichtdruckenden Bereiche gegenüber den im Druck eingesetzten flüssigen Substanzen Feuchtmittel (wäßrige Lösung) und Druckfarbe (hoher Anteil von Kohlenwasserstoffen) charakterisiert ist.

Das Druckprinzip wird durch eine festgelegte Reihenfolge realisiert: Zuerst wird während des Druckprozesses die gesamte Druckform mit dem

Feuchtmittel überzogen. Anschließend wird die Druckplatte mit der Druckfarbe kontaktiert. Im Ergebnis wird auf der Druckplatte eine Verteilung der Färbe erzeugt, die der der hydrophoben Bereiche entspricht. Daraus folgt die wesentliche Funktion des Feuchtmittels: Hohe Stabilität auf den nichtdruckenden Bereichen, Instabilität auf den druckenden Bereichen der Druckform.

Aus dem dargestellten Druckprinzip ergibt sich während des Druckprozesses die Bildung folgender Grenzflächen:

a) Feuchtmittel/nichtdruckender Bereich
b) Feuchtmittel/druckender Bereich
c) Farbe /druckender Bereich
d) Farbe /Feuchtmittel

Erste Modellvorstellungen zum Offsetdruck sind seit 1932 von Tritton /1/ bekannt, die Padday /2/ durch Einführung der freien Oberflächenenergien der am Offsetdruck beteiligten festen und flüssigen Materialien wesentlich bis zum gegenwärtig noch gültigen Grundmodell erweiterte. Sämtliche weitere Vorstellungen z. B. von Schläpfer /3/ und Hermanies /4/, beruhen auf dem Paddayschen Grundmodell.

2. Modifizierung des Feuchtmittels durch Tensid

2.1. Konventionelles Feuchtmittel GH-PWZ

Das bisher sowohl für Aluminium- als auch für Trimetalldruckplatten eingesetzte Feuchtmittel GH-PWZ hat folgende Zusammensetzung:

a) Leitungswasser
b) hydrophiles Kolloid
c) Puffersubstanz
d) Desinfektionsmittel
e) Butylenglykol als grenzflächenaktive Substanz

Elektrokinetische Untersuchungen am System OAP-Kopierschicht (fotolösliche Kopierschicht auf Phenolharz-Basis)/PWZ-Feuchtmittellösung (3 vol.-%) zeigten im Gegensatz zu Untersuchungen an anderen hydrophoben Polymeren eine nur sehr langsame Einstellung des Gleichgewichts während der Messung des Strömungspotentials (s. Bild 1).

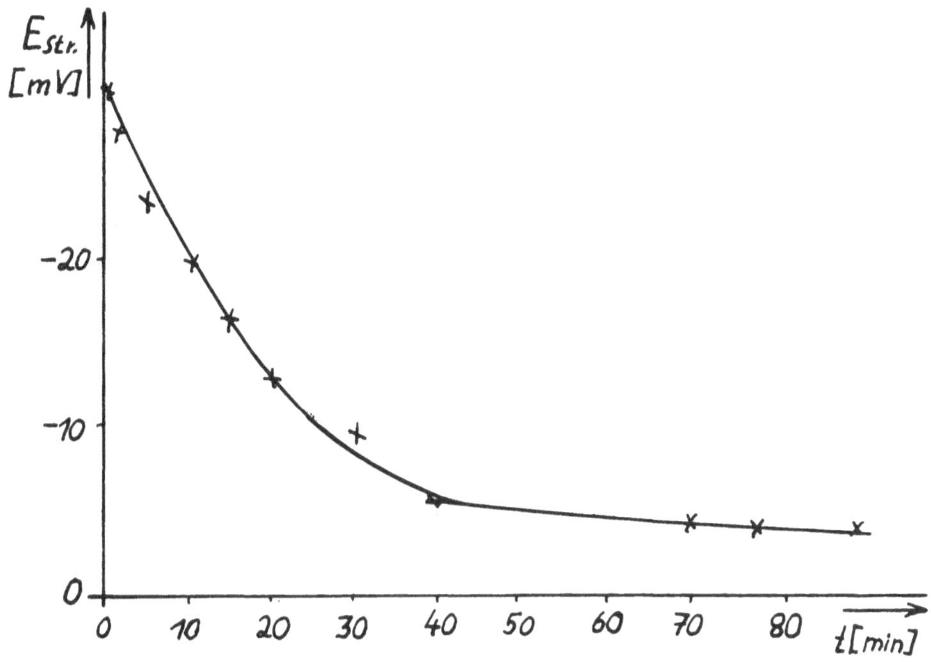

Bild 1: E_{Str}/t-Kurve am System PWZ/OAP-Kopierschicht

Aus dem Bild 1 wurde nach Kanamaru /5/ und Jacobasch /6/ geschlußfolgert, daß die OAP-Kopierschicht durch Substanzen des Feuchtmittels in den oberflächennahen Bereichen einer Quellung unterlegen ist, die zusammen mit den mechanischen Belastungen während des Druckprozesses zum vorzeitigen Verschleiß der nur durchschnittlich 2 μm dicken Kopierschicht führt (vergleichbar mit der Spannungsrißkorrosion). Eine Stabilität der Aluminiumdruckplatten von nur 30.000 - 40.000 Überrollungen bei maximal 5 % Ausfall ist die Folge, wobei starke Schwankungen der Überrollungen zu verzeichnen sind.

2.2. Veränderung des Feuchtmittels durch Tensideinsatz

Aus der Zusammensetzung des Feuchtmittels ist erkennbar, daß die Quellung der Kopierschicht vorrangig durch die Substanz Butylenglykol verursacht wird. Folglich bot sich ein Austausch des Butylenglykols durch eine andere grenzflächenaktive Substanz, durch ein wasserlösliches Tensid, an. Eine Überprüfung der Wirkung von Feuchtmitteln mit Tensideinsatz zur Stabilitätserhöhung unter Produktionsbedingungen brachte folgende Erkenntnisse:

a) Die Konzentration des eingesetzten Tensids sollte die Sättigungsgrenze nicht überschreiten. Bei Nichteinhaltung dieser Konzentrationsgrenze treten Störungen während des Druckprozesses ein:

- Adsorption des Tensids an der nichtdruckenden Aluminiumoxidoberfläche, vermutlich mit dem polaren Ende an polare Gruppen des Festkörpers. Die Folge ist eine Hydrophobierung durch die Bildung einer neuen Grenzfläche hydrophober Tensidteil/Feuchtmittel, wodurch die für den Offsetdruck auf diesen Plattenbereichen unbedingt geforderte Stabilität des Feuchtmittelfilms nicht mehr gewährleistet ist, d. h. auch die nichtdruckenden Bereiche werden eingefärbt.

- Eine Anreichung von Tensid in der Druckfarbenoberfläche über hydrophobe Wechselwirkungen sowie in der Druckfarbe führt zur unzulässig starken Emulsionsbildung zwischen Druckfarbe und Feuchtmittel. Neben anderen Störungen tritt eine Verwässerung der Druckfarben durch Veränderung der optischen Dichte ein (fehlende Farbbrillanz).

Die Auswahl der geeigneten Tensidkonzentration sollte deshalb anhand der Oberflächenspannungs-/Konzentrationskurve vorgenommen werden.

b) Der Einsatz eines anionaktiven Tensids im Feuchtmittel ergibt ebenfalls eine Adsorption des Tensids an der Aluminiumoxidoberfläche. Da das Feuchtmittel einen pH-Wert unterhalb des isoelektrischen Punktes des Aluminiumoxid hat, ist die Aluminiumoxidoberfläche positiv geladen. Hauptursache der Adsorption sind vermutlich Coulombsche Wechselwirkungen.

c) Kationaktive Tenside werden bei vorausgesetzter geringer Konzentration kaum aus der wäßrigen Lösung heraus an der Aluminiumoxidoberfläche adsorbiert (gleichsinnige Aufladung). Dagegen resultiert eine starke Adsorption des Tensids an den mit Gummi oder Plastmaterialien überzogenen Feuchtmittelübertragungswalzen, deren Zeta-Potential an der Phasengrenze Walze/Feuchtmittel ein negatives Vorzeichen trägt, über vermutlich elektrostatische Wechselwirkungen. Nach einer derartigen Hydrophobierung der Walzenoberflächen werden nur noch Feuchtmitteltröpfchen, die keine Bildung eines geschlossenen Feuchtmittelfilms zulassen, auf die nichtdruckenden Bereiche der Druckform übertragen.

Als zusammenfassende Schlußfolgerung ergeben sich zwei zu beachtende Aspekte:

1. Als grenzflächenaktive Substanz im Feuchtmittel ist unter den gegebenen Druckbedingungen nur der Einsatz wasserlöslicher nichtionogener Tenside möglich.

2. Die Konzentration muß unter der Sättigungskonzentration liegen.

Für den Einsatz in der neuen Feuchtmittellösung wurde das wasserlösliche nichtionogene Tensid WOFK 100 mit durchschnittlich 10 EO-Gruppen ausgewählt. Die Wahl der Konzentration erfolgte anhand der aufgestellten Oberflächenspannung-Konzentrationskurve (s. Bild 2).

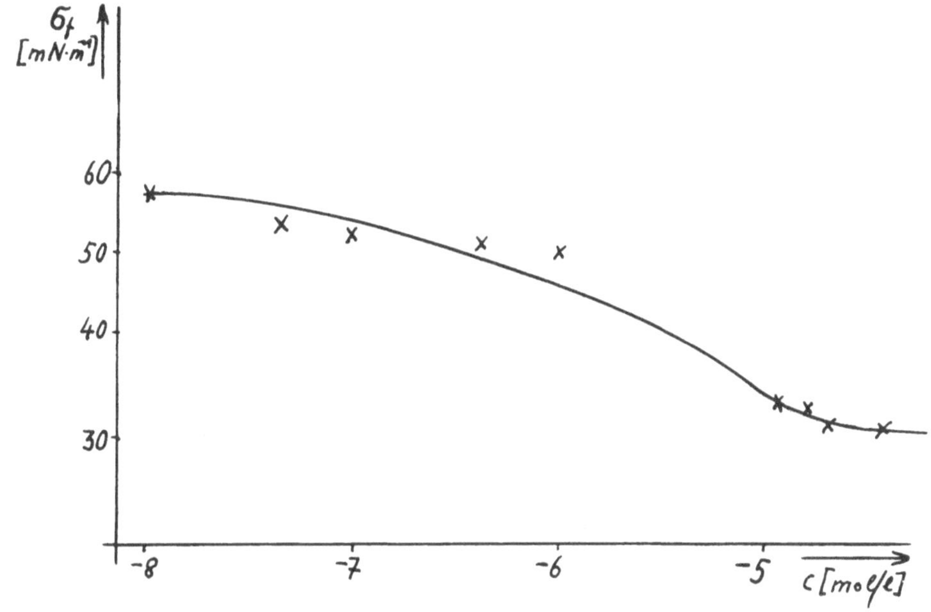

Bild 2: $\sigma_{f/c}$-Kurve wäßriger Lösungen des Tensids WOFK 100

Aus dem Kurvenverlauf ergibt sich ein möglicher Konzentrationsbereich zwischen 10^{-8} und 10^{-5} mol/l. Legt man für gebräuchliche Feuchtmittel den Oberflächenspannungsbereich zwischen 60 und 70 mN/m zugrunde, empfiehlt sich eine Konzentration von etwa 10^{-6} mol/l.

Vor Einsatz unter Produktionsbedingungen wurde anhand elektrokinetischer Messungen eine Überprüfung der grenzflächennahen Bereiche der Kopierschicht durch Einfluß der neuen Feuchtmittellösung auf mögliche grenzflächenchemische Veränderungen durchgeführt (s. Bild 3).

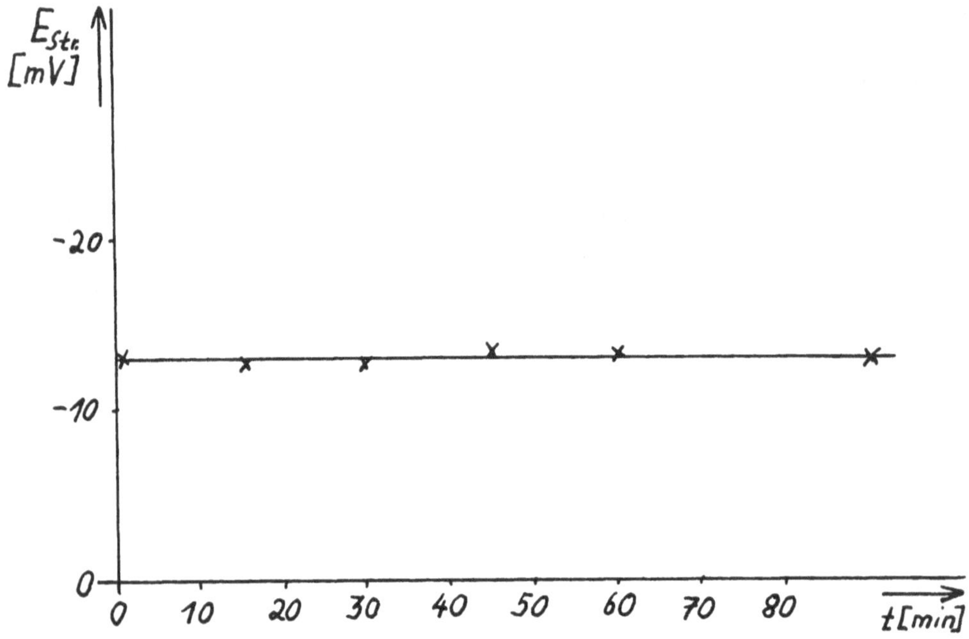

Bild 3: $E_{Str.}$/t-Kurve am System Tensid-Feuchtmittel/OAP-Kopierschicht

Das gemessene Strömungspotential in Abhängigkeit von der Zeit verhielt sich während der Meßzeit von 120 Minuten konstant. Daraus ergibt sich eine Gerade, die parallel zur Zeitachse verläuft. Folglich reagiert dieses System wie eine Grenzfläche hydrophobes Polymer/Wasser, d. h. eine Quellung der OAP-Kopierschicht durch das neue Feuchtmittel kann ausgeschlossen werden, womit eine wesentliche Störungsquelle für den Druckprozeß hinsichtlich der Auflagenstabilität beseitigt ist.

2.3. Erprobungsergebnisse

Nach Auswertung dieser Meßergebnisse erfolgte die Erprobung des neuen Feuchtmittels unter realen Druckbedingungen im Mehrfarben-Bogenoffsetdruck.

a) 1. Auftrag: Einfacher Vierfarben-Bogenoffsetdruck
Auflage 210.000/pH-Wert des Papiers 9,2

b) 2. Auftrag: Komplizierter Sechsfarben-Bogenoffsetdruck
Auflage: 200.000/pH-Wert des Papiers 9,0

Eine Zusammenfassung beider Aufträge ergibt nachstehende Übersicht:

Anzahl der Druckplatten	Überrollungszahlen
4	210.000
7	100.000 - 137.000
4	90.000 - 100.000
4	80.000 - 89.000
1	70.000 - 79.000
1	60.000 - 69.000 (1xZ)
2	50.000 - 59.000 (1xZ)
2	40.000 - 49.000 (1xZ)
2	30.000 - 39.000 (2xZ)
1	26.000
1	18.000 (Z)

Unter den Platten mit geringen Auflagenhöhen sind auffällig viele Zweitplatten (Z). Der Gesamtdurchschnitt der Überrollungszahlen liegt bei etwa 112.000, im Gegensatz zu bisher erreichten Ergebnissen von etwa 40.000 - 50.000. Vom Erprobungsbetrieb wurde eingeschätzt, daß die Anwendung des neuen Feuchtmittels zu einer spontanen, aber in Abhängigkeit von der Auftragsstruktur differenzierten Erhöhung der Überrollungszahlen führte, womit sich die aus den Strömungspotentialmessungen ergebenden Aussagen in der Praxis eindeutig bestätigten.

3. Zusammenfassung

Das Wirkungsprinzip des Offsetdrucks, d. h. die sich im Kontakt mit den im Offsetdruck eingesetzten flüssigen Substanzen Feuchtmittel und Druckfarbe an den nichtdruckenden und druckenden Bereichen der Druckform abspielenden Grenzflächenvorgänge, sind bis auf die Bestimmung von Benetzungskenngrößen noch weitgehend ungeklärt. Aufgrund der Verschiedenartigkeit der während des Druckprozesses entstehenden Grenzflächen ist nur eine sinnvolle Kombination verschiedener Meßmethoden zur weiteren Aufklärung des Wirkungsprinzips des Offsetdrucks geeignet, um daraus Schlußfolgerungen zum Materialeinsatz, zur weiteren Stabilisierung der Druckplattenherstellung, zur Kontrolle und Steuerung des Druckprozesses sowie zur Entwicklung neuer Wirkungsprinzipien zu gewinnen.

4. Literatur

/1/ Tritton W.: J. Soc.Chem. Ind. 51 (1932), 5.299-307.

/2/ Padday, J. F.: Surface chemistry of Lithographic Printing Technology 13 (1969) 1, S. 23-32.

/3/ Schläpfer, K.: Wettability Phenomena and their Significance in the Lithographic Process. 13 IARIGAI-Konferenz, Wildhaus 1975

/4/ Hermanies, E.: Auswahl eines optimalen Druckverfahrens und seine Weiterentwicklung. Dissertation B an der TH Karl-Marx-Stadt 1980.

/5/ Kanamaru, K.: Kolloid-Z. 168 (1960), S. 115.

/6/ Jacobasch, H.-J.; Bobeth, W.: Elektrokinetische Messungen zur Charakterisierung textiler Faserstoffe. Das Papier 29 (1975) 12, S. 555-561.

/7/ Garloff, J.: Erprobungsbericht zum Einsatz des Tensid-Feuchtmittels. Unveröffentlichte Mitteilung der Druckerei "Märkische Volksstimme" Magedeburg 1985.

K.-H. LERCHE, G. KRETZSCHMAR, J. RICHTER-MENDAU[+] und G. BECKER[+]

Zentralinstitut für Organische Chemie der Akademie der Wissenschaften der DDR, [+]Zentralinstitut für Physikalische Chemie der Akademie der Wissenschaften der DDR

Kombinierte elektronenmikroskopische-, konduktometrische- und partikel-elektrophoretische Untersuchungen zum Einfluß verschiedener Reinigungstechniken auf die Oberflächenmorphologie und Oberflächenladung monodisperser Polystyrenlatices

Einleitung

Mit Beginn der 70er Jahre wurden auf dem Gebiet der Kolloidchemie disperser Systeme durch die Entwicklung monodisperser Polymer- /1, 2/ und Metalloxiddispersionen /3/, Methoden zu ihrer Reinigung und Charakterisierung /4 - 6 / sowie durch die Entwicklung neuer theoretischer Konzeptionen bemerkenswerte Fortschritte erzielt.
Auf theoretischem Gebiet sind vor allem die Arbeiten von DUCHIN und Mitarbeitern zur Theorie der Elektrophorese /7/, elektrischen Leitfähigkeit /7/ und dielektrischen Relaxation /8/ zu nennen.
Diese Theorien, die auf der Vorstellung der Polarisation der elektrischen Doppelschicht beruhen, ermöglichen es, wichtige Parameter der elektrischen Doppelschicht wie Oberflächenpotential ψ_0 , Stern-Potential ψ_δ und elektrokinetisches Potential ζ zu berechnen. In jedem Falle ist es dazu notwendig, komplexe elektrische Oberflächenuntersuchungen (z.B. Elektrophorese, Leitfähigkeits- und Oberflächenladungsmessungen) an ein und demselben System durchzuführen. Solche Untersuchungen wurden in den letzten Jahren von BARAN et al. /9/, VAN der PUT /10/ und SPRINGER /11/ unter Verwendung von ionenausgetauschten bzw. dialysierten monodispersen Polystyrenlatices durchgeführt.
Charakteristisch für alle diese Untersuchungen war die Feststellung signifikanter Diskrepanzen zwischen Theorie und Experiment.
Als Ursachen wurden neben Mängeln in der Theorie /12/ vor allem nichtideale Eigenschaften der Latexteilchen selbst (z.B. "hairy"-Oberfläche, strukturiertes Wasser, Aggregation /9 - 11/) diskutiert.
In der vorliegenden Arbeit soll gezeigt werden, daß die zur Reinigung und Charakterisierung (Oberflächenladungsbestimmung) der Latexteilchen ausschließlich verwendeten Methoden nach VAN den HUL und VANDERHOFF /4/ (Ionenaustausch bzw. Dialyse) vermutlich für diese Diskrepanzen verant-

wortlich sind, weil diese Methoden nur unvollkommen Restmonomere und geladenes oligomeres Material von der Latexoberfläche entfernen.
Um dies zu untermauern, werden Ionenaustausch und Dialyse mit anderen Reinigungstechniken (Wasserdampfdestillation, Zentrifugation/Redispergierung, Ultrafiltration mit dest. Wasser bzw. organischen Lösungsmitteln) hinsichtlich ihrer Effektivität bei der Entfernung dieser Komponenten miteinander verglichen.
Als Charakterisierungsmethoden werden dazu die Elektronenmikroskopie (Oberflächenabdruckverfahren), die Konduktometrie und die Partikelelektrophorese eingesetzt.

Experimentelles

Die Herstellung der verwendeten Polymerdispersion erfolgte durch Polymerisation von Styren in Abwesenheit von Emulgatoren nach Angaben von FURUSAWA et al. /1/ unter folgenden Bedingungen:
Styren 0,87 mol/dm^3, 37,4 x 10^{-4} mol/dm^3 $K_2S_2O_8$ und 5 x 10^{-3} mol/dm^3 $KHCO_3$. Der Latex wurde über Glaswolle gefiltert und anschließend mit bidest. Wasser auf ein definiertes Volumen verdünnt. Daraus wurden dann jeweils 0,25 dm^3 Proben entnommen und nach verschiedenen Methoden gereinigt. Die verwendeten Techniken und die experimentellen Details sind zusammenfassend in Tabelle 1 dargestellt.

Tabelle 1
Verwendete Reinigungstechniken und experimentelle Details (Polymermenge 5 g/0,25 dm^3)

Methode	Durchführung der Reinigung
Ionenaustausch	Schütteln der Latexdispersion mit 5fachem Überschuß an Mischbettionenaustauscher (Wofatit KPS-MB/SBW-MB, Reinigung nach /4/ Wiederholung des Austauschvorganges bis zur Konstanz der Oberflächenladung (gewöhnlich 3 mal) Zeitdauer pro Austauschvorgang 1 Std.
Dialyse	Zelluloseacetatschlauch Dialyse gegen bidest. Wasser bei täglicher Erneuerung Zeitdauer ca. 4 Wochen
Zentrifugation/Redispergierung	Zentrifugation der Latexdispersion bei 10 000 U/min in Polyethylenröhrchen (5 min) Redispergierung des Sediments in bidest. Wasser (Verhältnis 1 : 20) 8 Zyklen

Wasserdampf-destillation	Abnahme unterschiedlicher Destillatmengen ($0{,}25\ dm^3$ und $0{,}75\ dm^3$) Weiterreinigung mit bidest. Wasser in Ultrafiltrationsapparatur
Ultrafiltration	Durchführung der Reinigung in modifizierter Apparatur nach /5/ Behandlung verschiedener Latexproben mit 1, 3, 5 und 10 dm^3 bidest. Wasser, 1 dm^3 Methanol bzw. 1 dm^3 Isopropanol Weiterreinigung der mit organischen Lösungsmitteln behandelten Proben durch Lösungsmittelaustausch gegen bidest. Wasser

Die nach diesen Techniken gereinigten Latices wurden anschließend mit folgenden Methoden charakterisiert:

1. Elektronenmikroskopie (Oberflächenabdruckverfahren) -
   Aufbringen der unterschiedlich gereinigten Latexproben auf einen Glasträger, Schrägbedampfung mit C/Pt, Reinigung der Hüllen mit Tetrahydrofuran, Waschen in bidest. Wasser und nachfolgende Abbildung im Elektronenmikroskop;
2. Konduktometrische Titration -
   Äquilibrierung aller Proben im Ultrafiltrationsgerät mit 10^{-4} mol/dm^3 HCl bis elektrische Leitfähigkeit von Zu- und Ablauf (Filtrat) übereinstimmen, dann separate Titration von gleichen Volumina Polymerdispersion und Gleichgewichtsfiltrat mit 2×10^{-2} mol/dm^3 NaOH;
3. Partikelelektrophorese -
   Untersuchung der elektrophoretischen Beweglichkeit in Abhängigkeit vom pH-Wert in Meßapparatur nach /13/, 298 K, 2×10^{-2} mol/dm^3 NaCl.

Ergebnisse und Diskussion

Elektronenmikroskopische Untersuchungen

Die nachfolgenden Abbildungen zeigen eine Auswahl elektronenmikroskopischer Aufnahmen, die die unterschiedliche Effektivität verschiedener Reinigungstechniken deutlich erkennen lassen.

Abb. 1

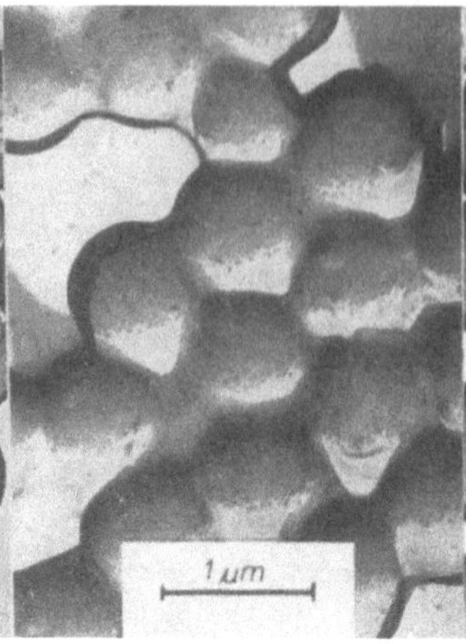

Abb. 2

Abb. 3

Abb. 1: Polystyrenoberfläche ohne Reinigung, nach Ionenaustausch bzw. Zentrifugation/Redispergierung oder nach Ultrafiltration mit bidest. Wasser (3 dm^3)

Abb. 2: Polystyrenoberfläche nach Dialyse

Abb. 3: Polystyrenoberfläche nach Wasserdampfdestillation, Ultrafiltration mit bidest. Wasser (10 dm^3) bzw. mit Methanol (1 dm^3) oder Isopropanol (1 dm^3)

Die Abbildung 1 charakterisiert den Oberflächenzustand von Latexpartikeln ohne vorherige Reinigung, nach Ionenaustausch, Zentrifugation/Redispergierung oder nach Ultrafiltration mit bidest. Wasser (3 dm^3). Die Abbildung 2 ist repräsentativ für Latexproben, die durch Dialyse gereinigt wurden und die Abbildung 3 schließlich kennzeichnet die Oberflächenmorphologie von Latices nach Wasserdampfdestillation, Ultrafiltration mit einer großen Menge bidest. Wasser (10 dm^3) bzw. unter Verwendung von Methanol oder Isopropanol als Lösungsmittel.
Es ist klar erkennbar, daß nur durch letztere Methoden Latexteilchen mit relativ glatten Oberflächen erhalten werden.
Alle anderen Techniken (Ionenaustausch, Zentrifugation/Redispergierung, Ultrafiltration mit unzureichender Menge bidest. Wasser) führen entweder nur zu geringfügigen Verbesserungen der Oberflächenmorphologie im Vergleich zur ungereinigten Latexprobe oder, wie im Falle der Dialyse, zu zusätzlichen Oberflächenstrukturen.
Die warzenförmigen Ausstülpungen an der Oberfläche von z.B. ungereinigten und ionenausgetauschten Latices (Abb. 1) sind vermutlich auf adsorbierte Restmonomere zurückzuführen, da diese Ausstülpungen nach Behandlung mit Wasserdampf oder organischen Lösungsmitteln verschwinden (Abb. 3).
Das nach Dialyse zu beobachtende Erscheinungsbild der nahezu dichten Einbettung der Latexteilchen wird wahrscheinlich durch aus dem Dialyse-

schlauch stammende Polyelektrolyte verursacht.

Konduktometrische Titration

Tabelle 2 enthält zusammengefaßt die Ergebnisse der konduktometrischen Titration von nach unterschiedlichen Methoden gereinigten Polystyrenlatices.

Tabelle 2
Oberflächenladungsdichten von Polystyrenlatices nach Reinigung mit verschiedenen Methoden

Methode	Reinigung	Oberflächenladungsdichte [10^{-6} C/cm^2]
Ionenaustausch	3 Austauschzyklen	11,8
Dialyse		8,7
Zentrifugation/ Redispergierung	8 Zyklen	5,0
Wasserdampfdestillation	Destillat: 0,25 dm^3	1,4
	Destillat: 0,75 dm^3	1,4
Ultrafiltration	1 dm^3 bidest. Wasser	12,0
	3 dm^3 bidest. Wasser	10,1
	5 dm^3 bidest. Wasser	7,4
	10 dm^3 bidest. Wasser	3,4
	1 dm^3 Methanol	1,6
	1 dm^3 Isopropanol	1,5

Der Tabelle ist folgendes zu entnehmen:

1. Die Oberflächenladungsdichte der Latices hängt stark von der verwendeten Reinigungstechnik ab.
2. Ionenaustausch und Dialyse führen zu Oberflächenladungsdichten, die fast um eine Größenordnung über den Werten für wasserdampfdestillierte bzw. ultrafiltrierte Latexproben liegen (z.B. Ultrafiltration mit organischen Lösungsmitteln oder großen Mengen bidest. Wasser)
3. Die Ultrafiltration mit bidest. Wasser ergibt eine kontinuierliche Abnahme der Oberflächenladung mit steigendem Wasserdurchsatz (1 - 10 dm^3). Dies deutet auf eine langsame Desorption geladener Spezies (vermutlich geladenes oligomeres Material) von der Latexoberfläche hin.
4. In Übereinstimmung mit den elektronenmikroskopischen Befunden erweisen sich damit Ionenaustausch und Dialyse weit weniger effektiv bei der Entfernung von Restmonomeren und geladenem oligomerem Material als die Wasserdampfdestillations- oder Ultrafiltrationstechnik mit

organischen Lösungsmitteln.
Letztere Verfahren führen zu einer Oberflächenladungsdichte von $1{,}5 \times 10^{-6}$ C/cm^2, die auch bei weiterer Reinigung unverändert bleibt.

Partikelelktrophoretische Untersuchungen

Der Einfluß verschiedener Reinigungstechniken auf das elektrophoretische Verhalten des verwendeten Polystyrenlatex ist aus Abb. 4 zu ersehen.

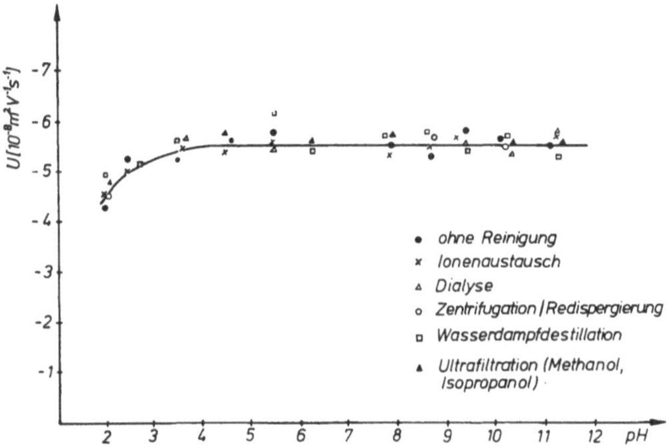

Abb. 4 Beweglichkeit-pH-Verhalten von Polystyrenlatex in Abhängigkeit verschiedener Reinigungstechniken (2×10^{-2} mol/dm^3 NaCl, 298 K)

Man erkennt einmal, daß die Beweglichkeit der Latexteilchen nahezu im gesamten pH-Bereich (2 - 12) konstant ist, was auf die Anwesenheit von Sulfatestergruppen ($-OSO_3^-$) mit niedrigem pK-Wert zurückgeführt werden kann. Die Existenz dieser Gruppen an der Latexoberfläche wird auch durch die konduktometrischen Titrationskurven dieser Arbeit (nicht dargestellt) sowie durch ESCA-Untersuchungen /14/ gestützt.
Zum anderen wird deutlich, daß das Beweglichkeitsverhalten der Latices nicht signifikant durch die Reinigungstechnik beeinflußt wird. Dieses Ergebnis steht im Gegensatz zu den konduktometrischen Untersuchungen, die große Unterschiede in der Oberflächenladungsdichte verschieden gereinigter Latices ergaben.
Mögliche Ursachen für diese Differenzen können in unspezifischen Adsorptionsprozessen von z.B. OH^--Ionen auf der hydrophoben Latexoberfläche oder Kontaktelektrifizierungserscheinungen, wie sie von KAMEL et al. /15/ postuliert wurden, liegen.
Wahrscheinlicher ist, daß durch die hohe Verdünnung der Latexdispersionen im Elektrophoreseexperiment (Verdünnung um den Faktor 10^3 - 10^4) eine so intensive Reinigung erfolgt, daß alle unterschiedlich vorbe-

handelten Latices den gleichen Oberflächenzustand, d.h. gleiche Oberflächenladung erlangen.
Die Verringerung der Oberflächenladung mit zunehmendem Wasserdurchsatz bei der Reinigung nach der Ultrafiltrationsmethode ist ein starker Hinweis in dieser Richtung.

Zusammenfassung und Schlußfolgerung

Ein unter definierten Bedingungen hergestellter Polystyrenlatex (nach FURUSAWA, NORDE u. LYKLEMA /1/) wurde nach unterschiedlichen Methoden gereinigt und die Effektivität dieser Techniken durch Elektronenmikroskopie (Oberflächenabdruckverfahren), konduktometrische Titration und Partikelelektrophorese charakterisiert.
Die Auswertung der experimentellen Ergebnisse zeigt, daß ionenausgetauschte und dialysierte Latices nicht als Modellsystem zur Überprüfung kolloidchemischer Theorien geeignet sind. Ein Grund ist das Verbleiben von adsorbiertem Material (Restmonomere, Oligomere, Polyelektrolyte) an der Oberfläche der Latexteilchen, was deutlich durch die elektronenmikroskopischen Aufnahmen nachgewiesen wurde.
Ein weiterer Grund ergibt sich daraus, daß bei Modelluntersuchungen in wäßriger Lösung ständig mit einer Desorption des adsorbierten Materials zu rechnen ist und dadurch unkontrollierbare Ladungsänderungen resultieren.
Auf der Grundlage der von uns vorgestellten experimentellen Befunde ist zu schlußfolgern, daß diese Eigenschaften ionenausgetauschter und/oder dialysierter Latices Ursache für die in der Literatur beschriebenen Diskrepanzen zwischen Theorie und Experiment sein können.
Deshalb wäre es wichtig zu prüfen, ob diese Diskrepanzen durch Verwendung von nach anderen Methoden gereinigten Latices (Wasserdampfdestillation/Ultrafiltration mit bidest. Wasser, Ultrafiltration mit organischen Lösungsmitteln mit nachfolgendem Lösungsmittelaustausch gegen bidest. Wasser) verlorengehen.
Hier sollten für ein tiefergehendes Verständnis kolloidchemischer Phänomene sowie für neue theoretische Ansätze weitere Untersuchungen folgen.

Literatur

/1/ K. FURUSAWA, W. NORDE u. J. LYKLEMA, Kolloid Z. u. Z. Polym. 230, 908(1972)

/2/ J. W. GOODWIN, J. HEARN, C. C. HO u. R. H. OTTEWILL, Colloid & Polymer Sci. 252, 464(1974)

/3/ E. MATIJEVIC, Progr. Colloid & Polymer Sci. 61, 24(1976)

/4/ H. J. VAN den HUL u. J. W. VANDERHOFF, J. Electroanal. Chem. 37, 161(1972)
/5/ S. M.AHMED, M. S. AL-AASSER, G. H. PAULI, G. W. POEHLEIN u. J. W. VANDERHOFF, J. Colloid Interface Sci. 73, 388 (1980)
/6/ Y. CHONDE u. I. M. KRIEGER, J. Colloid Interface Sci. 77, 138 (1980)
/7/ S. S. DUKHIN u. B. V. DERJAGUIN: "Surface and Colloid Science", vol. 7, Wiley, 1974
/8/ S. S. DUKHIN u. V. N. SHILOV: "Dielectric Phenomena and the Double Layer in Disperse Systems and Polyelectrolytes", Wiley-Interscience, New York 1974
/9/ A. A. BARAN, L. M. DUDKINA, N. M. SOBOLEVA u. O. S. ZEZIK, Kolloid Zh. 43, 211 (1981)
/10/ A. G. VAN der PUT, Ph. D. Thesis, Arnhem 1980
/11/ M. M. SPRINGER: Thesis, Agricultural University, Wageningen, The Netherlands, 1979
/12/ J. LYKLEMA, S. S. DUKHIN u. V. N. SHILOV, J. Electroanal. Chem. 143, 1 (1983)
/13/ K.-H. LERCHE u. G. KRETZSCHMAR, Z. Allg. Mikrobiol. 20, 641 (1980)
/14/ K.-H. LERCHE u. B. PEPLINSKI, Interner Bericht 1979
/15/ A.A. KAMEL, C. M. MA, M. S. EL-AASSER, F. J. MICALE u. J. W. VANDERHOFF, J. Disp. Sci. Technol. 283, 315 (1981)

Z.N.MARKINA, N.M.ZADYMOVA, E.D.SHCHUKIN

Colloid Chemistry Department, Moscow State University

Interfacial Activity of the Colloidal Electrolytes at Mobile Phase Boundaries of Various Nature

The influence of the nature of interface on the surface activity ($\mathcal{J}$) of colloidal electrolytes and its temperature dependence practically have not been studied. However such information is necessary for a suitable choice of surfactants in view of their use, particularly as stabilizers of fine disperse direct emulsions of perfluorinated organic compounds - artificial blood. Besides, the temperature dependence of the surface activity of surfactants can be used for calculating standard thermodynamical functions of adsorption (free energy ΔG^o, enthalpy ΔH^o, entropy ΔS^o). An analysis of these functions allows to elucidate the mechanism of adsorption of colloidal electrolytes and the structure of their adsorption layers.

There are several methods for calculating ΔG^o for non-ionized monolayers of surfactants, i.e. for solutions of non-ionic or ionic surfactants in the presence of an excess of an inorganic electrolyte /1-3/. For example, ΔG^o may be found /3/ from the equation:

$$\Delta G^o = -RT\ln b_1 = -RT\ln k_o b_1' \tag{1}$$

where b_1 and b_1' are constants of adsorption equilibrium expressed in mole fractions and l/mol respectively; k_o is a coefficient equal to the ratio of the water density at a given temperature to its molecular weight. It is known /4/ that the constant of adsorption equilibrium is bound to the surface activity $\mathcal{J}$ as follows:

$$b_1' = \mathcal{J}/RT\Gamma_\infty \tag{2}$$

where Γ_∞ is the maximum adsorption of the surfactant. Then the standard free energy of adsorption can be estimated from the equation:

$$\Delta G^o = -RT\ln \frac{k_o\mathcal{J}}{RT\Gamma_\infty} . \tag{3}$$

In our case we have chosen as standard states for surface and bulk phases an infinitely diluted solution and infinitely spread monolayer respectively /3/.

It should be stressed once more that this method can be applied only if an excess of an inorganic salt is present in the aqueous solution of a diphilic electrolyte. In determining ΔG^o for colloidal electrolytes without addition of any inorganic salts, one has to take into account some supplementary conditions regarding the dissociation of surfactants and a more detailed analysis of the Gibbs equation, of the state equation for the infinitely spread surface layer and of the adsorption isotherm. Because of the lack of methods for calculating ΔG^o for such systems in the literature, we have made an attempt to elaborate such a method. In our previous work /5/ we have made use of the considerations of Davies on the interdependence of the cohesion and electrostatic components of the two-dimensional pressure. Then on the basis of Frumkin's method for estimating the intermolecular interactions in adsorbed layers and bearing in mind the contribution of the counterion to the kinetic component of two-dimensional pressure, we have developed the following equation of state of the ionized surfactant monolayer:

$$\pi = -RT\Gamma_\infty \{2\ln(1-\theta) + a_o\theta^2\} \tag{4}$$

and the adsorption isotherm:

$$b_1' a_\pm = \frac{\theta}{1-\theta} e^{-a_o\theta} \tag{5}$$

where $\theta = \Gamma/\Gamma_\infty$ is the monolayer filling; a_o is the attraction constant; $a_\pm$ is the mean ionic activity of the surfactant in the aqueous solution. We have previously /5/ shown experimentally that the equations (4) and (5) are applicable for aqueous solutions of one-one valent long chain electrolytes (cetyl-trimethyl-ammonium-bromide, sodium dodecyl sulphate etc.) at their boundaries with the air and a hydrocarbon. The combined solution of the equations (4) and (5) assuming that $\theta \rightarrow 0$ leads to the expression

$$b_1' = \frac{\gamma}{2RT\Gamma_\infty^2} \tag{6}$$

where $\gamma = \left(\frac{\partial\pi}{\partial a_\pm}\right)_{a_\pm \to 0} = \left(\frac{\partial\pi}{\partial c}\right)_{c \to 0}$ is the surface activity of the surfactant. Moreover,

$$\Delta G^o = -RT\ln k_o b_1' = -RT\ln\frac{k_o\gamma}{2RT\Gamma_\infty^2}. \tag{7}$$

We have chosen as standard states an infinitely diluted surfactant solution and its infinitely spread monolayer. It should be noted that because Γ_∞ practically does not depend on the surfactant nature, its presence in the expressions (2) and (6) does not lead to any uncertainty in the standard states chosen. The equations (2) and (6) have been used for further calculations.

The value of surface activity can be found from the slope of the linear part of the two-dimensional pressure isotherm $\pi(C)$. It is to be noted that for surfactants having hydrocarbon chain of a considerable length the linear part can be extremely narrow (up to $\pi \sim 1$-2 mJ/m^2) due to interactions between adsorbed diphilic ions (molecules). In such cases an accurate estimate of γ may be achieved by using very diluted surfactant solutions.

Tensiometric measurements were performed with an accuracy of ± 0.02 mJ/m^2 by means of the method of maximum bubble (drop) pressure using a device of the Pugachevich type /5,6/. Bubble (drop) formation time was from 1 to 60 min which allowed surfactant solutions to attain equilibrium values of interfacial tension.

We have used aqueous solutions of one-one valent colloidal cationic, such as cetyl trimethyl ammonium bromide (CTAB), tetradecyl trimethyl ammonium bromide (TDTAB), and anionic, such as sodium dodecyl sulfate (DDSNa) and sodium desoxycholate (DChNa), electrolytes at their boundaries with air, octane, perfluorodecaline and perfluorotributylamine. In some cases aqueous solutions of surfactants contained an excess of an inorganic electrolyte.

Fig. displays an example of equilibrium isotherms $\pi(C)$ obtained. These isotherms were used for estimating by the least square method the surface activity of colloidal electrolytes studied. The results are listed in the Table 1.

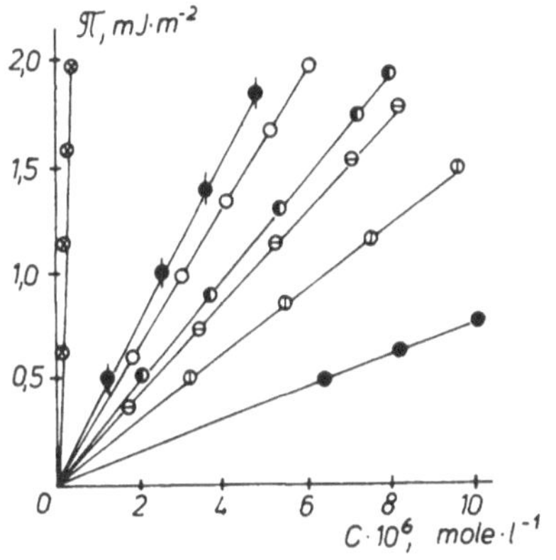

Fig. Equilibrium isotherms of two-dimensional pressure $\pi(C)$ for aqueous solutions: CTAB at boundaries with air (◐) and octane (○) at 303 K; DChNa with air (⊖), perfluorotributylamine (⧫), perfluorodecaline (⊗); DDSNa with air (●), perfluorodecaline (◐) at 293 K.

From these data we have found the values for standard thermodynamical functions of adsorption of colloidal electrolytes at the interfaces investigated. The results are reported in Tables 2 and 3. The analysis of the calculated values of ΔG^o, ΔS^o, ΔH^o has shown that for the interfaces studied in the case of surfactants having "flexible" hydrophobic chains (CTAB, TDTAB, DDSNa - see Table 2) their surface activity is greater at interfaces where the entropy gain is higher, primarily due to an increase in conformation entropy. For surfactants having a rigid hydrophobic radical, γ increases with the exothermy of adsorption owing to a considerable adhesion of the adsorbate to the nonpolar phase. Indeed, if the spatial compatibility of the perfluorodecaline molecules with the adsorbed molecules of DChNa is favourable to the dispersion interactions, the adhesion between perfluorodecaline and DChNa molecules may also be enhanced due to supplementary interactions dipole-induced dipole. The latter are related to the polarized bonds C-F in the oil phase molecules which induce dipole formation in

Table 1. Values for interfacial activity γ of colloidal electrolytes at mobile interfaces at various temperatures.

Parameter	Interface	T, K					
		293	303	313	323	333	343
$\gamma = \left(\frac{\partial \pi}{\partial c}\right)_{c \to 0}$, $\frac{J}{m^2} \cdot \frac{l}{mole}$	aq. soln. CTAB - air	-	142	143	86	72	58
	aq. soln. CTAB - octane	-	323	288	256	219	197
	soln. DDSNa in 1 N NaCl--perfluorodecaline	925	770	720	-	-	-
	aq. soln. DDSNa-perfluorodecaline	345	220	175	-	-	-
	soln. TDTAB in 1 N NaCl--perfluorodecaline	760	-	-	-	-	-
	aq. soln. DChNa - air	220	-	-	-	-	-
	aq. soln. DChNa-perfluorodecaline	8100	5290	3480	2340	-	-
	aq. soln. DChNa-perfluorotributylamine	400	430	450	470	-	-

the molecules of the steroid emulsifier.

On the basis of the data obtained for surfactants having a flexible hydrocarbon chain, we have evaluated the increment of the standard chemical potential ($\Delta \mu^{\circ}_{CH_2}$) for the transfer of a methylene group from water to the boundary with perfluorodecaline. Its value is of -2,88 kJ/mole at 293 K, which is in a good agreement with the results of /7/ for the aqueous solutions of sodium alkylsulfates-perfluorodecaline interface. The absolute value of $\Delta \mu^{\circ}_{CH_2}$ for the water-perfluorodecaline boundary is greater than for the boundary water-air (-2,59 kJ/mole) but lower than for the boundary water-saturated hydrocarbon (-3,30 kJ/mole). On the basis of the well-known non-ideality of mixtures perfluorocarbons-hydrocarbons in the bulk /8,9/ and taking into account the fact that the hydrocarbon chains of the adsorbed diphilic ions exhibit ideal miscibility with hydrocarbons, the difference in the values of increments of standard chemical potential for the transfer of a methylene group from water to its boundary with perfluorodecaline and hydrocarbon ($\Delta\Delta \mu^{\circ}_{CH_2} = \Delta \mu^{\circ}_{CH_2(H_2O-PD)} - \Delta \mu^{\circ}_{CH_2(H_2O-H)}$) may be ascribed to the excessive free energy arising as a result of the non-ideality of mixture of hydrocarbon radicals of the adsorbed diphilic ions with perfluorodecaline. In order to verify this assumption we have tried to calculate the partial molar excessive free energy of mixture for infinitely diluted solutions of dodecane in perfluorodecaline per one CH_2 group ($\bar{G}^E_{CH_2}$). The calculation has been performed on the basis of the theory of regular solutions /7,10/. The interaction parameter for dodecane and perfluorodecaline has been es-

Table 2. Standard thermodynamical functions for the adsorption of colloidal electrolytes having a flexible hydrophobic chain at liquid interfaces at various temperatures

Parameter	T, K					
	293	303	313	323	333	343
			aq. soln. CTAB - air			
ΔG^o, $kJ \cdot mole^{-1}$	-	-32,5	-33,4	-33,2	-33,5	-33,8
ΔS^o, $J \cdot mole^{-1} \cdot grad^{-1}$	-	37,9	39,9	37,7	37,5	37,6
ΔH^o, $kJ \cdot mole^{-1}$	-	-21,0	-21,0	-21,0	-21,0	-21,0
$T \cdot \Delta S^o$, $kJ \cdot mole^{-1}$	-	11,5	12,5	12,2	12,5	12,8
			aq. soln. CTAB - octane			
ΔG^o, $kJ \cdot mole^{-1}$	-	-34,7	-35,4	-36,2	-36,8	-37,4
ΔS^o, $J \cdot mole^{-1} \cdot grad^{-1}$	-	74,9	74,7	74,9	74,4	74,0
ΔH^o, $kJ \cdot mole^{-1}$	-	-12,0	-12,0	-12,0	-12,0	-12,0
$T \cdot \Delta S^o$, $kJ \cdot mole^{-1}$	-	22,7	23,4	24,2	24,8	25,4
			aq. soln. DDSNa - perfluorodecaline			
ΔG^o, $kJ \cdot mole^{-1}$	-34,7	-35,1	-35,6	-	-	-
ΔS^o, $J \cdot mole^{-1} \cdot grad^{-1}$	49,8	50,0	50,1	-	-	-
ΔH^o, $kJ \cdot mole^{-1}$	-20,0	-20,0	-20,0	-	-	-
$T \Delta S^o$, $kJ \cdot mole^{-1}$	14,7	15,1	15,6	-	-	-
			soln. DDSNa in 1 N NaCl - perfluorodecaline			
ΔG^o, $kJ \cdot mole^{-1}$	-43,9	-44,8	-46,0	-	-	-
ΔS^o, $J \cdot mole^{-1} \cdot grad^{-1}$	81,8	82,0	82,1	-	-	-
ΔH^o, $kJ \cdot mole^{-1}$	-20,0	-20,0	-20,0	-	-	-
$T \cdot \Delta S^o$, $kJ \cdot mole^{-1}$	23,9	24,8	26,0	-	-	-

Accuracy ±2%.

Table 3. Standard thermodynamical functions for the adsorption of a colloidal electrolyte having rigid hydrophobic chain (DChNa) at boundaries with perfluorinated organic liquids

Parameter T,K:	293	303	313	323
	aq. soln. DChNa - perfluorodecaline			
ΔG^o, $kJ \cdot mole^{-1}$	-45,3	-45,6	-45,9	-46,3
ΔS^o, $J \cdot mole^{-1} \cdot grad^{-1}$	31,7	31,7	31,6	31,9
ΔH^o, $kJ \cdot mole^{-1}$	-36,0	-36,0	-36,0	-36,0
$T \cdot \Delta S^o$, $kJ \cdot mole^{-1}$	9,3	9,6	9,9	10,3
	aq. soln. DChNa - perfluorotributylamine			
ΔG^o, $kJ \cdot mole^{-1}$	-37,9	-39,3	-40,6	-42,0
ΔS^o, $J \cdot mole^{-1} \cdot grad^{-1}$	121,4	122,0	122,3	122,8
ΔH^o, $kJ \cdot mole^{-1}$	2,3	2,3	2,3	2,3
$T \cdot \Delta S^o$, $kJ \cdot mole^{-1}$	35,6	37,0	38,3	39,7

Accuracy ±2%

timated from the expression /9/:

$$A_{12} = \frac{2T_cR}{V_1}$$

where V_1 is the molar volume of dodecane, T_c - temperature of miscibility of dodecane and perfluorodecaline, found to be of 387 K by extrapolation of the data concerning critical miscibility temperatures for saturated hydrocarbons and perfluorodecaline /11/. According to our calculations, the value for $\bar{G}^E_{CH_2}$ at 293 K is of 0,53 kJ/mole which is in a satisfactory agreement with the value we have found for the change in the standard free energy of adsorption of a methylene group corresponding to the difference between boundaries water - hydrocarbon and water - perfluorodecaline ($\Delta\Delta\mu^o_{CH_2}$ = 0,42 kJ/mole).

Thus, a marked effect due to non-ideality of mixture of hydrocarbon radicals of adsorbed diphilic ions and molecules of perfluorinated liquid has been observed.

References

/1/ J. BETTS and B. PETHICA: Trans.Faraday Soc. 56, 1515 (1960)

/2/ A. WARD and L. TORDAI: Trans.Faraday Soc. 42, 408 (1946)

/3/ M. NAKAGAKI and M. YAMAMOTO: Bull.Chem.Soc.Japan 50, 873 (1977)

/4/ I. LANGMUIR: J.Amer.Chem.Soc. 39, 1848 (1919)

/5/ E.D. SHCHUKIN, Z.N. MARKINA and N.M. ZADYMOVA: Progr.Colloid Polymer Sci. 68, 90 (1983)

/6/ П.П. ПУГАЧЕВИЧ: Ж.физической хим. 36, II07 (I962)

/7/ P. MUKERJEE and T. HANDA: J.Phys.Chem. 85, 3916 (1981)

/8/ R.L. SCOTT: J.Phys.Chem. 62, 136 (1958)

/9/ J.B. GILMOUR, J.O.ZWICKER, J. KATZ and R.L. SCOTT: J.Phys.Chem. 71, 3259 (1967)

/10/ J.H. HILDEBRAND, J.M. PRAUSNITZ and R.L. SCOTT: "Regular and Related Solutions", Van Nostrand-Reinhold, N.Y., 1970

/11/ Е.А. АМЕЛИНА, Н.А. САФРОНОВА, К.Н. МАКАРОВ и Л.Л. ГЕРВИЦ: Ж. Всес.Хим.общества 29, I08 (I984)

K.B. MĘDRZYCKA

Gdańsk Technical University, Poland

Application of empirical equations for the estimation of spreading coefficient of water on liquid hydrocarbon.

Introduction

The mutual behavior of two immiscible liquids in a three phase system gas-water-oil may be described by the spreading coefficient /S/. It may be expressed as a difference of the work of adhesion /W_A/ between the both liquids molecules and the work of cohesion /W_C/ of the spreading liquid molecules

$$S = W_A - W_C \qquad /1/$$

It express the lowering of the free surface energy accompanying the spreading process.

Ross et al [1/] determined the spreading coefficient of the oil on the water surface /$S_{O/W}$/, and of the water on the oil surface /$S_{W/O}$/. They have stated that in relation to the stability of the emulsion the spreading coefficient of the internal phase on the external phase is important. The optimum of emulsion stability occurs when this coefficient is slightly negative /about - 1/, while at positive values of it, the emulsions are not stable.

During the flotation process of the O/W emulsion which is of our interest, it is profitable to use destabilizing agents, because the greater oil droplets are easier floated. Thus, accordingly to Ross it would be advantageous to reach the spreading coefficient $S_{O/W}$ of positive value, or the coefficient $S_{W/O}$ of negative value. The changes of the spreading coefficient $S_{O/W}$ values with the surfactant concentration changes are lower than the changes of coefficient $S_{W/O}$ values; so in the present work the $S_{W/O}$ coefficient is determined.

If the spreading coefficient for the spreading of organic liquid, for example hydrocarbon on the water is determined, then the work of cobesion equals:

$$W_C = 2\,\sigma_H \qquad /2/$$

where σ_H is the surface tension of hydrocarbon. The work of adhesion between the molecules of both liquids equals:

$$W_A = \sigma_H + \sigma_W - \gamma_{H/W} \qquad /3/$$

where σ_W is the surface tension of aqueous solution, $\gamma_{H/W}$ is the interfacial tension.

If the spreading of water on hydrocarbon surface is determined, then work of cohesion relates to the aqueous phase and equals:

$$W_C = 2\,\sigma_W \qquad /4/$$

and the spreading coefficient is calculated accordingly to the equation:

$$S_{W/H} = \sigma_H - \sigma_W - \gamma_{H/W} \qquad /5/$$

If the aqueous phase contains dissolved compounds, then the work of cohesion will depend on the nature of those compounds and on their concentration. Work of adhesion will depend on the same parameters as the work of cohesion as well as on the hydrocarbon properties.

As it was stated by Aveyard [2/] and Gillap [3/] the interfacial properties of hydrocarbons vary in a regular manner with respect to the chain length of the hydrocarbon. Gillap have found the straight line relationship between the spreading coefficient of hydrocarbons on water and the logarithm of the hydrocarbon chain length. He ascribed the observed dependencies to the hydrocarbon-water interactions. Hydrocarbon-water interactions involve two processes: hydrophobic hydration and hydrophobic bonding [4/]. Both processes are enhanced by increasing hydrocarbon chain length.

The aim of this work was to find the correlation between the spreading coefficient and the parameters which influence the work of cohesion and work of adhesion. For this purpose simple mathematical equations were applied in order to describe the experimental dependence of the spreading coefficient on the surfactant concentration.

Experimental

The experimental finding of the dependence

$$S = f\,/C_s/ \qquad /6/$$

was done on the basis of the determination of interfacial tension between the hydrocarbons and aqueous solutions of cetyltrimethylammonium bromide /CTMABr/, and surface tensions of both liquids. The surface tension was measured by drop weight method, the interfacial tension by drop volume method. The results were obtained during the investigations of the effect of inorganic anions on the spreading of CTMABr aqueous solutions on the hydrocarbons surfaces [5/].

Because the flotation of hydrocarbons emulsion is connected with the spreading effects thus the measurements were adjusted to the time of the foaming gas bubbles stay in the column. The contact time of three phases limits the adsorption of surfactant molecules at the surfaces in the system. Thus the surface tension as well as interfacial tension relate to the adsorption after two minutes from the beginning of the drop formation during the measurement, but does not relate to the equilibrium adsorption.

The selection of equations.

Experimental curves [5] were described by empirical equations. None of the selected simple equation was suitable to describe those curves in the whole range of surfactant concentration. Therefore the curves were divided into two parts, and the experimental dates of both segments were fitted to the equations independently. It was stated, that the approximation is the best when the curves were devided near the c.m.c. of CTMABr /in the investigated systems-about 1.5×10^{-4} mol/dm^3. The criterion of the choice of the equation was based on the minimalization of the sum of the squares of the differences between the experimental values and those computed from the equations.

The first segment of the most curves /$C_s = 0 - 1.5 \times 10^{-4}$ mol/dm^3/ is described the best by the logarithmic function. So this relation equals to:

$$S = A_1 \log /C_s + 1/ + B_1 \qquad /7/$$

where C_s is expressed in mol/dm^3 x 10^6.

Particular curves differ in A_1 and B_1 coefficients values. For example the equation describing the spreading of CTMABr solutions in 0.02 molar NaCl on the mesitylene surface in relation to the surfactant concentration is as follows

$$S = 19.8 \log /C_s + 1/ - 73.24 \qquad /8/$$

Similar equations were worked out for systems containing different amounts of sodium chloride as well as for systems containing 0.01 molar sodium sulphate or 0.01 molar sodium phosphate.

The second segment of the curves /C_s 1.5×10^{-4} mol/dm^3/can be described by a second degree polynomial or hyperbole equation:

$$S = \frac{A_2}{C_s} + B_2 \qquad /9/$$

$$S = A_3 C_s^2 + B_3 C_s + C \qquad /10/$$

The effect of inorganic electrolytes on the spreading coefficient.

On the basis of obtained results [5], and because of the same electric charge carried by electrolite ions, it was assumed that the sodium chloride of 0.02 molar concentration and the sodium sulphate of 0.01 molar concentration cause the same effect of the spreading of CTMABr solutions on the hydrocarbon surface. For the same reason one can expect that for 0.028 molar NaCl solutions and 0.01 molar Na_3PO_4 solutions the spreading coefficients should be similar too. For verification of this assumption the empirical equations of the spreading coefficient dependence on the surfactant concentration were used. The factors of empirical equations /A, B, C/ depend on the electrolyte concentration. It was found the relation of those factors to the sodium chloride concentration. For example the equation describing the dependence of A_1 factor /see equation 7/ on the NaCl concentration during the spreading on the mesitylene surface equals to:

$$A_1 = 3.52\ C_{NaCl}^2 - 16.15\ C_{NaCl} - 1.59 \qquad /11/$$

but for spreading on the hexadecane surface it equals:

$$A_1 = 3.44\ C_{NaCl}^2 - 15.77\ C_{NaCl} - 3.20 \qquad /12/$$

It has been introduced the concept of "sodium chloride equivalent concentration" /NaCl E.C./. It means such NaCl concentration at which the surface adsorption of surfactant is the same as at the presence of 0.01 molar concentration of sodium sulphate or sodium phosphate.

Table 1. Sodium chloride equivalent concentrations /NaCl E.C./ calculated for 0.01 molar concentration of sodium sulphate and sodium phosphate.

Electrolyte	Hydrocarbon	NaCl E.C.		
		hypothetic	empirical	
			CTMABr concentration mol/dm^3 x 10^4	
			0 - 1.5	1.5 - 4.0
Na_2SO_4	mesitylene	0.020	0.0244 0.0274	0.0203 0.0216 0.0197
Na_2SO_4	hexadecane	0.020	0.0177	0.0199 0.0197 0.0193
Na_3PO_4	mesitylene	0.028	0.0212 0.0314	0.0173 0.0175 0.0173
Na_3PO_4	hexadecane	0.028	0.0209	0.0173 0.0174 0.0177

The NaCl equivalent concentrations related to the hypothesis were calculated on the basis of electric charge carried in the solutions containing tested salts /Table 1/, whereas the equivalent NaCl concentrations corresponding to the investigated systems were calculated from 11 and 12 equations, and from the other ones describing the other factors. Table 1 contains the values of hypothetic NaCl equivalent concentrations and those calculated on the basis of the factors /empirical NaCl E.C./.

Conclusions

As it may be seen from Table 1 the hypothetic and empirical equivalent NaCl concentrations calculated for Na_3PO_4 show big difference between their values in the whole range of CTMABr concentrations. This confirms the conclusion that in the presence of phosphate ions the surface adsorption of the surfactant depends not only on the electric charge carried by those ions but also on interactions of other than electric character [5/].

The NaCl equivalent concentration calculated for Na_2SO_4 shows a very good agreement between the hypothetic and empirical E.C. values, if the CTMABr concentration is higher than c.m.c. /the differences are equal 0.6 - 4%/. Thus with good approximation one may assume that the spreading coefficient depends on the electric charge carried by Cl^- or SO_4^{--} ions at the CTMABr concentration higher than c.m.c. Below the c.m.c. such conclusion can not be drawn because the differences between the hypothetic and empirical E.C. values are bigger /11 - 25%/.

On the basis of the above considerations it becomes questionable the comparing of the both salts /NaCl and Na_2SO_4/ effects on the CTMABr adsorption not in the equilibrium state. Sodium chloride and sodium sulphate may influence the surfactant adsorption kinetics to a different degree, and after two minutes from the beginning of the process of adsorption one may get different values of interfacial tensions. This does not alow to conclude about the electric charge effect. Above the c.m.c. the influence of the drop-forming time during the measurement on the tension value is low, and the using of the empirical equations alows to confirm the hypothesis.

References

/1/ S. ROSS, E.S. CHEN, P. BECKER and H.J. RANAUTO:.J.Phys.Chem., 63, 1681 /1959/.

/2/ R. AVEYARD and D.A. HAYDON; Trans.Faraday Soc., 61, 2255 /1965/.

/3/ W.R. GILLAP, N.D. WEINER and M. GIBALDI: J.Am.Oil Chem.Soc., 44, 71 /1967/.

/4/ W. DROST-HANSEN: Ind.Eng.Chem., 57, 18 /1965/.

/5/ K.B. MĘDRZYCKA, E. LEDÓCHOWSKA and W. ZWIERZYKOWSKI: Tenside, in press.

K.B. MĘDRZYCKA, W. ZWIERZYKOWSKI

Gdańsk Technical University, Poland

Flotation of hydrocarbons from their O/W type emulsions in the presence of surfactants.

Introduction

Flotation of hydrocarbons from their aqueous emulsions depends to a considerable extent on the efficiency of the collisions of the air bubbles with the emulsified oil globules.

The collision efficiency among other depends on the surface energy of the boundaries: air-water, hydrocarbon-water and hydrocarbon-air. Two of the parameters which influence those energies are the type and the concentration of the surface active compound present in the flotation system. It has been stated in our previous paper [1/] that the lower the surfactant concentration the more effective is the flotation of mesitylene from its emulsion. So we can suppose, that the flotation without a surfactant would be the most effective.

Experimental

The investigation of the flotation of hexadecane from its emulsions were carried out in a manner like the mesitylene flotation were done [1/]. In the flotation processes we used two ionic surface active compounds: cationic cetyltrimethylammonium bromide /CTMABr/ and anionic sodium dodecylbenzenesulphonate /NaDBS/. The water-hexadecane emulsion, the surfactant solution and the sodium chloride solution were introduced into the column independently. Those solutions were mixed only in the column.

The concentration of hexadecane in the emulsion and in the raffinate was determined by GLC method [2/]. Figure 1 presents the dependence of hydrocarbons concentration in the raffinate versus their concentration in the initial emulsion. NaCl concentration was 0.01 molar. Surfactant concentrations were as low as possible to get a stable foam, i.e. for CTMABr 1.0 x 10^{-4} mol/dm^3, for NaDBS 1.7 x 10^{-4} mol/dm^3. As it can be seen from this figure the flotation of mesitylene is much more effective than the flotation of hexadecane at the some parameters. In the presence of CTMABr mesitylene was removed in 60-90%, while hexadecane in amounts of only 10-30%, depending on the initial hydrocarbon concentration in the emulsion. In the presence of NaDBS mesitylene was removed in 40-85% while hexadecane was almost not removed. Its concentration in the raffinate practically was the same as in the emulsion.

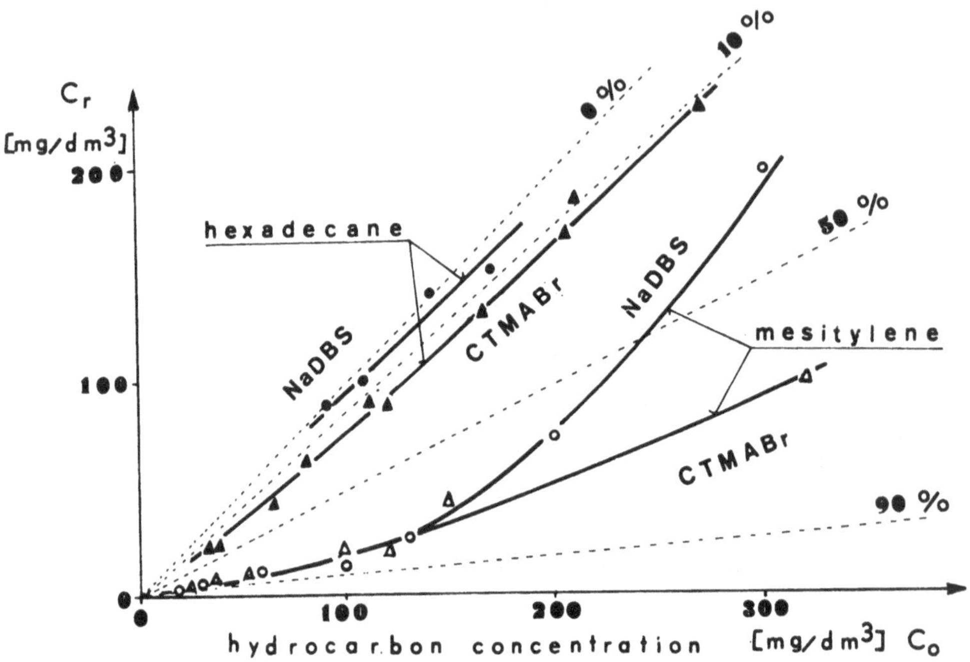

Fig.1. The hydrocarbons concentration in the raffinate /C_r/ versus theirs concentration in the emulsion /C_o/. Dotted lines corresponds to the shown values of the hydrocarbon removal.

The effect of the drop size distribution.

Because the flotation effect depends also on the dyspersion of the emulsion the dependence was determined of suspended drop size distribution on the hydrocarbon concentration in the emulsion. The determinations were done by microscopic method. As it has been stated the weight part of bigger globules /d > 5 µm/ decreases while the weight part of smallest globules /d < 2 µm/ increases with the increase of the hydrocarbon concentration. The smallest globules exist in the hexadecane emulsion in the amount of 5-25%, while in the mesitylene emulsions they exist in the amount of 45-65%. The biggest hexadecane globules content in the emulsions changes from 20% to about 5%, while in mesitylene emulsions such big globules exist in 0-5%. Comparing the flotation effect of hexadecane emulsions and their drop size distribution one can state that the amount of removed hexadecane approximately equals to the amount of biggest globules in the emulsion. This confirms our suppose that during the flotation process, only big globules /d > 5 µm/ are floated.

The mesitylene emulsions contain very little of globules bigger than 5 µm. But as we have stated previously [1/] the mesitylene removal from its emulsion during the flotation process equals 80-90%. Thus the flotation effect of the mesitylene emulsion is not connected with the presence of big globules, as it was observed during the flotation of hexadecane emulsions. One can suppose that the mesitylene removal is governed by another mechanism than the flotation of hexadecane.

The effect of sodium chloride.

Generally one can state that the better is the flotation effect of hexadecane, the higher is the content of big globules in the emulsion. Thus the parameters favourable for coalescence of oil droplets will influence the flotation efficiency. The coalescence of two globules as well as the attachement of the globule to the air bubble depends on the electric potential of surfaces which must contact. The presence of surface active ions causes that their adsorption induce high electric charge of those surfaces. Thus the repulsion of globules and bubbles will occur, and the coalescence as well as the flotation effects will be lowered. The use of destabilizing electrolytes should improve those effects [3/]. However the electrolytes cause the increase of surface active ions adsorption at he interfaces. Increasing the content of electrolyte for example NaCl, the fraction of the surface area /Θ/ occupied by active ions will increase, and the surface electric potential will increase too. However as salt is added to the emulsion the concentration is reached at which the effective thickness of the diffuse layer is reduced, and the chance of the near approach of two emulsion globules or the globule and the buble increases, and the Van der Waals forces could act [4/].

During the storage of mechanically stabilized emulsion the separation of the dispersed phase takes place as a consequence of coalescence and gravity settling.

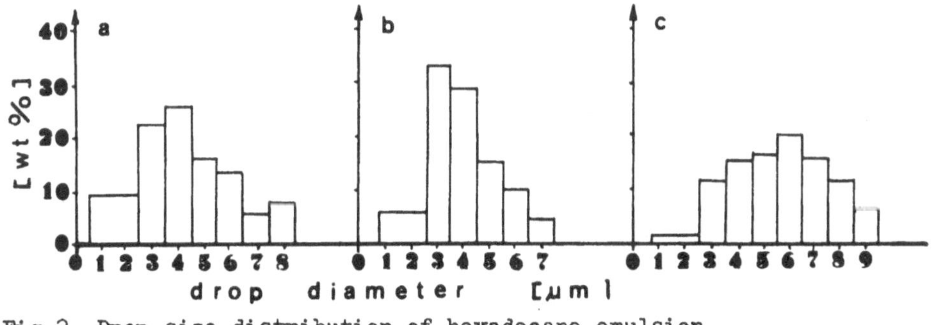

Fig.2. Drop size distribution of hexadecane emulsion.
a/ fresh emulsion, b/ emulsion stored for 4 hours,
c/ emulsion in 0.1 molar NaCl stored for 4 hours.

As it can be seen from Fig.2 the leaving of the emulsion for 4 hours leads to the reducing of the smallest drops content /d < 2 μm/ and to the increasing of the content of 3-5 μm size drops /Fig.2 b/. However as sodium chloride is added to the same emulsion, the content of below 4 μm size drops drasticly reduces, and the drops bigger than those of 5 μm diameter appear /Fig.2 c/. For example, the emulsion after 4 hours contain about 40% of the drops of the diameter greater than 5 μm, but the same emulsion in 0.1 molar NaCl after 4 hours contains about 70% of such drops /Fig.2/.

On the basis of the shown dependences we expected, that the flotation will be more effective if sodium chloride will act as a coalescing agent. Fig.3 shows the raffinate concentration of hexadecane dependence on its emulsion concentration in the case when the NaCl only was added to the flotation column.

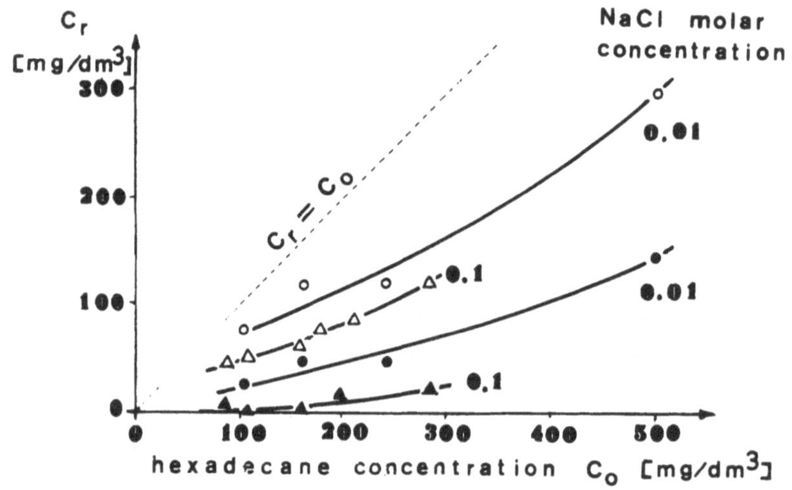

Fig.3. Flotation of hexadecane emulsions with sodium chloride. The hexadecane concentration in the raffinate $/C_r/$ dependence on its concentration in the emulsion $/C_o/$. Continuous lines relate to the continuous processes. Dotted lines relate to the periodical processes.

As it can be seen the flotation effect is much better than that when surfactants were used /see Fig.1/. The periodical flotation process with 0.1 molar NaCl gives more than 95% of the hexadecane removal.

The presence of surfactants makes worse the effect of sodium chloride on the flotation. Furthermore the exceed of proper NaCl concentration allows to get a very good flotation effect even in the presence of surfactant /Fig.4/. This was stated when NaCl concentration equals 0.5 mol/dm^3 in the presence of NaDBS as well as in the presence of CTMABr.

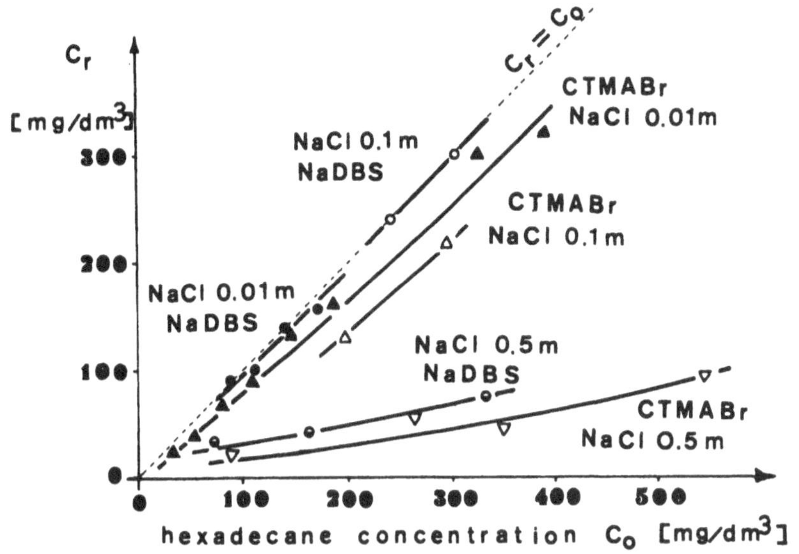

Fig.4. The hexadecane concentration in the raffinate /C_r/ versus its concentration in the emulsion /C_o/.NaDBS and CTMABr concentration 1.7 x 10^{-4} mol/dm^3, NaCl concentration shown at the curves.

Conclusions

The presence of ionic surfactants hinder the effective removing of hydrocarbons from their emulsion by flotation. The higher the surfactant concentration, the worse is the flotation effect. The sodium chloride presence improves this effect but its concentration should not be lower than 0.5 mol/dm^3 for reducing the diffuse layer thickness and increasing the chance of the near approach of two emulsion globules. By improving the coalescence one can improve the flotation effect.

References

/1/ K.B.MĘDRZYCKA and W. ZWIERZYKOWSKI: Sep.Sci., 19, 545 /1984/.

/2/ K.B.MĘDRZYCKA, E. LEDÓCHOWSKA and W. ZWIERZYKOWSKI: Chem.Anal. 30, 90 /1985/.

/3/ R.R. LESSARD and S.A. ZIEMIŃSKI: Ind.Eng.Chem.Fundam., 10, 260 /1971/.

/4/ L.A. SPIELMAN and YEANG-PO SU, Ind.Eng.Chem.Fundam., 16, 272 /1977/

W. MIENTUS, H. WOLF, G. RICHTER

Bereich Medizin (Charité) der Humboldt-Universität zu Berlin

Electrokinetic Characterization of Adsorbed Serum Albumin Layers at Glass

Introduction

At interfaces between living tissues and solid surfaces used as biomaterials in medical devices or artificial organs the biocompatibility of these materials is also determined by physical surface properties such as surface energy or electrostatical surface structure.
During contact with biological fluids changes of these surface properties are possible caused by surface swelling, ion and protein adsorption.
It was the aim of this study to investigate in the model system glass/electrolyte changes of surface potential caused by storage time in buffer solution or by adsorbed or covalently immobilized human serum albumin.

Methods and Materials

For streaming potential and streaming current measurements, a flat plate measuring chamber was used as described and hydrodynamically characterized by VAN WAGENEN and ANDRADE /1/. Test surfaces (length = 66 mm, width = 18 mm) spaced at 0.20 mm into the flow channel were applied.
Streaming potentials (order of magnitude: 100.0±0.5 mV) and streaming currents (order of magnitude: 100.0±1.0 nA) were measured between two silver/silver chloride electrodes by means of a DC-Milli-Picometer (type: MV 40, VEB Präcitronic Dresden, GDR).
Test solutions (1 mM sodium chloride adjusted with equimolar sodium hydroxide and hydrochloric acid to the desired measuring pH values from pH 3 to 9) were forced through the measuring cell with a pressure difference of about 10^4 Pa.
Bulk solution conductivities were measured by means of a conductivity meter (type: LM 301, VEB Hydromat Bannewitz, GDR).
Glass microscope cover slips (Chance Propper Ltd., England) were used as test surfaces. The slips were cleaned in cold dichromate-

sulfuric acid for 12 h, rinsed extensively in destilled water and stored in phosphate buffered saline solution (PBS) for 24 h at pH 7.4 and 277 K.
Human serum albumin (h.s.a.) (lyophilised, Institut für Impfstoffe Dessau, GDR) was adsorbed for 24 h at clean glass surfaces from protein solution in PBS (10^{-8}, 10^{-6} and 10^{-4} M h.s.a.). After h.s.a. adsorption the slips were rinsed 5 times with PBS.
H.s.a. was immobilized to glass by a modification of the procedure described by APLIN and HUGHES /2/. Clean microscope cover slips were immersed in 0.1 M sodium hydroxide for 30 min, rinsed 5 times with destilled water and after that dried at 343 K. Dry glasses were aminated for 15 min with 3-Amino-propyl-triethoxysilane (SIGMA, St.Louis, USA) at room temperature and rinsed with absolute ethanol and destilled water followed by PBS.
After that the slips were covered with 0.25 v/v% glutaraldehyde (FERAK, Berlin-West) in PBS for 30 min and rinsed 5 times with PBS. Then, h.s.a. solution with 0.69 g/dm^3 protein concentration in PBS was allowed to react for 2 h at room temperature before being removed. The cover slips were rinsed 5 times with PBS and stored at 277 K in PBS.

Results and Discussion

The electrokinetic potentials (ζ-potentials) were calculated from measured streaming potential E and streaming current I, respectively, using the classical equations (1) and (2) from colloid chemistry /1,3,4/.

$$\zeta_E = \frac{\eta}{\Delta P \cdot \varepsilon \cdot \varepsilon_0} \cdot K_b \cdot E \qquad (1)$$

$$\zeta_I = \frac{\eta}{\Delta P \cdot \varepsilon \cdot \varepsilon_0} \cdot \frac{l}{w \cdot 2 \cdot b} \cdot I \qquad (2)$$

with measured test solution conductivity K_b , test solution viscosity $\eta = 10^{-3}$ Pa·s, dielectric constant of test solution $\varepsilon = 78$, dielectric permittivity constant of vacuum $\varepsilon_0 = 8.8542 \cdot 10^{-12}$ $F \cdot m^{-1}$, pressure difference ΔP forcing the test solution and the given dimensions length l = 66 mm, width w = 18 mm and depth 2b = 0.20 mm of flow channel.
In fig. 1, the ζ-potentials of glass are shown in dependence on pH of test solution before and after adsorption and covalent immobilization of h.s.a., respectively.

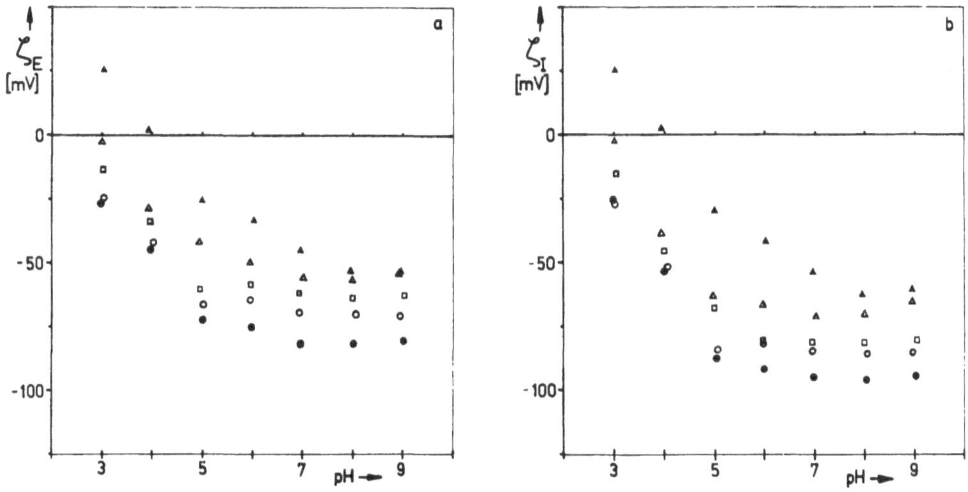

Fig. 1. ζ_E-potentials (a) and ζ_I-potentials (b) of clean and modified glass as a function of pH in 1 mM NaCl after 48 h storage in PBS.
test surfaces: closed circles - cleaned glass microscope cover slips, open circles - same surfaces after adsorption of h.s.a. from 10^{-8}M in PBS, open squares - same surfaces after adsorption of h.s.a. from 10^{-6}M in PBS, open triangles - same surfaces after adsorption of h.s.a. from 10^{-4}M in PBS, closed triangles - same surfaces after h.s.a. immobilization.

The following effects could be observed:

a) In comparision to clean glass the ζ-potentials after adsorption or immobilization of h.s.a. are more positive.
b) The changes of ζ-potentials caused by h.s.a. adsorption are approximately proportional to the h.s.a. concentration of adsorption solution.
c) The isoelectric point of clean glass is shifted after h.s.a. adsorption or immobilization into the direction of isoelectric point of h.s.a. in the bulk solution.
d) A difference between ζ_E- and ζ_I-potentials calculated according to eq. (1) and (2) could be observed for all surfaces investigated.

The shift of the isoelectric point can be considered as experimental evidence for achievement of protein adsorption and immobilization, respectively.
The difference between ζ_E- and ζ_I-values for the same test surface indicates the existence of surface conductivity or/and additional pro-

cesses of charge transport behind the plane of shear, which increases the ζ_E-potentials to more positive values in comparision to ζ_I-potentials.

Furthermore, the electrokinetic properties of clean and covalently modified glass surfaces were investigated as a function of storage time in PBS. Fig.2 shows as an example the ζ_E-potentials as a function of storage time for clean and modified glass at pH 7.0. Similar curves were obtained for ζ_I-potentials.

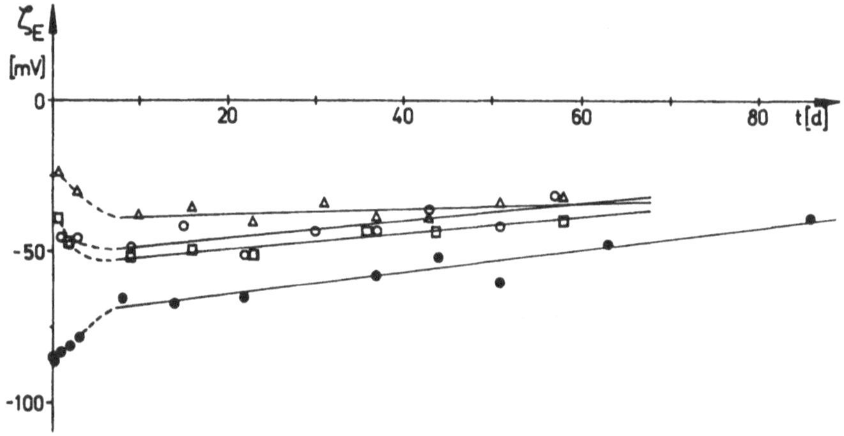

Fig.2. ζ_E-potentials of clean and modified glass as a function of storage time in PBS at pH 7.0 .
test surfaces: closed circles - cleaned glass microscope cover slips, open circles - same surfaces after h.s.a. immobilization, open squares - same surfaces after aminating, open triangles - same surfaces after activation with glutaraldehyde.

The following effects could be observed:

a) Each surface shows a characteristic ζ-potential - time function.
b) In all cases there is a rapid, nonlinear change of electrokinetic potentials after the first 7 days. After that time the potential change is smaller and follows a linear potential - time function.
c) For the differences between ζ_E- and ζ_I-potentials the same time pattern could be observed.

There is no theoretical model available so far that explains the observed streaming potential and streaming current data quantitativly. Qualitativly, however, the decrease of absolute ζ_E-potential after h.s.a. adsorption or immobilization suggests the presence of functionless electrolyte or potential determining ions behind the plane of shear which cannot take place in the pressure driven convection of bulk phase electrolyte. This "ion trapping" seems to be possible because of the spatial extension of the charge carrying protein layer at glass /5/.

References

/1/ R.A. VAN WAGENEN and J.D. ANDRADE: J.Colloid Interface Sci. 76, 305 (1980)

/2/ J.D. APLIN, R.C. HUGHES: Analyt.Biochem. 113, 144 (1981)

/3/ S.S. DUKHIN and B.V. DERYAGUIN: "Electrophoresis", Nauka, Moscow, 1976

/4/ J.Th.G. OVERBEEK: "Electrokinetic Phenomena" in H.R. KRUYT eds. "Colloid Science", Vol.1, p. 194-244, Elsevier, Amsterdam, 1952

/5/ A. VOIGT, H. WOLF, S. LAUCKNER, G. NEUMANN, R. BECKER, L. RICHTER: Biomaterials 4, 299 (1983)

R.MILLER and K.LUNKENHEIMER

Central Institute of Organic Chemistry of the Academy of Sciences of the GDR

Properties of Homologous Series of Surface-Chemically Pure Surfactants at the Water-Air Interface
Part II : Dynamic Properties

Introduction

Investigations of the dynamic properties of surfactant adsorption layers generally aim at the elucidation of the adsorption mechanism. The classical form of such investigations is the measurement of the dynamic surface tensions $\sigma(t)$. The literature shows that for one and the same surfactant system various authors propose different adsorption mechanisms. Recently it could be proved that surface active contaminations can effect the dynamic adsorption behaviour of surfactant solutions remarkably [1-3].

This paper deals with the experimental determination of the adsorption mechanism of surface-chemically pure surfactants by dynamic surface tensions measured by use of the ring and plate methods. The diffusion controlled adsorption model is applied as theoretical basis taking into account the appropriate form of the equilibrium adsorption isotherm of the surfactant. Data on the purity as well as the equilibrium adsorption properties are given in Part I.

The Model of Adsorption Kinetics

The pure diffusion controlled model [4,5] is used as the basis of the theoretical description of adsorption processes. At small values of Γ it is possible to describe the adsorption equilibrium by a Henry isotherm and therefore the analytical solution derived by SUTHERLAND [6] can be applied. This simple relation

$$\Gamma = \Gamma_o \left[1 - \exp\frac{D\,t}{K^2}\ \mathrm{erfc}\frac{\sqrt{D\,t}}{K}\right] \qquad (1)$$

is valid in a range $\Gamma_o \leq 0.1\,\Gamma_\infty$ without greater errors.

For higher surface coverages it is necessary to take into consideration the real isotherm reflecting the adsorption behaviour in the full range of application up to the CMC. In our experiments it could be shown that all members of the homologous series of the dimethyl and diethyl alkyl phosphinoxides follow a Langmuir isotherm whereas the higher fatty acids and alkanols can be described suffuciently only by a Frumkin isotherm.

For a Langmuir-type equation of state

$$\sigma = \sigma_0 - RT\Gamma_\infty \ln[1+c_0/a] = \sigma_0 + RT\Gamma_\infty \ln[1-\Gamma_0/\Gamma_\infty] \qquad (2)$$

the adsorption kinetics model was solved numerically for all possible parameters c_0/a [7]. The result was obtained in the form of functions $\bar{\Gamma} = \Gamma(t)/\Gamma_0$ on $\Theta = Dt/K^2$ with $K = \Gamma_0/c_0 = \frac{\Gamma_\infty}{a}/(1+c_0/a)$. In Fig. 1 some of these functions are given. To interpret the dynamic surface tension

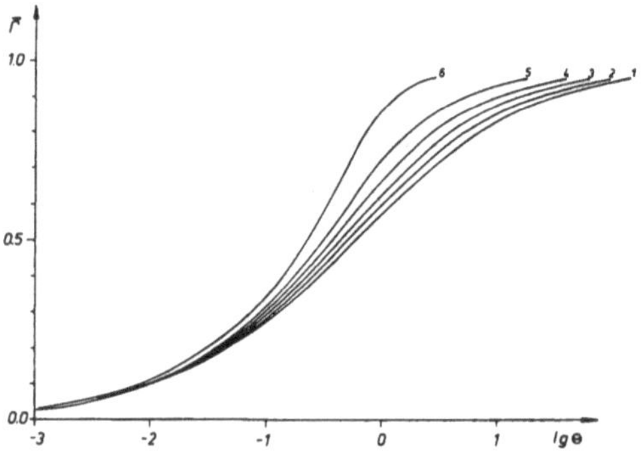

Fig. 1 Dependence $\bar{\Gamma} = \Gamma(t)/\Gamma_0$ in function of $\Theta = Dt/K^2$ calculated for a Langmuir isotherm for different values of c_0/a = 0(1), 0.2(2), 0.5(3), 1.0(4), 2.0(5), 10.0(6)

data tables $\bar{\Gamma}(\Theta)$ were prepared for parameters $c_0/a \in [0,50]$ [8]. The value of $\bar{\Gamma} = \Gamma(t)/\Gamma_0$ is obtained from the dynamic value $\sigma(t)$ using Eq. (2)

$$\bar{\Gamma} = (1 + a/c_0)(1 - \exp\frac{\sigma(t) - \sigma_0}{RT\Gamma_\infty}) . \qquad (3)$$

Comparing it with the tables the appropriate diffusion coefficient D results.

As mentioned above the higher members of the fatty acids and alkanols investigated in this study cannot be described by a simple Langmuir isotherm but by a Frumkin isotherm

$$\sigma = \sigma_0 + RT\Gamma_\infty \ln[1 - \Gamma_0/\Gamma_\infty] + a'(\Gamma_0/\Gamma_\infty)^2 . \qquad (4)$$

In [7] a possible way is given to solve the adsorption kinetics model also for a Frumkin isotherm but because of the great variety of parameter couples c_0/a and a' the introduction of tables is not useful.

To by-pass the complicate way of application it is possible to approximate the Frumkin isotherm by a Langmuir equation not in the whole concentration range but in the very point the measurements were performed. In other words one has to find the appropriate value of c_0/a of the Langmuir isotherm (2) at which the equilibrium surface tension value given by the Frumkin isotherm (3) is established. Combining (2) and (3) in that way one gets

$$c_0/a = [\Gamma_0/\Gamma_\infty - 1 + \exp(-\frac{a'}{RT\Gamma_\infty}[\Gamma_0/\Gamma_\infty]^2)]/[1-\Gamma_0/\Gamma_\infty] \qquad (5)$$

where Γ_0/Γ_∞ has to be taken from Eq.(4) and was kept constant. The smaller the interaction parameter a' is the smaller are the errors resulting from the approximation. At medium values $a'/RT\Gamma_\infty \approx 0.5$ this error amounts to about 30% to low D-values.

For simplification some authors use a plot Γ in function of $t^{1/2}$ to get D from the initial slope of the curve. This procedure is applicable only in the range $\bar{\Gamma} \leq 0.2$[8]. A further possibility to obtain the value of D by a simple procedure is based on the fact that Γ is nearly in linear relation with $\lg\Theta$ in the range $\bar{\Gamma} \in [0.3, 0.7]$

$$\bar{\Gamma} = \alpha \lg\Theta + \beta \qquad (6)$$

where α and β are functions of c_0/a [8]. Both approximations are not applied in this study.

Experimental Results and Discussion

In Part I the experimental details of the methods used are presented as well as all data necessary to describe the equilibrium state of adsorption and the degree of purity of all surfactants under investigation. Applying the ring and plate methods the measurements yield the dynamic surface tensions $\sigma(t)$ of the surfactant solution in dependence on time t starting at a value σ_0 of pure water at time $t = 0$ if the surface was sucked off before. Fig. 2 shows the time dependence of surface tensions $\sigma(t)$ for some diethyl dodecyl phosphinoxide solutions at various concentrations. Analogous results were obtained for the other members of the homologous series, too.

The application of the kinetic tables $\bar{\Gamma}$ in function of $\Theta = Dt/K^2$ at different c_0/a - values shows that the accurate knowledge of the equilibrium surface tension behaviour is of great importance. In a previous paper it was demonstrated that it is not always possible to obtain real equilibrium values in a simple way [9], especially in the case of surfactants with a very high surface activity $a \leq 10^{-8}$ mol/cm^3. In Fig. 3 an example is given that for dimethyl tetradecyl phosphinoxide solutions the equilibrium of adsorption is not yet established within a time period of one hour. As a consequence incorrect equili-

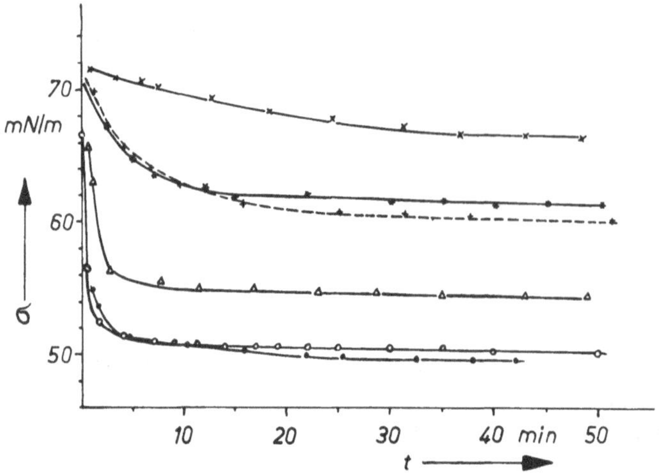

Fig. 2 Dynamic surface tensions of dodecyl diethyl phosphinoxide solutions at different concentrations: c_o = 2.10^{-9}mol/cm^3(x), $5\cdot10^{-9}$mol/cm^3(+,*), 10^{-8}mol/cm^3(Δ), $2\cdot10^{-8}$mol/cm^3(o,●) measured by the ring (x,+,Δ,●) and plate (*,o) methods, respectively

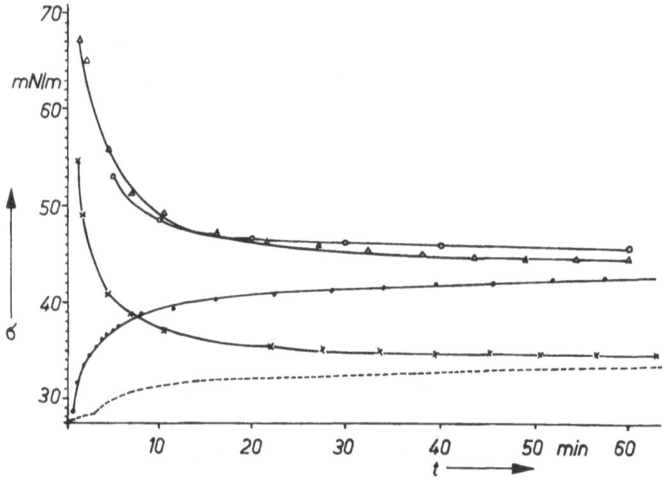

Fig. 3 Dynamic surface tensions of tetradecyl dimethyl phosphineoxide solutions at two concentrations (10^{-8}mol/cm^3 (o,Δ,●) and $2\cdot10^{-8}$mol/cm (x,*)) in the case of adsorption (o,Δ,x) and desorption (●,*) measured by the ring (Δ,●,x,*) and plate (o) method

brium values (which alterate the parameters of the isotherm) result in erroneous diffusion coefficients. If the equilibrium surface tension values used are higher than the real ones the resulting diffusion coefficients are too high and increase with time; if they are lower than the real equilibrium ones the resulting D-values decrease with time and are too low [8].

Table Example of the calculated mean values of the diffusion coefficients for some concentrations of dodecyl dimethyl phosphinoxide

Substance	concentration (mol/cm^3)	mean diffusion coefficient (cm^2/s) ring method	plate method
C_{12}-DMPO	$3\cdot10^{-9}$	$5.3\cdot10^{-6}$	$2.9\cdot10^{-5}$
	10^{-8}	$7.1\cdot10^{-6}$	$5.7\cdot10^{-6}$
	$2\cdot10^{-8}$	$5.0\cdot10^{-6}$	-
	$3\cdot10^{-8}$	$2.3\cdot10^{-6}$	$4.8\cdot10^{-6}$

The main generalizable result of these investigations is the following. All surfactants investigated follow a diffusion controlled adsorption mechanism. As an example the resulting mean values of diffusion coefficients obtained from the surface tension measurements at four concentrations of dodecyl dimethyl phosphinoxide are summarized in the table. Except the D-value for the concentration $c_0=3\cdot10^{-9}mol/cm^3$ obtained by the plate method all values are in the range between $2.3\cdot10^{-6}cm^2/s$ and $7.1\cdot10^{-6}cm^2/s$. The great variations of D between both methods and the four concentrations reflect the accuracy of such investigations but comparable studies by other authors [10, etc.] show the same accuracy.

Summary

It could be shown that the nonionic surfactants investigated follow a pure diffusion controlled adsorption mechanism. The theory applied to interpret the kinetic data took into account a Langmuir-type adsorption isotherm. Additionally an approximation is given to evaluate the adsorption kinetics of surfactants which follow a Frumkin equation of state. The great importance of the knowledge on the equilibrium adsorption behaviour of surfactants for the correct interpretation of their kinetic data is discussed.

References

1. K.J.Mysels and A.T.Florence, J.Colloid Interface Sci. 43,577(1973)
2. K.Lunkenheimer and R.Miller, Tenside, Detergents 16,312(1979)
3. R.Miller and K.Lunkenheimer, Colloid Polymer Sci. 260,1148(1982)
4. A.F.H.Ward and L.Tordai, J.Chem.Phys. 14,453(1946)
5. R.S.Hansen, J.Colloid Sci. 16,549(1961)
6. K.L.Sutherland, Austr. J.Sci.Res. A5,683(1952)
7. R.Miller, Colloid Polymer Sci. 259,375(1981)
8. R.Miller and M.Ziller, in preparation
9. R.Miller and K.Lunkenheimer, Colloid Polymer Sci. 261,585(1983)
10. P.Joos and E.Rillaerts, J.Colloid Interface Sci. 79,96(1981)

H. MUCH, G. CZICHOCKI und D. VOLLHARDT

Akademie der Wissenschaften der DDR
Zentralinstitut für Organische Chemie, Berlin

Die Rolle der Alkylkettenlänge bei der Bestimmung von Alkoholspuren in Natrium-alkylsulfaten mittels Hochdruckflüssigchromatographie (HPLC) und Oberflächenspannungsmessungen

Einleitung

Das Grenzflächenverhalten von Alkylsulfatlösungen im Konzentrationsbereich c $\leqq$ CMC kann von Verunreinigungen sehr stark beeinflußt werden. Wir haben früher gezeigt, welche Verunreinigungen in Natrium-alkylsulfaten auftreten, und nachgewiesen, daß die langkettigen Alkohole wegen ihrer hohen Grenzflächenaktivität bei weitem die größte Wirkung an der Grenzfläche und damit den stärksten Einfluß auf die Gleichgewichtsadsorptionsisotherme der Natrium-alkylsulfate haben /1/. Da für grenzflächenchemische Messungen Natrium-alkylsulfate mit möglichst hoher Reinheit benötigt werden und es andererseits keine quantitativen Angaben über den Restalkoholgehalt in Natrium-alkylsulfaten gibt, wurden eine analytische Methode (HPLC) und eine grenzflächenchemische Methode (Messung der Oberflächenspannungserniedrigung $\Delta\sigma$ im Bereich der CMC) auf Alkylsulfate unterschiedlicher Kettenlänge (C_8, C_{10}, C_{12}, C_{14} und C_{16}) angewandt.

HPLC - Methode

Die Bestimmung von Alkoholen in Alkylsulfaten fällt in den Bereich der Spurenanalyse (Alkoholgehalt 10^{-1} bis 10^{-3} %). Aufgrund der geringen UV-Empfindlichkeit von Alkoholen war es notwendig, diese zur Erhöhung der UV-Empfindlichkeit zu derivatisieren. Dabei müssen die allgemeinen Anforderungen an eine Derivatisierungsreaktion erfüllt werden:

- schnelle Reaktion
- eindeutige Reaktion (keine Nebenreaktionen, keine Folgereaktionen)
- vollständige Reaktion
- keine Reaktion mit der Matrix und
- hohe Nachweisempfindlichkeit des Derivats.

Aromatische Isocyanate sind für eine analytische Derivatisierung von Alkoholen geeignet, weil sie die oben genannten Anforderungen an ein Deri-

vatisierungsreagenz erfüllen. Dabei müssen jedoch die Reaktionsbedingungen wegen der vielfältigen Reaktionsmöglichkeiten von Isocyanaten mit Alkoholen und mit sich selbst genau eingestellt werden.
Nachstehend wurde die Derivatisierung von geradkettigen Alkoholen C_8 bis C_{16} mit Phenylisocyanat, 1-Naphthylisocyanat und 2-Anthrylisocyanat vorgenommen.

Derivatisierung mit Isocyanat:

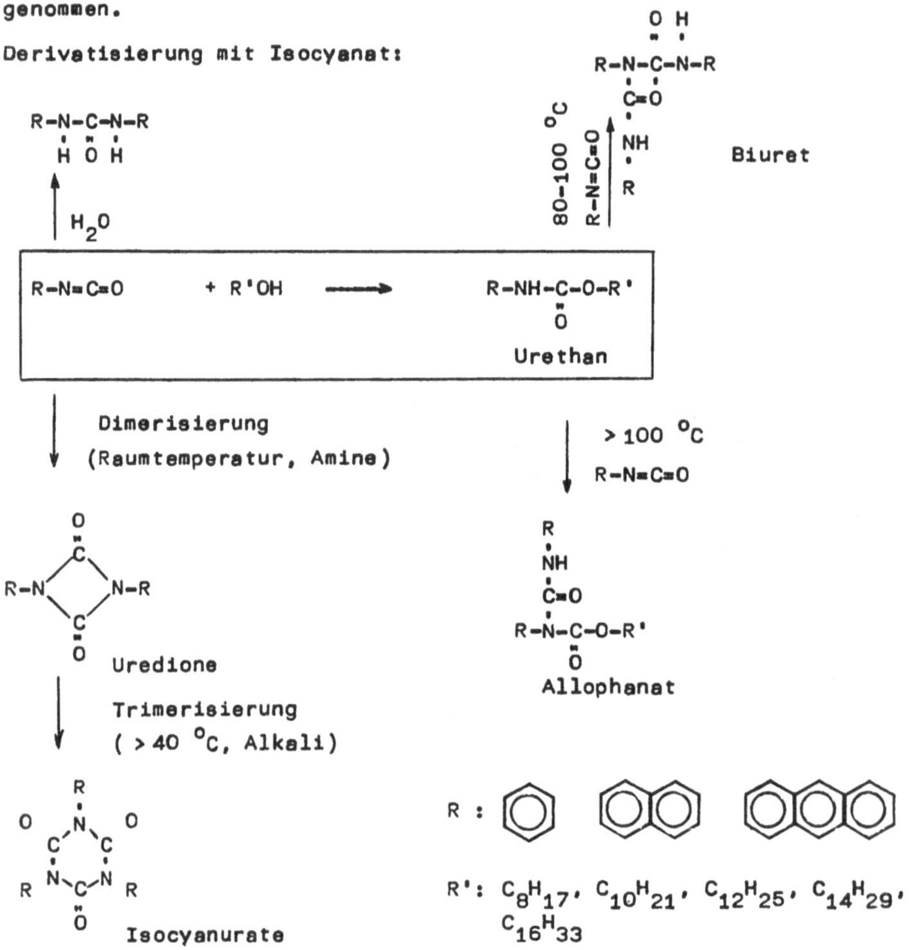

Während die Reaktionsgeschwindigkeit der Urethanbildung vom Phenyl- zum Anthrylisocyanat abnimmt, wird die UV-Absorption des Urethans stärker, d.h. die Empfindlichkeit wird erhöht. Aus dem Reaktionsschema geht auch hervor, daß bei möglichst niedriger Temperatur (Raumtemperatur bis max. 90 °C) und kurzen Reaktionszeiten (30 bis 60 Min.) und möglichst in Gegenwart eines Katalysators (DABCO, Triethylendiamin) gearbeitet werden muß. Das Lösungsmittel für die Derivatisierungsreaktion muß absolut frei von Wasser und anderen möglichen Reaktionspartnern für Isocyanate sein (Entfernung durch Destillation in Gegenwart von langkettigen Isocyanaten). Geeignet sind Aromaten, DMF bzw. cyclische Ether. DMF hat sich wegen

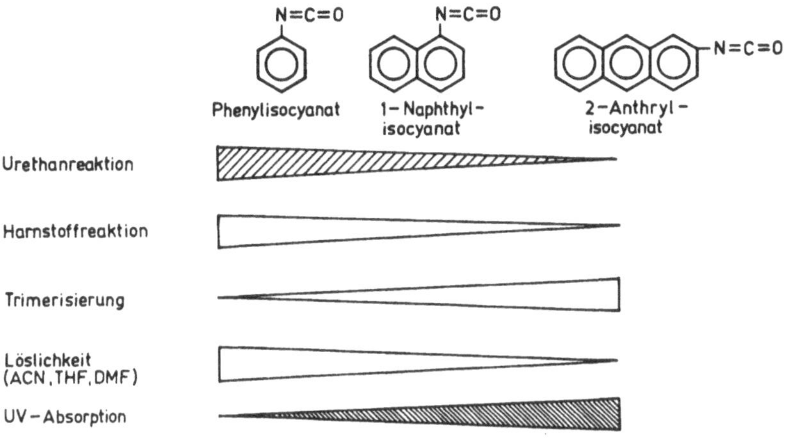

Abb. 1 Einflußfaktoren bei der Derivatisierungsreaktion von Alkoholen mit aromatischen Isocyanaten

seiner guten Löslichkeit der Natrium-alkylsulfate als besonders günstig erwiesen.

Bei Beachtung aller genannten Faktoren läßt sich die Derivatisierungsreaktion gut beherrschen, so daß sie für die quantitative Spurenbestimmung von Alkoholen in Alkylsulfaten angewendet wurde.

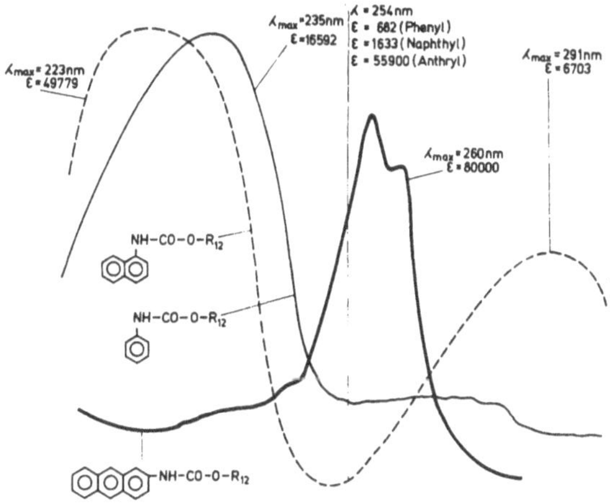

Abb. 2 UV-Spektren von Dodecylphenyl-, -naphthyl- und -anthrylurethan in Acetonitril

Abbildung 2 zeigt die Hauptmaxima mit den ermittelten Extinktionskoeffizienten für die drei Urethane am Beispiel der Alkoholkettenlänge R_{12}. Abhängig davon, ob mit einem Festwellendetektor bei 254 nm oder mit einem variablen UV-Detektor gearbeitet wird, erreicht man unterschiedliche Empfindlichkeiten, wie die Bestimmung der Respons-Faktoren (Eichfaktoren) zeigt (Tab. 1). Der Respons-Faktor (amount/area) ist die Stoffmenge in mg ml^{-1}, die 1 area erzeugt. Je kleiner dieser Faktor ist, je besser ist die Nachweisbarkeit.

Isocyanat	λ (Festwellendetektor)	AMT/AREA	λ (am Hauptmax.)	AMT/AREA
Phenyl	254 nm	$1{,}9 \cdot 10^{-5}$	235 nm	$8{,}1 \cdot 10^{-7}$
Naphthyl	254 nm	$4{,}6 \cdot 10^{-6}$	290 nm	$2{,}1 \cdot 10^{-7}$
Anthryl	254 nm	$2{,}2 \cdot 10^{-7}$	260 nm	$1{,}9 \cdot 10^{-7}$

Tab. 1 Bestimmung der Eichfaktoren mit $R_{12}OH$

Chromatographische Bedingungen:

Es wurde mit einem Hewlett-Packard HP-1084 A Flüssigchromatographen (Festwellen-UV-Detektor 254 nm) und einem Hewlett-Packard HP-1084 B Flüssigchromatographen (mit variablen UV-Detektor), einer LiChrosorb RP-8 10 µm reversed-pase-Säule und Acetonitril/Wasser (78/22) als Eluent bei 60 °C isochratisch gearbeitet. Nach jeder Messung wurde ein Spülprogramm zwischengeschaltet.
Die Flächenintegration nach der Tangenten-skim-Methode ergab gut reproduzierbare Werte. Dabei erfolgte die Eichung mit externem Standard. Die für die quantitative Analyse notwendige Bedingung der Linearität der Eichung wurde im untersuchten Konzentrationsbereich bestätigt (Abb. 3).

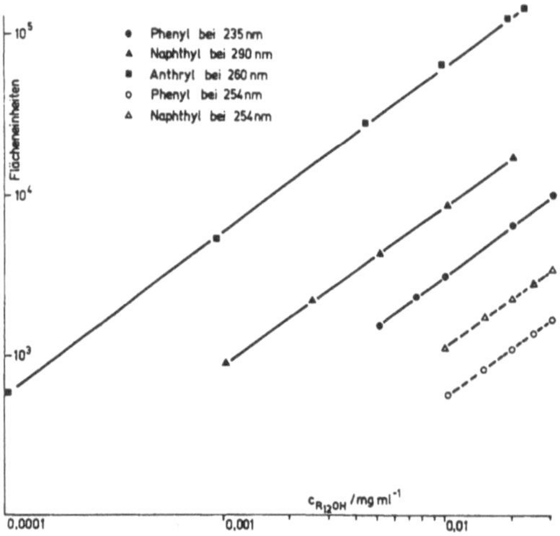

Abb. 3 Eichkurven für den Nachweis von Dodecanol nach Derivatisierung mit aromatischen Isocyanaten

Abbildung 3 zeigt die Empfindlichkeit der drei Urethane am Beispiel R_{12} bei den Hauptmaxima (1084 B) und bei 254 nm (1084 A). Die Nachweisgrenze wird mit steigender Ringzahl im Urethan zu kleineren Konzentrationen verschoben, so daß mit dem Naphthyl- und Anthrylderivat ein Nachweis im ng-Bereich möglich wird.

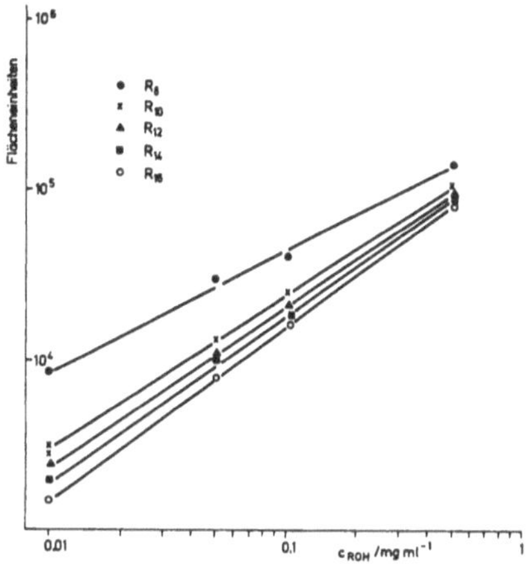

Abb. 4 Einfluß der Kettenlänge des nachzuweisenden Alkohols auf die Nachweisgrenze

Aus Abb. 4 geht hervor, daß die Nachweisgrenze durch die Kettenlänge des Alkohols nur unwesentlich beeinflußt wird. Die Empfindlichkeit nimmt von R_8 zu R_{16} geringfügig ab. In allen Fällen ist die Linearität der Eichkurven gewährleistet.

Oberflächenspannungsmethode

Durch definierte Zugabe von langkettigen Alkoholen zu Alkylsulfatlösungen und Messung der Oberflächenspannungserniedrigung $\Delta\sigma$ an oder etwas unterhalb der CMC lassen sich Eichkurven aufstellen, die für die quantitative Bestimmung dieser Alkohole in Natriumalkylsulfaten (Octyl-, Decyl-, Dodecylsulfat) verwendet werden. Hierbei müssen Natrium-alkylsulfate eingesetzt werden, die den Reinheitskriterien gemäß /1/ entsprechen. Die Messung der Oberflächenspannung erfolgte analog zu /2, 3/.
In Abb. 5 sind die Eichkurven für Natrium- octyl-, -decyl- und dodecylsulfat dargestellt, denen jeweils der n-Alkanol gleicher C-Kettenlänge zugesetzt wurde. Entsprechend der Kettenlängenabhängigkeit der Grenzflächenaktivität nimmt die Nachweisempfindlichkeit mit Verlängerung der Kette des Alkohols zu (umgekehrt zur HPLC-Methode). Über einen weiten Konzentrationsbereich besteht Linearität zwischen der Oberflächenspannungserniedrigung und der Alkanolkonzentration. Lediglich im unteren Nachweisbarkeitsbereich treten Abweichungen von der Linearität auf.

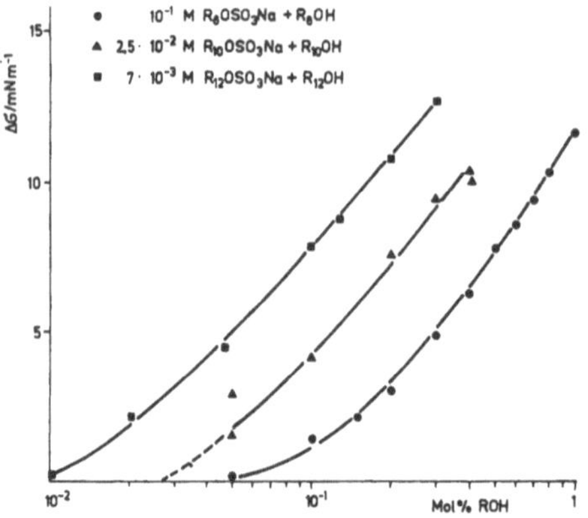

Abb. 5 Oberflächenspannungsdifferenz $\Delta\sigma$ in Abhängigkeit vom Alkoholgehalt in Natrium-alkylsulfaten bei einer Konzentration c ≈ CMC ($\Delta\sigma = \sigma_{NaAS} - \sigma_{NaAS + ROH}$)

Diskussion

Beide Methoden liefern für sich gut reproduzierbare und untereinander übereinstimmende Werte, unterscheiden sich aber durch die nachfolgenden spezifischen Besonderheiten.

HPLC-Methode:

- Nachweis des Alkohols als derivatisierte Substanz
- höhere Empfindlichkeit
- keine Störung durch andere grenzflächenaktive Verunreinigungen
- geringe Abnahme der Empfindlichkeit mit Verlängerung der Alkoholkette.

$\Delta\sigma$-Methode:

- relativ geringer apparativer Aufwand
- deutliche Zunahme der Empfindlichkeit mit Verlängerung der Kettenlänge des Alkohols (umgekehrt wie bei der HPLC-Methode)
- Messung direkt an der Grenzfläche (indirekte Bestimmung).

Die Nachweisgrenze bei der HPLC-Methode ist um etwa eine Zehnerpotenz günstiger (ng-Bereich) als bei der grenzflächenchemischen Methode. Mit der $\Delta\sigma$-Methode lassen sich Alkoholgehalte in Natrium-alkylsulfaten bis zu 10^{-2} % und mit der HPLC-Methode bis zu 10^{-3} % bestimmen /4/.
Mit Anthrylisocyanat als Derivatisierungsreagenz läßt sich bei der praktischen Anwendung der Nachweis wahrscheinlich bis in den pg-Bereich verschieben (die Eichkurven deuten darauf hin). Voraussetzung dafür ist eine genaue Ausarbeitung der Derivatisierungsbedingungen; die Versuche dafür sind noch nicht abgeschlossen.

Zusammenfassend kann festgestellt werden, daß durch die Kopplung der beiden Methoden erstmalig auf dem Tensidgebiet ein Zusammenhang zwischen dem empfindlichen quantitativen Nachweis einer Verunreinigung im Tensid und ihrer Wirkung an der Grenzfläche hergestellt werden konnte. Die Weiterverfolgung dieses Weges der Kombination von grenzflächenchemischen mit analytischen Methoden zur Beschreibung von Grenzflächenphänomenen erscheint auch für die Lösung weiterer Fragen auf dem Tensidgebiet erfolgversprechend.

Literatur

/1/ CZICHOCKI, G., D. VOLLHARDT u. H. SEIBT, Tenside Detergents 18(1981)320

/2/ VOLLHARDT, D. u. G. CZICHOCKI, Colloids and Surfaces 11(1984)209

/3/ CZICHOCKI, G., D. VOLLHARDT u. H. MUCH, J. Colloid Interface Sci. 95(1983)275

/4/ CZICHOCKI, G., H. MUCH u. D. VOLLHARDT, J. Chromatogr. 280(1983)109

H.-J. MÜLLER, G. KRETZSCHMAR, R. HOLZBAUER

Academy of Sciences of the GDR, Central Institute of Organic Chemistry, 1199 Berlin, Rudower Chaussee 5

Thickness of Foam Films of Nonionic Surfactant Solutions at High Electrolyte Concentration

Surfactants with chains of ethylene oxide groups as hydrophilic portion of the molecule are often used for stabilizing foams, emulsions or suspensions. Therefore it is necessary to have a certain knowledge about their action in thin aqueous films, which represent the main structural elements of such systems.

At small electrolyte concentrations C_E the thickness of aqueous films is controled by the electric double layer repulsion according to the DLVO theory. Consequently with increasing C_E the film thickness decreases. In the case of foam films of sodium dodecyle sulphate solutions, the state of the very thin Newton black film is reached at NaCl or KCl concentrations of about 0.2 - 0.3 mol/l /1/. The thickness of such a film (4.3 nm /2/) is nearly the double of the surfactant molecule length and does not change at further increasing electrolyte concentration. There are not equivalent investigations in the high electrolyte concentration range in the case of nonionic surfactants. As the nature of the head groups of nonionic surfactants is very different to that of the anionic sodium dodecyl sulphate, we have to expect some differences in the relation of film thickness to electrolyte concentration on conditions for which the film thickness is governed by head group interaction. Therefore we accomplished measurements of the thickness of foam films formed from solutions of nonionic surfactants in the full range of electrolyte concentration C_E but mainly in the range of 0.1 to 4.0 mol/l NaCl or KCl.

In this investigation we used as surfactant oxethylated dodecanole with the number n of ethylene oxide units in the molecule from 8 to 80. The microscopic foam films (diameter 0.3 mm) were formed in a ring (diameter 4 mm) and their thickness h was studied with the known microinterferometric method described by S c h e l u d k o /3/. The inhomogenity of the refractive index of the film, caused by the hydrocarbon layer of the surfactant adsorption layer, was taken into consideration by using the correction of D u y v i s /4/ for h.

The nonionic surfactants adsorbing at the surface do not carry any charge to it, but like the case of pure water, there is a diffuse double layer potential in the order of 40 mV /5/. This potential causes double layer repulsion and therefore we find thick films in the range of small C_E ($<10^{-2}$ mol/l). These films decrease in thickness with increasing C_E according to the DLVO theory similar to the case of sodium dodecyl sulphate foam films. Going to larger values of C_E there is a sharp break in the h (C_E) dependence at about 2 . 10^{-2} mol/l, announcing the change from the film thickness governed by double layer repulsion to that by head group interaction.

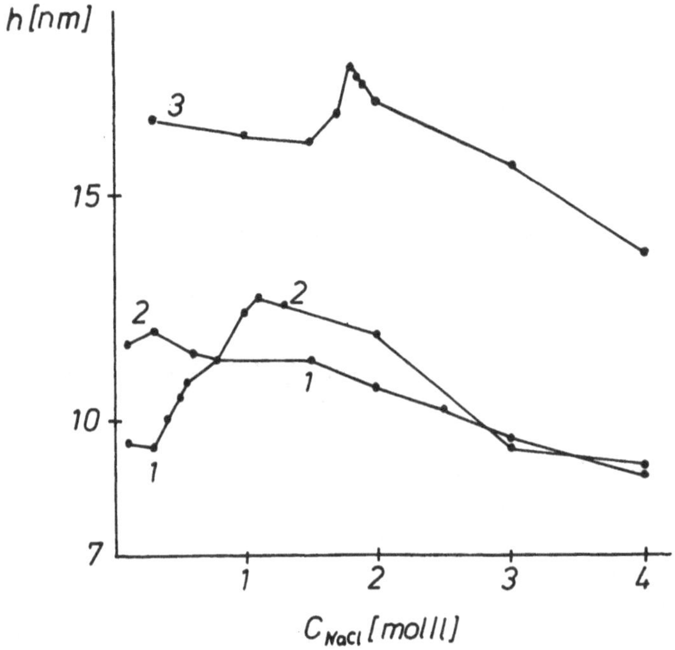

Fig. 1. Thickness of foam films stabilized with oxyethylated dodecanole with (1) 10 (2) 22 and (3) 56 ethylene oxide groups in dependence on the electrolyte concentration ($C_S = 10^{-4}$ mol/l)

Fig. 1 shows the h (C_E) dependence in the range of 0.1 to 4.0 mol/l for three of the surfactants of the series. We can notice that h in this range is not constant and the use of the term Newton black film may not be fully correct. But we have to realize that the variation of h in this concentration interval is small (25 %) in relation to the decrease of h from 30 to 10-15 nm for C_E in the range of 2.10^{-4} to 2.10^{-2} mol/l. In the thickness curves of Fig. 1 we can distinguish (i) a section above 0.1 with a nearly constant h (extending to higher C_E with increasing n), (ii) a section with a sudden steep increase of h, and (iii) at very high C_E a range with h decreasing below the initial value in the first section.

For the discussion of these results we look at first at the nearly constant values in the first part of the curves. For analysing this film thickness values we have to look for its relation to the adsorption layer thickness. T a n f o r d et al. /6/ give some values of the thickness Λ of the polyethylene oxide layer of nonionic surfactant micelles in dependence on n. They found, that this layer thickness agrees with the random coil configuration model of the EO chain. This model is well confirmed for adsorption layers at the air/solution-interface too /7,8,9/ and therefore we use T a n f o r d's values. The double of Λ plus the double of the lenght of the C_{12}-alkyl chain (1.7 nm /10/) are given as the lower line (2) in Fig. 2. The upper line (1) connects the points of the experimental thickness values at C_E=0.1 mol/l.

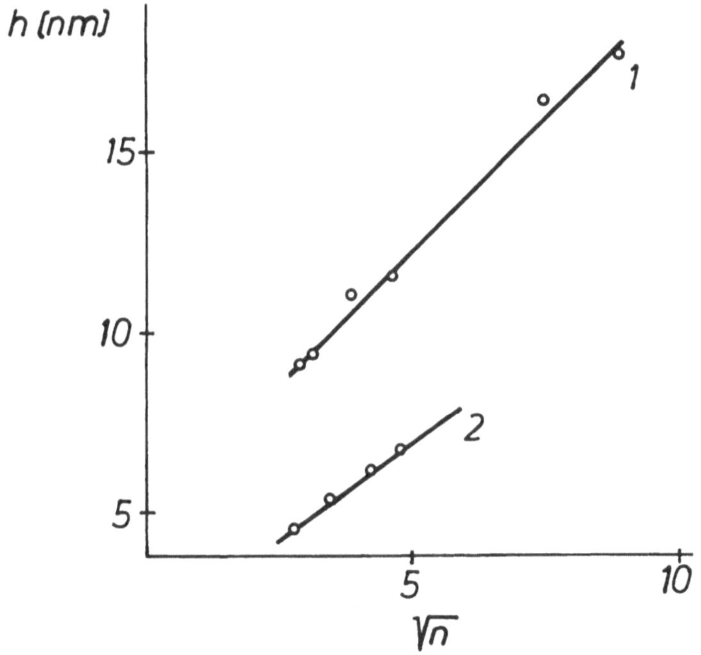

Fig. 2. Thickness of foam films at 0.1 mol/l electrolyte concentration (NaCl or KCl) (1) and double adsorption layer thickness (2) after Tanford /6/ in dependence on the square root of the number of ethylene oxide groups in the stabilizing surfactant

The real thickness values are always 3 to 5 nm larger than those given by the double of the adsorption layer thickness. Therefore we conclude that for stabilizing the films at this distance of the surfaces an additional force must be present for the counterbalance of the van der Waals attraction. Because the interacting surfaces in the film are covered with nonionic surfactant layers containing many oxygen atoms in the EO groups with the known ability to from H bonds with water molecules, we think that the measurements give a strong indication of the action of hydration forces in this system. In this connection it is remarkable that at C_E = 4.0 mol/l the excess over the double of the adsorption layer thickness is diminished.

Now we look at the sudden increase of the film thickness at higher C_E. We observed such increase or peak in the h/C_E curve for all the surfactants of the series. The electrolyte concentration C_{EM} at which h increases to a maximum, is shifted to higher values with increasing n. As a first attempt to explain this relationship we correlate the concentration C_{EM} with the distance η between the oxygen atoms of the EO-layer in the surface plane. These oxygen atoms may act as source for binding of water to the interface by H-bonds. Fig. 3 shows this relation.

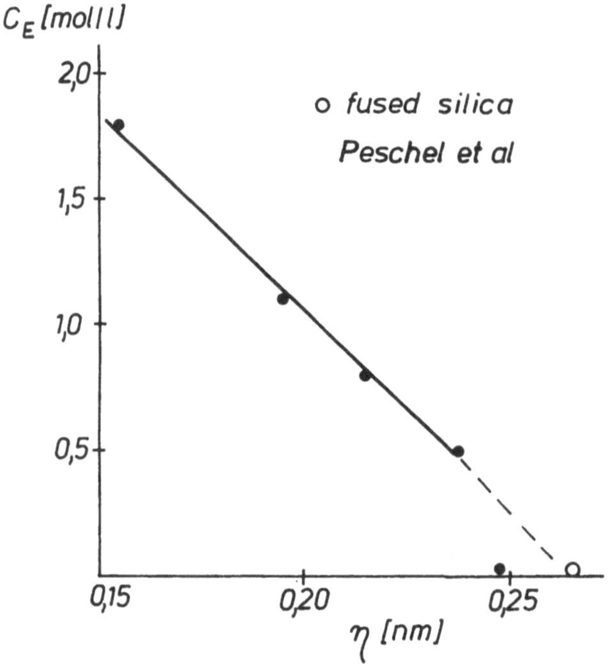

Fig. 3. Electrolyte (NaCl or KCl) concentration at the increase of Newton black foam film thickness in dependence on the oxygen - oxygen distance η in the EO-layer

We remark that Peschel et al. /11/ found a peak for the decay length of structural forces too in their investigation of the interaction of a sphere with a plan of fused silica in aqueous solutions. In the figure we marked this finding of Peschel with an open circel. The coordinates of this point are given by the concentration of the peak in the fused silica-water system and the oxygen-oxygen distance in the surface of fused silica. From the good fitting of this point to the curve of the systems with surfaces covered with surfactant we conclude that there may be a common cause for the structural or hydration force on both system. May be that in these systems hydration forces are rather caused by water bound directly by H bonds to the interface, than by adsorption of hydrated cations as proposed by P a s h l e y and I s r a e l a c h v i l i /12,13/ in the case of mica.

References

/1/ D. EXEROWA, K. KRISTOV and M. SACHARIJEWA:"Surface forces in thin films", "Nauka", Moscow 1979,196

/2/ D. EXEROWA, K.I. KRISTOV and B. BALINOV: Annual of the Univ. Sofia, vol. 73 part 2, 37

/3/ A. SHELUDKO, Colloid Interface Sci. 1,391 (1967)

/4/ E.M. DUYVIS: Thesis, Utrecht 1962

/5/ T. KOLAROV and D. EXEROWA: this volume

/6/ C.TANFORD, Y. NOZAKI and M.F. ROHDE: J. Phys. Chem. 81, 16 (1977) 1555

/7/ F. van VOORST VADER:Trans. Faraday Soc. 56, 1078 (1960)

/8/ M. DONBROW: J. Colloid. Interface Sci. 53, 145 (1975)

/9/ B.W. BARRY and D.I.D. EL EINI: J. Colloid Interface Sci. 54, 339 (1976)

/10/ H. SONNTAG, K. STRENGE: "Koagulation und Stabilität disperser Systeme",VEB Deutscher Verlag der Wiss., Berlin 1970, 130

/11/ G. PESCHEL, P. BELOUSCHEK, M.M. MÜLLER, M.R. MÜLLER and R. KÖNIG: Colloid Polymer Sci. 260, 444 (1982)

/12/ R.M. PASHLEY: J. Colloid Interface Sci. 83, 531 (1981)

/13/ R.M. PASHLEY and J.N. ISRAELACHVILI: J. Colloid Interface Sci 97, 446 (1984)

J.MYSZKOWSKI, J.SZYMANOWSKI[x], K.SZAFRANIAK, W.GOC, W.PAZDZIOCH

Instytut Technologii Chemicznej Politechniki Szczecińskiej

[x]Instytut Technologii Chemicznej Politechniki Poznańskiej

Comparison of properties of surface active agents EBE, BEB and BE prepared from ethylene oxide and butylene oxide

Large nuber of diversified surface active compounds were obtained using two reagents, namely ethylene oxide and α-butylene oxide. This diversification was obtained by changing the conditions of synthesis, such as order of introduction of oxides, molar ratio and type of initiator.

Changing initiator and order of introduction of oxides gave three types of block copolymes of type: EBE, BEB and BE, where E represents polyoxyetylene chain /hydrophylic block/ and B represents polyoxybutylene chain /hydrophobic block/.

The structure of above mentioned compounds could be compared with well known Pluronics, where propylene oxide replaced by much more hydrophobic α-butylene oxide. Thus the possibility of numerous modifications of above compounds was considerably increased.

The contens of hydrophylic block E and hydrophobic block B could be varied freely in all three types of block copolymers. Therefore it was possible to obtain a large number of compounds of different size of hydrophylic and hydrophobic blocks, as well as their arrangement in a polymer molecule. Thus using two above mentioned raw materials almost unlimited of surface active compounds of different properties and application could be obtained. Accordingly it appeared possible to prepare compounds of required properities corresponding to their application.

There were two methods of preparing surface active compounds from ethylene oxide and α-butylene oxide, i.e. under normal and elevated pressures. Methods of preparation, catalysts used and influence of process parameters were described in our previous works /1/, /2/.

The basic principles of syntheses of three types of block copolymers were as follows:

EBE - initiator: α-butylene glycol
addition of α-butylene oxide
addition of ethylene oxide

BEB - initiator: ethylene glycol
addition of ethylene oxide
addition of α-butylene oxide

BE - initiator: n-butyl alcohol
addition of α-butylene oxide
addition of ethylene oxide

Polyoxybutylene alcohols and glycols were obtained with moleclar mass varying from 500 to 2000. They had the form of viscous liquids of yellow to yellow-orange colour.

Molecular mass of polyoxyethylene glycols varied from 160 to 4000. Glycols of molecular mass below 600 were viscous liquids while glycols of higher molecular mass were solids.

The prepared surface active compounds had molecular mass varying from viscous liquids to solids and were of yellow colour.

Physical properties and usability of individual types of surface-active compouns were described in our previous works: type EBE /3/, /4/, /5/, type BE /6/, and type BEB /7/, /8/.

Comparison of physical properties and usability of block copolymers of type EBE, BEB and BE revealed the differences depending on their structure.

The indyvidual surface active compounds designated by symbols.

For example, the compounds of symbols EBE 1200-30, BEB 1200-30 and BE 1200-30 have different arrangenent of hydrophobic block /polyoxybutylene chains/ of molecular mass 1200, and hydrophylic block /polyoxyethylene chains/ which consist 30% of molecular mass of entire surface active compound.

Data shown in Tables 1 to 6 indicate that copolymers of equal molecular mass of hydrophobic block and equal contributions of hydrophylic blocks, but with different sequence of polyoxybutelne and polyoxyethylene blocks in many cases exhibit significantly different physical properties and usability. Thus the already large group of surface active compounds obtained from two basic raw materials-ethylene and α-butylene oxides is additionally enlarged.

Table 1. Consistency and polarity index

Symbols	BE	BEB	EBE
500-62	paste	liquid	liquid
1000-44	paste	liquid	liquid
1500-62	paste	solid	solid
2000-26	paste	liquid	-
	Polarity index		
500-26	79	93	92
1000-44	87	95	95
1500-62	100	102	101

Table 2. Cloud point / ^oK / and water number / cm^3 /

Symbols	BE	BEB	EBE
500-62	341	304	293
1000-62	328	293	352
1500-62	354	293	365
2000-62	318	293	-
	water number / Greenwald /		
1000-26	5	6	11
1000-44	6	7	9
1000-62	18	8	11
1000-80	24	8	16

Table 3. Surface activity / m N/m /
C = 0,1 %

Symbols	BE	BEB	EBE
500-44	33	43	36
1000-44	44	42	37
1500-44	52	36	35
2000-44	66	60	35
500-26	32	37	35
500-44	33	43	36
500-62	36	47	47
500-80	43	56	51

Table 4. Foaming power /cm/ $H_1/H_{10}/$

Symbols	BE	BEB	EBE
500-26	0 / 0 /	0 / 0 /	1 / 1 /
500-44	15 / 5 /	0 / 0 /	4 / 3 /
500-62	109 /17/	0 / 0 /	6 / 5 /
500-80	116 /26/	0 / 0 /	0 / 0 /
500-62	109 /17/	0 / 0 /	6 / 5 /
1000-62	83 /29/	7 / 3 /	0 / 0 /
1500-62	34 /32/	8 / 6 /	25 /10/
2000-62	21 /18/	14 / 9 /	- -

Table 5. Wetting power 100 sec (g/l) and emulsyfing properties

Symbols	BE	BEB	EBE
1000-26	n.w.	n.w.	0,16

1000-44	0,21	0,92	0,35
1000-62	0,37	1,47	0,34
1000-80	0,80	2,57	0,68

n.w. = no wetting

emulsyfing properties: xylene-water system after 1h and /24h/

Symbols	BE		BEB	EBE	
500-44	2	/3/	3	1	/3/
1000-44	1	/2/	3	1	/2/
1500-44	1	/2/	3	1	/3/
2000-44	1	/2/	3	-	-

Table 6. Washing properties WFK Krefeld test fabric

Symbols	BE		BEB		EBE	
	40°C	70°C	40°C	70°C	40°C	70°C
500-62	25	44,3	48	191	28	70
1000-62	37	62,4	29	145	83	106
1500-62	39	63,1	28	59	72	95
2000-62	31	73,7	25	62	5	22
			EMPA 101 test fabric			
500-62	44	39	69	61	40	65
1000-62	69	53	47	59	40	69
1500-62	68	47	49	60	40	74
2000-62	61	51	51	50	40	78

References

/1/ K.SZAFRANIAK, J.MYSZKOWSKI, A.Z.ZIELIŃSKI and W.Goc: Przem. Chem. 54, 458 /1975/

/2/ W.PAŹDZIOCH, J.MYSZKOWSKI, K.SZAFRANIAK, and W.GOC: Przem. Chem. 60 402 /1981/

/3/ J.MYSZKOWSKI, J.SZYMANOWSKI, K.SZAFRANIAK, and J.NOWICKI: Tenside Detergents 19, 14 /1982/

/4/ J.SZYMANOWSKI, J.MYSZKOWSKI, E.PIETRZAK and K.PROCHASKA: Tenside Detergents 20, 23 /1983/

/5/ E.MILCHERT, W.GOC and J.MYSZKOWSKI: Polimery 25,61 /1980/

/6/ J.MYSZKOWSKI, J.SZYMANOWSKI, W.GOC and K.ALEJSKI: Detergents 19, 7 /1982/

/7/ J.SZYMANOWSKI, J.MYSZKOWSKI, K.PROCHASKA and K.SZAFRANIAK: Tenside Detergents 19, 11 /1982/

/8/ J.MYSZKOWSKI, J.SZYMANOWSKI, K.SZAFRANIAK, W.PAŹDZIOCH and W.GOC "La synthese et les proprietes des nouveaux tensioactifs nonionic a partir des oxydes de α-Butylene et d'Ethylene". Proceedings of the World Surfactants Congress "Surfactants in our World-Today and Tomorrow" München, 6-10 May 1984.

J. NOVAK, V. KRS

Fettindustrie, Concern, Forschungsinstitut, Rakovnik, CSSR
I. Hautklinik der Karlsuniversität, Praha, CSSR

Verwendung von Zuckerglyceriden als protektiven Zusatz

Einleitung

In meinem Beitrag möchte ich Sie mit unseren Ergebnissen im Gebiet der industriellen Verwendung von Acylsaccharosen sowie derer Mischungen mit den Mono- und Diglyceriden der Fettsäuren, die unter der Bezeichnung "Zuckerglyceride" bekannt sind, vertraut machen.

Die erste Mischung der Monoacylsaccharosen und der höheren Acylsaccharosen gewann BETHELOT im Jahre 1855 /1,2/ durch Erwärmen der Saccharose mit Stearinsäure. Eine Beschleunigung der Reaktionskinetik wurde durch Applikation von Lösungsmitteln - Pyridin /3/, Chinolin, N-methyl -2-pyrolidon /4/, flüssiges Ammoniak /5/, Chloride /6/ oder Anhydride der Fettsäuren /7/ erreicht.

Ein neues Verfahren zur Gewinnung der Mono- und Diacylsaccharosen hat in den Jahren 1950 - 1958 OSIPOW /8,9,10/ ausgearbeitet. Als Grundreaktion diente hier die Transesterifikation des Methylesters einer Fettsäure durch Saccharose in Anwesenheit eines alkalischen Katalysators sowie Dimethylformamid als Lösungsmittel.

Es wird angenommen, daß als wahrer Reaktionskatalysator dabei das Saccharat-Ion ist, das durch Reaktion der Saccharose mit alkalischen Verbindungen entsteht. Die Acylsaccharosenbildung ist dann durch den aufgeführten Reaktionsmechanismus gegeben:

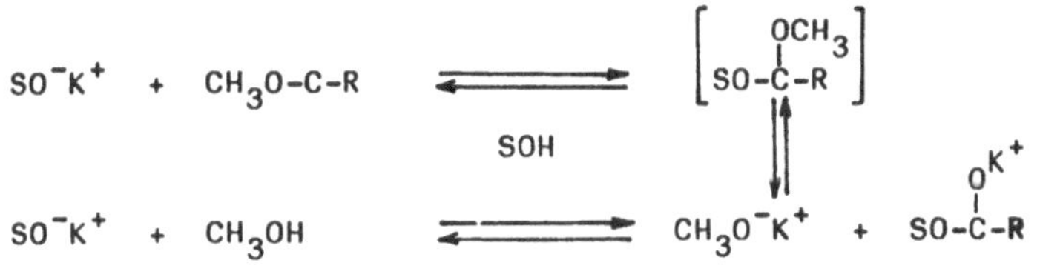

wobei S das Saccharose-Anion bedeutet.

Durch die Transesterifizierung entsteht aus der Saccharose schrittweise Monoacyl-, Diacyl-, Triacylsaccharose, unter Umständen auch höher acylierte Derivate laut Schema:

Saccharose	+	Säureester	=	Monoacylsaccharose	+	Methanol
Monoester	+	Säureester	=	Diacylsaccharose	+	Methanol
Dieseter	+	Säureester	=	Triacylsaccharose	+	Methanol

Für die Reaktion wurde eine Reihe von weiteren Lösungsmitteln erprobt - Morpholin /11/, Acetylpiperidin /12/, sowie schwach toxisches Dimethylsulphoxid /13/. Eine weitere Modifikation des vorher angeführten Verfahrens war die Reaktion der Saccharose in der Mikrosuspension mit Xylen /14/ und später Propylenglycol /15/ als Medium. Zum Vorteil der Mikroemulsionstechnik war die Möglichkeit kleinere Überschüsse von Saccharose anzuwenden, ein vollkommenes Entfernen des Lösungsmittels im Verlaufe der Reaktion sowie dessen Intoxizität.

Zu einer Verbilligung der Produktion führte der Ersatz der Methylester der Fettsäuren durch ihre Triglyceride, wobei aber auch zu einer bestimmten Veränderung der Eigenschaften des resultierenden Produktes kam. Während in den vorhergehenden Fällen das resultierende Produkt eine Mischung von Monoacylsaccharose und höheren Acylsaccharosen (in Abhängigkeit von dem molaren Ausgangsverhältnis der Rohstoffe), der Seife und der nichtreagierten Saccharose war, tritt in diesem Fall noch eine Mischung von Monoglycerid, Diglycerid und dem unreagierten Triglycerid der Fettsäuren des Ausgangsfettes zu.

Die Reaktion wurde in Dimethylformamid oder Dimethylsulphoxid bei allmählicher Erhöhung des Trockensubstanzgehaltes in der Reaktionsmischung durchgeführt.

Es wurde ein lösungsmittelfreies System der Gewinnung von Zuckerglyceriden beschrieben bei den Temperaturen von 110°C bis 140°C unter Benutzung eines basischen Katalysators und 10 % Seife /16/, beziehungsweise der zwei- bis dreifachen Menge des üblich benutzten Katalysators /17/.

Die Mehrheit der der Synthese von Zuckerglyceriden gewidmeten Arbeiten sind Abwandlungen des gebräuchlichen lösungsmittelfreien Verfahrens. Als Rohstoffe werden die pflanzlichen sowie tierischen Fette inclusive Walfischtran verarbeitet; eine gebräuchliche Zusammensetzung der Produkte ist in der nachfolgenden Tabelle angeführt.

Die Resultierende Reaktionsmischung wird ohne weitere Isolation angewendet, beziehungsweise wird sie mit aktiven Sauerstoff freigegebenen Substanzen gebleicht; der pH-Wert wird durch Zugabe von organischen Säuren reguliert.

Die Eigenschaften der Acylsaccharosen, für welche diesen Substanzen eine umfangreiche und intensive Forschung gewidmet wurde, sind in der ersten Reihe ihre Intoxizität sowie ihre Oberflächenaktivität (in dem Bereich 25 - 35 mN/m).

Sie sind praktisch die einzelnen Nahrungsmittel-Emulgatoren und Dispergatoren mit einem HLB-Wert von 8 bis 12. Darüber hinaus sind die Acylsaccharosen hundertprozentig biologisch abbaubar und für höhere Organismen gut verdaulich und adsorbierbar, und weisen auch regenerative dermale Wirkung aus.

Tabelle 1. Zusammensetzung der Zuckerglyceride

Rohstoffe	%
Saccharose	1,5 - 10
Seife	5 - 27
Monoglyceride	10 - 25
Diglyceride	10 - 22
Triglyceride	1 - 15
Acylsaccharosen	30 - 50

Die ursprünglichen Annahmen, daß die Acylsaccharosen zu einem von den Haupttensiden für die Produktion von Detergenten werden, haben sich nicht erfüllt, da ihr Preis mit dem der aus synthetischen Fettalkoholen, n-Alkanen sowie alpha-Olefinen erzeugten Tensiden noch nicht konkurrieren kann.

Trotzdem war der verhältnismäßig hohe Preis der Acylsaccharosen kein Hindernis, sie in anderen Gebieten einzusetzen:

- Eine Verlängerung der Lebensdauer und Erhöhung der Qualität des Weiß- sowie Dauerhaftgebäcks,
- Verkürzung der Erzeugungszeit von Kinderbisquits,
- Entwicklung der neuen Typen von Backpulvern,
- Produktion von Instant-Trockenmilch und ähnlicher Erzeugnisse an einer üblichen Einrichtung,
- Verhinderung des Fettausschlages auf der gelagerten Schokolade,
- Eine leichtere Tablettierung und Herstellung von Dragées in der Pharmazie,
- Verbilligung sowie Vereinfachung der Technologie der Mast von jungen landwirtschaftlichen Tieren,
- Entwicklung von neuen kosmetischen Produkten,
- Erniedrigung der Kosten von Erkundungsbohrungen in den Verlust-Horizonten,
- Eine Verbesserung der Reinigungs-, Avivage- und Appretierwirkung der Behandlungsverfahren in den Reinigungsanstalten erreicht.

Erfordernis einer aufwendigen Investitionseinrichtung für die Herstellung und Isolierung der für die Nahrungsmittelindustrie geeigneten reinen Acylsaccharosen, sowie derPreis der Produkte waren Hauptursachen, warum in der CSSR ihre Produktion nicht eingeführt wurde, obwohl in der Mehrheit der angeführten und von uns erprobten Applikationen die Monoacylsaccharosen zu ihrer Geltung kamen. Bei den meisten Applikationen wurden die Acylsaccharosen durch mehr erschwingliche Rohstoffe, insbesondere durch die Fettsäuren-Monoglyceride ersetzt. In drei Fachgebieten blieben die Acylsaccharosen unentbehrlich, nichtsdestoweniger auch in diesen Fällen war es möglich, die reinen Acylsaccharosen durch ihre Mischungen mit Mono- und Diglyceriden, das heißt Zuckerglyceriden, deren Herstellung einfach und vom Standpunkt der Investitionen anspruchslos ist, zu ersetzen.

Es handelt sich um die Herstellung von Auswasch-Bauplatten, Emulgieren der Ersatzfette für die zum Mästen von jungen Landwirtschaftstieren bestimmte Magermilch,sowie die Erniedrigung der Hautentfettung und der dermalen Reizbarkeit der Haut durch Detergentien.

Bei der Behandlung der Fassadenschicht von Beton-Fertigteilen durch negative Verformung wird die Eigenschaft der Acylsaccharosen, nämlich die Hydratation des Zementbindemittels zu verzögern und sich an der Phasengrenzfläche der Form und der eingebrachten und verdichteten Betonmischung zu konzentrieren, ausgenutzt. Die Tiefenwirkung von 3 bis 10 mm ist gleichartig und die Dicke des aufgetragenen Filmes direkt proportional. Nach der Abformung der Bauplatte werden die Zementkörner gemeinsam mit feinem Sand mittels Wasser ausgewaschen bis der innere Zuschlagstoff zum Vorschein kommt, was den Bauplatten eine höhere Haltbarkeit sowie ein gutes Aussehen ohne weitere Oberflächenbehandlung gewährleistet.

Die Anwendung von Zuckerglyceriden als Emulgatoren der Ersatzfette in der Magermilch für die Kälber und Ferkel brachte folgende Möglichkeit:

- Die Ultraschallgeräte auszuschalten,
- In den üblichen Mixern die Fetteilchengröße unter 0,1 µm zu erreichen,
- Abfallfette inklusive Kadaverfette mit einer Säurezahl bis 50 zu gebrauchen,
- Mit einer Mastung ab Alter 4 Tage zu beginnen,
- Eine vollkommene Adsorbtion der zugesetzten Lipophilen Vitamine zu sichern, und
- Die mit normaler Milch vergleichbare Gewichtszunahme zu ereichen.

Die Anwendung, die den größten Verbrauch an Zuckerglyceriden aufweist, ist die Erniedrigung der dermalen Reizbarkeit der Detergentien, deren günstiger Einfluß auf die Haut mit Zunahme ihrer Wirksamkeit proportional ansteigt.

Schon binnen einer längeren Zeit bemühen sich viele Hersteller in der Welt, die ungünstige Auswirkung der Detergentien durch spezielle Zusätze, zum Beispiel Lanolin und seine Derivate, Salze der Alkylsulfosuccinat, höhere Kohlenwasserstoffe, Alkylolamide, Betaine und so weiter, zu mildern.

Es müßten solche Stoffe sein, welche den Gebrauchswert der Detergentien nicht beeinflussen, während ein negativer Einfluß auf die dermale Reizbarkeit und insbesondere auf die Toxizität des Grundtensids ausgeübt wird. Das Prinzip ihrer Auswirkungen beruht inzwischen auf der Hypothesenbasis; unserer Ansicht nach, ist die Auswirkung mit dem HLB-Wert sowie mit einer Vorzugssorption auf der Hautoberfläche verbunden.

Zwecks Bewertung des Einflusses der Acylsaccharosen sowie der Zuckerglyceride als protektive Zusätze für die menschliche Haut waren wir gezwungen, eine ganze Reihe von Bewertungsmethodiken zu entwickeln. Aus der Literatur geht hervor, daß auch dieses Problem unermeßlich kompliziert und umfangreich ist. Als Grundlage sollten hier die Untersuchungen am menschlichen Organismus sein, wobei aber mit einem relativ großen, durch die biologischen Unterschiede einzelner Individuen gegebenem Fehler zu rechnen ist. Für die Erniedrigung dieses Fehlers wäre es notwendig, die Anzahl von einzelnen Untersuchungen auf eine genügend repräsentative Gruppe zu vergrößern. Im Laboratorium für die Erforschung von Hautmetabolismus und Hauthygiene der Karlsuniversität in Prag wurde festgelegt, einen Komplex anzuwendender Methoden aus einem Komplex der Untersuchungsprüfungen des ungünstigsten Einflusses der Tenside auf die Haut auszuwählen. Es handelt sich um folgende Methoden:

- Messung des hautwiderstandes
- Pappen-Test ("Patche-Test")
- Wasserinhalt der Haut
- pH der Hautoberfläche
- Beeinflussung der Enzyme-Aktivität der menschlichen Haut
- Haut-Mikrorelief.

Bei jeder Methodik wird die statistische Berechnung der Bedeutsamkeit durchgeführt. Jede von diesen Methodiken dient als Indikator der Auswirkungen des Detergentes auf die Haut und weiter als eine Bewertungsmethodik der protektiven Wirkung von dermatologischen Zusätzen.

Auf dem Bild 1 ist die Größe der Irritation von Natriumalkylbenzensulphonat - ABS - (in der Säule 4) und weiter die Erniedrigung der dermalen Toxizität durch die Zusätze nach einer 10-stündigen Applikation auf die menschliche Haut dargestellt. Noch besser ist die protektive Wirkung von Zuckerglyceriden auf dem Bild 2 zu sehen, wo es sich um die

Erniedrigung der dermalen Toxizität nach einer 24-stündigen Applikation auf die menschliche Haut handelt.

Natriumalkylbenzensulphonat wurde in einer 20-prozentigen Konzentration angewendet; die Zusätze 1,5 und 3-prozentig. Bei einer weiteren Beurteilung wurde die Messung der Hautwiderstand-Veränderungen ausgenutzt. Im Bild 3 ist auf der vertikalen Achse der Hautwiderstand dargestellt. Je niedriger der Hautwiderstandswert ist, desto größer ist die Hautverletzung. Natriumalkylbenzensulphonat in der Säule Nr. 4 weist den größten Widerstandsabfall auf, also auch die größte Reizbarkeit, was nach einer 24-stündigen Applikation im Bild 4 ersichtlich ist.

In der Tabelle 2 sind die dermalen Toleranzen des Natriumalkylbenzensulphonats (ABS), Laurylsulphats sowie der Mischungen von ABS mit 3 % Nerzöl-Zuckerglycerid und Kokosfett-Zuckerglycerid zusammengefaßt.

Tabelle 2. Einfluß der Zuckerglyceride auf die dermale Toleranz des Alkylbenzensulphonats

Muster	Dermaltoleranz %
ABS + 3 % Nerzöl-Zuckerglycerid	95
ABS + 3 % Kokosfett-Zuckerglycerid	95
Natriumalkylbenzensulphonat	55
Natriumlaurylsulphat	60

Sowohl bei anderen Funktionsprüfungen erwiesen sich die Acylsaccharosen und Zuckerglyceride vom dermatologischen Standpunkt als sehr gute und vollwertige dermatologische Zusätze mit einer minimalen Menge von Irritationen sowie ohne jeglichen beobachteten Fall irgendeiner hervorgerufenen Allergie. Aus diesem Grund wurden in der CSSR die Zuckerglyceride zu einer massenhaften Applikation in sämtlichen Typen der tensidhaltigen Geschirrspülmittel, sowie in den für eine stark verunreinigte Haut bestimmten Handwaschpasten eingesetzt. Mit Zusatz von Zuckerglyceriden werden weiter bestimmte Toilettenseifen der Luxusklasse und Badeschaumpräparate hergestellt. Die Produktion dieser Erzeugnisse übersteigt 30.000 Tonnen und verhindert die negative Auswirkung der Tenside auf breite Gesellschaftsschichten.

Vom Standpunkt der ständig ansteigenden Anzahl der chronischen Hauterkrankungen ist die Einführung der Zuckerglyceride als dermatologische Zusätze sehr nutzbringend, insbesondere vom Standpunkt der Prevention dieser Hautkrankheiten.

nach 10 stündigen Applikation

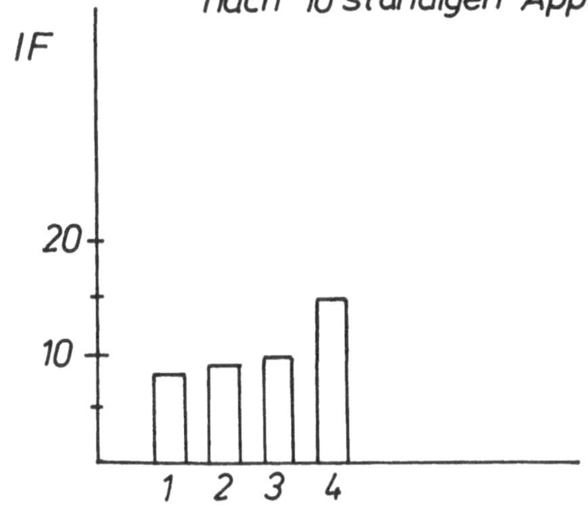

Irritation von Natriumalkylbenzensulphonat

nach 24 stündigen Applikation

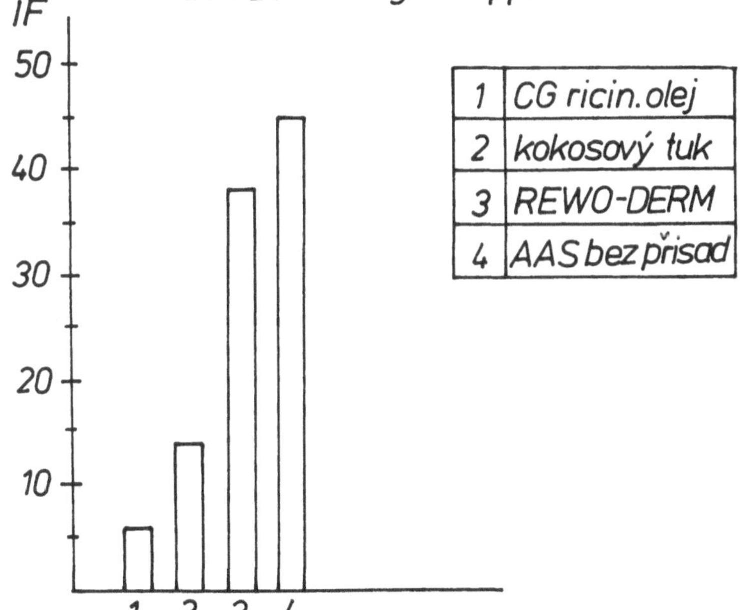

Literaturverzeichnis

/1/ M. BARTHELOT: Comot. rend. 41, 1855, 452

/2/ M. BARTHELOT: Ann. chim. et phys. 60, 1860, 93

/3/ H.A. GOLDSMITH: Chem. Rev. 33, 1943, 257

/4/ USA pat. 2 843 485

/5/ W.A.P. BLACK: J. Appl. Chem. (London) 9, 1959, 256

/6/ J.H. SCHWARTZ: J. Amer. Chem. Soc. 73, 1951, 4490

/7/ Brit. pat. 959 504

/8/ L. OSIPOW: J. Amer. Oil Chem. Soc. 34, 1957, 185

/9/ F.D. SNELL: Chemical Product 48, 1956, 140

/10/ L. OSIPOW: J. Soc. Cosm. Chem. 7, 1956, 249

/11/ Jap. pat. 21 717 (1961)

/12/ Deutsch pat. 1 192 175

/13/ Brit. pat. 890 206

/14/ USA pat. 2 999 858

/15/ L.J. OSIPOW, W. ROSENBLATT: J. Am. Oil Chem. Soc. 44, 1967, 307

/16/ Brit. pat. 2 065 634

/17/ Jap. pat. 57 133 179

W. ORTMANN, H. KRESS, E. FANGHÄNEL

Technische Hochschule "Carl Schorlemmer" Leuna-Merseburg

Zur Bestimmung der mittleren Aggregationszahl ionischer Mizellen durch blitzlichtspektroskopische Untersuchungen an solubilisierten Farbstoffen.

In den letzten Jahren sind in aller Welt intensive Untersuchungen über den Ablauf photochemischer Reaktionen in mizellaren Lösungen durchgeführt worden. Im Ergebnis dieser Arbeiten liegen heute fundierte Modelle vor, mit denen die gefundenen Resultate qualitativ und auch quantitativ erklärt werden können. Hervorzuheben ist der Beitrag dieser Arbeiten zur Entwicklung der Erkenntnisse über die Struktur und die Eigenschaften von Mizellen. So wurden zum Beispiel eine Reihe von photochemischen Methoden zur Bestimmung der mittleren Aggregationszahl ($\bar{a}$) von Mizellen entwickelt /1/. Um die mittlere Aggregationszahl von Mizellen photochemisch zu bestimmen, benötigt man stets ein angeregtes Molekül (Sonde A^*) und einen Löscher B. Im einfachsten Fall sollen beide quantitativ in den Mizellen fixiert sein. Während der Lebensdauer von A^* darf kein Austausch von A und B zwischen verschiedenen Mizellen stattfinden. Für die Verteilung von A und B auf die einzelnen Mizellen wird die Gültigkeit der POISSON-Statistik vorausgesetzt. Der angeregte Zustand der Sonde A^* muß durch eine seiner Konzentration proportionale Größe (Fluoreszenzintensität, Phosphoreszenzintensität, Extinktion des Triplettzustandes im Blitzlichtspektrum) quantitativ nachweisbar sein. Befindet sich in einer Mizelle neben einer angeregten Sonde A^* ein Löschermolekül B, soll der angeregte Zustand gelöscht werden. Die Löschkonstante muß viel größer sein als die normale Desaktivierungskonstante von A^*, so daß bei Anwesenheit eines Löschermoleküls in einer Mizelle A^* nicht nachweisbar ist. Man variiert nun entweder die Löscherkonzentration bei konstanter Mizellkonzentration oder umgekehrt und mißt photochemisch die Konzentration der Sondenmoleküle, die sich an Mizellen ohne Löscher befinden. Aus den Ergebnissen kann die Konzentration der in der Lösung vorhandenen Mizellen mit Hilfe der POISSON-Statistik berechnet werden. Damit ist bei Kenntnis der kritischen Mizellkonzentration (cmc) die mittlere Aggregationszahl leicht zugängig.

Wir haben uns in den letzten Jahren mit den photochemischen Primärprozessen der Xanthenfarbstoffe Selenopyronin und Erythrosin beschäftigt /2/.

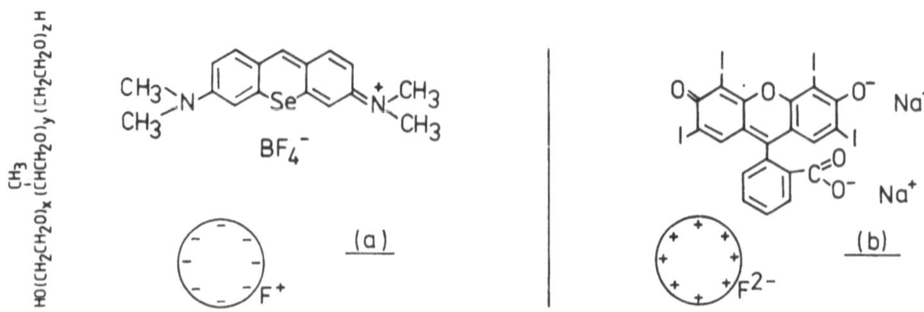

Abb. 1 Die Xanthenfarbstoffe Selenopyronin (a) und Erythrosin (b)

Die Farbstoffionen werden in mizellarer Lösung in der Sternschicht von entgegengesetzt geladenen Mizellen solubilisiert. Das Verteilungsgleichgewicht der Farbstoffionen zwischen den Mizellen und der wäsrigen Phase liegt weitestgehend auf der Seite der Mizellen. Für die Verteilung der Farbstoffionen auf die einzelnen Mizellen wird die Gültigkeit der POISSON-Statistik vorausgesetzt. Befindet sich nur ein Farbstoffion an einer Mizelle, tritt nur eine relativ langsame monomolekulare Triplettdesaktivierung auf ($k_1 = 2\ 10^3\ s^{-1}$). Sind dagegen 2 oder mehrere Farbstoffionen im Bereich einer Mizelle fixiert, findet eine schnelle bimolekulare Triplettdesaktivierung statt ($k_{bi} = 10^6 - 10^8\ s^{-1}$). Der Austausch der Farbstoffionen zwischen verschiedenen Mizellen erfolgt mit einer Geschwindigkeit, die im Bereich der Geschwindigkeit der monomolekularen Triplettdesaktivierung liegt, und hat folglich keinen Einfluß auf den bimolekularen Desaktivierungsprozeß im Bereich einer Mizelle. Die Untersuchungen wurden an einer Blitzlichtapparatur mit einer Blitzdauer von ca. 20 μs durchgeführt. Der bimolekulare Desaktivierungsprozeß findet folglich noch während des Blitzes statt. Die nach dem Blitz meßbare Extinktion des Triplettzustandes muß proportional sein der Konzentration an Farbstoffionen, die einzeln an Mizellen fixiert sind.

Zur Eichung der Methode zur Bestimmung der mittleren Aggregationszahl haben wir mit Natriumdodecylsulfat (NDS) und Cetyltrimethylammoniumbromid (CTAB) Tenside mit bekannten Eigenschaften verwendet. Bei konstanter Farbstoffkonzentration wurde die Tensidkonzentration und damit die Mizellkonzentration variiert sowie die Extinktion des Triplettzustandes blitzlichtspektroskopisch gemessen. Die erhaltenen Extinktionswerte sind in Abb. 2 aufgetragen gegen die Konzentration an Farbstoffionen, die einzeln an Mizellen fixiert sind ($[F_{ind.}]$). Diese Konzentration an Farbstoffionen wurde mit Hilfe der POISSON-Statistik aus der Gesamtkonzentration des Farbstoffs und der Tensidkonzentration unter Verwendung der in Abb. 2 angegebenen cmc- und $\bar{a}$-Werte berechnet. Man findet den erwarteten linearen Zusammenhang. Die Geraden verlaufen nicht durch den Koordinatenursprung, weil bei der Meßwellenlänge von 690 nm neben dem Triplettzustand des Farbstoffs auch Folgeprodukte der bimolekularen Triplettdesaktivierung absorbieren. Die Steigung der Geraden entspricht näherungsweise den Extinktionskoeffizienten des

Triplettzustandes der Farbstoffe.

$$[F_{ind.}] = \frac{E_{690} - a}{b \cdot d} \qquad (1)$$

(a... Ordinatenabschnitt, b... Steigung, d... Schichtdicke)
Selenopyronin: a = 0,012 b = 6100 l/mol cm
Erythrosin: a = 0,065 b = 2530 l/mol cm

Zur Bestimmung der mittleren Aggregationszahl von Mizellen eines zu untersuchenden Tensids muß man voraussetzen, daß die Konstanten a und b unabhängig vom Tensid sind. Man setzt verschiedene Konzentrationen des Tensids oberhalb der cmc einer Lösung des Farbstoffs in Wasser zu und bestimmt blitzlichtspektroskopisch die Extinktion des Triplett-

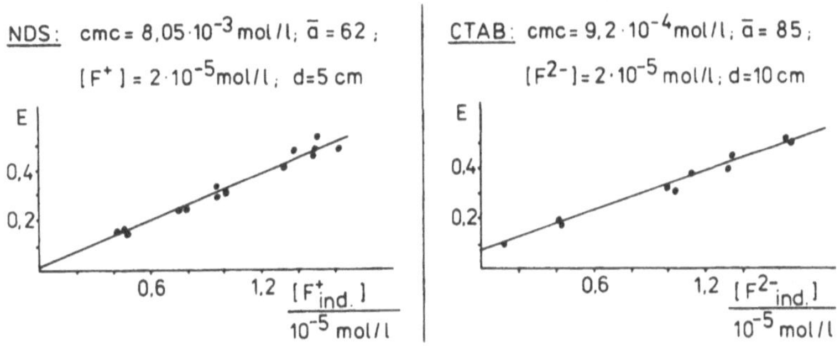

Abb. 2 Abhängigkeit der Extinktion des Triplettzustandes E_{690} von der Konzentration an Farbstoffionen, die einzeln an Mizellen fixiert sind ($[F_{ind.}]$)

zustandes. Dabei muß die Konzentration so gewählt werden, daß die Extinktionswerte möglichst im mittleren Teil der in Abb. 2 dargestellten Geraden liegen. Mit Hilfe von Gleichung (1) wird aus der Extinktion des Triplettzustandes die Konzentration der einzeln an Mizellen fixierten Farbstoffionen berechnet. Mit Hilfe der Gleichung (2), die aus der

$$[\text{Mizellen}] = \frac{[F]}{\ln [F]/[F_{ind.}]} \quad (2) \qquad \bar{a} = \frac{[\text{Tensid}] - \text{cmc}}{[\text{Mizellen}]} \quad (3)$$

POISSON-Statistik abgeleitet wurde, kann die Konzentration der Mizellen berechnet werden. Durch Gleichung (3) wird schließlich die mittlere Aggregationszahl erhalten.

Zur Testung der Methode wurden die mittleren Aggregationszahlen der Mizellen einiger Tenside bestimmt (vgl. Tab. 1 u. 2). Bei einer Reihe von Kontrollmessungen im Abstand mehrerer Wochen konnten die für die Eichung verwendeten Werte von NDS und CTAB gut reproduziert werden. Die in Gegenwart von 0,2 mol/l NaCl bestimmte $\bar{a}$ von NDS entspricht ebenfalls dem Literaturwert von 102 /3/. Die gefundene Abnahme der $\bar{a}$ von CTAB bei Zusatz von NaCl widerspricht eigentlich den Erwartungen.

Allerdings haben auch andere Autoren Hinweise auf eine sinkende $\bar{a}$ von CTAB-Mizellen bei Salzzusatz gefunden /4/.

Für Na-Dodecyltrioxyethylensulfat wurde ein im Vergleich zur Literatur /5/ zu großer Wert gefunden, wobei auch die Literaturangaben stark differieren. Weiterhin wurden $\bar{a}$-Werte für Dodecylpyridiniumbromid und für eine Reihe von Alkansulfonaten, die uns dankenswerter Weise vom VEK Leuna-Werke zur Verfügung gestellt wurden, bestimmt. Auffällig ist hier der relativ große Wert für das technische Produkt Emulgator E 30.

Den Einfluß der Ionenstärke auf die mittlere Aggregationszahl haben

Tab. 1 Bestimmte a-Werte

Tensid	T/°C	NaCl-Zusatz	cmc / mol/l	$\bar{a}$
$C_{12}H_{25}OSO_3^-$ Na^+	25	-	8,2 10^{-3}	64
"	25	0,2 mol/l	1,0 10^{-3}	106
$C_{16}H_{33}N^+(CH_3)_3$ Br^-	25	-	8,8 10^{-4}	85
"	25	0,2 mol/l	3,5 10^{-4}	64
$C_{12}H_{25}(OC_2H_4)_3OSO_3^-$ Na^+	25	-	1,5 10^{-3}	159
$C_{12}H_{25}N^+C_5H_5$ Br^-	25	-	1,2 10^{-2}	39
n-$C_{12}H_{25}SO_3^-$ Na^+	25	-	9,3 10^{-3}	68
n-$C_{15}H_{31}SO_3^-$ Na^+	25	-	1,4 10^{-3}	69
n-$C_{15}H_{31}$-8-SO_3^- Na^+	45	-	5,3 10^{-3}	45
Emulgator E 30	25	-	1,9 10^{-3}	137

Tab. 2 Einfluß der Ionenstärke auf die mittlere Aggregationszahl von Mizellen aus Natrium-5-dodecyl-2-ethyl-benzensulfonat

[Tensid] / mol/l	Ionenstärke / mol/l	$\bar{a}$	Viskosität / mm^2 s^{-1}
0,003	0	41	0,81
0,003	0,045	95	
0,003	0,090	250	
0,003	0,135	380	
0,003	0,180	600	0,83
0,010	0,180	1000	1,25
0,050	0,180	2400	24,0
0,100	0,180	3400	35,9

wir am Beispiel von Natrium-5-dodecyl-2-ethyl-benzensulfonat untersucht (vgl. Tab. 2). Bei konstanter Tensidkonzentration wurde zunächst die Ionenstärke durch Elektrolytzusatz erhöht. Es tritt eine deutliche Zunahme der mittleren Aggregationszahl auf. Bei der höchsten verwendeten Ionenstärke wurde die Tensidkonzentration erhöht. Dabei erreicht die mittlere Aggregationszahl Werte, die nur durch einen Übergang zu stäbchenförmigen Mizellen erklärbar sind. Die gleichfalls beobachtete drastische Zunahme der Viskosität der Lösung bestätigt den Übergang zu stäbchenförmigen Mizellen.

Die vorgestellten Ergebnisse zeigen, daß sich die vorgeschlagene Methode prinzipiell zur Bestimmung der mittleren Aggregationszahl eignet. Auch die Bildung von größeren, stäbchenförmigen Aggregaten wird zumindest in der Tendenz richtig wiedergegeben. Allerdings sollten die unter diesen Bedingungen ermittelten $\bar{a}$-Werte nur als Näherung angesehen werden, weil nicht sicher ist, ob die gemachten Annahmen bei solch großen Mizellen noch gültig sind. Die Probenpräparation ist relativ einfach, da man von einer wässerigen Stammlösung des Farbstoffs ausgehen kann, in die verschiedene Tensidkonzentrationen eingewogen werden. Die blitzlichtspektroskopischen Messungen sind recht aufwendig und erfordern eine gut und stabil arbeitende Apparatur, so daß man die vorgestellte Methode keinesfalls als eine leicht und ohne Aufwand durchzuführende Routinemethode ansehen darf. Die Genauigkeit der Ergebnisse wird in erster Linie durch die Genauigkeit der Extinktionsmessung begrenzt. Sie sollte im Bereich von $\pm$ 20 % und damit etwa im Bereich der Genauigkeit anderer Methoden liegen.

Literatur

/1/ P. P. INFELTA u. M. GRÄTZEL: J. Chem. Phys. 70, 179 (1979)
N. J. TURRO u. A. YEKTA: J. Am. Chem. Soc. 100, 5951 (1978)
G. ROTHENBERGER, P. P. INFELTA u. M. GRÄTZEL: J. Phys. Chem. 83, 1871 (1979)
J.-E. LÖFROTH u. M. ALMGREN: "Fluorescence Quenching Aggregation Numbers in a non-ionic Micelle Solution", from: SURFACTANTS IN SOLUTION, Vol. 1, edited by K.L. MITTAL and B. LINDMAN, Plenum Publishing Corporation, 1984

/2/ W. ORTMANN, A. KASSEM u. E. FANGHÄNEL: J. prakt. Chem. 324, 1017 (1982); 325, 446 (1983); 325, 951 (1983)
W. ORTMANN, B. WINNIG u. E. FANGHÄNEL: J. prakt. Chem., in Vorber.

/3/ S. BACKLUND, K. RUNDT, S.K. BIRDY u. S. DALSAGER: Colloid and Polymer Sci. 259, 1105 (1981)

/4/ M.A.J. RODGERS: Chem. Phys. Lett. 78, 509 (1981)

/5/ F. TOKIWA u. K. OHKI: J. Phys. Chem. 71, 1343 (1967)
B.W. BARRY u. R. WILSON: Colloid and Polymer Sci. 256, 44 (1978)

I. PANAIOTOV, M. IVANOVA

Laboratory of Biophysical Chemistry, Faculty of Chemistry, University of Sofia, Anton Ivanov 1, 1126 Sofia, Bulgaria

Dilatational Mechano-Chemical Properties of Lipid-Protein Monolayers

The surface chemical reactions in the biological membranes can drastically modify their rheological properties. A suitable model system for studying this mechano-chemical effect is a lipid-protein monolayer at the liquid-gas interface.

The intefacial rheology can be developed on the analogy of the ordinary three-dimensional rheology. A fluid-fluid interface, containing lipids and proteins, may be viewed as a viscoelastic two-dimensional body. A certain number of independent pairs of elasticity and viscosity coefficients describes the capacitive and dissipative response of the monolayer to various possible motions. As it is shown in Fig 1 these motions are:

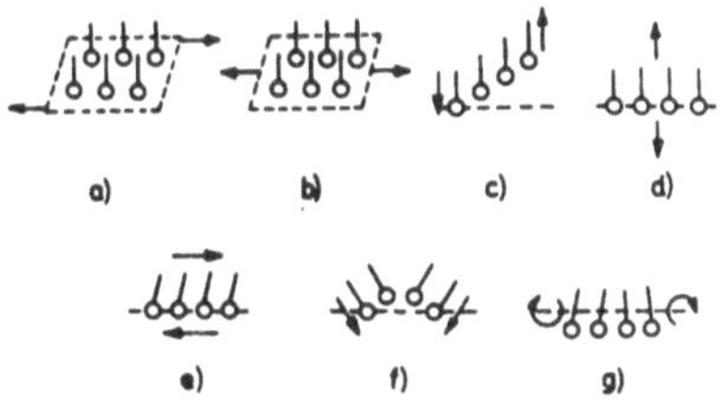

Fig. 1

a) lateral shear; b) lateral dilatation or compression; d) vertical dilatation or compression; c) vertical shear; e) horizontal shear; f) bending and g) torsion.

Only lateral shear (a) and dilatation (b) motions can be realized in the monolayer formed on a liquid substrate in Langmuir trough.

The shear rheological properties of monolayers are relatively well known /1/. The surface shear viscosity η_s and surface shear elasticity E_s are measured by means of many different techniques for example the canal method of Joly.

In spite of the fact that in many membrane systems the dilatational strains are often dominating over other strains, the dilatational properties are less known. Indeed the study of dilatational interfacial properties presents some inherent difficulties.

Recently, the surface dilatational properties were theoretically and experimentally studied mainly by two approaches /2-8/. The first one developed by Hansen and Lucassen consists of periodical compression and expansion of the surface layer in a Langmuir trough, using a movable barrier at certain frequency and amplitude.

The second one, developed by our group, consists of compressing a monolayer 1 spread (or adsorbed) on an aqueous substrate 2 by means of a barrier 3 moving with a constant velocity U_b. (Fig. 2)

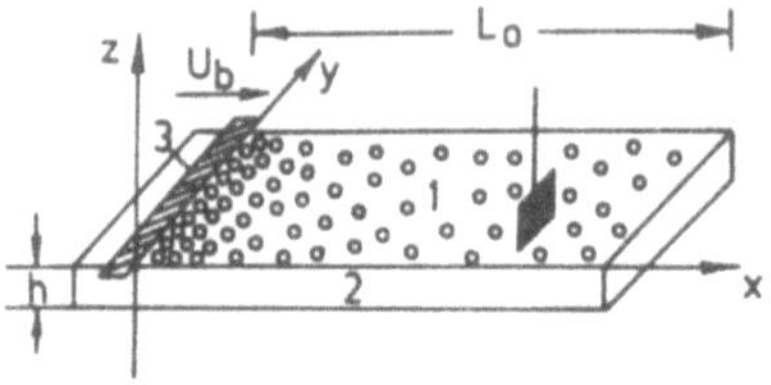

Fig. 2

There is a propagation of the continuous local surface pressure perturbation along the monolayer. As a result of the longitudinal deformation of the monolayer, the local surface pressure π increases with time t at any point x in the monolayer. The values of the change of time t and distance x are measured by the Wilhelmy method using a plate, an electronic balance and a recorder.

A comprehensive hydrodynamic theory describing the simultaneous movement of the monolayer and the liquid substrate and predicting the experimental dependence $\Delta\Pi$ (x, t) may be developed, and consequently the values of surface dilatational elasticity E_d and surface dilatational viscosity η_d can be obtained.

The following assumption can be made:

1. The substrate depth h is much smaller than the length of monolayer L.
2. The rate of displacement of the barrier U_b is sufficiently small to enable us to neglect the convective forces in comparison with the viscosity forces formed in the liquid subphase, i.e. the Reynolds number is much less than one.

With those assumptions the movement of the liquid in the subphase is given by the equations of Navier-Stockes simplified for a thin layer:

$$\rho \frac{\partial V_x}{\partial t} = - \frac{\partial p}{\partial x} + \mu \frac{\partial^2 V_x}{\partial z^2} \qquad (1)$$

$$\frac{\partial p}{\partial z} = 0 \qquad (2)$$

where ρ is the bulk density; p is the hydrodynamic pressure; v_x, v_z are the components of the velocity vector along the cartesian coordinates x and z; μ is the bulk viscosity; together with the continuity equation:

$$\frac{\partial V_x}{\partial x} + \frac{\partial V_z}{\partial z} = 0 \qquad (3)$$

The boundary conditions for the considered system are:

$$
\begin{array}{llll}
V_x = -U_b & z = -h & U = 0 & x = 0 \\
V_z = 0 & z = -h & U = -U_b & x = L \\
V_x = U & z = 0 & V_x = U = 0 & t = 0 \quad x > 0 \\
V_z = 0 & z = 0 & \Gamma = \Gamma_0 = \text{const} & t = 0 \quad x > 0
\end{array}
\tag{4}
$$

$$\int_0^{-h} V_x \, dz = -U_b h$$

In addition to conditions (4) one ought to add one surface dynamic equation and one surface contituity equation. Indeed, the dynamic response of any element of the monolayer to the forces which deform it must satisfy the principles of conservation of momentum and mass.

The surface dynamic equation has the general form

$$\mu\left(\frac{\partial V_x}{\partial z}\right)_{z=0} = \frac{\partial f_d}{\partial x} \tag{5}$$

where f_d is the stress.

This general equation provides the relation between the surface properties and the movement of the liquid substrate.

Concerning the so called "constitutive" equation (the relationship between the surface stress f_d and the surface strain ε), two simple cases are studied:

a) elastic one – the surface stress is proportional to the surface strain – the Hook's law. $f_d = E_d \varepsilon$

b) viscoelastic Maxwell twodimensional body $\frac{\partial f_d}{\partial t} = E_d \frac{\partial \varepsilon}{dt} - \frac{1}{\theta_d} f_d$

where $\theta = \frac{\mu_d}{E_d}$ is the specific relaxation time.

The surface continuity equation can be formulated with the assumption that:

a) the monolayer is insoluble $\frac{\partial \Delta \Gamma}{\partial t} + \Gamma_0 \frac{\partial U}{\partial x} = 0$ or

b) the monolayer is soluble, the mass-transfer between the surface and the bulk is controlled by the diffusion in the bulk

$$\left(\frac{\partial \Gamma}{\partial c}\right)_0 \frac{\partial \Delta c}{\partial t} + \Gamma_0 \frac{\partial U}{\partial x} = D \frac{\partial \Delta c}{\partial z} \qquad \text{or}$$

c) the monolayer is soluble, the mass transport is controlled by the adsorption-desorption process.

$$\frac{\partial \Delta \Gamma}{\partial t} + \Gamma_0 \frac{\partial U}{\partial x} = \beta \Delta \Gamma$$

The theoretical relationships $\Delta \pi$ (x, t) in the quasisteady region are determined for the above systems. For example in the case of the elastic insoluble monolayer the following equation gives the change of $\Delta\pi$ as a function of time t and distance x.

$$\Delta \pi = \frac{E_d U_b t}{L} - \frac{4\mu U_b}{h}\left(x - \frac{x^2}{2L} - \frac{L}{3}\right) \tag{6}$$

The first term in Eq. (6) is due to the rheological properties of the surface through surface elasticity E_d. It is easy to see that this term corresponds to Hook's law. Indeed $U_b t = \Delta L$ and $\Delta \pi = E_d \frac{\Delta L}{L}$. The second one is related to the rheological properties of the bulk through bulk viscosity μ. The physical meaning of this result is simple. The propagation of a local perturbation of the surface concentration along an elastic insoluble monolayer must be instantaneous, but on account of the friction in the liquid substrate the propagation is not instantaneous.

From the experimental results for $\Delta\Pi(x, t)$ and the theoretical expressions as (6) the values of surface dilatational elasticity E_d and surface dilatational viscosity η_d can be obtained.

Finally we shall examine some interesting lipid-protein monolayer in which a chemical reaction takes place and modifies its rheological dilatational properties.

The first system /5/ is a mixed film of phosphatidylinositol monophosphate (L) and the appoprotein of the Folch-Lees proteolipid (P) from myelin, in which the following ionic reaction takes place:

$$PX_m + mLY = PL_m + mXY\downarrow$$

where X, Y are the counterions of the appoprotein of net charge m = 6,9, soluble in the substrate.

In the equivalence point of this neutralization reaction the rheological dilatational properties of the monolayer change drastically from elastic in a lipid-rich monolayers into viscoelastic in a protein-rich monolayers.

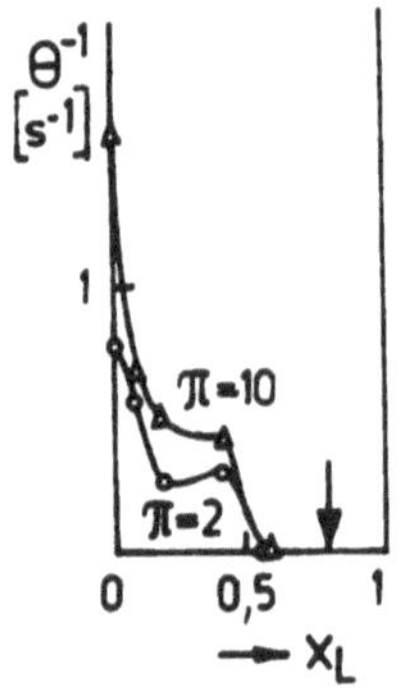

Fig. 3

The arrow at the Fig.3 points to the natural composition in the myelin. According to this result it may be expected that the myelin has an elastic behaviour when dilatational stress is applied.

Another interesting example /8/ is a model immunochemical system - an oriented antigen - lipid A in a monolayer at the air-water interface and homologous antibody - antilipid A IgG (s-IgG) in the substrate. The kinetics of the penetration of IgG into a lipid A monolayer with an initial pressure $\Pi_{\text{lipid A}}$ = 2 dyn/cm is shown in Fig. 4. It may be seen that Π (t) curves for s-IgG at C = 0,225 $\mu g/cm^3$ (full line) and n-IgG at C = 0,1 $\mu g/cm^3$ (broken line) are different. In the case of s-IgG penetration the initial $\Pi_{\text{lipid A}}$ decreases until a characteristic time τ min is reached and then it increases while Π increases during the n-IgG penetration from the onset of the process.

The penetration of normal IgG causes a change of lipid A elastic behaviour into a viscoelastic one, whereas the lipid A monolayer preserves elasticity during specific s-IgG penetration.

According to these results, the following probable mechanism of immunochemical antigen-antibody interaction is proposed.

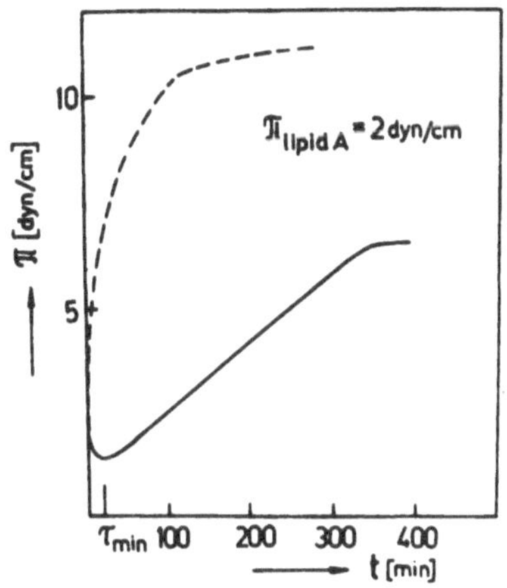

Fig. 4

We can represent the process of interaction by three successive steps:
1. Diffusion of the all s-IgG molecules to the interface.
2. Specific lipid A - s-IgG reaction
3. Aggregational and conformational rearrangement of the antigen-antibody complexes at the interface accompanied by network formation. The immune complexes behave as an elastic twodimensional body during dilatational deformation.

The second step of antigen-antibody reaction proceeds more rapidly than the first and third steps, the latter two being rate determining. That's why the characteristic time τ_{min} distinguishes the process of diffusion of s-IgG molecules (first step) following by the immune reaction (second step) from the process of aggregational and conformational rearrangement in the monolayer (third step).

This characteristic time can be calculated from the rate of diffusion-controlled reaction. The theoretical and the experimental values of this parameter are in good agreement /8/.

In conclusion the chemical reaction taking place on the interface change the dilatational mechanical properties of lipid-protein monolayers.

References

/1/ J.T. DAVIES and E.K. RIDEAL: Interfacial phenomena, Acad.Press, New York, 1961

/2/ H.C. MARU, V. MOHAN and D.T. WASAN: Chem.Eng.Sci. 34, 1283 (1979)

/3/ J. LUCASSEN and M. VAN DEN TEMPEL: J.Coll.Int.Sci. 43, 491 (1972)

/4/ D.S. DIMITROV, I. PANAIOTOV, P. RICHMOND and L. TER-MINASSIAN SARAGA: J.Coll.Int.Sci. 65, 483 (1978)

/5/ I. PANAIOTOV, D.S. DIMITROV and L. TER-MINASSIAN SARAGA: J.Coll.Int. Sci. 72, 49 (1979)

/6/ I. PANAIOTOV, D.S. DIMITROV and M.G. IVANOVA: J.Coll.Int.Sci. 69, 318 (1979)

/7/ I. PANAIOTOV, A. SANFELD, A. BOIS and J.F. BARET: J.Coll.Int.Sci. 96, 315 (1983)

/8/ M.G. IVANOVA, I. PANAIOTOV, T. TRIFONOVA, M. ESHKENAZY, G. KONSTANTINOV and R. IVANOVA: Colloids and Surfaces 10, 269 (1984)

I. PÁSZLI

Loránd Eötvös University, Department of Colloid Science

On the Reversality-effect in Wetting Phenomena

Introduction

The Wetting Equilibrium are controlled by the surface tensions. According to the parameter-theory |1|, the surface tension, γ_{ij}, of two phases, φ_i and φ_j, is the product of the corresponding substantial parameters (χ_i and χ_j) which characterise the phases detoned by i and j,

$$\gamma_{ij} = \chi_i \cdot \chi_j \qquad (1)$$

The value of the substantial parameters depends on the quality and the state of the phases. Their signs can be simultaniously either positiv or negativ.

To describe the equilibrium on the basis of parameter theory for systems which contain more than two phases one needs to take into account the so-called reversality-effect.

On the Reversality

The existence of surface layers, s_{SL}, s_{SV} and s_{LV} in a three-phase system φ_S, φ_L and φ_V is determined by the sign of the following quantity

$$Q_{ij} = \chi_i\chi_j - \chi_k(\chi_i + \chi_j) \qquad (i,j,k = S,L,V) \qquad (2)$$

If $Q_{ij} < 0$, than the layer, s_{ij}, exists in reality, if $Q_{ij} > 0$ the layer, s_{ij}, does not exist. (The condition $Q_{ij} = 0$ represents a cone in the coordinate system of $\overline{O\chi_i\chi_j\chi_k}$.)

In case of particular spreading $Q_{SL}, Q_{SV}, Q_{LV} < 0$. In ordinary equilibrium the phases are characterised by their own parameters (see Eq.2). The condition given by Eq.2 can be satisfied even if the phases are not characterized by their own, but other parameters which belong to one of the phases. This situation is realised in the reversality-state. The reversality means that the φ_S, φ_L, φ_V system can be described by not only the χ_S, χ_L, χ_V parameter set, but also a set which the sequence of χ-parameters is different (χ_S, χ_V, χ_L or χ_V, χ_S, χ_L). Thus, the χ-parameters in reversality state can be transposed.

In order establishe the rule of transposition one has to take into account that, the conditions which give the value of χ-s are covariant for the choice of the sign, that is the condition $\chi_S < \chi_L < \chi_V$ is completely equivalent with the condition of $\chi_V < \chi_L < \chi_S$. As a consequence of this — in case of particular spreading - only those parameters which have the minimum and the maximum values can be transposed.

From a given parameter set (χ_{min}, χ_{med}, χ_{max}), to obtain the set which describes the reversality equilibrium, a transformation, the so called reversal-transformation has to be performed

$$\begin{aligned} Re\ \chi_{min} &= \chi_{max} \\ Re\ \chi_{max} &= \chi_{min} \\ Re\ \chi_{med} &= \chi_{med} \end{aligned} \qquad (3)$$

The wetting theories given by parameter representation (on the basis of Eqs.1 and 3) make possible to give a correct description of equilibrium states.

Applications

On the stability of equilibrium state and the contact angle

A three-phase system — at least in principle — can exist both in ordinary and in reversal equilibrium. The contact angle, θ_L^o, in ordinary case is given by

$$\theta_L^o = \arccos\left[\chi_S\left(\frac{1}{\chi_L} - \frac{1}{\chi_V}\right)\right]$$

From this equation, applying the transformation given by Eq.3 one obtains the dependence of contact angle, θ_L^r, in reversal equilibrium

$$\theta_L^r = \arc\cos\left[Re\left| \chi_S\left(\frac{1}{Re\ \chi_L} - \frac{1}{Re\ \chi_V}\right)\right|\right]$$

For a given system, from this two equilibriums that will realise in which the production of a spherical drop recquires the highest change in the elastic potential. Let $q = (\Delta E^r/\Delta E^o)$, where ΔE represents the change of the elastic potential in reversale or ordinary cases, respectively. If $q > 1$ a reversal, if $q < 1$ an ordinary equilibrium occurs. If

$$\cos\vartheta = \frac{2 - \sqrt[3]{4}(1-\cos\theta_L)(2+\cos\theta_L)^2}{1+\cos\theta_L}$$

$$A(\theta_L) = \frac{1}{\left[\frac{2}{\sin\theta_L}\ {}^3\ \frac{(1-\cos\theta_L)^2(2+\cos\theta_L)}{4}\right]^2}$$

$$B(\theta_L) = (\cos\vartheta - \cos\theta_L)A(\theta_L)$$

$$\lambda_{ij} = (\chi_i/\chi_j)$$

than

i) in case of $\chi_L < \chi_S < \chi_V$ or $\chi_V > \chi_S > \chi_L$ then

$$q(\chi_L \leftrightarrow \chi_V) = \frac{1}{A^o}\left([B^o + B^r]\cos\theta_L^r + A^r\right) \qquad (4)$$

ii) in case of $\chi_L < \chi_V < \chi_S$ or $\chi_S > \chi_V > \chi_L$ then

$$q(\chi_S \leftrightarrow \chi_L) = \frac{1}{A^o}\left([1 - \lambda_{SL}][B^o + B^r - 1] + \lambda_{SL} A^r\right) \qquad (5)$$

iii) in case of $\chi_V < \chi_L < \chi_S$ or $\chi_S > \chi_L > \chi_V$ then

$$q(\chi_S \leftrightarrow \chi_V) = \frac{1}{A^o}\left(\lambda_{SV}[1 + A^r] - 1\right)$$

It can be concluded that the θ_L contact angle is not a continous function of χ_S.

The linearity of the wetting tension

The well known experimental results, that the apparent wetting tension, w_W

$$w_W = \gamma_{LV} \cos \theta_L$$

is a linear function of the surface tension γ_{LV} (if two of the three phases are fixed), can be prooved on the basis of the parameter theory.

According to Eq.4 it is clear that for systems $\chi_L < \chi_V < \chi_S$ (e.g. paraffine or TEFLON/water-solution/water-vapour) the following relation holds

$$w_W = \lambda_{SL}(\chi_L^2 - \gamma_{LV})$$

For ordinary systems where $\chi_L < \chi_V < \chi_S$ (e.g. PMMA/water-solution/water-vapour)

$$w_W = \lambda_{SV}(\chi_V^2 - \gamma_{LV})$$

is valid (Eq.5). Both Eqs. (4 and 5) have been found to be supported by experimental evidences.

Summary

It is shown, that Eq.1 together with the reversal transformation, given by Eq.3, makes possible to describe a lot of wetting equilibrium.

By using these equations the parameter of solid phases can be obtained. From these the surface tension of solids can be calculated without any preliminary assumptions.

References

|1| Pászli, I.: Z. phys. Chem. (Leipzig), in Press

|2| Elliot, G.E.P., Leese, L.: J. Chem. Soc. 1957 22, 1959 1466

|3| Wolfram E.: Kémiai Közl. 27 383 (1967)
Lucassen-Reynders, E.H.: J. Phys. Chem. 67 969 (1963)
Holly, F.: in J. D. Andrade ed.: Hydrogels for Medical and Related Applications, ACS Symp. Ser. 31 259 (1975)

|4| Bailey, A.I., Daniels, H.: Kolloid Z.-Z. Polymere 250(2) 148 (1972)

J. PETLICKI, A. POMIANOWSKI

Polish Academy of Sciences
Institute of Catalysis and Surface Chemistry, Kraków

Mathematical Description of Electrosorption of a Collector on Mercury Electrode

Introduction

The mechanism of electrochemical binding of xanthate on the surface of mercury, proposed by Pomianowski /1-3/, has been numerically verified. The mechanism proposed consists of the following stages:

a/ Reversible sorption of a xanthate ion X^- /surface coverage Θ_1 /:

$$M + X^-_{solution} \underset{k_d}{\overset{k_a}{\rightleftharpoons}} M\text{-}X^-_{ads} + (1 - l)\,\bar{e} \qquad /1/$$

b/ Reduction of xanthate ion adsorbed on the mercury surface to a surface radical /surface coverage Θ_2 /:

$$M\text{-}X^-_{ads} \underset{k_2}{\overset{k_1}{\rightleftharpoons}} M\text{-}X_{ads} + l\,\bar{e} \qquad /2/$$

c/ A reaction between the surface radical and the xanthate ion Yielding an adsorbed dixanthogen radical /surface coverage Θ_3 /:

$$X^-_{solution} + M\text{-}X_{ads} \underset{k_4}{\overset{k_3}{\rightleftharpoons}} M\text{-}X_{2\ ads} + \bar{e} \qquad /3/$$

Theoretical Part

Under non-steady-state conditions the above mentioned stages can be described by the following equations:

$$\frac{d\Theta_1}{dt} = k_a C^s \left(1 - \sum_{i=1}^{3} \Theta_i\right) F_1/\Theta_1/ - k_d \Theta_1 F_2/\Theta_1/ - k_1 \Theta_1 + k_2 \Theta_2 \qquad /1a/$$

$$\frac{d\Theta_2}{dt} = k_1 \Theta_1 - k_2 \Theta_2 - k_3 C^s \Theta_2 + k_4 \Theta_3 \qquad /2a/$$

$$\frac{d\Theta_3}{dt} = k_3 C^s \Theta_2 - k_4 \Theta_3 \qquad /3a/$$

where: $k_a = k_{ad} \exp(\alpha f \phi)$ $\qquad k_d = k_{ds} \exp\left[(\alpha - 1) f \phi\right]$

$$k_1 = k_{10} \exp(\alpha_1 f \phi) \qquad k_2 = k_{20} \exp[(\alpha_1 - 1) f \phi]$$
$$k_3 = k_{30} \exp(\alpha_2 f \phi) \qquad k_4 = k_{40} \exp[(\alpha_2 - 1) f \phi]$$

The transport of xanthate ions to the electrode, in the case of planar diffusion, is described by the equation:

$$\frac{\partial c}{\partial t} = D \frac{\partial^2 c}{\partial x^2} \qquad /4/$$

with the initial condition: for $t = 0$ and $x \geqslant 0$, $C = C/x/$
and boundary conditions : for $t > 0$ and $x \longrightarrow \infty$, $C = C^b$
for $t > 0$ and $x = 0$,

$$-D\frac{\partial c}{\partial x} = k_a C^s \left(1 - \sum_{i=1}^{3} \Theta_i\right) F_1/\Theta_1/ - k_d \Theta_1 F_2/\Theta_1/ + k_3 C^s \Theta_2 - k_4\Theta_3 \qquad /5/$$

"Exact" solution to equation /4/ with the above boundary conditions which in fact creates system of differential equation /5/ was obtained numerically by the Crank-Nickolson method applying the expanding space and time grids.

The current density through the electrode examined is given by:

$$i = i_F + i_C + i_{DL} \qquad /6/$$

where: $$i_F = l F \Gamma_{max} (k_1\Theta_1 - k_2\Theta_2) + F \Gamma_{max} (k_3 C^s \Theta_2 - k_4 \Theta_3) \qquad /7/$$

$$i_C = F \Gamma_{max} (1 - l) \sum_{i=1}^{3} \frac{d\Theta_i}{dt} \qquad /8/$$

$$i_{DL} = C_{DL}(\phi)\frac{d\phi}{dt} \qquad /9/$$

The capacity current density i_C is, in fact, only proportional and not equal to the right-hand side of equation /8/.

Capacity current density i_C can be approximated much better by the following expression:

$$i_C = (1 - l) F \Gamma_{max} V \sum_{i=1}^{3} \frac{d\Theta_i}{d\phi} + k' V \sum_{i=1}^{3} \frac{d\Theta_i}{d\phi} \qquad /10/$$

where: $(1 - l) F \Gamma_{max} V$ is the differential capacitance corresponding to the partial charge transfer as a result of xanthate adsorption, $k' V$ is the differential capacitance corresponding to the chemical interactions between the adsorbing xanthate and the electrode.

In the model presented here equation /8/ has been applied, as the factor k' in equation /10/ was difficult to evaluate, i.e., the second term in equation /10/ has been neglected.

Results and Conclusions

In Fig. 1 - the solid line presents the experimental voltammetric curve, after substraction of the current recorded in the base electrolyte /EDL - charging current/ and the curve obtained numerically, with the assumption

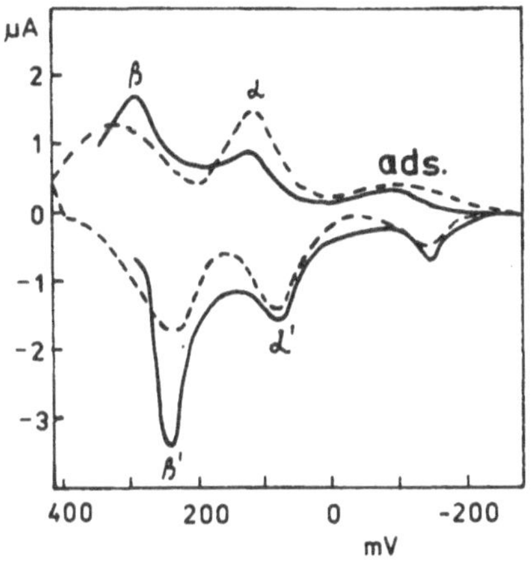

Fig. 1 The experimental and calculated voltammetric curves for xanthate solution, $C^b = 3 \cdot 10^{-5}$ M; potential sweep rate $V = 6.67$ mV s^{-1}

of the Langmuir-type adsorption of xanthate ions, is depicted by a dotted line.

The following values of parameters were adopted for the calculations:

a/ parameters resulting from the experimental conditions /2/:

- bulk concentration of ethyl xanthate C^b and the potential sweep rate V are given in the caption of Fig. 1,
- sweep reversing potentials ϕ_N and ϕ_P equal: -280 mV and 420 mV /vs. p.z.c./ respectively,
- temperature $T = 298$ K,

b/ literature data:

- diffusion coefficient of xanthate ion /4/ $D = 8.67 \cdot 10^{-6}$ cm^2 s^{-1}
- maximum surface concentration /5/ $\Gamma_{max} = 3.3 \cdot 10^{-10}$ M cm^{-2}
- potential of zero charge /5/ $\phi_{p.z.c.} = -520$ mV vs. SCE,

c/ the fitted values of the rate constants at p.z.c. for stages given by equations /1 - 3/:

- $k_a = 2.0 \cdot 10^{-8}$ cm^3 M^{-1} s^{-1}, $k_d = 5.5 \cdot 10^{-2}$ s^{-1},
- $k_1 = 2.6 \cdot 10^{-2}$ s^{-1} $k_2 = 1.4 \cdot 10^{0}$ s^{-1},
- $k_3 = 2.0 \cdot 10^{4}$ cm^3 M^{-1} s^{-1} $k_4 = 27.0 \cdot 10^{0}$ s^{-1}.

Besides, the coefficients α, α_1, α_2 and l were assumed to be:

- $\alpha = \alpha_1 = \alpha_2 = 0.5$ and $l = 0.75$.

Both the ratio of rate constants and their individual values in the assumed model of electrosorption were chosen by fitting, the criterion being the position of the calculated current maxima in respect to the experimental curve. In spite of a good agreement between the experimental and the calculated values of the current maxima positions, the curves differ considerably in their shapes. The area under the anodic part of the experimental curve, corresponding to the charge flowing through electrode, is smaller than that under the cathodic curve, whereas the respective areas under the simulated curve are almost equal.

The current minima of the computed curve are too distinct, which results from too high coverage of the electrode by the product of xanthate sorption /see Fig. 2/. Besides, the α peak of the anodic semicycle is too distinct and the β peak is too diffused as compared with the experimental ones. The only reasonable explanation of the excessive anodic area under the curve computed is that the rate of xanthate concentration changes at the electrode surface is too low /see Fig. 3/.

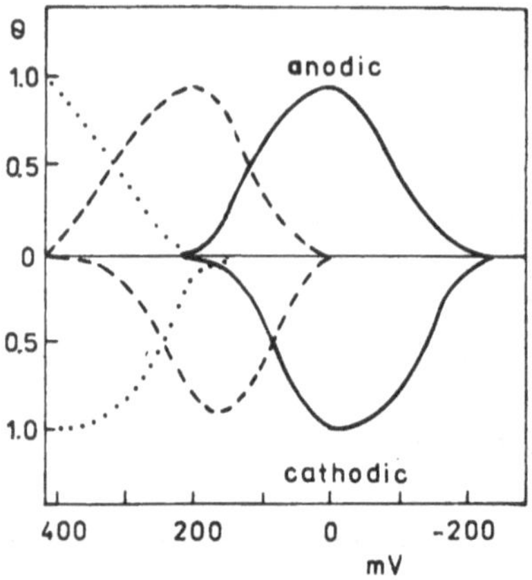

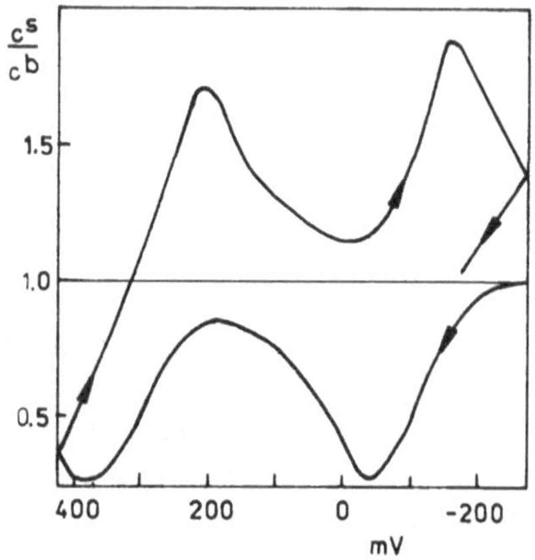

Fig. 2 Dependance of the surface coverage of the xanthate sorption products on the electrode potential, Θ_1 ——— , Θ_2 ----- , Θ_3 ·····
Fig. 3 Dependance of xanthate ion concentration at the electrode surface on the electrode potential, $/c^b = 3 \cdot 10^{-5}$ M/.

Attempts to change the activation energies of the adsorption and desorption processes or to assume the Frumkin type of xanthate adsorption /with the negative coefficient of ion interaction/ resulted, which could be easily predicted, either in a change in the distance between the adsorption and desorption peaks or in decreasing further the rate of xanthate concentration changes at the electrode surface with the changes of electrode potential. Although by decreasing the rate of transport to the electrode /by changing the diffusion coefficient/ the ratio between the anodic and cathodic areas can be improved, yet it simultaneously results in a significant decrease in xanthate concentration at the electrode surface, which - for potentials positive vs. p.z.c., hinders the reaction yielding a dixanthogen radical eq. /3/. This causes a complete diffusion of the peak β .

In view of the above considerations the electrosorption process seems to be described better by the following mechanism:

$$M + X^- \rightleftharpoons M\text{-}X^-_{ads} + l\,\bar{e} \qquad /1b/$$

$$X^- + M\text{-}X^-_{ads} \rightleftharpoons M\text{-}X^{2-}_{2\,ads} + l_1\,\bar{e} \qquad /1b'/$$

$$M\text{-}X^{2-}_{2\,ads} \rightleftharpoons M\text{-}X^-_{2\,ads} + (1 - l - l_1)\,\bar{e} \qquad /2b/$$

$$M\text{-}X^-_{2\,ads} \rightleftharpoons M\text{-}X_{2\,ads} + \bar{e} \qquad /3b/$$

where the adsorption at the stage /1b'/ is possible only after prior reorientation of xanthate ions on the surface, whereas the processes /2b/ and /2c/ are the surface reactions.

Preliminary calculations based on this assumption gave better fit of the calculated curve to the experimental one.

List of Symbols Used

C concentration of ethyl xanthate,
C^b bulk concentration, C^s concentration at the electrode surface,
$f = F/RT$
F Faraday's constant, R gas constant, T temperature,
t time, V potential sweep rate, x distance from the electrode,
l and l_1 partial charge transfer coefficients,
Θ_1, Θ_2, Θ_3 surface coverages by the products of xanthate sorption,
i_F, i_C, i_{DL} faradaic, pseudocapacity and EDL charging currents,
k_{ad}, k_{ds}, k_{10}, k_{20}, k_{30}, k_{40} rate constants at p.z.c.,
α symmetry factor, α_1, α_2 transfer coefficients,
$F_1/\Theta_1/$ and $F_2/\Theta_1/$ functions of surface coverage by xanthate, depending on the adopted adsorption isotherm.

References

/1/ A. POMIANOWSKI: Roczniki Chemii 41, 775 (1967)
/2/ A. POMIANOWSKI: Roczniki Chemii 41, 1125 (1967)
/3/ J. PETLICKI, J. PAWLIKOWSKA-CZUBAK and A. POMIANOWSKI: "Teoretyczne Podstawy Elektrochemii Stosowanej", Ossolineum, 1983, p. 101
/4/ A. DVOŘÁK: "Anwendung der Polarographie bei der Lösung theoretischer Fragen der Flotation" in: Freiberger Forschungshefte, - Aufbereitung /Vorträge des VIII - Berg und Hütten-Tages, 1956, p. 75
/5/ M.A.V. DEVANATHAN: Trans. Faraday Soc. 50, 373 (1954)

L. PETROVA[†], I. RADKOV[*], E. BASHEVA, A. NIKOLOV

[†] Chemical Combine of Houshold Chemistry, Sofia
[*] Central Institute of Chemical Industry, Sofia
Laboratory of Thermodynamics and Physico-Chemical Hydrodynamics, Faculty of Chemistry, University of Sofia

Washing Action and Dynamic Surface Tension

Introduction

The process of washing depends on many factors, such as wetting, emulsification, foam formation etc. They are all connected with the physico-chemical properties of the surfactant (s) used, more specificalla, with its surface activity. Although it was suggested that the washing action should be correlated with the dynamic, rather than the static surface properties [1] we are not aware of any systematic check of this hypo - thesis. Therefore, we report and discuss below the results of the parallel measurments of the washing action and the dynamic surface tension of a series of commercial detergents. Since the method for measuring the time for complete washing, τ_m, and the dynamic surface tension, σ, are described elsewhere in more details [Refs. 2 and 3 respectiviey] we give only a brief outline of the experimental procedure.

Experimental procedure and materials

The degree of washing was determined by comparing the reflectivity of a glass surface, made dirty following a standard procedure, with the reflectivity of the same clean surface. Our method allowed us to follow the kinetics of the washing process, as shown on Fig.1. The experiments were carried out at 40°C. The concentrations c_s used in these experiments corresponded to the maker's recommendation and were different for the different surfactents. The variations were not significant so that c_s was always within the range $3.16 \times 10^{-3}M < c_s \lessapprox 4.45 \times 10^{-3}M$. Every point in Fig.1 is the average value obtained by 4 to 6 measurments.

There are several methods for measuring the dynamic surface tension: the oscillating jet [4, 5], the mounting meniscus [6], the free falling film [7], the drop weight technique [8, 9]etc. For our purposes the most convenient turned out to be the maximum bubble pressure method [10,11,12]. The major difference between the experimental set up used by us and that of Fainerman [12] consists in the method of counting the frequency, ν, of bubble formation.

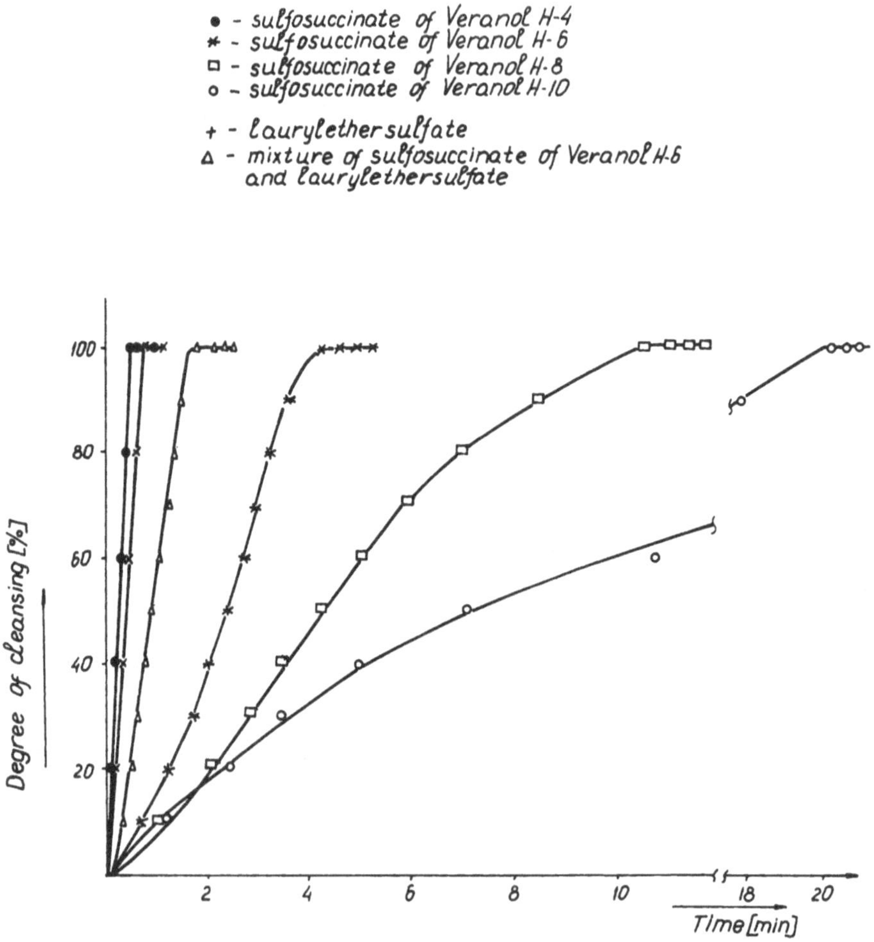

Fig.1. Dependence of the degree of cleansing on time

We used two light - quides, situated in such an way that when a bubble was passing between them it was screening the light beam. The light pulses were transformed into electric pulses by a photodiode, amplified and then recorded by an oscilloscope and a frequency counter. The pressure was measured by an water manometer. The inner radius of the capillary, used to form the bubbles was 70.5 ± 0.3μm. The temperature was 20°C. The data for $\sigma = \sigma(\nu)$ at constant surfactant concentration c_s were interpolated by the equation

$$\sigma = \sigma_\infty + Ae^{-B\sqrt[C]{\nu}} \qquad 1$$

where σ_∞ is the static value of the surface tension for the same concentration (it was measured by the Wilhelmi method using a scratched plate) and the constants A, B and C were determined by using the least squares method. By taking the values of σ at the same value of ν at different c_s one can calculate $\sigma = \sigma(c_s)$ at constant ν.

The following commercial surfactants were used in the experiments: sulfosuccinate of Veranol H4, Veranol H8, Veranol H10 (nonylphenolpolyglycolether), where the numbers denote the number of the ethyleneoxyde groups, Genapol LRO (laurylether sulfate) and mixture of sulfosuccinate of Veranol H6 and Genapol LRO.

Results and discussion

The results for the washing action are presented in Fig.1. The abscissa t_w of the break, corresponding to 100% washing (the total washing time) is a measure of the washing ability of the surfactant. On Fig.2 the data for $\sigma = \sigma(\nu)$ at different c_s for sulfosuccinate of Veranol H4 are plotted, Figs. 3 and 4 show the dynamic and static surface tension of sulfosuccinate of Veranol H4 and sulfosuccinate of Veranol H8 as a function of the surfactant concentration c_s at different frequencies ν.

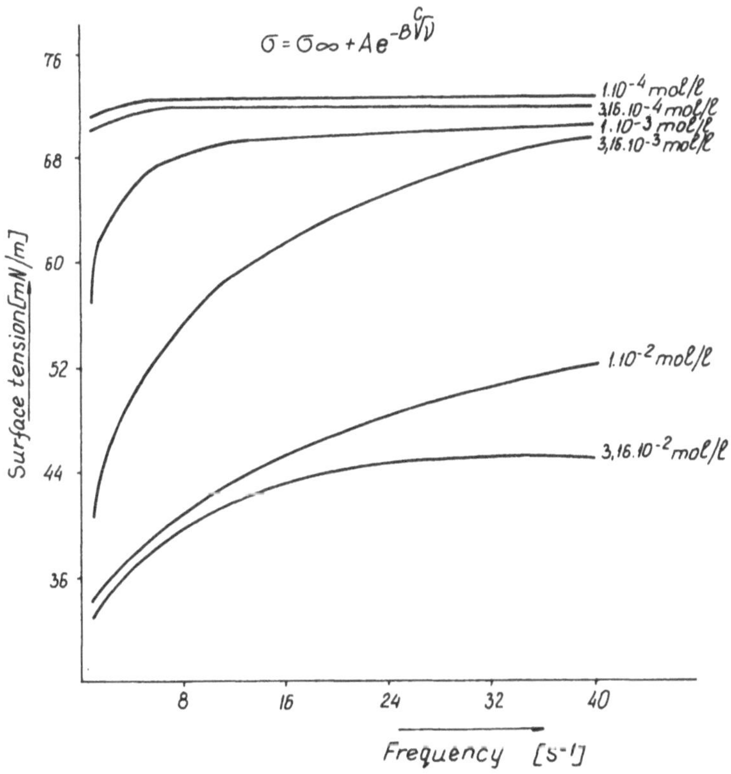

Fig.2. Dependence of the dynamic surface tension on the frequency ν of detachment of the bubbles for solutions of sulfosuccinate of Veranol H4.

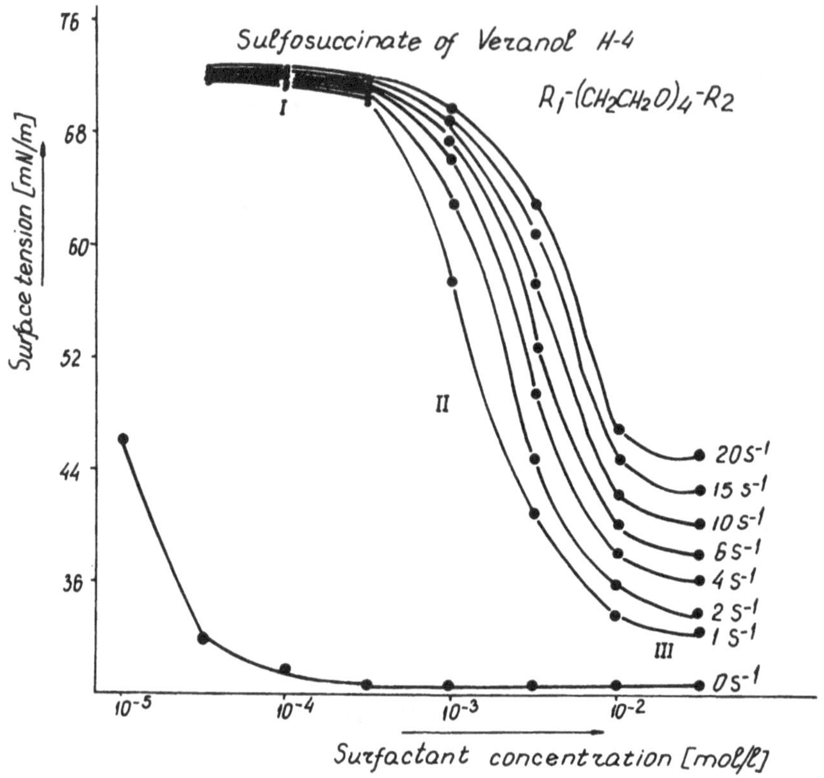

Fig.3. Dependence of the dynamic surface tension on the molar concentration c_s of sulfosuccinate of Veranol H4

Similar curves were obtained for the other surfactants studied.

At low c_s the values of $\sigma$for all frequencies in Figs.3 and 4 are very close to each other and to the value of σ for pure water (regionI). This region of slow variation of σ is followed by a steep decrease of σ (region II). At a given concentration, which does not depend significantly on ν, all curves exibit a break after which the surface tension changes again slowly (region III). A similar break was observed by Taubman and Nikitina [14]. Rhebinder [1] called it "the second c.m.c." (or "the end of micellization") and attributed it to the "conditional" saturation of the surface under dynamic conditions. Our data support this view point. The general trend of the curves can be readily explained if one realizes that in spite of the smaller diffusion coefficient, the micelles, each of which carries several tens of surfactant molecules, are much more efficient than the monomers in supplying surfactant onto the surface. In region I there are only monomers in the solution and because of the high speed of new surface formation, the surface concentration is very low (virtually zero). In region II the micelles, together with the monomers, create a sufficient surfactant flux to keep the new surface close to saturation. In region III the surfactant should be entirely in micellar form. Because of the higher value of the flux of surfactant when it is in micellar form than in monomer form (at the same total concentration c_s) in region III it is easier for the surface to reach higher surface concentration which in turns leads to lower surface tension.

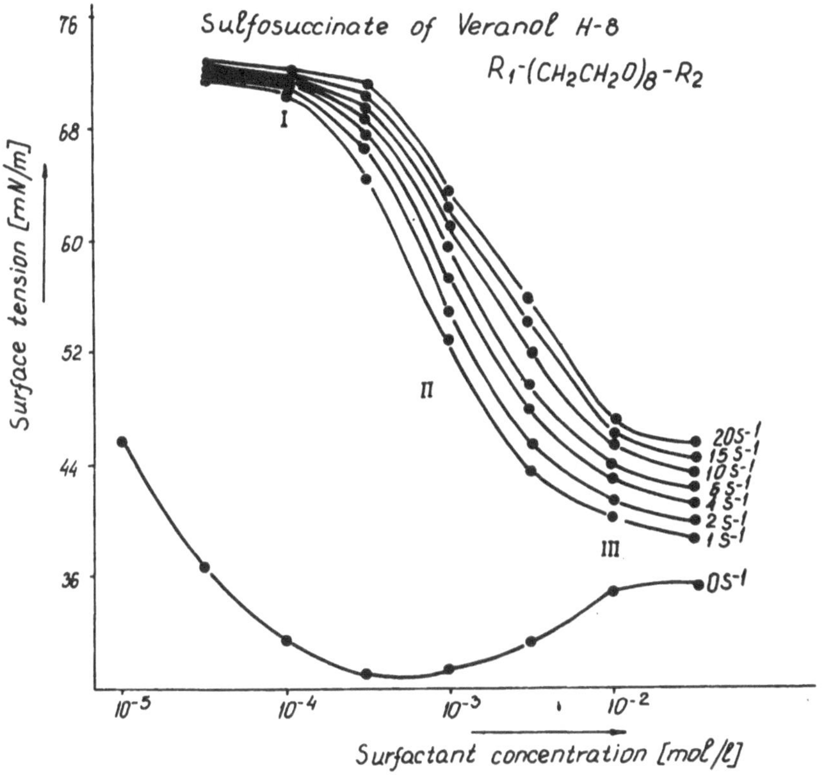

Fig.4. Dependence of the dynamic surface tension on the molar concentration c_s of sulfosuccinate of Veronol H8

We tried to find a correlation between the total washing time t_w from Fig.1 and the surface tension at the concentrations at which the washing experiments were carried out (see Fig.5). No correlation exists with the static values (crosses in Fig.5) whereas t_w is found to increase with the dynamic values of σ (circles in Fig.5). We found also systematic variations both of t_w and of the maximum slope $G = -d\sigma/d\lg c_s$ with the number of ethyleneoxyde groups (Fig.6). This finding suggested to look for a correlation between t_w and G for all surfactants studied. As Fig.7 reveals, such a correlation really exists. Again, no correlation was found between t_w and the maximum slope G_∞ of the static curves (Fig.8).

Although the reasons for these correlations are not jet clear, we believe that these data definitely point out that the washing ability is determined by the dynamic, rather than by the static surface tension.

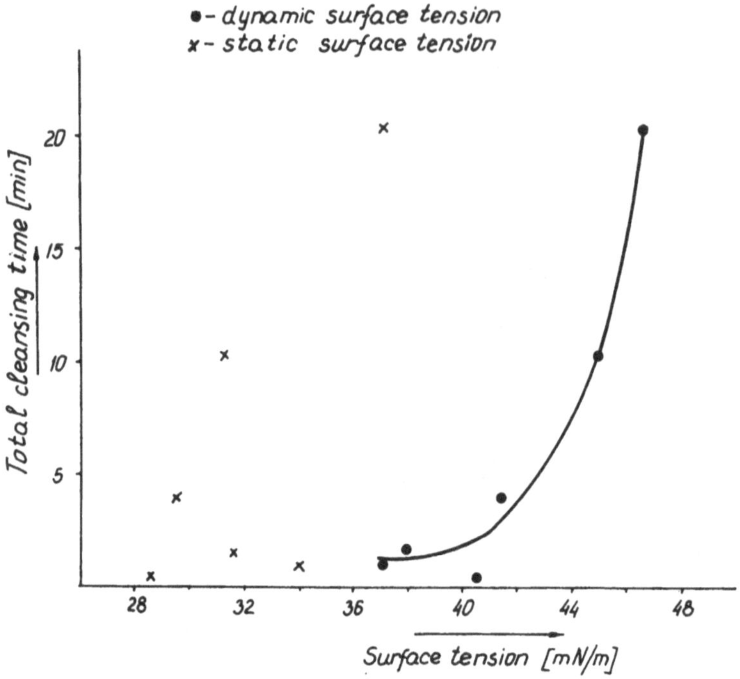

Fig.5. Dependence of the timr of complete cleansing on the static and dynamic surface tension of the respective solutions. The dynamic surface tension values are at frequency $2s^{-1}$.

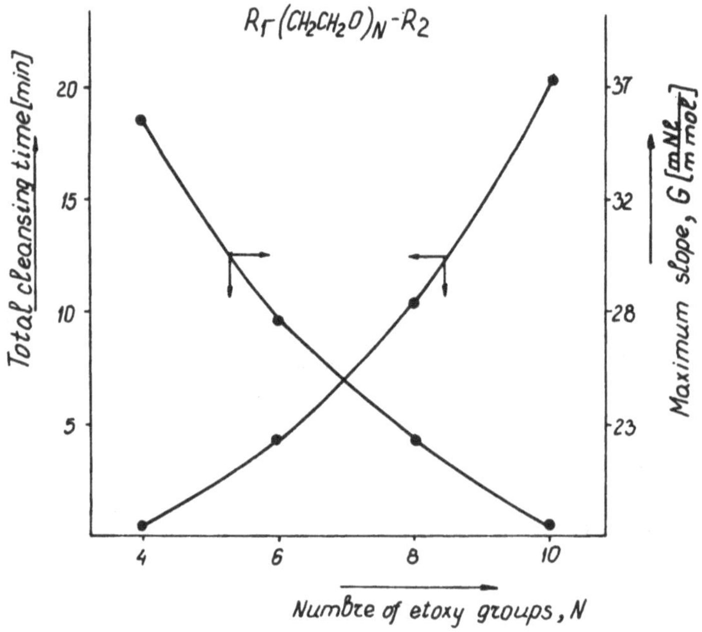

Fig. 6. Dependence of the time of complete cleansing t_w and the dynamic maximum slope, G, on the number of ethyleneoxyde groups.

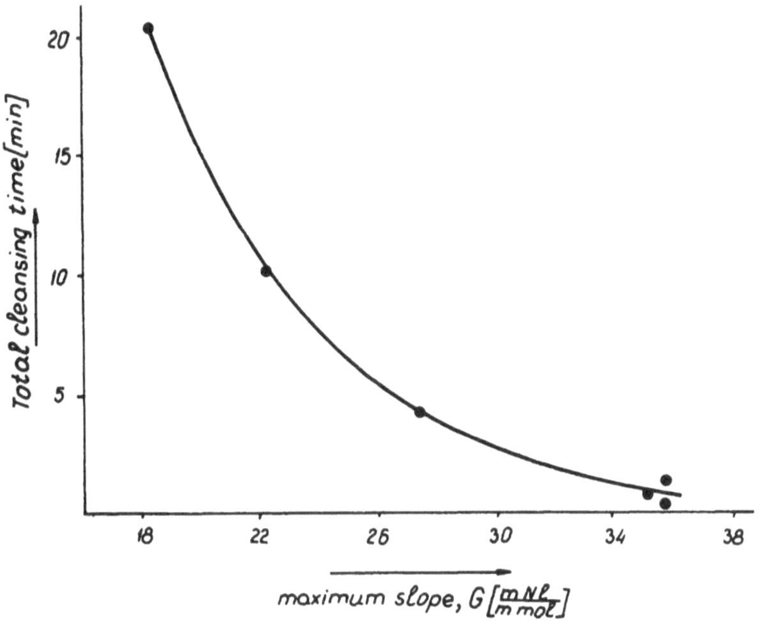

Fig.7. Dependence of the time of complete cleansing on the dynamic maximum slope, G, at frequency $2s^{-1}$.

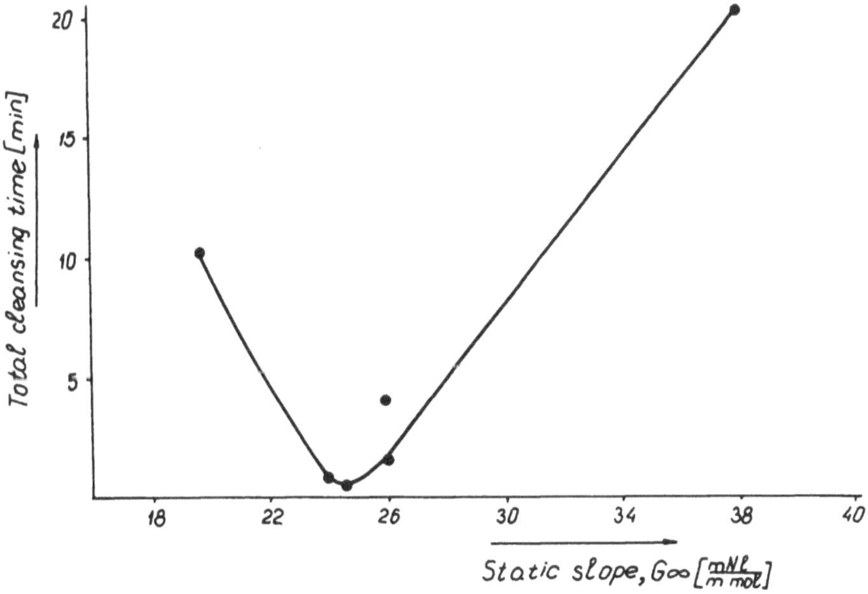

Fig.8. Dependence of the time of complete cleansing t_W on the static maximum slope, G_∞.

Acknowledgements

The authors are grateful to Prof. I. B. Ivanov for his helpful discussions and advice.

References

/1/ P. A. RHEBINDER: ZhVChO, named D. I. Mendeleev 11, 362 (1966)

/2/ Pending patent

/3/ Tenside Detergents - to be published

/4/ L. RAYLEIGH: Proc. Roy. Soc. (London) 47, 281 (1899)

/5/ W. H. AARTS: South African J. Sci. 55, 103 (1959)

/6/ R. HISS: Thesis, University of Heidelberg, 1913

/7/ E. RILLAERTS and P. JOOS: J. Coll. Int. Sci. 88, 1 (1982)

/8/ J. T. DAVIES and E. K. RIDEAL: "Inerfacial Phenomena", Academic Press, New York, 1963

/9/ C. JHO and R. BURKE: J. Coll. Int. Sci. 95, 61 (1983)

/10/ S. SUYDEN: J. Chem. Soc. 121, 858 (1922)

/11/ J. KLONBEK: J. Coll. Int. Sci. 41, 1 (1972)

/12/ V. B. FAJNERMAN: Koll. Zh. 41, 111 (1979)

/13/ A. B. TAUBMAN and S. A. NIKITINA: DAN SSSR 135, 1179 (1960)

G.RÁCZ, K,KOCZÓ, B.LUDÁNYI

Department of Physical Chemistry, Technical University of Budapest

Spreading of aqueous solution on the surface of liquid hydrocarbons

A characteristic of fire-fighting liquids of the so called "light water" type is that they spontaneously spread on the hydrocarbon surface, and coat it with a thin aqueous film. The film prevents the evaporation of the hydrocarbon, and isolates the surface from oxygen.

The thermodynamical condition of spreading is /1/;

$$S = \gamma_C - (\gamma_v + \sigma) > 0 \qquad (1)$$

where γ_C is the equilibrium value of the interfacial tension of hydrocarbon - air,

γ_v of aqueous solution - air, and

σ of hydrocarbon - aqueous solution.

S is the spreading coefficient.

Rate of spreading

Gravitational force plays no role in the spreading of small drops, usually spreading is hinered only by the internal friction of the carrier-liquid, adhering to the spreading liquid. Fay, Hoult et al. /2/ established by experiments that the front of an oil spot, starting from one end of a trough filled with water, covers in time t a distance

$$\ell = 1,3 \left[\frac{S^2}{\eta_v \; \rho_v} \right]^{1/4} t^{3/4} \qquad (2)$$

If this equation is considered as valid for the spreading of water on hydrocarbon, then in a system with a spreading coefficient of S = 1 mN/m the three-phase front would cover during 10 s a distance of about 0.25 m.

Investigating the spreading of "light waters", in many cases a velocity lower by two-three orders of magnitude was measured, than would follow from (2). In the following we attempt to explain, what is the direct cause of the low spreading rate.

Experiments

The experimental fire-fighting substance tested is a solution of a surfactant containing perfluorinated carbon chain and of hydrolyzed protein with foam stabilizing action, the exact composition of which is unknown.

Ten cm^3 of n-heptane was filled into a Petri dish of 56 mm diameter, the dish was placed into a beaker with lid, partly lined with wetted filter paper, to protect the solution from drying. Experiments were carried out in a room of 24-25°C temperature. 3 µl of the solution tested was applied on the surface of the hydrocarbon, which spread almost instantaneously to form a spot of about 3-4 mm diameter, which subsequently slowly growed. The diameter of the spot was read off on the millimeter net, placed under the dish. The spreading of the spot could be followed up to a diameter of about 20 mm, then the phase boundary disappeared. Measuring results are shown by the points on the diagram in Fig.1.

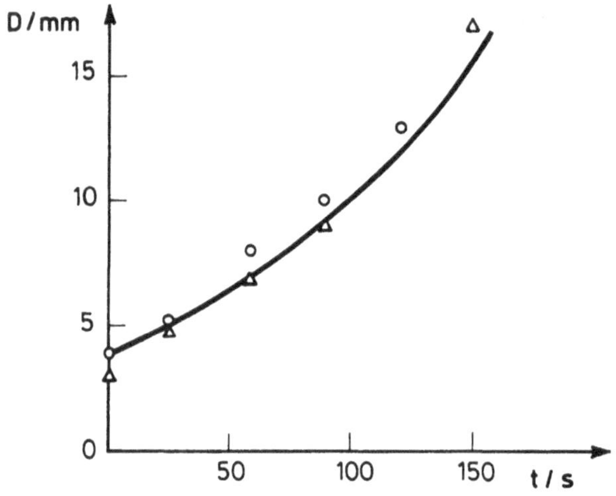

Fig.1. The spreading of a film forming fire fighting solution on n-heptane. Measured points: Δ o , curve was calculated with Eq./7/. D diameter of the spreading spot.

The difference of diameters determined in parallel experiments was about 1 mm.

Interfacial tensions were calculated from capillary rise at slow flow conditions. Capillary rise during downflow generally increases as compared to equilibrium. The extent of this increase depends mainly on velocity and on the nature and concentration of the surfactant. When capillary rise is measured for the same solution in capillaries of different diameter (R) and at various velocities (v), plotting the results as a function of v/R, a single curve (Fig.2) is obtained. The reason for this is that dynamic interfacial tension is determined by the rate of dilation, which is in the case of slowly downward-moving meniscus in a wetted capillary just $\vartheta = v/R$ /3/.

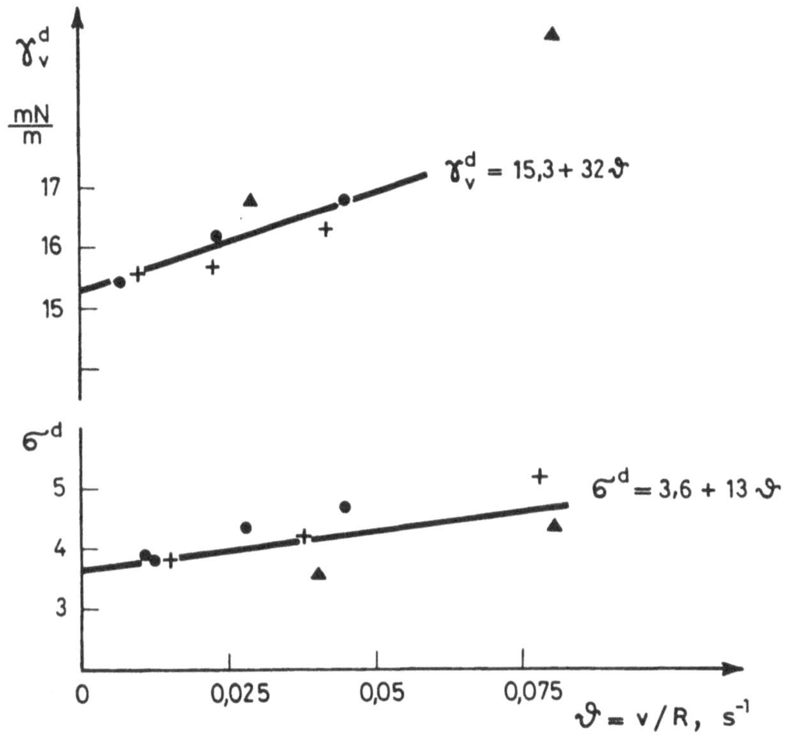

Fig.2. The dynamic surface tension of n-heptane - air (γ_v^d) and n-heptane - film forming solution (σ^d) interfaces measured in three different capillaries of radius 0,29 mm: ▲, 0,44 mm +, 0,60 mm ●

Discussion

It is a well known fact that the surface tension of solutions develops on a fresh surface relatively slowly, and is on a continuously expanding surface higher than the equilibrium value.

During the spreading of the aqueous spot on the hydrocarbon surface the interfaces water - air and hydrocarbon - water continuously increase, thus it is to be expected that on these surfaces surface tension is higher than the equilibrium value, which according to (1) diminishes the driving force and the rate of spreading. At the same time, in the experimental dish of limited surface the hydrocarbon - air part of the surface decreases, but here change is not to be expected, because the liquid is pure.

Let us characterize the rate of spreading by the relative rate of the change of the surface (ϑ), which is in the case of a circular spot of diameter D:

$$\vartheta = \frac{d \ln A}{dt} = 2 \frac{d \ln D}{dt} \qquad (3)$$

The function of dynamic surface tension to be determined experimentally is:

$$\gamma_v^d = \gamma_v^d /\vartheta/ \qquad (4) \qquad\qquad \sigma^d = \sigma^d /\vartheta/ \qquad (5)$$

It was assumed that in the case of slow expansion the effect and role of viscous forces is negligibly small, and spreading is practically characterized by the limiting case S = 0. Thus, instead of (1) (if $_C$ = = const.):

$$0 = \gamma_C - \gamma_v^d - \sigma^d \qquad (6)$$

This equation was experimentally checked for slowly spreading spots. Eqs. (4) and (5) were determined by the dynamic capillary rise method. At low flow rates these relationships were linear (see Fig.2.). Eqs.(4) and (5) were then substituted into (6), and relative expansion rate was calculated:

$$0 = 19.7 - (15.3 + 32\,\vartheta) - (3.6 + 13\,\vartheta)$$

$$\vartheta = 0.018\ s^{-1}$$

obtained in this way was substituted into (3), and the differential equation was integrated:

$$\ln D = \frac{\vartheta}{2} t + \ln D_o \qquad (7)$$

Equation (7) was superposed on the diagram (Fig.1), showing the results of the spreading experiment. Rather good agreement was obtained, which indicates that slow spreading can be characterized by constant ϑ

and zero spreading coefficient.

The authors thank the United Chemical Works for the financial sponsoring of their work.

References

/1/ A.W.ADAMSON: "Physical Chemistry of Surfaces", Interscience Publ. 1967

/2/ C.HUH, M.INOUE, S.G.MASON: Can.J.Chem.Engng. 53, 367-371 (1975)

/3/ G.RÁCZ, B.LUDÁNYI: 4th Conf. on Colloid Chemistry, Proc.Eger, 1983, p.80. Ed.J.Pintér and E.Wolfram, L.Eötvös Univ. Budapest, 1983

W. RETTIG, H.-D. DÖRFLER, H. SACKMANN

Martin-Luther-Universität Halle-Wittenberg, Sektion Chemie,
WB Physikalische Chemie

Elektrolyteinfluß auf das Penetrationsverhalten von homologen Na-Alkylsulfaten in Cholesterolmonoschichten

Einleitung

Die Penetration von homologen Na-n-Alkylsulfaten $C_nH_{2n+1}SO_4Na$ (n=8,12,14,16) in Cholesterolmonoschichten wurde bereits auf wäßrigem Substrat untersucht /1/. Dabei konnten Beziehungen zwischen der Oberflächenaktivität der Tenside und ihrem Penetrationsverhalten aufgefunden werden. Eine erste quantitative Analyse der Penetrationskinetik am System Cholesterol/Na-Tetradecylsulfat /2/ deutete daraufhin, daß der Penetrationsvorgang durch Diffusion der Alkylsulfate in die Monoschicht bestimmt wird.

Die quantitative thermodynamische Behandlung der Adsorption ionischer Tenside ist bekanntlich nicht unproblematisch, sofern nicht bei konstanter Ionenstärke gearbeitet wird. Es ist daher das Ziel der vorliegenden Arbeit, den Einfluß der Ionenstärke und damit der elektrochemischen Doppelschicht auf das Penetrationsverhalten von homologen Na-Alkylsulfaten in Cholesterolmonoschichten zu untersuchen.

Die Tenside Natriumoctylsulfat (NaOS), Natriumdodecylsulfat (NaDS) wurden ebenso wie Natriumtetradecylsulfat (NaTDS) und Natriumcetylsulfat (NaCS) bereits bezüglich ihrer Synthese und Reinigung charakterisiert /1,3/. Methodik und apparative Einzelheiten sind dort ebenfalls ausführlich beschrieben worden.

Ergebnisse und Diskussion

Abb. 1 faßt die Penetrationsisothermen der Systeme Cholesterol/Na-Octylsulfat und Cholesterol/Na-Dodecylsulfat auf wäßrigem und elektrolythaltigem Substrat konstanter Ionenstärke I (I = 0,1 M) zusammen. Der vorgegebene Filmdruck der Cholesterolmonoschicht beträgt 5 $mN \cdot m^{-1}$. Cholesterol bildet bekanntlich in diesem Bereich der F/A-Isotherme einen kondensierten Film aus.

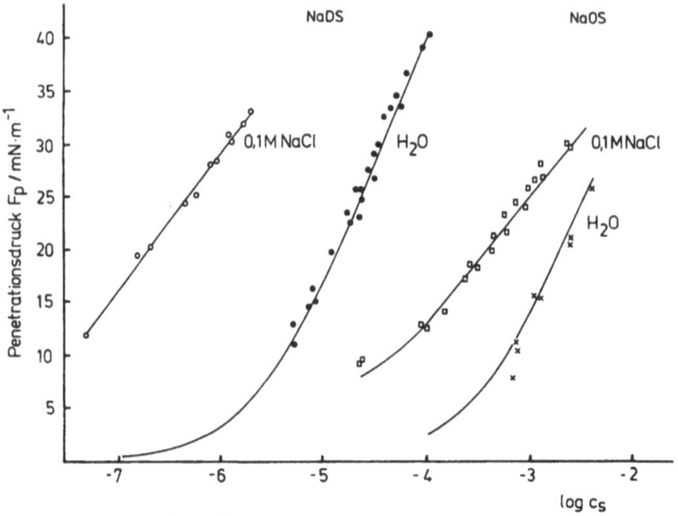

Abb. 1: Penetrationsisothermen homologer n-Alkylsulfate in Cholesterolmonoschichten bei A_M = 0,384 $nm^2 \cdot Molekül^{-1}$ auf wäßrigem und elektrolythaltigem Substrat.

Systematische Untersuchungen der unteren Isothermenbereiche wurden wegen der langen Einstellzeiten des Penetrationsgleichgewichtes insbesondere bei den längerkettigen Homologen nicht durchgeführt. Die Penetrationsisothermen, welche sich auf 0,1 M NaCl als Substrat beziehen, zeigen identische Anstiege. Diese sind aber wesentlich geringer als die der entsprechenden Isothermen auf Wasser (siehe Tabelle 1). Der Vergleich der Isothermen in Abb. 1 zeigt weiterhin, daß auch die Verschiebung der Penetrationsisothermen bei Zunahme der Kettenlänge auf wäßrigem und elektrolythaltigem Substrat unterschiedlich ist.

Wie bereits ausführlich dargestellt /1/, lassen sich die Isothermen auf wäßrigem Substrat mit Gl. (1) beschreiben:

$$F_p = a \cdot \ln \left(1 + \frac{c_s}{b}\right) \qquad (1)$$

mit

$$b = 55{,}55 \cdot \exp \frac{\Delta G_p^o}{RT} \qquad (1a)$$

Hierbei stellt c_s die Volumenkonzentration dar; a und b sind Konstanten. Die Konstante b hängt von der Kettenlänge der Tenside ab und korreliert mit der Freien Standardpenetrationsenthalpie ΔG_p^o. Beide Konstanten werden durch eine nichtlineare Regressionsanalyse bestimmt. Die aus b berechneten ΔG_p^o-Werte sind gemeinsam mit den Anstiegen der Penetrationsisothermen im Sättigungsbereich in Tab. 1 enthalten.

Zum Verständnis des Elektrolyteinflusses scheint es sinnvoll, das A d s o r p t i o n s v e r h a l t e n der n-Alkylsulfate in die Diskussion einzubeziehen. Dazu werden in Abb. 2 entsprechend der Traube'-

Tabelle 1: Vergleich der Anstiege der Penetrationsisothermen und der Freien Standardpenetrationsenthalpien auf Wasser und 0,1 M NaCl

System	Substrat	$dF_p/d\log c$ ($mN \cdot m^{-1}$)	$-\Delta G_p^o$ ($kJ \cdot mol^{-1}$)
Cholesterol/NaOS	Wasser	20,4	28,9
Cholesterol/NaOS	0,1 M NaCl	12,0	37,5
Cholesterol/NaDS	Wasser	22,8	41,0
Cholesterol/NaDS	0,1 M NaCl	12,2	50,0
Cholesterol/NaTDS	Wasser	20,4	49,0
Cholesterol/NaCS	Wasser	21,0	57,4

schen Regel die Logarithmen der Konzentrationen, bei denen ein Filmdruck von 30 $mN \cdot m^{-1}$ auftritt, gegen die Zahlen der CH_2-Gruppen der Alkylkette der homologen n-Alkylsulfate aufgetragen /4,5/. Der Anstieg der Geraden bei konstanter Ionenstärke stimmt mit dem typischer Nonionics, wie Polyethylenglycolether bzw. n-Alkohole, überein /4/. Auf Wasser ist der Anstieg infolge der Änderung der Ionenstärke mit der Tensidkonzentration niedriger. Somit beeinflußt die Änderung des Anteils der elektrochemischen Doppelschicht an der Freien Standardadsorptionsenthalpie ΔG_A^o auch den Traube-Faktor. Der Anstieg bei konstanter Ionenstärke an der Grenzfläche Decan/Wasser /6/ ist stärker als an der Luft/Wasser-Grenzfläche.

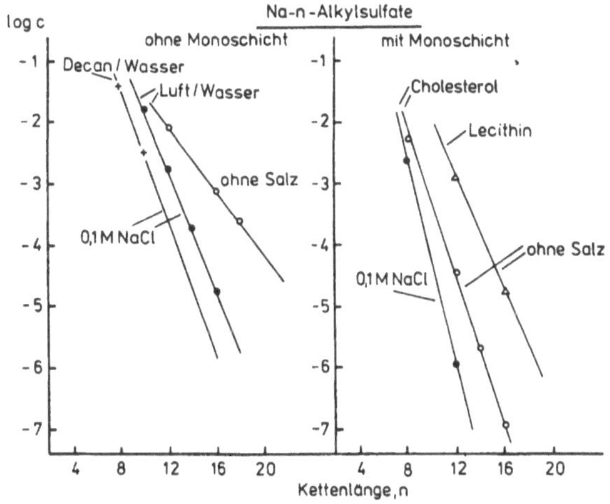

Abb. 2: Abhängigkeit des Logarithmus der Konzentrationen bei konstantem Gesamtfilmdruck von der Kettenlänge der Alkylsulfate für Adsorption ($F = 30\ mN \cdot m^{-1}$) und Penetration ($F_p = 30\ mN \cdot m^{-1}$). Die Daten für die Adsorption wurden der Literatur entnommen. + Werte von Haydon und Taylor /6/, •,o Werte von Lange /4/.

Wie Langmuir /7/ bereits gezeigt hat, läßt sich aus dem Traube-Faktor der Beitrag $\partial\Delta G_A^o$ berechnen, den jede zusätzliche $-CH_2$-Gruppe zur Änderung von ΔG_A^o beiträgt ($\partial\Delta G_A^o$ = -2,66 $kJ\cdot mol^{-1}$). Für die Grenzfläche Decan/Wasser haben Haydon und Taylor /6/ einen Wert von -3,433 $kJ\cdot mol^{-1}$ ermittelt. Die Zunahme gegenüber der Luft/Wasser-Grenzfläche wird mit einer Vergrößerung der Wechselwirkung zwischen den hydrophoben Alkylketten und den Decanmolekülen erklärt.

Wie Abb. 2 zu entnehmen ist, verhalten sich die Alkylsulfate bei der Penetration in Cholesterolmonoschichten prinzipiell ähnlich. Es ergeben sich jedoch auch interessante Unterschiede. Die Anstiege der Systeme Cholesterol/n-Alkylsulfate auf Wasser und 0,1 M NaCl unterscheiden sich nicht so stark wie im Adsorptionsfall. Dies zeigt, daß die Wirkung der elektrochemischen Doppelschicht deutlich geringer ist als im adsorbierten Alkylsulfatfilm. Damit bestätigt sich die Vermutung, daß in der binären Monoschicht die "Verdünnung" der Alkylsulfatmoleküle durch das Cholesterol infolge Penetration die Ladungsdichte verringert und somit die Eigenschaften der elektrochemischen Doppelschicht beeinflußt.

Der Anstieg der Geraden auf 0,1 M NaCl ist steiler als der Anstieg bei konstanter Ionenstärke im Adsorptionsfall an beiden Grenzflächentypen. Daraus läßt sich bereits qualitativ entsprechend der obigen Betrachtungen eine Vergrößerung des kettenlängenabhängigen Anteils $\partial\Delta G_p^o$ im Vergleich zur Adsorption ableiten.

In Abb. 3 sind die ΔG_p^o-Werte sowohl für konstante als auch variable Ionenstärke als Funktion der Kettenlänge dargestellt. Es ergeben sich für beide Fälle Geraden, welche durch Gl. (2) beschrieben werden:

$$\Delta G_p^o = n\cdot\partial\Delta G_p^o + \Delta G_{p,const.}^o \qquad (2)$$

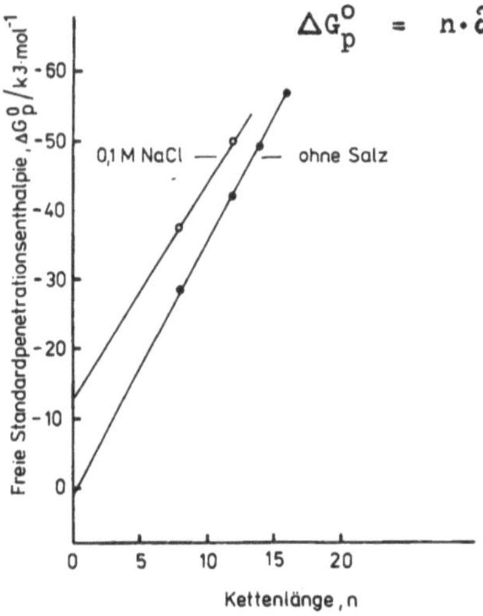

Abb. 3: Kettenlängenabhängigkeit der Freien Standardpenetrationsenthalpie ΔG_p^o bei den Penetrationssystemen Cholesterol/homologe Alkylsulfate auf Wasser und 0,1 M NaCl.

Aus dem Anstieg der Geraden in Abb. 3 läßt sich für die k o n s t a n - t e Ionenstärke der kettenlängenabhängige Anteil zu $\partial \Delta G_p^o$ = -4,52 kJ·mol^{-1} bestimmen. Bei der Interpretation dieses Wertes muß beachtet werden, daß bei der Penetration wesentlich mehr Faktoren zu betrachten sind als bei der Adsorption. Da die zur Diskussion stehenden Penetrationsexperimente sich auf konstante Ionenstärke und dieselbe Monoschicht (A_M = 0,384 nm^2·$Molekül^{-1}$) beziehen, kann man davon ausgehen, daß in dem Beitrag $\Delta G^o_{p,const.}$ Anteile zur Schaffung eines Loches in der Monoschicht (wobei diese komprimiert wird), der Beeinflussung des Hydratzustandes der Monoschichtmoleküle, der Dipol-Dipol-Wechselwirkung zwischen den polaren Kopfgruppen, der Bildung der elektrochemischen Doppelschicht und der partiellen Dehydratation der ionischen Kopfgruppe in der Grenzfläche enthalten sind /8/. Auf den kettenlängenabhängigen Anteil $\partial \Delta G_p^o$ entfallen die Anteile der Verdrängung der hydrophoben Alkylkette der Tenside aus dem Substrat und der Wechselwirkung der Alkylkette mit dem Cholesterol. Eine weitere Auftrennung dieser beiden Anteile ist möglich, da der Anteil der Verdrängung des hydrophoben Molekülteils in erster Näherung dem kettenlängenabhängigen Anteil $\partial \Delta G_A^o$ = 2,66 kJ·mol^{-1} bei Abwesenheit der Monoschicht entspricht. Somit kann davon ausgegangen werden, daß die Differenz $\partial \Delta G_p^o - \partial \Delta G_A^o$ dem Anteil der Wechselwirkung des Kohlenwasserstoffrestes des Tensids mit dem apolaren Cholesterolteil entspricht.

Eine weitere wesentliche Folgerung betrifft die Berechnung der Oberflächenüberschußkonzentration des Tensids Γ_s. Die Anstiege der Penetrationsisothermen auf Wasser und 0,1 M NaCl unterscheiden sich auch wie im Adsorptionsfall nahezu um den Faktor 2. Damit ist es gerechtfertigt, diesen Faktor 2 in den Gleichungen von Pethica / 9 / sowie von Alexander und Barnes /10/ zu verwenden, wenn nicht bei konstanter Ionenstärke gearbeitet wird.

Offenbar gelten die oben diskutierten Gemeinsamkeiten zwischen Adsorption und Penetration nur dann, wenn die Monoschichtkomponente ungeladen ist. So zeigen orientierende Untersuchungen mit dem zwitterionischen 1,2-Di-palmitoyllecithin, daß dem Ladungszustand der Monofilmkomponente eine erhebliche Bedeutung zukommt. In Abb. 4 ist ein Vergleich der Penetrationsisothermen der Homologen Natriumcetylsulfat und Natriumdodecylsulfat auf wäßrigem und elektrolythaltigem Substrat gegeben. Im Bereich kleiner Penetrationsdrücke unterscheiden sich die Isothermen z.T. erheblich. Dagegen besitzen sämtliche Isothermen oberhalb $F_p >$ 15 mN·m^{-1} lineare und nahezu identische Anstiege. Dieser Befund deutet daraufhin, daß die Elektrolytzugabe k e i n e n Einfluß auf das Penetrationsverhalten besitzt. Damit muß in diesem Fall die Frage, ob der Faktor 1 oder 2 zur Berechnung von Γ'_s auf wäßrigem Substrat verwendet werden soll, offen bleiben.

Ebenso abweichend ist die Darstellung der Abhängigkeit der homologen Alkylsulfate bei der Penetration in die Lecithinmonoschicht im Vergleich zum Cholesterol in Abb. 2. Der Anstieg der Kurve für diese Systeme entspricht etwa dem der Alkylsulfate ohne Monoschicht bei konstanter Ionenstärke.

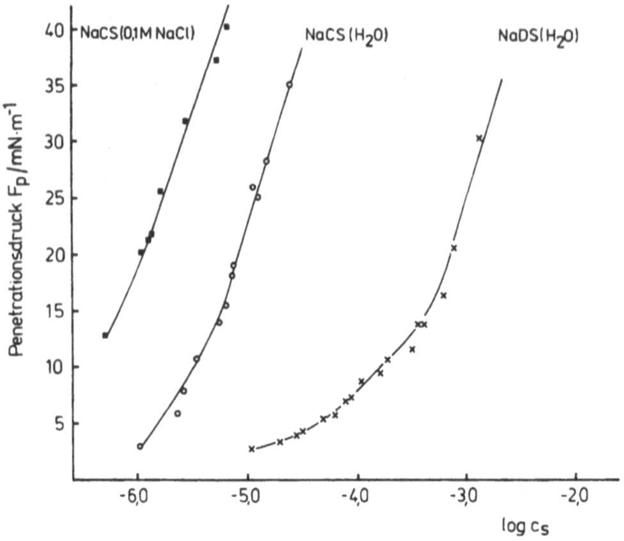

Abb. 4: Penetrationsisothermen homologer n-Alkylsulfate in Monoschichten von 1,2-Di-palmitoyllecithin (1,2-Di-C16-PC) bei A_M = 0,85 $nm^2 \cdot Molekül^{-1}$ auf wäßrigem und elektrolythaltigem Substrat.

Literatur

/1/ W. RETTIG, H.-D. DÖRFLER und H. SACKMANN: Proc. of Intern.Conference on Colloid and Surface Science, Vol.1, p. 535, ed. by E. Wolfram, Budapest 1975

/2/ H.-D. DÖRFLER und W. RETTIG: Colloid & Polymer Sci. 259, 571 (1981)

/3/ H.-D. DÖRFLER, W. RETTIG und H. SACKMANN: Colloid & Polymer Sci. im Druck

/4/ H. LANGE: Proc. IVth Intern. Congr. Surface Activity, Brussels, 1964, Vol.2, 497

/5/ H. KÖLBEL und P. KURZENDÖRFER: Fortschritte chem. Forschung 12, 252 1969

/6/ D.A. HAYDON und F.H. TAYLOR: Trans. Faraday Soc. 58, 1233 (1962)

/7/ I. LANGMUIR: J.Amer.Chem.Soc. 39, 1848 (1917)

/8/ J.T. DAVIES und E.K. RIDEAL: "Interfacial Phenomena", Academic Press, New York, 1963

/9/ B.A. PETHICA: Trans. Faraday Soc. 51, 1402 (1955)

/10/ D.A. ALEXANDER und G.T. BARNES: J.C.S.Faraday I, 76, 118 (1980)

L. RICHTER[1], D. PLATIKANOV[2], G. KRETZSCHMAR[1]

1 Academy of Sciences of the GDR, Central Institute of Organic Chemistry, 1199 Berlin, Rudower Chaussee 5
2 University of Sofia, Institute of Physical Chemistry 1126 Sofia, Anton Ivanov Str. 1

Coalescence Investigations of Air Bubbles at Insoluble Monolayers

In course of investigations at spread DL-ß, γ-dipalmitoyl-α-lecithin-monolayers was observed, that by carefully pressing of air bubbles to the lower side of a spread monolayer three phase contacts were formed. In investigations with water, sodium chloride solutions and spreading means always immediate rupture of the thin liquid film took place. Similar investigations about stability of bubbles at insoluble monolayers are known by Hardy /1/, Trapeznikov /2/, Garret /3/ as well as Ternes and Berg /4/. The mentioned authors found only bubble lifetimes of few seconds. Since in investigations of film formation we found films of high stability contrary to the stability of bubbles in above mentioned papers. We believe the reason of high stability is the formation of monolayers on both sides of thin film.

The stability of thin liquid films should be to decribe by DLVO theory. Exerova /5/ obtained a φ_0 - value of about 30 mV for the free water surface. For this reason it should be possible to produce pure water films without adsorption layers. But the observation of such films is very difficult, because no damping of surface waves is possible. In our experiments one of the surface at least is covered with a monolayer. In that way the damping of surface waves is significantly higher /6/. For this reason it is intelligible that electrostatically stabilised thin films are observable at insoluble monolayers.

A significant other appearence of the film is expected when monolayers are formed on both sides of the film. The following investigations were carried out to analyse the film formation under above mentioned conditions.

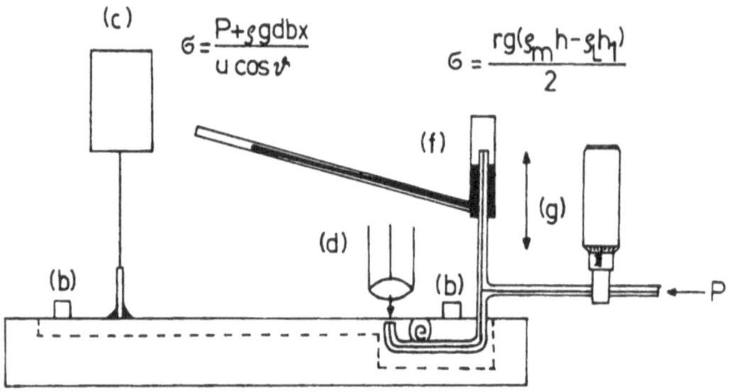

Fig. 1 Experimental equipment

The applied experimental equipment consists of a Teflon trough (a) with two movable Teflon-barriers (b), a Wilhelmy-balance (c), a microscope (d), and a capillary (e). The capillary is connected with a pressure producer and a manometer (f). By means of a micrometer screw (g) it is possible to change the position in vertical direction. The inner diameter of the used capillary is about 800 μm, the contact area of the bubble has a diameter of about 50 -70 μm. By variation of barriers position the investigations can carried out at different surface pressure π. The surface tension measurements on the large surface are carried out by means of the Wilhelmy-method. The determination of the surface tension at the bubble surface have been done by the maximum bubble pressure method.

Immediately before spreading of lecithin the surface of the subphase is sucked off after compression. Afterwards DL - ß,γ - dipalmitoyl -α-lecithin is spread. Than the cappillary is arranged close by the lower side of the monolayer. An air bubble is produced and carefully pressed to the monolayer. Appearence and lifetime of the so formed films are observed. In the case that the capillary is used only once after cleaning by chromic sulfuric acid only formation of grey films is observed at all surface pressures. The formed films are surrounded by Newton interference rings. The lifetime of films is in the range of seconds. A significantly other behaviour is observed, when not as before only one air bubble is pressed from the cleaned capillary to the lower side of the monolayer. After coalescence of the first bubble spreading of lecithin is possible to the inner side of capillary.

After formation of additional bubbles without cleaning, a monolayer of lecithin is adsorbed at the surface of bubbles too. In this case it is a question of spreading only, an additional compression is impossible because the bubble surface increases. In the case of a "contaminated" bubble surface a distinct higher lifetime is observed than by using of clean capillaries. A summary of the obtained results is given in table 1.

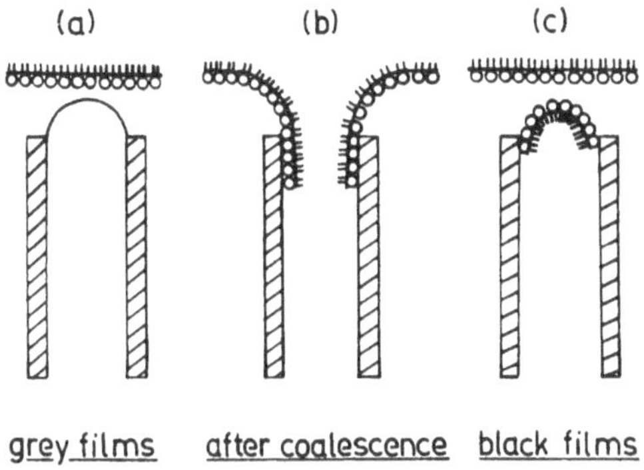

Fig. 2 Film formation at DL -ß, γ - dipalmitoyl - α - lecithin - monolayers

Table 1

Film Formation at DL-, -Dipalmitoyl- -Lecithin-Monolayers

Subphase $5 \cdot 10^{-3}$ mol/l NaCl T = 22 °C

area per molecule Å²/molecule		upper side of film π mN/m	lower side of film π mN/m	lifetime sec	
117		0	0	= 1	
112	liquid-	0,3	0,8	= 1	
107	expanded	1,3	1,4	= 1	grey
102		1,9	3,7	= 1	
97		2,8	4,7	= 1	films
92		3,7	5,2	= 1	
87	phase transition	4,0	5,8	= 1	
82	liquid-	4,9	9,4	4	
77	condensed	6,2	6,5r	2	film
72		7,4	5,2	2	in
67		10,1	5,2	3	many
62		12,7	4,8	5	colours
61				4	
60				5	
59				6	
58				8	
57		17,8	4,8	12	
56				12	
55				18	
54				10	
53				40	black
52		23,1	4,8	60	films

51				300
50				840
49				720 black
48				840 films
47	collapse	29,9	5,2	660
42		33,0	5,2	different
37		38,7	5,5	lifetime
32		38,7	9,0	

The results in table 1 show, that thin films of different stability are formed at DL-ß, γ-dipalmitoyl-α-lecithin monolayers. The film stability depends on the state of the corresponding monolayer. Table 1 illustrates, that in the range of liquid-expanded phase only in a short time range three phase contacts were formed. The lifetime of films has a maximum value of one second. The colour of films is grey. After phase transition of the monolayer in the range of liquid-condensed phase the lifetime of the obtained films raise up to 2 - 5 seconds. The films are of many colours. They are surrounded of Newton interference rings too. The change of colour from grey to coloured is the result of the film shape during its thinning. After phase transition the structural changes in the DL-ß, γ-dipalmitoyl-α-lecithin monolayers create conditions for more slowly thinning of the film /7/. Therefore thicker and coloured films are observed. The stability of films increases at higher surface pressure. The lifetime of the films reaches values greater than 15 minutes near the collapse point. At higher film pressure often the formation of little black spots is observed which finally fill out the whole bubble contact area with a diameter of about 50 - 70 μm. The decrease of the tension of the bubble surface indicates that DL-ß, γ-dipalmitoyl-α-lecithin spreads into the interior of capillary and formes monolayers on the lower side of the film. The sodium chloride concentration has only a small influence on the stability of formed films. Figure 3 graphically illustrates the results from table 1.

The dependence of film stability on molecular area essentially shows the same course as it was in detail described by Exerova /8/ for soluble tensides. The concentrations of DL-ß, γ-dipalmitoyl-α-lecithin are more exactly to estimate on both sides of films as in case of soluble tensides. The drastic increase of lifetime is caused not only by the two monolayers on both sides of the film but also first of all because one of them exists in high compressed state. At present it is not clear whether the thin films are common black films or whether already the transition has took place to Newton films.

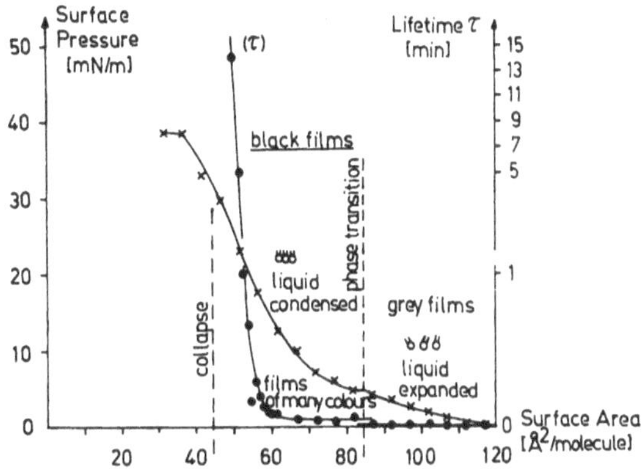

Fig. 3 Lifetime τ and surface pressure versus surface areas for films of DL-ß, γ-dipalmitoyl-α-lecithin

References

/1/ W. J. HARDY: Chem. Soc. 127, 1233 (1925)

/2/ A. A. TRAPEZNIKOV: Acta Physicochem. URSS 13, 265 (1941)

/3/ W. D. GARRET: Deep Sea Res. Oceanographic Abstr. 14, 661 (1967)

/4/ R. L. TERNES and J. C. BERG: J. Colloid Interface Sci 98, 471 (1984)

/5/ D. EXEROVA: Kolloid Z. Z. Polym. 234, 703 (1969)

/6/ A. SCHELUDKO: Advan. Colloid Interface Sci 1, 391 (1967)

/7/ B. RADOEV, E. MANEV and I. IVANOV: Kolloid Z. Z. Polym. 234, 1037 (1969)

/8/ D. EXEROVA, A. NIKOLOV and M. ZACHARIEVA: J. Colloid Interface Sci 81, 419 (1981)

J. RODAKIEWICZ-NOWAK and A. POMIANOWSKI

Institute of Catalysis and Surface Chemistry, Polish Academy of Sciences, Kraków

Surface Interactions Between Two Simultaneously Adsorbing Surfactants

Introduction

Evaluation of the direct surface interactions between molecules of the coadsorbing surfactants needs information concerning nonideality of single substances, to separate its effect from the effects caused by surfactant-surfactant interactions. The possibilities of solving this problem basing on the data on equilibrium surface pressure of solutions are discussed.

Interactions in surface layers may affect both the values of surface activity coefficients of the components /f_i^s/ and their partial molar areas /ω_i/. The division of nonideality effects between those two sets of variables is still a matter of more or less arbitrary choice /1-10/, but all the nonideality effects are usually described by variations in surface activity coefficients, leaving the values of ω_i constant.

Several criteria for nonideal surface mixing have been already formulated /11-15/. To distinguish the nonideality effects caused by interactions between the coadsorbing surfactants from those caused by other surface interactions we propose another reference state. It is the single surfactant system of a definite surface concentration equal to surface concentration /approximately given by the Gibbs surface excess/ of the respective component in the mixed system. The above choice of the reference state enables finding surface interactions between the coadsorbing species, if an addition of the second component does not cause any drastic changes in interactions solute-solvent, i.e. when nonideality terms for single surfactants and those describing surfactant-surfactant interactions can be separated.

Formulating the new criterion

Let adsorption isotherms for the solutions of surfactants, in the absence of the additive, be given by Eq./1/ and /2/ :

$$B_1 c_1^o = \frac{\theta_1^o}{n_1 \, (1 - \theta_1^o)^{n_1}} \exp\left(-\Delta U_1^o\,(\theta_1^o)\right) \qquad (1) \;,$$

$$B_2 c_2^o = \frac{\theta_2^o}{n_2 \, (1 - \theta_2^o)^{n_2}} \exp\left(-\Delta U_2^o\,(\theta_2^o)\right) \qquad (2) \;,$$

where c_i^o is the bulk concentration /if needed the bulk activity/ of the component i, θ_i^o is its surface coverage, B_i is the Langmuir constant, $n_i = \omega_i/\omega_{H_2O}$, and the functions $\Delta U_1^o(\theta_1^o)$ and $\Delta U_2^o(\theta_2^o)$, not expressed analytically, describe any deviations of the systems from the ideal state /16,17/.

Similarly, for binary mixtures of surfactants :

$$B_1 c_1^m = \frac{\theta_1^m}{n_1\ (1 - \theta_1^m - \theta_2^m)^{n_1}} \exp(-\Delta U_1^m\ (\theta_1^m, \theta_2^m)) \qquad (3) \quad ,$$

$$B_2 c_2^m = \frac{\theta_2^m}{n_2\ (1 - \theta_1^m - \theta_2^m)^{n_2}} \exp(-\Delta U_2^m\ (\theta_1^m, \theta_2^m)) \qquad (4) \quad ,$$

The functions $\Delta U_1^m(\theta_1^m, \theta_2^m)$ and $\Delta U_2^m(\theta_1^m, \theta_2^m)$ denote the deviations of the real systems from the ideal mixtures behaviour. If addition of the second component does not change the functions ΔU_1^o and ΔU_2^o, then the terms $\Delta U_1^m(\theta_1^m, \theta_2^m)$ and $\Delta U_2^m(\theta_1^m, \theta_2^m)$ can be divided into two parts :

$$\Delta U_1^m(\theta_1^m, \theta_2^m) = \Delta U_1^o(\theta_1^m) + \Delta U_1(\theta_1^m, \theta_2^m) \qquad (5)$$

$$\Delta U_2^m(\theta_1^m, \theta_2^m) = \Delta U_2^o(\theta_2^m) + \Delta U_2(\theta_1^m, \theta_2^m) \qquad (6)$$

where the functions $\Delta U_1(\theta_1^m, \theta_2^m)$ and $\Delta U_2(\theta_1^m, \theta_2^m)$ describe the interactions between surfactants.

Taking $\theta_1^o = \theta_1^m = \theta_1$ and $\theta_2^o = \theta_2^m = \theta_2$ we obtain from Eq./3/-/6/ expressions /7/ and /8/ :

$$\exp(-\Delta U_1(\theta_1, \theta_2)) = c_1^m (1 - \theta_1 - \theta_2)^{n_1} / (c_1^o (1 - \theta_1)^{n_1}) \qquad (7)$$

$$\exp(-\Delta U_2(\theta_1, \theta_2)) = c_2^m (1 - \theta_1 - \theta_2)^{n_2} / (c_2^o (1 - \theta_2)^{n_2}) \qquad (8)$$

We propose the values of $F_1 = \exp(-\Delta U_1(\theta_1, \theta_2))$ and $F_2 = \exp(-\Delta U_2(\theta_1, \theta_2))$ as a measure of surface interactions between surfactants. They are equal to unity in the absence of these interactions, greater than unity in the case of repulsion between surfactants and smaller than unity in the case of attraction between surfactants. The analytical form of the functions F_1 and F_2 has not been postulated. Their numerical values can be obtained from the experimental isotherms for single and mixed systems, sufficiently diluted, so as the Gibbs surface excess values could replace the surface concentrations.

A serious disadvantage of using Eq./7/ and /8/ is the necessity of assuming definite values of Γ_i^∞, determining the numerical values of F_i. Hence, Eq./7/ and /8/ can be safely used to investigate mixtures of surfactants of equal saturation adsorptions Γ_i^∞.

The partial molar areas of the components of mixed soluble films are thermodynamically well defined. There is, however, no possibility of determining surface activity coefficients and partial molar areas of the components, from the surface tension data, without assuming àpriori and arbitrarily any analytical relationship for one of them. For this reason, we propose putting all the surface nonideality effects into surface activity coefficients only /in ideal systems the values of ω_i remain constant/

In the absence of surface interactions between surfactants 1 and 2 , Eq./7/ and /8/ can be converted into :

$$\log c_1 = \log c_1^o + n_1 \log[(1-\theta_1)/(1-\theta_1-\theta_2)] \quad T,p\ \text{const.}, \theta_1^o = \theta_1^m = \theta_1, F_1 = 1 \quad (9)$$

$$\log c_2 = \log c_2^{\theta} + n_2 \log[(1-\theta_2)/(1-\theta_1-\theta_2)] \quad T,p\ \text{const.}, \theta_2^o = \theta_2^m = \theta_2, F_2 = 1 \quad (10)$$

Surface interactions between the components may affect the linearity of the relationship $\log c_i$ vs $\log[(1-\theta_i)/(1-\theta_1-\theta_2)]$ both through n_i and due to $F_i \neq 1$.

Discussion

Let us illustrate the criterion proposed and compare it with the most commonly used criterion of the additivity of surface molar areas at constant surface pressure, performing the calculations for a simple model system. Let us suppose that the Frumkin adsorption isotherm /6/ describes the adsorption of two surfactants, characterized by equal saturation adsorption. In this case, $n_1 = n_2 = 1$, $\Delta U_1^o(\theta_1) = 2a_1\theta_1$, $\Delta U_2^o(\theta_2) = 2a_2\theta_2$, $\Delta U_1(\theta_1,\theta_2) = 2a_3\theta_2$, $\Delta U_2(\theta_1,\theta_2) = 2a_3\theta_1$, $\Delta U_1^m(\theta_1,\theta_2) = 2a_1\theta_1 + 2a_3\theta_2$, $\Delta U_2^m(\theta_1,\theta_2) = 2a_2\theta_2 + 2a_3\theta_1$, where a_1, a_2 and a_3 are the Frumkin interaction parameters. It corresponds to $F_1 = \exp(-2a_3\theta_2)$ and $F_2 = \exp(-2a_3\theta_1)$.

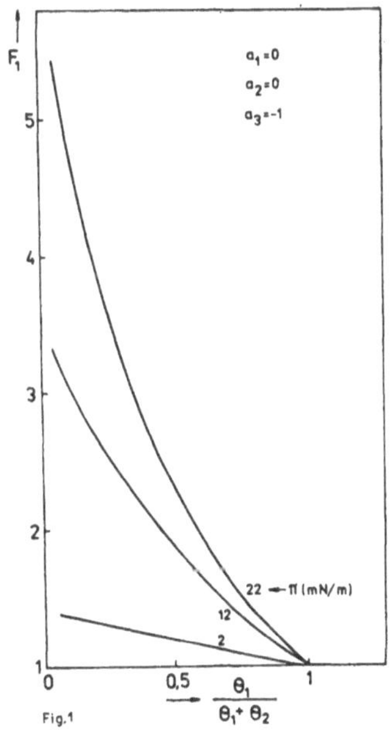

Fig.1

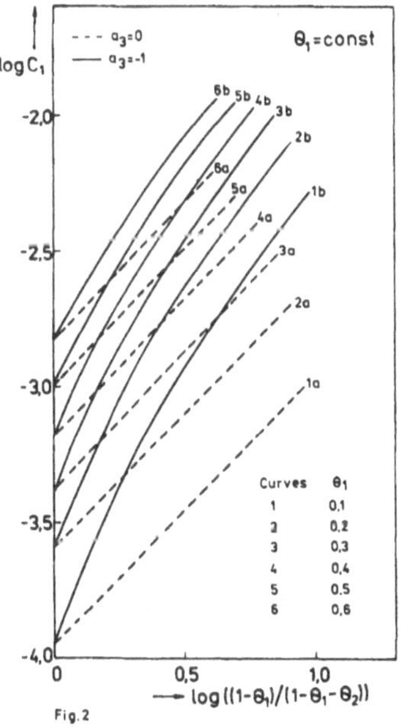

Fig.2

Fig.1 shows the values of F_1 for the mixtures of two substances repulsing each other / a_3 = -1, a_1=0, a_2=0 / at the surface. The curves represent the results computed for solutions of a constant surface pressure, equal to 2, 12 and 22 mN/m. In Fig.2 is shown the application of Eq./9/ to the same system /curves b /. The dotted lines /a/ show the relationship corresponding to a_3=0. The following Figures illustrate the comparison of the criteria discussed.

The additivity of molar areas at constant surface pressure requires the linearity of the plots $1/(\Gamma_1+\Gamma_2) = f(\Gamma_1/(\Gamma_1+\Gamma_2))$ at const.π and ideal mixing of surfactants /11,15,18/. When $\Gamma_1^\infty = \Gamma_2^\infty$, as in our numerical example, linearity should be obtained also on the plots $1/(\Theta_1+\Theta_2)$ vs $\Theta_1/(\Theta_1+\Theta_2)$. The respective plots are shown in Figs. 3 and 4, for π = 12 mN/m.

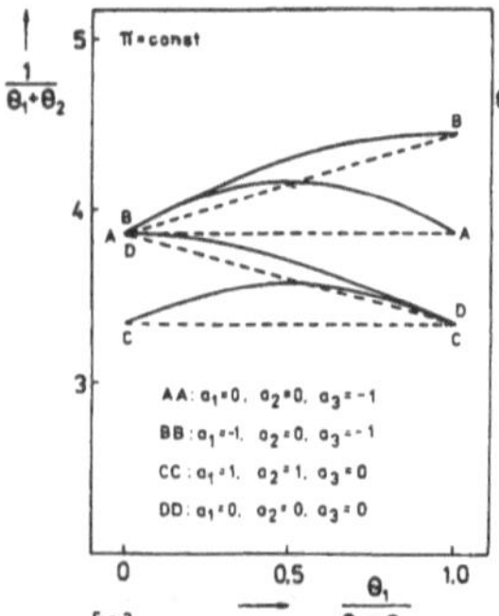

Fig.3

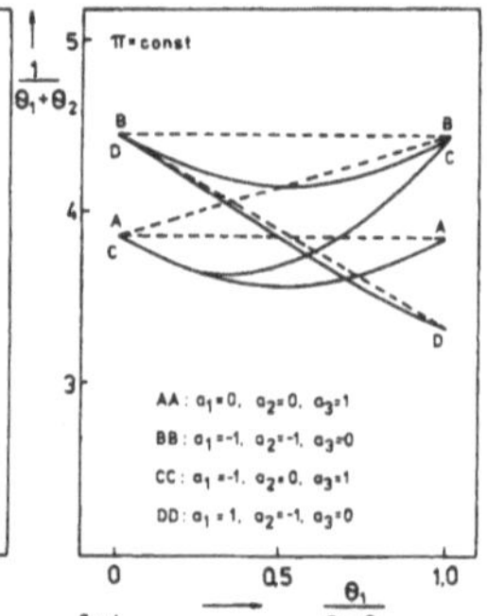

Fig.4

It can be seen that irrespective of the values a_3, all the plots may indicate surface repulsion /Fig.3/ or attraction /Fig.4/ between the surfactants, when nonideality of single surfactant solutions is not taken into account /cf.18/.

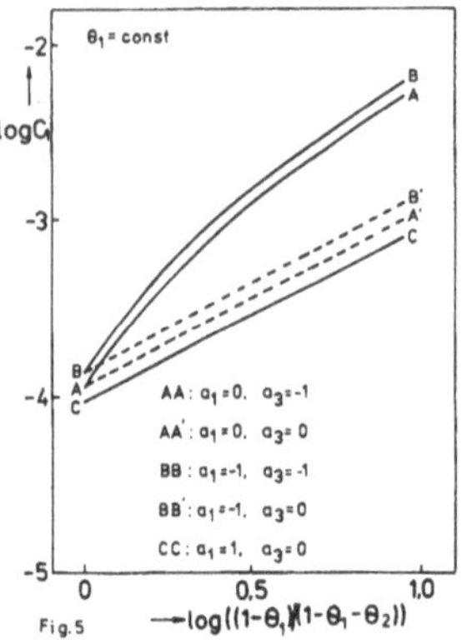

Fig.5

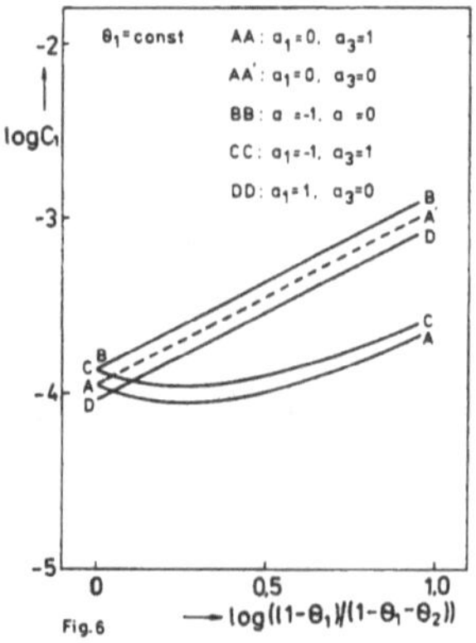

Fig.6

In Fig.5 and 6 the proposed criterion /9/ is applied to the systems described by solid lines in Fig.3 and 4. Nonlinearity of curves describing systems with direct interactions between surfactants, $a_3 \neq 0$, is very clear. The effect totally disappears for single nonideal systems of a_3=0. It is only when the presence of any of the components changes the function ΔU_1^0 for the other component, that the effective terms F_1 and F_2 may contain also the contribution from the change in ΔU_i^o. Although those terms do not describe the interactions between surfactant molecules, they are a result of such interactions.

Applicability of the criterion proposed does not depend on the fact, whether the components adsorb ideally in single surfactant systems. Conclusions are equivalent to those which would have been drawn from results of proceeding the experimental data through an appropriate adsorption isotherm. The criterion is more general, however, because it does not involve any arbitrarily chosen mathematical function for the terms ΔU_i. There is no need to use this criterion to the mixtures of surfactants adsorbing ideally in the aabsence of the other component. Existing criteria are in this case simple and independent on any adsorption parameters /15/.

References

/1/ F.B. SPROW and J.M PRAUSNITZ: Trans.FARADAY Soc. 62, 1105 (1966)

/2/ F.B. SPROW and J.M.PRAUSNITZ: Can.J.Chem. 45, 25 (1967)

/3/ J.E.B.RANDLES and B.BEHR: J.Electroanal.Chem. 35, 389 (1972)

/4/ E.H. LUCASSEN-REYNDERS: J.Phys.Chem. 70, 1777 (1966)

/5/ E.H. LUCASSEN-REYNDERS: Progr. Surface Membr.Sci. 10, 253 (1976)

/6/ B.B. DAMASKIN, A.N. FRUMKIN and N.A.BOROWAJA: Elektrochimiya,8, 807 (1972)

/7/ B.T. INGRAM: Colloid Polymer Sci. 258, M48 (1980)

/8/ M.J.ROSEN and X.Y. HUA: J.Colloid Interface Sci. 86, 164(1982)

/9/ X.Y. HUA and M.J. ROSEN: J.Colloid Interface Sci. 90, 212 (1983)

/10/ M.P. ARONSON, M.L. GUM and E.D. GODDARD: J.Am.Oil Chem.Soc. 60, 1333 (1983)

/11/ F.C. GOODRICH: IInd Intern. Congress on Surface Active Subst., Vol.1 85 (1957)

/12/ H. LANGE and K.H. BECK: Koll.Z.u.Z.Polymere 251, 424 (1973)

/13/ A. POMIANOWSKI and J. RODAKIEWICZ-NOWAK: Pol.J.Chem. 54, 267 (1980)

/14/ A. POMIANOWSKI and J. RODAKIEWICZ-NOWAK: Pol.J.Chem. 55, 1959 (1981)

/15/ E.H. LUCASSEN-REYNDERS: J.Colloid Interface Sci. 85, 178 (1982)

/16/ I. ZWIERZYKOWSKA: Zbiór Prac WSMW 1, 1(1971)

/17/ E. BLOMGREN and J.O.M.BOCKRIS: J.Phys.Chem. 63, 1475 (1959)

/18/ E.H. LUCASSEN-REYDERS: J.Colloid Interface Sci. 42, 554 (1973)

L. SCHMIDT

Forschungsinstitut der Ungarischen Kohlenwasserstoffindustrie
Százhalombatta, Ungarn

Physikalisch-chemische Aspekte der in situ Wechselwirkungen beim Tensidfluten

Bis zu den vierziger-fünfziger Jahren wurde das Erdöl durch die "natürliche" Energie der Lagerstätte auf die Erdoberfläche gebracht /Primärförderung/. Da die Lagerstättenenergie aber in den meisten Fällen für die Förderung der gesamten Ölmenge nicht ausreicht, wurden die sogenannten "sekundären" Methoden - in erster Linie das Wasserfluten - eingeführt. Hierbei wird die erforderliche Energie durch Injektion von Wasser in die Lagerstätte gesichert. Bei diesen "konventionellen" Methoden bleiben 40-80% des Ölvorkommens unförderbar in der Lagerstätte. Die wichtigsten Ursachen hierfür sind:

- Einige Öle können durch ihre hohe Viskosität wirtschaftlich nicht gefördert werden.
- Das injektierte Fludium erreicht nicht die gesamte Lagerstätte.
- Das Öl wird in Form isolierter, mikroskopischer Tröpfchen in den Gesteinsporen zurückgehalten.

Die tertiären oder EOR-Methoden /Enhanced Oil Recovery/ steigern den Entölungsgrad der Lagerstätten über das mit konventionellen Methoden erreichbare Mass hinaus durch Senkung der Ölviskosität, Steigerung des volumetrischen Wirkungsgrades und Senkung des Restölgehaltes in den verfluteten Zonen. Das Tensidfluten wirkt auf den beiden letztgenannten Wegen.

Die Poren des Lagerstättengesteins waren ursprünglich mit Wasser gefüllt und wurden im Laufe der Bildung und der Migration des Öls teilweise durch Öl gesättigt. Ein Teil dieses Öls wird beim Wasserfluten in Form mikroskopischer Tröpfchen durch Kapillarkräfte zurückgehalten. Beim Tensidfluten wird eine Tensidlösung in die Lagerstätte injektiert. Das Ziel ist die Herabsetzung der Öl-Wasser-Grenzflächenspannung von 10-30 $mN \cdot m^{-1}$ auf ca. 1 $\mu N \cdot m^{-1}$ und dadurch die Verminderung der Kräfte, welche die mikroskopischen Öltropfen zurückhalten bzw. ihr Fliessen verhindern. Ein zweiter wichtiger Faktor der Wirksamkeit des Tensidflutens ist die richtige Mobilität der Flutmedien. Ungünstige Mobilitätsverhältnisse führen zu "fingering" und zum frühzeitigen Durchbruch des Flutmediums, wobei ein grosser Anteil des Öls umgangen wird.

In zahlreichen, darunter in eigenen Arbeiten wurde im letzten Jahrzehnt gezeigt, dass das erwähnte Grenzflächenspannungskriterium bei Öl-Wasser-Tensid-Systemen unter ganz speziellem Gleichgewicht-Phasenverhalten erfüllt wird, welches mit der relativen Löslichkeit des Tensids in der Wasser- und Ölphase zusammenhängt. Durch die erhöhte gegenseitige Solubilität der Phasen und die Entstehung bestimmter Strukturen tritt eine "dritte" Phase auf, die lange Zeit als ideales Flutmedium betrachtet wurde.

Eine Weiterentwicklung dieser Anschauung bedeutete die erstmalige Formulierung, dass das aktive Flutmedium aus der in die Lagerstätte injektierten Tensidkomposition und dem Lagerstätteninhalt in einem in situ Vorgang gebildet werden muss /1,2/. Die bestimmenden Parameter hierbei sind: Elektrolytkonzentration des Lagerstättenwassers, Lagerstättentemperatur, Zusammensetzung des Lagerstättenöls, hydrophiler Charakter des Tensids, Öl- und Wasserlöslichkeit des Cotensids und das Öl-Wasser-Verhältnis.

Bei gegebener Lagerstätte haben die meisten dieser Parameter einen konkreten Wert, und die Anpassung des Tensids an den Lagerstätteninhalt ist von zentraler Bedeutung, d.h. jede Lagerstätte erfordert das passende Tensid. Mit anderen Kompositionsvariablen ist nur ein Modifizierungseffekt zu erreichen.

Wie in jüngsten Arbeiten gezeigt wurde /3/, die Fliess- und Strömungseigenschaften von Rohöl-Formationswasser-Tensid-Systemen stehen ebenfalls in engem Zusammenhang mit ihren Gleichgewicht-Phasenverhalten und werden durch die Komposition des Systems eindeutig bestimmt. Die Viskosität der aus Mehrphasen-Systemen entstehenden Makroemulsionen weist im Bereich der Phaseninversion Extremwerte auf, der pseudoplastische Charakter nimmt an diesen Stellen zu. Bei grossem Anteil der dispersen Phase kann die Emulsionsviskosität die Viskosität der Komponenten um Grössenordnungen übersteigen.

Der geschilderte Tatbestand wird in Abb.1 veranschaulicht, in der der Verlauf der Phaseninversion in Abhängigkeit des Ölanteils und der relativen Öllöslichkeit des Tensids widergegeben wird. Die relative Öllöslichkeit steht stellvertretend für die früher erwähnten Parameter, die das Phasenverhalten beeinflussen. Durch die Stärke der Phaseninversionslinie wird die Höhe der Viskositätsbarriere schematisch angedeutet. Der günstige Arbeitsbereich des Tensidflutens - geschrafftes Gebiet in der Abb. - liegt links unterhalb der Linie und wird durch das Grenzflächenspannung-Kriterium beschränkt. In diesem günstigen Kompositionsbereich während des gesamten Flutvorgangs zu verbleiben, ist eines der Hauptprobleme des Tensidflutverfahrens.

Es gibt zahlreiche Vorgänge, die zu dynamischen in situ Änderungen der optimalen Komposition führen können, wie die Adsorption des Tensids am Lagerstättengestein, seine Präzipitation in ungünstiger Ionenumgebung bzw. Lösung des Tensids in der immobilen Ölphase. Die Unterschiede hinsichtlich ihrer Adsorption und Löslichkeit können schliesslich zur chromatographischen Separation der Slug-Komponenten führen.

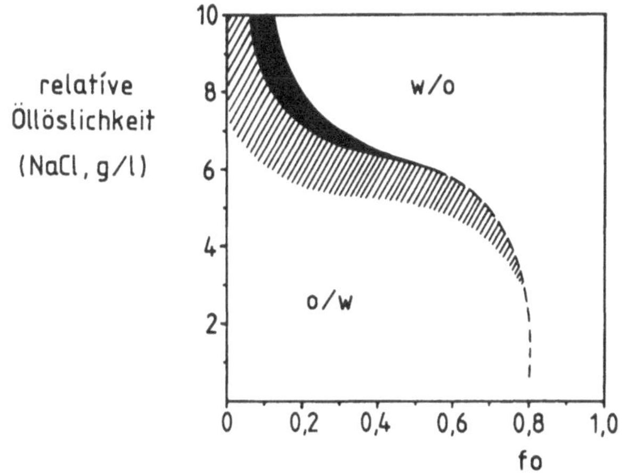

Abb.1. Günstige und ungünstige Arbeitsbereiche des Tensidflutens, determiniert durch relative Öllöslichkeit des Tensids und Ölanteil des strömenden Mediums

Bei Laboruntersuchungen auf einer Flutstrecke von 1 m, bei 100 bar und Lagerstättentemperatur konnte die chromatographische Trennung von Tensid, Cotensid und Elektrolyt während der Trennung von Tensid, Cotensid und Elektrolyt während der Entölungsversuche beobachtet werden. Bei technischen Produkten kann die unterschiedliche Retention des Tensidkomponenten - verursacht durch Unterschiede in Molekülmasse und Anzahl der hydrophilen Gruppen im Molekül - ebenfalls zur chromatographischen Separation führen.

Die ungünstigen Auswirkungen können hervorgerufen werden, wenn als Ergebnis der in situ Wechselwirkungen die Konzentration von zwei- und dreiwertigen Kationen in der Umgebung des aktiven Slugs ansteigt. Praktische Beispiele hierfür gibt es bei starker Ionenaustausch-Kapazität des Lagerstättengesteins /durch Tongehalt/, oder bei der gemeinsamen Anwendung von Kohlendioxid und Tensiden. Bei dieser Anwendung wird ein Anstieg der Kalzium- und Magnesium-Ionenkonzentration im Lagerstättenwasser durch die gesteinslösende Wirkung der Kohlensäure hervorgerufen.

Die erwähnten Vorgänge führen zur Erhöhung der relativen Öllöslichkeit des Tensids. Passiert das System dabei das Kompositionsgebiet der Phaseninversion /s.Abb./, steigt die Viskosität sehr stark an, und an der entsprechenden Stelle der Flutstrecke entsteht eine Strömungsbarriere. Hierbei ist ein Anstieg des Druckabfalls zu verzeichnen. Da diese hochviskose Emulsion durch die nachfolgenden Medien nicht weitergefördert werden kann, bricht die Front bei einem bestimmten Druckanstieg durch. Ein grosser Anteil der aktiven Substanz bleibt in einer W/O-Emulsion zurück. Wird ein Teil dennoch weitergefördert, kann erneut eine Barriere entstehen und ein weiterer Durchbruch erfolgen. Diese ungünstigen Mobilitätsverhältnisse sind durch sich stark verändernde f_0-Werte in den geförderten Medien und durch pulsierende Änderung des Druckabfalls gekennzeichnet.

Aus den geschilderten experimentellen Erfahrungen folgt, dass bestimmte Bereiche der Zusammensetzungen aus der Flutpraxis ausgeschlossen werden müssen, da entweder das Auftreten dieser Zusammensetzungen oder der kompositionelle Weg zu diesem Bereich zu ernsten Mobilitätsstörungen führen kann. Da die Viskosität von Makroemulsionen dominant vom Volumenanteil der dispersen Phase bestimmt wird, muss während des Flutens eine Phaseninversion bei Ölanteilen $f_o \neq 0{,}5$ unbedingt vermieden werden. Zu beachten ist, dass eine Phaseninversion von O/W- zu W/O-Emulsionen oberhalb des Ölanteils von 0,5 infolge des Tensidverlustes in der immobilen Ölphase ebenfalls nachteilig ist. Sie führt jedoch zu keinen Mobilitätsproblemen.

Zur Aufrechterhaltung der Wirksamkeit des Slugs muss also die relative Öllöslichkeit des Tensids so geregelt werden, dass es möglichst lange in der wässrigen Phase, im Bereich der niedrigen Grenzflächenspannung ohne Phaseninversion verbleibt. Hierzu muss eine Kompensation der negativen Konsequenzen der in situ Vorgänge vorgenommen werden. Realisiert wird dies durch die Anwendung eines Slug-Systems, in welchem die relative Wasserlöslichkeit des Tensids dem Aussmass der dynamischen Wechselwirkungen entsprechend graduell erhöht wird. Geeignete Lösungswege sind Gradienten der Elektrolyt- und Cotensidkonzentration, der Sulfonat-Molekülmasse, Gradient im Verhältnis von Sulfonat und nichtionischen Tensiden. Die erfolgreiche Anwendbarkeit dieses optimalen Tensidlöslichkeitskonzeptes wurde in zahlreichen Flutversuchen unter Lagerstättenbedingungen nachgewiesen und patentrechtlich geschützt.

Literatur

1/ G.R. GLINSMANN: SPE 8326 /1979/

2/ L. SCHMIDT, Á. BALÁZS, GY. GÁTI:
5. ÖGEW/DGMK Gemeinschaftstagung, München, 1980

3/ L. SCHMIDT, P. KÓRÓDI, V. BÁLINT
Erdöl- und Erdgas-Zeitschrift, in Vorbereitung

M. SIDOROVA, D. FRIDRIKHSBERG, I. BEJANIDZE

Chemical Faculty of Leningrad State University, UdSSR

Ion-exchange Membrane Electrochemical Characteristics in Surface Active Substance Solutions

Introduction

It is known, that ion-exchange membranes have been used for production of fresh water from sea water or salt water, purification of sewage etc. by the electrodialysis method /1/. The efficiency of this method of desalination is determined by such electrochemical properties of membranes as their electroconductivity and ion transport numbers, depending also on apparatus construction and process conditions. On the demineralization or concentration by ion-exchange membrane by means of electrodialysis one of the most serious problems is the "poisoning" of membranes by surface active substances, as rivers, lakes and seas contain small amounts of detergents, because of the spread of them /2-4/.

In the present work, after a cation- and anion-exchange membranes had been immersed in an aqueous solution of organic electrolyte and ion adsorption took place, the changes of elelctrochemical membrane properties, such as counter-ion transport numbers and electric resistance of membranes being induced by adsorption of organic ions, were investigated.

Experimental technique

Materials. Two types of Soviet ion-exchange heterogeneous membranes were used in this study: MK-40 - cation-exchange membrane prepared from strong cation-exchange resin KU-2 with introduced sulfogroups and MA-40 - anion-exchange membrane, prepared from polyfunctional anion-exchange resin EDE-10P with quarternary, ternery and secondary ammonium groups. Before the adsorption measurements, Na^+-und Cl^--membrane forms were prepared, whereas potentiometric titration were carried out on H^+- and OH^--membrane forms.

Electrolyte. Organic electrolytes-sodium benzensulfonate (NaBS), sodium naphthalensulfonate (NaNS) and hexadecylpyridinium chloride (CPCl) were used. It is found, that NaBS and NaNS are nonsurfactants (by measuring σ and $\varkappa$) in the contrary of CPCl, CMC being $8{,}8.10^{-4}$.

Procedures. The determination of organic ion adsorption by membranes were fulfilled by potentiometric titration methods for BS^--and NS^--ions (with comparison Cl^--ion) and by spectrophotometric method under adsorption band 260 nm for CPCl, 275 nm for NaNS and 263 nm for NaBS. After adsorption equilibrium were achieved, transport properties of membrane were investigated. Membrane transport numbers of ion were measured by EMF method; electric membrane resistance in alternative current on rectangular strips 1,0 cm wide and 10,0 cm long with a platinum electrodes coverd platinum black were measured /5/. Besides these investigations, electric resistance of resin diaphragm under different pressures, up to 10 MPa, were determined.

Results and discussion

Organic counter-ion adsorptions by membranes are shown in Fig. 1, the value of relative adsorption $\Theta = g_i/g_{i\ max}$ (where $g_{i\ max}$ - maximum adsorption of i - sort ion) plotted as function of a root square of adsorption time, $\sqrt{t}$.

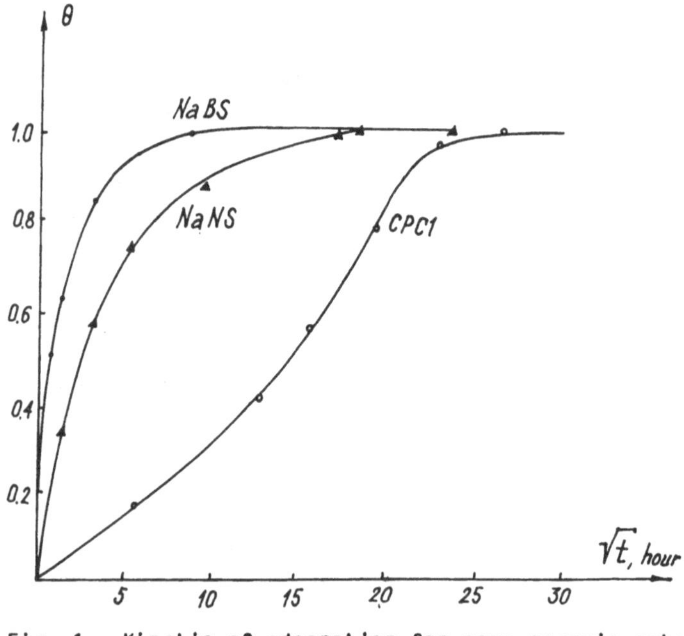

Fig. 1. Kinetic of adsorption for some organic substances in ion-exchange membranes.

It can be noted, that the adsorption period is the longer, the larger is the organic counterion: the membrane immersion period (adsorption time corresponding solution equilibrium concentration) changed from three days for NaBS to 35 days for CPCl.

The maximum adsorption value is a little more than the exchange capacity for BS^- and NS^- on MA-40 anion-exchange membrane (Fig. 2) as a results of the specific interaction between fixed groups, matrix and organic counter-ions; whereas in the case of CP^+ adsorption by cation-exchange membrane MK-40 is a little smaller than the exchange capacity, probably for steric difficulties in membrane.

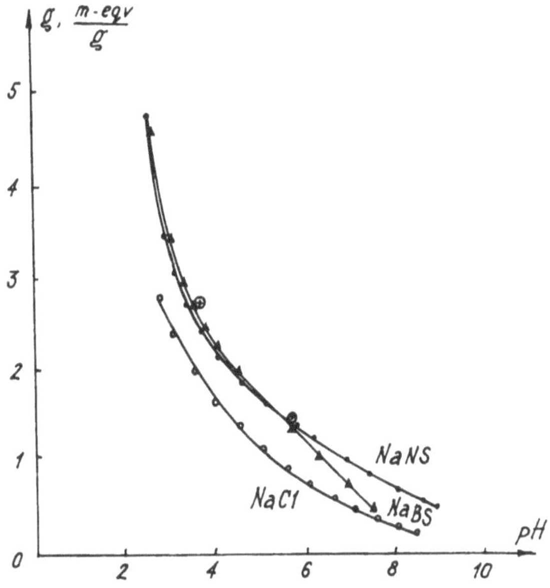

Fig. 2. The dependence of ion-exchange capacity of anion-exchange membrane MA-40 on pH; ⊕ corresponds the data measured by adsorption method.

After that the investigation of transport phenomena were fulfilled. Fig. 3 shows the influence of organic electrolyte concentration on transport counter-ion numbers in membrane in comparison with NaCl. These membranes are semipermeable ($\bar{n}_i \approx 1$) in NaCl solution up to 0,1 M (the upper curve), but lose this property in organic electrolyte solution: counter-ion transport number decrease the sooner the organic counter-ion dimensions are the larger. So CP^+-ion sorption by cation-exchange membrane MK-40 leads to "poisoning" of membrane, as a result of Na^+ transport numbers in modified membrane are equal the same in the bulk.

It should be noticed, that water content in membrane also decreases under exchange of inorganic ion on organic in matrix, especially for CP^+. It is interesting to compare the membrane electroconductivity before and after organic counter-ion adsorption. Our results for dependences of the specific electrical conductivity of ion-exchange membranes ($\varkappa_m$) on electrolyte concentration are represented in tables 1 and 2.

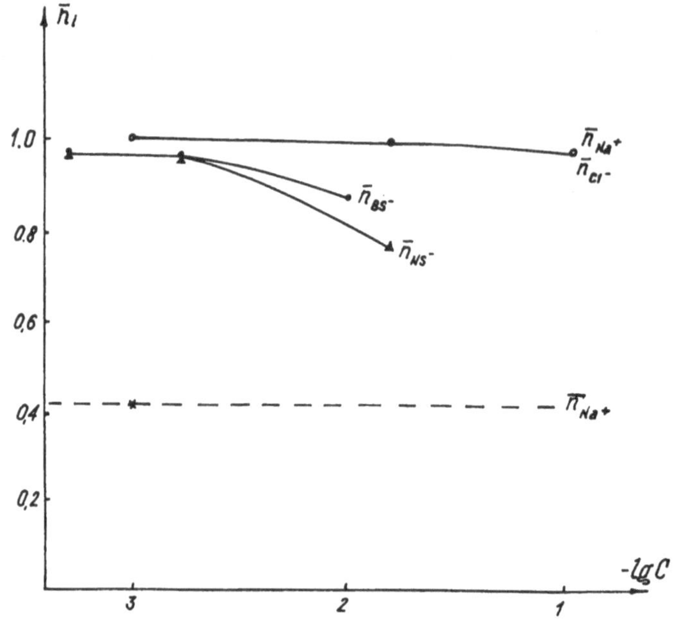

Fig. 3. Counter-ion transport numbers in membranes versus electrolyte concentration.

Table 1. Variations of membrane characteristics in different electrolytes

System	C M	$\varkappa_V \cdot 10^3$ $Ohm^{-1}cm^{-1}$	$\bar{\varkappa}_m \cdot 10^3$ $Ohm^{-1}cm^{-1}$	α	$\bar{\lambda}_i$ $g\text{-}eqv^{-1}Ohm^{-1}cm^2$
MK-40 - NaCl	10^{-4}	0,03	7,1	1880	4,0
	10^{-3}	0,1	7,6	420	4,3
	10^{-2}	1,1	8,2	50	4,7
	10^{-1}	10,0	9,6	6,4	5,5
	5.10^{-1}	43,3	13,1	2,0	7,4
	1	72,2	17,8	1,55	10,1
MK-40	5.10^{-4}	0,05	$9,2.10^{-4}$	0,13	$5,2.10^{-4}$
CPCl	7.10^{-4}	0,07	$8,4.10^{-4}$	0,06	$4,8.10^{-4}$

In these tables there are the values of specific conductivity of the bulk solution ($\varkappa_V$), mean mobility values of counter-ion in membranes (λ_i) and $\alpha = \varkappa_e/\varkappa_V$ - the ratio of specific conductivity of electrolyte in membrane (exception matrix) and in the bulk of solution. It is seen, that membrane conductivity, beeng high in NaCl, decreases with organic ion sorption by membrane in one order of magnitude for MA-40 in BS^--form, in 2,5 order - for Ma-40 in NS^--form and in 4 order- for Mk-40 in CP^+-form.

The mean values of ion mobility, λ_i , (table 1,2), being calculated from membrane conductivity and adsorption data, also decrease with organic ion dimension, especially sharp in the case of CP^+-MK-40.

Table 2. Variations of membrane characteristics in different electrolytes.

System	C M	$\varkappa_v \cdot 10^3$ $Ohm^{-1}cm^{-1}$	$\bar{\varkappa}_m \cdot 10^3$ $Ohm^{-1}cm^{-1}$	α	$\bar{\lambda}_i$ $g\text{-}eqv^{-1}Ohm^{-1}cm^2$
MA-40 - NaCl	2.10^{-4}	0,05	5,0	1230	2,6
	10^{-3}	0,1	5,2	450	2,8
	10^{-2}	1,1	5,5	57,2	2,9
	10^{-1}	10,0	6,8	7,9	3,6
	5.10^{-1}	44,0	8,9	2,4	4,7
	1	76,2	11,9	1,8	6,3
MA-40 - NaBS	5.10^{-4}	0,08	3,1	450	1,6
	10^{-3}	0,09	0,8	104	0,42
	4.10^{-3}	0,4	0,8	23,3	0,42
	10^{-2}	0,7	0,6	10,0	0,32
MA-40 - NaNS	5.10^{-4}	0,08	0,6	87,4	0,32
	4.10^{-3}	0,5	0,01	0,23	0,005
	10^{-2}	0,4	0,01	0,3	0,005

A study of temperature dependence of a membrane conductivity shown that the energy of activation for membrane in the organic ion form is greater, than the same value in the simple ion form (Na^+, Cl^-), due to the strong specific interaction between organic ion and membrane matrix. Our results are shown in the Table 3.

The cell for diaphragm conductivity measurements under compressing is represented on Fig. 4.

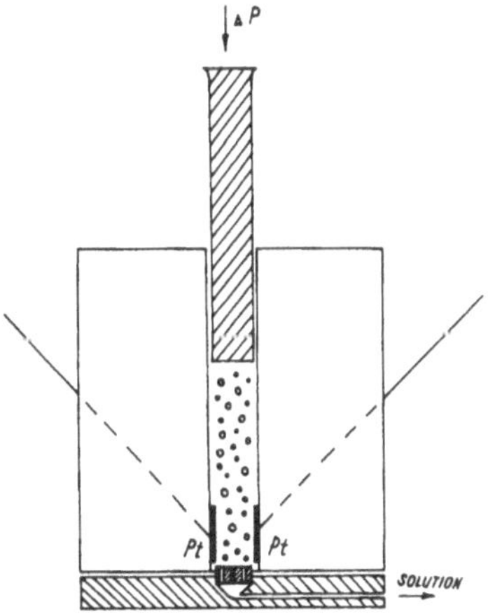

Table 3. Conductive activation energy in ion-exchange membranes and resins.

System		Counter-ion	E_a kkal/mole
Resins	KU-2	Na^+	4,6
		CP^+	12,2
	EDE-10P	Cl^-	4,6
Membranes	MK-40	Na^+	4,9
		CP^+	12,1
	MA-40	Cl^-	4,8
		BS^-	6,0
		NS^-	9,4

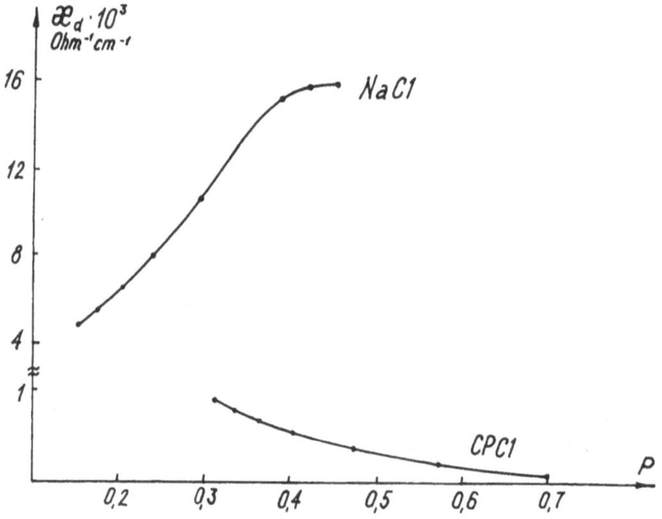

Fig. 5. Dependence of conductivity of diaphragm from cation-exchange resin KU-2 on volume part of dry resin in NaCl and CPCl equilibrium solutions.

In Fig. 5 and 6 the dependences of resin diaphragm conductivity ($æ_d$) on the volume part of dry resin (p), being changed by pressing (for removing of solution), are represented. For Na^+-form cation-exchange resin KU-2 and Cl^--form anion-exchange resin EDE-10P conductivity has been increased with compressing up to limiting value (the uppers curves). In contrast of this picture, the value of conductivity doesn't change by pressing for BS^--form of anion-exchange resin and decreases in the case of NS^--form and especially for CP^+-form of cation-exchange resin, because the resin conductivity is smaller, than the same value of the bulk solution.

Thus it may be said, that the adsorption of nonsurfactant organic electrolytes by electrodialysis membranes did not "poison" these membranes

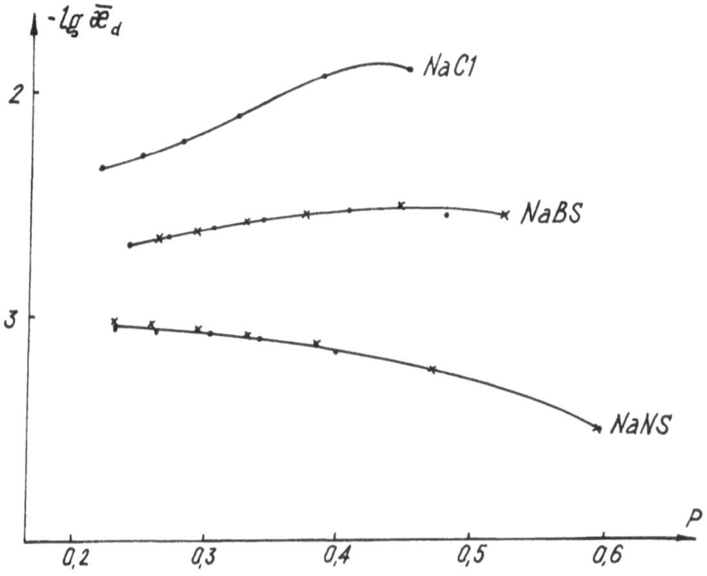

Fig. 6. Dependence of conductivity of diaphragm from anion-exchange resin EDE-10P on volume part of dry resin in NaCl, NaBS and NaNS equilibrium solutions.

in contrast of a long-chain surface active substances. These results should be taken into account, when the treatment of sewage containing surfactants is carried out by electrodialysis method.

References

/1/ L. EHARA: Chem.Econ.&Eng.Rev. 6, 22, (1974)

/2/ T. SATA: Kolloid-Z.u.Z.Polymere 243, 157 (1971)

/3/ T. SATA: Electrochim. Acta 18, 199 (1973)

/4/ T. SATA: Colloid & Polymer Sci. 256, 62 (1978)

/5/ D. FRIDRIKHSBERG, M. SIDOROVA and I. BEJANIDZE: DAN SSSR, 277, 138 (1984)

ADAM SOKOŁOWSKI[x], BOGDAN BURCZYK[x] and JÖRG BEGER[xx]

[x] Institute of Organic and Polymer Technology, Technical University of Wrocław, 50-370 Wrocław, Poland

[xx] Department of Chemistry, Mining Academy at Freiberg, DDR-9200 Freiberg, German Democratic Republic

Micellar Properties of n-Alkylthiotetraoxyethyleneglycols in Aqueous Solution

Introduction

In the past several years, a number of works on the thermodynamics of micelle formation have been published. Many of them dealt with the micelle formation of polyoxyethyleneglycol-n-alkyl ethers in solutions[2-6]. Very little is known, however, about the surface properties of analogous mono-n-alkylthiopolyoxyethyleneglycols, and the only reports available[7-12] describe properties of polydisperse products. In these compounds having formula $C_nH_{2n+1}S(CH_2CH_2O)_mH$, the bivalent sulphur atom bridges a hydrophobic hydrocarbon chain with hydrophilic polyoxyethylene grouping.

Recently, a polarity measurements for a series of nonionic surfactants, including those for individual thioethers have been reported by Szymanowski et al[13].

However, there seem not to be any data, in the literature, on micellization of the individual oxyethylenated derivatives of alkylthiols.

In this contribution, we report on the micellar properties of individual mono-n-alkylthiotetraoxyethyleneglycols in aqueous solutions. The aim on the study was to provide data from which the standard free enthalpy as well as the enthalpy and entropy of micellization for this series of nonionic surfactants could be calculated.

Experimental

The thioethers were synthesized in a Williamson-analogous reaction of alkylthiols with ω-chlorotetraethyleneglycol, according to the following scheme:

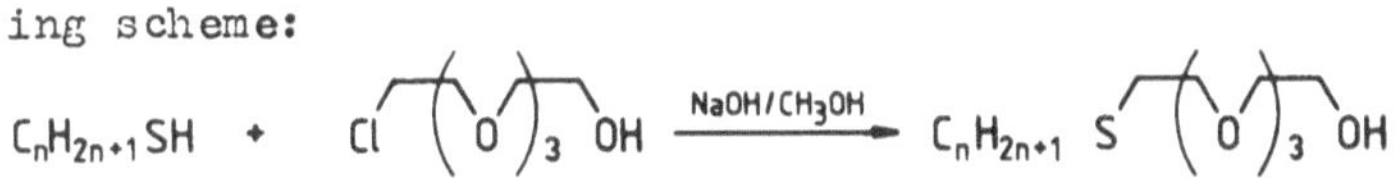

n = 4, 5, 6, 7, 8 C_nSE_4

The products were isolated from reaction mixtures by extraction with ethyl ether followed by fractional distillation; their purities were checked by GLC, and their structures verified by ^{1}H NMR.

^{1}H NMR (HMDS) (ppm): 0.83 (t, 3H, CH_3–); 1.20 (m, –(CH_2)–, n ≥ 6); 1.0–1.7 (m, –$(CH_2)_n$–, n < 6); 2.45 (t, 2H, –$(CH_2)_n$–$C\underline{H}_2$S–, J= 7.0 Hz); 2.57 (t, 2H, –S–$C\underline{H}_2$–CH_2O–, J= 7.0 Hz); 3.3–3.7 (m, 14H, –CH_2O–).

The physical constants of the compounds obtained are listed in Table 1.

The surface tensions of thioether solutions were measured with a Wilhelmy type surface tensiometr. The measurements were made at 10.0, 20.0, 30.0, and 40.0± 0.1 °C.

Table 1

Physical properties of individual n-alkylthiotetraoxyethyleneglycols

Compound	n_D^{20}	bp (°C / mm Hg)	t_R (min) x/
C_4SE_4	1.4760	146 / 0.2	11.3
C_5SE_4	1.4742	167 / 0.5	14.9
C_6SE_4	1.4743	185-7 / 1	19.6
C_7SE_4	1.4744	190-3 / 1	27.4
C_8SE_4	1.4735	180 / 0.4	34.0

x/ GLC, retention times; 10 % XE60, l = 1m, 160 °C

Results and Discussion

The surface tension isotherms of aqueous solutions of compounds C_nSE_4 have been determined. All the thioethers studied formed micellar solutions. The relationship between the surface tension and the concentration of surfactant C_8SE_4 is shown in Fig. 1. The critical micelle concentrations (CMC values) for these compounds, as determined from the plots γ vs. log c are listed in Table 2. The log CMC decreases linearly with increasing number of carbon atoms in alkyl chains (Fig. 2). Similar linearity was observed for monoethers $C_nH_{2n+1}O(CH_2CH_2O)_4H$ (C_nOE_4) (n from 5 to 8) [14]. The latter relationship is also shown in Fig. 2.

Assuming the value of CMC to be a measure of surface activity of a surfactant, one can conclude that the effective length of the hydrophobic chain in thioether C_8SE_4 is higher by about two methylene groups than in the case of C_8OE_4. For the derivatives with shorter hydrocarbon chains, such a difference becomes smaller and smaller.

The standard free enthalpy of micelle formation, ΔG_m, was calculated from the equation:

$$\Delta G_m = 2.303\, RT\, (\log CMC - \log w) \qquad (1)$$

where w is the molar concentration of water at given temperature. The values of ΔG_m for C_nSE_4 compounds decrease linearly with increasing number of carbon atoms, n, in the hydrocarbon chains at each temperature. Thus, it becomes possible to calculate increments of ΔG_m ($\Delta G_m(-CH_2-)$) for one methylene group. Their values are:

$$10\ ^{o}C: \quad \Delta G_m(-CH_2-) = -2.98 \text{ kJ mole}^{-1}$$
$$20\ ^{o}C: \quad \Delta G_m(-CH_2-) = -3.07 \text{ kJ mole}^{-1}$$
$$30\ ^{o}C: \quad \Delta G_m(-CH_2-) = -3.19 \text{ kJ mole}^{-1}$$
$$40\ ^{o}C: \quad \Delta G_m(-CH_2-) = -3.22 \text{ kJ mole}^{-1}$$

The absolute values of $\Delta G_m(-CH_2-)$ slightly increase with increasing temperature and they are somewhat larger than the analogous value $\Delta G_m(-CH_2-)$ determined for monoethers C_nOE_4 at 20 ^{o}C (-2.44 kJ mole^{-1})[14]; they are, however, similar to the values of $\Delta G_m(-CH_2-)$ obtained for monoethers C_nOE_3 at 25 ^{o}C (-3.16 kJ mole^{-1})[4].

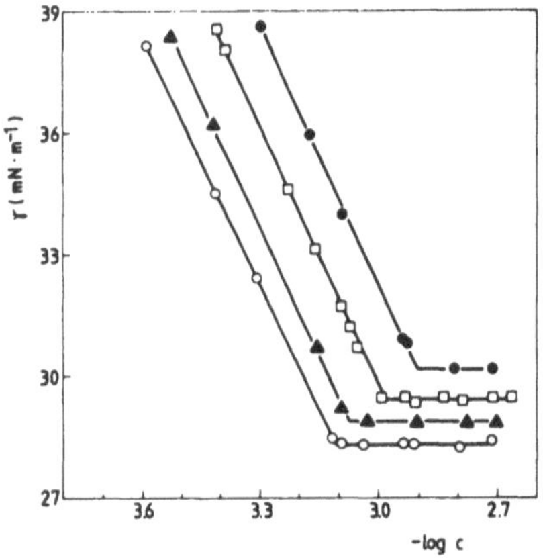

Fig. 1.
Plot of surface tension, γ, vs. logarithm of the concentration of aqueous solution of C_8SE_4: ● − 10.0 °C ; □ − 20.0 °C ; ▲ − 30.0 °C ; ○ − 40.0 °C

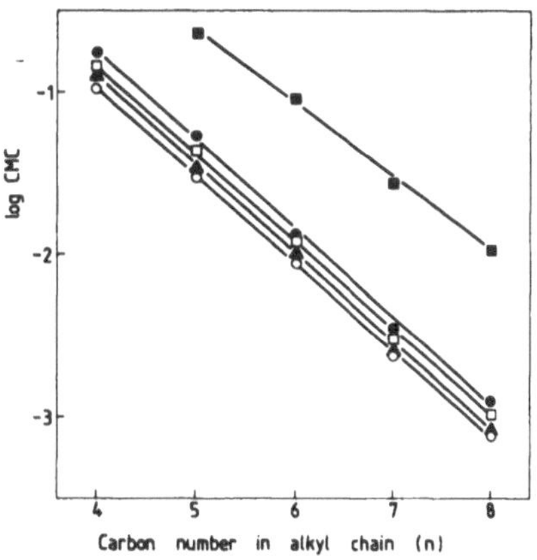

Fig. 2.
Plot of log CMC versus the number of carbon atoms in the alkyl chain of C_nSE_4: ● − 10.0 °C ; □ − 20.0 °C ; ▲ − 30.0 °C ○ − 40.0 °C,
C_nOE_4: ■ − 20.0 °C (from Ref. 14)

Table 2

The values of CMC obtained from surface tension isotherms

Temp. (°C)	CMC (mole · dm^{-3})				
	C_4SE_4	C_5SE_4	C_6SE_4	C_7SE_4	C_8SE_4
10.0	$1.56 \cdot 10^{-1}$	$5.4 \cdot 10^{-2}$	$1.39 \cdot 10^{-2}$	$3.6 \cdot 10^{-3}$	$1.24 \cdot 10^{-3}$
20.0	$1.23 \cdot 10^{-1}$	$4.4 \cdot 10^{-2}$	$1.20 \cdot 10^{-2}$	$3.0 \cdot 10^{-3}$	$1.03 \cdot 10^{-3}$
30.0	$1.01 \cdot 10^{-1}$	$3.5 \cdot 10^{-2}$	$1.02 \cdot 10^{-2}$	$2.5 \cdot 10^{-3}$	$0.84 \cdot 10^{-3}$
40.0	$0.86 \cdot 10^{-1}$	$3.0 \cdot 10^{-2}$	$0.88 \cdot 10^{-2}$	$2.3 \cdot 10^{-3}$	$0.77 \cdot 10^{-3}$

The plot of log CMC vs. reciprocal temperature is shown in Fig. 3. Since the relationship is linear, the enthalpy, ΔH_m, and entropy, ΔS_m, of micellization can be determined in the range of temperatures used, by rearranging eq. (1) to read

$$\log CMC = (\Delta H_m/2.303\ R)(1/T) - \Delta S_m/2.303\ R + \log w \qquad (2)$$

The values of ΔG_m, ΔH_m, and ΔS_m at 25 °C are listed in Table 3. The calculated thermodynamic functions of micelle formation are plotted against the number of carbon atoms in the hydrocarbon chains in Fig. 4.

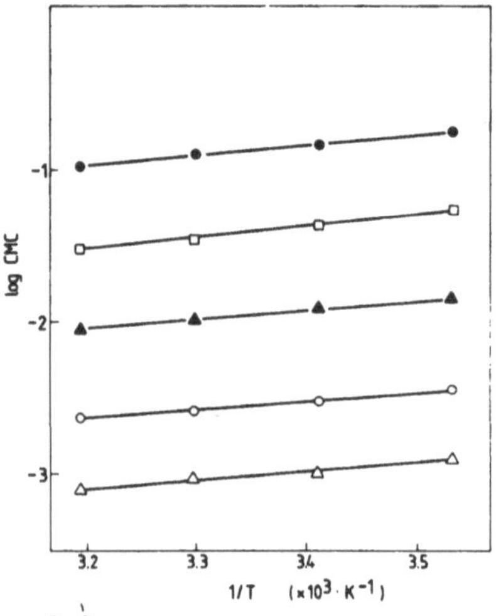

Fig. 3.
Plot of log CMC against the reciprocal temperature (1/T): ● - C_4SE_4; □ - C_5SE_4; ▲ - C_6SE_4; ○ - C_7SE_4; △ - C_8SE_4

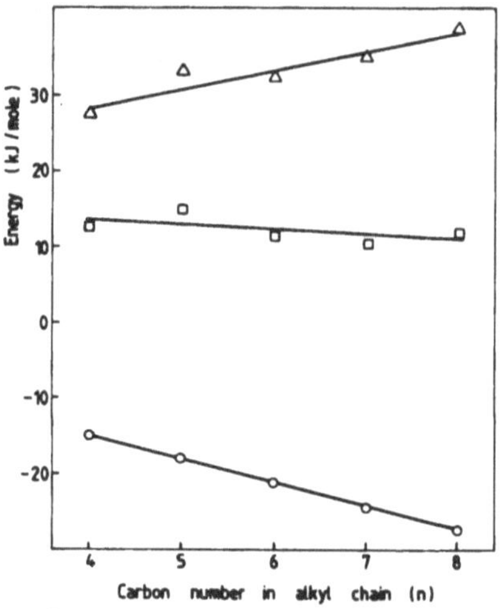

Fig. 4.
Thermodynamic quantities of micellization at 25.0 °C as a function of alkyl chain length for C_nSE_4: ○ - ΔG_m; □ - ΔH_m; △ - $T\Delta S_m$

Table 3

Thermodynamic quantities of micellization at 25.0 °C

Compound	ΔG_m (kJ / mole)	ΔH_m (kJ / mole)	ΔS_m (kJ / mole)	$T\Delta S_m$ (kJ / mole)
C_4SE_4	- 14.9	12.8	0.093	27.7
C_5SE_4	- 18.0	15.0	0.111	33.0
C_6SE_4	- 21.1	11.3	0.109	32.4
C_7SE_4	- 24.5	10.7	0.118	35.2
C_8SE_4	- 27.2	12.0	0.131	39.2

It can be seen that the value of $T\Delta S_m$ increases with increasing length of the hydrophobic grouping, while ΔH_m slightly decreases. These relationships clearly show that during micellization in aqueous solutions, the entropic term plays the most significant role. Similar observations with respect to the thermodynamic quantities of micellization in aqueous solutions of polyoxyethyleneglycol-n-alkyl monoethers have also been reported[15].

References

(1) Part 14 in the series, "Chemical Structure and Surface Activity". For Part 13 see: A. PIASECKI, B. BURCZYK and J. ŻAK: Colloids Surfaces (submitted for publication)

(2) D. G. HALL and B. A. PETHICA, in "Nonionic Surfactants", M. J. SCHICK, Ed., p. 516, Marcell Dekker Inc., New York, 1967

(3) K. L. MITTAL, Ed.: "Micellization, Solubilization, and Microemulsions", Vol. 1, 2, Plenum Press, New York and London, 1977

(4) G. C. KRESHECK, in "Water - A Comprehensive Treatise", Vol. 4, F. FRANKS, Ed., p. 95, Plenum Press, New York and London, 1978

(5) C. TANFORD: "The Hydrophobic Effect:. Formation of Micelles and Biological Membranes", John Wiley and Sons, New York, 1973

(6) M. J. ROSEN: "Surfactant and Interfacial Phenomena", John Wiley and Sons, New York, 1978

(7) H. LEMAIRE, in "Nonionic Surfactants", M. J. SCHICK, Ed., p. 175, Marcell Dekker Inc., New York, 1967

(8) N. SCHÖNFELDT: "Surface Active Ethylene Oxide Adducts", p. 99,169, Pergamon Press, Oxford, 1969

(9) V. S. KRIVICH and L. P. BAKHOLDINA: Kolloidn. Zh. 46, 130 (1984)

(10) T. M. KASSEM: Tenside Detergents 21, 144 (1984)

(11) A. M. MANKOWICH: J. Phys. Chem. 58, 1027 (1954)

(12) A. M. MANKOWICH: J. Chem. Eng. Data 4, 254 (1959)

(13) J. SZYMANOWSKI, A. VOELKEL, J. BEGER and C. PÖSCHMANN: Tenside Detergents 20, 173 (1983)

(14) S. KUCHARSKI, A. SOKOŁOWSKI and B. BURCZYK: Roczniki Chemii 47, 2045 (1973)

(15) K. MEGURO, Y. TAKASAWA, N. KAWAHASHI, Y. TABATA and M. UENO: J. Colloid Interface Sci. 83, 50 (1981)

И. М. СОЛОМЕНЦЕВА, Л. А. ВЕЛИЧАНСКАЯ

Институт коллоидной химии и химии воды АН УССР, г. Киев

Адсорбционные слои полиэлектролитов на поверхности латексов

Исследования структуры адсорбционных слоев полиэлектролитов и ее влияния на электроповерхностные свойства и устойчивость дисперсий необходимы для разработки научных основ стабилизации и флокуляции коллоидных растворов, концентрирования и обезвоживания суспензий, очистки природных и сточных вод и т.д./I,2/. В данной работе проведено комплексное исследование адсорбции и толщины адсорбционных слоев анионных - натриевые соли карбоксиметилцеллюлозы (КМЦ) - и катионных - полиэтиленимины (ПЭИ) - полиэлектролитов на поверхности противоположно заряженных монодисперсных сферических частиц меламино-формальдегида (МФ) и полистирола, а также электрофоретической подвижности и устойчивости соответствующих дисперсий.

Адсорбция КМЦ на поверхности меламино-формальдегидных частиц (изученная с помощью интерферометрии) описывается изотермами высокого сродства (рис.I): при малых концентрациях полимера он полностью извлекается из раствора на поверхность, после чего достигается область плато или псевдоплато. Предельная величина адсорбции возрастает с увеличением молекулярной массы КМЦ и снижением заряда макроиона. Аналогичный вид имеют изотермы адсорбции ПЭИ на поверхности полистирола, с той лишь разницей, что величины его предельной адсорбции (Γ_∞) на порядок ниже.

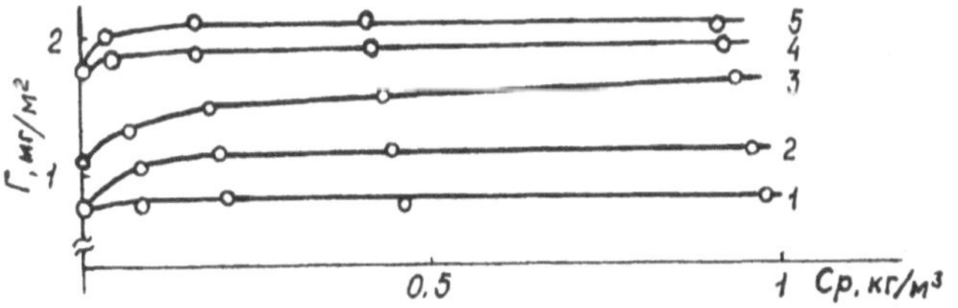

Рис.I. Изотермы адсорбции КМЦ (I-I40/548, 2-8I/239, 3-83/530, 4-55/520, 5-86/800, где первая цифра - степень замещения OH^--групп на CH_3COO^- в молекуле КМЦ, вторая - степень ее полимеризации) на поверхности меламино-формальдегидных частиц.

Учитывая чувствительность клубков макроионов к изменению ионной силы раствора, мы подробно исследовали зависимость адсорбции от этого фактора. Как выяснилось, полученные изотермы по форме близки к представленным на рис.I, отличаясь в основном лишь величиной Γ_∞. При этом обнаружено, что для всех исследованных образцов полиэлектролитов зависимость предельной адсорбции от концентрации I-I-валентного электролита проходит через минимум, после чего резко возрастает и выходит на плато (рис.2). Величины адсорбции обоих полиэлектролитов при этом увеличиваются в несколько раз (до 8-I0 мг/м^2 для КМЦ и до 0,5-0,8 мг/м^2 для ПЭИ).

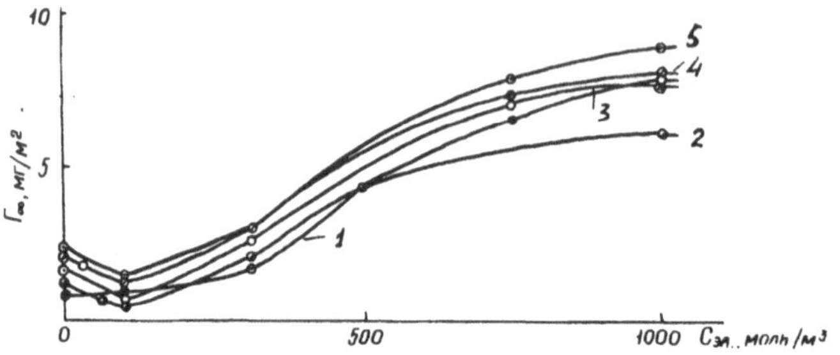

Рис.2. Зависимость предельной величины адсорбции КМЦ (нумерация та же, что на рис.I) на поверхности МФ-частиц от содержания в системе $NaCl$.

Найденные закономерности могут быть объяснены с позиций теории адсорбции полиэлектролитов Хесселинка /3/. При условии противоположности знаков зарядов поверхности и макроионов рост концентрации электролитов в растворе приводит к снижению электростатической составляющей адсорбции, что обусловлено, вероятно, уменьшением электростатического притяжения из-за сжатия двойного электрического слоя частиц и снижения эффективного заряда макроионов. С другой стороны, с ростом ионной силы раствора происходит уменьшение размеров макромолекулярных клубков, что обеспечивает возможность размещения их большего количества на поверхности адсорбента. Изменение вкладов двух описанных конкурирующих эффектов с ростом содержания в системе электролитов и приводит к проходящей через минимум форме кривых $\Gamma = f(C_{эл.})$.

Как показали элементарные расчеты, адсорбция на поверхности меламиноформальдегидных частиц недеформированных клубков макроионов КМЦ привела бы к необоснованно большим толщинам адсорбционных слоев (δ). Для определения деформации клубков при адсорбции были получены данные о гидродинамических размерах макромолекулярных клубков КМЦ и ПЭИ (их рассчитывали по /4,5/ на основании вискозиметрических измерений) и толщинах адсорбционных слоев. Последние определены двумя методами: по скорости седиментации частиц и по приращению объема осадков /6/.

Показано (рис.3), что с ростом содержания полимера в системе происходит вначале незначительное, затем (после области флокуляции) скачкообразное увеличение толщины адсорбционного слоя КМЦ с последующим выходом на плато. Величина δ в области насыщения возрастает с увеличением молекулярной массы, заряда полиэлектролита и радиуса кривизны адсорбирующей поверхности, а при повышении ионной силы раствора снижается. Качественно аналогичные зависимости получены для полиэтиленимина, адсорбированного частицами полистирола, однако предельные толщины полимерных

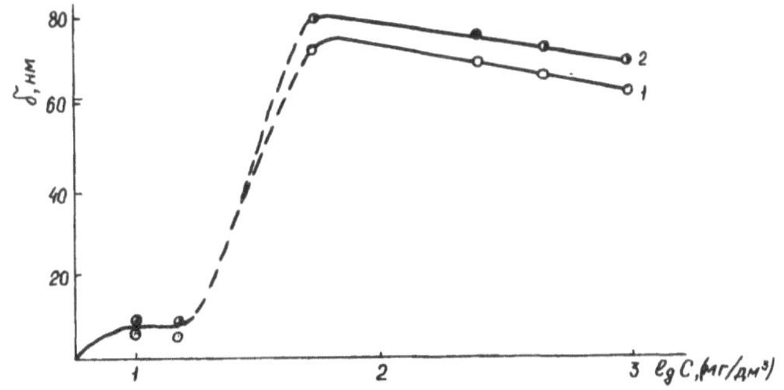

Рис.3. Зависимость толщины адсорбционного слоя КМЦ 81/239 на поверхности МФ-частиц (определенных по скорости седиментации - I и по приращению объема осадков - 2) от содержания полиэлектролита в системе.

слоев не превышали 40 нм/7/.

На основании полученных данных рассчитаны: количество полимера в единице объема адсорбционного слоя (ρ_c) и клубка макроионов ($\rho_к$), а также их соотношение, указывающее на степень сжатия макромолекулярного клубка при его переходе на поверхность. Обнаружено, что величины $\rho_c / \rho_к$ для КМЦ составляют от 20 до 80 (подробнее см./7/), что более чем на порядок выше таковых для ПЭИ. При этом максимальной деформации подвергаются наиболее крупные макромолекулы, адсорбированные на частицах меньшего радиуса. Зависимость степень сжатия молекул КМЦ от их заряда проходит через максимум /7/. Характерно, что при значительном различии $\rho_к$ для КМЦ и ПЭИ количества их в единице объема адсорбционного слоя соизмеримы и составляют от 5 до 20 мг/см^3. Следует подчеркнуть, что столь значительная деформация полимерных клубков КМЦ имеет место несмотря на относительную близость величин δ и размеров макромолекулярных клубков в растворе /8/. Очевидно, их соизмеримость, вопреки принятому мнению, не является объективным критерием отсутствия деформации макромолекул при их переходе на поверхность.

Рассмотрим теперь влияние адсорбированных полимеров на устойчивость исследуемых дисперсий, характеризуемую критическими концентрациями противоионов. С ростом содержания КМЦ и ПЭИ в системе устойчивость последней постепенно снижается (вплоть до полной потери стабильности), затем резко возрастает до такой степени, что ее уже невозможно скоагулировать насыщенными растворами электролитов (рис.4). Эффективность дестабилизации указанных дисперсий увеличивается с ростом заряда и молекулярной массы полиэлектролитов.

Потеря стабильности коллоидной системой в присутствии противоположно заряженных высокомолекулярных веществ может быть связана с изменением электростатического взаимодействия между частицами вследствие внедрения в их ДЭС сегментов адсорбированных макроионов. На это указывают данные об изменении ζ-потенциала частиц, рассчитанного по формуле Смолуховского. Формирование на поверхности более толстых адсорбционных слоев КМЦ значительно отодвигающих границу скольжения, приводит к более резкому снижению электрокинетического потенциала, чем в случае тонких слоев ПЭИ на поверхности полистирола. Однако уменьшение электростатического отталкивания не является единственной причиной дестабилизации латексов (см. также /9,10/). Нарушение их устойчивости происходит уже при величинах ζ-потенциала, равных 30-40 мВ (для меламино-формальдегидных частиц) и 25-30 мВ (для полистирола), в то время как рассчитанные по известным формулам теории ДЛФО критические значения эффективного потенциала, при достижении которых исчезает энергетический барьер между частицами, составляют для этих систем лишь 5-7 мВ. Это указывает на существенную роль неэлектростатического фактора (вероятнее всего, мостикообразования) в случае не только крупных макромолекул КМЦ, но и сравнительно небольших сильнозаряженных макроионов ПЭИ. Об этом свидетельствует и резкая перестройка структуры адсорбционных слоев в области флокуляции (рис. 3), причем в условиях начинающейся флокуляции величина обратного дебаевского радиуса намного превосходит толщину адсорбционного полимерного слоя.

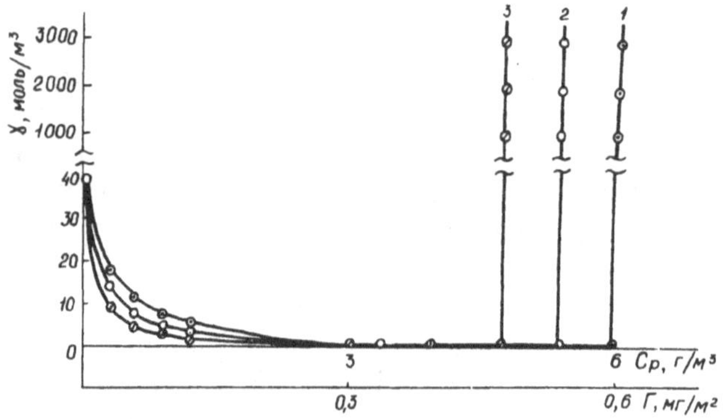

Рис.4. Зависимость критических концентраций противоионов для дисперсии МФ от содержания КМЦ (1-81/239, 2-83/530, 3-86/800) в системе и величины ее адсорбции на поверхности частиц.

Стабилизация дисперсий полимерами при малых концентрациях электролитов обеспечивается, как известно, благодаря стерическому и электростатическому отталкиванию, а также гидрофилизации поверхности частиц. Это подтверждается в нашем случае электрофоретическими измерениями, а также совокупностью данных по устойчивости и толщинам адсорбционных слоев (рост устойчивости дисперсий начинается при тем меньших концентрациях полимеров, чем больше толщина образуемых ими адсорбционных слоев и содержание полимера в единице объема адсорбционного слоя). При повышенных ионных силах раствора, когда действие двух последних факторов становится малым, стабилизация в значительной мере обеспечена благодаря стерическому отталкиванию уплотненных сегментов адсорбционных слоев. Данные рис.5 показывают, что предельно сжатый (снижение δ более чем в два раза) и уплотненный (ρ_c =200 мг/см^3 вместо 10-15 мг/см^3 при пониженных ионных силах) благодаря высокой концентрации электролитов адсорбционный

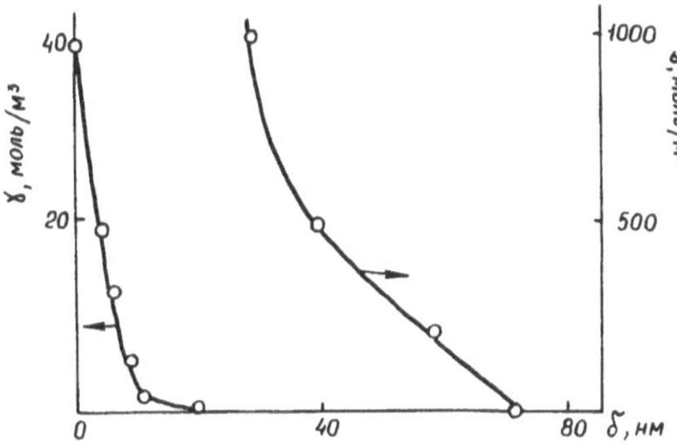

Рис.5. Зависимость критических концентраций противоионов для дисперсии меламино-формальдегида от толщины адсорбционного слоя КМЦ 81/239 на поверхности частиц.

слой предотвращает процесс агрегатообразования даже в этих экстремальных условиях.

Проведенные исследования позволили выявить взаимосвязь между устойчивостью дисперсий, содержащих полиэлектролиты, заряженные противоположно частицам дисперсной фазы, и структурой образующихся адсорбционных слоев, а также показать, что при флокуляции такого рода систем и их стабилизации в насыщенных растворах электролитов доминирующую роль играет не электрический фактор, а геометрический - изменение пространственной структуры адсорбционного полимерного слоя.

Литература

/1/ Ю.С. Липатов: Успехи химии. 50, 2, 355 (1981).

/2/ А.А. Баран, И.М. Соломенцева: Химия и технология воды. 5, 2, 120 (1983)

/3/ F. Hesselink: J.Collоid and Interface Sci., 60, 3, 448 (1977)

/4/ И.М. Тимохин, Т.Н. Селюнина, Ж.М. Мостовая, О.Б. Хмара: Научные основы получения и применения промывочных жидкостей и тампонажных растворов, Киев, 1984

/5/ П.А. Гембицкий, Д.С. Жук, В.А. Каргин: "Полиэтиленимин", Москва, 1971

/6/ M.J. Garvey, Th.F. Tadros, B. Vincent : J. Colloid and Interface Sci., 55 , 2, 440 (1976).

/7/ Л.А. Величанская, И.М. Соломенцева, Н.А. Сахарова: Укр.хим.ж., 50, 5, 544 (1984)

/8/ И.М. Соломенцева, Л.А.Величанская: Коллоид.ж., 45, 4, 800 (1983)

/9/ И.М. Соломенцева, А.А. Баран, В.В. Шамкин и др.: Химия и технология воды, 2, 4, 333 (1980)

/10/ А.А. Баран, Н.К. Тусупбаев, И.М. Соломенцева и др.: Коллоид.ж., 42, 1, 11 (1980)

R. SOWADA

VEB Leuna-Werke „Walter Ulbricht", Direktion Konsumgüter

Über den KRAFFT-Punkt in homologen Reihen ionogener Tenside

Der KRAFFT-Punkt t_K charakterisiert das Lösungsverhalten ionogener Tenside in Wasser /1-3/, er wird nach DIN 53 918 bestimmt /4/. Der t_K-Wert gibt die Temperatur in ^{o}C an, oberhalb welcher die Tensidlöslichkeit infolge Mizellbildung stark ansteigt. Im Phasendiagramm Wasser/Tensid erhält man die KRAFFT-Temperatur als Schnittpunkt der Löslichkeit/Temperatur-Kurve mit der Mizellbildungskonzentration/Temperatur-Kurve /5,6/. Angaben zum t_K-Wert ionogener Tenside sind ebenso wie die Mizellbildungskonzentration c_M zu deren Charakterisierung geeignet. Es gibt jedoch kaum tabellarische Zusammenstellungen von t_K-Werten für ionogene Tenside /7/.

KRAFFT-Punkt und Mizellbildungskonzentration

Innerhalb einer homologen Reihe von ionogenen Tensiden steigt der KRAFFT-Punkt mit zunehmender Länge der lipophilen Gruppe, während dabei die Mizellbildungskonzentration c_M bei der KRAFFT-Temperatur abnimmt.

Zwischen KRAFFT-Punkt t_K und Mizellbildungskonzentration c_M besteht nach GERMASCHEVA /8/ folgender logarithmischer Zusammenhang /8,9/:

$$t_K = \alpha - \beta \cdot \log c_M \qquad \alpha,\ \beta \text{ Konstanten} \qquad (1)$$

Gleichung (1) scheint allgemein gültig zu sein.
Wie nachfolgende Beispiele zeigen, steigt der Wert von ß mit steigender Zahl der ionogenen Gruppen im Tensidmolekül, ß ist auch bei den Perfluoralkansulfonaten sehr hoch. In diesen Tensidreihen macht sich also der Einfluß einer Änderung von log c_M stärker bemerkbar als bei den Tensidreihen der rechten Spalte.

RCOONa	ß = 26	RNH_3Cl	ß = 11
$RCH(SO_3Na)COOH$	37	RSO_3Na	17
$RCH(SO_3Na)COONa$	53	$ROSO_3Na$	17 (α = -28,0)
R_fSO_3Na	53	$RC_6H_4SO_3Na$	38,6 (α = -59,7)

Um Gleichung (1) zur Berechnung von t_K-Werten nutzen zu können, benötigt man c_M-Werte bei der jeweiligen KRAFFT-Temperatur, welche jedoch nicht immer vorliegen. Tabelle 1 zeigt nach obiger Gleichung (1) berechnete KRAFFT-Punkte für geradzahlige Natriumalkansulfonate /3/.

Tabelle 1

KRAFFT-Punkte von Natriumalkansulfonaten

RSO_3Na	KRAFFT-Punkt /3/		t_K °C
R	t_K °C	c_M mol/kg	berechnet [a)]
$C_{10}H_{21}$	22,5	0,040	20,7
$C_{12}H_{25}$	31,5	0,0098	31,0
$C_{14}H_{29}$	39,5	0,0027	40,6
$C_{16}H_{33}$	47,5	0,00105	47,5
$C_{18}H_{37}$	57,0	0,00075	50,0

a) berechnet nach $t_K = -3{,}1 - 17 \cdot \log c_M$

KRAFFT-Punkt und Kohlenstoffzahl

Innerhalb einer Tensidreihe gibt es einen linearen Zusammenhang zwischen der Kohlenstoffzahl n_C der lipophilen Gruppe und dem KRAFFT-Punkt t_K, wie HIKOTA 1970 /10/ zeigen konnte /9-11/:

$$t_K = a + b \cdot n_C \qquad a, b \text{ Konstanten} \qquad (2)$$

Auf Grund der Befunde, daß die Schmelzenthalpie des hydratisierten Tensidfestkörpers eine Funktion der Kohlenstoffzahl ist /12/ und der t_K-Wert proportional der Schmelzenthalpie ist /13/, wird die empirische Korrelation (2) plausibel.

Wie eigene Berechnungen anhand publizierter t_K-Werte zeigten, ist Gleichung (2) nicht allgemein gültig. Die meisten 1-1-Tenside (1-wertiges Kation, 1-wertiges Anion) fügen sich in diese lineare Berechnungsgleichung (2) ein, wie nachstehende Beispiele zeigen ([x)] eigene Berechnung):

	a	b	
$RC_6H_4SO_3Na$	a = -50,0	b = 8,5	/9/
RSO_3Na	-41,75	5,8	/11/
RSO_3Na /3,14/	-21,0	4,32	x)
$ROCH_2COONa$ /15/	+ 2,3	3,33	x)
$RCOOCH_2CH_2SO_3Na$ /10/	-49,5	6,03	x)
$ROOCCH_2CH_2SO_3Na$ /10/	-52,0	6,5	x)
R_fCOONa /16/	- 1,04	16,1	x)
R_fCOOK /16/	-41,9	9,73	x)
$ROPO(ONa)_2$ /17/	-63,7	7,00	x)

$(CH_2)_n(COOCH_2CH_2CH_2SO_3Na)_2$ /18/ a = -21,5 b = 3,75 x)

Kein linearer Zusammenhang zwischen t_K-Wert und n_C gemäß Gleichung (2) liegt bei folgenden 1-1-Tensiden vor: RSO_3H /14/,
$ROSO_3Na$ /19/,
RCOONa /20/.

Um so überraschender ist die Tatsache, daß bei dem 1-2-Tensid $ROPO_3Na_2$ /17/ sowie dem Bis(1-1)-Tensid $(CH_2)_n(COOCH_2CH_2CH_2SO_3Na)_2$ /18/ dieser lineare Zusammenhang vorliegt.

Die Schmelzpunkte in einer Homologenreihe zeigen oft alternierende Werte zwischen geradzahligen und ungeradzahligen Gliedern der Reihe. Nach dem Schmelzpunktsmodell für den KRAFFT-Punkt /21,22/ sollte man daher auch alternierende t_K-Werte innerhalb einer Homologenreihe erwarten. Dies ist auch für folgende Tensidreihen nachgewiesen:

Natriumalkancarboxylate /20/,
Natriumalkylsulfate /19,23/,
Sulfobernsteinsäureester /8/,
Alkylammoniumchloride /7/.

Keine Alternierung der t_K-Werte wurde bei Natriumalkylbenzensulfonaten /9/ sowie bei Natriumperfluoralkancarboxylaten beobachtet, obwohl im letzteren Fall die Perfluoralkancarbonsäuren einen alternierenden Schmelzpunkt zeigen /24/.

Wie Tabelle 2 zeigt, ist nicht erwiesen, ob in der Reihe der Natriumalkansulfonate alternierende t_K-Werte vorliegen, da bisher wahre KRAFFT-Punkte nur für die geradzahligen Vertreter bestimmt wurden /3,11,14/. Aus den Klarpunkten 1 %iger Suspensionen könnte man allerdings auf ein Alternieren schließen.

Tabelle 2

KRAFFT-Punkt und Klarpunkt von Natriumalkansulfonaten

RSO_3Na R	KRAFFT-Punkt t_K °C	c_M mol/kg	1 %ige Mischung Klarpunkt °C	c/c_M	t_K °C berechnet a)
$C_{10}H_{21}$	22,0 /14/ 22,5	 0,040 /3/			22,2
$C_{11}H_{23}$			21,5 /26/		
$C_{12}H_{25}$	31,5	0,0098 /3/	38 /25,27/	0,37	30,8
$C_{13}H_{27}$			35,5 /27/ 38,5 /25/		
$C_{14}H_{29}$	39,5	0,0027 /3/	48 /25/	1,23	39,5
$C_{15}H_{31}$			48 /25/		
$C_{16}H_{33}$	47,5	0,00105 /3/	57 /25/	2,90	48,1
$C_{17}H_{35}$			62 /25/		
$C_{18}H_{37}$	57,0	0,00075 /3/	70 /25/	3,74	56,8
$C_{22}H_{45}$	74,0	0,000 008 /14/			74,0

a) berechnet nach $t_K = -21,0 + 4,32 \cdot n_C$

Tabelle 2 zeigt weiterhin zum Vergleich nach Gleichung (2) berechnete t_K-Werte sowie das Verhältnis c/c_M für 1 %ige Natriumalkansulfonatmischungen. Man erkennt klar, daß man sich mit den 1 %igen wäßrigen Mischungen beim Dodecansulfonat weit unterhalb des c_M-Wertes, also weit unterhalb des KRAFFT-Punktes befindet, ab C_{14} aber zunehmend oberhalb dieses Wertes. Die Klarpunkte 1 %iger Mischungen innerhalb homologer Reihen stellen damit im Gegensatz zum wahren KRAFFT-Punkt keine übereinstimmenden Zustände des Systems Wasser/Tensid dar und sind aus diesem Grund nicht für Korrelationsbetrachtungen geeignet.

Es wurde bereits darauf hingewiesen, daß die t_K-Werte sowohl des 1-2-Tensids $ROPO_3Na_2$ als auch des Bis(1-1)-Tensids $(CH_2)_n(COOCH_2CH_2CH_2\text{-}SO_3Na)_2$ der Gleichung (2) genügen.

Im allgemeinen ergibt sich jedoch, wie eigene Berechnungen zeigten, ein quadratischer Zusammenhang zwischen t_K-Wert und einer reduzierten Kohlenstoffzahl $(n_C - b_1)$ bei Bis(1-1)-Tensiden $M^IZ\text{-}(CH_2)_n\text{-}ZM^I$ und auch bei 2-1-Tensiden $(R\text{-}Z)_2M^{II}$:

$$t_K = a_1\sqrt{(n_C - b_1)} \qquad a_1,\ b_1 \text{ Konstanten} \qquad (3)$$

Folgende Beispiele seien angeführt:

Bis(1-1)-Tenside $M^IZ\text{-}(CH_2)_n\text{-}ZM^I$

		a_1	b_1
$Z = OC_6H_4SO_3Na$	/28/	31,9	7,2
OSO_3Na	/29/	18,5	12,2
2-1-Tenside			
$Mg(RSO_3)_2$	/30/	24,9	7,3

Tabelle 3 zeigt einen Vergleich von experimentellen und nach Gleichung (3) berechneten t_K-Werten für Magnesiumalkan-1-sulfonate. Die Übereinstimmung im mittleren C-Zahl-Bereich ist gut. Literaturwerte sind nur für die geradzahligen Glieder der Reihe vorhanden, so daß die Frage nach der Alternierung von t_K-Werten für Magnesiumalkansulfonate nicht beantwortet werden kann.

Tabelle 3

KRAFFT-Punkt von Magnesiumalkan-1-sulfonaten

$Mg(RSO_3)_2$ R	KRAFFT-Punkt in °C gefunden /30/	berechnet [a]
C_6H_{13}	kein KRAFFT-Punkt	-
C_8H_{17}	15	20,8
$C_{10}H_{21}$	41	40,9
$C_{12}H_{25}$	54	54,0
$C_{14}H_{29}$		64,5

[a] berechnet nach $t_K = 24{,}9\sqrt{(n_C - 7{,}3)}$

Für eine bessere Überprüfung der Berechnungsgleichung (3) wird ein Set der KRAFFT-Punkte von mindestens 4 Gliedern einer homologen Reihe benötigt.

Zusammenfassung

Der KRAFFT-Punkt in homologen Reihen kann sowohl aus dem c_M-Wert (Gleichung (1)) als auch aus der Kohlenstoffzahl des betreffenden Reihengliedes (Gleichung (2)) berechnet werden.

Wie die vorstehenden Ausführungen gezeigt haben, gilt die von HIKOTA angegebene Beziehung (2) nicht allgemein für homologe Reihen von Tensiden. In Abhängigkeit von der Natur des betrachteten Tensids beobachtet man sowohl einen linearen Zusammenhang zwischen KRAFFT-Punkt und Kohlenstoffzahl n_C als auch einen quadratischen Zusammenhang zwischen KRAFFT-Punkt und einer reduzierten Kohlenstoffzahl $(n_C - b_1)$.

Literatur

/1/ F. KRAFFT und H. WIGLOW: Ber.dtsch.chem.Ges. 28, 2566 (1895)
/2/ R.C.MURRAY and G.S. HARTLEY: Trans.Faraday Soc. 31, 183 (1935)
/3/ H.V. TARTAR and K.A. WRIGHT: J.Am.Chem.Soc. 61, 539 (1939)
/4/ DIN 53 918 vom Dezember 1977: Prüfung von Tensiden, Bestimmung von KRAFFT-Punkt und Löslichkeit von ionogenen Tensiden
/5/ K. SHINODA and E. HUTCHINSON: J.Phys.Chem. 66, 577 (1962)
/6/ Y. MOROI, R. SUGII and R. MATUURA: J.Colloid Interface Sci. 98, 184 (1984)
/7/ I.I. GERMASCHEVA, V.V. BOTSCHAROV, G.M. GAEVOI, V.N. VEREZHNIKOV, S.A. PANAEVA und V.V. KRUT': Zh.prikl.chim. 53, 1969 (1980)
/8/ I.I. GERMASCHEVA, S.A. PANAEVA, V.N. VEREZHNIKOV und J.M. VOLKOV: Kolloidn.Zh. 45, 154 (1983)
/9/ J. ROUVIERE, B. FAUCOMPRE, M. LINDHEIMER, S. PARTYKA and B. BRUN: J.chim.phys.phys.-chim.biol. 80, 309 (1983)
/10/ T. HIKOTA, K. MOROHARA and K. MEGURO: Bull.Chem.Soc.Jpn. 43, 3913 (1970)
/11/ B.N. TJUTJUNIKOV, V.M. KOVALJEV und Z.I. BUCHSCHTAB: Maslo-zhirov. prom. 1974, (2) 20
/12/ K. SHINODA, S. HIRUTA and K. AMAYA: J.Colloid Interface Sci. 21, 102 (1966)
/13/ A.A. ABRAMZON, L.P. ZAITSCHENKO, L.M. POZIN, L.J. SKVIRSKIJ und V.D. JAKOVLEV: Zh.prikl.chim. 51, 2307 (1978)
/14/ M. SAITO, Y. MOROI and R. MATUURA: J.Colloid Interface Sci. 88, 578 (1982)
/15/ M. HATO, K. SHINODA and T. MIYAGAWA: Bull.Chem.Soc.Jpn. 49, 1257 (1976)
/16/ H. KUNIEDA and K. SHINODA: J.Phys.Chem. 80, 2468 (1976)

/17/ G. IMOKAWA, H. TSUTSUMI and T. KUROSAKI: J.Am.Oil Chemists Soc. 55, 839 (1978)
/18/ M. UENO, T. HIKOTA, T. MITAMA and K. MEGURO: J.Am.Oil Chemists Soc. 49, 250 (1972)
/19/ H. LANGE und M.J. SCHWUGER: Kolloid-Z.,Z.Polymere 223, 145 (1968)
/20/ K. OGINO and Y. ICHIKAWA: Bull.Chem.Soc.Jpn. 49, 2683 (1976)
/21/ K. SHINODA and T. SODA: J.Phys.Chem. 67, 2072 (1963)
/22/ K. TSUJII: Yukagaku 31, 981 (1982)
/23/ P. MUKERJEE: Kolloid-Z.,Z.Polymere 236, 76 (1970)
/24/ K. SHINODA, Y. MINEGISHI and H. ARAI: J.Phys.Chem. 80, 1987 (1976)
/25/ F. PÜSCHEL: Tenside 4, 320 (1967)
/26/ U.S.P. 3 228 980 vom 11.1.1966; J.K. WEIL, A.J. STIRTON, F.D. SMITH and R.G. BISTLINE
/27/ J.K. WEIL, F.D. SMITH, A.J. STIRTON and R.G. BISTLINE: J.Am.Oil Chemists Soc. 40, 538 (1963)
/28/ M.J. ROSEN, M. BAUM and F. KASHER: J.Am.Oil Chemists Soc. 53, 742 (1976)
/29/ M. UENO, S. YAMAMOTO and K. MEGURO: J.Am.Oil Chemists Soc. 51, 373 (1974)
/30/ A.L.M. LELONG, H.V. TARTAR, E.C. LINGAFELTER, J.K. O'LOANE and R.D. CADLE: J.Am.Chem.Soc. 73, 5411 (1951)

J. SZYMANOWSKI, D. STEPNIAK-BINIAKIEWICZ, K. PROCHASKA and Z.A. RASHID

Technical University of Poznán, Institute of Chemical Technology and Engineering, Poznán, Poland

The Surface Activity and the Hydrophilic Lipophilic Balance of Hydroxyoximes and the Kinetics and Mechanism of Copper Extraction

The development of hydroxyoxime Lix reagents by General Mills Inc. is now history, as is their successful commercial application which followed. This commercial application of hydroxyoximes to the recovery of copper and nickel has encouraged fundamental research on the equilibria and the kinetics of extraction. Whereas the equilibria are readily measured and may be interpreted through the chemistry and the stoichiometry of the system, a study of reaction kinetics encompasses many problems yet to be solved [1,2].

Hydroxyoximes of the following structure:

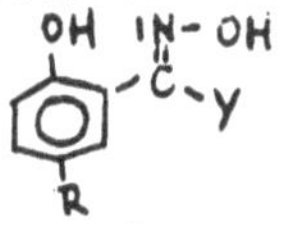

where: R = alkyl (usually C_9H_{19} in commercial extractants) and Y = H, CH_3 or C_6H_5, have two slightly hydrophilic groups - a hydroxyl group and an oximino group, and a hydrophobic alkyl which is situated opposite the hydroxyl group. Due to this hydroxyoximes adsorb at the interface and decrease the interfacial tension.

Hydroxyoximes' solubility in the aqueous phase depends upon the length of the alkyl and increases as the length of the alkyl decreases. For commercial extractants having 9 and 12 carbon atoms in the alkyl the solubility is in the range of a few ppm. Taking these two factors under consideration Flett [3] proposed that the reaction does not occur in the bulk of the aqueous phase but at the interface. If this hypothesis is true then the ideas which are accepted for surfactants should also be valid for some extraction systems [4].

The aim of this work is to discuss a relationship between the rate of copper extraction and the hydrophilic lipophilic balance of oximes.

Experimental

Pure model hydroxyoximes of structure I described in our previous papers [4-6] were used. Interfacial tension was measured by the volume drop method. The hydroxyoxime polarity was determined by means of gas-liquid chromatography [8,9]. The polarity index (PI), the retention index (I_R) and the partial molal enthalpy of the evaporation of the hydroxyl group ($\Delta H_e^s(OH)$) were used as the polarity criteria. The rate of copper extraction was determined by the drop method [10,11].

Results and Discussion

Depending upon the length of the alkyl and the hydroxyoxime concentration in an organic phase the hydroxyoximes can decrease the interfacial tension from about 45-50 mN/m and 35 mN/m to about 15-25 mN/m for aliphatic hydrocarbon/water and aromatic hydrocarbon/water systems, respectively. Higher surface activity is observed in systems containing nonpolar diluents in which interactions between the oxime and the diluent molecules are not observed. As the result of this, higher values of the surface excess and smaller values of the molecular area are observed in systems containing aliphatic diluents. The sample values of the surface excess are given in Fig. 1. For oxime concentration in aliphatic and aromatic hydrocarbons not exceeding 5.10^{-4} mole/dm^3 and 10^{-2} mole/dm^3, respectively, it can be assumed that the surface excess is proportional to the oxime concentration in the organic phase. For higher oxime concentrations, above 5.10^{-3} mole/dm^3 and 5.10^{-2} mole/dm^3, in aliphatic and aromatic diluents, respectively, the surface excess does not change significantly and it can be assumed that the surface excess is appr. constant.

The surface area occupied by one oxime molecule at the saturated interface is equal to about 40 Å^2 and 110 Å^2 for 2-hydroxy-5-alkylbenzaldehyde oximes in aliphatic and aromatic diluents, respectively. Thus, when these values are compared with those theoretically calculated [12] for the oxime monomers (17 Å^2) and dimers (125 Å^2) it can be assumed the monomer molecules of the oximes adsorb at the interface and react with copper ions.

All other surface substances present in the extraction system can adsorb at the interface. Alkylphenols and intermediate ketones and aldehydes exibit surface activity and reduce the interfacial area occupied by the hydroxyoxime molecules. In the case of 2-hydroxy-5-alkylbenzophenone oximes, which have two isomeric forms E and Z, the isomer Z shows the higher surface activity (Fig. 2). Thus, it adsorbs more easily than the isomer E and blocks the interfacial surface, thus decreasing the rate of copper extraction. The interfacial surface is also blocked by typical surfactants. However, the decrease of the extraction rate is only observed in the case of nonionic and cationic surfactants. The increase of the extraction rate observed in the presence of anionic surfactants is connected with their influence upon the rate of the slowest

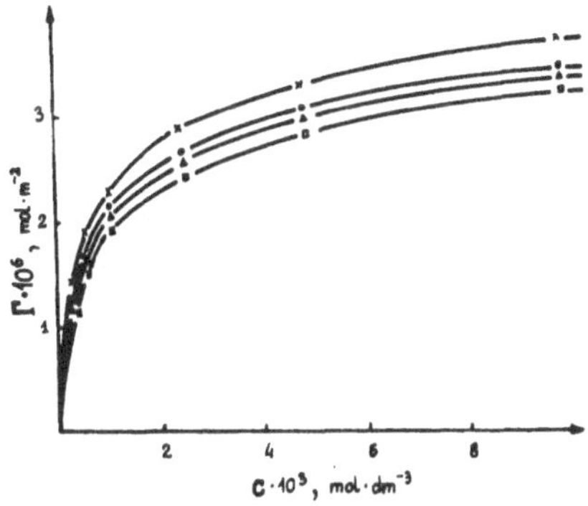

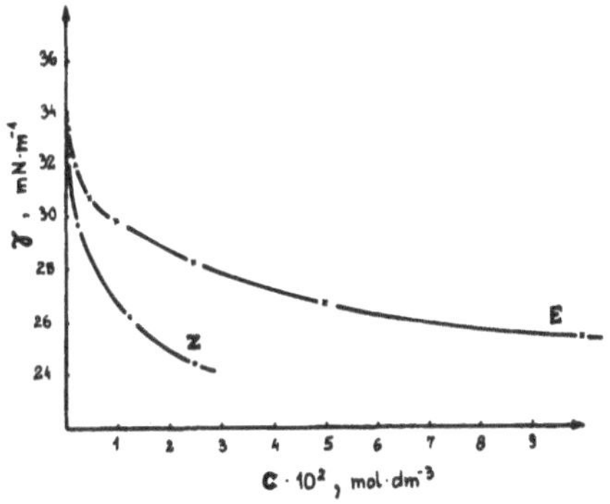

Fig.1. Surface excess in an octane/water system (t = 20°C, 2-hydroxy-5-alkylbenzaldehyde oxime, □ - C_2H_5, ▲ - n-C_4H_9, ● - n-C_6H_{19}, × - n-$C_{12}H_{25}$).
Fig.2. Surface activity ofthe E and Z isomers of 2-hydroxy-5-t-octyl-benzophenone oxime (t = 20°C, toluene).

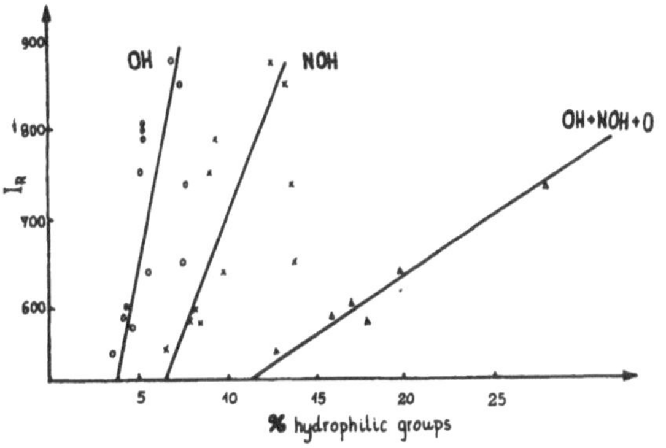

Fig.3. The retention index of ethanol for hydroxyoximes.

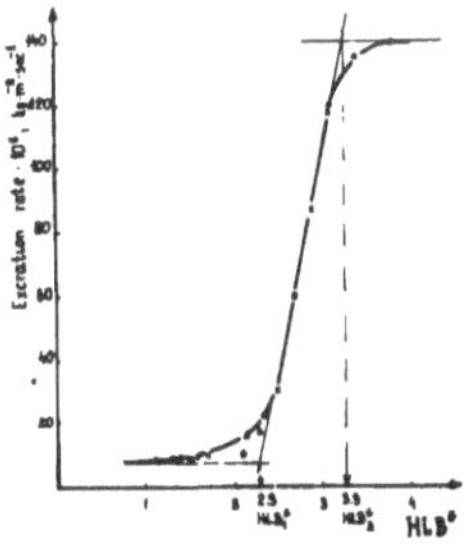

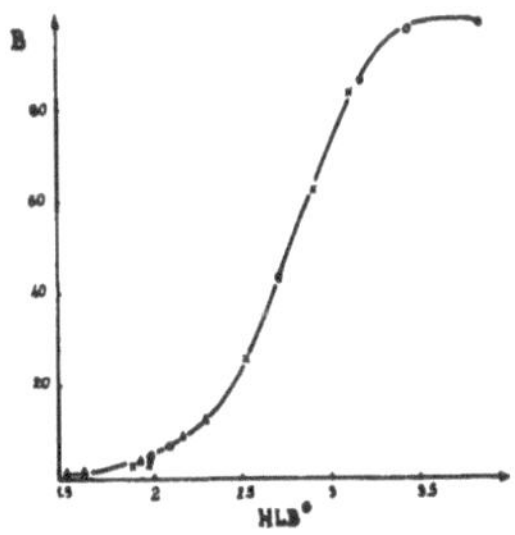

Fig.4. The rate of copper extraction and the HLB of the hydroxyoximes (pH = 2.1).
Fig.5. The contribution of the bulk aqueous process of the overall extraction rate.

step of copper complexation, in which the positively charged intermediate complex CuR^+ is involved.

The influence of the content of the phenolic and oximino groups upon the retention index of ethanol is shown in Fig. 3. Straight lines were obtained for I_R, PI and $H_e^s(OH)$. The slopes of these straights were used to estimate the effective molecular mass of the oximino group and its increment on the Davies scale (Table 1).

Table 1. The polarity parameters for the hydroxyl and oximino groups.

Parameter	PI	I_R	$\Delta H_e^s(OH)$
Slopes			
-OH	21.6	100	10
=NOH	12.5	50	5
M_{NOH}^{eff}	9.8	8.5	8.5
HLB_{NOH}^{D}	1.09	0.95	0.95

The average values for M_{NOH}^{eff} and HLB_{NOH}^{D} are equal to 8.9 and 1.0, respectively. Thus, the HLB values of the considered oximes can be estimated according to the following relations: $HLB^G = 518.6/M$ and $HLB^D = 9.897 - 0.475\, n$, where: M and n denote the molecular mass of the oxime and the number of carbon atoms in the oxime, respectively.

As Fig. 4 shows, the rate of copper extraction increases as the HLB increases, i.e. as the length of the hydrophobe decreases. The influence of the oxime structure upon the extraction rate is observed only in the region of low extraction rate, where some deviations are observed. In this region the complexation occurs at the interface and the observed deviations are caused by a different orientation at the interface of the oximes' molecules having different structures. In this region the complexation can be described by the following equations:

$$Cu_{int}^{2+} + RH_{ad} = CuR_{int}^{+} + H^{+} \qquad (1)$$

$$CuR_{int}^{+} + RH_{int} = CuR_{2\,int} + H^{+} \qquad (2)$$

$$CuR_{2\,int} = CuR_{2\,o} \qquad (3)$$

where: RH denotes the oxime molecule, and subscripts o, int and ad denote the molecules in the organic phase, the neighbourhood of the interface and adsorbed at the interface, respectively.

Assuming that reaction 2 is the slowest step and neglecting diffusion the following equation can be derived for the extraction rate: $r = k\,[Cu^{2+}][RH]_o[RH_{ad}][H^+]^{-1}$. Assuming that the equilibrium is established at the interface this relation can be simplified for low ($\Gamma = \propto RH_o$) and high oxime concentrations (= const) to the following relations: $r = k\,[Cu^{2+}][RH]_o^2[H^+]^{-1}$ and $r = k\,[Cu^{2+}][RH]_o[H^+]^{-1}$, respectively, which are in agreement with the kinetic data.

In the region of high actraction rate complexation occurs in the bulk of the aqueous phase according to the typical mechanism in which non-ionized oxime molecules are involved. Between these two regions of high and low extraction rate a region of mixed mechanism exists. The appr. borders of this region obtained from the points of intersection of the curve asymptotes are equal to $HLB^G = 2.3$ and $HLB^G = 3.3$, respectively. These values correspond to the number of carbon atoms in the hydrophobic groups equal to 6.5 and 1.5, respectively. The contribution of the bulk aqeous reaction (B) to the measured reaction rate calculated as $B = (r - r_s)/(r_v - r_s)\ 100\ \%$, where: r_s and r_v denote the extraction rate for the international and bulk process, respectively, is shown in Fig. 5. From this data the contribution of the bulk phase reaction for purified commercial extractants can be estimated as 4 %, 2 % and 1 % for Acorga P-50, SME-529 and Lix 65N, respectively.

The obtained results prove the validity of the HLB approach to the mechanism of copper extraction by hydroxyoximes. The general character of the relation between the extraction rate and the HLB supports the idea of an interfacial mechanism proposed for copper extraction by commercial hydroxime extractants.

References

/1/ P.R. DANESI and R. CHIARIZIA: Critical Reviews in Analytical Chemistry 11, 1(1980)

/2/ J. SZYMANOWSKI: Wiadomości Chemiczne in press

/3/ D.S. FLETT: Acc. Chem. Res. 10, 99(1977)

/4/ J. SZYMANOWSKI, M. COX and C.G. HIRONS: J. Chem. Tech. Biotechnol. 34A, 218(1984)

/5/ D. STEPNIAK-BINIAKIEWICZ and J. SZYMANOWSKI: Hydrometallurgy 7, 299(1981)

/6/ J. SZYMANOWSKI and B. ATAMANCZUK: Hydrometallurgy 9, 29(1982)

/7/ J. SZYMANOWSKI and K. PROCHASKA: XXII Symposium Hornicka Pribram ve Vede a Technice, Sekce Chemicke Zpracovani Nerostnych a Druhotnych Surovin 239(1984)

/8/ J. SZYMANOWSKI and A. VOELKEL: Tenside Detergents 20, 231(1983)

/9/ J. SZYMANOWSKI, A. VOELKEL and J. BEGER: Tenside Detergents in press

/10/ J. SZYMANOWSKI, Z.A. RASHID and J. BLASZCZAK: XXII Symposium Hornicka Pribram ve Vede a Technice, Sekce Chemicke Zpracovani Nerostnych Surovin 239(1984)

/11/ J. SZYMANOWSKI: Polyhedron in press

/12/ R. PRICE and J.A. TUMILTY: J. Chem. Ing. Symposium No 42.18.1(1975)

B. V. TOSHEV
Department of Physical Chemistry, University of Sofia

Novel Features of the Thermodynamics of Soap Films

The first rigorous thermodynamic theory of the thin liquid films was presented by Derjaguin et al. 20 years ago /1/. In this theory the film was considered as a membrane without thickness. In the last decade the interest to that subject was revived and new thermodynamic theories were constituted. The characteristic features of these theories are as follow: i) the thickness of the film is involved in the basic equations as a thermodynamic parameter; ii) the problem of the independent thermodynamic variables, i.e. the necessity of ensuring a correspondence of the thermodynamic equations with Gibbs'phase rule, is examined in detail; and iii) the thermodynamic treatment is accompanied with a careful analysis of the mechanical equilibrium conditions of the thin film with its surroundings. The latter seems to be rather important becouse those conditions provide the experimental determinations of some basic thermodynamic quantities, such as the disjoining pressure and the tension of the film.

The progress of the theory is mainly connected with the application of the method of the two dividing surfaces. Recently Rusanov has presented a general and complete thermodynamic theory where both the plane-parallel and curved films are described /2/. In this theory one introduces Gibbs' excess quantities which depend on the position of the dividing surfaces; the bulk liquid within the film is the liquid from which the film is formed and is in equilibrium with it; the distance between the two dividing surfaces determines the thickness of the film.

In the case of plane-parallel films as well as in the case of curved ones three surfaces of tension would be involved. The basic surface of tension is within the film and the tension of the film γ, expressed by the known Baker's formula, is attaced to it. As for the major contributions to γ arise from the monolayer regions at the film surfaces, a still closer mechanical correspondence with the real film may be achieved by splitting γ into two parts γ_1 and γ_2 which are ascribed to a pair of surfaces of tension positioned at the film surfaces at distances h_1 and h_2 respectively from the basic surface of tension

(1) $\gamma = \gamma_1 + \gamma_2$

The distance between those surfaces of tension $h = h_1 + h_2$ is determined by the mechanical state of the system studied and it would be a proper definition of the real thickness of the film. These concepts would form the background of the thermodynamic theory and then the introduction of Gibbs' excess quantities would be avoided /3/.

In the present paper we attempt to combine the both approaches that have been just described in order to achieve a closer physical interpretation of some thermodynamic quantities. We consider a thin liquid film formed between two bulk phases α and β . The film is formed by the basic component (m stands for the number of the components of the whole system which is an open one) 1 , e.g. water, of a liquid phase 1 which is in contact with it and with the phases α and β so that the following equality for the capillary pressures $P_{\alpha 1}$, $P_{\beta 1}$ and $P_{\alpha\beta}$ holds

(2) $P_{\alpha\beta} = P_{\alpha 1} - P_{\beta 1}$

For a spherically curved film with a radius of curvature R, for the basic surface of tension and with the minimum film tension γ ,Laplace's law holds /2,4,5/

(3) $P_{\alpha\beta} = P^{\alpha} - P^{\beta} = 2\gamma / R$

When the film is <u>in contact</u> with the bulk liquid phase from which the film is formed we also expect *) that

(4) $h/R \ll 1$.

---

*)When R decreases the size of the film decreases either. Then the transition regions between the film and the capillary meniscus would

It implies that γ_1 and γ_2 for both plane-parallel and curved films are determined by means of

$$(5) \qquad \gamma_1 = \int_0^{z_1} (P^\beta - P_T)dz \qquad \gamma_2 = \int_0^{z_2} (P^\alpha - P_T)dz$$

where $z = R' - R$ (R' is a radial coordinate), P_T is a tangential component of the pressure tensor, z_1 and z_2 are located in the bulk phases β and α respectively [x]. This also provides the background for determining the disjoining pressure of the film Π in accordance with Derjaguin and Churaev's recipe /8/:

$$(6) \qquad \begin{aligned} P^\beta + \Delta P_2 &= P^l + \Pi \\ P^\alpha - \Delta P_1 &= P^l + \Pi \\ P_{\alpha\beta} &= \Delta P_1 + \Delta P_2 \,. \end{aligned}$$

It follows from (3), (1) and (4) with $R_1 = R + h_1$ and $R_2 = R - h_2$ /9/

$$(7) \qquad \gamma_2 / \gamma_1 = h_1 / h_2 = k$$

Thus the mechanical state of the film determines not only its thickness but also the position of the basic surface of tension. We point out that this relationship was first obtained by Gibbs /10/ for the case of a thick liquid film with $\Pi = 0$.

The disjoining pressure of the film Π might be expressed through the two of the capillary pressures (independently which), joined to the third by means of eq. (2). For example /9/, it follows from (6), (3), (1), (4)

$$(8) \qquad \Pi = \frac{1}{k+1} P_{\alpha\beta} + P_{\beta l}$$

$$\Pi = \frac{P_{\alpha l} + kP_{\beta l}}{k+1}$$

---

overlap. If it happens then the present formalizm is not more applicable

[x] One may compare this consideration with a similar one for the case of a two- phase equilibrium system with a curved interface (e.g. /6,7/).

In the most general case the equation of Gibbs- Duhem for the film connects m + 5 variables. We add to it two of the equations of Gibbs- Duhem for the bulk phases in equilibrium with the film. At constant temperature T

$$-dP_{\alpha 1} = \sum_{i=1}^{m} (n_i^1 - n_i^\alpha)d\mu_i$$

(9)

$$-dP_{\beta 1} = \sum_{i=1}^{m} (n_i^1 - n_i^\beta)d\mu_i$$

where n_i and μ_i are the volume density and the chemical potential of the i-th component respectively. Then for the surface of tension the film tension γ must be a function of $m+5-1-3 = m+1$ independent thermodynamic variables. If for instance $P_{\beta 1} = 0$, then the variables in the film Gibbs- Duhem equation decrease with unit but the related equations remain three and so, for the surface of tension, the film tension γ is a function of m independent variables. The interest to the latter case was increased in the last years in connection with developping methods for an experimental determination of the line tension of the three- phase contact line (see e.g. /11/). That's why we restrict our consideration to this case only. Nevertheless we point out that for the plane- parallel film $P_{\alpha\beta} = 0$, $P_{\alpha 1} = P_{\beta 1}$ (eq. (8)) the equation of Gibbs- Duhem for the film includes m+3 variables, the related equations are three and γ is a function again of m independent variables. If one cannot distinguish between the phases α and β then the number of the equations decreases with unit and γ is a function of m+1 variables. The thermodynamic theory of this very important for the experimental practice case has recently been reviewed in /12/.

We rely on the fundamental Gibbs- Duhem equation, obtained by Rusanov /2/, in order to estimate the effect of the film curvature on the tension of the film

(10) $$\frac{1}{\gamma}\left(\frac{\partial \gamma}{\partial R}\right)_{T,\mu_3,\ldots} = -\frac{2h_\alpha^{(1,2)}/R^2}{1-2h_\alpha^{(1,2)}/R}$$

(eq. (24) in /2/ with (2), (3), T = const and $P_{\beta 1} = 0$). According to Rusanov

$$(11) \quad h_\alpha^{(1,2)} = h_\alpha - \frac{1}{D}\left[\Gamma_2(n_1^1-n_1^\beta) - \Gamma_1(n_2^1-n_2^\beta)\right]$$

with

$$(12) \quad D = (n_2^1 - n_2^\beta)(n_1^1 - n_1^\alpha) - (n_2^1 - n_2^\alpha)(n_1^1 - n_1^\beta)$$

Equation (10) has been obtained by making use of the method of the two dividing surfaces. The real system under consideration is confined in a conic vessel and consists of a part of the spherically curved film. The boundaries of this system are determined by $L_\beta > h_1$ and $L_\alpha > h_2$ which distances are from the basic surface of tension (R) with area A. If $L_j / R \ll 1$ ($j = \alpha, \beta$), then $V^\alpha = L_\alpha A$, $V^\beta = L_\beta A$ and $V^f = (h_\alpha + h_\beta)A$. Here h_α and h_β , surveyed from the basic surface of tension and located between R and $R - L_\alpha$ and R and $R + L_\beta$ respectively, determine the position of two dividing surfaces between which the phase 1 stands and from the other sides- the phases α and β are , corresponingly. Then Gibbs' "adsorptions" of the i-th component are defined by means of

$$(13) \quad \Gamma_i = \Gamma_i^{o\alpha} - (n_i^1 - n_i^\alpha)h_\alpha + \Gamma_i^{o\beta} - (n_i^1 - n_i^\beta)h_\beta$$

$$(14) \quad \Gamma_i^o = \Gamma_i^{o\alpha} + \Gamma_i^{o\beta} \; ; \; \Gamma_i^{o\alpha} = (N_i^\alpha - n_i^\alpha V^\alpha)/A, \; \Gamma_i^{o\beta} = (N_i^\beta - n_i^\beta V^\beta)/A$$

All the quantities in eq. (14) are well defined when the position of the basic surface of tension is specified and the mass of the substances of any i-th component in the real system $N_i^\alpha + N_i^\beta$ is known; they do not depend on the position of the dividing surfaces. The quantity $h_\alpha^{(1,2)}$ must be invariant in respect to the location of the dividing surfaces and we check this by inserting eqs. (13) and (14) in (11)

$$(15) \quad h_\alpha^{(1,2)} = \frac{1}{D}\left[-\Gamma_2^o(n_1^1 - n_1^\beta) + \Gamma_1^o(n_2^1 - n_2^\beta)\right]$$

The same result would be obtained by assuming that the h_α dividing surface coincides with the surface of tension ($h_\alpha = 0$) and Γ_1 or $\Gamma_2 = 0$. We emphasize on the special but very common in the film thermodynamics case when $D \simeq 0$. Then it follows from $\Gamma_1 = \Gamma_2 = 0$

(16) $\Gamma_2^o = \Gamma_1^o(n_2^1 - n_2^\alpha)/(n_1^1 - n_1^\alpha)$

and eq. (15) yields

(17) $h_\alpha^{(1,2)} = \Gamma_1^o/(n_1^1 - n_1^\alpha)$.

This expression is rather useful for a physical interpretation of the parameter $h_\alpha^{(1,2)}$. At $\Gamma_1 = 0$ we determine the quantities $h_\alpha^{(1)} = \Gamma_1^{o\alpha}/(n_1^1 - n_1^\alpha)$ and $h_\beta^{(1)} = \Gamma_1^{o\beta}/(n_1^1 - n_1^\beta)$. Obviously $h_\alpha^{(1)}$ and $h_\beta^{(1)}$ represent the distances between the basic surface of tension and the equimolecular in respect to the 1st component dividing surfaces located towards the phases α and β respectively. We expect that they are close to h_1 and h_2, i.e. $h_\alpha^{(1)} + h_\beta^{(1)} = h^{(1)} \simeq h$. (The corresponding estimate for the difference $h - h^{(1)}$ in the case of plane- parallel soap films is presented in /3/). Then in stead of eq. (17) we write down

(18) $$h_\alpha^{(1,2)} = h_\alpha^{(1)} + h_\beta^{(1)}\left(1 + \frac{n_1^\alpha - n_1^\beta}{n_1^1 - n_1^\alpha}\right) \simeq h$$

Therefore, in accordance with eqs. (10) and (8)

(19) $$\left(\frac{\partial \gamma}{\partial R}\right)_{T,\mu_3,\ldots} = -P_{\alpha\beta}\frac{h}{R} = -(k+1)\Pi\frac{h}{R}$$

If the system studied includes a gas bubble attached to a large gas-liquid interface $k+1 \simeq 2$. When the thin film is a black one with a constant thickness then eq. (19) results in

(20) $$\gamma = \gamma_o\left(1 + \frac{2h}{R}\right)$$

Therefore, the tension of the film is not practically affected by its curvature if $2h/R \ll 1$.

References

/1/ Б.В. Дерягин, Г.А. Мартынов, Ю.В. Гутоп: Коллоидн. ж. 27, 357 /1965/
/2/ А.И. Русанов In: Поверхностные силы и граничные слои жидкостей

(E d. Б.В. Дерягин) , "Наука", Москва, 1983, p. 152.
/3/ J. C. ERIKSSON and B. V. TOSHEV: Colloids & Surfaces 5, 241 (1982)
/4/ А.И.РУСАНОВ: Фазовые равновесия и поверхностные явления, "Химия", Ленинград, 1967.
/5/ A.I. RUSANOV: Phasengleichgewichte und Grenzflächenerscheinungen, Akademie Verlag, Berlin, 1978.
/6/ T.L. HILL: J. Phys. Chem. 56, 526 (1952)
/7/ G. NAVASCUES: Rep. Prog. Phys. 42, 1131 (1979)
/8/ Б.В. Дерягин, Н. В. Чураев: Коллоидн. ж. 38, 438 (1976)
/9/ B.V. TOSHEV and D. PLATIKANOV: Dokladi BAN 38 (6)(1985)
/10/ J.W. GIBBS: The Scientific Papers of J. Willard Gibbs. Vol. 1 Thermodynamics, Dover, N.Y., 1961.
/11/ A. SCHELUDKO, B.V. TOSHEV and D. PLATIKANOV In: The Modern Theory of Capillarity. To the Centennial of Gibbs' Theory of Capillarity (Eds. F.C. Goodrich, A.I. Rusanov, H. Sonntag, M. Bülow), Akademie Verlag, Berlin, 1981, p. 163.
/12/ B.V. TOSHEV: Colloids & Surfaces, 2, 243 (1981).

А.А. ТРАПЕЗНИКОВ, М.А. КОЛОБОВ

Институт физической химии Академии наук СССР, Москва

Двухмерное давление монослоев смесей полидиметилсилоксана и полидиметилфенилсилоксана с олеиновой кислотой

Свойства монослоев смесей нерастворимых в воде поверхностно-активных веществ изучали многие авторы и обнаруживали отклонение экспериментальных кривых давление - площадь (F -A) от аддитивно вычисленной зависимости. Адам и Джессоп / I / нашли отклонение в сторону уменьшения величин F в смешанных монослоях холестерина с жирными кислотами. Трапезников и Огарев / 2 / исследовали монослои смесей нормального и вторичного гексадеканолов. Обнаружено, что при давлениях F больших, чем равновесное давление F_e монослоя вторичного спирта с его объемной фазой, вторичный спирт вытесняется из смешанного монослоя. На этом участке изотермы давление - площадь сжимаемость монослоя больше, чем сжимаемость одного нормального спирта. Это указывает на то, что в монослое удерживается вторичный спирт в малом колличестве.

В данной работе исследовались свойства монослоев смесей полидиметилсилоксана (ПДМС) и полидиметилфенилсилоксана (ПДМФС) с олеиновой кислотой (ОК) с целью выяснения возможного взаимодействия компонентов в адсорбционных слоях (в том числе на частицах наполнителя в объемных пастах).

ПДМС имел молекулярную массу М = 65000, площадь на звено $SiO(CH_3)_2$ рассчитывали исходя из массы 74, площадь на звено ПДМФС, имевшего М = I350 и содержавшего одну фенильную группу у последнего звена молекулы (всего звеньев I5 кроме концевых),- из расчета 77,6.

Были проведены измерения F-A для смесей силоксанов с олеиновой кислотой в различных мольных соотношениях на поверхности 0,5 N KCI + 0,00I N HCI раствора. Измерения проводили методом Вильгельми.

Кривые давление - площадь для силоксанов (рис. I) имеют площадку ВС при 8,5 мН/м, которая соответствует образованию спиралей / 3 /. Площади экстраполяции крутого участка изотермы к нулевому давлению для ПДМС и ПДМФС равны I9 $Å^2$ на звено и 2I $Å^2$ на звено соответственно. Различие в величинах площади экстраполяции объясняется разницей площадей плосколежащей C_6H_5- и CH_3- групп, отнесенной к I7 силоксановым звеньям.

Кривая F-A для ОК (рис. I) близка к кривым давление - площадь для ОК, сопоставленным Штейнбахом и Зухером / 5 /. Экстраполированная площадь нашей кривой A_0=58 $Å^2$ на молекулу, максимальное давление F_e = 30 мН/м.

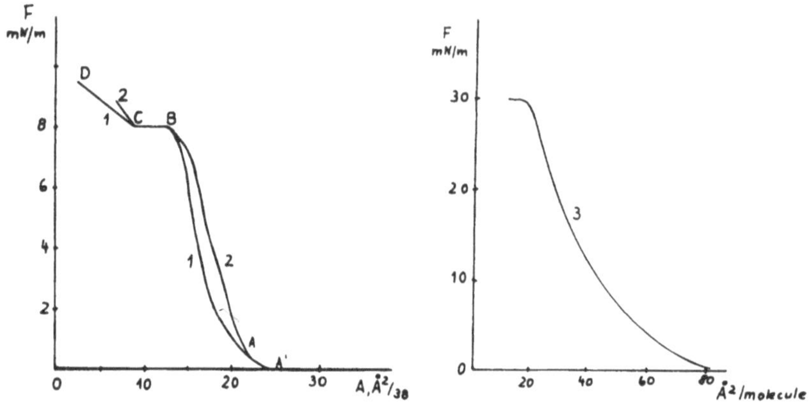

Рис. I. Кривые F-A для: I – ПДМС, 2 – ПДМФС, 3 – ОК

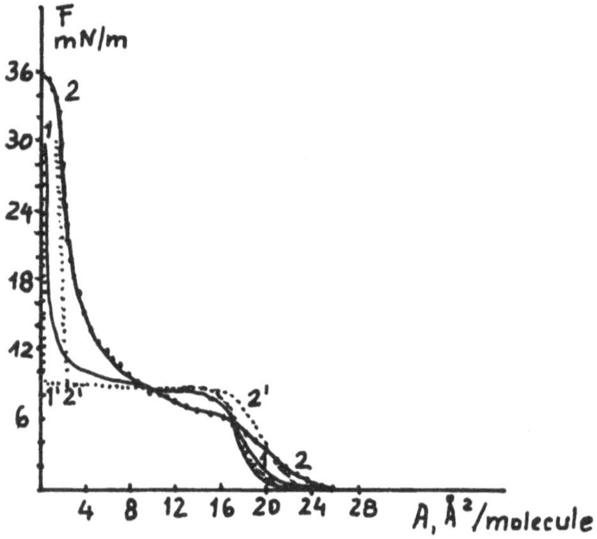

Рис. 2. Кривые F-A для смесей ПДМС и ОК (экспериментальные кривые – сплошные линии I и 2, аддитивные – пунктирные линии I' и 2') при соотношениях ПДМС : ОК (мольн.) в смеси: I, I' – 99 : I; 2, 2' – 94 : 6

На рис. 2 показаны кривые давление – площадь для смесей ПДМС и ОК и на рис. 3 показаны кривые для смесей ПДМФС и ОК. Особенностью свойств всех смесей можно считать то, что при увеличении содержания олеиновой кислоты величина F_{sp} площадки ВС, соответствующей спирализации молекул силоксана, понижается, затем площадка вырождается.

На рис. 2 и 3 также показаны кривые давление – площадь (пунктирные линии), вычисленные согласно правилу аддитивности:

$$A'_{I2} = A_I N_I + A_2 N_2 \qquad (I)$$

где N_I и N_2 – мольные доли компонентов в смеси, A_I и A_2 – площади ком-

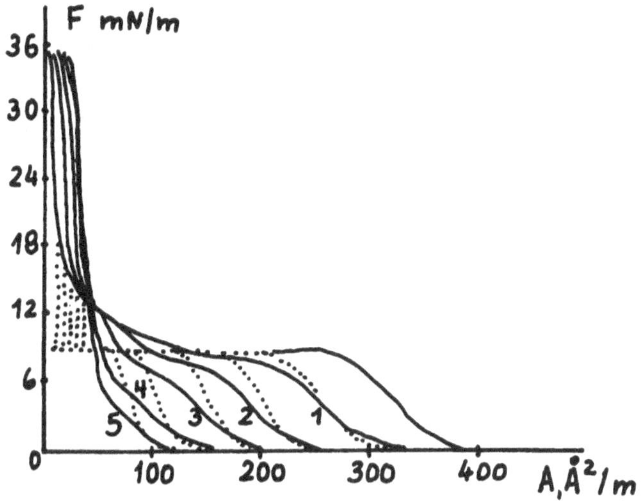

Рис. 3. Кривые F-A для смесей ПДМФС и ОК (экспериментальные кривые - сплошные линии I - 5, аддитивные - пунктирные линии I' - 5') при соотношениях ПДМФС : ОК (мольн.) в смеси: I, I' - 76 : 24; 2, 2' - 56 : 44; 3, 3' - 38 : 62; 4, 4' - I9 : 8I; 5, 5' - I0 : 90

понентов по индивидуальным кривым при соответствующих величинах F. Из сравнения экспериментальных и аддитивных кривых давление - площадь видно, что экспериментальная кривая идет сначала выше аддитивной, пересекает ее и далее идет ниже аддитивной кривой. При сильном сжатии монослоя (сильном уменьшении площади A) экспериментальная кривая поднимается круто вверх, что связано со сжатием монослоя преимущественно олеиновой кислоты, остающейся на поверхности после выжимания основного колличества силоксана. Левая часть аддитивной кривой вычисляется исходя из колличества нанесенной на поверхность олеиновой кислоты ($A'_{I2} = A_I N_I$). Такая кривая лежит левее экспериментальной кривой. Следовательно, в монослое удерживается некоторое колличество силоксана.

Согласно / 3 / молекулы силоксана при таких низких давлениях находятся в конформации двухмерных дисков. Эта конформация обусловлена высокой гибкостью цепи силоксана, взаимным притяжением метильных групп и слабой полярностью эфирных кислородов SiO- групп. Включение в монослой ПДМФС (или ПДМС) малых колличеств олеиновой кислоты создает повышенное отталкивание звеньев и увеличение площади. Это может зависеть как от стерического фактора, препятствующего плотной упаковке силоксановых звеньев, так и от гидратации карбоксильных групп и двойных связей молекул олеиновой кислоты.

Согласно представлениям / 3 / о строении монослоев силоксанов в точке B начинается образование спиралей, расположенных горизонтально. В точке C переход в спиралевидную конформацию заканчивается и вся водная поверхность покрывается пленкой, которая состоит из спиралей. Эта спирализация в некоторой степени эквивалентна разрушению монослоя. Дальнейшее слабое повышение давления F за точкой С (см. рис. I) связано с постепенным вытеснением спиралей с водной поверхности и образованием трехмерных клубков из спиралевидных молекул / 4 /. В связи с этим влияние возрастающих добавок олеиновой кислоты, приводящих к понижению F_{sp} – давления площадки спирализации силоксана, а затем к исчезновению площадки, можно объяснить затруднениями спирализации молекул силоксана в смеси с кислотой. Формально это сводится к взаимному конденсирующему действию, но с молекулярной точки зрения, по-видимому, связано с объединением углеводородных частей молекул силоксана и кислоты, взаимно обвивающихся. Более гидрофильные СООН- группы кислоты, чем SiO- группы силоксана, занимают преимущественное положение на поверхности воды, а взаимодействие групп CH_2- и CH_3- препятствует нормальной спирализации силоксановых цепей. При дальнейшем сжатии смешанного монослоя на поверхности остается преимущественно олеиновая кислота и некоторое колличество ПДМФС. Так как F_e повышается на 5 мН/м по сравнению с F_e монослоя кислоты, можно сказать, что силоксан удерживается в монослое достаточно прочно. Одновременно увеличивается и сжимаемость æ по сравнению с æ монослоя ОК. Необходимо отметить, что хотя величина площади левой ветви экспериментальной кривой больше, чем величина аддитивной площади A'_{I2}, которая рассчитана только на кислоту, нельзя утверждать, что часть олеиновой кислоты не вытесняется из монослоя вместе с взаимодействующим с ней силоксаном.

Свойства монослоев смесей ОК и ПДМФС и ОК и ПДМС примерно одинаковы, поэтому структуру монослоев можно рассматривать как идентичную. В случае ПДМФС молекула из I7 силоксановых звеньев близка по длине к молекуле олеиновой кислоты. Поэтому для такой пары можно предположить, что при плотной упаковке некоторые цепи ПДМФС ориентируются "вертикально" среди также ориентированных молекул кислоты. (При соотношениях ПДМФС и ОК, близких к 50 : 50, площадь А, соответствующая началу подъема вертикальной ветви изотермы близка к удвоенной по сравнению с аддитивной величиной.) В случае ПДМС, когда цепь длинее в 52 раза, чем цепь кислоты, "вертикально" ориентироваться вместе с молекулами ОК может только малая часть молекулы ПДМС, возможно концевая, тогда как остальная часть, расположенная при низких давлениях горизонтально на поверхности, при сжатии должна вытесняться из монослоя в виде клубка. Наряду с этим не исключено и то, что молекулы могут удерживаться в спирализованном состоянии между молекулами олеиновой кислоты.

Согласно Гудричу / 6 / избыток свободной энергии смешения равен:

$$\Delta G = \int_{F^*}^{F} (A_{I2} - A_I N_I - A_2 N_2) \qquad (2.)$$

В нашем случае этот метод расчета можно применить только для интервала значений F меньших 8,5 мН/м считая, что еще не происходит выжимания звеньев силоксана с поверхности в результате спирализации цепи. В качестве нижнего предела F^* было принято давление F в точке пересечения экспериментальной кривой с аддитивной. Величины ΔG лежат в интервале от - 246 до - 954 Дж/моль и проходят через минимум при соотношении ПДМФС : ОК = 38 : 62.

Максимальное давление F_e, связанное с разрушением монослоя, характеризует его адгезионно - когезионные свойства. Поскольку смешанные монослои силоксанов и олеиновой кислоты показывают F_e более высокое (на 5 мН/м), чем в случае одной кислоты, целесообразно было измерить величины F_e, достигающиеся со стороны объемных линз смеси силоксана и кислоты, наносимых на поверхность подложки. Были приготовлены объемные смеси разного состава, и, так как в них наблюдалось расслоение на две фазы, их центрифугировали. Затем отбирали пробу из каждого слоя, наносили на поверхность подложки и измеряли нарастание давления во времени до предела. Равновесные величины F_e показаны в таблице I. Можно предположить, что нижний слой содержит преимущественно ПДМФС с растворенной в нем кислотой, верхний - в основном олеиновую кислоту с растворенным в ней ПДМФС.

Таблица I. Равновесное двухмерное давление F_e смесей ПДМФС : ОК (нижнего и верхнего слоев) при распространении монослоя из объемной фазы (линзы)

мольное соотношение ПДМФС : ОК в смеси	F_e для нижнего слоя мН/м	F_e для верхнего слоя мН/м
76 : 24	34,9	32,3
56 : 44	34,8	32,3
38 : 62	35,5	32,2
I9 : 8I	35,8	32,2

Важно то, что равновесное давление, получающееся при распространении из объемной фазы, совпадает с давлением F_e, соответствующим сжатию монослоя. Следовательно, последнее является равновесным давлением. Возможно, что при давлении 32 мН/м возникают микролинзы соответствующих смесей, но при сравнительно быстром сжатии оно перекрывается более высоким давлением 35 мН/м.

Эти опыты подтверждают предположение о том, что на протяжении всей изотермы давление - площадь в двухмерном состоянии монослоя могут образовываться совместные структуры силоксана и кислоты.

Таким образом, смеси ПДМФС (или ПДМС) с ОК при сильном сжатии оказываются более поверхностно-активными, чем каждый компонент в отдельности, причем, в принципе это возможно и в случае образования адсорбционных слоев на поверхности твердых частиц наполнителя в пастах.

Литература

/I/ N.K. ADAM and G. JESSOP: Proc. Roy. Soc. (London) A120, 473 (1928)
/2/ А.А. ТРАПЕЗНИКОВ и В.А. ОГАРЕВ: Докл. АН СССР I48, I62 (I963)
/3/ А.А. ТРАПЕЗНИКОВ, Т.Н. ЗАЦЕПИНА, Т.А. ГРАЧЕВА, Р.Н. ЩЕРБАКОВА и В.А. ОГАРЕВ: Докл. АН СССР I60, I74 (I965)
/4/ А.А. ТРАПЕЗНИКОВ и В.А. ОГАРЕВ: В кн.: Кремнийорганические соединения. М.: Изд-во НИИТЭХИМ в.4, 56 (I966)
/5/ H. STEIBACH and Chr. SUCKER: J.Coll. and Polymer Sci. 225, 237 (1977)
/6/ F.C. GOODRICH: Proceeding of the Second International Congress of Surface Activity 1, 85 (1957)

A.A. TRAPEZNIKOV, N.N. LOZNETSOVA

Institute of Physical Chemistry of Academy of Sciences of the USSR, Moscow

Effect of electrolyte on the viscoelastic properties of the adsorption layers of human serum albumin (HSA) and their aging at the air-water and heptane-water interfaces

Our earlier publications dealing with monolayers and adsorption layers of proteins /1-3/ at the air-salt solution and hexane-salt solution interfaces analyzed the two-dimensional (2D) pressure and mechanical (viscoelastic) properties as functions of area per 1 mg of protein concentration in the solution. In the case of lysozyme, a 1 N NaCl solution and later 2 N NaCl solution were used, in accord with the work of Yamashita and Bull /4/ on 2D pressure in 3.5 N NaCl. Adams was able to show /5/ that native protein yields the specific area of 0.2 m^2/mg. We have demonstrated that a monolayer on 3.5 N NaCl raises 2D pressure beginning with 2.8 m^2/mg. Phillips and Graham /6/ have investigated the protein layers on 0.1 N NaCl in a wide range of protein concentration. We have found /7/ that a monolayer with dimedrol results in a somewhat greater specific area at the hexane-water interface than at the air-water interface. Viscoelastic properties of monolayers on various interfaces and in the course of monolayer aging were also investigated.

The measurement technique was the torsional motion of a disk. The measuring disk (5 cm in diam, 0.6 cm in thickness) was immersed into a solution to a depth of 0.15 cm. Heptane was pored to a height of 0.4 cm so that the upper surface of the disk remained dry. A horizontal rod 10 cm in length, with cylinders of soft iron mounted at its ends, was fixed to a metal holder supporting the disk and suspended by an elastic wire. Two electromagnetic coils, connected to a low-frequency generator, were installed close to the cylinders. By varying the frequency of the induced torsional vibrations, the resonance frequency was found and the shear modulus was calculated. In addition, shear modulus was also found from the decay of free vibrations. The values of shear modulus measured by the two methods coincided within ± 5%. The main part of the measurement setup was placed in an insulating glass cylinder enclosed within a cabinet with a ventillator and controlling thermometer.

The shear modulus and viscosity were calculated as follows:

$$G_0' = 4\pi^2 KM_w\left[\frac{1}{T^2} - \frac{4\pi^2}{T_0^2}\left(4\pi^2 + \lambda^2\right)^{-1}\right]$$

$$\eta' = 2KM_w \left[\frac{\lambda}{T} - \frac{\lambda_w}{T_w} \right]$$

The data are plotted in fig. 1. Shear modulus clearly increases at the heptane-water interface as compared with that at the air-water interface. A plateau is reached in shear modulus beginning with a concentration 3.5 N NaCl. A second increase to 44 mN/m occurs at the heptane-3.5 N NaCl interface.

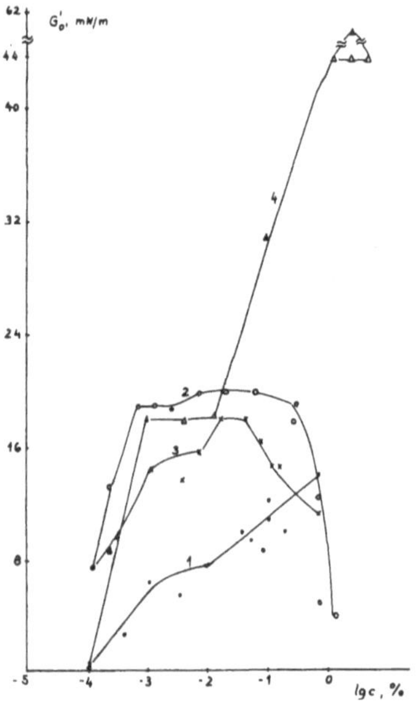

Fig.1. Shear modulus of HSA adsorption layer as a functin of solution concentration. Curve1 - for the air-0.5 N NaCl interface; curve 2 - heptane-air; curve 3 - heptane-0.5 N NaCl; curve 4 - heptane-3.5 N NaCl

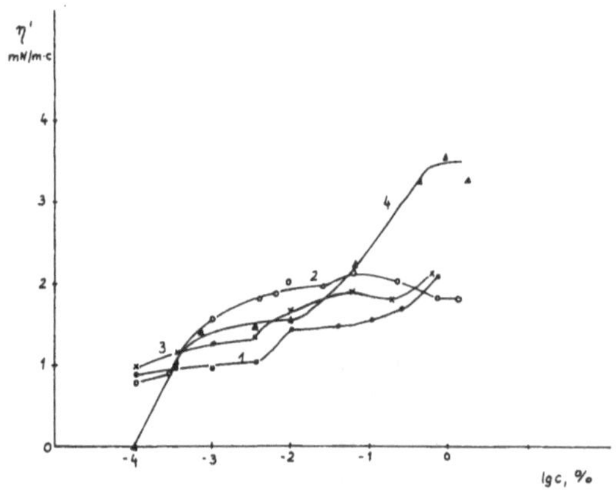

Fig.2. Dynamic viscosity of HSA adsorption layer as a functuon of solution concentration. Curve 1 - air-0.5 N NaCl; 2 - heptane-water; 3 - heptane-0.5 N NaCl; 4 - heptane-3.5 N NaCl

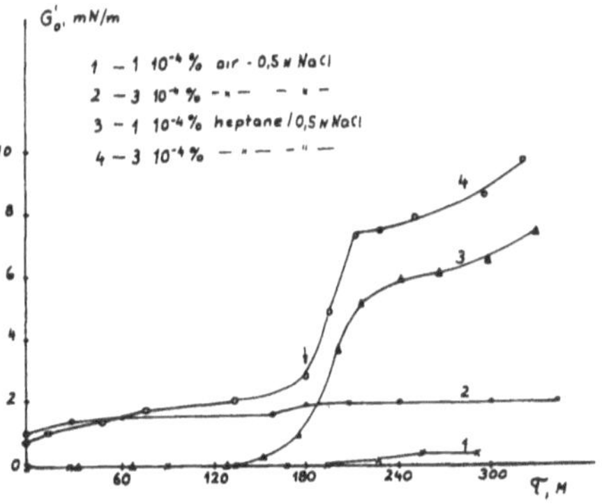

Fig.3. Shear modulus of HSA adsorption layer as a function of aging time at different HSA concentration: 1 - 0.0001%; 2 - 0.0003%, at air-0.5 N NaCl interface; 3 - 0.0001% and 4 - 0.0003% at the heptane-0.5 N NaCl interface

A similar curve is found for the dynamic viscosity (see fig.2). The aging of the adsorption layer was monitored for 6 hours (see fig.3). At a concentration $1 \cdot 10^{-4}$% shear modulus goes through a latent period of 195 min, after which rises only to 0.5 mN/m during 300 min. In contrast to this, at the heptane-0.5 N NaCl interface the modulus rapidly rises to 8 mN/m after a period of 120 min. Similar behavior is observed at higher protein concentrations.

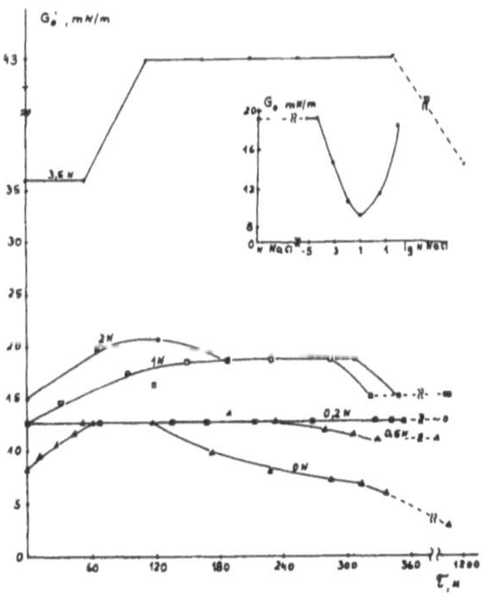

Fig.4. Shear modulus of HSA adsorption layer in 0.5% HSA solution as a function of electrolyte concentration, 0 -3.5 N NaCl, in the course of layer aging. The inset shows shear modulus as a function of NaCl normality, at HSA concentration 0.001%

Fig.4 illustrates the effect of salt concentration on aging curves in 0.5% protein solution. The modulus is at a constant level, and diminishes after 100 min. Fig.1 shows that at HSA concentrations from 0.001 to 0.05% aging curves reveal that at the heptane-water interface the modulus increases for 330 min. At 0.1 - 1% HSA concentrations the modulus diminishes over 240 - 300 min by 30 - 50%.

As follows from fig.4, at the heptane-water interface the modulus remains constant and then slightly diminishes at the lowest salt concentrations. Increased salt content thus not only raises the absolute value of the modulus, but also stabilizes the adsorption layer. The inset in fig.4 plots the modulus as a function of salt concentration up to 3.5 N NaCl. In this case the curve passes through a minimum at 0.1 N. Finally, fig.5 presents aging curves for various concentrations of protein from 0.0001 to 2% at the heptane-3.5 N NaCl interface. Clearly, all aging curves manifest increasing branches; one exception is the case of 1% HSA solution where the modulus rises to 62 mN/m and then ages to 43 mN/m. We thus find that a continuous rise in protein concentration to 2% results in a stable value of shear modulus at the heptane-3.5 N NaCl interface.

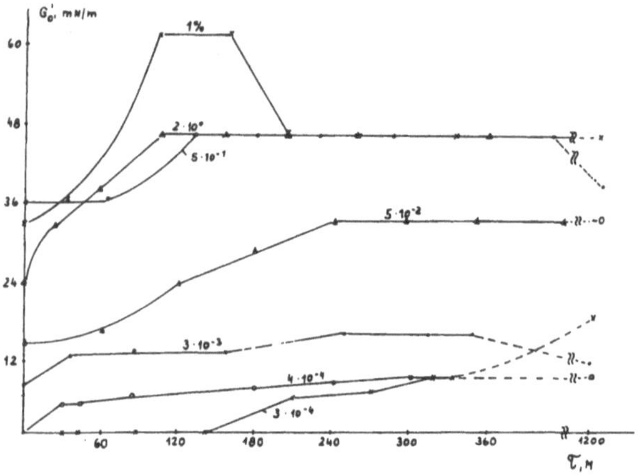

Fig.5 Evolution of shear modulus of adsorption layer in HSA solution plotted as a function of aging time, for different protein concentrations

As follows from the data reported by Graham and Phillips /6/, the surface concentration of bovine albumin increases linearly from the lowest concentration to 0.001% BSA, and then sharply grows to 9 mg/m^2 because a polymolecular layer is formed at the bulk concentration of 0.05 %; the ageing of the layer was not studied. Shear modulus was observed to pass trough a sharp maximum at 0.05% in the case of the air-water interface, and at 0.01% in the case of the oil-water interface.

In spite of the differences between HSA and BSA proteins, their G_0' curves have similar features. Interpretation mostly differ in the definition of the polymolecular layer.

As follows from fig.4. in 0.5% HSA solution the value of G_0' at the heptane-water (without NaCl) interface decreases over 240 min from 12 to 5 mN/m, i.e., the modulus becomes low, and the motion of the disk grows aperiodical. Such considerable drop in modulus over periods up to 300 min cannot result from the formation of a polymolecular layer at the surface of water. No polymolecular layer can form at the heptane-3.5 N NaCl interface (see fig.4) because aging for 100 min makes shear modulus reach 43 mN/m, and then this level is maintained for 360 min.

Note that in the range of low bulk concentrations of protein (0.001%) the heptane-water interface evinces the highest modulus in comparison with the air-0.5 N NaCl interface (see fig.1), while at elevated protein concentrations shear modulus reaches its lowest point in the range of protein concentrations as high as 0.05 - 0.5% (see fig.5).

In the range of electrolyte concentrations up to 0.5 N NaCl and at low protein concentrations about 0.001% the observed effects (see fig.4) can be explained by the reduced hydration of the adsorption layer, the resultant weakening of the lateral interaction between protein polar groups, and the ensuing reduction in shear modulus. A heptane layer over water enhances the protein solvation and strengthens the lateral cohesion within the adsorption layer. A strong increase in shear modulus at the heptane-3.5 N NaCl interface indicates that the adsorption layer incorporates salt ions which enhance shear modulus at high salt concentrations. Tenford /8/ described bulk-viscosimetry experiments revealing the interaction between N^+ and Br^- ions in a polyvinylbutylpyridinium bromide resulting in the formation of N^+-Br^--N^+ bonds at the solution concentration of 0.4 N NaBr, and the formation of bribge bonds between different chain links in protein coils. Presumably, a similar interaction sets in between Na^+ and Cl^- ions in the adsorption layer at the heptane-3.5 N NaCl interface. According to Frumkin /9/, the anion of low-molecular compounds must point towards air, and the cation must point into water.

The value of shear modulus reflects the monomolecular state of the adsorption layer in the range of high bulk concentrations of the salt. In contrast to this, shear modulus at an electrolyteless substrate decreases at protein concentrations from 0.1 to 1%; the monolayer is unstable and inevitably breaks down. The reduction of the modulus is a corollary of solubilization of mycells formed in the bulk at high protein concentrations.

At high salt concentrations horizontally oriented protein partially transforms to a vertical arrangement, the salt ions being oriented toward polar groups. In this state the vertical portion of the polypeptide chain is thicker than the horizontally arranged chain. This vertical segment of the folded chain resembles a polymolecular layer which in fact is a monolayer.

At present there are no generally accepted models for the structure of extended monolayers and adsorption layers in solutions. A number of authors, inxluding us /10/, assume that myosin on a salt-containing substrate forms a monolayer at 0.6 N KCl. At the same time, a catalase monolayer remains 16% of its enzymatic activity /11/. On the other hand, Izmailova and Rhebider /12/ concluded that adsorption layers of proteins have considerable thickness, and thus do not form monolayers at the air-water, and even less so, at the oil-water interfaces. Our studies /2,3/ show that both extended monolayers and adsorption layers in solutions form monolayers, evidenced by the rheological properties and by 2D pressure. It was shown /13/ that at the hexane-3.5 N NaCl interface lysozyme produces an appreciable pressure at the specific area 2.8 m^2 per mg; in compressed state its modulus is higher than over a saltless substrate at the hexane-water interface. It was concluded that no polymolecular layer is formed.

Adamson remarked /14/ that "the film is now viewed as consisting of intact α-helices a second (and further) layers forming on compression". Adamson's scheme shows that polymolecular layers consist of spherical molecules and are made up of two to three monolayers.

We have established that the use of heptane in compressed monolayers substantially increases shear modulus and thus points to an increased lateral cohesion, and that lateral cohesion decreases at lower concentrations of the monolayer. Our data indicate that the layers are monomolecular. It was mentioned that nearly-native layers are formed at interfaces but only under conditions that block the spreading into a monolayer.

References

/1/ L.V. KOMAROVA, A.A. TRAPEZNIKOV, T.Yu. SHIROKOVA, N.G. VOROBYEVA: Zh.fiz.khim. 46, 1307 (1972)

/2/ T.Yu. SHIROKOVA, I.G. VOLKOVA, A.A. TRAPEZNIKOV: Kolloidn.Zh. 42, 921 (1980)

/3/ T.Yu. SHIROKOVA, I.G. VOLKOVA, A.A. TRAPEZNIKOV: Kolloidn.Zh. 43, 929 (1980)

/4/ T. YAMASHITA and H.B. BULL: J.Coll.Interface Sci. 24, 310 (1967)

/5/ D.I. ADAMS, M.T.A. EVANS, I.R. MITCHELL, M.S. PHILLIPS, P.M. POSS: J.Polymer Sci. Part C no.34, 167 (1971)

/6/ D.E. GRAHAM and M.S. PHILLIPS: J.Coll.Interface Sci. 70, 403, 415, 427 (1979); 76, 240 (1980)

/7/ I.G. VOLKOVA, A.A. TRAPEZNIKOV, T.Yu. SHIROKOVA: Kolloidn.Zh. 44, 654 (1982)

/8/ Ch. TENFORD: "Physical Chemistry of Macromolecules", John Willey & Sons, 1961

/9/ A.N. FRUMKIN and A.I. PANKRATOV: Zh.fiz.khim. 12, 549 (1938); A.I. PANKRATOV: idid., 541

/10/ A.A. TRAPEZNIKOV: Dokl. AN SSSR 68, 57 (1948)
/11/ L.V. KOMAROVA, A.A. TRAPEZNIKOV, T.Yu. SHIROKOVA: Biokhimiya 38, 857 (1973)
/12/ V.N. IZMAILOVA and P.A. RHEBINDER: in: Structuring in Protein Systems, Nauka, Moscow, 266 (1974) (in Russian)
/13/ A.A. TRAPEZNIKOV, I.G. VOLKOVA, T.Yu. SHIROKOVA: Dokl. AN SSSR 276, 903 (1984)
/14/ A. ADAMSON: "Physical Chemistry of Surface", Wiley Interscience, 1976
/15/ A.A. TRAPEZNIKOV, I.G. VOLKOVA, T.Yu. SHIROKOVA: Kolloidn. Zh. 47, 207 (1985)

C. S. VASSILIEFF, E. D. MANEV, I. B. IVANOV

Faculty of Chemistry, University of Sofia, 1126 Sofia, Bulgaria

Foam Film Drainage. Effect of Surfactant Surface Diffusion on the Rate of Thinning

According to Radoev et al [1, 2] the velocity of thinning, $V = -dh/dt$ (h - film thickness, t - time) of a plane - parallel foam film of a surfactant solution is given by the equation

$$V/V_{Re} = 1 + b + h_s/h \tag{1}$$
$$b = 3D\mu/\Gamma(\partial\Delta\sigma/\partial c) \tag{2}$$
$$h_s = 6D_s\mu(\partial\Gamma/\partial c) \,/\, \Gamma(\partial\Delta\sigma/\partial c) \tag{3}$$
$$V_{Re} = 2h^3 \; (P_c - \Pi) \,/\, 3\mu r^2 \tag{4}$$

where D is bulk diffusivity of the surfactant; D_s - its surface diffusivity; c - surfactant concentration in the bulk; Γ - surfactant surface concentration; $\Delta\sigma = \sigma_0 - \sigma(c)$ - lowering of the surface tension of the surfactant solution with respect to the surface tension σ_0 of the pure solvent; μ - dynamic viscosiry; P_c - capillary pressure; Π - disjoining pressure; r - radius of the film (see Fig. 1).

V_{Re} is the velocity of thinning of a film with tangentially immobile surfaces. The term b takes into account the surface mobility due to bulk diffusion and the term h_s/h accounts for the effect of surfactant surface diffusion. Depending on surfactant surface activity in different solvents and surfactant concentration the magnitudes of b and h_s can vary.

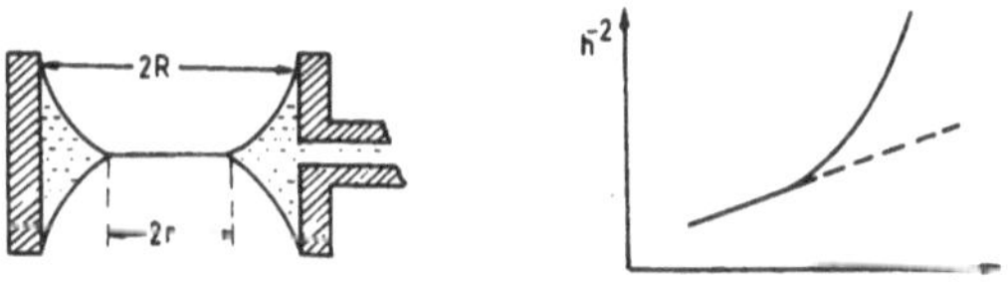

Fig. 1. a) Circular microscopic plane - parallel film with radius r in a circular capillary holder with radius R, R ≃ 0,2cm, r ≈ 10^{-2}cm. b) Typical experimental dependence of h^{-2} on time, t for a film with tangentially immobile surfaces. The slope of the straight line is: $(dh^{-2}/dt)_0 = 4P_c/3\mu r^2$. The increase of the slope at smaller thicknesses (h<1000Å) is due to the contribution of the attractive (negative) disjoining pressure: $dh^{-2}/dt = 4(P_c - \Pi)/3\mu r^2$.

Equations (1-4) can be used to determine D_s of soluble surfactants, a quantity being experimentally unaccesible in other ways. If b << 1 and h_s/h << 1 the film surfaces are practically tangentially immobile and E_q(4) can be used to determine the disjoining pressure in a thinning film [3, 4]

$$\Pi(h) = P_c \left[1 - \frac{(dh^{-2} \,/\, dt)}{(dh^{-2} \,/\, dt)_0} \right] \tag{5}$$

where $(dh^{-2}/dt)_0$ is the slope of the straight line in a plot h^{-2} vs t for sufficiently thick films in which $\Pi \ll P_c$ (see Fig. 1). This "dynamic" method proposed by Sheludko and Exerowa gives in principle the unique possibility to determine the attractive disjoining pressure from the velocity of thinning. If, however, $E_q(5)$ is applied under conditions for which b and h_s/h are not negligible (see $E_q(1)$) the acceleration in the thinning due to surfactant diffusion would be attributed to the disjoining pressure leading to overestimated Π - values.

Here we summarize our experimental results on the role of the surfactant on the rate of thinning of foam films [6-10]. Equation (1) was tested for several pairs solvent + surfactant in different concentration ranges. The dependence h(t) was recorded in the microinterferometric set up [5] using several improvements to increase reproducibility and accuracy [7, 9, 10]. The capillary pressure P_c was measured directly [11] (except in refs [6, 8]). Films with $r < 1.10^{-2}$ cm were studied at thicknesses in the range 1300-250 Å where the approximation of a plane - parallel film is justified at such radii [12]. The attractive van der Waals disjoining pressure was calculated from Lifshitz theory taking into account the electromagnetic retardation making use of the procedure described in ref. [13]. The values of $\partial\Delta\sigma/\partial c$, Γ and $\partial\Gamma/\partial c$ were obtained from experimental $\Delta\sigma(c)$ data (using Gibb's adsorption isotherm for the latter two quantities). The dependencies of $\Delta\sigma$ on lgc for the systems studied are depicted in Fig. 2. The arrows indicate surfactant concentrations of the solutions investigated in the microinterferometric set up. Some of the plots of V/V_{Re} on 1/h for foam films of these solutions are shown on the next figures.

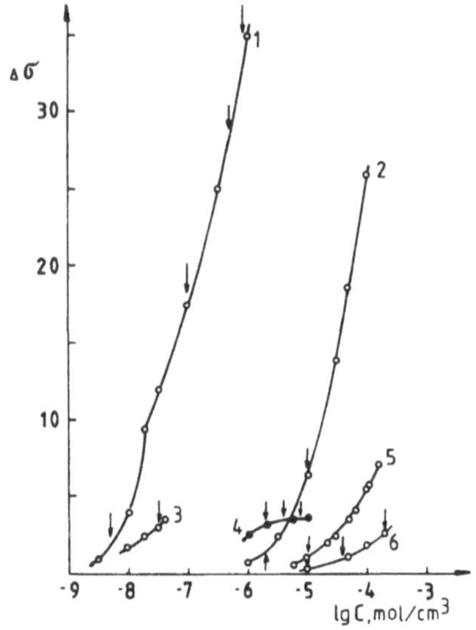

Fig. 2. Lowering of the surface tension of the investigated surfactant solutions: 1 - (+0,1 M NaCl) aqueons solution of $CH_3(CH_2)_{11}OSO_3Na$; 2 - aqueous solution of $CH_3(CH_2)_3COOH$ (+0,07 M HCl); 3 - nitrobenzene solution of Silicon Oil (Merck 350, MW=190) 4 - hexadecane solution of Silicon Oil (Merck 350, MW = 190); 5 - aniline solution of $CH_3(CH_2)_{11}OH$; 6 - nitrobenzene solution of $CH_3(CH_2)_{11}OH$.

It can be seen that the linear dependence of V/V_{Re} on $1/h$ predicted by Eq.(1) is reasonably fulfilled. The experimental data confirm also the qualitative consequences from Eqs. (1 - 3):

- increasing the surfactant concentration for a given pair surfactant - solvent lowers the slope h_s due to the increase in Γ and the lowering of the $\partial\Gamma/\partial c$ values;
- a sufficiently high concentration of a surfactant with high surface activity ($CH_3(CH_2)_{11}OSO_3Na$ - for H_2O and silicon oil for $C_6H_5NO_2$) can practically immobilize tangentially the film surfaces.

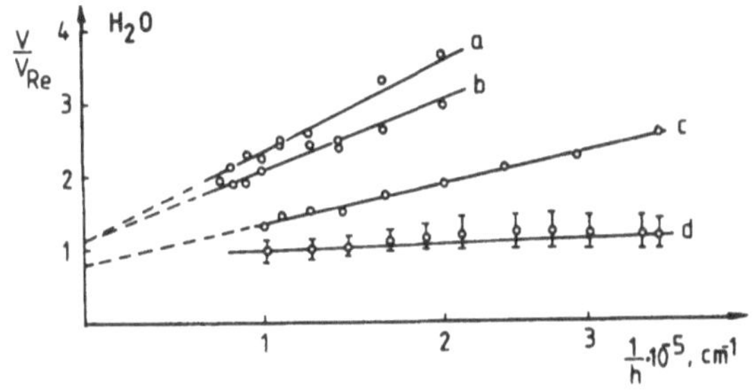

Fig. 3. V/V_{Re} for aqueous solutions: a) $CH_3(CH_2)_3COOH$ - c = 2.10^{-6}mole/cm³; b) $CH_3(CH_2)_3COOH$ - c = 1.10^{-5}mole/cm³; c) $CH_3(CH_2)_{11}OSO_3Na$ - c = 5.10^{-9}mole/cm³; d) $CH_3(CH_2)_{11}OSO_3Na$ - c = 1.10^{-6}mole/cm³.

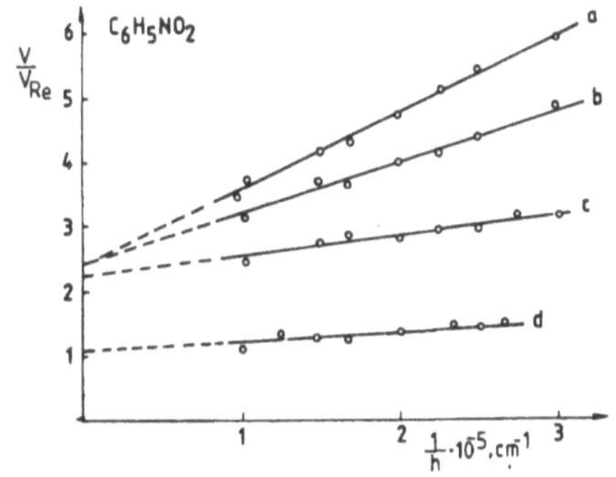

Fig. 4. V/V_{Re} for nitrobenzene solutions: a) $CH_3(CH_2)_{11}OH$ - c = $1,1.10^{-5}$mole/cm³; b) $CH_3(CH_2)_{11}OH$ - c = $4,4.10^{-5}$mole/cm³; c) $CH_3(CH_2)_{11}OH$ - c = $1,8.10^{-4}$mole/cm³; d) Silicon oil - c = $2,8.10^{-8}$mole/cm³.

Quantitatively the experimental data are summarized in Table 1 as b = intersept - 1 and slope h_s of the straight lines in the plots V/V_{Re} vs1/h (see Eq. (1)). The values of b presented in the fifth column are calculated from Eq. (2), experimental $\Delta\sigma(c)$ data presented in Fig. 2 and a value of $D \approx 10^{-5}$cm²/s [14]. A comparison between experimental and calculated values shows a fair agreement except for the system aniline + dodecanol.

Such a comparison is not possible for the slopes h_s because no independent method exsist to measure the surface diffusion coefficient D_s of the soluble surfactants studied here. The experimental values of h_s can be used to deduce the values of D_s from Eq.(3) and experimental $\Delta\sigma(c)$ data. The experimental values of D_s obtained in this way are presented in the last columnn.

This indirect estimate of surface diffusivity is in general agreement with data for D_s obtained from direct measurements in insoluble monolayers using radiotracer [15] and fluorescence [16] techniques. The latter data are summarize in Table 2.

Table 1. Soluble surfactants

Solvent	Surfactant	C mole/cm³	Molecular area Å²	$\frac{3D\mu}{\Gamma(\partial\Delta\sigma/\partial c)}$	b	h_s	D_s cm²/s
H_2O a)	$CH_3(CH_2)_3COOH$	2.10^{-6}	290	$7,4.10^{-3}$	0	$1,0.10^{-5}$	3.10^{-4}
		1.10^{-5}	210	$5,4.10^{-3}$	0	$1,3.10^{-5}$	3.10^{-4}
H_2O b)	$CH_3(CH_2)_{11}OSO_3Na$	5.10^{-9}	210	$8,9.10^{-6}$	0	$0,5.10^{-5}$	1.10^{-4}
		1.10^{-7}	77	$2,6.10^{-5}$	0	0	-
		5.10^{-7}	45	$4,5.10^{-5}$	0	0	-
		1.10^{-6}	45	$8,9.10^{-5}$	0	0	-
$C_6H_5NH_2$ c)	$CH_3(CH_2)_{11}OH$	$1,1.10^{-5}$	830	1,5	0	$1,2.10^{-5}$	4.10^{-5}
$C_6H_5NO_2$ d)	$CH_3(CH_2)_{11}OH$	$1,1.10^{-5}$	1200	1,4	1,4	$1,2.10^{-5}$	6.10^{-5}
		$4,4.10^{-5}$	600	1,4	1,5	$0,7.10^{-5}$	7.10^{-5}
		$1,8.10^{-4}$	300	1,4	1,3	$0,3.10^{-5}$	7.10^{-5}
$C_6H_5NO_2$ d)	Silicon Oil	$2,8.10^{-8}$	270	$1,8.10^{-4}$	0	0	-
$CH_3(CH_2)_{14}CH_3$ e)	Silicon Oil	$(1\text{-}5).10^{-6}$	280	1,5	1	0	-

a) - recalculated from data in [6] with Π from [13]; b) - from [10]; c) - from [8]; d) - from [9]; e) - from [7].

Table 2. Insoluble surfactants

Molecular area, Å²				D_s, cm²/s
From Ref. [16]: Authroylstearic acid				
> 40				$> 1.10^{-4}$
40				5.10^{-5}
38				1.10^{-5}
38				1.10^{-5}
From Ref. [15]:	Palmitic acid	Stearic acid	Stearic alcohol	
75	$4,1.10^{-5}$	$2,8.10^{-5}$	$3,7.10^{-5}$	
50	$4,4.10^{-5}$	$2,1.10^{-5}$	$1,7.10^{-5}$	
33	$3,3.10^{-5}$	$1,9.10^{-5}$	$1,4.10^{-5}$	
23	$2,3.10^{-5}$	$1,6.10^{-5}$	$1,0.10^{-5}$	

The "zero - slope" cases in Table 1 ($h_s \approx 0$) correspond to satturation of the surface with surfactant molecules $(\partial\Gamma/\partial c) \approx 0$ (see Eq.(3)). In these cases the experimental data for the film thinning can be treated according to Eq.(5) to obtain experimentally the disjoining pressure Π. The results derived from V-data for nitrobenzene films stabilized with silicon oil are presented in Fig. 5a . The full line represents the theoretical calculation from Lifshitz theory [9, 13]. Similar agreement between the theoretical calculation of Π and "dynamic" experimental results is obtained for hexadecane films stabilized with silicon oil (taking into account the term b > 0) [7]. The experimental results for Π in water films stabilized with sodiumdodecylsulfate are presented in Fig. 5b ;

the full line is calculated from Lifshitz theory [10, 13]. The broken lines indicate the range of Π estimated from variation of the equilibrium film thickness with electrolyte concentration [17] due to the balance between electrostatic repulsion and van der Waals attraction. Older "dynamic" experiments [4, 5] have yielded Π - values substantially higher than the present ones. This discrepancy could be due to surface diffusion, the use of an estimated value of P_c (it was not measured directly [11]) and deviations from a plane - parallel shape [12] (older experiments were carried out with films with $r > 1.10^{-2}$ cm).

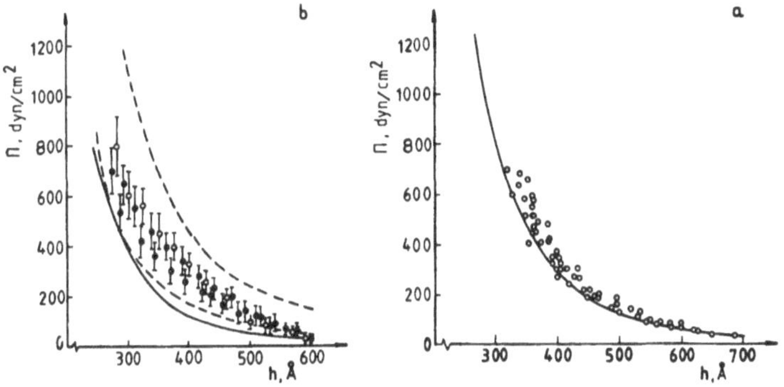

Fig. 5. "Dynamic" experimental results for Π(h) compared with theoretical predictions (full lines): a) nitrobenzene films stabilized with $2,8.10^{-8}$ mole/cm³ Silicon oil; b) aqueous films stabilized with $CH_3(CH_2)_{11}OSO_3Na$: o - c= 1.10^{-7} mole/cm³ ; ● - c = 5.10^{-7} mole/cm³ ; ◐ - c = 1.10^{-6} mole/cm³. Broken lines indicate the range of "static" experimental results (see text).

Within experimental accuracy limits the results for Π presented in Fig. 5b agree also with Π estimated from critical thickness measurements in microscopic films [18] measurements in macroscopic equilibrium films [19] and are consistent with dΠ/dh measured from the light scattering of surface waves [20]. Surface diffusion was shown to remove the discrepancy between calculation and older dynamic experiment for Π in aniline films [8].

The agreement between theoretical calculation [13] and "dynamic" experiment for Π corroborates the applicability of the former when calculating V_{Re} from Eq.(4) and hence corroborates the procedure used to estimate D_s described above.

It should be emphasized, however, that the accuracy of the method does not allow to insist on the exact values of D_s in Table 1. Some of the intercepts in the V/V_{Re} plots are not in agreement with the theoretical calculation of b from Eq. (2). This could be due to some uncontrollable deviations from the plane - parallel shape and small decrease of the film radius during film thinning. The differentiations of the dependence of Δσ in order to oltaim ∂Δσ/∂c, Γ and ∂Γ/∂c may also intorduce some inaccuracy.

The experimental data presented above confirm the applicability of Eqs. (1-4) to describe the role of the surfactant bulk and surface diffusion in the drainage of foam films. The calculation of D_s from the experimental slopes h_s in the dependencies V/V_{Re} vs 1/h seems to be the only method for determination of surface diffusivities of soluble surfactants. This justifies its applicability despite the limitations described above.

References

/ 1/ B. P. RADOEV, D. S. DIMITROV and I. B. IVANOV: "Colloid & Polymer Sci. 252, 50(1974)

/ 2/ I. B. IVANOV: Pure & Appl. Chem. 52, 1241 (1980)

/ 3/ A. SCHELUDKO: Kolloid - Z, 155, 39 (1957)

/ 4/ A. SCHELUDKO and D. EXEROWA: Kolloid -Z, 168,24 (1960)

/ 5/ A. SCHELUDKO: Adv. Colloid Interface Sci. 1, 391 (1967)

/ 6/ E. D. MANEV, C. S. VASSILIEFF and I. B. IVANOV: Colloid & Polymer Sci. 254, 99 (1976)

/ 7/ C. S. VASSILIEFF, E. D. MANEV ,Z. P. ABADJIEVA and I. B. IVANOV: Annuaire Univ. Sofia, Fac. Chim. 70 - 2, 10 (1975/1976)

/ 8/ E. D. MANEV: Annuaire Univ. Sofia, Fac. Chim. 70 -2, 97 (1975/1976)

/ 9/ E. D. MANEV, S. V. SAZDANOVA, C. S. VASSILIEFF and I. B. IVANOV: A nnuaire Univ. Sofia, Fac. Chem. 71-2, 5 (1976/1977)

/10/ C. S. VASSILIEFF, A. A. MICHAILOVA and E. S. BASHEVA: Annuaire Univ. Sofia, Fac. Chim. 75 (1981) - in press

/11/ D. N. PLATIKANOV, M. M. ZACHARIEVA and D. R. EXEROVA: Annuaire Univ. Sofia, Fac. Chim. 66, 277 (1971/1972)

/12/ E. D. MANEV, S. V. SAZDANOVA and D. T. WASAN: J. Colloid Interface Sci.97,591(1984)

/13/ C. S. VASSILIEFF and I: B. IVANOV: Z. Naturforsch 31a, 1584 (1976);
C. S. VASSILIEFF: Annuaire Univ. Sofia, Fac. Chim. 72 - 2, 5 (1977/1978).

/14/ A. F. H. WARD and L. TORDAY: J. Chem. Phis. 14, 453 (1946); L.TER MINASSIAN - SARAGA: J. Chim. Phys. 52, 181 (1955), S. VIJAYAN and D. R. WOODS: Cannadian J. Chem. Engn. 55, 718 (1977).

/15/ D. VOLLHARDT, L. ZASTROW, J. HEYBEY and P. SCHWARTZ: Colloid & Polymer Sci. 258, 1289 (1980)

/16/ J. TEISSIE, J. F. TOCANNE, A. BANDRAS: Eur. J. Biochem. 83, 77 (1978)

/17/ A. SCHELUDKO and D. EXEROWA: Kolloid - Z. 165, 148 (1959)

/18/ B. P. RADOEV, A. SCHELUDKO, E. D. MANEV: J.Colloid Interface Sci. 95, 254 (1983)

/19/ A. VRIJ, J. A. de FEIJTER, W. G. M. ACTEROV, H. M. FIJNANT: In " Foams" (Ed. R. J. AKERS), Academic Press, London, 1976, p. 91

/20/ W. A. B. DONNERS, J. B. RIJNBOUT abd A. VRIJ: J. Colloid Interface Sci.61,535(1977)

K. VOLKE; G. PARA

Forschungsinstitut für Aufbereitung, Freiberg, AdW der DDR;
Institut für Katalyse und Oberflächenchemie, Kraków, PAN

Flotation und Adsorption im System ionogener Sammler/Quecksilber

Einleitung

Komplexe Untersuchungen zum Adsorptionsprozeß (Isothermen, Kinetik, pH-Abhängigkeit), die Erfassung der Benetzungseigenschaften (Oberflächenspannung, Randwinkel) und die Untersuchung des Flotationsverhaltens werden als eine Möglichkeit angesehen, die Kenntnisse über die Adsorption im Hinblick auf deren Bedeutung für die Flotation zu erweitern und damit einen Beitrag zur Flotationsgrundlagenforschung zu leisten.

Methoden und untersuchte Systeme

Folgende Untersuchungsmethoden wurden eingesetzt:

- Hg-Flotation in einer Modellapparatur nach POMIANOWSKI und PARA /1/
  Es wird das Ausbringen R in Abhängigkeit von der Sammlerkonzentration c und vom pH-Wert bestimmt. Schäumer wird nicht zugesetzt.
- Wechselstrompolarographische Adsorptionsuntersuchung am Mehrzweckpolarographen, Typ GWP 673
  Aus Kapazitäts-Potential- und Kapazitäts-Zeit-Kurven werden folgende Kenngrößen der Adsorption bestimmt:
  - Isothermentyp
  - Wechselwirkungskoeffizient a
  - Adsorptionskoeffizient B
  - Freie Standardadsorptionsenthalpie $-\Delta G_A^0$
  - molekularer Oberflächenbedarf A
  - Zeit für die Einstellungen des Adsorptionsgleichgewichtes t_{Gl}

Die Untersuchungen wurden am System Hg/0,1 N KCl + Sammler vorgenommen. Obwohl Hg in der Aufbereitungspraxis kaum flotiert wird, hat es doch als Modellsubstanz gegenüber Feststoffen Vorteile (meßtechnisch gut handhabbar). Als Sammler wurden

- n-Dodecylamin (DCA) bzw. dessen Hydrochlorid mit einem pK-Wert von 10,65 /2/ und

- n-Dodecansäure (LS) bzw. deren K-Salz mit einem pK-Wert von 5,3 /3/ eingesetzt.
Mit DCA und LS werden zwei Sammler gegenübergestellt, deren Ionen bei ähnlicher Kettenlänge entgegengesetzt geladene funktionelle Gruppen aufweisen.

Ergebnisse und Schlußfolgerungen

Hg-Flotation:
Die R-c-Kurven erreichen ein Plateau, wobei festzustellen ist, daß DCA hinsichtlich seiner Flotationsaktivität der LS überlegen ist. Die pH-Abhängigkeit des Ausbringens (vgl. Abb. 1) wird in Zusammenhang mit den wechselstrompolarographischen Ergebnissen diskutiert.

Wechselstrompolarographie:
Die wechselstrompolarographischen Kurven von beiden Sammlern /4/ ermöglichen folgende Aussagen:
- DCA weist zwei katodische Desorptionspeaks auf, von denen der 1. der Desorption der flach liegenden und der 2. der Desorption der senkrecht orientierten Ionen/Moleküle zukommt.
- Bei LS tritt nur ein Peak auf, d. h. es kommt nicht zur Umorientierung in die senkrechte Lage.
- Weitere Nebenpeaks bei DCA deuten nach USUI und IWASAKI /5/ auf Bischichtbildung hin.
- Das Adsorptionsgleichgewicht wird mit zunehmender Sammlerkonzentration immer früher erreicht.
- Die A-, a- und t_{Gl}-Werte weisen beim jeweiligen pK-Wert Extrema auf (vgl. Abb. 1).
- Der Verlauf der Flächenbedarfskurven deutet bei den jeweiligen pK-Werten auf die Bildung von Ion-Molekül-Assoziaten im Verhältnis 1:1 hin, wie sie
  - für DCA von FINCH und SMITH /6/ sowie ANANTHABADMANABHAN und SOMASUNDARAN /7/ und
  - für LS von ROSANO und Mitarb. /8/

  beschrieben wurden.
- Gestützt wird diese Annahme durch die Maxima des Wechselwirkungskoeffizienten bei den gleichen pH-Werten.

In Abb. 1 sind diese Ergebnisse mit der pH-Abhängigkeit des Ausbringens R und der Oberflächenspannung σ_{lg} /8,9/ gegenübergestellt, wobei zu erkennen ist, daß im gewählten System die 1:1-Assoziate von allen in den Lösungen auftretenden Spezies die größte Oberflächen- und Flotationsaktivität aufweisen. In der Literatur ist die Auffassung über die Wirksamkeit der einzelnen Spezies in einer Amin-lösung nicht einheitlich. Unter anderen werden auch das Ion /10/ bzw. Ion-Ion-Assoziat /7/ genannt. Untersuchungen in elektrolytfreien Lösungen, welche die Aussagen zur Wirksamkeit der 1:1-Assoziate präzisieren sollen, schließen die Arbeit ab.

Literatur

/1/ G. PARA; M. ZEMBALA; A. POMIANOWSKI: Pol. J. Chem. 54, 77 (1980)

/2/ C.W. HOERR u. a.: J. Amer. Chem. Soc. 65, 328 (1943)

/3/ V. NYREN; E. BACK: Acta chem. scand. 12, 1305 (1958)

/4/ K. VOLKE; H. NEUBERT: Z. phys. Chem. 262, 39 (1981); 265, 968 (1984)

/5/ S. USUI; I. IWASAKI: Trans. Soc. Min. Eng. AIME 247, 213 und 220 (1970)

/6/ J.A. FINCH; G.W. SMITH: J. Colloid Interface Sci. 45, 81 (1973)

/7/ K. ANANTHABADMANABHAN u. a.: Trans. Soc. Min. Eng. AIME 266, 2003 (1979)

/8/ H.L. ROSANO u. a.: J. Colloid Interface Sci. 22, 58 (1966)

/9/ W. HOPF: Dissertation, Freiberg, in Vorbereitung

/10/ D.W. FUERSTENAU: Transactions AIME 208 (1957); in Min. Engng. 9, 1365 (1957)

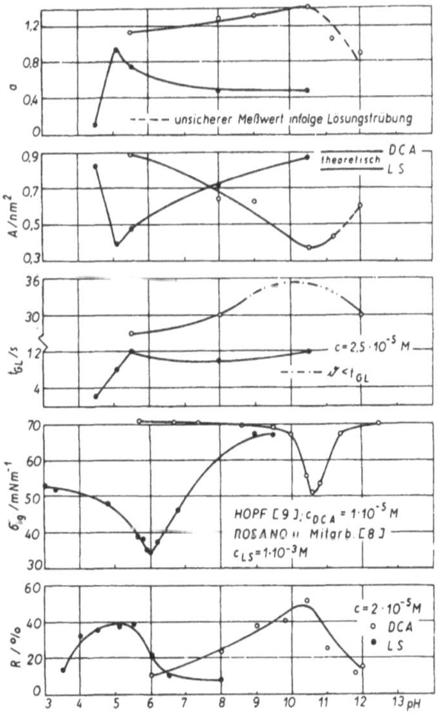

Abb.1: pH-Abhängigkeit der untersuchten Größen

D. Vollhardt

Central Institute of Organic Chemistry, Academy of Sciences of the GDR, 1199 Berlin, Rudower Chaussee 5

New possibility of evaluation of spray pattern for plant protection

The evaluation of the deposition of the spray liquid in the target area is of actual interest to obtain an even distribution of the active material for good biological activity.
However, the conventional evalution methods are due to various types of special paper, on which the droplets captured produce dyed stains /1/.

However, there are serious disadvantages for the application of such papers

- no linear correlation between droplet and stain size
- depending on the polarity of the solvent for the active material it has to be chosen between different paper types.

Moreover, until recently too little has been known about the role of the wetting conditions of the capturing material applied.

The objective of the present work is to overcome these disadvantages by analysing the role of the wetting properties for the transformation process of spray droplets to defined deposits on the target area.

A key feature for the solution of the problem is to find the striking conditions for the aereal capturing process of the spray droplets. It follows that spherical droplets have to be transformed completely to spherical segments adhering to the capturing material with a finite contact angle.

The cross section for a selected contact angle in a correct scale is shown in Fig. 1 where the quantities necessary to analyse the transformation process are also explained.

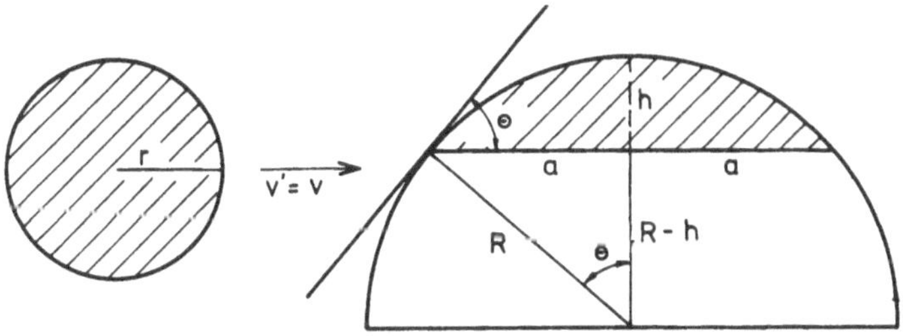

Fig. 1: Transformation of a sphere in a spherical segment taking into account geometrical quantities

r - radius of spray droplet, V' - volume of spray droplet, V - volume of spherical segment, R- radius of spherical segment, a - radius of spherical contact area of spherical segment, h - altitude of spherical segment, Θ - contact angle between spray liquid and support

Quantities accessible to direct measurements are the contact angle (Θ) and the radius of the spherical contact area (a) of the spherical segment.
Consideration of the geometrical conditions in the triangle and of the transformation process led to the calculation of the droplet radius as function of the accessible quantities Θ and a /2/.

$$r = f(\Theta, a) \qquad (1)$$

$$r = a \left(\frac{1}{4} \left(2 \left(1 + \mathrm{ctg}^2 \Theta\right)^{3/2} - \mathrm{ctg}\, \Theta \left(3 + 2\, \mathrm{ctg}^2 \Theta\right)\right)\right)^{1/3} \qquad (2)$$

For the case that the contact angle is constant, Eq. 2 takes the simple form

$$r = k \cdot a \qquad (3)$$

i.e. r is correlated linearly to a over the whole droplet spectrum. The constant k is defined as

$$k = \left(\frac{1}{2} \left(1 + \mathrm{ctg}^2 \Theta\right)^{3/2} - \frac{\mathrm{ctg}\, \Theta}{4} \left(3 + 2\, \mathrm{ctg}^2 \Theta\right)\right)^{1/3} \qquad (4)$$

The reciprocal value of k is the so-called spread factor (S) introduced in the literature. S is defined as the ratio of the stain to the droplet size.

Given this relation, it can be clearly seen that the spread factor (S) is only determined by the contact angle between spray droplet and support. The spread factor vs contact angle plot corresponding to the numerical values of Eq. (4) is represented in Fig. 2.

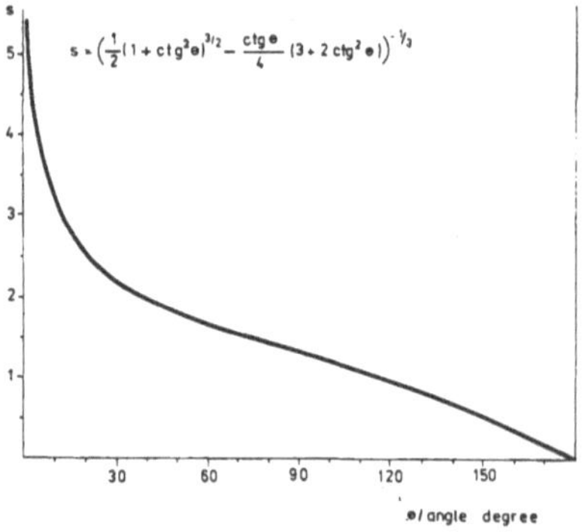

Fig. 2: Dependence of the spread factor of captured spray droplets on the contact angle

The results indicate that the experimentally reasonable broad contact angle range between 30 and 100 angle degree corresponds to favourable spread factors between 2.13 and 1.15.

Theoretical information on the transformation process of spray clouds to areal distribution spectra makes possible the substitution of the disadvantageous evaluation methods of spray deposits with sensitive papers.

In this context we are faced with the problem of developing areal capturing materials with such surface properties suitable to realize finite contact angles in a measurable range.
According to the concept of the critical surface tension /3/ finite contact angles of the spray droplet captured are obtained if the critical surface tension of the solid is lower than the surface tension of the spray liquid. Therefore the surface tension (σ_{LG}) of spray liquids was measured with the ring method of de Nouy as described elsewhere /4/. Surface tension data of typical oily- and aqueous-formulated pesticides are given in Tab. 1.

Tab. 1:

pesticide	σ_{LG} / m N m^{-1}
Bercema Aero Super	31,0
Decis	31,4
Flibol FC 8301	28,9
Dimilin aq	

These examples underline that oily-formulated spray liquids have low surface tension, which are lower than those of aqueous-formulated spray liquids. The critical surface tension of the capturing material has to be lower than the lowest surface tension measured for any spray liquid. Low energy surfaces of which the material is insoluble in the solvent of the spray liquid can be taken into consideration.
The evalution techniques for areal spray pattern using optical projection of the captured droplets require additional properties of the capturing material, as transparence, chemical resistivity, mechanical stability. After investigating a wide variety of materials it was concluded that the known transparent solids both with high energy surfaces (glass, quartz) and low energy surfaces (polyester, piacryl) are unsuitable for capturing oily-formulated spray droplets.

The complex requirements on the capturing material can be satisfied by coupling the wetting properties with the optical properties of such materials, as glass or quartz, with high energy surfaces.
According to this principle capturing material universally applicable was developed preparing glass or quartz slides covered by silicon resin or teflon in an adhering thin layer. These capturing materials make

possible the defined transformation of spray droplets with a radius r   1 mm to adhering spherical segments. The droplets of the spray liquid both oily- and aqueous-formulated, dyed as well as non-dyed, are projected exactly as circles (see Fig. 3).

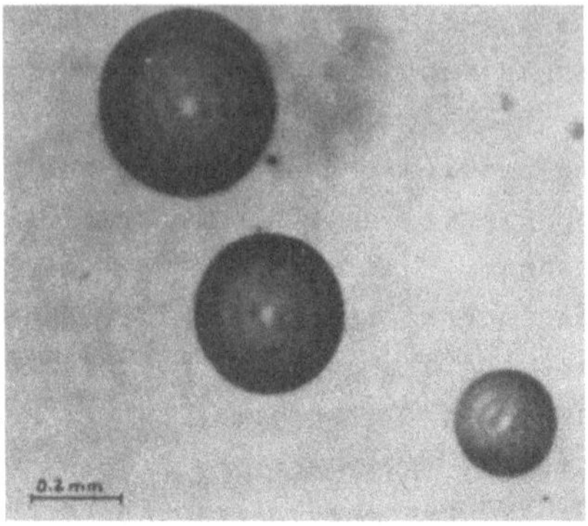

Fig. 3: Droplets of the pesticide Berecema Aero Super oily formulated on silicon resin-coated glass

The development of this capturing material was decisive for the practical application of the theoretical foundation proposed /5/. Applying the above equation (4) we can calculate the radius of spray droplets in dependence on the contact angle (Θ) and the radius of the spherical segment (a). Optical projection methods are used to evaluate the radiicof the spherical contact areas. The contact angle (Θ) between the capturing material and the spray liquid of any system to be investigated can be measured with a usual method, e.g. with a profile projector.

The results obtained by an oily- and aqueous-formulated pesticide (Tab. 2) underline the universal applicability of the method proposed.

Tab. 2:

	silicon resin		teflon	
pesticide	Θ	S	Θ	S
Bercema Aero Super	23.8°	2.3	49.5°	1.7
Dimilin aq.	42.8°	1.9	83.7°	1.3

The new method differs adventageously from the cnventional sensitive papers by a constant spread factor (S) over the whole range of the droplet radii. The method has been successfully tested by field trials in agriculture and forestry.

References

/1/ Vollhardt, D. in preparation

/2/ Maas, W. "ULV Application and Formulation Techniques" N.V. Philips-Duphar, Amsterdam, 1971

/3/ Foc, H.W., Zisman, W.A.: J. Colloid Sci. 5 (1950) 514

/4/ Czichocki, G., Vollhardt, D., Seibt, H.: Tenside 18 (1981) 320

/5/ Vollhardt, D., Wolff, G., Modrow, U.: DDR-Patent WPG 01 IV/ 275 246-5 AT: 17. 4. 85

WASOW, G. und HOLZBAUER, R.

Zentralinstitut für Organische Chemie der Akademie der Wissenschaften der DDR

Untersuchungen über die Penetration von Tensiden durch Blattoberflächen

Formulierungen von Pflanzenschutzmitteln enthalten häufig grenzflächenaktive Stoffe, denen je nach den physikalischen Eigenschaften der Wirkstoffe Aufgaben als Dispergatoren, Emulgatoren und Netzmittel zufallen. Daneben ist bekannt, daß sie unmittelbaren Einfluß auf die Effektivität der Wirkstoffe ausüben können /1/. Es stellt sich nun die Frage, ob bei wäßrigen Anwendungsformulierungen der Einfluß nur auf einer verbesserten Benetzung der Blattoberfläche beruht, oder ob die Tenside die Cuticula durchdringen und die Wirkstoffaufnahme auch im Blattinnern beeinflussen /2/.

Wir haben mit der Radiotracertechnik unter Verwendung von ^{14}-C-markiertem Natriumdodecylsulfat und ^{14}C-markierten Alkylpolyoxyethylenen des Dodecanols mit 5, 10, 15 und 20 Ethylenoxideinheiten einen Beitrag zur Klärung dieser Fragestellung bearbeitet.

Die Herstellung der radioaktiv markierten Tenside erfolgte nach mehrmaligem sorgfältigen Studium des Syntheseweges und der Reinigungsverfahren mit inaktivem Material, sowie anschließender analytischer Überprüfung, um die chemische, radiochemische und grenzflächenchemische Reinheit der markierten Verbindungen zu sichern. Zur Darstellung von Natriumdodecylsulfat wurde ^{14}C-markierter Dodecanol mit einem Chlorsulfonsäure-Diethylether-Komplex umgesetzt und anschließend mit Natronlauge neutralisiert. Nach der Umwandlung überschüssigen Natriumhydroxids zu Natriumhydrogencarbonat wurde zur Trockene eingedunstet und zweimal aus Ethanol umkristallisiert. Die Darstellung der Alkylpolyoxyethylene erfolgte ebenfalls vom ^{14}C-Dodecanol ausgehend durch Addition von Ethylenoxid unter Ausschluß von Feuchtigkeit und Luftsauerstoff. Zur Initiierung der bei 120 °C durchgeführten Additionsreaktion reichte die Energie des radioaktiven Startmaterials. Durch Fortfall eines gesonderten Katalysators konnten besonders reine Substanzen gewonnen werden.

Zur Lösung der Frage, ob Tenside die Penetrationsbarrieren an Blattoberflächen überwinden können, haben wir uns die relativ starke Dämpfung der Betastrahlung des Kohlenstoff-14 durch organisches Material zunutze

gemacht, die aus der geringen maximalen Energie der Strahlung von 0,155 MeV resultiert.
Für einen gewissen Teil der Absorberdicke erfolgt eine angenähert logarithmisch verlaufende Intensitätsschwächung.

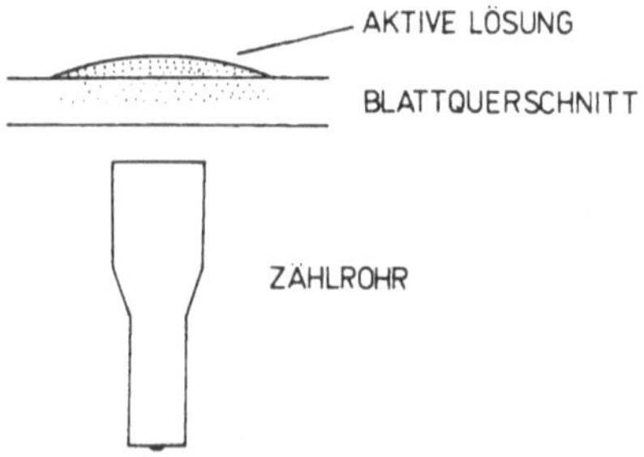

Abb. 1 Schematische Darstellung der Versuchsanordnung

In der Abb. 1 ist das Meßprinzip dargestellt. Wenn eine Penetration der grenzflächenaktiven Substanz in das Blattinnere stattfindet, so ändert sich die zwischen radioaktivem Material und Zählrohr liegende Dicke der absorbierenden Schicht, und die gemessenen Impulsrate steigt.
Untersuchungen nach diesem Schema wurden an Blättern von Tomate und Tradiscantia durchgeführt. Dazu wurden wäßrige Lösungen von radioaktiv markiertem Natriumdodecylsulfat mit 1, 2 und 10 mmol/l auf die Blattoberseite von abgetrennten Blättern gegeben, diese in einer feuchten Kammer gelagert, und in Abständen von 30 min die Impulsrate auf der Ober- und Unterseite der Blätter bestimmt.

Einwirkungszeit Stunden	Nulleffekt Imp./min	Blattoberseite Imp./min	Blattunterseite Imp./min
0	64 ± 4	55990 ± 31	2084 ± 8
1	59 ± 5	55960 ± 33	2408 ± 10
5	64 ± 4	55870 ± 34	3100 ± 12
12	61 ± 4	55360 ± 35	6220 ± 20
17	62 ± 3	54660 ± 29	12780 ± 15
40	72 ± 4	50030 ± 28	14770 ± 22

Tab. 1 Impulsrate als Funktion der Einwirkungsdauer von Natrium-dodecylsulfat auf Tomatenblätter

In der Tab. 1 sind Meßdaten für Tomatenblätter als Mittelwerte von 7 Parallelbestimmungen angeführt. Ermittelt man aus diesen Meßwerten mit Hilfe einer Eichkurve die Absorptionsschichtdicke, so ergeben sich die in der Tab. 2 dargestellten Werte.

Einwirkungszeit	Substanz, aufgetragen auf	
Stunden	Blattoberseite	Blattunterseite
0	0,150 mm	0,150 mm
1	0,142 mm	0,140 mm
5	0,126 mm	0,106 mm
12	0,102 mm	0,096 mm
17	0,054 mm	0,060 mm
40	0,050 mm	0,030 mm

Tab. 2 Mittlere Absorptionsschichtdicken von Tomatenblättern nach unterschiedlicher Einwirkdauer von 10^{-3} m Na-Dodecylsulfat

Um auszuschließen, daß unter dem Einfluß der Tensidlösung der Absorptionskoeffizient sich geändert hat, wurde dieser an Vergleichsblättern nach unterschiedlicher Einwirkdauer inaktiver Tensidlösung kontrolliert. Der Effekt ist nur bei höheren Tensidkonzentrationen merklich. Untersuchungen der beschriebenen Art an Blättern von Ganzpflanzen bei Tomate und Kartoffel ergaben gegenüber isolierten Blättern eine um die Hälfte verringerte Eindringgeschwindigkeit.

Bei den Messungen mit Lösungen von Dodecanolpolyethylenoxiden unterschiedlichen Ethoxylierungsgrades war eine erheblich schnellere Aufnahme bei den Blättern aller drei untersuchten Pflanzenarten zu beobachten. Zur Klärung der Frage, ob hier eventuell lediglich eine bevorzugte Aufnahme aus der wäßrigen Lösung in die Epicutanwachse oder die obersten Schichten der Cuticula erfolgt ist, wurden untereinander gleichaltrige

Blätter der Tomate für unterschiedliche Zeit in Tensidlösung getaucht und anschließend ausgiebig gespült. Dabei gingen wir von der Überlegung aus, daß oberflächlich adsorbierte Substanzen sich leicht wieder ablösen lassen, dagegen eine Penetration ins Blattinnere unter Versuchsbedingungen sogar irreversibel sein kann. Bei den Messungen war eine deutliche Zunahme der Impulsrate mit der Expositionsdauer zu registrieren. Das spricht für eine Aufnahme in die Blattstruktur. Gleichzeitig waren auch erhebliche Unterschiede in Abhängigkeit vom Ethoxylierungsgrad zu beobachten. Bei den Ethoxylierungsgraden 15 und 20 tritt nur eine geringe Penetration auf, die sich bei 10 und erst recht bei 5 EO-Einheiten sprunghaft verstärkt.

Es darf nicht unberücksichtigt bleiben, daß es sich um rein rechnerisch ermittelte mittlere Ethoxylierungsgrade handelt, denen eine statistische Verteilung der Polyoxyethylenketten zugrunde liegt.
Bei niederen Ethoxylierungsgraden sind zudem erhebliche Anteile Ausgangsalkohol und stark hydrophobe Verbindungen mit 1 bis 2 EO-Gruppen je Molekül vorhanden. Das wirft wiederum die Frage auf, ob die gemessenen Effekte nur auf eine Aufnahme der stark hydrophoben, wenig grenzflächenaktiven Bestandteile in die Wachsschicht zurückzuführen sind.
In mehreren Versuchen wurden die Epicutanwachse exponierter Blätter mit Hilfe diverser organischer Lösungsmittel abgelöst, ohne daß sich dadurch die Impulsrate wesentlich änderte. Die radioaktiv markierten Substanzen befinden sich also in der Cuticula oder tiefer im Blatt.
Auf der Abb. 2 sind die Impulsraten nach Korrektur des Nulleffektes gegen die Eintauchdauer der Blätter in die radioaktive Tensidlösung aufgetragen.

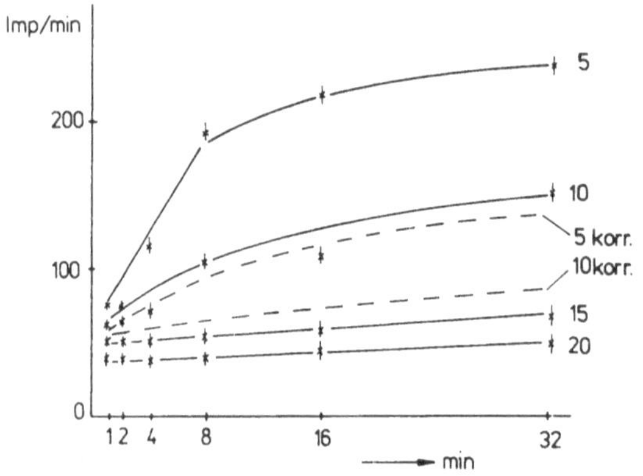

Abb. 2 Nach Spülen mit Wasser verbleibende Impulsrate auf Tomatenblätter nach unterschiedlicher Eintauchdauer in radioaktive Tensidlösung, $c = 1 \cdot 10^{-3}$ m

Es ist zu erkennen, daß insbesondere die Verbindungen mit 5 und 10 EO-Einheiten irreversibel vom Blatt aufgenommen werden. Da aufgrund der statistischen Verteilung der Anzahl der EO-Gruppen je Molekül nur mit mittleren Molmassen gerechnet werden kann, haben wir die unterschiedliche spezifische Aktivität in Rechnung gesetzt und erhalten dann die unterbrochen gezeichneten Kurven. Auch nach dieser Korrektur, die die maximal mögliche Fehlerbreite ausschöpft, verbleibt eine deutlich höhere Penetrationsgeschwindigkeit für die niedrig ethoxylierten Produkte.

Um Kenntnis über die Aufnahme von Dodecanol zu gewinnen, wurde in einem weiteren Versuch eine Lösung aus dem inaktivem Dodecanol mit 15 EO-Einheiten und radioaktivem Dodecanol bereitet, die eine der Lösung von radioaktiv markiertem Dodecanol • 5 EO vergleichbare spezifische Aktivität besaß. Mit dieser Lösung wurden ebenfalls Versuche in der beschriebenen Weise durchgeführt. Als Ergebnis trat nur eine geringfügige Aufnahme radioaktiv markierter Substanz auf.

Die Ergebnisse der vorgestellten Versuchsreihen lassen sich folgendermaßen zusammenfassen:

- Grenzflächenaktive Stoffe aus der Klasse der anionischen und nichtionischen Verbindungen penetrieren durch die Blattoberfläche von Tomate, Tradiscantia und Kartoffel.
- Die untersuchten nichtionischen Tenside wiesen eine höhere Aufnahmegeschwindigkeit als das anionische Natriumdodecylsulfat auf.
- Die höchste Aufnahmerate zeigten die Dodecanolpolyethylenoxide mit einem mittleren Ethoxylierungsgrad von 5 und 10.
  Das steht in Übereinstimmung mit Messungen an Alkylphenolpolyethylenoxiden, für die ein Wirkungsmaximum für 4...8 EO-Einheiten je Molekül beschrieben wurde /3/.
- Da ausgeschlossen werden konnte, daß die gemessenen Impulsraten durch eine Anreicherung des hydrophoben Dodecanols in den Epicutanwachsen hervorgerufen wurden, weisen die Ergebnisse auf eine Aufnahme der grenzflächenaktiven Stoffe in das Blattinnere.

Literatur

/1/ Foy, C. L. Hilgardia 55(1965)7, S. 125-144

/2/ Wortmann, B. G., Zeitschrift f. Pflanzenkrankheiten u. Pflanzenschutz 72(1965)11, S. 641-670

/3/ Müller, R. u. Burth, U., Abhandl. d. AdW d. DDR N 1 (1982), S. 315 -319, Akademie Verlag, Berlin

G.-R. Wessler, P. Schwartz, K.-H. Roedel

Zentralinstitut für physikalische Chemie der Akademie der Wissenschaften der DDR

Experimentelle Untersuchungen in dünnen Lamellen mit Hilfe der Lichtleitung der Erregerstrahlung

Als Lichtleitung in dünnen Filmen (Wellenleiter) bezeichnet man die Ausbreitung von Licht in Filmen mit einer Schichtdicke in der Größenordnung der Wellenlänge des Lichtes. Um Lichtleitung in einem dünnen Film realisieren zu können, muß der Brechungsindex des Filmes n_1 größer als der der angrenzenden Medien n_0, n_2 sein /1,2/. Der Lichtstrahl breitet sich im Film auf einem Zickzackweg aus, wobei jede Strahlumkehr durch Totalreflexion an beiden Phasengrenzen hervorgerufen wird. In Abb. 1 ist dieses Prinzip schematisch dargestellt.

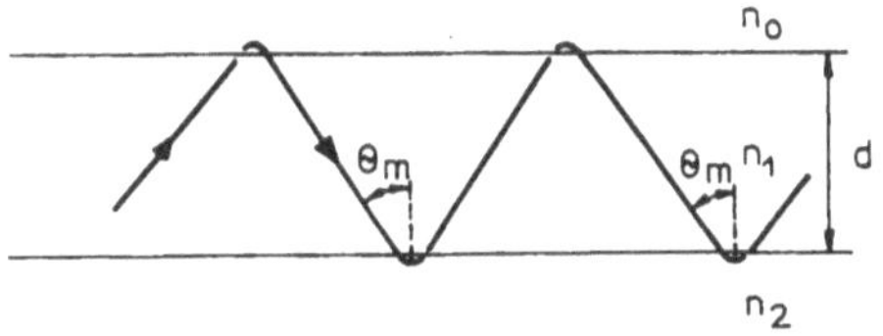

Abb. 1. Weg des Lichtstrahles im Wellenleiter
d=Schichtdicke des Filmes
θ_m=Reflexionswinkel zwischen Film und angrenzendem Medium
n_i=Brechungsindizes

Ein natürlicher Lichtleiter ist die flüssige Lamelle. Sie ist ein symmetrischer Wellenleiter, d.h. die angrenzendon Medien, gewöhnlich Luft, besitzen den gleichen Brechungsindex. Beim symmetrischen Wellenleiter ergibt sich nach /2/ keine Einschränkung für die Schichtdicken bei wellengeleitetem Licht der Mode m=0. Damit ist die flüssige Lamelle ein Lichtleiter, der Licht der Mode m=0 auch bei beliebig dünnen Schichtdicken der Lamelle weiterleiten kann. Die Herstellung der Lamellen erfolgt aus einer wäßrigen Tensidlösung. Mittels eines Bügels wird die Lamelle aus der Tensidlösung gezogen oder durch Blasen mit einem Edelgas in der Küvette aufgespannt. In Abb. 2 ist die Küvette mit der darin befindlichen Lamelle und die Anordnung der Lichteinkopplung zu sehen. Bei der Einkopplung des Laserstrahles wird die Tatsache ausgenutzt, daß sich durch den Randwinkel fest/flüssig/gasförmig an der Küvettenoberfläche eine trichterförmige Gleichgewichtsstruktur des

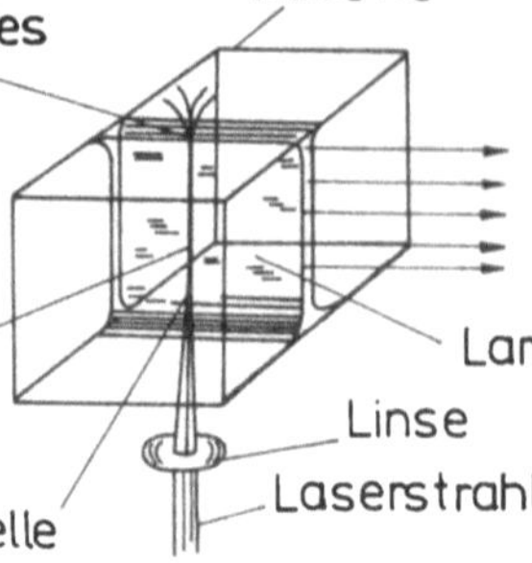

Abb. 2. Versuchsanordnung zur Lichtleitung in flüssigen Lamellen

Meniskus ausbildet. Auf Grund dieser Meniskusform besitzt die Lamelle einen natürlichen Trichterein- und Trichterauskoppler. Durch die in diesem Bereich gekrümmte Phasengrenze der Lamelle wird der Laserstrahl, wenn er unter einem bestimmten Winkel in diese trichterförmige Struktur eintritt, über mehrere Totalreflexionen an den Phasengrenzen in die Lamelle eingekoppelt. Das wellengeleitete Licht ist als Lichtfaden in der Lamelle zu sehen. Es verläßt an dem der Einkopplungsstelle gegenüberliegenden Ende den Lichtleiter durch die auch hier befindliche trichterförmige Struktur.

Wird die flüssige Lamelle senkrecht aufgespannt, so läuft sie infolge der angreifenden Schwerkraft ab. Die Lamelle wird dünner. Die Dynamik dieses Vorganges ist mit der Ausbildung eines wellenförmigen Meniskus in der Einkoppelzone verbunden. So kann die beobachtete Auffächerung des wellengeleiteten Laserlichtes während des Ablaufens der flüssigen Lamelle verstanden werden /3/.

In ersten schwarzen Filmen konnte Lichtleitung realisiert werden. Diese zeigt keine Auffächerung des eingekoppelten Laserstrahles. Das läßt auf stabile Menisken an der Einkoppelstelle schließen, d.h., beim ersten schwarzen Film liegt ein zeitlich nicht veränderlicher Meniskus vor.

Die Intensität des Streulichtes bei der Wellenleitung ist ein Maß für die Verluste, die im Wellenleiter auftreten. Es zeigt sich, daß die Lichtleitung im ersten schwarzen Film im Vergleich zu den anderen Stadien des ablaufenden Filmes wesentlich streuärmer ist. Die Streuverluste sind im Gegensatz zu den anderen Filmstadien so gering, daß das wellengeleitete Licht in den ersten schwarzen Filmen visuell nur nachgewiesen werden kann, wenn bestimmte Fluoreszenzstoffe der wäßrigen Tensidlösung zugegeben werden.

Zur spektroskopischen Untersuchung der flüssigen Lamellen wurde der schon beschriebene Aufbau zur Lichtleitung in Lamellen benutzt.(Abb. 2.)

Die Spektren der Lamelle und der Volumenphase derselben Lösung sind unterschiedlich. Sie unterscheiden sich z.B. in ihrer Wellenlängenverteilung (Abb. 3).

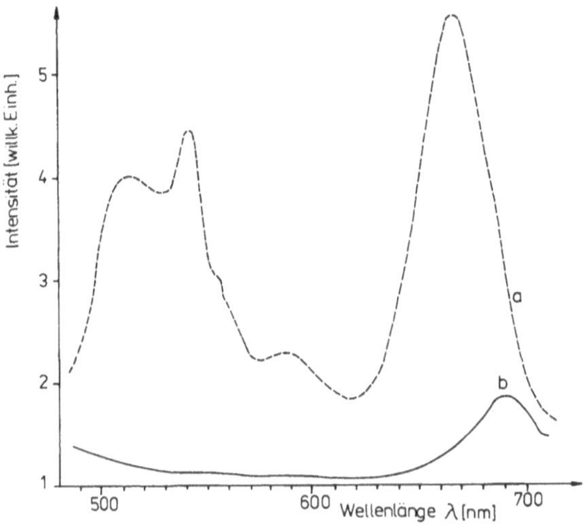

Abb. 3. Fluoreszenzspektrum einer flüssigen Lamelle und der Volumenphase derselben Lösung
a - Volumenphase einer wäßrigen Lösung von Natriumdodecylsulfat ($6 \cdot 10^{-3}$ mol/l) und Nilblau ($5 \cdot 10^{-6}$ mol/l)
b - Lamelle

Mit Hilfe der Lichtleitung können Moleküle in Lamellen angeregt werden. Diese Art der Anregung besitzt folgende Vorteile gegenüber der flächenhaften Bestrahlung der Lamelle mit geeigneten Lichtquellen /4/:

- Mit Hilfe der Lichtleitung können hohe Energiedichten in der Lamelle erzeugt werden.
- Da mit TE- und TM-Wellen gearbeitet werden kann, stehen Erregerwellen verschiedener Polarisationsrichtung zur Verfügung.
- Die Lamellengeometrie bietet bei der Auskopplung der Ramanstreustrahlung und des Fluoreszenzlichtes aus der Lamelle Vorteile.
- Es kann sowohl unter dynamischen Bedingungen (ablaufende Lamelle) als auch unter statischen Bedingungen (schwarzer Film) gemessen werden.
- Der schwarze Film verursacht geringe Streuverluste.
- Die charakteristische Länge der Lamelle senkrecht zur Phasengrenze ist zu der charakteristischen Länge längs der Phasengrenze sehr klein. Damit stammt der Hauptteil der optischen Information von Molekülen aus der Phasengrenze und deren unmittelbarer Umgebung.
- Die Lamelle stellt einen symmetrischen Wellenleiter dar. Damit bestehen keine Schichtdickenbegrenzungen bei der Lichtleitung der Mode m = O.

Der Unterschied zwischen den Spektren der Volumenphase und der Lamelle ist auf eine spezielle Molekülanordnung in der Lamelle zurückzuführen. Eine Aufklärung der Struktur der Lamelle war wegen der komplizierten Auswertung der Spektren trotz eines deutlichen Meßeffektes nicht möglich.

Befindet sich die Lamelle (schwarzer Film) in einem nicht völlig homogenen Temperaturfeld, so setzt eine Drehbewegung ein. Diese Bewegung kann durch Verfolgen einzelner, im schwarzen Film noch vorhandener Streuteilchen nachgewiesen werden. Nach Abschätzung der dieses System beschreibenden Marangoni- und Rayleigh-Zahl kann geschlossen werden, daß die Rayleigh-Bénard-Instabilität für diese Bewegung verantwortlich ist.

Literatur

/1/ P.K. Tien, R. Ulrich, R.J. Martch, Appl. Phys. Lett., 9 (1969) 291

/2/ P.K. Tien, R. Ulrich, J. Opt. Soc. Am., 10 (1970) 1325

/3/ G.-R. Wessler, Dissertation, AdW Berlin 1984

/4/ P. Fromherz, "Conference on Static and Dynamic Properties of Monolayers of Amphiphilic Substances at Fluid Interfaces", Bad Stuer, 1983

R. WÜSTNECK, H.-J. MÜLLER

Central Institue of Organic Chemistry of the Academy of Sciences of the GDR, Berlin

The Influence of Ionic Surfactants on the Thickness of Gelatin Foam Films and the Conection with the Surface Rheological Behaviour of Mixed Adsorption Layers

Investigating the interaction between gelatin and ionic surfactants /1-2/ it was shown that the surface properties of these systems are changed in a complex manner. In the surface tension isotherms a stationary plateau was observed (fig. 1), while the surface rheological parameters obtained by creep-complience-measurements at the same time show maximum values, i.e. the surface shear viscosity was found to be 2-3 orders of magnitude higher than that of the gelatin and 6-7 orders of magnitude higher than that of the surfactant.

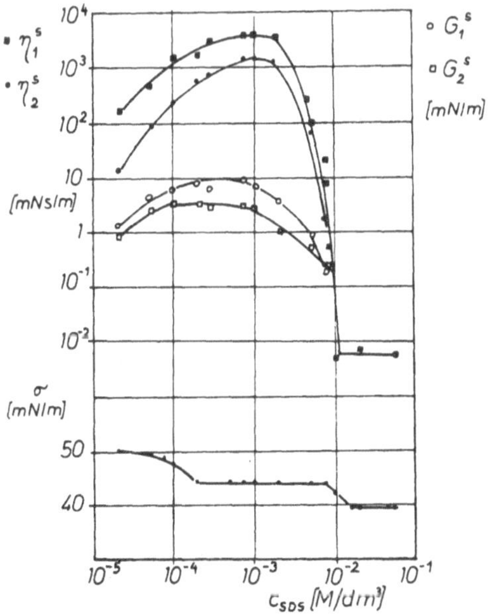

Fig. 1 σ-log C isotherms of the systems 0.2% gelatin + SDS at pH=4.9 and the dependence of the instantanious G_1^S and the delayed G_2^S elasticity, and the elastic η_2^S and plastic η_1^S viscosity of the systems.

This behaviour found was interpreted as follows: As a result of the interaction between the gelatin and the surfactant complexes are formed, sometimes called "inverse micelles" /3/. But the surface activity of these complexes is so high, that a saturation of the adsorption layer takes place at bulk concentrations, at which a saturation in the pure systems is not yet found. The saturation of the surface is accompanied by the appearence of a plateau in the σ-log C isotherms and high surface viscosities.

At higher surfactant contents in the solution exceeding the binding capacity of the gelatin the complexes are solubilized, the surface viscosity is strongly decreased and the surface rheological behaviour become Newtonian. At the same time the surface tension was found to decrease to values equal to that of the pure surfactant solution.

But how to explain the high surface viscosity and elasticity of the adsorption layer formed by gelatin-surfactant-complexes?
The maximum values could be caused by both:
1. the formation of a layer of high mechanical solidity and
2. a changing of the adsorption layer thickness.
In an experimental study of the surface rheology of gelatin solutions it was shown /4/ that the surface rheological parameters depend upon the thickness of the adsorption layer in a complex manner. All surface rheological parameters show maximum values at the saturation of the adsorption layer, but they slightly decrease with a further increasing gelatin concentration, i.e. in the region where a formation of a multilayer was assumed by some authors /5,6/.

At the present time no data are available about the influence of surfactants on the thickness of gelatin adsorption layers. Therefore we have tried to estimate the thickness of such mixed adsorption layers by measurements of the foam-film thickness using the microinterferometric method created by Scheludko /7/. The film investigated consist of two gelatin or mixed gelatin-surfactant adsorption layers. Due to the high content of water in these adsorption layers a refractive index in the order of 1.36 to 1.39 /8/ was considered. The electrical double layer repulsion was conquested by an addition of electrolyte. If thicknesses estimated remains constant at further increase of the salt concentration the van der Waals forces were counterbalanced by steric repulsion forces. In this case the thickness of the film was equated with twice the adsorption layer thickness.

At first the foam film thickness of gelatin solutions and the pure surfactants used (sodium-dodecylsulfat SDS, cetyltrimethylammonium-bromide CTAB) were investigated.

The results found for surfactant lamellas are in a good agreement with those known from the literature /9/. At sufficiently high electrolyte concentrations Newton-black-film were found.

Tab. 1 Foam film thicknesses of gelatin solutions and surfactants (CMC) employed at pH=4.9 (isoelectrical point) and 313 K

concentr. of gelatin %	0.05	0.1			0.2			0.5			1		
concentr. of NaCl M/dm^3	0	0	0.1	0.2	0	0.1	0.2	0	0.1	0.2	0	0.1	0.2
thickness of the film nm	instable films	78	79	76	<100	82	81	<100	<100	<100	<100	<100	<100

SDS $8\times10^{-3} M/dm^3$ + $0.3\ M/dm^3$ NaCl 4.14 ± 0.28 nm
CTAB $1.5\times10^{-3} M/dm^3$ + $0.3\ M/dm^3$ NaCl 4.57 ± 0.17 nm

Only when the gelatim concentration was increased to 0.1% stable films were obtained. At further increasing gelatin concentration the film thickness was increased to values higher than 100 nm. (The method employed is not suitable for accurate measurements of films thicker than 100 nm). The thicknesses obtained agree with those found by Maternaghan, Ottewill /8/ and Kudish /10/, measuring the thickness of a gelatin layer adsorbed at solid interfaces, but they differ from those reported for foam films of globulare proteins /11,12/. Foam films thicknesses at different pH-values are given elsewere /13/.

The lamellas formed of the systems gelatin + surfactant investigated are found to be very stable. Only when precipitation of gelatin-SDS complexes occured (0.24 gelatin + 10^{-3} M/dm^3 SDS, 0.1 M/dm^3 NaCl) in the process of film thinning sudden ruptures were observed. In cases where the thinning process was finished without any rupture foam films of high stability were found too. These results were entered into Tab. 2.

With increasing SDS concentration (without salt addition) the film thickness is changing less. Only at surfactant concentrations exceeding the binding capacity of the gelatin the thickness is strongly decreased and black films were observed. When the electrolyte concentration is increased thicknesses decrease at all gelatin-surfactant ratios. At high surfactant concentrations the common black films turn into Newton-black films of thicknesses comparable to thosefound for the bilayers of the pure surfactant solutions. The CTAB concentrations chosen are comparable to those of SDS in so far as at the mediated surfactant concentrations in both cases a saturated adsorption layer is assumed, consisting of gelatin-surfactant complexes. At the highest surfactant concentrations surface tension and the surface rheological behaviour of

concentration of SDS M/dm^3	10^{-4}				10^{-3}				5×10^{-3}				10^{-2}			
concentration of NaCl M/dm^3	0	0.1	0.2	0.3	0	0.1	0.2	0.3	0	0.1	0.2	0.3	0	0.1	0.2	0.3
thickness nm	44.4	32.7	31.9	32.0	42.2	24.1	7.9	7.9	43.2	18.0	11.2	10.4	9.5	4.2	4.9	4.2

concentration of CTAB M/dm^3	10^{-5}				10^{-4}			10^{-2}				
concentration of NaCl M/dm^3	0	0.1	0.2	0	0.1	0.2	0.3	0	0.1	0.2	0.3	0.4
thickness nm	100	100	86.3	100	16.8	8.5	9.5	32.2	15.7	8.9	4.9	5.0

Tab. 2 Foam film thickness of gelatin-surfactant-solutions at a gelatin concentration of 0.2 % at pH = 4.9 and 313K

the pure surfactants and of the gelatin-surfactant systems are the same.

For the interpretation of surface-creep-complience measurements of gelatin-surfactant-adsorption layers is should be noted that the high structure-mechanical stability of the layers is accompanied by a decrease of the adsorption layer thickness. This result is in agreement with the findings of the experimental study of the rheology of gelatir adsorption layers /4/.

From the results found it shall be concluded:

1. Stable gelatin foam films are formed at sufficiently high gelatin concentrations. The thickness of such gelatin-foam films is found to be in the range of 80 to 100 nm, increasing with further increasing gelatin concentrations.
2. Foam films stabilized by gelatin-surfactant complexes adsorbed are found to be of a thickness very much below that of pure gelatin solutions.
3. At a gelatin-surfactant ratio necessary to form saturated adsorption layers of high structure-mechanical stability common black films are found with a thickness of 8 to 12 nm.
4. When the surfactant concentration exceeds the binding capacity of the gelatin foam films with a thickness comparable to that of a pure surfactant solution 4 to 5 nm emerge.

References

/1/ R. WÜSTNECK, L. ZASTROW, G. KRETZSCHMAR: Kolloid Z., USSR, in print

/2/ R. WÜSTNECK, H. HERMEL, G. KRETZSCHMAR: Colloid Polymer Sci. <u>262</u>, 827 (1984)

/3/ T. SEKI, J. KOMIYAMA, T. LIJIMA, U.P. WILD:Colloid Polymer Sci. <u>262</u>, 311 (1984)

/4/ R. WÜSTNECK, Colloid Polymer Sci. <u>262</u>, 821 (1984)

/5/ A. SILBERBERG, J. Colloid Interface Sci. <u>38</u>, 217 (1972)

/6/ D.E. GRAHAM, M.C. PHILLIPS: J. Colloid Interface Sci. <u>70</u>,(1979)403

/7/ A. SCHELUDKO, Kolloid-Z. <u>39</u>, 155 (1957)

/8/ T.J. MATERNAGHAN, R.H. OTTEWILL: J. Photogr. Sci. <u>22</u>, 279 (1974)

/9/ H. SONNTAG, K. STRENGE, "Koagulation und Stabilität disperser Systeme", VEB Verlag der Wissenschaften, Berlin 1970

/10/ A.I. KUDISH, Ph. D. thesis, Polytechnic Inst. of Brooklyn, 1970

/11/ G.P. JAMPOL'SKAJA, N.I. RANGELOVA, L.E. BOBROVA, D.N. PLATIKANOV, V.N. IZMAILOVA: Biofizika <u>22</u>, 939 (1977)

/12/ Z.K. ANGARSKAJA, G.P.JAMPOL'SKAJA, L.E. BOBROVA, V.N. IZMAILOVA: Kolloidn. Z., USSR <u>42</u>, 424 (1980)

/13/ R. WÜSTNECK, H.-J. MÜLLER: Colloid Polymer Sci. in print

Zimmermann, R.; Wolf, G.[1]; Richter, E.; Schneider, H. A.
Bergakademie Freiberg, Sektion Physik, [1] Sektion Chemie

"Kalorimetrische Untersuchungen zur Austauschadsorption an Feststoffoberflächen in wäßrigen Lösungen"

Allgemeines

Die selektive Adsorption hydrophobierender oder hydrophilierender Stoffe an Feststoffoberflächen in wäßrigen Lösungen ist wesentliche Voraussetzung für die Flotation mineralischer Rohstoffe. Eine weitere Aufklärung der Wechselwirkung technologisch bedeutsamer Reagensregime erfordert ein tieferes Verständnis der Energiebilanz bei der Adsorption an der Phasengrenze fest-flüssig. Präzisionskalorimetrische Meßmethoden gestatten die direkte Untersuchung von Enthalpieänderungen infolge der Adsorption.

Die Adsorption ist ein komplexer Vorgang, dessen verschiedene Teilprozesse nach Betrag und Vorzeichen unterschiedliche energetische Beiträge zur Gesamtenthalpieänderung liefern. Dazu sind sowohl Vorgänge in der Grenzschicht bei der Ausbildung des Adsorbats als auch strukturändernde Prozesse in der Volumenphase der Lösung von Bedeutung. Der Gesamtvorgang wird mit dem Begriff Austauschadsorption beschrieben. Die kalorimetrisch zugängliche Größe heißt Austauschenthalpie $\Delta_a h$. Diese Austauschenthalpie wird sowohl von spezifischen Eigenschaften der Adsorbentien (Ladungsnullpunkt PZC, spezifische Oberfläche A, chemische Zusammensetzung) und der Adsorptive (z. B. Struktur) als auch vom pH-Wert und der Konzentration der Lösung bestimmt. Austauschenthalpien sind wesentlich kleiner als Benetzungsenthalpien vergleichbarer Feststoff-Wasser-Systeme. Ihr Nachweis ist nicht von der thermischen Vorbehandlung der Feststoffoberflächen abhängig, sondern wird durch die Empfindlichkeit des Kalorimeters begrenzt /1/.

Experimentelles

Die Bestimmung der Austauschenthalpie erfolgt mit einem Kalorimeter LKB 8700 und einer speziell dazu entwickelten Meßzelle /2/. Das Zellenoberteil besitzt Halterungen für einen Ohmschen Heizwiderstand und für einen Thermistor. Das Unterteil der Zelle kann 80 ml Lösung aufnehmen. Am unteren Ende eines absenkbaren Rührers wird eine glockenförmige Glasampulle angeklebt. Die Ampulle enthält bis zu 1 g Feststoff und ca. 1 ml Wasser, um die Feststoffoberfläche damit vollständig zu benetzen. Beim Absenken des Rührers gegen einen am Zellenboden angebrachten Dorn bricht die Glasampulle und der Adsorptionsvorgang beginnt.

Die gemessene Enthalpieänderung wird um den Betrag der mit dem Aufbrechen der Ampulle verbundenen Wärme korrigiert. Weitere Korrekturen wie Lösungs-, Mischungs-, Verdünnungs- und Benetzungsenthalpien sind nicht notwendig.

Als Feststoffe werden γ-Al_2O_3 (A = 103 $m^2 \cdot g^{-1}$, PZC = 7,7) und SnO_2 (A = 160 bzw. 185 $m^2 \cdot g^{-1}$, PZC = 4,1 bzw. 4,2) benutzt. Die Untersuchungen zur Austauschadsorption werden mit folgenden, in Wasser gelösten Adsorptiven durchgeführt (Abkürzungen in Klammern):

1-Amino-8-naphthol-3,6-disulfonsäure (H-Säure)
1-Amino-8-naphthol-4-sulfonsäure (ANS-1,8,4)
2-Amino-8-naphthol-6-sulfonsäure (ANS-2,8,6)
1-Naphthol-4-sulfonsäure (NS-1,4)
7-Jod-8-hydroxychinolin-5-sulfonsäure (Ferron)
2-Phenylethylenphosphonsäure (SPS)
Pyridin

Ergänzend zu den kalorimetrischen Untersuchungen werden die Adsorptionsisothermen von SPS an SnO_2 und Pyridin an γ-Al_2O_3 durch spektralphotometrische Konzentrationsbestimmung ermittelt.

Ergebnisse und Diskussion

Die zusätzlich durchgeführten Messungen der Benetzungsenthalpie ausgewählter oxidischer Minerale /2/ und der Austauschenthalpie bereits beschriebener Adsorptionssysteme als Funktion der Feststoffmenge /3/ liefern Ergebnisse, deren Qualität den Einsatz der speziellen Meßzelle rechtfertigen.

Die im Bild 1 dargestellte Abhängigkeit der Austauschenthalpie vom pH-Wert der Lösung zeigt den für Oxide typischen Verlauf, daß bei pH < PZC die Adsorption stark anwächst /4; 5/. Es existieren auf den Oberflächen positive Ladungen, die für die dissoziierten Adsorptive Adsorptionszentren darstellen. Für pH > PZC sind die Oberflächen negativ geladen, die mit der Adsorption verbundene Enthalpieänderung geht gegen Null.

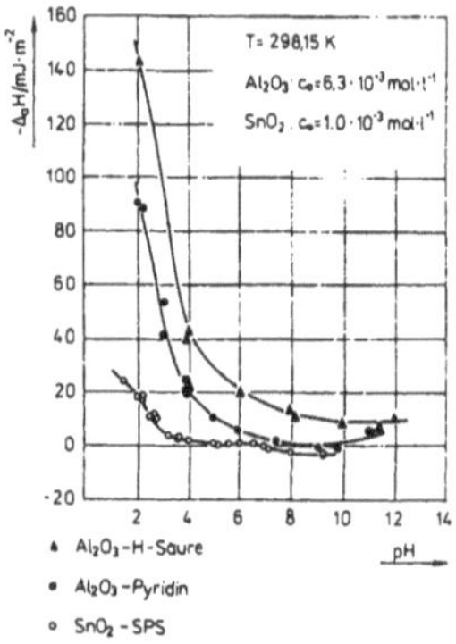

Bild 1: Austauschenthalpie $\Delta_a h$ als Funktion des pH-Wertes der Lösung

Am Beispiel der Aminonaphtholsulfonsäuren und ähnlicher Verbindungen kann der Einfluß von Art und Stellung funktioneller Gruppen auf die Austauschenthalpie untersucht werden (Bild 2).

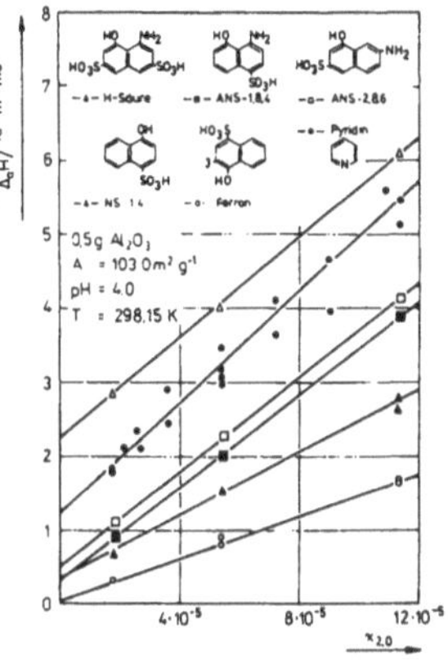

Bild 2: Austauschenthalpie $\Delta_a H$ verschiedener organischer Adsorptive an γ-Al_2O_3 nach LANGMUIR als Funktion des Molenbruches $x_{2,0}$

Aus der linearisierten Darstellung entsprechend der LANGMUIR-Isotherme lassen sich Austauschenthalpien im Falle einer möglichen Monoschichtbedeckung berechnen, die in der Reihenfolge Ferron > H-Säure > ANS-1,8,4 > ANS-2,8,6 > NS-1,4 > Pyridin signifikant abnehmen. Diese Tendenz stimmt überein mit der abnehmenden Drückerwirkung dieser Substanzen auf die Sammleradsorption im Laborflotationsexperiment. Damit kann der von BALDAUF /6/ und SCHOENHERR /7/ diskutierte Adsorptionsmechanismus unter Ausbildung ringartiger Oberflächenverbindungen vom Chelattyp für die Adsorptive Ferron, H-Säure und ANS-1,8,4 erstmals durch direkte Messungen bestätigt werden /8/. Die anderen Adsorptive sind aufgrund ihrer Struktur nicht zu einer Ringbildung befähigt bzw. besitzen nicht die zur Adsorption notwendige NH_2-Gruppe.

Umfassende Untersuchungen zur Austauschenthalpieisotherme $\Delta_a h = f(x_2)$ und zur Adsorptionsisotherme $N_a = f(x_2)$ der Systeme SnO_2-SPS-H_2O und γ-Al_2O_3-Pyridin-H_2O gestatten die Berechnung der molaren Austauschenthalpie /8/. Die Abnahme der Austauschenthalpie $\Delta_a H$ mit steigender adsorbierter Menge N_a im Bild 3 wird durch die energetisch heterogene Struktur beider Oxidoberflächen erklärt.

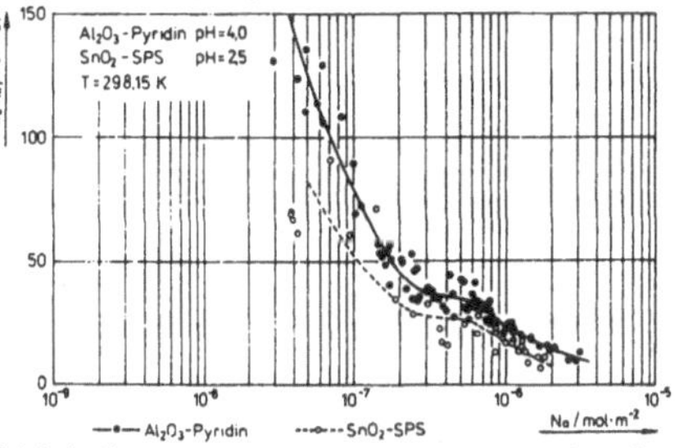

Bild 3: Molare Austauschenthalpie $\Delta_a H_m$ als Funktion der adsorbierten Menge N_a

Bei geringen adsorbierten Mengen deutet die gemessene Austauschenthalpie auf das Wirken starker chemischer Kräfte hin. Für $N_a \gtrsim 5 \cdot 10^{-7}$ mol·m^{-2} existieren nur noch physisorptive Wechselwirkungen. Die Austauschenthalpie geht im Bereich oberhalb $N_a \approx 1 \cdot 10^{-6}$ mol·m^{-2} gegen Null, in welchem theoretische Abschätzungen eine Monoschichtbedeckung vermuten lassen.

Die hier nur am Beispiel der Austauschenthalpie von Pyridin an γ-Al_2O_3 im Bild 4 dargestellte Beschreibung der experimentellen Ergebnisse erfolgt durch die Isotherme von LANGMUIR besser als durch die von FREUNDLICH /8/.

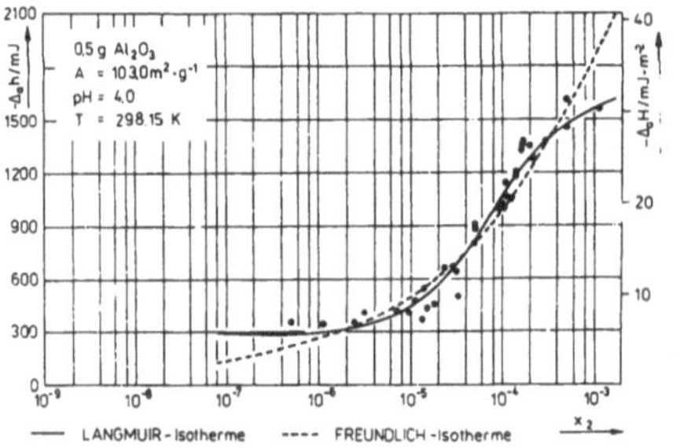

Bild 4: Mathematische Beschreibung der Enthalpieisotherme für die Adsorption von Pyridin an γ-Al_2O_3 in wäßriger Lösung

Die LANGMUIR-Isotherme gestattet die Berechnung der freien molaren Enthalpie für die Austauschadsorption $\Delta_a G_m$ aus der Gleichgewichtskonstante, so daß auch die molare Entropie der Austauschadsorption $\Delta_a S_m$ ermittelt werden kann. Bei Verwendung der von SCHOENHERR /7/ unter vergleichbaren experimentellen Bedingungen bestimmten Adsorptionsisothermen von H-Säure bzw. ANS-1,8,4 an γ-Al_2O_3 können folgende Werte für $\Delta_a S_m$ berechnet werden:

$\Delta_a S_m$ (SnO_2-SPS) = + 53,4 ± 8,3 J·mol^{-1}·K^{-1}
$\Delta_a S_m$ (Al_2O_3-Pyridin) = + 48,0 ± 4,6 J·mol^{-1}·K^{-1}
$\Delta_a S_m$ (Al_2O_3-ANS-1,8,4) = + 60,9 ± 4,2 J·mol^{-1}·K^{-1}
$\Delta_a S_m$ (Al_2O_3-H-Säure) = − 9,8 ± 23,6 J·mol^{-1}·K^{-1}

Positive Entropieänderungen deuten auf eine Verringerung der Ordnung während der Adsorption hin. Dies kann nur erklärt werden, wenn der Erhöhung der Ordnung im Adsorbat eine Destruktuierung der Lösungsvolumenphase gegenübersteht. Ähnliche Ergebnisse werden auch von anderen Autoren berichtet/9; 10/.

Da das H-Säuremolekül zwei hydrophil wirkende SO_3H-Gruppen enthält, wird der zu positiven Entropieänderungen führende Prozeß in der Volumenphase weniger wirksam werden. Zusätzlich werden die größere Anzahl hydrophiler Gruppen des Adsorbats eine Erhöhung der Ordnung angrenzender Wasserschichten bewirken.

Der Prozeß der Austauschadsorption ist daher nicht nur das Ergebnis von Bindungen zwischen Feststoffoberfläche und Adsorptiv, sondern wird auch durch Wechselwirkungen innerhalb des Adsorbats und innerhalb der

Lösung bzw. zwischen beiden wesentlich beeinflußt.

Literatur

/1/ KERN, H.E.:
Dissertation Universität Bochum, 1978

/2/ ZIMMERMANN, R.; WOLF, G.; SCHNEIDER, H. A.:
Colloids & Surfaces, in Druck

/3/ ZIMMERMANN, R.; WOLF, G.; SCHNEIDER, H. A.:
Colloids & Surfaces, in Vorbereitung

/4/ SCHUBERT, H.:
Aufbereitungstechnik 3 (1978) 101 ff

/5/ FUERSTENAU, D. W.:
Reprinted from: Adsorptive Bubble Separation Techniques;
Academic Press, Inc., New York 1972

/6/ BALDAUF, H.:
Dissertation, Bergakademie Freiberg, 1979

/7/ SCHOENHERR, J.:
Dissertation, Bergakademie Freiberg, 1984

/8/ ZIMMERMANN, R.:
Dissertation, Bergakademie Freiberg, 1984

/9/ ALLEN, T.; PATEL, M.:
"B.P. Symposium in the significance of the heats of adsorptions at the solid/liquid interface"
Sunsbury on Thames, March 1971

/10/ JEDNACAK-BISCAN, J.; PRAVDIC, V.:
J. Coll. a. Interf. Sci 75 (1980) 322 ff
90 (1982) 44 ff

TEIL III

SYNTHESE GRENZFLÄCHENAKTIVER STOFFE

H. BRAUN; CH. CICHOS

AdW der DDR, Forschungsinstitut für Aufbereitung, Freiberg

Adsorption von Tensiden an der Grenzfläche Oxid-Elektrolyt

Einleitung

Für die Durchführung technologischer Prozesse, die auf Grenzflächenerscheinungen basieren, wie z. B. die Flotation, ist die Aufklärung des Wechselwirkungsmechanismus von oberflächenaktiven Reagenzien mit der Festkörperoberfläche von Interesse. Um ein besseres Verständnis des Adsorptionsmechanismus eines Flotationssammlers auf der Mineraloberfläche und im allgemeinen an fes ten Phasen zu ermöglichen, ist es notwendig, sich mit dem Gleichgewicht und der Kinetik des angeführten Vorganges zu befassen. In der vorliegenden Arbeit werden Adsorptionsisothermen und die Kinetik der Adsorption verschiedener Tenside an Oxidoberflächen diskutiert, wobei in erster Linie das System Styrylphosphonsäure (SPS)/ Al_2O_3 als Modell dient.

Experimentelles

Für die Adsorptionsmessungen wurde synthetisches Al_2O_3 (BET-Oberfläche $\sim 10\ m^2/g$) und SnO_2 (BET-Oberfläche $\sim 50\ m^2/g$) verwendet. Die Bestimmung der Adsorptionsdichte der eingesetzten Tenside (Tetrapropylbenzolsulfonat, Arylphosphon- und -arsonsäure, Benzalmalonsäure, Cetylpyridiniumchlorid) erfolgte indirekt über die nach dem Adsorptionsversuch UV-spektrometrisch ermittelte Tensidrestkonzentration. Der Einfluß einer Reihe von experimentellen Parametern, wie z. B. die Tensidkonzentration, pH-Wert, Elektrolytgehalt, Komplexbildnergehalt, Temperatur, auf die Adsorption und deren Kinetik wurde untersucht. Laborflotationsversuche mit natürlichem Zinnstein dienten der Aufklärung des Zusammenhangs Flotationsausbringen-Adsorptionskinetik.

Ergebnisse und Diskussion

Stellvertretend für eine Reihe untersuchter Phosphonsäuren ist in Abb. 1 die Adsorptionsisotherme von Styrylphosphonsäure (SPS) an Al_2O_3 aufgetragen. Andere Phosphonsäuren wiesen einen ähnlichen Isothermenverlauf

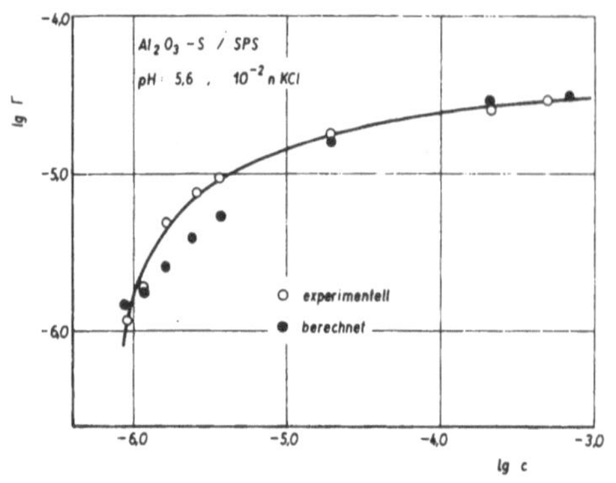

Abb. 1: Isotherme für die Adsorption von SPS an Al_2O_3

auf. Offensichtlich trifft für diese Verbindungen der gleiche Adsorptionsmechanismus zu. Die Isothermen können durch eine modifizierte LANGMUIR-Isotherme annähernd beschrieben werden.

Die pH-Abhängigkeit der Adsorption zeigt übereinstimmend für die Phosphonsäuren folgenden Verlauf: nahezu konstante Adsorption im pH-Bereich 3 - 6, bei pH 6 starker Abfall. Berücksichtigt man die Tatsache, daß die pK-Werte der ersten Dissoziationsstufe bei 3 liegen, so ergibt sich aus den Messungen, daß die adsorbierten Spezies der Phosphonsäuren die einwertigen Anionen sind. Der steile Abfall der Adsorption unterhalb pH 6 verläuft parallel zur Konzentrationsabnahme der einwertigen Anionen in der Lösung. Würden die zweiwertigen Anionen ebenfalls adsorbiert, so dürfte die Adsorption zwischen pH 6 und 8 nicht zurückgehen, da in diesem pH-Bereich beide Anionen vorliegen. Aus der pH-Abhängigkeit der Adsorption folgt weiterhin, daß die elektrostatische Wechselwirkung für die Adsorption der SPS an Al_2O_3 von untergeordneter Bedeutung ist und durch eine chemische Bindung erfolgt. IR-spektroskopische Untersuchungen an SPS-Adsorbaten /1/ unterstützen diese These. Im Gegensatz zu den Phosphonsäuren wird die Adsorption von Tetradecylsulfonat (TDSo) entsprechend der experimentell ermittelten Isotherme im wesentlichen durch die elektrostatische Adsorptionsenergie gesteuert. Demzufolge bestimmt die pH-Abhängigkeit der elektrostatischen Wechselwirkungsenergie die pH-Abhängigkeit der Adsorption von TDSo an Al_2O_3. Die Adsorption von Cetylpyridiniumchlorid (CPC) und ihre pH-Abhängigkeit können - wenn man zusätzliche laterale Wechselwirkung annimmt - ebenfalls durch obengenannte Isothermengleichung beschrieben werden. Weitere Ergebnisse zum Einfluß der experimentellen Parameter auf die Adsorptionsisothermen werden in /2/ ausführlich dargestellt.
Die Versuche zur Adsorptionskinetik an der Grenzfläche Tensidlösung/disperses Oxid führten zu folgenden Ergebnissen:
Für eine Tensidausgangskonzentration von 10^{-5} M/l sind die Adsorptionsdichte-Zeit-Kurven ausgewählter Reagenzien an Al_2O_3 in Abb. 2 dargestellt.

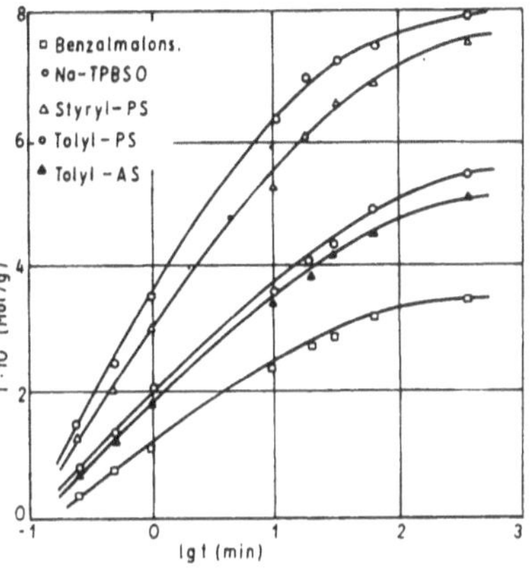

Abb. 2: Zeitabhängigkeit der Adsorptionsdichte ausgewählter Reagenzien an Al_2O_3

Der Kurvenverlauf ist erwartungsgemäß gekennzeichnet durch einen steilen Anstieg der Adsorptionsdichte im Bereich kleiner Adsorptionszeiten. Oberhalb 100 min steigt die Adsorptionsdichte nur noch unwesentlich an und nähert sich dem Gleichgewichtswert. Dieser prinzipielle Kurvenverlauf, der auch bei den Messungen zum Einfluß des unpolaren Molekülteils, der Tensidausgangskonzentration und einiger experimenteller Parameter erhalten wurde, stimmt qualitativ mit den an anderen Systemen in der Literatur beschriebenen überein /3, 4/. Die gemessenen Adsorptionsdichten in der Größenordnung von 10^{-10} bis 10^{-12} Mol/cm^2 liegen ebenfalls im Bereich der in der Literatur bekannten Werte. Das System Cetylpyridiniumchlorid/Al_2O_3 verhält sich im Gegensatz zu den oben aufgeführten Systemen kinetisch völlig anders. Es war in diesem Falle nicht möglich, eine Kinetikkurve aufzunehmen, da offenbar bereits in sehr kurzer Zeit das Adsorptionsgleichgewicht erreicht ist. Von den verwendeten Carbon- und Dicarbonsäuren ergab nur die Benzalmalonsäure auswertbare kinetische Daten. Bei allen anderen Carbonsäuren konnte unter den gewählten Versuchsbedingungen keine Adsorption nachgewiesen werden. Der Einfluß des unpolaren Molekülteils auf die Kinetik der Adsorption geht aus Abb. 3 hervor. Die einzelnen Phosphonsäuren unterscheiden sich in ihrem prinzipiellen Kurvenverlauf nicht. Unterschiede bestehen im Anstieg der Kurven im vorderen Teil (kleine Adsorptionszeiten)sowie in der erreichten Adsorptionsdichte, die sich nach etwa 300 min der Gleichgewichtsadsorptionsdichte annähert. Erwartungsgemäß ist der Einfluß des unpolaren Molekülteils im Vergleich zu dem des polaren Restes gering.

Am Beispiel des Systems SPS/Al_2O_3 wurde die Kinetik der Adsorption in Abhängigkeit der Tensidausgangskonzentration (Bereich 10^{-4} bis 10^{-5} Mol/l) verfolgt (s. Abb. 4). Wie deutlich zu erkennen ist, wird der Anstieg der Kinetikkurven vor Erreichen der Gleichgewichtsadsorptionsdichte umso ausgeprägter, je höher die gewählte Ausgangskonzentration ist. Gleichzeitig steigt die erreichte Gleichgewichtsadsorptions-

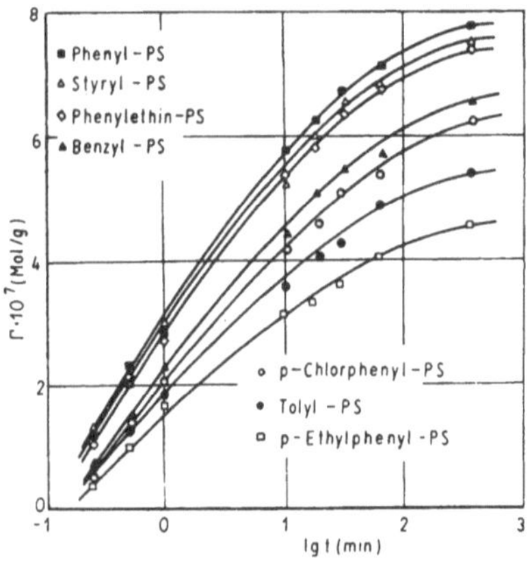

Abb. 3: Zeitabhängigkeit der Adsorptionsdichte von Phosphonsäuren an Al_2O_3

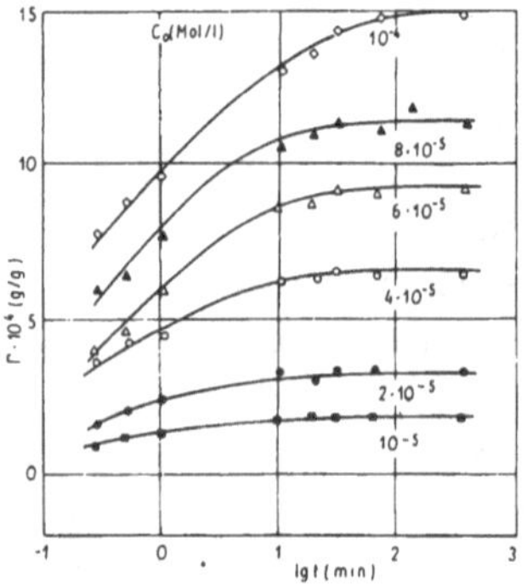

Abb. 4: Einfluß der Ausgangskonzentration auf den Verlauf der Adsorptionsdichte-Zeit-Kurven am System SPS/Al_2O_3

dichte an. Die Normierung der Kurven auf den jeweiligen Abstand des Systems vom Gleichgewicht führt zu dem Ergebnis, daß trotz unterschiedlicher Initialgeschwindigkeit der Abstand des Systems vom Adsorptionsgleichgewicht unabhängig von der jeweils gewählten Ausgangskonzentration ist.

Ein Einfluß des pH-Wertes auf die Kinetik der Adsorption konnte nicht festgestellt werden. Die für die verschiedenen pH-Werte erhaltenen Kinetikkurven verlaufen parallel, da lediglich die Gleichgewichtsadsorptionsdichten vom pH-Wert beeinflußt werden. Als Ursache für dieses Verhalten gilt das bereits im Zusammenhang mit den Isothermen Gesagte, d. h. pH-abhängige Veränderung der elektrostatischen Adsorptionsbedingungen und der Konzentration adsorbierbarer Spezies als Folge wirksamer Dissoziationsgleichgewichte der hydrolysierbaren Phosphonsäuremoleküle. Zusätzlich in der Lösungsphase anwesende Kationen und Anionen verschieben die Kinetikkurven parallel in Richtung kleinerer Adsorptionsdichten, wobei ihre Wirkung mit zunehmender Konzentration und Ladung der betreffenden Ionen ansteigt. Anionen, die mit Al^{3+} schwerlösliche

Verbindungen (z. B. PO_4^{3-}) bzw. stabile Komplexe (z. B. F^-) bilden können, unterbinden bereits in geringer Konzentration die Adsorption der Phosphonsäuren nahezu völlig. Für das vorliegende System sind folgende Einflüsse der Elektrolyte auf die Adsorption denkbar:

- Herabsetzung der SPS-Aktivität bei ansteigender Elektrolytkonzentration und zunehmender Ladung der enthaltenen Ionen
- Austausch der Oberflächenhydroxylgruppen der Feststoffoberfläche gegen die Elektrolytanionen, d. h. Blockierung der Adsorptionszentren für SPS bzw. Konkurrenzadsorption der Anionen an den vorhandenen Adsorptionsplätzen.

Während eine Temperaturabhängigkeit der Adsorptionsisothermen nicht gefunden werden konnte, ergibt sich für die Adsorptionskinetik ein von der Temperatur abhängiger Kurvenverlauf (System SPS/SnO_2), der dadurch gekennzeichnet ist, daß die Steigung der Kinetikkurven im Bereich kleiner Adsorptionszeiten mit zunehmender Temperatur merklich zunimmt. Hingegen bleibt die Gleichgewichtsadsorptionsdichte von der Temperatur unbeeinflußt. Geht man davon aus, daß sich die experimentell ermittelten Punkte der Kurven sowohl aus einem Adsorptions- als auch Desorptionsterm zusammensetzen, ist bei den gegebenen Kurvenverläufen ein schnelleres Anwachsen der Adsorptionsgeschwindigkeit mit steigender Temperatur zu vermuten, das aus den Unterschieden der freien Enthalpie für beide Vorgänge resultiert.

Zur Beschreibung der experimentell ermittelten Kinetikkurven wurde eine Reihe aus der Literatur bekannter Ansätze auf ihre Eignung für die vorliegenden Systeme überprüft. Wie aus Abb. 5 hervorgeht, ist in einem definierten Bereich die Adsorptionsdichte Γ proportional ln t.

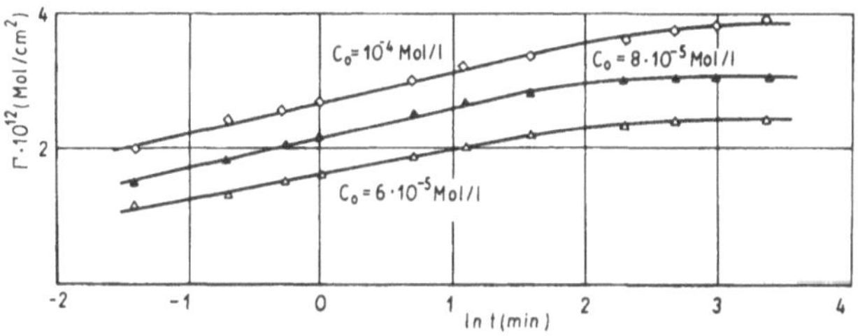

Abb. 5: Prüfen der Gültigkeit der Kinetikgleichung von ELOVIC-ZELDOVIC am System SPS/Al_2O_3

Damit besitzt die kinetische Gleichung von ELOVIC-ZELDOVIC /5/ in ihrer allgemeinen Form $\theta = A + B \ln t$ Gültigkeit (θ = Bedeckungsgrad).
Um die Geschwindigkeitskonstanten und thermodynamischen Parameter berechnen zu können, werden gegenwärtig eigene Modelle entwickelt.

Praktische Bedeutung für technische Systeme der Flotation hat der gefundene Zusammenhang zwischen der Adsorptionsgeschwindigkeit von Sammlerreagenzien an Mineraloberflächen und dem Flotationsausbringen. Für das System SPS/SnO_2 verlaufen die zeitliche Abhängigkeit der Adsorptionsdichte und das nach bestimmten Einwirkzeiten der Reagenzien erzielte

Flotationsausbringen parallel. Die mit zunehmender Zeit ansteigende Adsorptionsdichte hat eine deutliche Zunahme des Flotationsausbringens zur Folge.

Literatur

/1/ Möller, Arbeitsbericht des ZIPC, Berlin 1981

/2/ Cichos, Chr.; Braun, H.; Volke, K.: Tensidadsorption an Grenzflächen, F/E-Bericht, FIA Freiberg 1983

/3/ Dobiaš, B.: Colloid Polymer Sci. 256, 465 (1978)

/4/ Cecile, J.L.: Rapport 80 SGN 407 MIN, BEGM,Orleans, 1980

/5/ Zeldovič, I.: Acta Physicochemika, USSR, 1, 961 (1934)

J. CHLEBICKI and Z. CICHACZ

Institute of Organic and Polymer Technology,
Technical University of Wrocław, 50-370 Wrocław, Poland

Synthesis and Surface Properties of Alkylthiols Oxyalkylenated Products

Introduction

The incorporation of a oxypropylene chain into a compound molecule increasing its hydrophobicity provides one of modification methods of surfactant surface properties [1, 2]. In our previous studies we presented the influence of a oxypropylene chain length on surface properties of individual propylene oxide adducts to alcohols [3 - 5].

In this work the results of studies on the synthesis and the surface properties of the ethylene or propylene oxide addition products to alkylthiols C_4 - C_{10} are presented. These compounds can be applied as flotation agents of the non-ferrous metals or as intermediates for synthesis of surfactants of block copolymers type.

Experimental

Alkylthiols C_4 - C_{10} and ethylene or propylene oxide were used for syntheses. Fractional distillation under reduced pressure of polydisperse mixtures of addition products yielded pure individual compounds. The detailed experimental procedure, physical constants of individual compounds, IR and NMR spectra have previously been presented [6].

The reaction mixtures were analyzed and purity of the isolated fractions were determined by the GLC analysis. Chromatograph GCHF-18.3 W. Giede, column of 1 m long, stationary phase: 15% Silicon XE 60 on Chromosorb G/AW DMCS 60/80 mesh, carrier gas-nitrogen, flame ionizing detector.

The surface tension of the aqueous solutions was determined by the Wihelmy method at 20 $\pm$ 0.1^{o}C.

The foaming ability was determined by the dynamic method as described by Sun [7].

Results and Discussion

In the first part of this study the effect of the molar ratio of ethylene or propylene oxide and alkylthiol upon the products composition was investigated. Sodium thiolane was the reaction catalyst. Under such conditions one kind of polyadducts are formed having the secondary hydroxyl group. This reaction can be presented as follows :

$$RSH + n\ \underset{\diagdown O \diagup}{CH_2 - CHCH_3} \xrightarrow{RSNa} RS(CH_2\overset{CH_3}{\overset{|}{C}}HO)_nH$$

Mixtures of products having different contents of particular components were obtained depending upon the molar ratio of substrates. The analyses results of the reaction products are presented in Table 1 as the relationship between the molar distribution of the oxypropylation products (n_i/n_{oo}) and the average degree of oxypropylation (m/n_{oo}) .

Table 1
Distribution of products in the reaction of propylene oxide with alkylthiols

Mole fraction of adduct	n-butylthiol			n-hexylthiol	
m/n_{oo}	1.2	2.3	4.3	2.0	4.0
n_1/n_{oo}	0.686	0.341	0.115	0.467	0.055
n_2/n_{oo}	0.283	0.358	0.255	0.354	0.231
n_3/n_{oo}	0.031	0.195	0.263	0.133	0.291
n_4/n_{oo}	0.000	0.081	0.175	0.040	0.217
n_5/n_{oo}	0.000	0.025	0.136	0.007	0.141
n_6/n_{oo}	0.000	0.000	0.056	0.000	0.065

The molar distribution of particular components in the addition products mixture is similar to the oxypropylation products of alcohols which has previously been reported [8]. By the same manner the addition reaction of ethylene oxide to alkylthiols was investigated (see Table 2).

In the second part of this study the surface properties were investigated on the grounds on the surface tension measurements and the foaming properties. The surface tension isotherms of individual adducts having n-butyl radical and various number of oxypropylene groups (1-6) are shown in Fig.1. The surface tension isotherms of adducts having n-hexyl or n-octyl radical are of the similar shape. There is a general regularity that the componds surface activity increases with the length of the alkyl radical as well as with the oxypropylene chain.

Table 2
Distribution of products in the reaction of ethylene oxide with alkylthiols

Mole fraction of adduct	n-butylthiol			n-hexylthiol	
m/n_{oo}	1.2	1.5	4.0	2.1	3.1
n_1/n_{oo}	0.754	0.404	0.121	0.454	0.213
n_2/n_{oo}	0.224	0.350	0.176	0.312	0.379
n_3/n_{oo}	0.022	0.196	0.283	0.202	0.273
n_4/n_{oo}	0.000	0.050	0.246	0.032	0.115
n_5/n_{oo}	0.000	0.000	0.148	0.000	0.020
n_6/n_{oo}	0.000	0.000	0.026	0.000	0.000

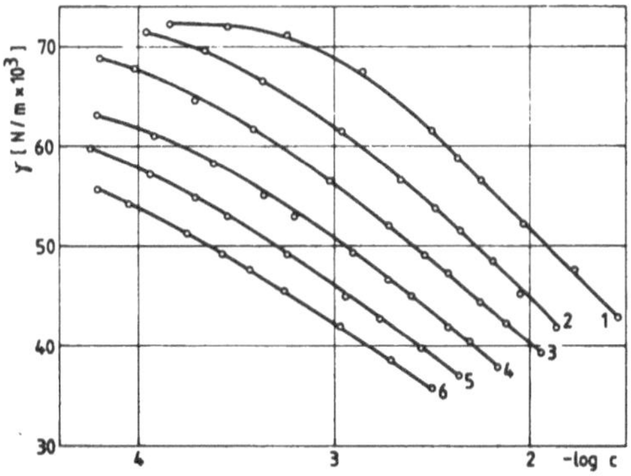

Fig.1. Surface tension of aqueous solutions of n-butylthiopolyoxypropylene glycols 1-6 number of PO units, respectively

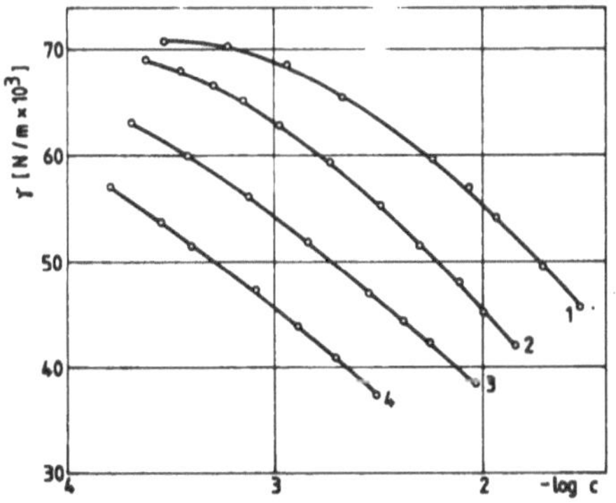

Fig.2. Surface tension of aqueous solutions of n-butylthiopolyoxyethylene glycols 1-4 number of EO units, respectively

The values of surface excesses (Γ) and surface areas occupied by one molecule in the surface layer (σ) were determined from the Gibbs equation (Table 3). The surface excess increases with the length of the alkyl radical but it decreases in the homologous series of adducts containing the same alkyl radical.

The surface tension isotherms for compounds containing three different alkyl radical and various number of oxyethylene group were also obtained (see Fig.2). The Γ and σ values are shown in Table 3.

The foaming ability of the individual adducts was determined by the dynamic method for concentrations: 10 and 20 mg/dm^3. The height of the foam was determined 4 min. after begining of the air bubbling. The height (H) and the stability (S) of the foam are shown in Table 4. The obtained results for the oxypropylene adducts indicate that the height of the foam increases with the increase of the oxypropylene group number in the molecule of the compound.

The oxypropylene adducts containing from 1 to 3 of oxypropylene groups possess better foaming properties than corresponding oxyethylene derivatives. The foaming ability of all studied compounds having oxyethylene or oxypropylene groups was compared to the foaming ability of n-hexyl alcohol.

Table 3

Values of surface excess Γ and area per molecule σ

R	Number of PO units	$\Gamma \times 10^6$ mole/m^2	$\sigma \times 10^{20}$ m^2	Number of EO units	$\Gamma \times 10^6$ mole/m^2	$\sigma \times 10^{20}$ m^2
C_4H_9S	1	3.48	48	1	3.56	46
	2	3.25	51	2	3.51	47
	3	2.93	57	3	3.09	53
	4	2.72	61	4	2.83	58
	5	2.52	66			
	6	2.30	72			
$C_6H_{13}S$	1	4.64	36	1	4.75	34
	2	4.02	41	2	4.59	36
	3	3.60	46			
$C_8H_{17}S$	1	5.74	29	1	5.77	28
	2	4.69	35	2	4.83	34
	3	4.20	39	3	4.26	39

Table 4

Foaming properties of alkylthiopolyoxypropylene glycols

R	Number of PO units	Concentration 10 mg/dm^3		20 mg/dm^3	
		H, cm	S, s	H, cm	S, s
C_4H_9S	1	1.2	3.4	2.7	6.3
	2	5.1	11.3	11.9	15.8
	3	7.6	9.7	11.2	12.1
	4	7.9	9.4	10.7	11.3
	5	6.4	8.2	9.2	10.4
	6	4.0	6.3	8.6	9.7
$C_6H_{13}S$	1	5.4	7.9	10.5	12.0
	2	6.3	10.4	11.3	13.0
	3	7.3	10.5	11.8	13.5
$C_8H_{17}S$	1	1.5	4.9	1.9	5.6
	2	1.8	5.6	2.8	7.1
	3	2.5	6.4	2.6	6.3
n-hexanol		1.6	5.5	2.6	10.7

References

/1/ J.K. WEIL, A.J. STIRTON and E.A. BARR: J.Amer.Oil Chemists'Soc. 43, 157 (1966)

/2/ I.J. LIN and L. MARSZAŁŁ: Tenside Detergents 14, 131 (1977)

/3/ S. KUCHARSKI and J. CHLEBICKI: J.Colloid Interface Sci. 46, 518 (1974)

/4/ J. CHLEBICKI and K. ŚLIPKO: Tenside Detergents 17, 130 (1980)

/5/ A. SOKOŁOWSKI and J. CHLEBICKI: Tenside Detergents 19, 282 (1982)

/6/ J. CHLEBICKI and Z. CICHACZ: Polish J.Chem. /in press/

/7/ C.S. SUN: Mining Eng. 4, 65 (1952)

/8/ J. CHLEBICKI, V.F. SHVETS and M.G. MAKAROV: Vysokomol.Soed. 17, 2320 (1975)

G. CZICHOCKI und M. MEISEL

Akademie der Wissenschaften der DDR
Zentralinstitut für Organische Chemie, Berlin
Zentralinstitut für Anorganische Chemie, Berlin

Synthese und Eigenschaften von Monoalkyletherphosphaten $Na_2(PO_3OR)$

Einleitung

In der älteren Patentliteratur werden die Alkylphosphate in enge Beziehung zu den Alkylsulfaten gebracht. Das ist aus heutiger Sicht nicht zutreffend. Im Gegensatz zu den Alkylsulfaten sind Alkylphosphate schwerer in Wasser löslich, empfindlich gegen Wasserhärte und haben außerdem ein geringes Wasch- und Netzvermögen. Erst durch Einführung von Oxyethylengruppen ($-O-CH_2-CH_2-$) werden Tenside mit höherer Aktivität erhalten. Durch Phosphorylierung der Hydroxylgruppe in Ethylenoxidaddukten aliphatischer Alkohole und Alkylphenole wird eine Reihe von Eigenschaften dieser Nonionics verändert: Löslichkeit, Ober- und Grenzflächenspannungserniedrigung, Netz- und Schaumvermögen, Alkalibeständigkeit und physiologische Eigenschaften. Alkyletherphosphate zeigen eine gute Verträglichkeit mit Elektrolytlösungen. Sie sind gute Schäumer und zeigen hohe Grenzflächenaktivität.

Die Hauptanwendungsgebiete liegen in der Emulsionspolymerisation (Stabilisatoren) und in der kosmetischen Industrie (Emulsionsstabilisatoren, günstige physiologische Eigenschaften). Mit Alkyletherphosphaten lassen sich ölige Kohlenwasserstoffe, aber auch Ester stabil in Wasser emulgieren. Häufig ist es von Vorteil, Alkyletherphosphate mit Fettalkoholen zu kombinieren, um hierdurch eine Erhöhung der Konsistenz und der Emulsionsstabilität zu erzielen. Alkyletherphosphate haben gute antistatische Eigenschaften, die zum Beispiel bei der Herstellung von Friaiercremes von Vorteil sind. In Kombination mit anderen Emulgatoren wird eine synergistische Emulgierwirkung erzielt, die eine Reduzierung der Emulgatormenge bzw. Verbesserung der Emulsionsstabilität ermöglicht. Alkyletherphosphate werden außerdem als Antistatika für synthetische Fasern und bei der Rostinhibierung eingesetzt. Günstig ist die Verarbeitung in flüssigen Reinigungsmitteln für Haushalt und Industrie mit hohem Gehalt an alkalischen Buildern.

Im Gegensatz zu den Sulfonaten und Sulfaten auf dem Tensidgebiet, bei denen zwei Möglichkeiten der Strukturbeeinflussung bestehen (hydrophober Teil, Salztyp), gibt es bei den Phosphaten eine dritte Variationsmöglichkeit: Unterschiede im Substitutionsgrad. Es können anionaktive Mono- und Diester sowie nichtionogene Triester gebildet werden. Dadurch ist es möglich, eine Palette von Produkten bzw. Produktgemischen dieses Tensidtyps mit unterschiedlichen Eigenschaften herzustellen.

Synthesemethoden - Eine neue Synthese mit Pyrophosphorylchlorid

Die meisten kommerziell hergestellten Phosphat-Tenside sind Mischungen aus Mono- und Dialkylestern bzw. deren Salzen. Die bevorzugt angewendete Methode zur Herstellung dieser Mischungen ist die Zugabe von Phosphor(V)-oxid zum entsprechenden Alkohol oder Ethylenoxidaddukt bei ca. 50 °C Reaktionstemperatur. Dabei entstehen äquimolare Mengen Mono- und Diester in annähernd quantitativer Ausbeute. Die Veresterung langkettiger aliphatischer Alkohole mit Phosphor(V)-oxid bzw. Phosphoroxidchlorid ist in Deutschland von der BÖHME FETTCHEMIE GmbH und in den USA von DU PONT vorgeschlagen worden /1/. Auch oxethylierte Fettalkohole oder Alkylphenole können in dieser Weise phosphoryliert werden und finden praktische Verwendung /2/.

Mit Monoester angereicherte Gemische von Mono- und Diester lassen sich nach verschiedenen Methoden herstellen /3/. Die Reaktion von Alkoholen mit Phosphorsäure wird durch Lösen eines Überschusses an Säure im Alkohol und Rühren bei Raumtemperatur durchgeführt. Für höhermolekulare Alkohole ist diese Reaktion weniger gut geeignet als die Reaktion mit Phosphoroxidchlorid. Diese Synthese wird durch Zugabe des Alkohols zu einem Überschuß von Phosphoroxidchlorid bei einer Reaktionstemperatur zwischen 10 und 20 °C durchgeführt. Eine sehr gute Methode zur Darstellung von Dialkylphosphaten geht vom Phosphortrichlorid aus, das mit Alkoholen leicht zu den entsprechenden Dialkylphosphiten reagiert, die dann durch Chlorieren in die Phosphorsäuredialkylester-chloride überführt werden. Bei der anschließenden Hydrolyse werden in hohen Ausbeuten die Dialkylphosphate erhalten /4/.

Bei der Synthese von Phosphorsäureestern nach den beschriebenen Phosphorylierungsmethoden erhält man stets Gemische aus Mono- und Dialkylestern bzw. Trialkylestern. Die sauren Ester können durch Neutralisation in die Salze umgewandelt werden. Da die Dialkylester gegenüber den Monoalkylestern der Phosphorsäure auf dem Tensidgebiet eine Reihe von Nachteilen aufweisen, war es das Ziel der vorliegenden Untersuchung, reine Monoalkylester herzustellen. Dazu wurde erstmals auf dem Tensidgebiet Pyrophosphorylchlorid als Phosphorylierungsmittel angewendet. Der Vorteil dieses Reagens' besteht darin, daß ausschließlich monoalkylsubstituierte Phosphate bzw. Etherphosphate gebildet werden und auf Reinigungen oder auf die Anwendung von Trennmethoden verzichtet werden kann. /5/

Zur Darstellung von Pyrophosphorylchlorid /6,7/ wird 1 Mol Phosphoroxidchlorid unter Rühren und Eiskühlung tropfenweise mit 1 Mol Wasser versetzt und danach langsam auf Raumtemperatur erwärmt. Zu diesem "hydratisierten" Phosphoroxidchlorid (Gl. (1)) werden 0,5 Mol Phosphor (V)-chlorid gegeben. (Gl. (2)) Anschließend wird im Wasserstrahlpumpenvakuum destilliert. Zwischen 30 und 60 °C destilliert ($POCl_3$) über, und bei 98 °C destilliert reines $P_2O_3Cl_4$ ab. Zur Phosphorylierungsreaktion /8,9/ wird zu 1 Mol auf - 50°C gekühlten Pyrophosphorylchlorid 1 Mol des Alkohols bzw. des Ethylenoxidaddukts gegeben. Anschließend wird das Gemisch durch langsames Erwärmen auf Raumtemperatur zur Reaktion gebracht. Dabei bildet sich unter Spaltung der P-O-P-Bindung ein äquimolares Gemisch aus Dichlorophosphorsäure und Dichlorophosphorsäurealkylester (Gl. (3)). Nach 12stündigem Stehen wird zur Hydrolyse und Neutralisation unter Kühlung ca. 40 %ige Natronlauge bis zum Erreichen des Neutralpunktes zugegeben. (Gl. (4) und (5))

$$POCl_3 + H_2O \longrightarrow HOPOCl_2 + HCl \quad (1)$$

$$2\,HOPOCl_2 + PCl_5 \longrightarrow P_2O_3Cl_4 + POCl_3 \quad (2)$$

$$P_2O_3Cl_4 + ROH \longrightarrow ROPOCl_2 + HOPOCl_2 \quad (3)$$

$$ROPOCl_2 + HOPOCl_2 + 4\,H_2O \longrightarrow ROPO(OH)_2 + PO(OH)_3 + 4\,HCl \quad (4)$$

$$ROPO(OH)_2 + 2\,NaOH \longrightarrow Na_2(PO_3OR) + 2\,H_2O \quad (5)$$

Zur Untersuchung von Eigenschaften der Alkylphosphate bzw. Alkyletherphosphate in Abhängigkeit von R und von der EO-Kette bei definierten Produkten wurden folgende Grundtypen dieser Verbindungsklasse hergestellt: $R_8OPO_3Na_2$, $R_{12}OPO_3Na_2$, $R_{16}OPO_3Na_2$, $R_8(EO)_2OPO_3Na_2$, $R_{12}(EO)_2OPO_3Na_2$ und $R_{16}(EO)OPO_3Na_2$. Die Alkohole Octanol, Dodecanol und Hexadecanol wurden destilliert (gaschromatographisch rein). Die Addukte der Alkohole wurden durch Bromierung und anschließende Umsetzung der Alkylbromide mit Diethylenglycol (Synthese nach WILLIAMSON) hergestellt. Die Addukte waren nach Destillation gaschromatographisch rein (Tab. 1).

Substanz	MM	K_p/°C/Torr	n_D^{50}
$R_8(EO)_2OH$	218,3	167/12	1,4290
$R_{12}(EO)_2OH$	274,4	154/0,9	1,4361
$R_{16}(EO)_2OH$	330,6	156/0,02	1,4368

Tab. 1 Definierte EO-Addukte $R(EO)_2OH$ der Kettenlänge C_8, C_{12} und C_{16}

Die Ausbeuten an Monophosphat betragen zwischen 75 und 85 %. (Tab. 2) bezogen auf die Gleichungen (3) und (4).

Verbindung	Ausbeute/%
$R_8OPO_3Na_2$	75
$R_{12}OPO_3Na_2$	81
$R_{16}OPO_3Na_2$	86
$R_8(EO)_2OPO_3Na_2$	74
$R_{12}(EO)_2OPO_3Na_2$	79
$R_{16}(EO)_2OPO_3Na_2$	83

Tab. 2 Ausbeuten bei der Herstellung von Monoestersalzen der Monophosphorsäure mit Pyrophosphorylchlorid als Phosphorylierungsmittel

Die Alkylphosphate und Alkyletherphosphate wurden durch mehrmalige Kristallisation aus Ethanol/Wasser-Gemischen gereinigt. Die Reinheit der Tenside wurde papierchromatographisch /10/ und durch Messung der Oberflächenspannung geprüft (Abb. 1 und 2).

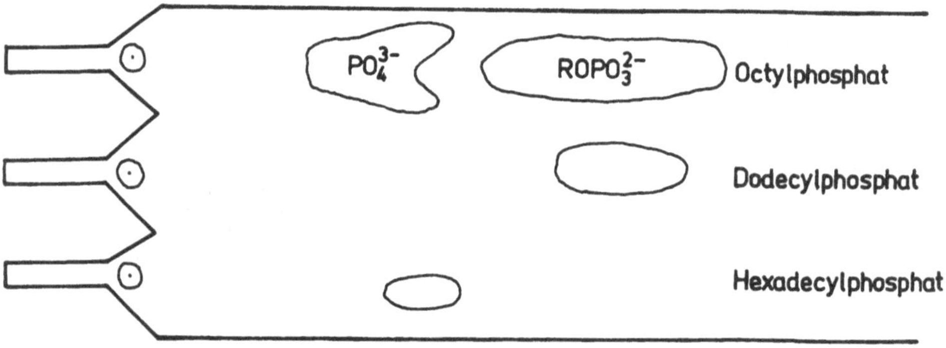

Abb. 1 Papierchromatogramm nach G. BIBERACHER

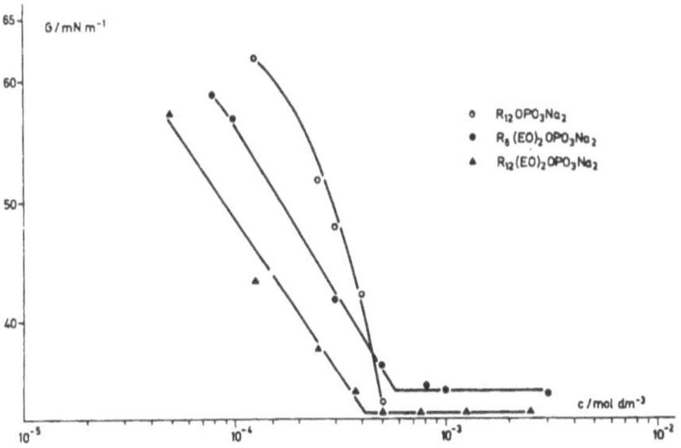

Abb. 2 Oberflächenspannungs-Konzentrationskurven von definierten Monoalkyletherphosphaten

Abb. 2 zeigt, daß bereits die Löslichkeit des Dodecylmonophosphats nicht ausreicht, um die CMC bestimmen zu können, d.h. Monophosphate ohne EO-Gruppen im Molekül sind für grenzflächenchemische Untersuchungen und technische Anwendungen wenig geeignet. Bei Einführung von zwei EO-Gruppen wird die Löslichkeit besser. Von den hergestellten Monoalkylphosphaten ist die Verbindung $Na_2(PO_3OR_{12})$ für den Vergleich mit technischen Produkten von Interesse (Konzentrationsbereich der CMC, Kettenlängenbereich von kommerziellen Produkten).

Um selbst hergestellte technische Produkte (Homologengemische) mit kommerziellen Produkte vergleichen zu können, wurde die Synthesemethode auf technische Oxethylate übertragen. Dabei interessierte die Frage, inwieweit die Reaktion durch Katalysatoren beeinflußt werden kann. Es wurde gefunden, daß die Phosphorylierungsreaktion durch Fluoridionen positiv beeinflußt wird. Bei Zusatz von Alkalifluorid verläuft die Reaktion der hydroxylgruppenhaltigen Verbindungen, insbesondere der langkettigen Verbindungen, mit Pyrophosphorylchlorid praktisch quantitativ unter Bildung des Monoesters. Dabei ist bemerkenswert, daß bei der Anwendung eines Überschusses der Hydroxylverbindung bis zu einem Molverhältnis ROH : $P_2O_3Cl_4$ von 1,5 : 1,0 in Gegenwart von Alkalifluorid ein Umsetzungsprodukt erhalten wird, in dem das Molverhältnis Monoester : Monophosphat größer als 1 ist.

Das Verfahren ist geeignet für den Einsatz von Alkoholgemischen oder Adduktgemischen mit unterschiedlichen Oxethylierungsgraden als Tensidrohstoffe. Die so hergestellten diesterfreien Monoestersalze der Monophosphorsäure haben bessere grenzflächenchemische Eigenschaften wie Netzvermögen, Schaumvermögen als bisher in der Technik eingesetzte Gemische von Phosphorsäureestern, die durch Umsetzung von entsprechenden Tensidrohstoffen mit Phosphor(V)-oxid bzw. Phosphoroxidchlorid hergestellt werden.

Applikationsuntersuchungen

Die Testung des Waschvermögens erfolgte im Detergomat bei 40 °C in Wasser von 10 ° dH mit 1,5 g l^{-1} Tensid und 1,5 g l^{-1} Pentanatriumtriphosphat. Es wurde künstlich beschmutztes Testgewebe (101 Baumwolle, 104 Polyester/Baumwollmischgewebe) des Eidgenössischen Materialprüfamtes (St.Gallen, Schweiz) eingesetzt. Die Entfettungswirkung wurde an Polyesterfolie RN 250 (KALLE, BRD) mit ^{14}C markiertem Octadecanol als Modellfett und das Schaumverhalten nach TGL 17573 (ROSS-MILES) ermittelt. Die Erniedrigung der Oberflächenspannung und der Grenzflächenspannung gegen Heptan wurde nach der Ringmethode gemessen. Die Randwinkel wurden auf einer Paraffinunterlage durch direkte optische Messung bestimmt.

Die hergestellten anionaktiven Monoestersalze der Monophosphorsäure I bis III weisen bei 50 °C durchweg ein mäßiges Entfettungsvermögen auf (Tab. 3).

Produkt	pH-Wert	Waschvermögen/%		Restfett/%
		PE/Bw	Bw	
I	8,5	17	12	50
II	8,0	18	14	47
III	6,9	10(13)	8(11)	57
A	8,8	18	13	47
B	9,2	18	15	45
C	9,1	17	12	52
D	9,9	20	17	--
E	9,4	15	12	9

Tab. 3 Waschvermögen und Entfettungswirkung

Chemische Zusammensetzung der hergestellten Produkte: I Mono-(isononylphenylnonaglycolether)-o-Phosphorsäureester, Dinatriumsalz; II Mono-(isononylphenylpentaglycolether)-o-Phosphorsäureester, Dinatriumsalz; III Mono-(alkyltriglycolether)-o-Phosphorsäureester, Dinatriumsalz, Alkyl= C_{10} - C_{18};
Kommerzielle Produkte: A Mischung aus Mono- und Di-(alkyloctaglycolether)-o-Phosphorsäureestern, Natriumsalze, Alkyl= C_{10} - C_{16}; B Mischung aus Mono-, Di- und Tri(alkyltetraglycolether)-o-Phosphorsäureestern, Alkyl= überwiegend C_{12} - C_{14}, C Mischung aus Mono-, Di- und Tri-(alkyltetraglycolether)-o-Phosphorsäureestern, Alkyl= vorwiegend C_{16} - C_{18};
D Vollwaschmittel auf Basis von Alkylbenzensulfonat; E Isononylphenylnonaglycolether

Die Ablösung des Octadecanols von der hydrophoben Polyesteroberfläche erfolgt gegenüber den stark wirksamen nichtionogenen Tensiden vom Typ der EO-Addukte (Produkt E) verzögert.
Da die Verbindungen gleichzeitig ein gutes Waschvermögen zeigen, bieten sich diese Substanzen für den Einsatz in der Konsmetikindustrie an. Tenside mit geringer Entfettung sind hautfreundlich und die Reinigungswirkung wird im pH-Bereich unter 8,5 erzielt. Die Rückvergrauung der hergestellten Monoalkyletherphosphate ist gegenüber den Ethylenoxidaddukten stark reduziert, d.h. verbessert. Das begünstigt die Anwendung der Produkte als Zusätze für Haushaltsreinigungsmittel. Die Werte für das Schaumvermögen und die Schaumbeständigkeit der Produkte I bis III sind wesentlich besser als die entsprechenden Werte für ein kommerzielles Produkt (A). Hierin liegt ein wesentlicher Vorteil der Anwendung des beschriebenen Verfahrens zur Herstellung dieser Tensidklasse (Tab. 4).

Produkt	Schaumvermögen/%		Schaumbeständigkeit/%	
	$3\ g\ l^{-1}$	$1\ g\ l^{-1}$	$3\ g\ l^{-1}$	$1\ g\ l^{-1}$
I	83	80	27	38
II	75	75	94	98
III	87	78	91	97
A	58	--	37	--
B	42	15	86	83
C	14	8	75	84

Tab. 4 Schaumvermögen und Schaumbeständigkeit

Die für die Produkte I bis III gemessene maximale Erniedrigung der Ober- und Grenzflächenspannung ist größer als bei kommerziellen Produkten (A, C), die durch Umsetzung mit Phosphor(V)-oxid unter Bildung eines Estergemisches aus Mono- und Di- bzw. Triester hergestellt worden sind, d.h. die Monophosphate haben günstigere anwendungstechnische Eigenschaften bei der Herstellung von Emulsionen (Tab. 5). Sie lassen sich vorteilhaft bei der Emulsionspolymerisation, bei der Anwendung von Pflanzenschutzmitteln und allgemein bei Emulsionsproblemen zum Einsatz bringen. Die gemessenen Randwinkel deuten darauf hin, daß die Produkte ein mittleres bis gutes Tauchnetzvermögen haben.

Produkt	Oberflächen-spannung mN m^{-1}	Grenzflächen-spannung mN m^{-1}	Randwinkel Grd
I	34	6,5	58
II	35	7,0	56
III	33	6,5	50
A	39	7,5	55
C	41	1,5	60
$R_{12}(EO)_2OPO_3Na_2$	32	6,5	55

Tab. 5 Oberflächenspannung, Grenzflächenspannung, Randwinkel

Zusammenfassend ergibt die Untersuchung der Eigenschaften der aus technischen Gemischen oxethylierter Alkohole durch Reaktion mit $P_2O_3Cl_4$ hergestellten Monoalkyletherphosphate I - III eine Überlegenheit in einigen Anwendungseigenschaften gegenüber kommerziellen Produkten (Erniedrigung der Oberflächenspannung, Erniedrigung der Grenzflächenspannung, Schaumverhalten). Das Monoestersalz III zeigt im Vergleich zum besten der untersuchten kommerziellen Produkte gleiche Erniedrigung der Ober- und Grenzflächenspannung, übertrifft aber diese Produkte im Schaumvermögen und in der Schaumbeständigkeit.

Wir danken Herrn Dr. G. Wasow und Frau Ing. M. Herbst für die Testung der Applikationseigenschaften.

Literatur

1 DRP 619 019, AP 2 005 619
2 BP 354 300, DRP 696 317
3 HOUBEN-WEIL, Methoden der organischen Chemie, Bd. 12/2, Georg-Thieme-Verlag, Stuttgart 1964, S. 143 ff.
4 loc. cit 3, S. 249
5 M. MEISEL, G. CZICHOCKI und L. ZASTROW, WP C 07 F/265 460
6 H. GRUNZE, Z. Chem. 2 (1962) 313
7 H. GRUNZE, Z. anorg. allg. Chem. 324 (1963) 1
8 H. GRUNZE, Angew. Chem. 71 (1959) 70
9 H. GRUNZE, Chem. Ber. 92 (1959) 850
10 G. BIBERACHER, Z. anorg. allg. Chem. 285 (1956) 86

L. ENGELBRECHT und G. SONNEK

Akademie der Wissenschaften der DDR
Zentralinstitut für Organische Chemie

Neue Synthese zur Herstellung von Siloxansulfonaten

Einleitung

Vinylcyclohex-4-en (VCH) stellt auf Grund seiner zwei Doppelbindungen im Molekül einen attraktiven Ausgangsstoff für die Synthese siloxanmodifizierter Tenside dar. Durch Hydrosilylierung der Vinylgruppe sind in hohen Ausbeuten und mit hoher Selektivität 2-Silylethylcyclohex-4-en-Derivate zugänglich / 1 / (vgl. Gl. 1).

(1)

Ziel der vorliegenden Arbeit war, durch Sulfonierung der ringständigen Doppelbindung siloxanmodifizierte Cyclohexansulfonate darzustellen. Aus der Literatur ist bekannt, daß bei der Sulfonierung von Cyclohexen mit Chlorsulfonsäure-Addukten / 2 / mehrere Produkte bzw. deren Gemische gebildet werden können (vgl. Abb. 1).

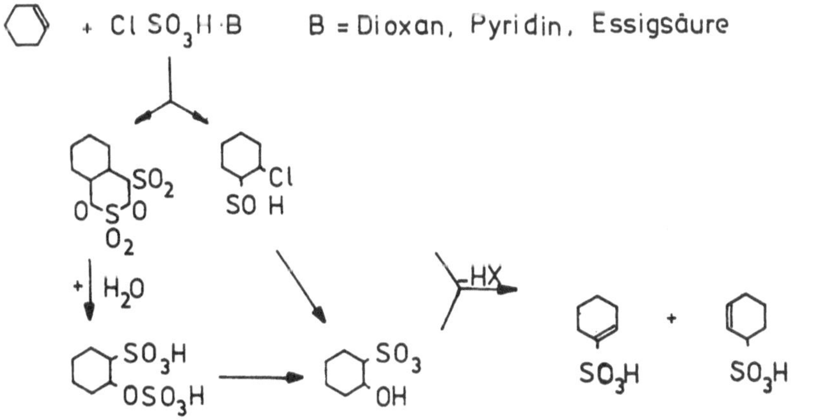

Abb. 1: Reaktionsschema der Sulfonierung von Cyclohexen / 2 /

Orientierende Untersuchungen zur Sulfonierung von 2-[Tris-(trimethylsiloxy-)silyl-]ethylcyclohex-4-en ergaben, daß die reaktionsträge ringständige Doppelbindung durch milde Sulfonierungsmittel ($NaHSO_3$, Na_2SO_3) nicht angegriffen wird, während Chlorsulfonsäure-Addukte in erster Linie eine Spaltung des Siloxanrestes bewirken (vgl. Abb. 2).

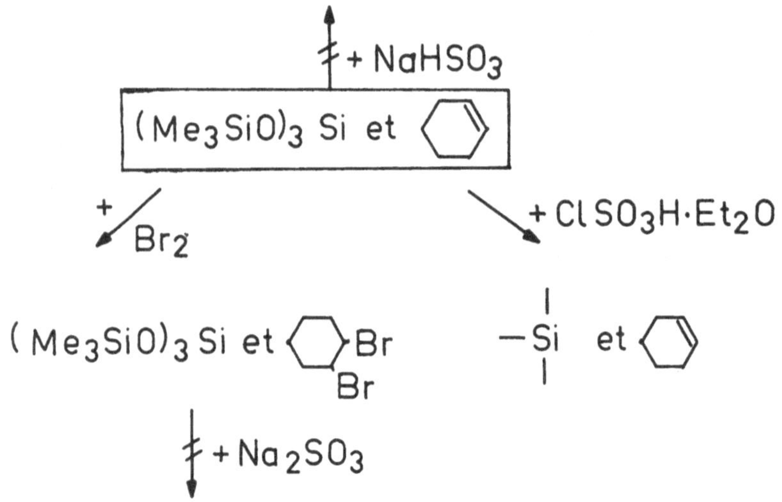

Abb. 2: Reaktionsschema der Versuche zur Sulfonierung von 2-/ Tris-(trimethylsiloxy-)silyl- /ethylcyclohex-4-en

Ergebnisse und Diskussion

Chlorsulfonsäure spaltet Siloxane unter Bildung von Silylestern der Schwefelsäure und Chlorsilanen / 3 / (vgl. Gl. 2).

$$\equiv Si-O-Si\equiv + ClSO_3H \longrightarrow \equiv SiOSO_3H + ClSi\equiv \quad (2)$$

Zur Umgehung dieser unerwünschten Nebenreaktion wurde eine Synthese konzipiert, bei der der Aufbau des Siloxanrestes erst nach der Sulfonierung der ringständigen Doppelbindung erfolgt (vgl. Abb. 3).

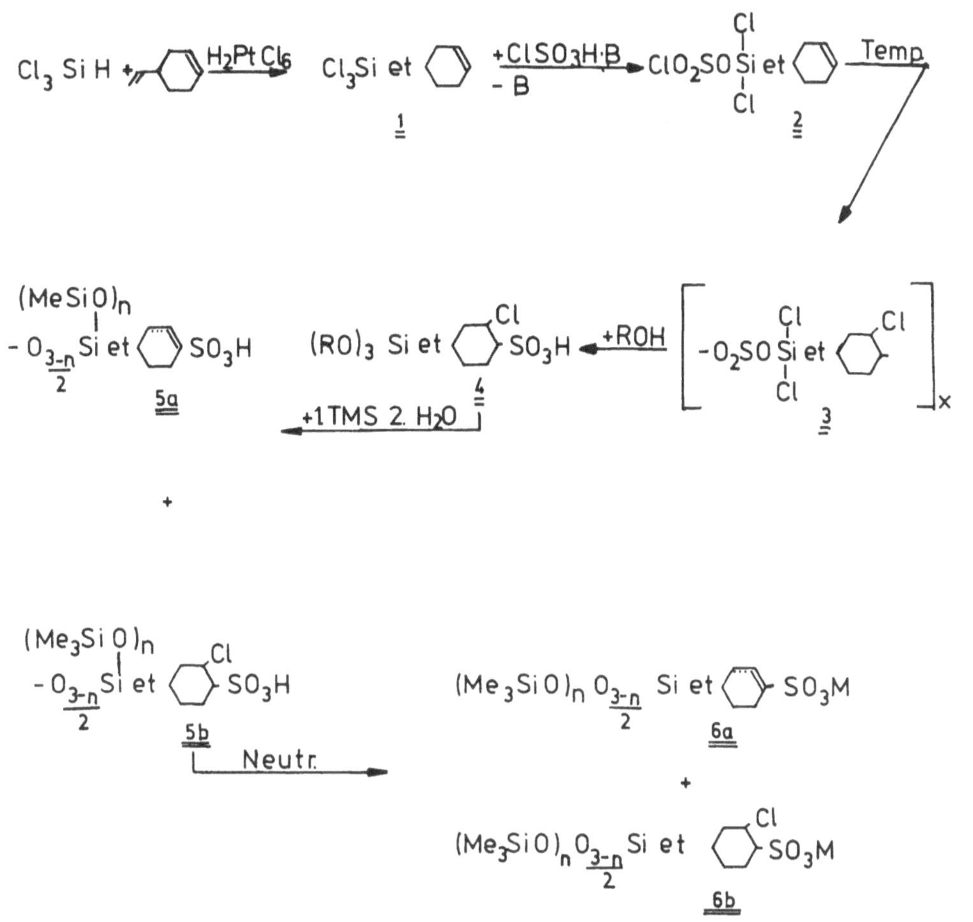

TMS = Me_3SiCl; Me = CH_3-, et = $-CH_2CH_2-$; M = K^+; Na^+; $H_2\overset{+}{N}R_2$; $H\overset{+}{N}R_3$, $H_3\overset{+}{N}R$

Abb. 3: Syntheseschema für die Darstellung siloxanmodifizierter Sulfonate ausgehend von Vinylcyclohex-4-en

Während der Zugabe des Chlorsulfonsäure/Ether-Adduktes zu 2-(Cyclohex-4-enyl)ethyltrichlorsilan (1) erfolgt eine intermediäre Silylierung der OH-Gruppe der Chlorsulfonsäure. Es bildet sich 2-(Cyclohex-4-enyl)ethyldichlorsilylchlorsulfonsäure (2). Im Gegensatz zur Chlorsulfonsäure / 2 /, die sich an Doppelbindungen sowohl sulfonierend als auch sulfatierend anlagern kann, ist eine silylierte Sulfonsäure ausschließlich zur Sulfonierung von Doppelbindungen befähigt.
Während der destillativen Entfernung des Addukt-Ethers wird durch den

allmählichen Temperaturanstieg die intermolekulare Sulfonierung ausgelöst. Der Fortgang der Sulfonierung ist an der Zunahme der Viskosität des Reaktionsgemisches zu beobachten. Gegen Ende der Sulfonierung wird ein hochviskoses, fadenziehendes Produkt erhalten, das beim Abkühlen zu einem glasartigen Festkörper erstarrt. Das polymere Sulfonierungsprodukt (3) löst sich in niederen Alkoholen unter Bildung der korrespondierenden 2-Chor-4-{2-[/ trialkoxy / silyl] ethyl} cyclohexansulfonsäure (4). Bei der nachfolgenden Cohydrolyse werden die Trialkoxy-Reste gegen Trimethylsiloxy-Reste ausgetauscht. Verfahrensbedingt erhält man ein Gemisch (~ 1 : 1) aus 4-{2-[/ trimethylsiloxy / silyl] ethyl} cyclohex-1/2-ensulfonsäure (5a) und 2-Chlor-4-{[/ trimethylsiloxy / silyl] ethyl} cyclohexansulfonsäure (5b). Versuche, das Verhältnis zugunsten der einen oder anderen Verbindung zu verschieben, waren erfolglos. Durch Neutralisation des Sulfonierungsgemisches mit Alkalicarbonat oder Aminen sind die Alkali- bzw. Ammoniumsulfonate (6a/6b) zugänglich. Diese Sulfonate haben grenzflächenaktive Eigenschaften. Eine Beeinflussung der Eigenschaften (Wasserlöslichkeit, Grenzflächenaktivität) der Verbindungen ist im Syntheseschnitt "Cohydrolyse" möglich. Verwendet man bei der Cohydrolyse einen deutlichen Überschuß Trimethylchlorsilan (TMS:$(RO)_3Si$- ≥ 6:1), so werden vor allem die monomeren Produkte der nachstehenden Zusammensetzung gebildet:

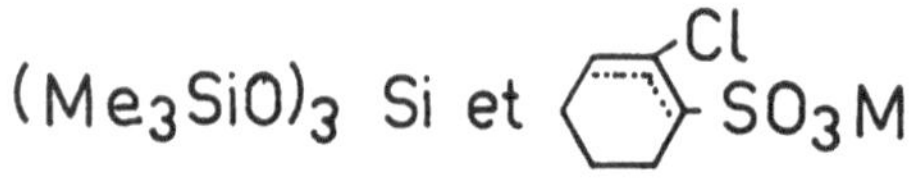

Diese Sulfonate erniedrigen die Oberflächenspannung an der Phasengrenze Luft/Wasser auf 20 - 24 mN/m bei einer CMC von $2 - 5 \cdot 10^{-2}$ mol/l. Die Wasserlöslichkeit der Verbindungen ist jedoch nur gering. Die Wasserlöslichkeit der Produkte kann durch Wahl des Molverhältnisses $(RO)_3Si$ - : Me_3SiCl beeinflußt werden. Wird die Hydrolyse in Abwesenheit von Trimethylchlorsilan durchgeführt, erhält man nach der Neutralisation gut wasserlösliche Produkte (vgl. Gl. 3).

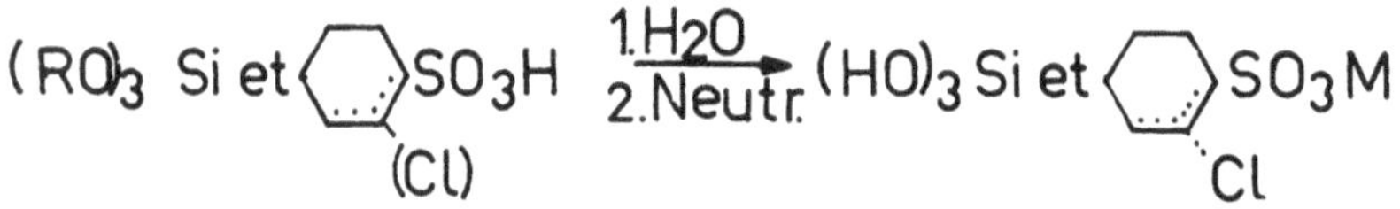
(3)

Die intermediär gebildeten Silantriole kondensieren rasch zu räumlich verzweigten Makromolekülen, an deren Peripherie statistisch verteilt Sulfonatgruppen gebunden sind. Die polymeren Produkte sind nur wenig grenzflächenaktiv (50 - 55 mN/m bei 25 - 30 g/l). Ein Optimum an Grenzflächenaktivität und Wasserlöslichkeit wird bei n = 1,5 (vgl. Abb. 3) erreicht. So erniedrigt das Kaliumsulfonat die Oberflächenspannung an der Phasengrenze Wasser/Luft auf 25 mN/m bei einer CMC von $7{,}5 \cdot 10^{-3}$ mol/l.

Literatur

/ 1 / Speier, J. L.; : J. Amer. Chem. Soc.
Webster, J. A. u. a. 79, 974, (1956)
Petrov, A.D.; : Izv. Akad. Nauk SSSR,
Ponomarenko, V. A. u.a.: Odt. Chim. Nauk, 1957 (10), 1206
Plueddemann, E. P.; : J. Amer. Chem. Soc.
Fanger, G. 81, 2632, (1959)
Barnes, G. H.; : J. Org. Chem.
Davis, M. P. 25, 1191, (1961)
Krüger, C. R. : Inorg. Nucl. Chem. Letters
1 (2), 85, (1965)
Fr.-1.483375 : 02. 06. 1967
CA 68/13163 j
DE -1.942798 : 23. 04. 1970
CA 73/15497 y
Yurev, V. P.; : Dokl. Akad. Nauk SSSR
Žebarov, O. Ž. 1976, 229 (4), 892
DD -WP 184374 : 24. 02. 1975
DE -OS 2601913 : 02. 09. 1976
Yurev, V. P.; : Ž. Obšč. Chim.
Kaverin, V. V. u. a. : 1977, 47 (2), 355
CS -195549 : 15. 05. 82
CA 98/54195 j

/ 2 / Gilbert, E. :"Sulfonation and related Reactions"
Interscience Publishers
New York-London-Sydney 1965

/ 3 / Noll, W. : Chemie und Technologie der Silicone
Verlag Chemie Weinheim 1960

W. Gerhardt

Akademie der Wissenschaften der DDR
Zentralinstitut für Organische Chemie
Bereich Grenzflächenaktive Stoffe

Untersuchungen zur Oxethylierungsreaktion am Beispiel Isononylphenol

1. Einleitung

Auf der letzten Internationalen Tagung über Grenzflächenaktive Stoffe 1979 in Berlin, berichteten wir insbesondere über die qualitative und quantitative Analytik von Isononylphenol (NOP) /1/. Mit Hilfe chromatographischer und spektroskopischer Methoden konnten die wesentlichen Inhaltsstoffe technischer NOP erfaßt und aufgeklärt werden /2/. In der HPLC wurde eine Methode gefunden, die es unter Verwendung von Eichsubstanzen gestattete, quantitative Aussagen über die Zusammensetzung der technischen NOP zu machen /3/. Außer der Lösung dieses praktischen Problems war es mit diesen Methoden möglich, unterschiedliche Trennverfahren beim NOP messend zu verfolgen.

2. Abtrennung von para-Isononylphenol aus technischen Produkten

Zur präparativen Auftrennung von NOP in die ortho- und para-Isomeren prüften wir chromatographische Verfahren (Dünnschicht- und Säulenchromatographie), destillative Methoden und Verteilungsverfahren (CRAIG-Verteilung und Extraktion). Chromatographisch gelang nur die Gewinnung geringer Substanzmengen, destillativ eine Anreicherung von ortho-NOP in den ersten Fraktionen und von para-NOP in den höher siedenden Fraktionen, aber durch Extraktion die Trennung in die ortho- und para-NOP. Bei Verwendung des Systems Wasser/Methanol/Alkalihydroxid /NOP/Benzin konnte para-NOP in einer Ausbeute von 94% mit einer Reinheit von 99,6% gewonnen werden /4/.

3. Synthese definierter Oxethylate des para-Isononylphenols

Sowohl für physikalisch-chemische Untersuchungen als auch als Eichsubstanzen für analytische Zwecke interessierten wir uns in der Folge für para-NOP mit definierter Ethylenoxidkette. Im einzelnen wurden von uns die definierten EO-Addukte mit 1,2,3,4,6,8 und 9 EO-Einheiten dargestellt. Für die niederen Glieder dieser Reihe gingen wir von den entsprechenden Polymerhomologengemischen aus und trennten diese durch fraktionierende Destillation auf. Bei den höheren Addukten verwendeten wir die WILLIAMSONsche Ethersynthese. Dabei wurde das para-NOP mit den Dichloriden des Ethylen-, Diethylen bzw. Triethylenglycols in der ersten Stufe zu den entsprechenden Monochloriden der para-NOP-glycolether umgesetzt. In der zweiten Stufe, die wiederum eine WILLIAMSONsche Ethersynthese beinhaltet, wurden aus diesen Monochloriden durch Umsetzung mit den unterschiedlichen Ethylenglycolen die gewünschten Endprodukte synthetisiert. Durch Destillation und, wenn dies auf Grund des hohen Siedepunktes nicht möglich war, durch Säulenchromatographie wurden die angeführten Oxethylate als chromatographisch einheitliche Produkte erhalten /5/.

4. Zur Synthese der para-NOP-EO-Addukte (Polymerhomologengemische)

Para-NOP wurde bei Temperaturen von 100 bis 150°C mit Ethylenoxid (EO) ohne Druck umgesetzt. Die Reaktion war alkalisch katalysiert. Als Reaktionsgefäß diente ein thermostatierbares Glasrohr, das unten durch eine Fritte abgeschlossen war. Durch diese Fritte konnte Stickstoff und/oder EO kontinuierlich eingeleitet werden. Die dabei aufsteigenden Gase wälzen die über der Fritte befindliche Flüssigkeit (NOP) genügend um, so daß auf zusätzliche Rührung verzichtet werden konnte. Die gesamte Apparatur war auf einer Feinwaage aufgebaut. Dadurch war es möglich, eine Gewichtszunahme des Reaktionsmediums mit einer Genauigkeit von ± 25mg zu messen. Dies entspricht bei einer Ausgangsmenge von 22,0g (0,1 Mol) para-NOP etwa 0,1%.

5. Qualitative Analyse der erhaltenen Polymerhomologengemische

Mit Hilfe der HPLC gelang es bei UV-Detektion (274 nm), die erhaltenen Polymerhomologengemische in einzelne Peaks aufzutrennen. Als Laufmittel fanden Isopropanol/Wasser und Tetrahydrofuran/Wasser Verwendung. Der Gradient betrug zu Beginn 2% Laufmittel A und in 30 Minuten 50% Laufmittel B linear. Die Zuordnung der Peaks erfolgte mit Hilfe definierter NOP-Oxethylate (vgl. 3.).

Wichtig und völlig überraschend war, daß der Peak für das para-NOP bei RT 2,02, d.h. nach dem Peak für das Mono-EO-Addukt (RT 1,84), erschien. NOP-NOP-Ether, der bei technischen Produkten als Verunreinigung zu erwarten war, erschien bei RT 1,40. In kommerziellen Produkten findet sich dieser Peak häufig. Bis zum NOP-24EO-Addukt konnten die Oxethylate sauber aufgetrennt werden.

6. Quantitative Analyse der erhaltenen Polymerhomologengemische

Wiederum mit Hilfe der definierten Vergleichssubstanzen konnten wir die Flächen-% –Umrechnungsfaktoren in Mol-% bestimmen bzw. berechnen. Dabei lagen die Faktoren für das NOP-10EO-Addukt bis zum NOP-17EO-Addukt auf einer Geraden. Die weiteren Werte wurden durch Extrapolation erhalten. Der Fehler der Messungen lag bei ± 0,2%. Dies ließ sich deutlich an Mehrfachbestimmungen zeigen. Der Fehler machte sich besonders negativ bei Werten, die kleiner als 1% waren, bemerkbar. Auch war der Wert vom NOP-1EO-Addukt mit einem Fehler behaftet, der aus der Überlagerung eines Lösungsmittelpeaks mit dem eigentlichen Peak herrührt. /6,7/.

7. Zeit/Umsatz-Kurven bei der Synthese der Oxethylate

Arbeitet man in der unter 4. beschriebenen Apparatur mit einem Einsatz von 22,0g (0,1 Mol) para-NOP, einer Katalysatormenge von 0,05 Mol Na^+ (entsprechend ca. 1 Gew.-%) pro Mol para-NOP, bei einer Thermostatentemperatur von 120°C und Einleiten von überschüssigem EO, so erhielten wir, die in Abbildung 1 dargestellte Zeit/Umsatz-Kurve. Sie ist voll reproduzierbar.

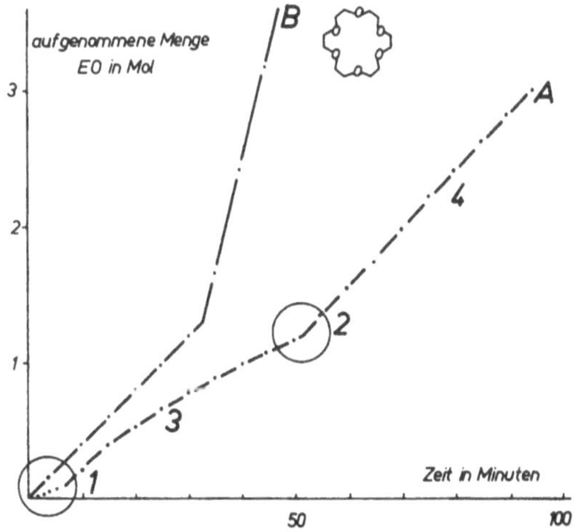

Abbildung 1: Zeit/Umsatz-Kurven der Reaktion von para-Isononylphenol mit Ethylenoxid. A = ohne Zusatz von Kronenether; B = unter Zusatz von Kronenether.

In Kurve A lassen sich 4 Bereiche unterscheiden:

1 - Zu Beginn des Einleitens wird ein relativ starker Anstieg beobachtet.

2 - Die Anlagerung des ersten Mols EO pro Mol NOP ist durch eine

sich verlangsamende Reaktion gekennzeichnet.

3 - Der Übergang von einem zu mehreren Molen EO pro Mol NOP zeigt sich als Knick, der jedoch nicht genau bei einem Mol EO liegt.

4 - Die Anlagerung von mehr als einem Mol EO pro Mol NOP ist durch lineare Abhängigkeit der Gewichtszunahme pro Zeiteinheit charakterisiert.

Vergleicht man die beim para-NOP erhaltenen Zeit/Umsatzkurven mit von PATAT und Mitarbeitern /8/ und von BOBLETER /9/ bei der Reaktion von Phenol mit EO erhaltenen Kurven, so findet man weitgehende Übereinstimmung. Verwendet man technisches NOP (ortho- und para-Isomerengemisch ca. 10:90) als Ausgangsprodukt, so sind die aufgezeigten Teile in den analogen Zeit/Umsatzkurven nur angedeutet.

Im folgenden sollen die in den Zeit/Umsatzkurven sich ausdrückenden Reaktionsstufen diskutiert werden.

8. Anstieg der Zeit/Umsatzkurven am Beginn der Reaktion (1)

Zur Klärung des raschen Anstiegs der Zeit/Umsatzkurven zu Beginn der Reaktion leiteten wir EO bei unterschiedlichen Temperaturen in katalysatorfreies para-NOP ein. Wir erhielten eine analoge Gewichtszunahme wie bei katalysierten Ansätzen, beobachteten aber nach ca. 5 Minuten keine weitere Gewichtszunahme. Leiteten wir nach Erreichen dieses konstanten Wertes statt EO Stickstoff ein, so wurde das EO wieder vollständig verdrängt. Es handelt sich also um eine Auflösung von EO im NOP. Daß dabei Assoziate und Komplexe gebildet werden, besonders wenn Alkaliphenolat vorhanden ist, konnten wir in Analogie zur Literatur /8/ durch IR-spektroskopische Untersuchungen nachweisen: die OH-Valenzschwingung wurde gelöscht, was bedeutet, daß ein Komplex mit symmetrisch gebauten Wasserstoffbrücken vorliegt.

9. Übergang von einem zu mehreren Molen EO pro Mol NOP (2)

Analoge Versuche, wie unter 8. beschrieben, wurden mit para-NOP-1EO-Addukt durchgeführt. Wir fanden auch hier eine begrenzte Aufnahme von EO, die ebenfalls reversibel war. Mengenmäßig wurden etwa 10% weniger EO als beim para-NOP aufgenommen. Andererseits werden im para-NOP-2EO- und para-NOP-3EO-Addukt etwa gleiche Mengen wie im para-NOP-1EO-Addukt gelöst.

10. Anlagerung von einem Mol EO pro Mol para-NOP (3)

Würde die Umsatzgeschwindigkeit, d.h. die Gewichtszunahme pro Zeiteinheit, nur von der Temperatur, der Katalysatorkonzentration, der Konzentration an EO und der Konzentration an OH-Gruppen abhängen, müßten wir eine Reaktion 0-ter Ordnung, d.h. lineare Abhängigkeit der EO-Aufnahme von der Zeit, finden. Die Abweichung der gefundenen Kurve im Abschnitt (3) mußte also andere Gründe haben. Eine der Ursachen konnte die unter 8. und 9. gefundene Lösung von EO im Reaktionsmedium sein. Wir korrigierten die experimentell gefundenen Kurven durch Subtraktion des gelösten EO und erhielten Zeit/Umsatzkurven, die mit Reaktionskurven für eine Reaktion mit vorgelagertem Gleichgewicht, wie sie PATAT beim Phenol fand /8/, oder mit einer Autokatalyse wie sie LEBEDJEW /10/ postulierte, übereinstimmen. Man kann also davon ausgehen, daß die Reaktion von para-NOP mit EO der des Phenol mit EO in den Elementarschritten gleich ist. Hier wurden auf Grund des nachgewiesenen Einflusses der Art des Kations und der nachgewiesenen Komplexbildung zahlreiche Zwischenstufen angenommen, in denen das Kation enthalten ist. Wir konnten nun durch Zugabe äquivalenter Mengen Kronenether (bezogen auf Alkali) zeigen, daß die gekrümmte Kurve des Teils (3) in eine Gerade übergeht. (Kurve B in Abb.1). Auch hier muß man wieder die Löslichkeit des EO berücksichtigen.

Dies bedeutet aber nichts anderes, als daß die Reaktionsgeschwindigkeit nur noch von der Konzentration an NOP-Anionen abhängt. Analoge Ergebnisse wurden auch mit HMPT als Lösemittel erhalten. Auch hier bildet sich das NOP-Anion. Dabei dürfte nicht das Alkaliphenolat Ausgangspunkt für Ionisation und Dissoziation sein, sondern Assoziate und Komplexe der oben diskutierten Struktur.

Gaschromatographisch und durch HPLC ließ sich zeigen, daß imKurvenabschnitt (3) sich praktisch nur das NOP-1EO-Addukt neben Ausgangs-NOP befindet. Dieses Gemisch, das sich während der Reaktion laufend verändert (Änderung der Protonität), bestimmt die Konzentration an NOP-Anion und determiniert damit die gefundene Reaktionsgeschwindigkeit.

11. Anlagerung von mehr als einem Mol EO pro Mol NOP (4)

Untersucht man nach den unter 6. dargelegten Methoden das Endprodukt der Reaktion, so erhält man Verteilungskurven, die im Rahmen der Fehlergrenze einer nach POISON /11/ berechneten Verteilung entsprechen (s.Abbildung 2). Daraus kann man bindend ableiten, daß sich die Reaktionsgeschwindigkeiten der para-NOP-EO-Addukte mit EO praktisch nicht unterscheiden. Nur ein bestimmter, immer gleichbleibender Anteil dürfte als Anion vorliegen, denn auf Zugabe von Kronenether fanden wir eine merkliche Erhöhung der Reaktionsgeschwindigkeit.
Die Protonität des Reaktionsmedium ändert sich in dieser Phase nicht, obwohl sich die Zusammensetzung laufend zu höheren Oxethylierungsgraden verschiebt.

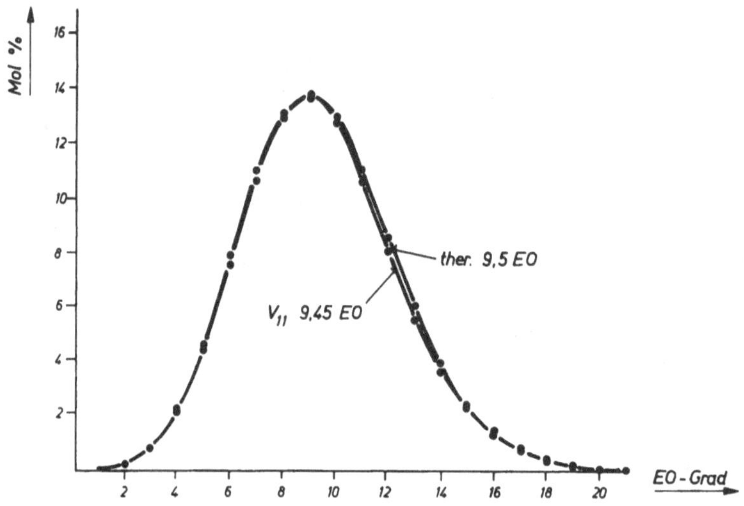

Abbildung 2: Gefundene Polymerhomologenverteilung eines para-Isononylphenol-9,45EO-Adduktes und die theoretische Verteilung nach POISON (EO-Grad 9,5)

12. Zusammenfassende Diskussion der Ergebnisse

Die alkalisch katalysierte Addition von EO an hydrophobe Verbindungen ist die wichtigste Methode zur technischen Darstellung von nichtionogenen Tensiden. Zahlreiche Untersuchungen zum Ablauf der Reaktion sind aus der Literatur bekannt. Gesichert ist, daß es sich um eine SN2-Reaktion handelt. Über die Elementarschritte der Reaktion werden unterschiedliche Vorstellungen vertreten.

Während sich zahlreiche Arbeiten mit der Umsetzung von Phenol mit EO befassen, wurde die Reaktion des technisch interessanteren NOP mit EO kaum untersucht. Bei der Phenolreaktion findet man kinetisch zwei Reaktionsstufen: Addition von einem Mol EO an Phenol unter Bildung des Monoaddukts und anschließende Addition von mehreren Molen EO unter Bildung von Polymerhomologengemischen.

Mit technischem NOP kann man die zwei Reaktionsstufen nur analytisch nachweisen. Durch Verwendung von para-NOP, frei von ortho-Isomeren, erhielten wir bei der Anlagerung von EO auch kinetisch zwei Stufen: die erste entsprach einer Reaktion mit vorgelagertem Gleichgewicht und die zweite war eine Reaktion 2ter-Ordnung.
Die Veränderungen des Reaktionsablaufes durch Kronenetherzusatz und Lösemittelzusatz wurden untersucht. Aus den Ergebnissen schließen wir auf folgenden Reaktionsablauf:

- Vor der eigentlichen Reaktion bildet Alkali mit NOP ein Salz als Ionenpaar. Dieses Salz wird durch Komplexbildung mit NOP stabilisiert.
- NOP wirkt als protisches Lösemittel und fördert Ionisation und

Dissoziation dieses Salzes.

- Das freie NOP-Anion reagiert mit EO. Die Kinetik der Reaktion wird bestimmt durch die Konzentration an freien Anionen, da nur sie mit EO reagieren können.
- Die Reaktionsgeschwindigkeiten der para-NOP-EO-Adduktanionen mit EO unterscheiden sich nicht. Deshalb erhält man für die Polymerhomologen Verteilungskurven, die der nach POISON berechneten Verteilung entsprechen.

Literatur

/1/ W.GERHARDT: V.Internationale Tagung über Grenzflächenaktive Stoffe, Berlin, 7.-10.5.1979, Seite 121.

/2/ W.GERHARDT: Tenside Detergents 16 (1979)247.

/3/ W.GERHARDT und H.MUCH: Tenside Detergents 18 (1981)120.

/4/ W.GERHARDT: J.prakt.Chem. 323 (1981)700.

/5/ W.GERHARDT und H.MUCH: Chemiedozententagung 1981, Greifswald, "Zur quantitativen Bestimmung der Polymerhomologen von Isononyl-Oxethylaten"

/6/ W.GERHARDT: Monatsber. Dtsch.Akad.Wiss.(Berlin) 9 (1967)922

/7/ A.M.ROTHMAN: J.Chromatogr. 253 (1982) 283.

/8/ F.PATAT, E.CREMER und O.BOBLETER: J.Polymer.Sci. 12 (1954)489.

/9/ O.BOBLETER: Monatsh.f.Chemie 87 (1956) 483.

/10/ N.N.LEBEDEW und V.F.SVEC: Kinetka i Kataliz 6 (1965)782 und 9 (1968) 504.

/11/ P.J.FLORY: J.Amer.Chem.Soc. 62 (1940) 1561.

V. GLÖCKNER, D. PRESCHER und K. LUNKWITZ

VEB MLW Medizinplaste Lichtenberg
AdW der DDR, Zentralinstitut für Organische Chemie, Berlin
AdW der DDR, Institut für Technologie der Polymere, Dresden

Zur Stabilität von Fluortensiden

Einleitung

Fluortenside - insbesondere Perfluoralkyltenside - sind aufgrund ihrer hohen chemischen und thermischen Stabilität, die für ausgewählte Verbindungen nachgewiesen wurde /1,2/, für den Einsatz unter extremen Bedingungen geeignet.

Diese Eigenschaften - wie auch die hohe Grenzflächenaktivität - werden in starkem Maße durch die Perfluoralkylgruppe beeinflußt. Als Hauptgründe sind die Stärke der C-F-Bindung und die günstige sterische Anordnung der Fluoratome um das Kohlenstoffgerüst anzuführen /3/.

Bei der Betrachtung der chemischen und thermischen Stabilität der Fluortenside galt unser Interesse einerseits der Struktur des hydrophoben Teils und andererseits der hydrophilen Gruppe, die vielfach das stabilitätsbestimmende Kriterium darstellt. Dazu wurden zahlreiche Untersuchungen an oberflächenaktiven perfluorierten Verbindungen (Alkali-, Kalzium-, Ammoniumsalze von Perfluorcarbonsäuren, ω-H-Perfluorcarbonsäuren, Perfluoralkansulfonate und - hergestellt aus Produkten des strahlenchemischen PTFE-Abbaus /4/ - Perfluoralkensulfonate sowie nichtionogene Tenside mit Perfluoralkylrest) in aggressiven Medien (konz. HNO_3, konz. H_2SO_4/CrO_3, wäßr. NaOH-Lsg, basische $KNO_3/LiNO_3$-Schmelze, KOH/NaOH-Schmelze) bzw. bei thermischer Beanspruchung durchgeführt.

Die Charakterisierung der Effekte, die durch chemische Beanspruchung hervorgerufen werden, erfolgte durch Oberflächenspannungsmessungen an den entsprechenden Lösungen (Schmelzen wurden in Wasser gelöst) mittels Ringmethode. Die σ-Werte sind auf Wasser bezogene Relativwerte.

Im Zusammenhang mit der Darstellung von Perfluoralkenen aus Perfluorcarbonsäuresalzen wurden einige Daten zum thermischen Verhalten veröffentlicht /5/. Die Salze decarboxylieren insbesondere in Abhängigkeit vom Kation im Temperaturbereich von 170...350 °C zum Teil nahezu quantitativ zu isomeren Perfluoralkenen.

Zur chemischen Stabilität

Die o.g. anionenaktiven Fluortenside widerstehen extremen chemischen Beanspruchungen, auch bei zusätzlicher thermischer Belastung über längere Zeiträume. In Tabelle 1 sind die Oberflächenspannungswerte einiger der untersuchten Verbindungen in konzentrierten oxidierenden Mineralsäuren nach unterschiedlichen Lagerzeiten dargestellt.

Tabelle 1: Oberflächenspannung 0,1 %iger Fluortensidlösungen in konzentrierten Mineralsäuren nach unterschiedlichen Lagerzeiten bei 22 °C

Verbindung	Oberflächenspannung [mN/m]					
	HNO_3			CrO_3/H_2SO_4		
	1 d	15 d	43 d+	1 d	15 d	43 d+
Perfluoroctansäure	33,8		33,7	41,4		42,6
Natrium-Salz der ω-H-Perfluornonansäure				50,8	50,5 (218 d)	
Kaliumperfluoroctansulfonat	19,8	18,6	20,9	39,7	38,8	40,1
Tetraethylammonium-perfluoroctansulfonat (FT 248)	23,2	22,8	22,7	34,6	32,5	32,4
Natriumperfluorheptenylsulfonat++	42,6	42,6	41,8	43,0	43,3	48,7
Natriumperfluoralkenylsulfonat ($C_{10/11}$)+++	20,3	19,4	20,1	26,2	27,0	27,8
ohne Tensidzusatz		62,0			63,3	

\+ davon 28 d bei 90 °C

++ Umsetzungsprodukt von Perfluorhepten -(1) mit $NaHSO_3$

+++ Umsetzungsprodukt von Perfluoralken ($C_{10/11}$) des strahlenchemischen PTFE-Abbaus mit $NaHSO_3$

Auffällig ist die Wirksamkeit der Tenside aus Perfluoralkenen des PTFE-Abbaus. Diese bewährten sich auch in Verchromungsbädern ($C_{8/9}$-Sulfonat in Verchromungsbadlösung bei 42 °C: σ = 20,6 mN/m für 0,1%ige Lösungen).

Eine Erhöhung des Chromanteils in $CrO_3H_2SO_4$ bewirkt keine Zerstörung der anionenaktiven Fluortenside.

Nichtiogene Fluortenside des Typs $C_nF_{2n-1}(OCH_2-CH_2)_mOCH_3$ werden in konz. Schwefelsäure mit 10 g CrO_3 je Liter zerstört (sofortige Grünfärbung der Lösung). Die dabei entstehenden kurzkettigen Zersetzungsprodukte (Perfluoralkylsulfate, H-Perfluorcarbonsäuren) sind aber ebenfalls oberflächenaktiv. Die in Tabelle 2 dargestellten Oberflächenspannungswerte verdeutlichen die Abhängigkeit von der Kettenlänge des Perfluoralkylrestes der Ausgangsverbindung. Dabei deutet die Reduzierung der Oberflächenaktivität der längeren Perfluoralkylgruppen nach 96tägiger Standzeit auf einen Abbau der entstandenen Zersetzungsprodukte hin.

Tabelle 2: Oberflächenspannung 0,1%iger Lösungen nichtionogener Fluortenside in konzentrierter Chromschwefelsäure nach unterschiedlichen Lagerzeiten

Verbindung	n	m	Oberflächenspannung [mN/m] σ_1^+	σ_2	nach Tagen
$C_nF_{2n-1}(OCH_2CH_2)_mOCH_3$	10-11	17	42,3	45,5 /	96
	8-11	7,6	36,7	41,2 /	96
	5-8	17	56,4	55,7 /	86
	5-8	8,7	60,7	57,9 /	90
Monflor 52			42,9	42,2 /	112
ohne Tensidzusatz			64,2		

+ am Tag der Herstellung

In wäßriger NaOH-Lösung sind sowohl anionenaktive als auch nichtionogene Fluortenside über Zeiträume von mehr als 100 Tagen unverändert grenzflächenaktiv (Perfluoroctansäure: reduz. um 35 mN/m, K-Perfluoroctansulfonat: reduz. um 25 mN/m, jeweils 0,1 % Tensidgehalt).

In alkalischer Nitratschmelze ($KNO_3/LiNO_3$ mit 10 % NaOH, 200 °C, 2 h) - dieses Gemisch wurde wegen des niedrigen Schmelzpunktes, der unterhalb der Zersetzungstemperaturen der zu untersuchenden Verbindungen liegt, gewählt - werden weder die Salze der Perfluoralkansäuren noch die Perfluoralkan- und Perfluoralkensulfonate zerstört.

Die σ-Werte der 0,1 % Tensid enthaltenen wäßrigen Lösungen der Schmelze betragen für:

Lithiumperfluoroctanoat	43,6 mN/m
Kalziumperfluoroctanoat	42,3 "
FT 248	26,2 "
Natriumperfluoralkenylsulfonat ($C_{12/13}$)	33,6 "
Vergleichslösung ohne Tensid	59,4 "

Perfluoralkansulfonate weisen sogar nach 2stündiger Behandlung in reiner NaOH/KOH-Schmelze und höherer Temperatur (300 °C) in wäßriger Lösung noch erhebliche oberflächenaktive Wirkung auf. Nach 5 h konnte jedoch keine Wirkung mehr nachgewiesen werden.

Zur thermischen Stabilität

Thermoanalytische Untersuchungen (TG, DSC) der funktionalisierten Perfluorcarbone zeigen, daß die Thermostabilität wesentlich von der hydrophilen Gruppe in Verbindung mit deren Kation geprägt wird. Während Salze der untersuchten Perfluor- und der ω-H-Perfluorcarbonsäuren bei Temperaturen von 450...500 K erste Zersetzungserscheinungen erkennen lassen, beginnt der thermische Abbau der Perfluoralkansulfonate erst bei 600...700 K. Anhand der sogenannten charakteristischen Temperaturen wird das thermische Verhalten der Perfluorcarbone verglichen.

In den Abbildungen 1 und 2 werden die Temperaturen bei 50%igem Abbau (T_{50}-Werte) für eine Reihe von Perfluorcarbonsäure-Salzen sowie für Perfluoralkansulfonate gegenübergestellt.

Abbildung 1: Temperaturen bei 50 % Masseverlust (T_{50}) von Salzen der Perfluoralkansäuren und ω-H-Perfluoralkansäuren (10 K/min, N_2-Atmosphäre)

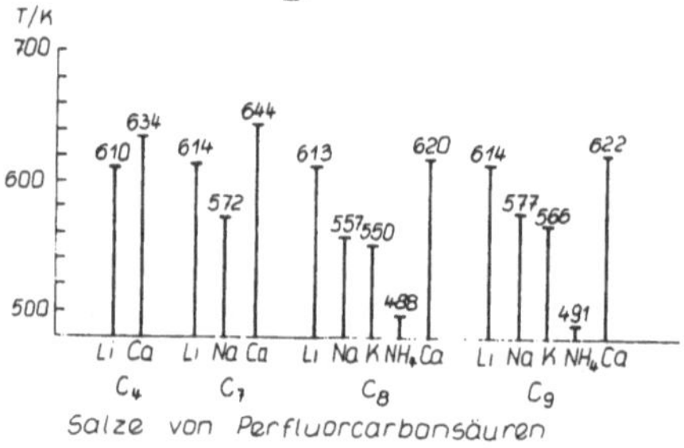

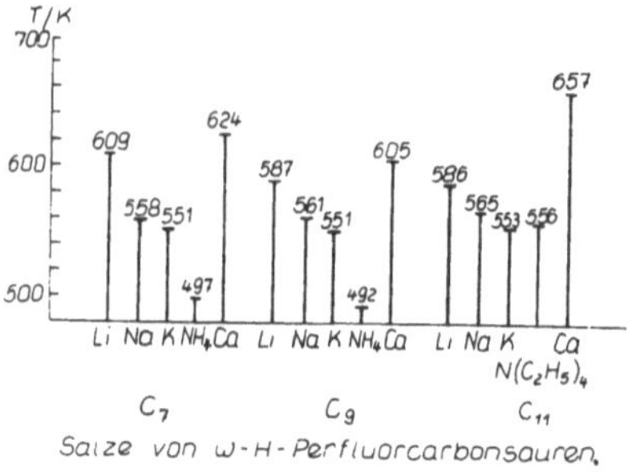

Es wird folgende Abhängigkeit der Thermostabilität vom Kation ersichtlich, die in der gleichen Weise auch bei den Temperaturen des Zersetzungsbeginns und des Zersetzungsendes registriert wird:

$$Ca^{++} > Li^{+} > Na^{+} > K^{+} > NH_4^{+}$$

Da diese Abhängigkeit mit der Ionisationsenergie der Metallkationbildung übereinstimmt, ist anzunehmen, daß im Primärschritt Carbanion und Metallkation gebildet werden.

Als Zersetzungsprodukte der Natriumsalze werden Perfluoralkene, Metallfluorid und Kohlendioxid nachgewiesen. Ammoniumderivate zersetzen sich bei niedrigeren Temperaturen unter NH_3-Abspaltung.

Der Einfluß des ω-ständigen H-Atoms auf das thermische Verhalten der Carbonsäuresalze ist als minimal einzuschätzen, wenngleich die thermische Stabilität der entsprechenden Salze gegenüber den Perfluorcarbonsäure-Salzen durchweg etwas niedriger ist.

Perfluoralkansulfonate erreichen z. T. Thermostabilitäten, die im Bereich der Zersetzung der Perfluoralkylgruppe liegen. Dadurch ergeben sich hier im Gegensatz zur Decarboxylierung der Perfluorcarbonsäure-Salze weitere Spaltungsmöglichkeiten (beispielsweise radikalische Kettenbrüche der Perfluoralkylgruppe). Die Zersetzung von Kaliumperfluoroctansulfonat ergab: K_2SO_4, Ruß, Perfluoralkane unterschiedlicher Kettenlänge und SO_2.

Abbildung 2: T_{50}-Werte von Perfluoralkansulfonaten (10 K/min, N_2-Atmosphäre)

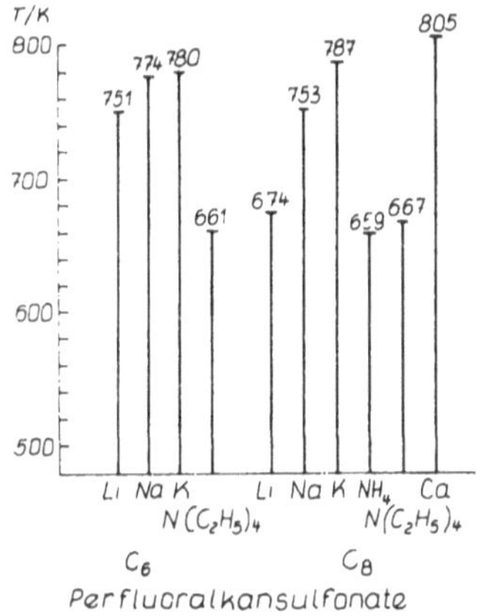

Bei den untersuchten Verbindungen (Abb. 2) nimmt die thermische Stabilität in folgender Reihenfolge ab:

$$Ca^{++} > K^{+} > Na^{+} > Li^{+} > NH_4^{+}$$

Aus dem Verlauf des Abbaus (Abbildung 3) der funktionalisierten Perfluorcarbone geht hervor, daß die thermische Zersetzung kein einheitlicher Prozeß ist. Der Abbauverlauf wird wesentlich geprägt durch die funktionelle Gruppe und deren Kationen. Natrium- und Lithiumsalze von Perfluor- und ω-H-Perfluorcarbonsäuren unterschiedlicher Kettenlänge zersetzen sich unter Versuchsbedingungen gleichmäßig. Der Masseverlust-Temperatur-Verlauf der entsprechenden Kalium- und Kalziumsalze zeigt einen Wendepunkt.

Abbildung 3: Verlauf des thermischen Abbaus von Perfluoroctansäure-Salzen (10 K/min, N_2-Atmosphäre)

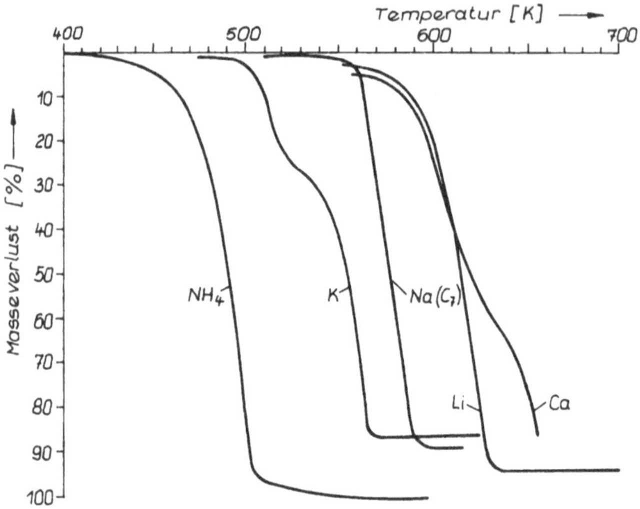

Literatur

/1/ H.G. BRYCE
"Fluorine Chemistry", Academic Press, New York, London, 5 (1964), 370; Prospekt "Monflor" der Fa. ICI

/2/ H. G. KLEIN, J. N. MEUSSDOERFFER, H. NIEDERPRÜM u. M. WECHSBERG: Tenside 15,2 (1978)

/3/ J. C. TATLOW: Chem. Ind. (1978), 523

/4/ DD-PS 131 555

/5/ J. D. LA ZERTE, L. J. HALS, T. S. REID u. G. H. SMITH; J. Amer. Chem. Soc. 75, 4525 (1953)
A. J. ZAPEVALOV, W. S. PLASCHKIN, I..P. KOTENKO u. P. G. NEUFELD: Zurn. Organ. Chim. 13, 2505 (1977)
W. A. GUBANOV et al.: Zurn. Organ. Chim. 17, 1587 (1981)

S. HOFFMANN, M.G. KLOTZ+) and E. MÜLLER+)

Department of Chemistry, Martin Luther University, DDR-4020 Halle/S.
+) Department of Biosciences, Friedrich Schiller University, DDR-6900 Jena, GDR

Tentoxin - Model of a Peptide Subunit Carrier?

Though the translocations of ion patterns across membranes play important roles in intra- and intercellular information transfers and bioregulations, our insights into the special designs of carriers, pores, channels or whatever might serve purposes of mediating passive and active transport processes remained limited. The outstanding models of valinomycin as an ion carrier and gramicidin A as an ion channel are not paralleled by a likewise understanding of complex eucaryotic subunit transport systems. So far we are even still in want for a simple model of the actionism of a small subunit carrier /1-3/.

Surprisingly, however, the cyclotetrapeptide cyclo(L-MeAla-L-Leu-MePhe[(Z)Δ]-Gly), called tentoxin /4/, exhibits some features that might forward it as a first model of a small, but yet complex peptide subunit carrier covering both structural and functional characteristics of valinomycin and gramicidin A (Fig. 1).

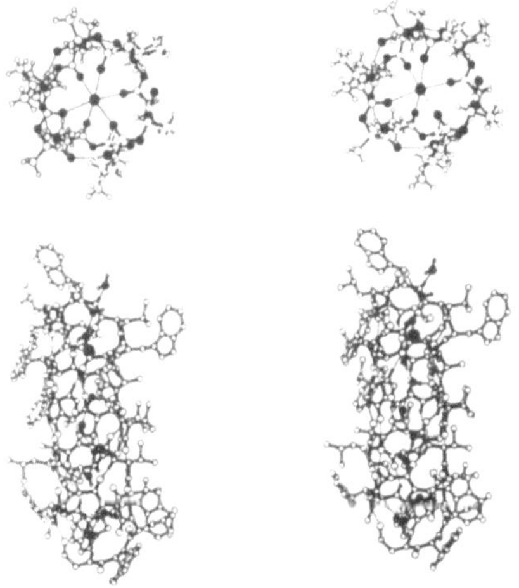

Fig. 1 Valinomycin-carrier (top) and gramicidin A dimer-channel (bottom) /1-3/

The cyclic tetrapeptide tentoxin (Fig. 2), produced by the plant pathogen Alternaria tenuis, displays complex effector patterns on bio-regulations in higher plants. Especially its influences on the closure of guard cells are suggestive of certain involvements in ion pattern

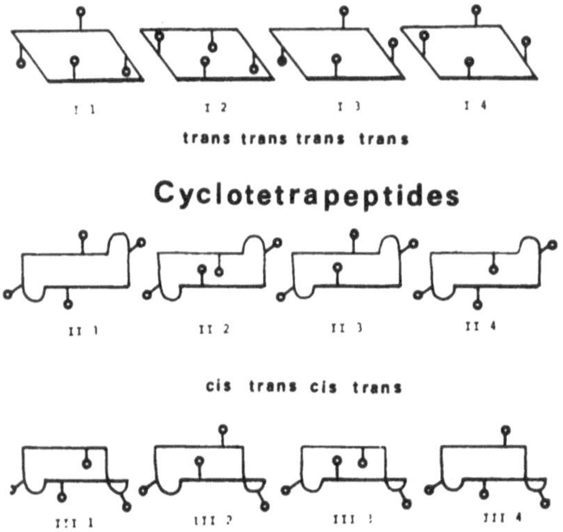

Fig. 2 Cyclic tetrapeptide conformers /5/

movements. Indeed, in the presence of K^+, tentoxin increases the conductivity of a black lipid membrane (Fig. 3), while Na^+, Mg^{++} and Ca^{++} fail to exert any pronounced effect /4/. The slope of the dependence of conductance on toxin concentration is indicative of cyclopeptide trimers (less likely dimers) engaged in the conductivity phenomena (Figs. 3-5).

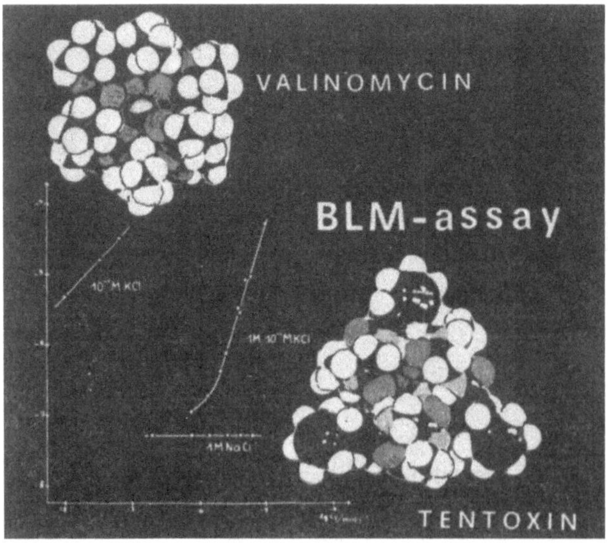

Fig. 3 Valinomycin- and tentoxin-mediated bimolecular lipid membrane conductance

Trials of elucidating hypothetical structural prerequisites for these activities by model building are confronted with the colored picture of cyclotetrapeptide conformational abilities that centre around the II_1-conformer with only partial preferences for the I_{1-2}- and III_{1-3}-variants of Fig. 2. While the structure of dihydrotentoxin, which is of little if any effect in BLM-conductance,

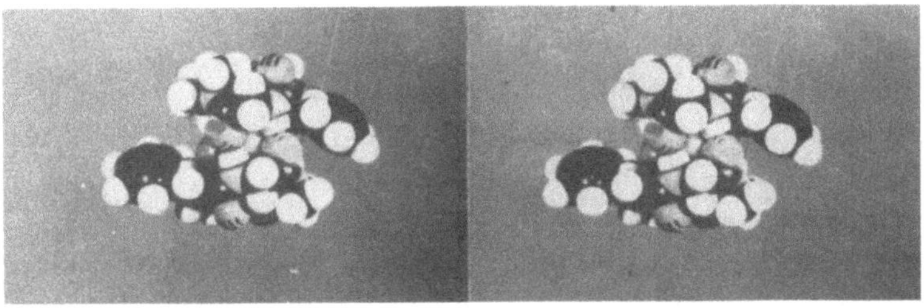

Fig. 4 Hypothetical tentoxin dimer arrangement with caged K^+-ion

has been solved by x-ray diffractions as a II_1-conformer, so far no x-ray analysis is available for tentoxin itself /6/. NMR-measurements of tentoxin in solution are somewhat contradictorily in favour of the II_1- and III_2-forms /7/. Model building, however, demonstrates (Figs. 4-7) that slightly distorted all-trans conformers might be capable of building up (dimer and) trimer subunit arrangements caging K^+-ions. The hypothetical carrier design resembles both the gramicidin A-channel in the aromatics-framed triangular entrance, and a symmetrically trisected valinomycin-bracelet in its special construction. The trimer arrangement is brought about by three tentoxin "monomers" adopting I_1-conformations (Fig. 2). Distortions of the constraint cyclotetrapeptide ring system crowed the carbonyls and methyls of MeAla and MePhe-[(Z)Δ] at the outside, extend the voluminous Leu- and MePhe[(Z)Δ]-side chains in peripheral positions and open an inside Gly/Leu-hydrogen bond recognition pattern based on the hydrogen bond donor-acceptor facilities of their amino and carbonyl parts (Fig. 5). By assembling the recognition patterns of three monomers in a closed bilevel cycle hydrogen-bond network, a trimer core is formed that allows for caging K^+-ions in a slightly distorted sixfold coordination matrix. Contrary to valinomycin and somehow resembling antamanide, the coordinating carbonyls in this model have in a bifurcated action to account for both the ion fixation and the hydrogen-bond acceptance.

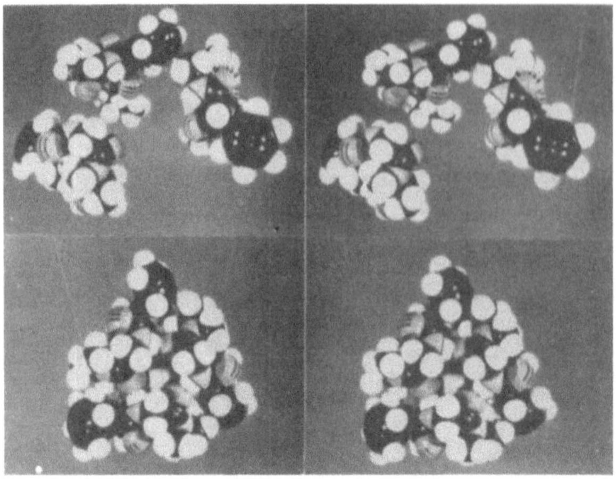

Fig. 5 Hypothetical (tentoxin)$_3$-K$^+$-assembly

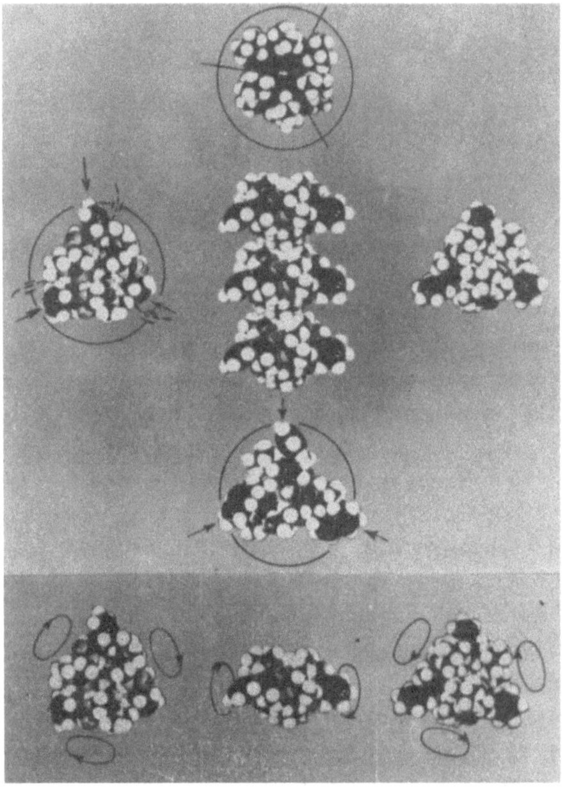

Fig. 6 The hypothetical (tentoxin)$_3$-K$^+$-complex in comparison with valinomycin and gramicidin A (top to bottom and left to right): valinomycin-K$^+$ indicating the triad symmetry; (tentoxin)$_3$-K$^+$ indicating subunit structure and Phe-triangle - front view; hypothetical (tentoxin)$_3$-K$^+$-stack fitting complementary surface patterns - side view; (tentoxin)$_3$-K$^+$ - back view: gramicidin A-K$^+$-channel indicating Trp-triangle; rotational facilities of tentoxin subunits changing hydrophobic and hydrophilic surface patterns - front-, side- and backview of (tentoxin)$_3$-K$^+$

Three 12-membered tentoxin rings interconnected by three pairs of hydrogen bonds form a 36-membered core, comparable to the 36-membered valinomycin, which, of course, differs from the hypothetical tentoxin subunit complex in that it exhibits a closed covalent through backbone. The one-carrier/one-ion concept of valinomycin allows for only minimal variations in carrier surface design. The hypothetical three-subunit-carrier/one-ion concept of tentoxin, however, would offer interchangeable surface patterns by rotation of the tentoxin-subunit recognition sites.

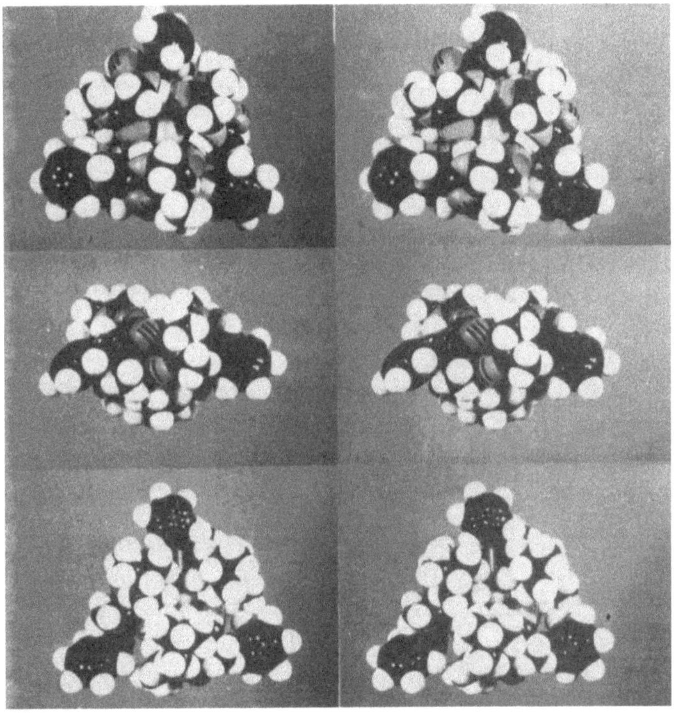

Fig. 7 Stereoillustration of $(tentoxin)_3$-K^+ in front-, side- and back-view

These chameleon-like characteristics offer a wealth of static and dynamic facilities in responding to interfacial and environmental requirements, conditions, signals and regulations.

Though this model has not yet been confirmed by unequivocal experimental evidence, it nevertheless will account for a number of indirect experimental indications as, for instance, the different efficiencies of tentoxin and its dihydroderivative in BLM-conductance and assistant roles of the invironment /8/. Its intriguing static and dynamic features might forward this first hypothetical model of a small subunit carrier if not an experimentally confirmed fact an yet fascinating denkmodel.

References

/1/ S. HOFFMANN: Molekulare Matrizen (II Proteine), Akademie-Verlag, Berlin 1978

/2/ Yu.A. OVCHINNIKOV and V.T. IVANOV: Tetrahedron 31, 2177 (1975)

/3/ O.S. ANDERSEN: Ann. Rev. Physiol. 46, 531 (1984)

/4/ M.G. KLOTZ, J. GÜNDEL, E. MÜLLER and B. LIEBERMANN: Stud. biophys. 90, 53 (1982)

/ I.L. KARLE: in Molecular Structure and Biological Activity (J.F. GRIFFIN and W.L. DUAX, eds.), Elsevier Sci. Publ., Amsterdam - New York 1982

/6/ P.N. SWEPSTON, A.W. CORDES, L.F. KUYPER and W.L. MEYER: Acta Crystallogr. B 37, 1139 (1981)

/7/ D.H. RICH and P.K. BHATNAGAR: J. Amer. Chem. Soc. 100, 2212 (1978)

/8/ E. MÜLLER et al. and S. HOFFMANN et al.: unpublished results

R. JANIK

Institut für Organische Technologie und Kunststoffe, Technische Universität Wrocław, 50-370 Wrocław, Polen

Autoxidation von Diethylen- und Dipropylenglykolen und deren Methylethern

Einleitung

Oberflächenaktive Block-Copolymere des Oxirans und Methyloxirans

$HO(CH_2CH_2O)_x(CH(CH_3)CH_2O)_y(CH_2CH_2O)_zH$

werden wie viele andere Verbindungen des Polyethertyps in Anwesenheit von molekularem Sauerstoff relativ leicht durch Oxidation zersetzt. In unseren früheren Arbeiten wurde die Oxidationszersetzung der genannten Kopolymere im Temperaturbereich 45-200°C untersucht [1-3] . Es wurde dabei festgestellt, daß die infolge des Prozesses entstehenden Veränderungen der Molekülmasse $\bar{M}_n$, der dynamischen und reduzierten Viskosität sowie des Gehalts der Oxidationsprodukte von der chemischen Struktur der Kopolymere, d.h. vom Anfangswert der Molekülmasse $\bar{M}_n$ und dem Verhältnis beider Alkylenoxide im Molekül abhängen.

Zur genaueren Aufklärung des Einflusses der Kopolymerstruktur auf den Verlauf der Autoxidation habe ich vor kurzem neue Untersuchungen aufgenommen. Hierbei wurden als Modellverbindungen niedermolekulare Oxyethylen- und Oxypropylenglykole sowie ihre Kooligomere, die sich nur mit der Struktur der Ethergruppen und der Endgruppierungen mit Hydroxylgruppen unterscheiden, verwendet.

In der vorliegenden Arbeit wird der Verlauf der Oxidationszersetzung folgender Verbindungen dargestellt:

$RO-CH_2CH_2-O-CH_2CH_2-OH$ I : R=H, Ia : R=CH_3

$RO-CH(CH_3)CH_2-O-CH_2CH(CH_3)-OH$ II : R=H, IIa : R=CH_3

$HO-CH_2CH(CH_3)-O-CH(CH_3)CH_2-OH$ III

Bei den Untersuchungen wurden reines Diethylenglykol /I/ und sein Monomethylether /Ia/ der Firma Fluka AG verwendet. 4-Oxa-2,6-heptandiol /II/ und sein Monomethylether /IIa/ wurden nach [4] aus den Additionsprodukten von Methyloxiran zum 1,2-Propylenglykol bzw. 2-Methoxypropanol-1 durch fraktionierte Destillation ausgeschieden. 2,4-Dimethyl-3-oxa-1,5-pentandiol /III/ wurde nach [4] indirekt erhalten. Unmittelbar vor dem Gebrauch wurden alle Verbindungen redestilliert.

Die Oxidation wurde in einem geschlossenen Glasreaktor mit Hilfe von reinem Sauerstoff geführt. Die wichtigsten Prozessparameter waren folgende: Temperatur 90±0,1°C, Sauerstoffdruck 101,3 kPa, Drehzahl des Magnetrührers 300 umd/min. Die zu untersuchende Verbindung wurde in einer Menge von 50g in den Reaktor eingeführt. Mit Hilfe einer mit dem Reaktor verbundenen und temperierten Gasbürette wurde das Volumen des bei der Oxidation verbrauchten Sauerstoffs gemessen. Die während des Reaktionsvelaufs periodisch entnommenen Proben wurden sowohl mit chemischen Methoden als auch mit dem GC-Verfahren analysiert. Die GC-Analyse wurden unter Verwendung eines Gerätes vom Typ GCHF 18.3 der Firma W. Giede geführt. Das Gerät war mit einer Metalkolonne von der Länge l=2m und dem Durchmesser $\phi=4\cdot10^{-3}$m, gefüllt mit 15%-igem Silicon XE-60 auf dem Chromosorb G/AW DMCS, und einem Flammenionisationsdetektor ausgestattet. Die quantitativen Messungen wurden unter Verwendung von Chlorbenzol und $CH_3/OCH_2CH_2/_2OCH_3$ als Innenstandards gemacht.

Diskussion der Ergebnisse

Im untersuchten Bereich des Oxidationsgrades 0 - 0,165 mol O_2/mol verläuft die Autoxidation von Glykolen und ihren Monoethers mit einer konstanten, der gegebenen Verbindung geeigneten, Geschwindigkeit der Sauerstoffaufnahme /Abb. 1/.

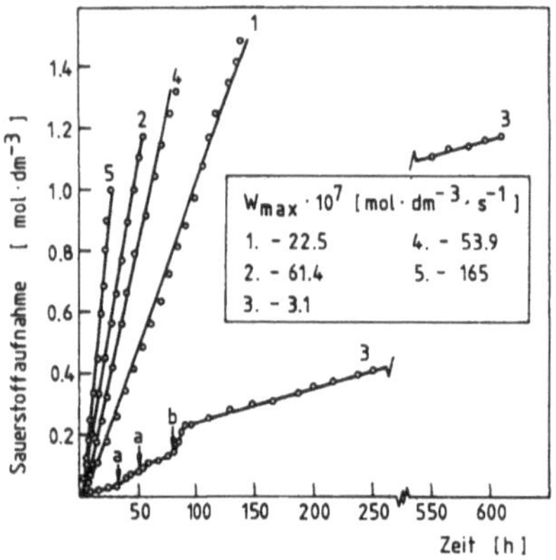

1- $HOCH_2CH_2OCH_2CH_2OH$
2- $HOCH(CH_3)CH_2OCH_2CH(CH_3)OH$
3- $HOCH_2CH(CH_3)OCH(CH_3)CH_2OH$
4- $CH_3OCH_2CH_2OCH_2CH_2OH$
5- $CH_3OCH(CH_3)CH_2OCH_2CH(CH_3)OH$

Abb.1. Sauerstoffverbrauch in Abhängigkeit von der Oxidationszeit der Glykolen und ihrer Monomethylethern und die daraus ermittelten maximalen Geschwindigkeiten der Autoxidation Oxidationstemperatur 90±0.1°C

Die unter vorgegebenen Bedingungen maximale Geschwindigkeit des Prozesses /W_{max}/ wird nach sehr kurzer Induktionszeit erreicht. Der zeitliche Sauerstoffverbrauch vom Isomer des Dipropylenglykols III mit zwei primären Hydroxylgruppen in der Molekül ist überraschend klein. Eine Zugabe von H_2O_2 /Abb. 1, P. a/ und Azobisisobutyronitril /Abb. 1, P. b/ als Oxidationsinitiatoren verursacht keine wesentliche Änderungen in der Oxidationsgeschwindigkeit des Glykols. Es ist zu vermuten, daß unabhängig vom Einfluß der Struktur der Ausgangsverbindung seine Oxidation auch wesentlich durch die Struktur der Degradationsprodukte beeinflusst wird. Aus den weiteren Untersuchungen geht es hervor, daß die für Glykol III erhaltenen Produkte sich bedeutend von den anderen unterscheiden.

Aus den ermittelten Werten der maximalen Geschwindigkeit der Sauerstoffaufnahme folgt, daß die Anwesenheit der Methylgruppen am Kohlenstoff α bezüglich des Ethersauerstoffs am stärksten die Prozessgeschwindigkeit beeinflusst. Der Einfluß des Hydroxylgruppentyps ist klein. Eine Verminderung des Gehaltes der Hydroxylgruppen durch ihre Etherifizierung vergrößert die Oxidationsgeschwindigkeit.

Die während der Autoxidation vorgehende Fragmentierung der Glykolmolekülen ist mit der Zersetzung der sich dort befindenden Ethergruppe verbunden. Die Fragmentation wird vor allem durch die Entstehung folgender Produkte gekennzeichnet: Ethylenglykol, Propylenglykol-1,2, ihre Monomethylether wie auch entsprechende Monoester der genannten Glykolen und ihre Monoether /Abb. 2 u. 3/.
Darüber hinaus treten in den Prdukten auch Monoester der Ausgangsdioxyalkylenglykolen auf. Diese Ester im Vergleich mit den vorher genannten sind in dem Produkt grundsätzlich erst dann vorhanden, wenn die Oxidation ca. 0,5 - 1 mol-% beträgt. Dies weist darauf hin, daß sie in sekundären Reaktionen entstehen.

Die Veränderung der gesamten Menge der Zersetzungsprodukte der Ethergruppierung mit der Veränderung der Molekülstruktur zeigt, daß bei gleichem Oxidationsgrad die unverzweigte Ethergruppierung stärker fragmentiert wird. Die Anwesenheit von Nebenmethylgruppen vermindert die Moleküldegradation um so mehr je näher des Ethersauerstoffatoms sich die Gruppen befinden. Dies stimmt mit den bei der Oxidation der Block-Copolymere des Oxirans und Methyloxirans erhaltenen Ergebnissen überein [1] . In diesem Fall wurde auch eine stärkere Fragmentierung der Polyoxyethylengruppierung beobachtet.

In Übereinstimmung mit den bekannten Oxidationsmechanismen von Polyethern mit Hilfe des molekularem Sauerstoffs [5,6] können sowohl die Ester als auch die von Degradation kommende Glykole in folgenden Reaktionen entstehen:

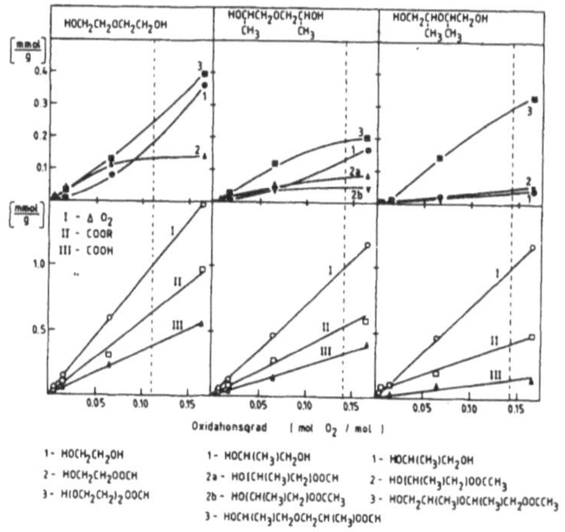

Abb. 2. Konzentrationsveränderung der Produkte, Ester- und Karboxylgruppen und die Sauerstoffaufnahme in Abhängigkeit von Oxidationsgrad der untersuchten Glykolen
Oxidationstemperatur 90±0,1°C

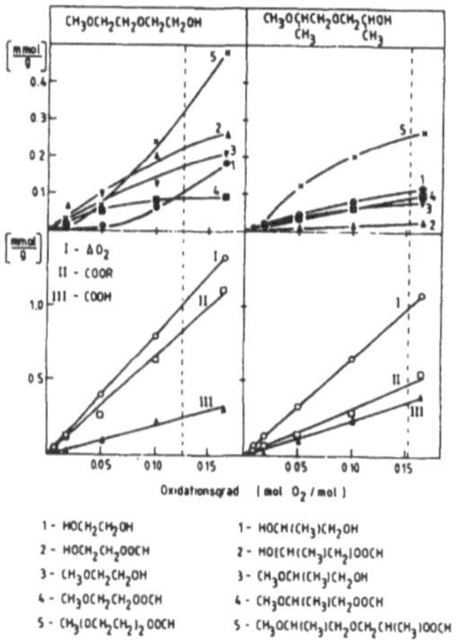

Abb. 3. Konzentrationsveränderung der Produkte, Ester- und Karboxylgruppen und die Sauerstoffaufnahme in Abhängigkeit von Oxidationsgrad der untersuchten Monomethylether der Glykolen
Oxidationstemperatur 90±0,1°C

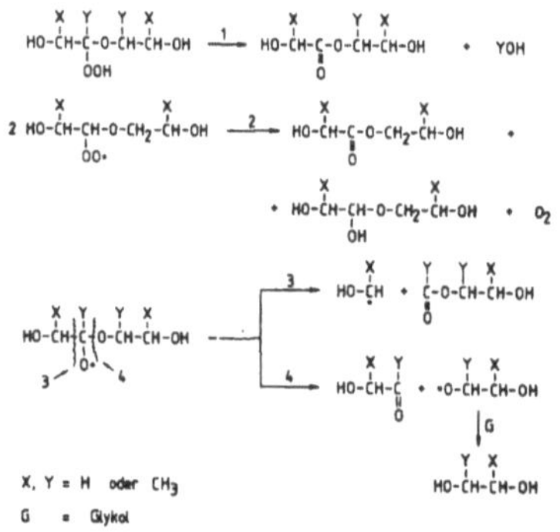

Das Gehalt der nach den Reaktionen 1 und 2 entstehenden Ester entsprechender Hydroxysäuren wurde in den Oxidationsprodukten nicht gemessen. Angesichts der Tatsache, wurde der Anteil beider Reaktionen durch Extrapolation des Verhältnisses der Summe der Estergruppen /Σ Monoester/ Σ COOR/ bis zum Oxidationsgrad gleich Null ermittelt. Die erhaltene Werte betragen entsprechend: I - 0,93, Ia - 0,93, II - 0,90, IIa - 1,04, III - 0,55. Sie beweisen, daß der Anteil der Reaktionen von sekundären Hydroperoxiden und Peroxidradikalen /Y=H, Verbindungen I,Ia,II,IIa/ klein ist. Die Reaktion 1 des tertiären Hydroperoxids /Y=CH_3, Verbindung III/ verläuft dagegen schon sehr deutlich. Diese Tatsache läßt sich durch die Anwesenheit von Methanol und entsprechenden Ester der Hydroxyessigsäure in den Oxidationsprodukten III bestätigen.

Aus den oben angeführten Angaben geht es hervor, daß die Zersetzung der Ethergruppierung vor allem in den Reaktionen 3 und 4 der Alkoxyradikalen auftritt. Der Anteil der Reaktion 3 /Zerfall der Bindung C-C/ und der Reaktion 4 /Zerfall der Bindung C-O/ hängt von dem Substituent X und Y ab. Die Anwesenheit von Methylgruppen am Kohlenstoff β bezüglich des Ethersauerstoffs /X=CH_3/ vermindert für sekudäre Alkoxyradikalen den Anteil der Reaktion 3 von 59% auf 52%. Dies folgt aus der Zusammensetzung der Oxidationsprodukte der Monoether Ia und IIa. Für tertiäre Alkoxyradikalen /Y=CH_3/ dagegen ist der Anteil der Reaktion 3 dominierend. Dabei, wie bereits erwähnt, konkurieren die Reaktionen 3 und 4 mit der Reaktion 1, die hier von großer Bedeutung ist.

Die Fortsetzung der Untersuchungen gewählter Modellverbindungen soll die bisher gewonnenen Ergebnisse erweitern und ergänzen. Dies ermöglicht eine ausführliche Bestimmung des Einflusses aller in den Kopolymeren des Oxirans und Methyloxirans auftretenden Strukturfaktoren auf die Geschwindigkeit und Mechnismus ihrer Autoxidation.

Literatur

/1/ J. PLUCIŃSKI und R. JANIK, IV. Int. Tagung Grenzflächenaktive Stoffe Abh. Akad. Wiss. DDR, Berlin 1976, 325

/2/ J. PLUCIŃSKI, R. JANIK und O. STARCOJCIEC, Tenside Detergents, 17, 186 /1980/

/3/ J. PLUCIŃSKI und R. JANIK, Tenside Detergents, 19, 83 /1982/

/4/ A.R. SEXTON und E.C. BRITTON, J.Am.Chem.Soc., 75, 4357 /1953/

/5/ L. DULOG und G. STORCK, Makromol. Chem., 91,50 /1966/

/6/ C. DECKER, J.Polym.Sci.,Polym.Chem.Ed., 15, 799 /1977/

C. MARTENS, W. GERHARDT

Akademie der Wissenschaften der DDR
Zentralinstitut für Organische Chemie
Bereich Grenzflächenaktive Stoffe

Oxidationsreaktionen von Ethylenoxid-Derivaten

Die Autoxidation von Ethern ist seit langem bekannt. Durch die grundlegenden Untersuchungen von A. RIECHE /1/ und Mitarbeitern liegen fundierte Aussagen zum Reaktionsablauf vor. Als Polyether lassen auch Polyethylenoxide und Polyethylenoxid-Derivate ein grundsätzlich analoges Reaktionsverhalten erwarten. Zahlreiche Untersuchungen bestätigen diese Aussage /2/. Auf Grund der großen praktischen Bedeutung dieser Verbindungen wurden jedoch bisher hauptsächlich technische Produkte, d. h. Polymerhomologengemische oxidiert. Eine Ausnahme stellt die Arbeit von W. G. Lloyd /3/ dar, in der Diethylenglycol untersucht wurde. Da die der Literatur zu entnehmenden Aussagen nicht widerspruchsfrei sind und keine Erklärung für zahlreiche aus der Praxis bekannte Fakten bieten, haben wir diese Problematik erneut aufgegriffen. Dabei interessierte uns besonders, ob bestimmte negative Eigenschaften der Oxethylate, z.B. Verfärbung, durch Nebenreaktionen beim Herstellungsprozeß bedingt sind oder ihre Ursache im oxidativen Abbau haben. Der vorliegende Beitrag stellt eine Zusammenfassung der von uns durchgeführten Untersuchungen /4/ dar. In ihm wird versucht, ausgehend von der Analytik der Reaktionsprodukte auf den Mechanismus der Autoxidation der Polyethylenoxide und Polyethylenoxidderivate zu schließen.

Um eindeutige Aussagen über die Oxidationsprodukte machen zu können, haben wir zur Lösung des Problems geeignete definierte Modellsubstanzen eingesetzt: Diethylenglycol, Triethylenglycol und Triethylenglycolmonooctylether.

Die Oxidationsversuche wurden unter folgenden konstanten Bedingungen durchgeführt: Temperatur: 100, 105 und 110 °C; Sauerstoffstrom: 30l/h; Rührgeschwindigkeit: 800 U/min. Je nach gewünschtem Oxidationsgrad und nach oxidierter Substanz betrug die Oxidationsdauer 12 - 50 h. Um ein sicheres Anspringen der Reaktion zu erreichen, wurden geringe Mengen Initiator (H_2O_2, Cumenhydroperoxid oder 3 ml schon oxidiertes Produkt aus einem früheren Ansatz) zugesetzt. Der in Abbildung 1 wiedergegebene Versuchsaufbau ermöglichte es, alle Reaktionsprodukte aufzufangen. Die gebildeten flüchtigen Reaktionsprodukte wurden in zwei Tiefkühlfallen kondensiert, wobei sich der Hauptteil des Kondensats in der ersten findet. Danach wurde der Gasstrom durch mit 2,4-Dinitrophenylhydrazin-(DNPH)-Lösung und mit $Ba(OH)_2$-Lösung beschickte Waschflaschen geleitet. Von den im Reaktionsgefäß, in den Kühlfallen und den Waschflaschen gefundenen Produkten wird im folgenden ein Überblick über die qualitative und quantitative Analytik gegeben.

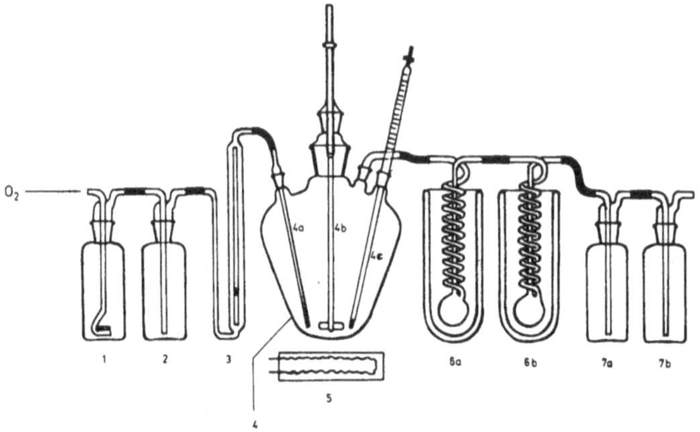

1 Waschflasche mit konz. H_2SO_4
2 Waschflasche mit Molsieb
3 Rotameter
4 Sulfierkolben (Reaktionsgefäß)
4a Einleitungsrohr
4b Rührer
4c Kontaktthermometer
5 Heizgerät
6a,b Kühlfallen (Aceton-Trockeneis)
7a,b Waschflaschen mit DNPH- und $Ba(OH)_2$-Lösung

Abb. 1: Schematische Darstellung des Versuchsaufbaus

Die qualitative Analyse der gefundenen Reaktionsprodukte sollte klären, welche Klassen von Verbindungen auftreten. Sie wurde vorwiegend mit spektroskopischen Methoden und gruppenspezifischen Reaktionen durchgeführt. So wurden z. B. chemische Veränderungen im Polyether durch Absorptionsänderungen der IR-Spektren (Abbildung 2) angezeigt. Daraus ergaben sich Hinweise auf Aldehyde, Ketone, Säuren und Ester.

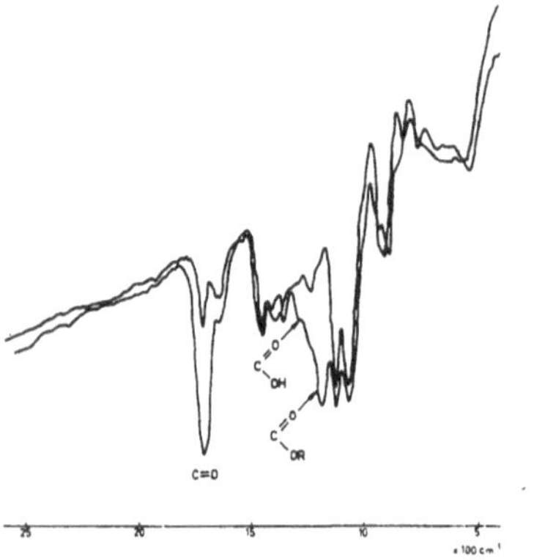

Abb. 2: IR-Spektrum von oxidiertem (1) und reinem (2) Diethylenglykol

Aus den ^{1}H-NMR-Spektren wurden ebenfalls Aussagen über bestimmte funktionelle Gruppen erhalten. Wie Abbildung 3 zeigt, finden sich Signale für CH_3-, CH_2-Ester, CH-Acetal und CH-OOH. Durch gruppenspezifische Reaktionen konnten Säuren, Alkohole, Ester, Aldehyde und Acetale sicher nachgewiesen werden.

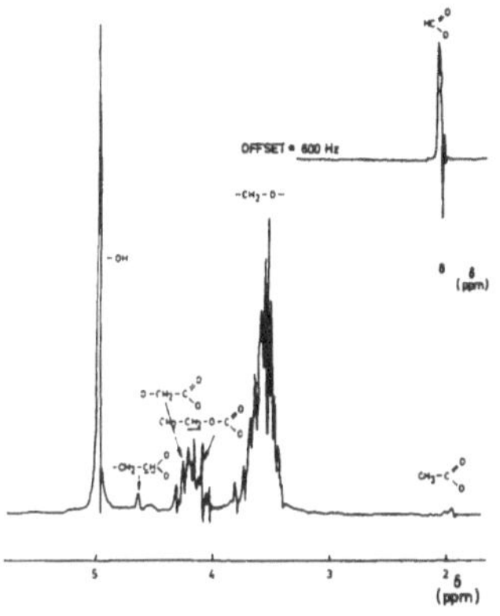

Abb. 3: ^{1}H-NMR-Spektrum vom oxidierten Diethylenglykol

Zur Identifizierung der einzelnen Reaktionsprodukte mußten die angefallenen Substanzgemische gezielt getrennt werden. Dies gelang durch Einsatz unterschiedlicher chromatographischer Methoden. Besonders der Gaschromatographie mit unterschiedlich polaren Säulen und durch Dünnschichtchromatographie, aber auch durch Destillation und Wasserdampfdestillation gelang es

22 Abbauprodukte beim Diethylenglycol,
25 Abbauprodukte beim Triethylenglycol und
38 Abbauprodukte beim Triethylenglycolmonooctylether

zu finden. Zur Klärung der Struktur der gefundenen Substanzen wurden diese mit authentischen Vergleichssubstanzen verglichen. Der größere Teil davon mußte dabei durch gezielte Synthesen dargestellt werden. Auch spezielle Nachweismethoden leisteten gute Dienste. Eine Bestätigung vermuteter Strukturen konnte in vielen Fällen durch Kopplung der Gaschromatographie mit der Massenspektroskopie erhalten werden. In besonderen Fällen (Acetaldehyd-DNP-Hydrazon u. a.) wurden einzelne Substanzen durch Säulenchromatographie abgetrennt und durch spektroskopische Vergleiche identifiziert. Im einzelnen wurden gefunden:

Alkohole: Methanol, Ethanol, Ethylenglycol und die entsprechenden Homologen;
Aldehyde: Form-, Acet- und Glycolaldehyd sowie Caprylaldehyd;
Säuren : Ameisen-, Essig- und Glycolsäure, CO_2
Acetale : Dioxolan, Methyldioxolan, Oxepin u. a.
Ester : Mono- und Diester der angegebenen Säuren mit den Alkoholen, vornehmlich die Ameisensäureester

Weiterhin wurden Wasser, H_2O_2 und weitere Folgeprodukte nachgewiesen. Hervorzuheben ist, daß Acetaldehyd und seine Folgeprodukte zum ersten Mal bei Autoxidationen von Polyethylenoxiden und Polyethylenoxid-Derivaten von uns nachgewiesen werden konnten /5/.

Zur quantitativen Analyse der wichtigsten Reaktionsprodukte (im Text unterstrichen) wurden maßanalytische Methoden, die quantitative Gaschromatographie und HPLC angewandt. Den maßanalytischen Methoden (SZ, EZ, OHZ, COZ) wurden gezielte Trennmethoden vorgeschaltet (Wasserdampfdestillation usw.). Die gefundenen Ergebnisse lassen sich wie folgt zusammenfassen:

Ester, insbesondere die Ameisensäureester, Alkohole und Wasser sind neben Säuren Hauptprodukte und CO_2, Aldehyde und Acetale sind Nebenprodukte. Wie die nachstehenden Werte für Acetaldehyd und dessen Folgeprodukte jedoch belegen, sind diese Werte sehr temperaturabhängig: Pro oxidiertem Mol Diethylenglycol wurden bei 100 °C 0,04 mol, bei 105 °C 0,17 mol und bei 110 °C bis 0,4 mol gefunden.

Faßt man die bisher dargestellten Ergebnisse zusammen, kann man feststellen:

1) Es entstehen primäre Reaktionsprodukte, durch Oxidation,
2) Die Hauptprodukte sind Folgeprodukte der Primärprodukte,
3) Es entsteht Acetaldehyd und dessen Folgeprodukte und
4) Bei den 3 verschiedenen Ausgangsprodukten werden die gleichen und analogen Reaktionsprodukte gefunden.

Für den Ablauf der Reaktion kann für die drei untersuchten Fälle als gesichert gelten, daß es sich um Radikal-Ketten-Reaktionen handelt. Dabei läuft der von A. RIECHE für Ether formulierte Oxidationsmechanismus ab, wobei in der Induktionsperiode am α-C-Atom zum Ethersauerstoff Radikale gebildet werden. In der Fortpflanzungsreaktion entstehen Peroxyradikale, die sich nun selbst zum Hydroperoxid absättigen, indem sie mit Ausgangsmaterial reagieren und dort ein neues Radikal induzieren. Es gibt aus der Literatur durch C. DECKER und J. MARCHAL /6, 7/ den Hinweis, daß man im Falle von Ethylenoxid-Verbindungen für die Peroxyradikale einen sechsgliedrigen Übergangszustand formulieren kann, wobei diese sich dann durch eine intramolekulare Reaktion absättigen.

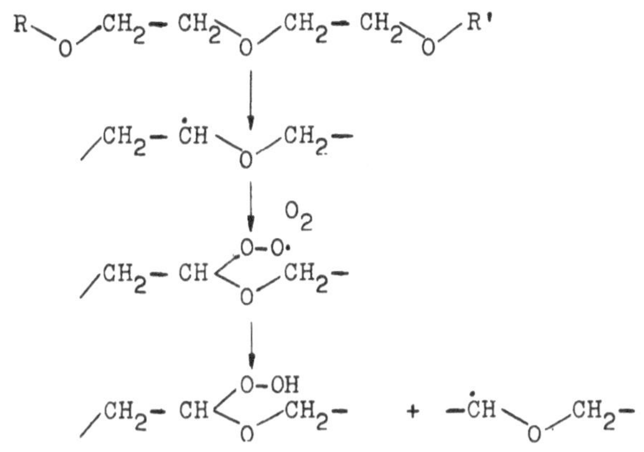

Die Hydroperoxide sind leicht spalt- und hydrolysierbar. Im Falle der intermolekular gebildeten Hydroperoxide entstehen bei deren Spaltung Aldehyde, Alkohole und Wasserstoffperoxid.

$$R{-}CH_2{-}O{-}R' \xrightarrow{O_2} R{-}\underset{\displaystyle OOH}{CH}{-}O{-}R' \longrightarrow RCHO + R'OH + HOOH$$

Die Oxidation von Glycolen führt damit zur Bildung von Wasserstoffperoxid, niederen Glycolen, Glycolaldehyd und Ameisensäureestern. Die intramolekular entstandenen Hydroperoxide ergeben durch Spaltung Glycolaldehyd, Formaldehyd, Halbacetale des Formaldehyds sowie Ameisensäureester und Glycole. Die Bildung von Acetaldehyd und dessen Folgeprodukte (Essigsäure, Acetate und Acetale) läßt sich daraus nicht ableiten und die Problematik bedarf weiterer Bearbeitung.

Wie die Ergebnisse dieser Arbeit zeigen, verlaufen die Oxidationen von Oxyethylen-Gruppen enthaltenden Verbindungen nach einheitlichen Mechanismen. Danach kommt es u. a. immer zur Bildung von Wasser und Acetaldehyd. Diese Produkte sind verantwortlich zu machen für eine Qualitätsminderung. Aus Wasser entstehen Polyethylenoxide und aus Acetaldehyd unter alkalischen Bedingungen gefärbte Polymerisate. Aus diedem Grund ist in der Technik bei der Herstellung und Lagerung dieser Produkte Sauerstoff möglichst auszuschließen.

Literatur

/ 1/ Literaturzusammenstellung
A. Rieche, Angew. Chem. 70 (1958) 251

/ 2/ Literaturzusammenstellung
J. Plucinski, R. Janik, Tenside, Detergents 19 (2) (1982) 83
M. Donbrow, R. Hamburger, E. Azaz, A. Pillersdorf, Analyst 103 (1978) 400

/ 3/ W. G. Lloyd, J. Amer. chem. Soc. 78 (1956) 72

/ 4/ C. Martens, Berlin, Akademie der Wissenschaften der DDR, Dissertation A, 1983
/ 5/ W. Gerhardt, C. Martens, Z. f. Chem. 25 (4) (1985) 143
/ 6/ C. Decker, I. Marchal, Kinet. Mech. Polyrections, Int. Symp. Macromol. Chem. Prepr. 5 (1969) 231
/ 7/ C. Decker, J. Marchal, C.R. hebd. Séances Acad. Sci., Sér. C., 270 (1970) 990

D. PRESCHER

Zentralinstitut für Organische Chemie der AdW der DDR, Berlin

Fluortenside auf der Basis von Perfluoralkenen

Das Interesse von Forschung und Industrie an den Fluortensiden ist in den letzten Jahren noch angewachsen, insbesondere hinsichtlich der Untersuchungen ihrer physikochemischen und anwendungstechnischen Eigenschaften. Wichtige Voraussetzung für die Synthese von Fluortensiden ist die technische Zugänglichkeit ihrer fluorhaltigen Vorprodukte, für die bisher drei Verfahren bekannt sind:

- elektrochemische Fluorierung längerkettiger Alkansäure- bzw. Alkansulfonsäurehalogenide/1/,
- Telomerisation von Tetrafluorethylen/2/,
- Oligomerisierung von Tetrafluorethylen/3/.

Ein vierter, völlig anders gearteter Weg liegt einem Verfahren zur Herstellung von Fluortensiden zugrunde, das in der DDR entwickelt wurde. Ausgangsprodukt ist nicht eine Kohlenwasserstoffverbindung geeigneter Kettenlänge, die fluoriert wird, oder das zum Molekülaufbau verwendbare Tetrafluorethylen (TFE), sondern Polytetrafluorethylen (PTFE). Der strahlenchemische Abbau von PTFE/4,5/ führt - unter Nutzung eines Elektronenbeschleunigers - in relativ guter Ausbeute und unkompliziert zu Perfluoralkenen niederen Molekulargewichts.

Dieses Verfahren, das einerseits vom PTFE-Rohpolymerisat, andererseits aber auch von zwangsweise anfallenden PTFE-Sekundärmaterial (z.B. Drehspänen) ausgehen kann, gewinnt unter dem Aspekt der Höherveredlung von Sekundärrohstoffen besonderes Interesse.

Aus dem strahlenchemischen Abbau des PTFE resultieren Homologengemische per<u>f</u>luorierter Alk<u>an</u>e und Alk<u>en</u>e (Kurzbezeichnung: **FANEN**), letztere (mindestens 60%) mit isomerisierter Doppelbindung. Es handelt sich im wesentlichen um geradkettige Verbindungen mit einer nur geringen Kettenverzweigung/6/.

Durch fraktionierte Destillation des FANEN wird der für Tensidsynthesen interessante Kettenlängenbereich $C_6 \ldots C_{13}$ abgetrennt, der auch in engeren Fraktionsschnitten destilliert und umgesetzt werden kann, wenn spezielle Anforderungen an die Eigenschaften des Zielproduktes seitens der Anwender gestellt werden. Die nicht reagierenden Perfluoralkane lassen sich bei den Tensidsynthesen als separate Phase abtrennen.

Während bisher längerkettige Perfluoralkene (meistens Perfluorhepten) nur als Modellsubstanzen in der Tensidforschung verwendet wurden, liegt nun eine Methode ihrer Herstellung im technischen Umfang vor.

Zur Umsetzung der Perfluoralkene zu Fluortensiden bieten sich prinzipiell zwei Varianten an:

- die Oxydation zu Perfluoralkansäuren und
- die nucleophile Substitution, die durch Variation der Reaktionspartner eine Vielzahl von Synthesen ermöglicht.

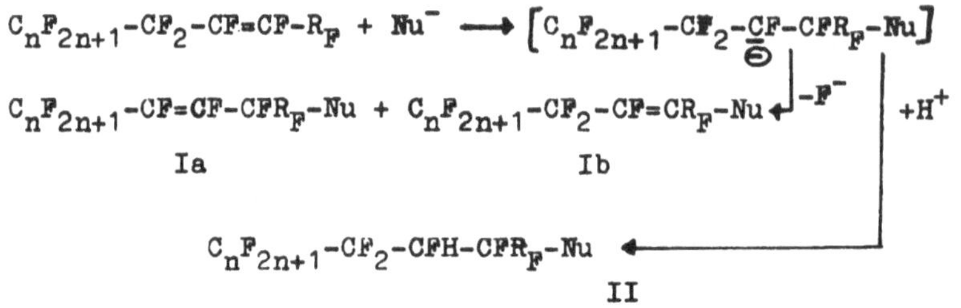

R_F = F, C_nF_{2n+1} Nu = RO, RS, R_2N, RHN, HO, HSO_3, $(ROOC)_2CH$, $(RO)_2P{=}O$

Die letztere Reaktion verläuft bei Temperaturen von 20 bis 150°C und Normaldruck in einem organischen Lösungsmittel (wie Diethylether, DMF, DMSO), aber auch in wäßrig-alkoholischer Lösung/7/. Dabei kommt es zunächst zur Addition des Nucleophils, gefolgt von der Eliminierung eines Fluoridions zur Stabilisierung des intermediär gebildeten Carbanions unter Bildung eines Substitutionsproduktes (Ia, Ib). In Gegenwart von Protonen des Nucleophils oder des Lösungsmittels wird daneben auch ein Additionsprodukt (II) gebildet.

Beide Wege, die Oxydation und die nucleophile Substitution, führen in Abhängigkeit von der einzusetzenden hydrophilen Komponente zu allen bekannten Tensidtypen (Anionics, Nonionics, Kationics, Amphoterics). Das nachstehende Schema gibt einen Überblick über verschiedene Synthesemöglichkeiten für Fluortenside aus FANEN, der noch erweiterungsfähig ist. Aus der Vielzahl der direkt zugänglichen Tenside sind besonders erwähnenswert die Perfluoralkansäuren und die perfluorierten Alkensulfonate, die sich in bekannter Weise derivatisieren lassen/8/, sowie die Perfluoralkenyl-poly(oxyethylene), die durch Veränderung der Kettenlänge im hydrophoben, fluorierten Molekülteil, des Oxyethylierungsgrades und der Endgruppe sehr wandlungsfähig sind. Daneben ist die bequeme Darstellung von Etheralkoholen des Typs $C_nF_{2n-1}OCH_2CH_2OH$ hervorzuheben, die ihrerseits ebenfalls eine Palette von Fluortensiden zu synthetisieren gestatten.

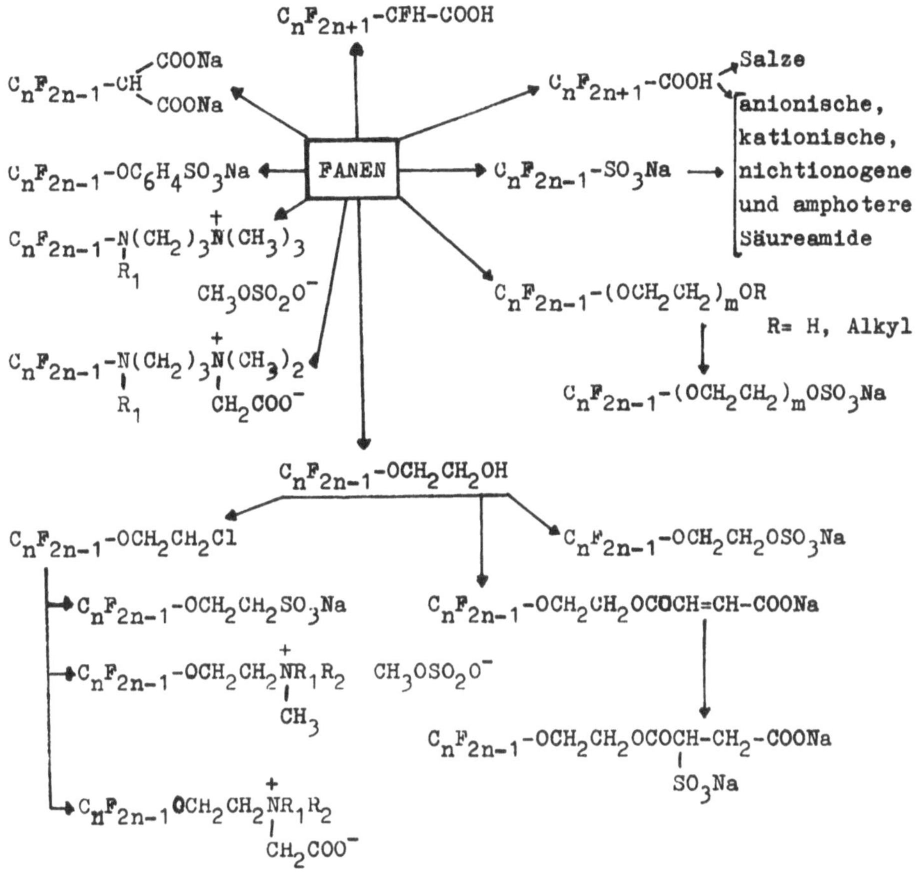

In den folgenden Tabellen sind die Oberflächenspannungswerte+ einiger Fluortenside aus FANEN in Abhängigkeit von Strukturänderungen der Moleküle aufgeführt.

Tabelle 1: Oberflächenspannung wäßriger Lösungen von Fluortensiden des Typs $C_nF_{2n-1}(OCH_2CH_2)_mOH$ in mN/m (bei 25°C)

$\bar{n}$	$\bar{m}$	1	0,1	0,01	0,001 Gew.-%
5	6,4	25,9	27,6	30,2	38,1
6-7	6,4	24,0	24,4	28,1	36,4
8-9	6,4	22,9	23,1	24,4	35,7
8-11	6,4	21,6	22,3	22,6	35,1
10-11	6,4	21,5	21,5	22,6	32,6
12-13	6,4	21,9	22,3	25,9	36,6

+ gemessen nach der Ringmethode und korrigiert nach LUNKENHEIMER

Tabelle 2: Oberflächenspannung wäßriger Lösungen von Fluortensiden des Typs $C_nF_{2n-1}-(OCH_2CH_2)_mOCH_3$ in mN/m (bei 25°C)

$\bar{n}$	$\bar{m}$	1	0,1	0,01	0,001 Gew.-%
8-11	3,6	18	19	20	26
8-11	6	19	20	21	30
8-11	7,1	18	18	19	28
8-11	8,1	20	20	21	27
8-11	9,7	20	21	21	30
8-11	13	22	22	22	27
8-11	17	24	24	25	39

Tabelle 3: Oberflächenspannung wäßriger Lösungen anionaktiver Fluortenside in mN/m (bei 25°C)

Struktur	$\bar{n}$	1	0,1	0,01	0,001 Gew.-%	
$C_nF_{2n-1}SO_3Na$	8-9	20	36	60	71	hergestellt aus FANEN + $NaHSO_3$
	6-13	19	23	43	63	
	10-11	20	26	48	64	hergestellt aus FANEN + Na_2SO_3
	6-13	20	25	35	58	
$C_nF_{2n-1}OC_6H_4SO_3Na$	10-11	19	19	34	63	
	6-13	19	20	41	68	
$C_nF_{2n+1}COONa$	7-11	23	32	42	50	
$C_nF_{2n+1}CON(CH_3)CH_2COONa$	7-9	20	24	34	56	

Tabelle 4: Oberflächenspannung wäßriger Lösungen kationaktiver Fluortenside in mN/m (bei 25°C)

Struktur	n	1	0,1	0,01	0,001 Gew.-%
$C_nF_{2n+1}CONH(CH_2)_3\overset{+}{N}(CH_3)_3\ I^-$	6-7	18	20	28	44
	8-9	20	21	28	44
$C_nF_{2n-1}NH(CH_2)_3\overset{+}{N}(CH_3)_3\ I^-$	8-11	18	18	33	53

Eine Gegenüberstellung der Oberflächenspannungswerte von aus FANEN erhältlichen Fluortensiden mit Handelsprodukten ergab, daß erstere mindestens gleichwertig sind (s.Tab.5).

Tabelle 5: Vergleich von FANEN-Fluortensiden mit Handelsprodukten bezüglich ihrer Oberflächenspannung in wäßrigen Lösungen in mN/m (bei 25°C)

Produkt		1	0,1	0,01	0,001 Gew.-%
1. ANIONICS					
FT 248 (BAYER)					
$C_8F_{17}SO_3N(C_2H_5)_4$		22	22	39	64
$C_nF_{2n-1}SO_3Na$	n= 6-13	20	25	35	58
$C_nF_{2n-1}OC_6H_4SO_3Na$	n= 10-11	19	19	34	63
FC 128 (3M Comp.)					
$C_8F_{17}SO_2\underset{C_2H_5}{\underset{\vert}{N}}CH_2COOK$		18	18	34	52
$C_nF_{2n+1}CO\underset{CH_3}{\underset{\vert}{N}}CH_2COONa$	n= 7-9	20	24	34	56
FC 126 (3M Comp.)					
$C_7F_{15}COONH_4$		21	46	66	71
$C_nF_{2n+1}COONa$	n= 7-11	23	32	42	50
2. KATIONICS					
FC 134 (3M Comp.)					
$C_8F_{17}SO_2NH(CH_2)_3\overset{+}{N}(CH_3)_3I^-$		18	18	18	40
$C_nF_{2n+1}CONH(CH_2)_3\overset{+}{N}(CH_3)_3I^-$	n= 6-7	18	20	28	44
3. NONIONICS					
FC 170 (3M Comp.)					
$C_8F_{17}SO_2\underset{C_2H_5}{\underset{\vert}{N}}(CH_2CH_2O)_{14}H$		20	21	22	40
$C_nF_{2n-1}(OCH_2CH_2)_mOH$	n= 10-11 m= 6,4	20	20	21	29

Der stets entscheidende Praxistest erbrachte für die FANEN-Fluortenside den Nachweis ihrer Eignung, unter anderem auf den Applikationsgebieten Galvanotechnik, Feuerlöschmittelherstellung, fotografische Aufzeichnungsmaterialien, Fußbodenpflegemittel, Dispergiermittel in Anstrichstoffen.

Meinen Mitarbeitern, Dr.G.ENGLER, Dr.U.GROSS, Dr.J.SCHULZE, Dipl.-Ing.D.GERICKE und Dr.B.DREHER, danke ich für ihre Mitwirkung bei den Fluortensidsynthesen, der Arbeitsgruppe von Dr.K.LUNKWITZ (ITP, Dresden) für die Zusammenarbeit bei der Gewinnung des Vorproduktes FANEN.

Literatur

/1/ E.A. KAUCK und A.R. DIESSLIN: Ind. Eng. Chem. 43 (1951) 2332
/2/ R.N. HASZELDINE: J.Chem.Soc. 1951, 60
/3/ D.P. GRAHAM: J.Org.Chem. 31 (1966) 955
/4/ P. DIETRICH, G. ENGLER, A. FERSE, H. GRIMM, U.GROSS, D. HANDTE, K. LUNKWITZ, U. MÜLLER, D. PRESCHER und J.SCHULZE: DD-PS 137 706 (1979); US-PS 4 225 404 (1980)
/5/ K. LUNKWITZ, A. FERSE, P. DIETRICH, G. ENGLER, U. GROSS, D. PRESCHER UND J. SCHULZE: Plaste und Kautschuk 26 (1979) 318
/6/ U.GROSS, P. DIETRICH,G. ENGLER, D. PRESCHER, J.SCHULZE, K. LUNKWITZ und A. FERSE: J.Fluorine Chem. 20 (1982) 33
/7/ P. DIETRICH, G. ENGLER, U. GROSS, K. LUNKWITZ, D. PRESCHER und J. SCHULZE: DD-PS 131 555 (1978)
/8/ R.A. GUENTHNER und M.L. VIETOR: Ind.Eng.Chem.Prod.Res.Dev. 1 (1962) 165

E. SEIFERT, E. RULF, G. KONETZKE

VEB Deutsches Hydrierwerk Rodleben

Beitrag zu den Eigenschaften und zur Anwendung von Alkylsulfaten und Alkylethersulfaten auf der Basis von Alkoholen aus der Paraffinoxidation

Auf synthetischer Basis weltweit bekannte Rohstoffe für AS und AES sind einmal die den nativen Fettalkoholen weitgehend gleichenden Ziegler-Alkohole und zum anderen die Oxo-Alkohole. Die auf Basis der Oxidation von Braunkohlenschwelparaffinen in der DDR vorhandenen synthetischen Alkohole wurden bisher aus Qualitätsgründen vorrangig nur zur Erzeugung von AS für pulverförmige Wasch- und Reinigungsmittel oder durch Umsatz mit Ethylenoxid für nichtionogene Tenside genutzt. Da sowohl Ziegler- als auch Oxoalkohole für die DDR nur aus Importen verfügbar sind, war es naheliegend, die Einsetzbarkeit der im VEB Deutsches Hydrierwerk Rodleben produzierten Tensidalkohole aus der Paraffinoxidationsanlage, welche als PC-Alkohole bezeichnet werden, zur Herstellung qualitativ hochwertiger AS und AES zu prüfen. Bei den PC-Alkoholen sind zusätzlich die zum Unterschied von nativen oder Ziegler-Alkoholen etwa in gleichem Maße vorhandenen ungeradzahligen Alkohole sowie besonders die die Qualität negativ beeinflussenden Nebenreaktionsprodukte aus der Paraffinoxidation von Bedeutung.

In den vergangenen Jahren gelang es durch Verbesserungen im Paraffinoxidationsprozeß die Nebenreaktionsprodukte soweit abzusenken, daß die zur Herstellung der genannten Tenside in die Prüfung einbezogenen PC-Alkohole nunmehr n-Alkoholgehalte von über 95 % aufweisen.

Tab. 1 Sulfatierung von Tensidalkoholen mit Chlorsulfonsäure

	HSO_3Cl-Überschuß	8 Mol %			20 Mol %
	Reaktionstemperatur	30-35°C	45°C	60°C	30-35°C
Sulfiergrad %	PC-Alkohol C_{10}-C_{16}	97	96	90	95
	nat. Alkohol C_{10}-C_{16}	98	98	94	97
Jodfarbe	PC-Alkohol C_{10}-C_{16}	5	8	10	8
	nat. Alkohol C_{10}-C_{16}	1	3	5	3

Bei der Sulfatierung von PC-Tensidalkoholen und nativen Alkoholen mit Chlorsulfonsäure im Labormaßstab konnten wir, wie Tab. 1 zeigt, feststellen, daß unter optimalen Reaktionsbedingungen, das sind 30-35°C und 8 Mol% Sulfiermittelüberschuß, bei den AS aus beiden Alkoholen vergleichbare Sulfiergrade von über 97-98 % erreicht werden, dagegen die AS auf nativer Basis den PC-AS in der Farbqualität überlegen sind. Weichen die Reaktionsbedingungen von den genannten Werten ab, so ist die Tendenz zur Qualitätsverringerung der PC-AS stärker ausgeprägt. Gleiches Verhalten, jedoch durch das angelagerte Ethylenoxid deutlich abgeschwächt, konnten wir bei der Sulfatierung von PC-Alkohol-3 EO-Addukten beobachten. So werden im Labor bei Sulfiertemperaturen von 30-55°C sowohl bei AES aus Kokosalkohol oder Ziegler-Alkoholen als auch aus PC-Alkoholen C_{10}-C_{16} Sulfiergrade von 98,5 % bis über 99 % erreicht, jedoch reagieren PC-Alkoholoxethylate farblich bei der Sulfatierung mit steigenden Temperaturen deutlich intensiver als die Vergleichsprodukte. In die Arbeiten zu PC-Alkoholoxethylaten haben wir aus ökonomischen Gründen und zur Beurteilung ihres Einflusses auf die anwendungstechnischen Eigenschaften auch Untersuchungen zum geeigneten Paraffinkettenlängenspektrum des PC-Alkohols einbezogen, um möglichst ein Maximum des aus der Paraffinoxidation resultierenden Paraffinkettenlängenspektrums zu AES weiterzuverarbeiten.

Tab.2 Sulfatierung von PC-Alkohol-Oxethylaten
(Temp.: 30-35°C, 8 Mol % HSO_3Cl-Überschuß)

Tensidalkohol . 3 EO	Sulfiergrad %	Farbe: Gelb AB-DDR (JFZ)
PC-Alkohol C_{10}-C_{15}	98	3 (1-2)
PC-Alkohol C_{10}-C_{17}	98	4 (3)
PC-Alkohol C_7-C_{22}	98	5 (4-5)

Wie die Tabelle 2 zeigt, ist der Einfluß des untersuchten Kettenlängenbereichs von 7-22 Kohlenstoffatomen auf den Umsatzgrad im AES von untergeordneter Bedeutung. Mit zunehmend breiterem Kettenlängenspektrum ist insbesondere beim Vorhandensein von Alkoholen unter C_{10} und über C_{17} ein deutlicher farbvertiefender Einfluß nachweisbar.

Gleiche Bedeutung wie die durch die Sulfatierung erreichbaren Qualitäten haben die Gebrauchswerte der AS bzw. AES. Zur Beurteilung der Eignung eines PC-AES für die Herstellung von Haarpflege- und Bademitteln ist detaillierte Kenntnis der tensidchemischen Eigenschaften, ihres Viskositätsverhaltens, ihrer Hautverträglichkeit u. a. erforderlich. Für die Abfüllung der genannten Erzeugnisse auf modernen kontinuierlichen Abfüllinien sowie beispielsweise zur Produktion gelartiger Bade- oder Haarpflegemittel ist das Viskositätsverhalten von AES bei Natriumchloridzusatz bedeutsam.

Tab.3 AES: erforderlicher Na-Cal-Gehalt bei 1000 mPa.s

Alkylethersulfat (Typus) (WAS = 31,0 Sulfiergrad 98 %)	% NaCl
nativer Alkohol C_{10}-C_{16} (Kokos)	1,4
synth. Alkohol C_{10}-C_{14} (Alfol)	1,0
PC-Alkohol C_{10}-C_{15}	2,3
PC-Alkohol C_{10}-C_{17}	2,3
PC-Alkohol C_{10}-C_{17} + 6,8 % unter C_{10}	3,2
PC-Alkohol C_{10}-C_{17} + 8 % über C_{17}	2,2
PC-Alkohol C_7-C_{22}	3,7

Tabelle 3 zeigt den Paraffinkettenlängeneinfluß auf die Viskositätssteigerung von AES durch Natriumchlorid. Während NaCl-freie AES bei der gewählten WAS-Konzentration von 31 % im allgemeinen Viskositäten von ca. 100 mPa.s aufweisen, gelingt es, durch Zugabe von Natriumchlorid bei allen in Tabelle 3 gezeigten AES Viskositäten bis z.B. 1000 mPa.s zu erzielen. Dabei liegen bei vergleichbarem Paraffinkettenlängenspektrum die erforderlichen NaCl-Gehalte der AES auf Kokos- bzw. Alfolbasis bei 1,0 - 1,4 %, während für PC-AES ausnahmslos mehr als 2 % erforderlich sind. Es ist bekannt, daß insbesondere kurzkettige Anteile unter C_{10} in AES viskositätssenkend wirken. So konnten wir feststellen, daß durch Zusatz von 1 % eines mit durchschnittlich 3 Molen Ethylenoxid umgesetzten Hexanols zu dem Alfol C_{10}-C_{14}-ethoxylat die Viskosität des daraus hergestellten AES auf ca. 30 % des Ausgangswertes abfällt. Zur Vermeidung zu hoher Natriumchloridmengen sollten daher geeignete PC-Alkohole für AES-Anteile unter C_{10} nicht aufweisen.

Aber auch die C_{10}-C_{15}- bzw. C_{10}-C_{17}-PC-AES erfordern zur Viskositätserhöhung auf z.B. 1000 mPa.s vergleichsweise zu AES auf Kokosbasis über 50 % mehr Natriumchlorid. Dieses Verhalten ist nur aus dem Anteil von ca. 50 % ungeradzahligen Alkoholen im PC-Alkohol erklärbar.

Wir stellten uns deshalb C_{12}-, C_{13}- und C_{14}-Tensidalkohole mit einer Reinheit von jeweils ca. 99 % her und sulfatierten diese nach Anlagerung von 3 Molen Ethylenoxid mit SO_3. Nach Zusatz von Natriumchlorid wurde bei 27 % WAS-Gehalt die Viskosität der Natrium-AES gemessen. Tabelle 4 läßt die deutlich geringere Viskositätssteigerung des C_{13}-AES vergleichsweise zum C_{12}- bzw. C_{14}-AES erkennen. Während z.B. bei 1 % NaCl das C_{12}-AES eine Viskosität von 5000 mPa.s aufweist und beim C_{14}-AES bereits 10 000 mPa.s überschritten werden, erreicht das C_{13}-AES nur 200 mPa.s. Die deutliche viskositätsmindernde Wirkung der ungeradzah-

Tab. 4 Viskosität (mPa.s) von AES bei NaCl-Zusatz (Höppler-Viskosimeter, Meßtemperatur 20°C)

NaCl	Alkylethersulfate				
%	C_{12}	C_{13}	C_{14}	$C_{12}+C_{14}$ 50 50	$C_{13}+C_{14}$ 50 50
0	200	50	400	300	100
0,5	1800	80	3000	1000	250
1,0	5000	200	10000	6300	750
1,5	10000	500	10000	10000	1800

zahligen C_{13}-Kettenlänge bleibt auch im AES der $C_{13}+C_{14}$-Mischung erhalten, so daß dieses AES bei 1 % NaCl nur noch eine Viskosität von 750 mPa.s aufweist. In technischen Gemischen ist dieses Viskositätsverhalten der AES mit ungeradzahligen Alkoholen nicht mehr so ausgeprägt, erklärt aber die bei gleichen Viskositätswerten zu AES auf nativer Basis erforderlichen höheren NaCl-Werte der PC-AES.

Die tensidchemischen Gebrauchswerte der AES, wie Netzzeit, Oberflächenspannung und Schaumverhalten, lassen keinen so deutlichen Einfluß der ungeradzahligen Alkohole erkennen. So zeigt Tabelle 5 die Ross-Miles-Schaummessungen an C_{12}-, C_{13}- und C_{14}-AES.

Tab.5 Ross-Miles-Schaum von AES (1 g WAS/l, 25°C, OdH) (Paraffinkettenlängenindividuen)

Na-AES	Schaumhöhe mm nach 1 min	nach 10 min	Schaumbeständigkeit % nach 10 min
C_{12} . 3 EO	177	167	94
C_{13} . 3 EO	178	173	97
C_{14} . 3 EO	178	168	94

Die Meßergebnisse der AES aus geradzahligen als auch aus ungeradzahligen Alkoholen weichen nicht voneinander ab. So konnten wir erwartungsgemäß auch an AES aus PC-Alkoholen keine gravierenden Unterschiede im Schaumverhalten zu AES auf Kokosbasis feststellen.

Tab.6 Oberflächenspannung und Netzzeit von AES

Na-AES	10^{-3} J/m^2 1 g WAS/l 20°C OdH	Netzzeit s 1g WAS/l 25°C OdH
Kokos-Alkohol C_8-C_{18}	45	76
PC-Alkohol C_{10}-C_{15}	44	50
PC-Alkohol C_{10}-C_{17}	43	60
PC-Alkohol C_8-C_{18}	45	79

Tabelle 6 zeigt die Oberflächenspannungswerte sowie die Netzzeiten von AES. Sowohl AES auf Kokosbasis als auch alle gezeigten PC-AES weisen im Bereich von 8 - 18 Kohlenstoffatomen unter vergleichbaren Meßbedingungen praktisch gleiche Oberflächenspannungswerte auf. Gleiches trifft auch auf das Netzvermögen der technischen AES auf Kokos- und PC-Basis zu. Engt man den Kettenlängenbereich ein, so folgt daraus bei den PC-AES eine Verbesserung der Netzwirkung.

Zur umfassenden anwendungstechnischen Beurteilung der PC-AES haben wir diese in erprobte Rezepturen von Schaumbademitteln und Haarshampoos eingearbeitet.

Tab.7. Viskosität mPa.s von AES-haltigen Rezepturen (Höppler-Viskosimeter Meßtemperatur 25°C)

Rezeptur	AES-Paraffinkettenlängenspektrum			
	Alfol C_{10}-C_{14}	PC C_{10}-C_{15}	PC C_{10}-C_{17}	PC C_8-C_{18}
Gel-Schaumbad	kein Gel	Gel	Gel	Gel
Schaumbad	150	105	120	70
Shampoo	105	60	50	30

Wie Tabelle 7 zeigt, wird das Viskositätsverhalten der zugrunde liegenden AES wesentlich von der Rezeptur der Erzeugnisse beeinflußt. So wird bei der Schaumbadrezeptur das bereits beschriebene Viskositätsverhalten der AES-Muster in Abhängigkeit von der Kettenlänge bestätigt, d. h. mit vorliegenden Anteilen unter C_{10} tritt ein Viskositätsabfall um 30-50 % auf und die Viskosität liegt beim Einsatz von PC-AES etwas niedriger als z.B. bei Alfol-AES. Bei der Gelschaumbadrezeptur ist dieser Kettenlängeneinfluß offensichtlich von anderen auf die Viskosität Einfluß nehmenden Substanzen, wie z.B. dem eingesetzten Parfümöl, überlagert. Um also bestimmte Viskositätswerte zu erreichen, ist wie bei anderen AES auch beim Einsatz von PC-AES vorher eine geeignete Rezeptur zu entwickeln.

Bei den Schaumwerten ausgewählter Rezepturen von Schaumbädern und Shampoos wurden in allen Rezepturen beim Einsatz von PC-AES mit Kokos- oder Alfol-AES vergleichbare Werte gemessen. Lediglich ein C_8-C_{18}-PC-AES zeigte eine etwas abfallende Tendenz Die Ursachen dafür sehen wir in der vergleichsweise zum Kokos- bzw. Alfolalkohol anderen Paraffinkettenlängenverteilung des eingesetzten technischen PC-Alkohols. Während z.B. bei dem Kokosalkohol mit 8 - 18 Kohlenstoffatomen die C_8- bzw. C_{18}-Anteile zusammen ca. 5-7 % betragen, weist der technische PC-Alkohol einen kurzkettigen Anteil unter C_{10} und einen langkettigen Anteil über C_{16} von zusammen ca. 15 % auf.

Auch bei allen weiteren in die Eignungsprüfung einbezogenen Qualitätsparametern, wie Hautverträglichkeit, Klarheit der Lösungen, Geruch und Lagerbeständigkeit, wurden keine gravierenden Unterschiede der Erzeugnisse beim

Einsatz von PC-AES und solchen auf Alfól- oder nativer Basis gefunden, jedoch sollten zur Vermeidung von Trübungen PC-AES ebenso wie solche auf nativer oder Alfol-Basis möglichst keine Anteile von C_{18}-Paraffinkettenlängen enthalten. Die noch von AES auf nativer Basis geringfügig abweichende Geruchsnote der PC-AES ist durch die Auswahl einer geeigneten Parfümölkomponente kompensierbar und wird in den Folgejahren durch die eingangs erwähnten Maßnahmen im Paraffinoxidationsprozeß schrittweise weiterverbessert.

Zusammenfassend kann festgestellt werden, daß die auf Basis der Oxidation von Braunkohlenschwelparaffinen im VEB Deutsches Hydrierwerk Rodleben produzierten PC-Alkohole zur Herstellung von Alkylsulfaten oder Alkylethersulfaten als Tensidkompoente in Spül- und Reinigungsmitteln sowie in kosmetischen Erzeugnissen einsetzbar sind. Die Auswahl einer geeigneten Paraffinkettenlänge bei den PC-Alkoholen sowie Einhaltung optimaler Reaktionsbedingungen bei der Sulfatierung gestattet insbesondere auch die Produktion von PC-AES für qualitativ hochwertige Haarpflege- und Bademittel, welche zu den bisher bekannten dafür eingesetzten AES auf nativer oder synthetischer Basis weitgehend vergleichbare Qualitätsmerkmale aufweisen.

J. ŠMIDRKAL, J. ŠIMUNEK

Fat Industry, Concern, Research Institute, Department for Detergents
Rakovnik, Czechoslovakia

Surface active activators of peroxocompounds

1. Introduction

Bleaching of fabrics by detergents with oxidizing-bleaching effect is based on the destruction dirtiness, especially coloured ones. In the practice meanwhile compounds of chlorine and peroxocompounds are used.

In the method of washing (temperature 50-60°C, time 20-30 min) water solution of sodium hypochloride, as a cheap and in the low concentration highly effective agent, is the mostly used agent in the USA. In the last time various N-chlorocompounds are used.

In Europe, where the method of washing at the higher temperature (80-95°C, up to 60 min) is used, since the time after the war peroxocompounds have been expanded, mostly sodium perborate.

PEB does not damage fabrics as much as it happens with chlorocompounds, and it is sufficiently effective, odourless, and it is easily mixed into powder detergents. At present PEB is an important part of detergents with oxidizing-bleaching effect. PEB as well as the other peroxocompounds liberates in the solution the hydrogen peroxide in situ. PEB exhibits sufficient OBE at the temperature 80-90°C. At lower temperature its OBE is going down, and at the temperature 50°C its OBE is very little. The relation of OBE on the temperature is shown in figure 1. If it is used instead of PEB equivalent amount (calculated on active oxygen) sodium percarbonate, peroxourea or hydrogen peroxide, there an identic relation is received. The observed differences, when various peroxocompounds are used in practice, are caused by macrokinetic factors e.g. by speed of solution.

OBE also is dependent on the contents of active oxygen in washing solution. The relation is shown on figure 2. OBE was determined on the standard conditions if nothing else is said.

The endeavour for energetical cheaper washing methods and using of synthetic fabrics, which in respect to their low thermostability are necessary to be washed at lower temperatures, asked a very intensive research of activators of peroxocompounds. These activators are organic compounds which react in the washing solution out of which organic peroxoacids are formed. These peroxoacids act as own oxidizing agent for bleaching at the low temperature.

The organic peroxoacids are known as very active oxidizing agents, but their direct application in detergents is complicated by the price, difficulty of production and chemical instability.

The above mentioned difficulties are not about using activators as a precursor of peroxoacids which directly in situ form in the washing solution. The reaction of peroxocompounds with activator has to be so quick for the formed peroxoacid to have time enough to react with dirtiness i.e. to bleach it. It requires a certain stability of the peroxoacid in the washing solution.

2. The mechanism of action

The reaction of formation of peroxoacid from the activator has a mechanism of bimolecular nucleophilic substitution $B_{AC}2$. The whole process passes in the way, that in the first step in the alkaline medium PEB is ionized on the basis of the balance with perhydroxylic anion (equation 1) which in the second step attacts the carbonyl group of the activator by the nucleophilic reaction (equation 2). Then the formed intermediate decomposes by the speed proportional to electronegativy of the splitting group. The reaction according to equation 2 must be predominant over the competitive alcaline hydrolysis (equation 3).

$$H_2O_2 + HO^- \rightleftharpoons HOO^- + H_2O_o \qquad (1)$$

$$R-\overset{O}{\overset{\|}{C}}-R' + HOO^- \rightleftharpoons \left[R-\underset{OOH}{\overset{O^-}{C}}-R' \right] \overset{H_2O}{\rightleftharpoons} R-H + R-\overset{O}{\overset{\|}{C}}-OOH + HO^- \qquad (2)$$

$$R-\overset{O}{\overset{\|}{C}}-R' + HO^- \rightleftharpoons \left[R-\underset{OH}{\overset{O^-}{C}}-R' \right] \overset{H_2O}{\rightleftharpoons} R-H + R-\overset{O}{\overset{\|}{C}}-OH + HO^- \qquad (3)$$

In this case the key reaction step is not the liberation of H_2O_2 into the solution, but the formation of peroxoacid with a higher oxidizing potential.

For the activation of PEB it is necessary to use minmal equimolar amount of the activator. Therefore its price is important.

The other requirement is a sufficiently quick reaction of the activator and PEB in the washing solution for the formation of the required peroxoacid at the starting of washing. There also as a problem about the stability of the activator during the storage in the mixture with detergent.

There is a known series of compounds exhibiting activiting effect. The most important of them are N,N',N",N'"-tetraacetylglycoluril, N,N', N",N'"-tetraacetylethylenediamine and glucose pentacetate (scheme 1).

Using the activator enables to lower the temperature of washing to 50-60°C, by which 40-50°C of energy was spared for warming the washing solution. At this temperature the fabric is also less damaged. Using the combination at the activator-peroxocompound the fabric is desinfected (bacterium and also virus).

3. The testing of oxidizing-bleaching effect

The testing of OBE was realized under the conditions mentioned in the experimental part. There are used fabrics, dyed in the charges, each of them has a different reflectance. The following calculation was realized. As a standard with the effect 80 % a mixture 10 % TAGU and 6 % PEB in TD was chosen. It was found that TAGU is maximally effective activator and the ratio mentioned above is for TAGU optimum. As a 0 % was chosen the value reached under the mentioned conditions by the TD without the peroxocompound. Both values are determined for the charge of fabrics at 50°C. E.g. for the starting reflectance 15.1 %, was determined 0 % OBE reflectance 17.1, 80 % OBS corresponds 26.5 % reflectance and it was calculated that 100 % OBS corresponds 28.9 % reflectance. The difference between the starting reflectance and 0 % of the scale is caused by washing of colouring matter and not by OBE.

4. The relation between OBE and ratio activator-PEB

The relation OBE on the ratio between ratio of activator and PEB is exhibited in figure 3. The maximal OBE was found with the majority of activators with ratio 2:1.

5. The dependence of OBE on the temperature

As it was already said OBE of the detergent without an activator depends on the temperature and contents of the active oxygen, and it does not depend on the type of the used peroxocompound.

OBE of the detergent which contains the system of activator and peroxocompound depends on the contents of the activator and peroxocompound (and its ratio) and little on the temperature (see figure 4), and it does not depend on the type of the used peroxocompound.

The mentioned conclusions generally are valuable under the conditions, where the washing solution is mixed well (in LINITEST).

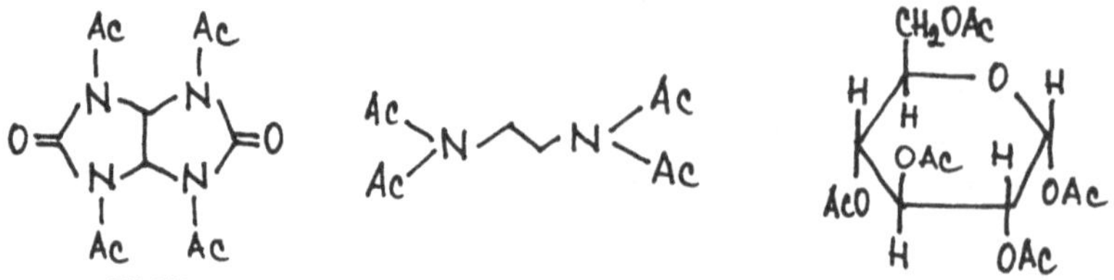

TAGU TAED PAG

Ac=$COCH_3$

Scheme 1

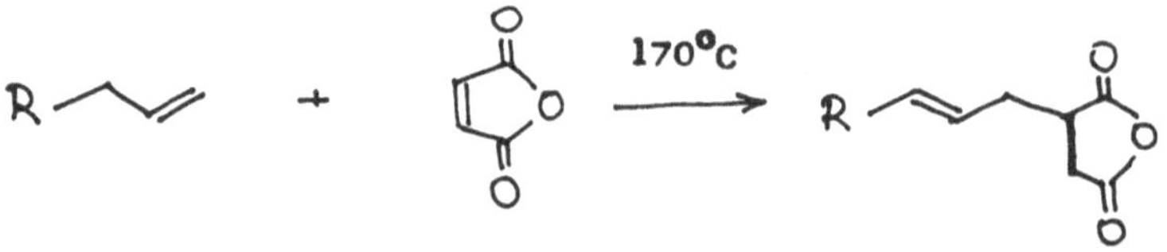

IIa,b,c

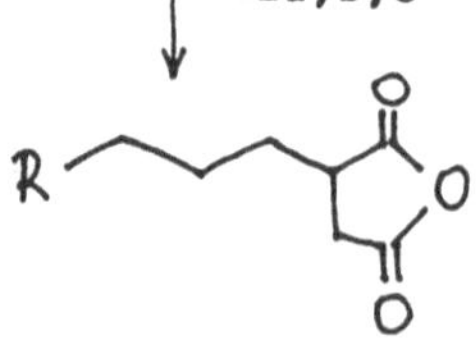

Ia 1-octene

Ib 1-dodecene

Ic 1-hexadecene

Scheme 2

IIIa,b,c

Fig.1

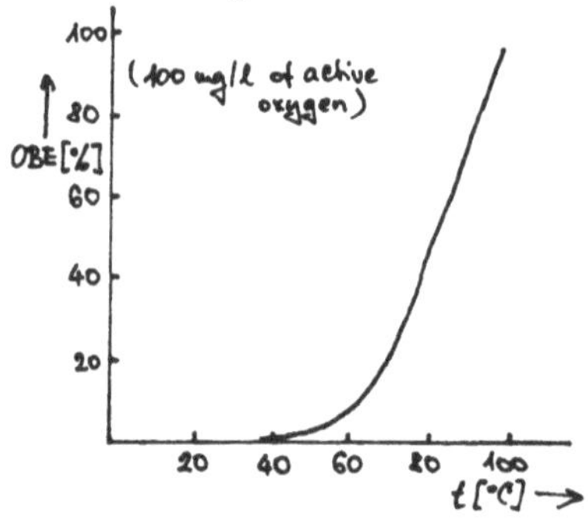

Fig.2

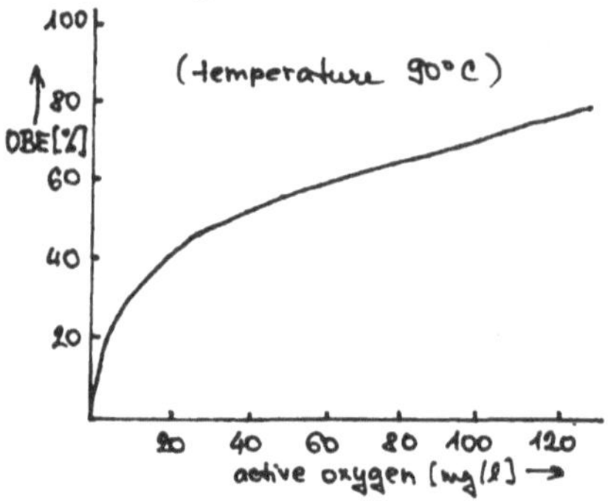

Fig.3

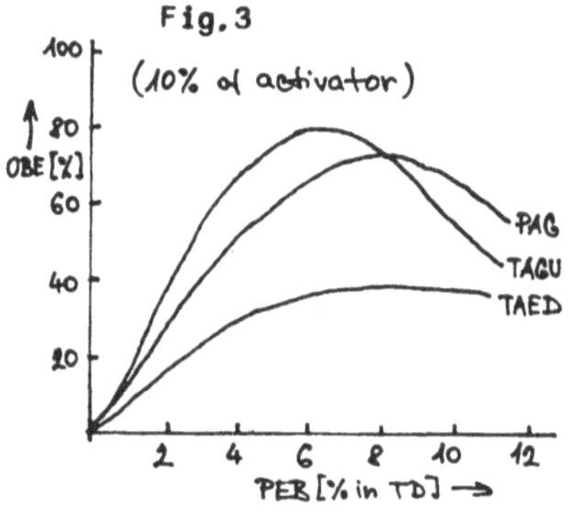

Fig.4

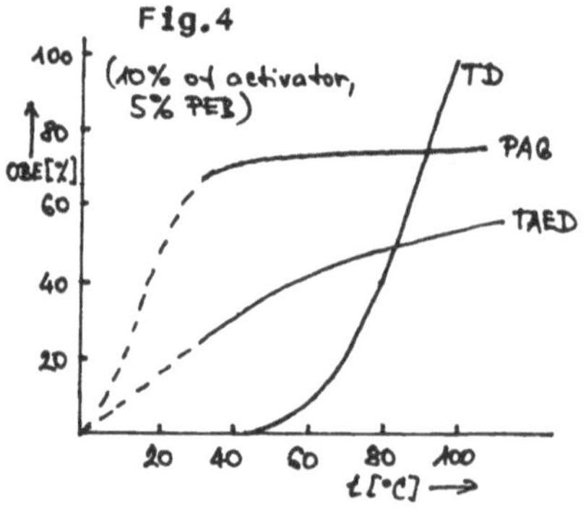

6. The requirements for the activator

The activator for practical use has to have the following qualities:
1. high activating ability,
2. stability during storage with detergent,
3. simple technology of the production from common raw material,
4. acceptable price.

The highest activating ability was found out with TAGU, on the same level is PAG, on the lower one is TAED.

7. Synthesis of surface active activators

As eventual surface active activators there were chosen alkenyl and alkylsuccinic anhydrides with number of carbon atoms in alkenyl or alkyl 8, 12 and 16. 2-Alkenylsuccinic anhydrides were prepared by the reaction 1-olefine with maleic anhydride at the temperature 170°C in the pressure reactor. 2-Alkenylsuccinic anhydrides were hydrogenated at the normal pressure in the catalysis of palladium on carbon (scheme 2).

Yields and physical constants of prepared anhydrides are mentioned in the table 1.

Table 1: Yields and physical constants of anhydrides

Compound	b.p./P; b.t.^{x} [°C/kPa; °C]	Yield [%]
II a	192 / 1.7	48
II b	233 / 1.7	45
II c	264 / 2	37
IIIa	61-63^{x}	72
III b	90-96^{x}	74
III c	90-97^{x}	76

8. Properties of surface active activators

In the obtained compounds there was tested OBE. The results are given in the table 2.

Table 2: OBE of activators

Compound	OBE [%]	Compound	OBE [%]
II a	-[x]	IIIa	23
II b	11	IIIb	3
II c	4	IIIc	2
TAGU[xx]	80		
TAED	28		
PAG	65		

x liquid
xx 10 % TAGU, 6 % PEB

In the table 2 for comparison there are given values OBE of TAGU, TAED and PAG. OBE as we can see from the given values is going down with the increasing lenght of aliphatic chain. In comparison with TAGU, TAED and PAG we can see that the tested anhydrides show a very low OBE. The positive influence on the washing ability of the tested detergents was neither found. That is why we do not consider about the practical sue of the mentioned anhydrides as the activators of peroxocompounds.

9. Conclusions

The series of tests has shown that peroxocetic acid has a maximal OBE and maximal disinfecting effect. Several further higher peroxoacids (released from the activator) have not disinfecting effect (perphtalic acid). It looks like that with increasing molecular weight there is going down both OBE and disinfecting effect. It will be optimal to use as activators acetylcompounds which release peroxoacetic acid.

10. Experimental conditions of the OBE testing

The tests of OBE were made on the euqipment LINITEST of the company Original Hanau. The reflectance of fabrics was measured on Elrephomat DFC 5 of Opton.
The fabrics were dyed with sulphur green (Schwefelgrün GG 200 %) sensitive to oxidizing bleaching. The tests were made at the temperature 50°C, time 30 min, length of bath 1 : 50, concentration of detergent 5 $g.l^{-1}$.

The composition of TD in the % of the weight: sodium dodecylbenzensulfonate 10 %, sodium soap 5 %, nonionic tenside 4 %, water glass modul 2 : 1 6 %, sodium tripolyphosphate 38 %, carboxymethylcellulose 1,5 %, water 3.5 %, activator, peroxocompound, sodium sulfate up to 100 %. Storage conditions: thermostat 38°C, closed container. If any factors were changed, it is mentioned.

11. Index of abbreviations

PEB	sodium perborate
OBE	oxidizing-bleaching effect
TAGU	tetraacetylglycoluril
TAED	tetraacetylethylenediamine
PAG	glucose pentaacetate
TD	testing detergent

H. Tischer, C. Wedler, E. Knofe, K. Haage

VEB Deutsches Hydrierwerk Rodleben und Akademie der Wissenschaften der DDR Zentralinstitut für organische Chemie, Berlin

Anwendungstechnische Untersuchungen zur synergistischen Wirkung von Aminoxiden in Tensidgemischen

Die Arbeiten der Tensidchemiker konzentrieren sich in den letzten Jahren zunehmend auf zwei Gebiete - die Entwicklung von Spezialtensiden und den optimalen Einsatz der Tenside. Die Prüfungen zum gebrauchswertseitig und ökonomisch günstigsten Einsatz der Tenside beinhalten daher neben der Auswahl der einzelnen Produkte auch die Betrachtung von Tensidkombinationen und damit die systematische Untersuchung der gegenseitigen Beeinflussung der Tenside in Mischungen hinsichtlich ihrer anwendungstechnischen Eigenschaften.

Im Rahmen unserer Arbeiten über Kosmetiktenside untersuchten wir die synergistische Wirkung von Spezialtensiden aus der Gruppe der Fettaminoxide im Gemisch mit Alkylethersulfat, Alkansulfonat, Alkylbenzensulfonat und Sulfosuccinat.

1. Beeinflussung grenzflächenchemischer Eigenschaften unterschiedlicher homologer Aminoxide untereinander

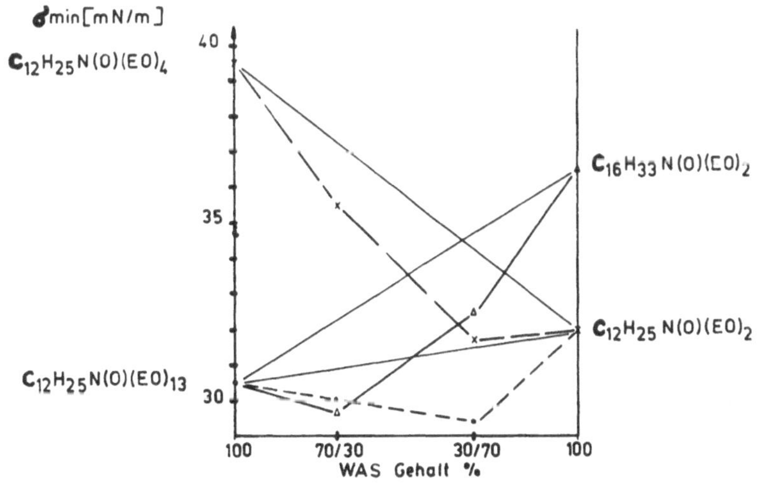

Abb.1. Oberflächenspannung von wässrigen Lösungen verschiedener Aminoxidgemische

Die Erniedrigung der Oberflächenspannung der wässrigen Lösung von Mischungen aus Aminoxiden unterschiedlicher Alkyl- und Etherkette liegt im allgemeinen zwischen den Werten der Einzelkomponenten (s.Abb.1). In einigen Mischungen führt die synergistische Wirkung zu σ-Werten unter den Einzelwerten der beiden Komponenten. Im Konzentrationsbereich der CMC, die mit steigenden Kettenlängen der definierten Verbindungen abnimmt, lassen die Mischungs-CMC-Werte keine Schlußfolgerungen über den Synergismus zu, zumal die σ/lg c-Kurven meist nur ein langgestrecktes Minimum aufweisen.

2. Wechselwirkung zwischen definierten Aminoxiden und Aniontensiden

In der Literatur wird mehrfach auf den positiven Einfluß von Aminoxidzusätzen, z. B. hinsichtlich der Schaumeigenschaften und dermatologischen Wirkungen, in Tensidmischungen hingewiesen /1, 2, 3/. Unsere Arbeiten beschäftigen sich zunächst mit der Untersuchung des Einflusses der definierten Aminoxide Dodecyl-bis(2-hydroxyethyl)aminoxid (C_{12}-Aminoxid) und Tetradecyl-bis(2-hydroxyethyl)aminoxid (C_{14}-Aminoxid) auf die anwendungstechnischen Eigenschaften von Alkylethersulfat (Elropon K 3) und Alkansulfonat (Emulgator E 30).

Der Kurvenverlauf der maximalen Oberflächenspannungserniedrigungen zeigt, daß der Zusatz von C_{12}-Aminoxid eine mit steigender Aminoxidmenge bis zu 50 % zunehmende Erniedrigung hervorruft (s. Abb. 2). Die maximale Erniedrigung im Gemisch mit Elropon K 3 beträgt ca. 10 mN/m, mit Emulgator E 30 ca. 7-8 mN/m. Die Prüfungen der Mischungen mit C_{14}-Aminoxid führten zu analogen Ergebnissen.

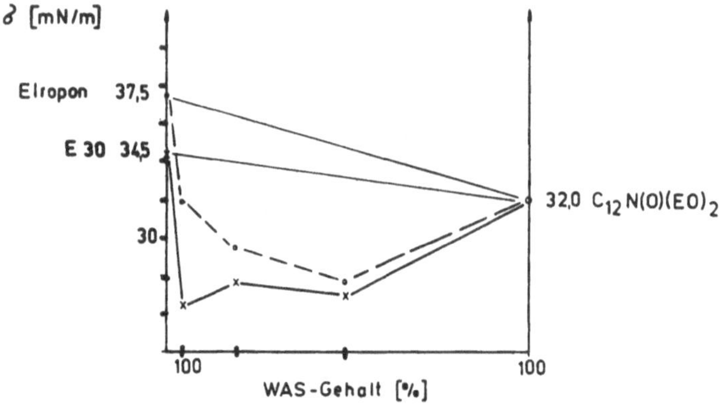

Abb. 2. Oberflächenspannungen von Tensidmischungen aus C_{12}-Aminoxid und Elropon K 3 bzw. Emulgator E 30

Eine Steigerung des Schaumvermögens ist bei allen Mischungen erst bei höheren Aminoxid-Anteilen - ca. ab 20 % - zu erkennen (s.Abb.3).

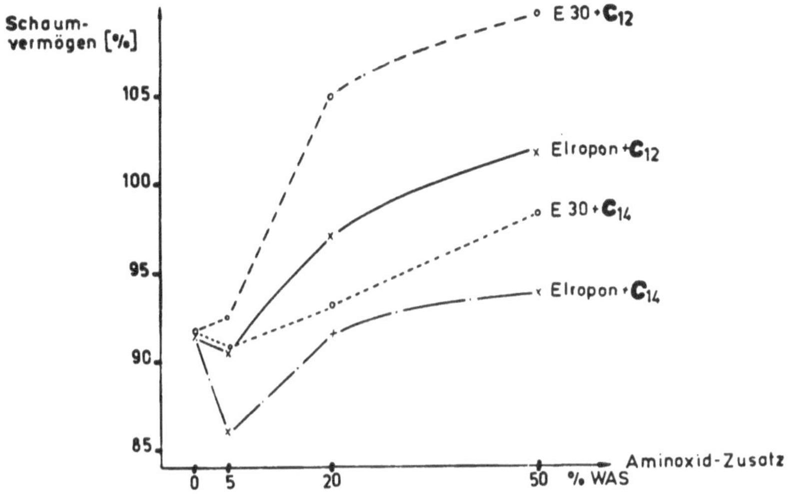

Abb. 3. Einfluß von C_{12}- und C_{14}-Aminoxid auf das Schaumvermögen von Elropon K 3 und Emulgator E 30, Ross-Miles-Methode, 25°C, WAS-Konzentration: 3 g/l

Durch Zugabe von C_{14}-Aminoxid werden bei beiden Aniontensiden nur geringfügige Schaumverbesserungen erzielt. C_{12}-Aminoxid bewirkt im Gemisch mit Elropon K 3 eine Erhöhung des Schaumvermögens um ca. 5 % bei 20 % Zusatz und um ca. 10 % bei 50 % Zusatz. In der E 30 - C_{12}-Aminoxid-Mischung beträgt die Schaumerhöhung ca. 13 % bei 20 % Zusatz und ca. 18 % bei 50 % Zusatz.

3. Synergistische Wirkung von Elromin K 3 in Tensidmischungen

Die Arbeiten auf dem Gebiet der Aminoxide führten zur Produktion eines technischen Erzeugnisses im VEB DHW Rodleben - "Elromin K 3". Es wird auf Basis Kokosamin durch Umsetzung mit 3 Mol Ethylenoxid zum tertiären Amin und anschließender Oxidation gewonnen. Für die Anwendung in der Praxis wurden die synergistischen Wirkungen von Elromin K 3 auf die Eigenschaften von Elropon K 3, Emulgator E 30, Rodapon N 50 (Alkylbenzensulfonat) und Succipon K 3 (Sulfosuccinat) untersucht.

Abb. 4 zeigt die positive Beeinflussung der Oberflächenspannung der Aniontenside durch Elromin K 3. Bereits geringe Zusätze bewirken eine deutliche Senkung der σ-Werte um 4 bis 8 mN/m.

Den Einfluß auf das Netzvermögen veranschaulicht Abb. 5. Elromin K 3 und Elropon K 3 weisen etwa gleiche Netzzeiten gegenüber Textil auf. Durch Mischung beider Tenside wird bei 1 g/l WAS-Konzentration eine Erniedrigung der Netzzeit um ca. 38 % erzielt. Eine Netzzeitverbesserung tritt auch im Gemisch mit Succipon auf. Das Netzvermögen der starken Netzer Rodapon N 50 und E 30 wird nicht erniedrigt.

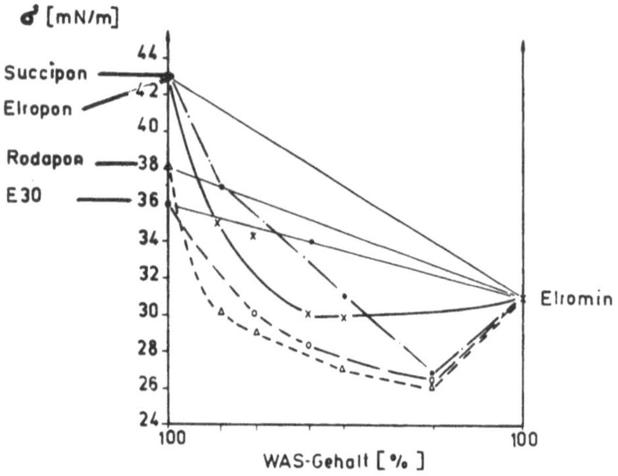

Abb. 4. Oberflächenspannungen von Tensidmischungen aus Elromin K 3 und Elropon K 3, Emulgator E 30, Rodapon N 50 und Succipon K 3

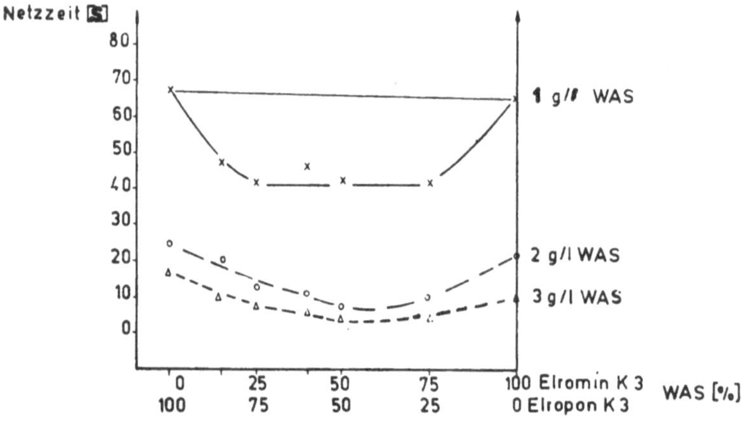

Abb. 5. Tauchnetzzeiten von Tensidmischungen aus Elromin K 3 und Elropon K 3

Der synergistische Einfluß des Elromins auf die Schaumwerte geht aus Abb. 6 hervor. Im Gemisch mit Elropon K 3 tritt bereits beim Mischungsverhältnis 15:85 (Elromin : Elropon) eine Verbesserung der Schaumhöhe um 7 % ein, das Maximum mit 14 % liegt beim Mischungsverhältnis 50:50. Die synergistische Wirkung auf die Schaumwerte von Succipon K 3 und Rodapon N 50 ist gering, während in Kombination mit E 30 eine maximale Erhöhung um ca. 8 % festgestellt wurde.

Bei der Anwendung der Tenside in haushaltchemischen und kosmetischen Erzeugnissen kommt ihren dermatologischen Eigenschaften vorrangige Bedeutung zu. Zur Beurteilung dieser Eigenschaften wird neben der klinisch-dermatologischen und pharmakologischen Testung das Protein-(Zein)Lösevermögen nach einer In-

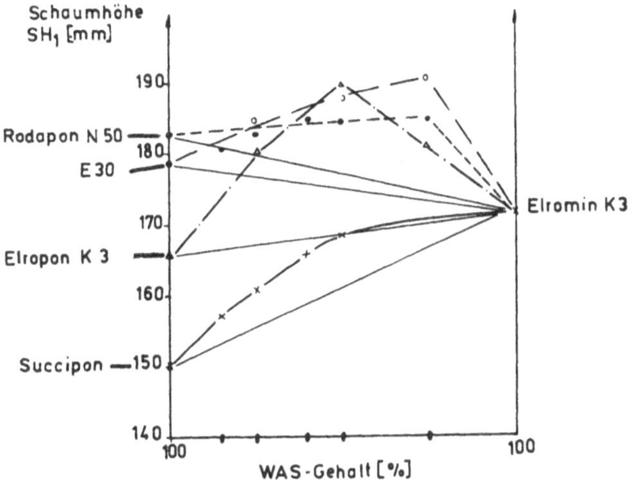

Abb. 6 Einfluß von Elromin K 3 auf das Schaumvermögen von Elropon K 3, Emulgator E 30, Rodapon N 50 und Succipon K 3, Ross-Miles-Methode, 25°C, WAS-Konzentration: 1 g/l

vitro-Methode bestimmt. Literaturangaben /4/ und eigene Testergebnisse bestätigen die weitgehende Korrelation der Zein-Werte mit den In-vivo-Ergebnissen, so daß die Zein-Werte eine Aussage über die Hautfreundlichkeit der Aniontenside gestatten. Die Untersuchung des Einflusses von Elromin K 3 auf die relativ hohen Zein-Werte von Elropon K 3, Emulgator E 30 und Rodapon N 50 zeigte, daß die Abnahme der Zein-Werte nicht in linearer Abhängigkeit bis zu dem sehr niedrigen Wert des Elromins erfolgt, sondern eine synergistische Wirkung des Elromins die Zein-Werte der Tenside wesentlich schneller absenkt. Diese dermatologisch positive Wirkung des Elromins in Tensidmischungen wurde auch im phamakologischen Test durch Reizindex-Bestimmungen am Kaninchenauge nachgewiesen.

Die dargestellten Ergebnisse zeigen an einigen ausgewählten Beispielen synergistische Wirkungen von Aminoxiden in Mischungen untereinander und mit Aniontensiden durch positive Beeinflussung grenzflächenchemischer, anwendungstechnischer und dermatologischer Eigenschaften der Tensidgemische.

Literatur

/1/ G. A. Nowak, SÖFW 96 (1970), 951
/2/ G. J. Smith, SÖFW 105 (1979), 345
/3/ K. Schrader, Parf. und Kosmetik 58 (1977), 185
/4/ W. Kästner, P. J. Frosch, FSA 83 (1981), 33

C. WEDLER, K. HAAGE, M. HERBST, H. TISCHER and E. KNOFE

Academy of Sciences of the GDR, Central Institute of Organic Chemistry, Berlin-Adlershof and
VEB Deutsches Hydrierwerk Rodleben

Preparation and Some Properties of Amine Oxides Derived from Defined Ethylene Oxide Adducts

Long chain substituted amine oxides are well known and widely used as mild surface active substances. They are commercially used especially for cosmetics like shampoos, foam bath and emulsions. Amine oxides improve foam stability in detergent mixtures, have a good lime soap dispersion capacity, and are well compatible with other types of surface active substances /1, 2/.
This paper deals with preparation of some defined amine oxides and investigation of their properties.
The tertiary amines as precursors of amine oxides had been prepared by different methods (eq. 1 - 5).

$$R\text{-}NH_2 + 2\ \underset{\diagdown O \diagup}{CH_2\text{-}CH_2} \longrightarrow R\text{-}N(C_2H_4OH)_2 \qquad 1$$

$$R\text{-}Br + HN\text{-}(C_2H_4OH)_2 \xrightarrow{-\ HBr} R\text{-}N(C_2H_4OH)_2 \qquad 2$$

$$R\text{-}N\begin{matrix} \diagup C_2H_4\text{-}OH \\ \diagdown H \end{matrix} + Cl\text{-}(C_2H_4O)_2H \xrightarrow{-\ HCl} R\text{-}N\begin{matrix} \diagup C_2H_4\text{-}OH \\ \diagdown (C_2H_4O)_2H \end{matrix} \qquad 3$$

$$R\text{-}NH_2 + 2\ Cl\text{-}(C_2H_4O)_2H \xrightarrow{-\ 2\ HCl} R\text{-}N\begin{matrix} \diagup (C_2H_4O)_2H \\ \diagdown (C_2H_4O)_2H \end{matrix} \qquad 4$$

$$R\text{-}NH_2 + 2\ HCOOH + 2\ HCOH \longrightarrow R\text{-}N(CH_3)_2 + 2\ CO_2 + 2\ H_2O \qquad 5$$

Tertiary amines are readily oxidized by hydrogen peroxide in the usual manner /3/.

$$R\text{-}N(C_2H_4OH)_2 \xrightarrow[60\ ^{o}C]{H_2O_2} \underset{\downarrow \atop O}{R\text{-}N}(C_2H_4OH)_2 \qquad 6$$

Table 1 gives some data of the N,N-bis(2-hydroxyethyl)alkylaminoxides.

Table 1: Water solubility of amine oxides $R-N(O)(C_2H_4OH)_2$

R	Solubility/H_2O (g/l) 20 °C	mp (°C)
C_8H_{17}	∞	liquid
$C_{10}H_{21}$	500	40 - 44
$C_{11}H_{23}$	150	46 - 49
$C_{12}H_{25}$	250	63 - 65
$C_{13}H_{27}$	0,1	50 - 53
$C_{14}H_{29}$	1,59	67 - 68
$C_{15}H_{31}$	0,05	55 - 62
$C_{16}H_{33}$	0,92	79 - 80
$C_{18}H_{37}$	0,06	82 - 83
$C_{12}H_{25}N(EO)_3{}^+$ O	330	98
$C_{12}H_{25}N(EO)_4{}^+$ O	666	100

\+ EO: $-CH_2CH_2-OH$

Except the octyl substituted derivative, all products are of solid state, containing 0,25 - 0,50 mole water per mole amine oxide.
Considering the physical properties of the homologues there is no continuity within the series.
Derivatives with odd number of carbon atoms in the alkyl chain are much less water soluble than those with even number of carbon atoms.
The same phenomenon had been discussed for homologous series of phenyl alkyl carbinoles and dicarboxylic acids. A correlation between the structure and the solubility in polar solvents basing on dipole character and molecular interaction was established by KOWALSKA /4/.

Characteristics:

Amine oxides can be well characterized by the typical shift of the methylene protons in the ^1H-NMR. Due to the strongly polarized N-O bond the methylene protons neighboured to nitrogen show a low-field shift of about 1ppm (see Fig. 1) compared with the parent tertiary amine.

Figure 1: ^{1}H-NMR-data of amine oxides

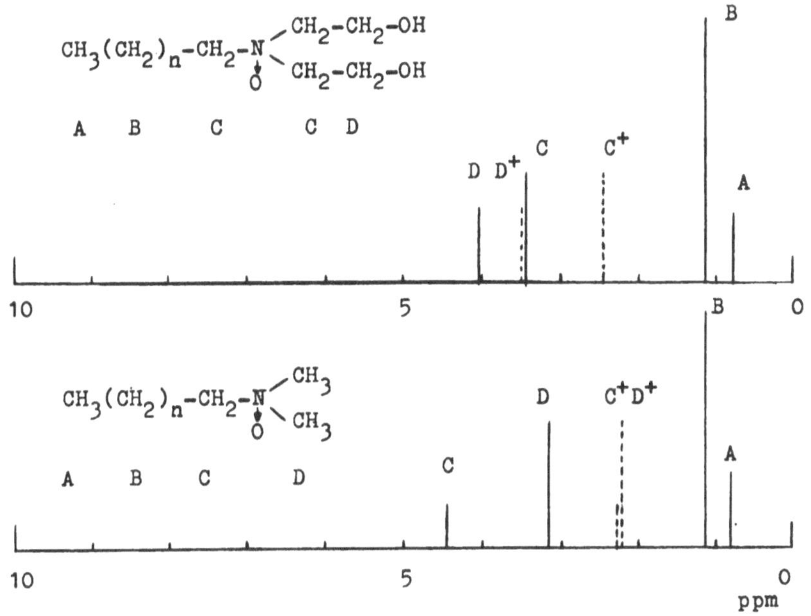

+ The dotted lines are due to the signals of the tertiary amines before oxidation.

Considering the application of amine oxides in cosmetics the product should be free of unreacted amine. The amount of parent amine had been determined according to a procedure of Metcalfe /5/.
Although amine oxides are less basic than the parent amines they will form salts with strong acids. One sample is titrated potentiometrically with hydrochloric acid to establish total alkalinity.
Potentiometric titration of a second sample after quaternization of unreacted amine with methyl iodide gives the alkalinity due to amine oxide. Depending on the N,N-bis(2-hydroxyethyl)alkyl amine oxide type the conditions of quaternization had to be varied to complete the reaction (eq. 7).

$$R\text{-}N(C_2H_4OH)_2 + CH_3I \longrightarrow \left[R\text{-}\overset{\oplus}{N}(C_2H_4OH)_2(CH_3) \right] I^{\ominus} \qquad 7$$

Reacting a large excess of the alkylating agent (3 ml per 100 mg amine oxide) for 15 minutes at a reflux condenser a content of 1 - 3 % of parent amine was found. Complete purification of the amine oxide is possible by column chromatography.
Using flash technique /6/ (30 cm column, silica gel Merck, 0,45 atm) and chloroform/methanol as eluent, all the impurities could be removed

as proved by TLC (Merck-plates, silica gel 60 F_{254}, developer: iodine, eluent: chloroform/methanol 90 : 10).

Amine oxides are not stable at elevated temperature. Above 80 °C the methyl substituted derivatives decompose according to eq. 8:

$$R-CH_2-N(CH_3)_2-O \longrightarrow R=CH_2 + (CH_3)_2N-OH \qquad 8$$

Cope-elimination

Amine oxides of the type 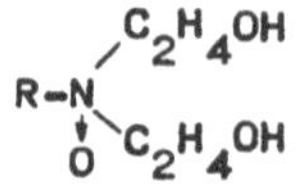

split in a different manner. Following the course of decomposition by differential thermoanalysis a fragment of 10, respectively 12 mass per cent is detected (see Table 2). It is possibly due to a simultaneous splitting of oxygen and water forming a morpholine ring as proved by GLC. A splitting of oxygen and reformation of the tertiary amine had not been observed in any remarkable extend.

Table 2: Differential thermoanalysis of amine oxides $R-\overset{\downarrow}{N}(O)-(R')_2$

R	R'	temp. /°C	fragments	mass-% found	(theoret.)
$C_{12}H_{25}$	CH_3	140	$C_{10}H_{21}CH=CH_2$	62	(73)
		180	$(CH_3)_2-N-OH$	32	(27)
$C_{10}H_{21}$	C_2H_5	134	$(C_2H_5)_2N-OH$	37	(39)
		173	$C_8H_{17}CH=CH_2$	47	(63)
$C_{12}H_{25}$	C_2H_5	125	$(C_2H_5)_2N-OH$	38	(35)
		140 - 230	$C_{10}H_{21}CH=CH_2$	41	(65)
$C_{14}H_{29}$	CH_2CH_2OH	148	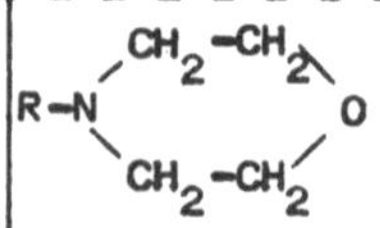	12	(11)
$C_{16}H_{33}$	CH_2CH_2OH	148	H_2O/O_2	10	(10)

According to the procedure described above (eq. 4) also the preparation of well defined N,N-di(polyoxyethylene)alkylamines is possible.

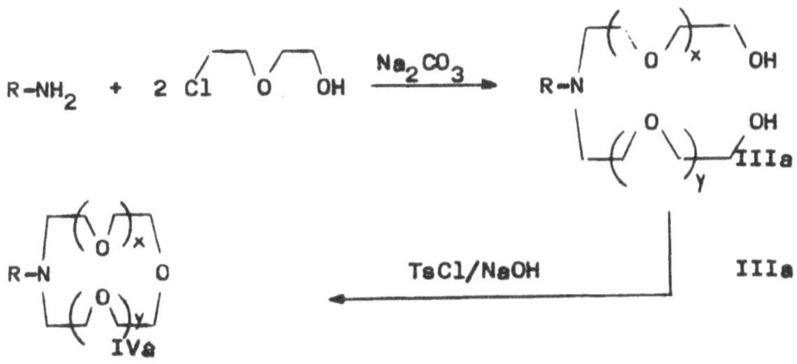

9

IIIa, IVa: x, y = 2, 3, 4

IIIa can be easily converted to the corresponding N-alkyl monoaza crown ether via esterification with p-toluenesulfonyl chloride and excess alkali metal hydroxides as reported by OKAHARA and co-workers /7/.
To avoid synthetic difficulties with preparation of well defined monochlorinated polyethylene glycols II we tried to run the cyclization reaction using a mixture of N,N-di(polyoxyethylene)alkylamines with an average ether chain length of 6, respectively 9 ethylene oxide units.

III, b, c 10

IIIb: x+y = 6 (average)

IIIc: x+y = 9 (average)

Treatment of IIIb and IIIc with p-toluenesulfonyl chloride in the presence of sodium hydroxide afforded after distillation a mixture of two homologous series:
One series of N-alkyl monoaza crown ethers IVa - f

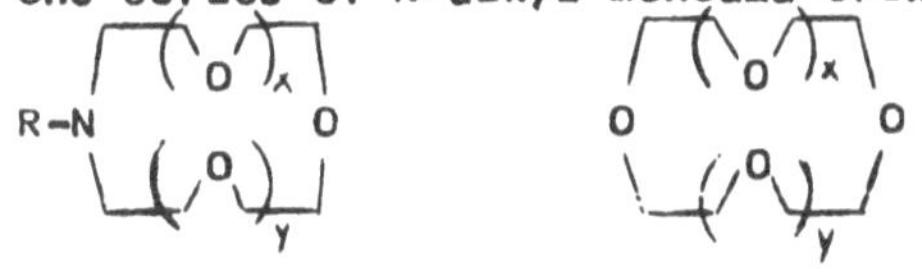

IV, Va-f: x+y = 0, 1, 2, 3, 4

IVa-f Va-f

and a second series of nitrogen-free crown ethers Va-f generated from the polyethylene glycole incorporated in the reaction mixture.
The identification of the products was possible by GLC-MS. The mass spectra were run by CI-technique in order to obtain the molecular ion.

References

/1/ G. I. SMITH, SÖFW 105 (1979), p. 319, 345
/2/ G. A. NOWAK, SÖFW 96 (1970) p. 951
/3/ H. WIELAND, Berichte 54 (1921), 2368
/4/ T. KOWALSKA, Fette, Seifen, Anstrichmittel 84 (1982), 223
ibid. 85 (1983) 323, 86 (1984) 239
/5/ L. D. METCALFE, Anal. Chem. 34 (1962) 1849
/6/ W. C. STILL, U. KAHN, A. MITRA, Journ. Org. Chem. 43 (1979) 2923
/7/ P.-L. KUO, M. MIKI, I. IKEDA, M. OKAHARA, JAOCS (1980) 227 - 29 and
Tetrahedron Letters 1978 p. 4273

B.WEILAND and K.HAAGE

Academy of Sciences of the GDR, Central Institute of Organic Chemistry, Berlin-Adlershof

On the Reaction Conditions of Oxalkylation Reactions with Primary Fatty Amines

Tertiary fatty amines are starting materials for the preparation of nitrogen containing surfactants. A convenient route to tertiary amines is the oxalkylation of primary fatty amines with short chain epoxides, especially with ethylene oxide (subsequently abbreviated "EO") resp. propylene oxide ("PO"):

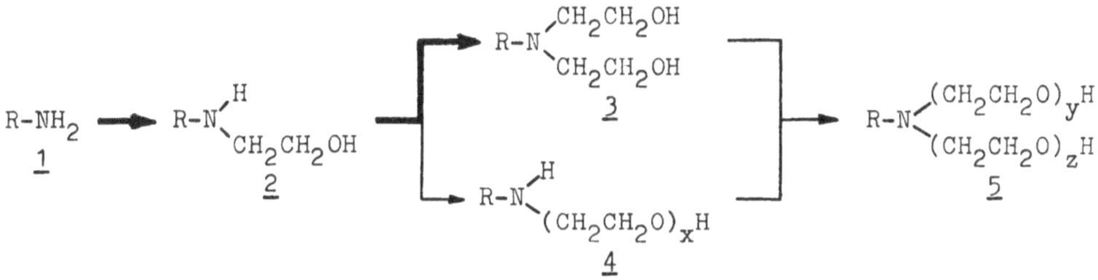

Up to now many data are published about autocatalytical oxalkylation reactions /1-5/, about the effect of basic catalysts /1, 6-8/, neutral salts /9/ and proton active compounds /10-19/ in oxalkylation reactions of amines. Different reaction conditions are known for the yield of tertiary bis(2-hydroxy-alkyl) fatty amines 3 in selective manner. The reaction velocity resp. the rate of EO-addition show characteristic courses in dependence on the used catalyst, reaction temperature and reaction medium (see Fig.1). Based on the datas from literature one can draw three general conclusions:

a. Solvent-free noncatalyzed oxalkylation reactions include long induction periods at the beginning of the reactions, afterwards the oxalkylation proceeds autocatalytically. The total reaction time depends significantly on the duration of the induction period.
b. Basic catalysts may reduce the induction period of solvent-free oxalkylation reactions. But if the concentration of the catalyst is too high, this causes decreasing selectivity. In general basic catalysts require elevated temperatures.
c. In proton active solvents, such as alcohols, phenols, acids etc., the

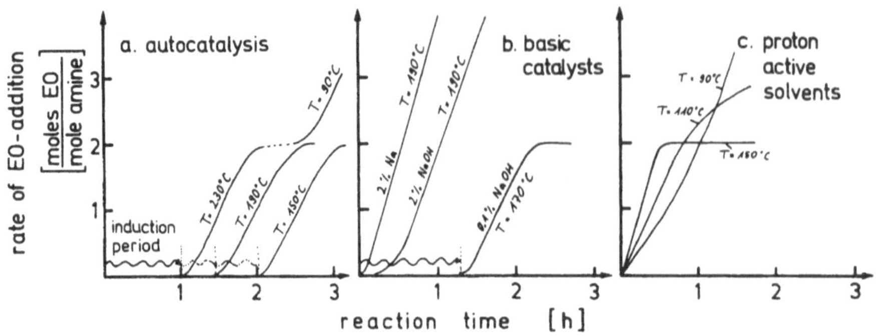

Fig.1 Characteristical courses of oxethylation reaction at primary fatty amines - dependence on solvent, catalyst and reaction temperature

oxethylation reaction of primary fatty amines starts instantaneously even at moderate temperatures.

The initial induction period is reported as a characteristic feature of the solvent-free and selective oxalkylation reaction of primary fatty amines. Therefore we want to discover suitable reaction conditions to minimize the induction period of solvent-free reactions, keeping the selectivity of the twofold addition of alkylene oxide to the nitrogen-hydrogen bonds under control.

Up to now Lewis acids were disclaimed as catalysts in oxalkylation reactions of amines. This circumstance was obviously substantially supported by statements of ULSPERGER /20/ and SCHÖNFELDT /21/ as well as by the fact that Lewis acids very often initiate troubling side reactions, e.g. the formation of polyoxyethylene glycols.

Two preliminary reactions indicated catalytic abilities of boron trifluoride in the oxalkylation reaction of amines (see Fig.2). A mixture of lauryl amine and PO does not react at room temperature in absence of solvents resp. catalysts. At elevated temperatures only a very slow reaction was observed. The dotation of boron trifluoride etherate in catalytic amounts caused a significant rise in the reaction velocity at elevated temperatures. The oxalkylation reaction started even at room temperature after BF_3-dotation but proceeded relative slowly.

Subsequently two different oxalkylation procedures depending on the alkylene oxide were used:

- In the <u>oxpropylation</u> reaction the calculated amount of fluid PO was added slowly from a dropping funnel to the constantly heated and stirred amine. The dropping funnel was equipped with a reflux condenser to recycle the non-reacted PO. The velocity of the PO-dotation was limited by the reaction velocity, because an excess of the low boiling PO in the reaction mixture depressed the reaction temperature strongly.

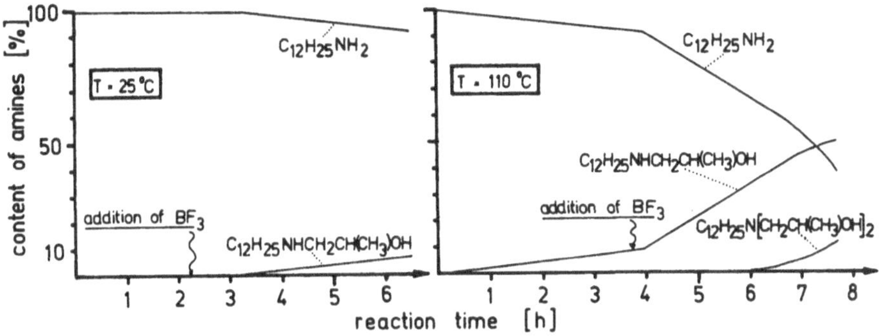

Fig.2 Conversion of amines in the preliminary oxalkylation reactions, influenced by dotation of boron trifluoride etherate
(starting molar ratios: lauryl amine : PO = 1:2
concentration of catalyst: 1 mole-% of starting amine)

- In the <u>oxethylation</u> reaction gaseous EO was introduced into the constantly heated and stirred fatty amine. At the begin of the introduction the argon atmosphere inside the oxethylation equipment was fastly substituted by a strong stream of EO, but after some minutes the EO-stream was reduced to diminish the loss of non-reacted EO. Non-reacted EO passed through the reaction vessel, then through a bubble-counter and was condensed in a cooling-trap. The introduction of EO was regulated optimally when only very few bubbles of EO passed the bubble-counter. The oxethylation vessel was placed on a balance, so that we were able to observe continously the addition of EO directly by weighing. The introduction of EO could be interrupted at any time when the expected increase of weight was reached.

Two oxpropylation reactions were carried out for comparison of the catalytic abilities of phenol as a proton acid and boron trifluoride as a Lewis acid (see Fig.3). The slow addition of the first drops of PO to the phenol-dotated amine was accompanied by a sharp falling-off of the temperature in the reaction mixture. The occuring of an initial induc-

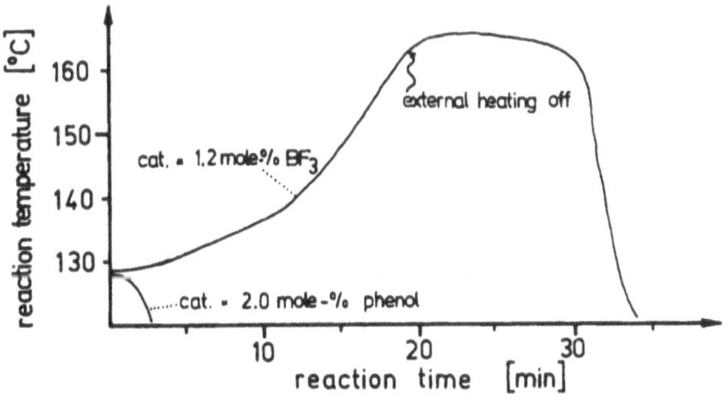

Fig.3 Course of the reaction temperatures of oxpropylation reactions of lauryl amine (catalyzed by phenol resp. boron trifluoride)

tion period was manifested in this way.

In opposit to that the slow dropwise addition of PO to the BF_3-dotated amine was accompanied by a significant rise of the reaction temperature, indicating the immediate start of the exothermic PO-addition to the N-H bonds. Sharp drooping of the reaction temperature after complete addition of PO indicated here the end of the oxalkylation reaction.

Thus we found the course of the reaction temperature is a convenient indicator for the proceeding of oxalkylation reaction.

This result could be established in the Lewis acidic catalyzed oxethylation reactions. Accordingly we found here good agreement between the curves of increase of weight (resp. rate of EO-addition) and of the reaction temperature versus reaction time. Both types of curves indicate in similar manner the proceeding of oxethylation reactions (see Fig.4).

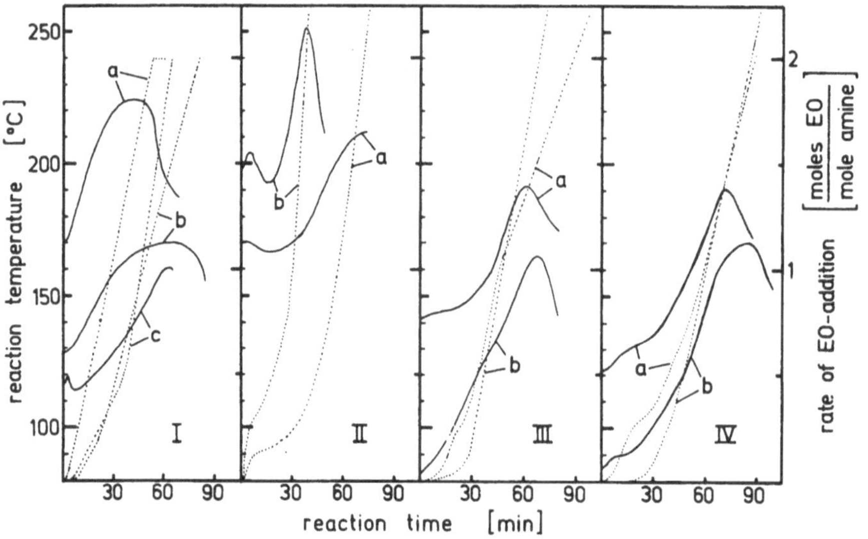

Fig.4 Course of the reaction temperature and the rate of EO-addition in dependence on the starting temperature resp. type and concentration of catalyst versus reaction time

Legend:

——— = reaction temperature (see left ordinates)

.... = rate of EO-addition (see right ordinates)

diagram	type of catalyst	concentration mol-%		amine
I	BF_3	a: 1,0	b: 1,0	lauryl
		c: 0,3		oleyl
II	$AlCl_3$	a: 0,3	b: 0,6	lauryl
III	$TiCl_4$	a: 0,1	b: 0,2	lauryl
IV	a: $BF_3/TiCl_4$	0,1/0,1		lauryl
	b: $AlCl_3/TiCl_4$	0,1/0,1		lauryl

Particularly reaction Ia (see Fig.4) is remarkable: No induction period was observed in the presence of 1 mol-% BF_3 at initial reaction temperatures of about 170°C. Under such conditions we run several oxethylation reactions in a total duration of less than 30 or 40 minutes. Short induction periods occure, if the concentration of BF_3 is less than 0,3 mol-%. At temperatures higher than 160°C the reactions proceed very selectively. The reception of EO by amines is stopped after conversion of the starting amines into tertiary amines 3.

The BF_3-catalyzed oxethylation reaction starts also at relative low temperatures, even at 130 or less than 120°C (Ib and Ic in Fig.4). Increase of the reaction temperature up to about 160°C also here leads selectively to the tertiary amines 3, even with excess of EO. But keeping the reaction temperature lower than 140°C, the continued introduction of EO-excess yields mixtures of tertiary amines 5. For yielding 3 at such relative low temperatures, it is necessarily to stop the EO-introduction when the exothermic oxethylation of the N-H bonds is finished.

Also $AlCl_3$ acts catalytically (IIa and IIb in Fig.4). In comparison with BF_3 it effects longer induction periods and less selectivity. Mixtures of tertiary amines 5 are formed even at temperatures higher than 200°C, if the EO-introduction is continued after complete N-alkylation.

$TiCl_4$ acts catalytically not only in the temperature range higher than 120°C but even at initial temperatures down to 80°C (IIIa and IIIb in Fig.4). This significant advantage is accompanied with only slightly decrease of the selectivity of the oxethylation reaction. Also here partial formation of tertiary amines 5 is observed, if the EO-introduction is continued after complete N-alkylation.

The combination of Lewis acids also give effective catalysts for oxethylation reactions which act at low temperatures in low concentrations (IVa and IVb in Fig.4).

Besides the catalysts mentioned above also $TiCl_3$, $SnCl_4$ and $SbCl_5$ were found to be catalytically active in the oxethylation reaction of fatty amines. Catalytic amounts of the substances listed subsequently did not influence the duration of the induction period significantly: $Ti(OC_4H_9)_4$; $(C_2H_5)_3Al \cdot O(C_2H_5)_2$; $Al(OC_2H_5)_3$; $AlF_3 \cdot \frac{1}{2} H_2O$; $C_{12}H_{25}N(CH_3)_3Cl$; NH_4BF_4 ; $C_{12}H_{25}N(CH_2CH_2OH)_2$; H_2O .

Consideration on reaction mechanism of the oxalkylation reaction by means of Lewis acids include always S_N1- as well as S_N2-mechanisms (see Fig.5):

- A S_N1-mechanism should consist of an initial attack of the oxirane ring by the Lewis acid with intermediary formation of a stabilized secondary carbenium ion. The subsequent recombination with the amine should yield primary alcohols.
- On the other hand a S_N2-mechanism, analogous to that proposed for the catalytic action of proton active solvents in oxalkylation reactions

of amines /22,23/, should yield secondary alcohols. Accordingly the determination of the structure of the oxpropylated amines is a helpful tool in mechanistic consideration. The ^{1}H-NMR-spectra of these products are in correspondence with structure 7 (see Fig.5) thus supporting S_N2 reaction mechanism.

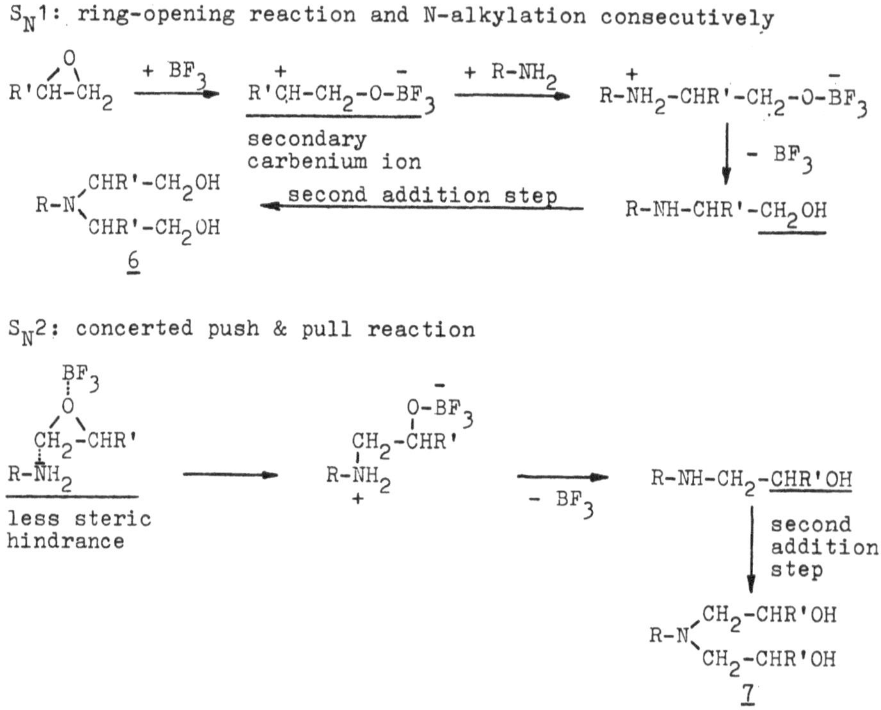

Fig.5 Consideration on reaction mechanisms in Lewis acidic catalyzed oxalkylation reactions of amines

The products obtained by Lewis acidic catalyzed oxalkylation reactions were analyzed by elementary analysis, gas liquid chromatography, thin layer chromatography, mass spectrometry, ^{1}H- and ^{13}C-NMR-spectroscopy.

The preparation of fatty bis(2-hydroxy-alkyl) amines, described above, was not accompanied by formation of poly(oxyethylene) glycols, as it is well known from other BF_3-catalyzed oxalkylation reactions.

References

/1/ S.Komori et al., Technol.Rept. Osaka Univ. 6 (1956) 387
/2/ S.Komori et al., Technol.Rept. Osaka Univ. 10 (1960) 249
/3/ H.L.Sanders et al., J. Am. Oil Chemists' Soc. 46 (1969) 167
/4/ I.Drimus et al., Rev. Chim. (Bukarest) 28 (1977) 1143

/5/ J.Szymanowski et al., Tenside 18 (1981) 130
/6/ S.Sakakibara et al., J.Chem.Soc.Japan, Ind.Chem.Sect. 59 (1956) 1149
/7/ A.Lupu et al., Rev.Chim. (Bukarest) 28 (1977) 223
/8/ J.Chlebicki et al., Tenside 18 (1981) 206
/9/ B.Weibull et al., Abstracts of the VIIth Int. Congr. on Surface Active Agents, vol. I, Moscow 1977, p. 204-9
/10/ N.N.Lebedev et al., Izv.Vyssh.Ucebn.Zav., Khim. i Khim.Tekhnol. 3 (1960) 104
/11/ N.N.Lebedev et al., Kinetika i Kataliz 2 (1961) 519
/12/ N.N.Lebedev et al., Kinetika i Kataliz 6 (1965) 457
/13/ N.N.Lebedev et al., Zh.Obsc.Khim. 39 (1969) 2732
/14/ Y.Oshiro et al., Technol.Rept. Osaka Univ. 12 (1962) 469
/15/ P.K.Sundaram et al., Bull.Chem.Soc.Japan 42 (1969) 3141
/16/ H.Ilg et al., Melliand Textilber. 54 (1973) 82
/17/ O.I.Demin et al., Osnovn.organ.sintez i neftekhimiya, Yaroslavl, 4 (1975) 46
/18/ R.Pozniak et al., Pol.J. of Chem. 52 (1978) 1283
/19/ K.Slipko et al., Pol.J. of Chem. 53 (1979) 2231
/20/ E.Ulsperger, Tenside 2 (1965) 331
/21/ N.Schönfeldt, "Grenzflächenaktive Äthylenoxidaddukte", Wiss. Verlagsgesellschaft m.b.H., Stuttgart 1976, p.29 ff.
/22/ H.Kakiuchi et al., Tetrahedron 35 (1979) 303
/23/ I.Dobas et al., Chemicki prumysl 24/49 (1974) 463

I. ZEMAN

Research Institute of Fat Industry, Department for Detergents, Švermova 1998, Rakovník, CS - 26901, Czechoslovakia

Chromatographic Separations of Surfactants. Part 5. Analysis of Fatty Acids Diethanolamides

Introduction

The determination of main components in fatty acid diethanolamides is a difficult task. Various procedures were developed applying different separating principles /e.g. using ion exchange resins/ or using specific reactions for the direct determination of separate components and combining for their indirect determination some common analytical methods /1-5/. Nevertheless, the application of these procedures in the practice is limited, because they are too complicated and the sum of the determined components is equal to 100% in exceptional cases only.

During the rapid development of chromatographic methods in the last decades efforts appeared to separate fatty acid alkanolamides as trimethylsilyl-derivatives by gas-liquid chromatography /6-9/; a limited experience only is concerned with the gas-liquid chromatographic separation of fatty acid diethanolamides alone /8,9/. In the practice however, these methods are not used usually.

The separation of fatty acid diethanolamides by liquid chromatography /HPLC/ is described in one paper only /10/, however a detailed procedure for unlimited and complete separation of all components is not available. The standard TLC procedures owing to their limited performance gave no chance to the separation of all components in fatty acid diethanolamides.

The cause of difficulties in the analysis of fatty acid diethanolamides is the presence of different reaction products: in addition to diethanolamides as the main reaction product various other components are present /1,2,5/, such as esteramines, esteramides and some products of side-reactions. Each of these compounds based on fatty acid can be further differentiated into individual components according to the fatty acid patterns. In addition, the relative content of these components in fatty acid diethanolamides is dependent on the type and composition of raw material, on the reaction conditions of the synthesis, and on the handling and storing conditions for the final products.

In the analysis of various commercial samples and for the illustration of some troubles in the synthesis, storing and handling of fatty acid diethanolamides, we applied HPLC separation using different column packings. In the adsorption variant of HPLC on bare silica gel packings the separation of individual components types is dominant, but the peak form is irregular owing to the retention differences within the fatty acid patterns. In the partition variant of HPLC on reversed-phase packings the separation of fatty acid patterns is dominant accomplished by the separation of individual types of components. It followed, that all constituents of fatty acid diethanolamides, trace components inclusive, cannot be separated and determined in one HPLC analytical run simultaneously.

Therefore we decided to check the new TLC - FID technique for the separation on fine silica gel thin layers on silica rods followed by the detection by means of flame-ionization detector /11,12/. In the meantime, this TLC - FID technique was used for the investigation of the reaction mechanism in the fatty acid alkanolamides syntheses /13/. Owing to the nature and capability of this new procedure, repeated separations with different mobile phases can be performed under partial detection. It seemed, using this technique, not only the main components in fatty acid diethanolamides could be separated, but also several trace components could be determined, e.g. diethanolpiperazine.

This component /more exactly bis/2-hydroxyethyl/piperazine/ is formed by diethanolamine dimerization during the synthesis of diethanolamides from fatty acids and diethanolamine by long-time heating to high temperatures or by subsequent and repeated handling of the finished products at higher temperatures. At the same time, the forming of diethanolpiperazine is accompanied by the conversion of the desirable amides into undesirable ester components. Owing to the importance of diethanolpiperazine as symptom of undesirable changes in diethanolamides our attention paid to the determination of this trace component using TLC - FID procedure.

Experimental Part

Instrument

Analyzer : Iatroscan TH-10 Mark III /Iatron Laboratories, Japan, distributed by Newman-Howells Assoc., Ltd., Winchester, U.K./

Separating medium : silica rods Chromarod S II coated by thin layer of 5 μm silica gel

Mobile phases : /I/ methylethylketone saturated by water and n-hexane, 60 : 40 mixture /vol./

/II/ chloroform + methanol + ammonia /25 %/, 45 : 45 : 8 mixture /vol./

FID operating conditions : hydrogen at 160 ml . min^{-1} flow rate and air at 2000 ml . min^{-1} flow rate

Scanning speed : 4.2 mm . s^{-1} for Chromarods motion velocity

Separating procedure

Samples are applied as 10 % solutions in ethanol. On one Chromarod S II 3 µl are spotted of each sample solution. After ethanol evaporation, the set of 10 Chromarods in the frame is placed into the developing chamber, where during 30 minutes separation is performed in the mobile phase /I/. After drying, partial scanning under FID detection is carried out along 75 mm length of the total 100 mm disposable silica gel layer length, beginning from the mobile phase front. In this step, the main amide and ester components are detected and removed. Onto the liberated Chromarods parts, the remaining components are developed during 60 minutes in the developing chamber applying the mobile phase /II/. After the drying, the scanning follows along the total length of 100 mm on Chromarods under FID detection.

Quantitative evaluation

The content of diethanolpiperazine is calculated from the corresponding peak area on the base of direct absolute calibration. For these purposes 0.50 % solution of diethanolpiperazine standard in ethanol is used. On one Chromarod volumes are spotted in the range of 0.2 to 2 µl.

Results and Discussion

In the figure the examples of recorded chromatograms are presented of 3 different samples of oleic acid diethanolamides :

- M - commercial product, Marlamide 1885 /Hüls AG, Marl/
- D - another commercial product after repeated heating
- L - product from the synthesis at high temperatures starting from oleic acid and diethanolamine

As it is evident, up to 12 components were detected. The main desirable component /i.e. oleic acid diethanolamide/ was identified in the peak No. 2. In the peak No. 1, the nonpolar undesirable ester components are included. Both these main peaks are detected after the first development using mobile phase /I/. In the commercial product M the content of esters is very low, whereas both heated samples D and L show a high esters content.

More polar, especially trace components, unidentified predominantly, are separated in the second step by the mobile phase /II/ developing. In this group of components, diethanolpiperazine was identified.

On the base of absolute calibration by diethanolpiperazine standard solution, the content of diethanolpiperazine in the samples M, L, and D was evaluated. Whereas in the original commercial product M 0.45 % diethanolpiperazine was found only, in the heated products D and L 2.9 and 3.0 % diethanolpiperazine appeared resp. This is in evident correlation with the high relative content of ester components in samples D and L and with the low ester content in the sample M . On the other hand, higher diethanolpiperazine contents in the heated products are the cause of its exclusion from the samples in the crystalline form.

From the view of the knowledge of possible components in the products from fatty acid diethanolamides syntheses /1-5/, the existence of diethanolpiperazine is not unknown, nevertheless the discovery of its high concentrations in overheated samples is unique. It seems the correlation between diethanolamides degradation to esters and diethanolpiperazine appearing should be considered more strongly in estimation of the fatty acid diethanolamides stability under different storing and handling conditions. Because more different samples of fatty acid diethanolamides showed similar anomalous contents of diethanolpiperazine in our study, it can be presumed more attention should be drawn to the investigation of side-reactions and subsequent changes in fatty acid diethanolamides composition. On the base of our results, the stability of the fatty acid diethanolamides seems to be not so high as it was assumed formerly.

The aim for the determination of the complete composition of the fatty acid diethanolamides is evident already in earlier papers /1-5/ applying simple analytical procedures. Better possibilities were given with chromatographic methods /6-10/, however they were not used for the investigation of the equilibria between amides and esters in diethanolamides. For the evidence of esters forming in the diethanolamides a simple procedure could be applied using IR spectra /14-16/, which can be also used for the determination of esters, but cannot be used for the determination of other components of fatty acid diethanolamides.

The direct determination of diethanolpiperazine in fatty acid diethanolamides is described in a single paper /4/, where chromatographic isolation on silica gel is indicated. Our procedure using TLC - FID technique for the separation and determination of diethanolpiperazine has an advantage in the possibility of the parallel determination of esters and other components. Thus the TLC - FID method can get the most efficient procedure for the estimation of undesirable changes in fatty acid diethanolamides composition. It is simple, rapid and reliable enough for the correct determination of diethanolpiperazine even below the concentration level of 0.1 % . The only disadvantage is in the need of a special instrument for TLC - FID analyses as indicated.

Conclusion

A procedure is described for the separation and determination of diethanolpiperazine in fatty acid diethanolamides using the new variant of chromatographic analysis on silica gel coated silica rods under FID detection. The nature of this method enables the chromatographic separation in two steps using different mobile phases for the determination of all components in fatty acid diethanolamides, especially diethanolpiperazine as trace component. The correlation between diethanolpiperazine and ester components in fatty acid diethanolamides can be estimated by the described TLC - FID method only, whereas earlier methods cannot be used for these purposes. Thus a new method is given for the investigation of fatty acid diethanolamides stability or for monitoring of undesirable changes caused by heating of diethanolamides.

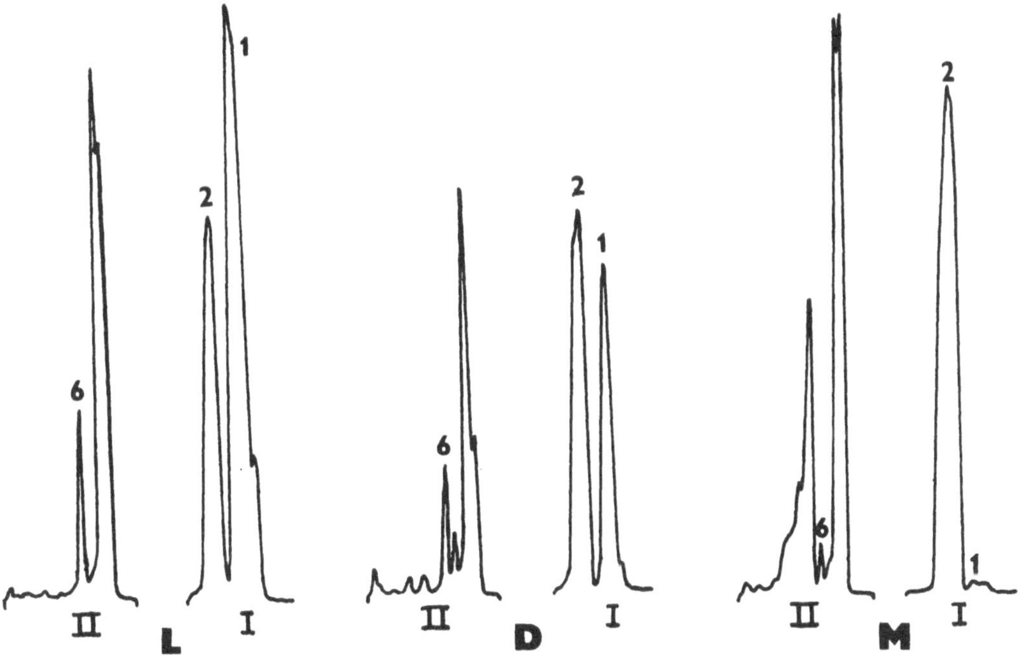

Figure : TLC - FID chromatograms of 3 samples of oleic acid diethanolamides : M, D and L /explained in the text/

I - after first developing and detection
II - after second developing and detection
1 - ester components
2 - diethanolamides
6 - diethanolpiperazine

References

/1/ H. KROLL and H. NADEMANN: J.Am.Oil Chem.Soc. 34, 323 /1957/

/2/ H.L. SANDERS: J.Am.Oil Chem.Soc. 35, 546 /1958/

/3/ M.J. ROSEN: Analyt.Chem. 35, 2074 /1963/

/4/ J.J. HEJNA and D. DALY: J.Soc.Cosmet.Chem. 21, 107 /1970/

/5/ R. WICKBOLD: "Die Analytik der Tenside", Hüls Chem.Werke AG, Marl, 74 /1976/

/6/ J.O. PASCUAL CALVERAS and D. ROJAS CHICO: Ber. 6. Internat.Kongr. Grenzflächenakt.Stoffe, Zürich, Bd. I, 501 /1972/

/7/ H. OKA and T. KOJIMA: Bunseki Kagaku 25, 757 /1976/

/8/ A.W. O'CONNELL: Analyt.Chem. 49, 835 /1977/

/9/ Dtsche. Ges. f. Fettwissensch., Einheitsmethode H-VI 4e /82/, ref. in: Fette Seifen Anstrichm. 84, 109 /1982/

/10/ A. NAKAE and K. KUNIHIRO: J.Chromatog. 156, 167 /1978/

/11/ T. OKUMURA, T. KADANO and A. ISO'O: J.Chromatog. 108, 329 /1975/

/12/ M. RANNÝ: "TLC - FID - A New Technique of the Quantitative Chromatography on Thin Layer", Academia, Prague, 1984 /In Czech/

/13/ J. PORÉ and I. RASORI: Parf.Cosmet.Arom. 46, 31 /1982/

/14/ D. HUMMEL: "Analyse der Tenside. Infrarotspektroskopische und chemische Methoden", C.Hanser Verlag, München, 1962

/15/ K. VOLKA, Z. KSANDR, E. JANEČKOVÁ, V. PETERKA and J. KEPL: Sci. Papers Inst.Chem.Technol., Prague, H 16, 125 /1981/

/16/ Document of C.I.D. / C.I.A. 108-02-78: The Determination of Esters in Alkanolamides by Means of IR Spectrophotometry Using Internal Standard

FSC
www.fsc.org
MIX
Papier | Fördert gute Waldnutzung
FSC® C083411

Kolibri 360 GmbH
Ferdinand-Jühlke-Straße 7
99095 Erfurt, Deutschland
produktsicherheit@kolibri360.de